Ullrich Bauch · Hans-Joachim Bargstädt **Praxis-Handbuch Bauleiter**

Praxis-Handbuch Bauleiter

Bauleistungen sicher überwachen

3., aktualisierte Auflage

mit 142 Abbildungen und 21 Tabellen

\+ mit 64 Mustervorlagen und 10 Checklisten

Prof. Dr.-Ing. Ullrich Bauch
Bauingenieur,
Geschäftsführender Gesellschafter der
Kaiser Baucontrol Ingenieurgesellschaft mbH
Lehrtätigkeit an der Bauhaus-Universität Weimar

Prof. Dr.-Ing. Hans-Joachim Bargstädt
Bauingenieur,
Professor für Baubetrieb und Bauverfahren
an der Bauhaus-Universität Weimar

unter Mitarbeit von
Rechtsanwalt Phillip Hummel

RM Rudolf Müller

Bibliografische Information der Deutschen Nationalbibliothek
Die Deutsche Nationalbibliothek verzeichnet diese Publikation in der Deutschen Nationalbibliografie; detaillierte bibliografische Daten sind im Internet über https://dnb.de abrufbar.

3., aktualisierte Auflage 2021

Die Mustervorlagen 3.1–3.5, 4.1, 4.3, 4.4, 4.6, 4.7, 4.9–4.26, 5.4, 5.8 und 5.10–5.15 sind der CD „Sichere Korrespondenz nach VOB und BGB für Auftraggeber", Verlagsgesellschaft Rudolf Müller, 2018, entnommen und wurden von RA Andreas Jacob erstellt. Die Mustervorlagen 2.2, 3.7, 3.9, 3.10 und 4.2 stammen aus der Version 2016 der CD „Sichere Korrespondenz nach VOB und BGB für Auftraggeber" von RA Andreas Jacob. Die Mustervorlagen 4.5, 4.8 und 5.3 sind der CD „Sichere Korrespondenz nach VOB und BGB für Auftragnehmer", Verlagsgesellschaft Rudolf Müller, 2020, entnommen und wurden von RA Wolfgang Reinders zur Verfügung gestellt. Die Rechtstipps wurden von RA Phillip Hummel verfasst.
Die Grafik in den Rechtstipps stammt von Ery Prihananto, www.Vecteezy.com

Maßgebend für das Anwenden von Regelwerken, Richtlinien, Merkblättern, Hinweisen, Verordnungen usw. ist deren Fassung mit dem neuesten Ausgabedatum, die bei der jeweiligen herausgebenden Institution erhältlich ist. Zitate aus Normen, Merkblättern usw. wurden, unabhängig von ihrem Ausgabedatum, in neuer deutscher Rechtschreibung abgedruckt.

Das vorliegende Werk wurde mit größter Sorgfalt erstellt. Verlag und Autoren können dennoch für die inhaltliche und technische Fehlerfreiheit, Aktualität und Vollständigkeit des Werkes keine Haftung übernehmen.

Wir freuen uns, Ihre Meinung über dieses Fachbuch zu erfahren. Bitte teilen Sie uns Ihre Anregungen, Hinweise oder Fragen per E-Mail: fachmedien.bau@rudolf-mueller.de mit.

Lektorat: Petra Lindner, Kescheid
Umschlaggestaltung: Satz+Layout Werkstatt Kluth GmbH, Erftstadt
Satz: Satz+Layout Werkstatt Kluth GmbH, Erftstadt
Druck und Bindearbeiten: Westermann Druck Zwickau GmbH, Zwickau
Printed in Germany

ISBN 978-3-481-04149-6 (Buch-Ausgabe), Produktionscharge *004
ISBN 978-3-481-04150-2 (E-Book-PDF)
ISBN 978-3-481-04151-9 (Buch- und E-Book-PDF), Produktionscharge *004

PEFC-zertifiziert
Dieses Produkt stammt aus nachhaltig bewirtschafteten Wäldern, Recycling und kontrollierten Quellen
PEFC
PEFC/04-31-3513
www.pefc.co.uk

Vorwort zur 3. Auflage

Das Bauleiterhandbuch hat sich erfreulicherweise seit seiner Erstauflage 2014 als geschätztes Arbeitsmittel vieler Praktiker etabliert. Eine Reihe von neuen Vorschriften und Regelungen im Bauwesen führte dazu, dass nach einer zweiten Auflage im Jahr 2017 nun eine dritte überarbeitete Auflage folgt, die sowohl der neuen DIN 276:2018-12 als auch der VOB 2019 und, soweit im Rahmen dieses Buches erforderlich, auch den im BGB neu gefassten Paragrafen 650 a bis v Genüge tut.

Neben den aktuellen Änderungen der VOB 2019, die im Kapitel 2 diskutiert werden, wurde insbesondere in Kapitel 6 des Werkes die Kostenermittlung auf die aktuelle Basis der BKI 2020 abgestellt. Die nunmehr erweiterte Nomenklatur der DIN 276 wurde mit der Leistungsgliederung der HOAI 2013 abgeglichen und Differenzen werden kommentiert.

Das vorliegende Werk folgt auch in dieser überarbeiteten Auflage seiner ursprünglichen Gliederung, bei der neben einem einleitenden Grundkapitel die weiteren 4 Kapitel dem eigentlichen Ablauf des Bauens folgen und im Anschluss daran die Themen Kosten, Termine und Qualitäten vertiefend behandelt werden.

Das Kapitel 8 beinhaltet wieder einen Überblick über aktuelle BIM-Modellierungssoftware und Model Viewer. Neue Trends in der Qualität des Planens und Bauens werden beschrieben und auch Ansätze für den Bauleiter gezeigt.

Wir wünschen allen viel Spaß beim Lesen dieser überarbeiteten Auflage und erfolgreiche Bauprojekte. Als Autoren freuen wir uns natürlich immer über Anregungen und Hinweise zur weiteren Verbesserung des Werkes.

Weimar/Dresden, im Oktober 2020

Ullrich Bauch und
Hans-Joachim Bargstädt

Vorwort zur 1. Auflage

Im Jahr 1998 erschien als praktische Arbeitshilfe das „Bauleiterhandbuch für den Bauleiter des Bauherren". Es wurde für viele in diesem Sinne tätige Architekten und Bauingenieure, aber auch für Bauherren ein gut genutztes und unverzichtbares Arbeitsmittel.

In den darauf folgenden Jahren wurde aufgrund zahlreicher Nachfragen aus der Bauausführung deutlich, dass ein ähnliches praxisbezogenes Hilfsmittel auch für den Bauleiter des Auftragnehmers zur Verfügung stehen sollte.

Diesem Wunsch wurde schließlich mit der zweiten Auflage der Loseblattsammlung, dann unter dem Titel „Praxishandbuch für den Bauleiter – Ausführung und Überwachung von Bauleistungen" im Jahr 2008 entsprochen.

Auch wenn dieses Werk vielen Praktikern ein wichtiges Arbeitsmittel geworden ist und es über die Nachlieferungen der Loseblattsammlung aktuell gehalten wurde, so war die Loseblattsammlung mit der Zeit sehr umfangreich geworden und die Auslagerung bestimmter Teile auf elektronische Medien musste überdacht werden.

Leider erkrankte auch unser hochgeschätzter Kollege, Mitautor und Herausgeber Prof. Dr. Wilfried Helbig, sodass ein neues Autorenteam gebildet werden musste. Das Bauleiterhandbuch ging auf die Ideen von Wilfried Helbig zurück und es sei ihm an dieser Stelle für sein jahrelanges engagiertes Wirken und die angenehme und freundschaftliche Zusammenarbeit gedankt.

Das nun vorliegende gebundene Werk soll, obwohl neu strukturiert, wieder Arbeitsmittel beider Bauleiter sein. Die Kombination aus gebundener Ausgabe und dazugehörigen Arbeitshilfen soll insbesondere die operative Tätigkeit des Bauleiters und die Anwendbarkeit der Vorlagen im täglichen Baustellenleben vereinfachen.

Das vorliegende Printwerk folgt in seiner Gliederung neben einem einleitenden Grundlagenkapitel zur Stellung des Bauleiters im Baugeschehen in den ersten 5 Kapiteln dem Ablauf des Bauens von der Vorbereitung einer Baumaßnahme über deren Realisierung bis hin zur Abnahme der Bauleistungen. In einem zweiten Teil werden mit den Kapiteln 6 bis 8 noch einmal die Themen Kosten, Termine und Qualitäten vertiefend behandelt.

Die Autoren verfügen über langjährige praktische Erfahrung, die sie mit diesem Werk gern weitergeben möchten. Das eingeflossene Praxiswissen wird durch Empfehlungen und Praxistipps explizit herausgestellt. Als praktische Arbeitshilfen dienen Checklisten, Musterbriefe und Vorlagen, die auch zum Download unter www.bauleiter-plattform.de bereitstehen (siehe Seite 8). Besonders bedanken möchten wir uns bei Herrn RA Andreas Jacob und Herrn RA Wolfgang Reinders für die freundliche Genehmigung zur Verwendung der zahlreichen Musterbriefe.

Als Autoren freuen wir uns immer über Anregungen und Hinweise zur weiteren Verbesserung des Werkes und wünschen Ihnen gutes Gelingen.

Weimar/Dresden, im November 2014

Ullrich Bauch und
Hans-Joachim Bargstädt

Hinweise zum Download-Angebot

Die enthaltenen Checklisten und Mustervorlagen stehen zum Download bereit unter
www.bauleiter-plattform.de/download-phb-bauleiter1

Zum Öffnen der Seite ist ein Kennwort erforderlich.
Ihr persönliches Kennwort lautet: **BAULEITER275C**

Alle Arbeitshilfen sind im Buch mit + gekennzeichnet.
Ein Verzeichnis aller Arbeitshilfen ist im Anhang enthalten.

Inhalt

1 Grundlagen

1.1 Bauprojekte

Ein Projekt ist nach DIN 69901-1:2009-01 „Projektmanagement – Projektmanagementsysteme – Teil 1: Grundlagen“, S. 4: *„[...] ein Vorhaben, bei dem innerhalb einer definierten Zeitspanne ein definiertes Ziel erreicht werden soll, und das sich dadurch auszeichnet, dass es im Wesentlichen ein einmaliges Vorhaben ist.“*. Diese Definition lässt sich auf die Errichtung von Bauwerken übertragen: Eine gewisse Bauzeit ist veranschlagt, das Ziel ist das fertige Bauwerk, und in den meisten Fällen wird der Entwurf auch nur einmal realisiert.

Die Bewältigung auch großer Baumaßnahmen ist fast so alt wie die Menschheitsgeschichte. Es sei an dieser Stelle auf die Tempelbauten der Inkas in Mittelamerika oder den Pyramidenbau im alten Ägypten verwiesen. Für diese Projekte wurden mit Zehntausenden von Arbeitskräften und Millionen Kubikmetern Gestein Bauwerke errichtet, die teilweise heute noch erhalten sind.

Auch der Bau der Aquädukte im alten Rom zu Beginn unserer Zeitrechnung fällt hierunter. Davon zeugt heute beispielsweise noch der im Jahre 19 v. Chr. unter Leitung von Agrippa errichtete Pont du Gard in der Nähe von Nîmes in Südfrankreich, der seit 1985 zum UNESCO-Weltkulturerbe gehört.

Markant sind nicht nur die heute noch erhaltenen Bauwerke, sondern auch die außergewöhnliche Leistung der am Bau Beteiligten. Der Pont du Gard überspannt nicht nur in 50 m Höhe den Fluss Gardon, sondern hat auch eine genau bemessene Längsneigung, die das Wasser zum Fließen bringt und in ein 50 km entferntes „Wasserschloss“ in der Stadt Nîmes, in das Castellum Divisorium, zur Dosierung und Verteilung des Wassers führt.

Abb. 1.1: Pont du Gard
(Quelle: Fabre/Fiches/Paillet, 2000, S. 11)

Abb. 1.2: Castellum Divisorium
(Quelle: Panarotto, 2003, S. 17)

Dahinter stecken also auch beachtliche Ingenieurleistungen in Planung, Bau und Koordinierung sowie eine Vielzahl von Beteiligten.

Auch wenn das Wissen über diese historischen Bauvorhaben oft nur begrenzt ist, mussten auch in damaligen Errichtungszeiten Kostenbudgets und Terminziele eingehalten und Qualitäten umgesetzt werden.

1.2 Am Bau Beteiligte

Zu einem Bauvorhaben gehören viele Beteiligte. Oftmals sind dem außenstehenden Betrachter die genaue Struktur und die eigentliche Funktion der Beteiligten nicht klar, und manchmal herrscht diese Verwirrung auch innerhalb eines Projektes. Daher wollen wir uns hier auf einige Grundlagen und Begrifflichkeiten konzentrieren.

Im Projektmanagement wird für die Beteiligten eines Projekts der Begriff des Stakeholders verwendet. Er ist eine Erweiterung des in der Finanzbranche geläufigen Begriffs des Stockholders (deutsch: Aktionär). Der amerikanische Wirtschaftsprofessor R. Edward Freeman führt dies auf die phonetische Analogie der beiden Begriffe zurück (vgl. Freeman, 2010). Mit dem Begriff des Stakeholders bzw. des Stakeholder Managements soll die Aufmerksamkeit des Managements auch auf die anderen Interessengruppen neben den Anteilseignern gelenkt werden. Die Wirtschaftswissenschaft unterscheidet heute interne und externe oder auch aktive und passive Stakeholder einer Unternehmung.

Auf Bauprojekte angewendet werden aus den internen Stakeholdern die am Bau Beteiligten.

An Bauprojekten Beteiligte werden i. d. R. wie folgt unterschieden:

- Bauherr und Auftraggeber,
- Erfüllungsgehilfen des Auftraggebers (z. B. Planer),
- Bauunternehmen bzw. Ausführungsfirmen sowie
- beteiligte Dritte, wie Institutionen usw.

Der etwas altertümlich anmutende Begriff des Bauherrn wird heute auch bei weiblichen Personen oder Institutionen in dieser Funktion ebenso verwendet wie die doch korrekter erscheinende Bezeichnung als Auftraggeber. Wenn dieser der Auftraggeber der gesamten Baumaßnahme ist, wäre auch der Begriff Bauherr korrekt.

Der Auftraggeber bedient sich bei der Abarbeitung seiner Aufgaben unterschiedlicher Erfüllungsgehilfen, die in seinem Sinne das Bauvorhaben planen und vorantreiben. Dies sind in erster Linie die Architekten und planenden oder auch beratenden Ingenieure, im Weiteren aber auch diejenigen Architekten und Ingenieure, die als Projektleiter oder Projektsteuerer eingesetzt und für die Organisation verantwortlich sind.

Erfüllungsgehilfen, Bauunternehmen und Ausführungsfirmen sind für den Auftraggeber eines Bauvorhabens Dienstleister, die über bestimmte vertragliche Bindungen Leistungsverpflichtungen eingegangen sind. Diese Dienstleister können aber auch untereinander Vertragsverhältnisse eingehen und sind dann zueinander jeweils Auftraggeber bzw. Auftragnehmer.

Wie z. B. aus diversen Medienberichten bekannt ist, laufen Bauprojekte nicht im luftleeren Raum. Unter beteiligten Dritten sind Genehmigungsbehörden, Anwohner, Finanzierungsgeber, Interessenverbände usw. zu verstehen. Auch Mieter und spätere Nutzer der Bauobjekte, die in der Planungs- und Bauphase nicht immer direkt eingebunden sind, müssen in einem bestimmten Zeitraster Informationen erhalten und möglicherweise auch Zwischenergebnisse des Bauprojekts (z. B. Entwurfs- und Genehmigungsplanungen) prüfen und diesen zustimmen. Nicht selten sind an Hochbauprojekten 50 bis 100 Institutionen und Unternehmen beteiligt. Bei Großbauvorhaben sind es noch wesentlich mehr. Gestiegene Anforderungen an die Einhaltung der Projektziele hinsichtlich der Qualität, der Kosten und Termine bei zunehmender Komplexität der Projekte und Prozesse führen zumindest im Bereich des privaten Bauens zur Wahl von Kumulativleistungsträgern (siehe auch Abb. 1.3). Als solche werden Unternehmen oder Dienstleister bezeichnet, die mehrere, traditionell in Einzelvergabe zu beauftragende Leistungen aus einer Hand liefern. Im Bereich der Planung sind dies Generalfachplaner (GFP), die mehrere Planungsleistungen übernehmen, oder auch Generalplaner (GP), die alle Planungsleistungen übernehmen.

Bei der Bauausführung ist der geläufigste Ausdruck der des Schlüsselfertigbauers, der jedoch losgelöst keine juristische Bedeutung hat. Gemeint sind Ausführungsfirmen, die entweder Ausführungsleistungen mehrerer Baugewerke bündeln, wie der Generalunternehmer (GU), oder auch zusätzlich zur Bauausführung Planungsleistungen übernehmen. In diesen Fällen spricht man je nach Leistungsbreite von Generalübernehmern (GÜ), Totalunternehmern (TU) oder auch Totalübernehmern (TÜ). Der Schlüsselfertigbau vermittelt dem Kunden, dass der Bauunternehmer das bestellte Werk oder Objekt aus einer Hand liefert, also eben fertig zum Aufschließen und Benutzen, wobei der Praktiker weiß, dass die Leistungsgrenzen für die Bezeichnung als schlüsselfertig unterschiedlich definiert werden. Der Begriff „total“ steht dabei für die komplette Übernahme aller Planungs- und Ausführungsleistungen. Der Totalunternehmer (TU) übernimmt im Gegensatz zum Totalübernehmer (TÜ) einige Leistungen selbst. Der Totalübernehmer vergibt alle Leistungen im Unterauftragsverhältnis weiter.

Mit Abnahme der Leistungsschnittstellen zwischen dem Auftraggeber/Bauherrn und den Dienstleistern und Ausführungsunternehmen schwindet der Umfang der Koordinationsverpflichtung des Auftraggebers. Irrtümlich wird in vielen Fällen daraus gefolgert, dass dies generell zu Einsparungen bei Baumaßnahmen führe. Bei genauerer Betrachtung zeigt sich jedoch, dass die Koordinationsaufwendungen lediglich vom Auftraggeber zu den einzelnen Kumulativleistungsträgern gewandert sind (siehe auch Abb. 1.3). Die Kumulativleistungsträger sehen diese Aufwendungen und Risiken durchaus und werden sie i. d. R. auch in ihre Preise einkalkulieren.

Das vermeintliche Herausrechnen dieser Koordination erleben wir auf dem Baumarkt in beiden Richtungen: Einerseits, indem z. B. private Bauträger die Leistungen so feingliedrig vergeben wollen, dass sie noch am Materialrabatt für Stahl und Beton partizipieren. Bei zentralem Einkauf des Stahls für die Baustelle gibt es sicher Mengenrabatte, aber das Risiko der qualitäts-

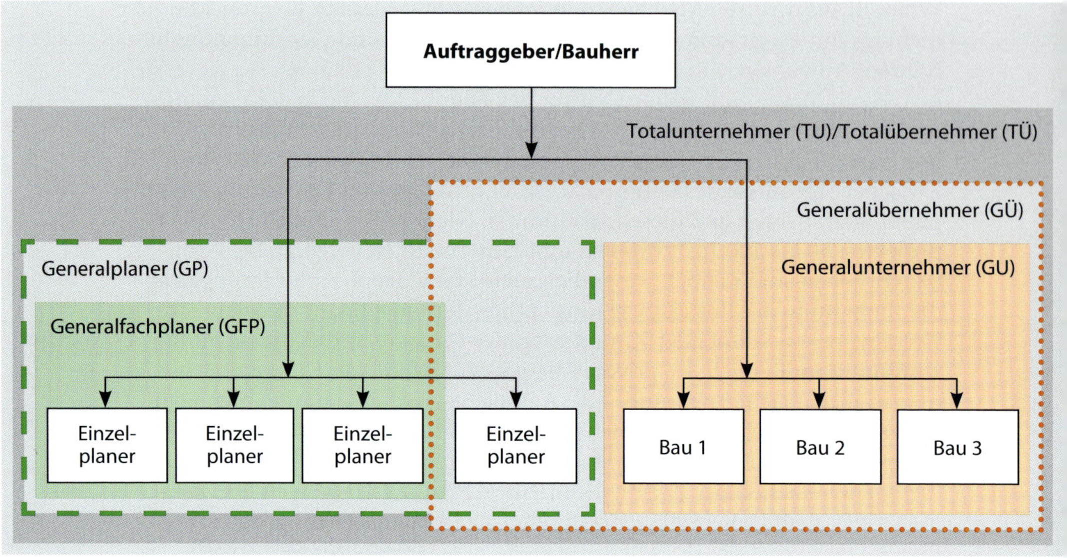

Abb. 1.3: Trend zum Kumulativleistungsträger

gesicherten und vor allem termingenauen Lieferung und damit der richtigen Koordination trägt i. d. R. der Besteller. Das heißt, in diesem Fall wurde Preisrabatt gegen Koordinationsrisiken eingetauscht.

Andererseits freut man sich bei der Auftragsvergabe an Kumulativleistungsträger, wie z. B. Generalübernehmer (GÜ), über eine vermeintliche Einsparung von Koordinationsaufwendungen. Die Koordination und das entsprechende Risiko hat der GÜ aber ebenfalls und wird es daher auch verpreisen.

Wenn es also um die Übernahme von Koordinationsaufwendungen und deren Risiken geht, wo offensichtlich die Kosten nur verschoben werden, ist die entscheidende Frage: Wer kann das Risiko besser tragen bzw. bei welchem Partner im Bauprojekt ist dieses Risiko wegen seiner Fachkompetenz nicht so ausgeprägt?

1.3 Bauleitung als komplexe Aufgabe

Aufgaben und Tätigkeitsfelder des Bauleiters

Bei der Realisierung von Bauaufgaben in allen Bereichen der Bauwirtschaft spielen neben der Entwurfstätigkeit die Bauausführung sowie deren Leitung und Überwachung eine entscheidende Rolle. Nur wenn der vom Planer fixierte Entwurf auch fachlich richtig umgesetzt wird, ist die Bauaufgabe letztendlich erfüllt.

Die Bauleitung umfasst im Wesentlichen die Organisation und Überwachung der Bauausführung. Der Bauleiter hat darüber zu wachen, dass der Entwurf umgesetzt wird und dabei die öffentlich-rechtlichen Vorschriften und die allgemein anerkannten Regeln der Baukunst und der Technik entsprechend beachtet werden.

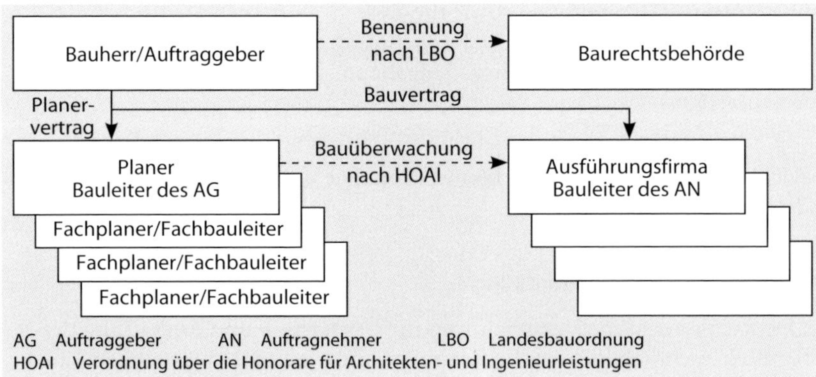

Abb. 1.4: Stellung des Bauleiters

Er hat im Rahmen dieser Aufgabe das richtige Ineinandergreifen der einzelnen Ausführungsgewerke auf der Baustelle sicherzustellen und die Umsetzung der im Entwurf definierten und in der Baugenehmigung bestätigten Qualitäten und Quantitäten zu überwachen. Der Bauleiter ist damit ein wichtiges Bindeglied zwischen den vorlaufenden Entwurfstätigkeiten der Architekten und Ingenieure und der eigentlichen Bauausführung.

Die Leistung des Bauleiters beginnt dabei nicht erst mit dem ersten Spatenstich auf der Baustelle, sondern erfordert eine ganze Reihe von Vorbereitungen, die den eigentlichen Bauausführungsleistungen vorausgehen. Der Bauleiter ist in dieser Vorbereitungsphase damit befasst, die von den Planungsbeteiligten zur Verfügung gestellten Ausführungsunterlagen zu studieren und auf Vollständigkeit zu kontrollieren. Er wird in den meisten Fällen auch den Ausschreibungs- und Vergabeprozess begleiten, und er muss für seine Baustelle die notwendigen Führungsinstrumente auswählen und entsprechend vorbereiten. Diese Tätigkeiten muss der Bauleiter bei unterschiedlichsten Projektstrukturen und Unternehmensformen sicherstellen.

Der Bauleiter ist aber auch Bindeglied zwischen dem Auftraggeber/Bauherrn und der Bauausführung. Er muss bei der Koordination der einzelnen Ausführungsgewerke auf die strikte Umsetzung des vereinbarten Terminplans achten und die Kostenentwicklung im Blick behalten. Der Bauleiter kann diesen Anforderungen nur gerecht werden, wenn er die einschlägigen Bauvorschriften und entsprechenden Technologien beherrscht und wenn er den Rechtsrahmen und die Kostenstrukturen seiner Baustelle kennt.

Die Bauleitung ist damit eine sehr komplexe Aufgabe: Die einzelnen Fachdisziplinen müssen zu einem einheitlichen Endergebnis, nämlich dem qualitativ und quantitativ korrekten Bauobjekt, zusammengeführt werden, und zwar mangelfrei und innerhalb des vorgegebenen Kosten- und Terminrahmens. Der Praktiker weiß, dass die Komplexität oft so groß ist, dass dieses Ziel nicht immer fehlerfrei und vollständig erreicht wird.

Durch die Komplexität der Aufgabe und die zentrale Stellung des Bauleiters in der Phase der Bauausführung, also der finalen Phase des Bauprojekts, ist der Bauleiter ein Geschäftsführer auf Zeit. Er muss eben nicht nur über Kenntnisse der Vorschriften und Technologien verfügen, sondern auch

Führungsqualitäten besitzen sowie die Kosten- und Terminsituation des Gesamtvorhabens beachten. Die Bezeichnung des Bauleiters als Unternehmer charakterisiert das komplexe Aufgabenfeld und Verantwortungsvolumen zutreffend.

Im Folgenden soll diese Tätigkeit der Bauleitung hinsichtlich ihrer Vertragsbeziehung differenziert betrachtet werden. Die unterschiedliche Stellung des Bauleiters zeigt Abb. 1.4.

Bauleiter nach Landesbauordnung

In Deutschland ist die Verpflichtung zur Umsetzung und Einhaltung der öffentlich-rechtlichen Vorschriften unter anderem in den jeweiligen Landesbauordnungen (LBO) fixiert. Dabei werden in erster Linie die Bauherren, die Bauvorhaben rechtlich zu vertreten haben und auf deren Rechnung diese realisiert werden, in die Verantwortung genommen. Ihnen obliegt es, fachkundige Erfüllungsgehilfen zu engagieren, um ihr Bauvorhaben planen, vorbereiten, überwachen und ausführen zu lassen. Dazu heißt es beispielsweise in der LBO Baden-Württemberg: „*Der Bauherr hat zur Vorbereitung, Überwachung und Ausführung eines genehmigungspflichtigen und kenntnisgabepflichtigen Bauvorhabens einen geeigneten Entwurfsverfasser, geeignete Unternehmer und [...] einen geeigneten Bauleiter zu bestellen.*“ (§ 42 Abs. 1 LBO).

Der Bauleiter nach LBO oder auch der verantwortliche Bauleiter ist also eine vom Bauherrn gegenüber der Baurechtsbehörde benannte geeignete und fachkundige Person. Dem Bauherrn obliegen dabei auch die nach öffentlich-rechtlichen Vorschriften erforderlichen Anzeigen. Eine entgeltpflichtige Vertragsbeziehung zwischen Bauleiter nach LBO und der Baurechtsbehörde entsteht auf diesem Wege jedoch nicht.

Die Benennung einer im Sinne der Bauordnung geeigneten Person ist damit das „Qualitätssiegel“, die Sicherheit dafür, dass die öffentlich-rechtlichen Vorschriften bei dem jeweiligen Bauvorhaben eingehalten bzw. durchgesetzt werden. Die Baubehörde kann bei Zweifeln an der Qualifikation dieser Person sowohl vor als auch während der Baumaßnahme die Auswechslung verlangen.

Wenn der Bauleiter nicht für alle ihm obliegenden Aufgaben die erforderliche Sachkunde hat, muss er den Bauherrn veranlassen, geeignete Fachbauleiter zu bestellen. Im Hochbau können dies z. B. sehr komplexe haustechnische Installationen oder auch spezielle Fassadenkonstruktionen sein, die eine Fachbauleitung erforderlich machen. In jedem Fall ist es aber die Pflicht des Bauleiters, das ordnungsgemäße Verzahnen seiner Tätigkeit mit denen der Fachbauleiter zu organisieren.

In der Praxis wird der Bauleiter nach LBO i. d. R. derselbe sein wie der Bauleiter des Bauherrn oder in manchen Fällen auch wie der Bauleiter des Ausführungsunternehmens. Der Bauherr wird meist „seinen“ Bauleiter, der von ihm mit der Überwachung der Bauausführung betraut wurde, gegenüber der Baurechtsbehörde als verantwortlichen Bauleiter nach LBO benennen. Damit hat der Bauleiter hinsichtlich der Überwachung der Bauausführung

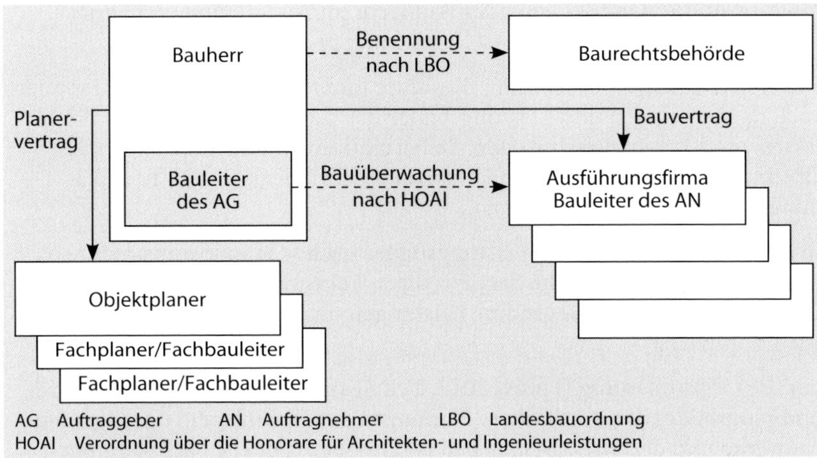

Abb. 1.5: Bauleiter des Bauherrn im Angestelltenverhältnis

eine vertragliche Bindung zum Bauherrn. Der Bauherr seinerseits kann den Bauleiter als Person mit erforderlicher Sachkunde und Erfahrung gegenüber der Baurechtsbehörde benennen. Die vertragliche Bindung besteht jedoch nur zwischen Bauleiter und Bauherrn.

Der Bauherr kann natürlich auch den Bauleiter der Ausführungsfirma, mit der er einen Bauvertrag geschlossen hat, als Bauleiter nach LBO benennen. Da dieser Prozess jedoch bereits im Rahmen des Bauantrags erfolgt und zu diesem Zeitpunkt in der Regel das Bauausführungsunternehmen noch nicht bekannt ist, wird üblicherweise der Bauleiter des Bauherrn benannt.

Bauleiter des Bauherrn

Der Bauleiter des Bauherrn ist dessen Partner und Treuhänder während der Bauausführung. Wegen seiner besonderen Stellung gegenüber dem Bauherrn wird der Bauleiter des Bauherrn auch als überwachender Bauleiter oder bauüberwachender Bauleiter bezeichnet. Zur besseren Unterscheidung gegenüber dem Unternehmer-Bauleiter wird im Folgenden immer vom überwachenden Bauleiter gesprochen, wenn die Aufgabenbereiche in direkter Anbindung an den Bauherrn gemeint sind.

Der überwachende Bauleiter hat über die Einhaltung des Bau-Solls zu wachen. Er kann hierbei im Angestelltenverhältnis zum Bauherrn stehen, wie dies bei öffentlichen Bauvorhaben in den Bauverwaltungen oder auch bei den meisten Bauträgern der Fall ist. Dieses spezielle Verhältnis ist in Abb. 1.5 dargestellt.

Steht der Bauleiter nicht im Angestelltenverhältnis zu seinem Bauherrn, so wird ihn dieser über einen Honorarvertrag binden (siehe Abb. 1.4).

Bei Honorarverträgen und der Vereinbarung eines Entgelts gilt die Verordnung über die Honorare für Architekten- und Ingenieurleistungen (HOAI), aktuell in der Fassung von 2013. Hier ist die Rede von einem Bauleiter des Bauherrn, der die Bauüberwachung nach HOAI erbringt und dessen Leistungsprofil mit dem Bauleiter des Bauherrn im Angestelltenverhältnis gleichzusetzen ist.

Die HOAI beschreibt nicht nur Honorare und Honorargrundlagen, sondern auch die Leistungen und Leistungsbilder der vergütungspflichtigen Architekten- und Ingenieurtätigkeiten. Dabei sind sowohl die Leistungen der Objektplanung im klassischen Hochbau beschrieben als auch Fachplanungs- und Beratungsleistungen.

In der HOAI 2013 sind die Leistungsbilder nach § 34 in insgesamt 9 Leistungsphasen gegliedert. Bei den jeweiligen Leistungen wird wiederum in Grundleistungen und Besondere Leistungen unterschieden (siehe hierzu auch Kapitel 2.1).

Für die Objektplanung (HOAI 2013, Teil 3) sind Planungen der Gebäude und raumbildenden Ausbauten, Planungen der Freianlagen, der Ingenieurbauwerke und der Verkehrsanlagen beschrieben. Für die Fachplanungen (HOAI 2013, Teil 4) sind Leistungen der Tragwerksplanung und der Technischen Ausrüstung beschrieben.

Für den Bauleiter des Bauherrn ist die Leistungsphase 8 von besonderem Interesse.

Die Leistungsphasen gliedern sich nach § 34 HOAI 2013 wie folgt:

- Leistungsphase 1: Grundlagenermittlung
- Leistungsphase 2: Vorplanung
- Leistungsphase 3: Entwurfsplanung
- Leistungsphase 4: Genehmigungsplanung
- Leistungsphase 5: Ausführungsplanung
- Leistungsphase 6: Vorbereitung der Vergabe
- Leistungsphase 7: Mitwirkung bei der Vergabe
- Leistungsphase 8: Objektüberwachung – Bauüberwachung und Dokumentation
- Leistungsphase 9: Objektbetreuung

Während die Begriffe Objektüberwachung und Bauüberwachung i. A. die gleiche Bedeutung haben (in § 34 HOAI für das Leistungsbild Gebäude und Innenräume; in § 39 für das Leistungsbild Freianlagen), wird in der Leistungsphase 8 insbesondere bei den Leistungsbildern Ingenieurbauwerke (§ 43) und Verkehrsanlagen (§ 47) von der Bauoberleitung gesprochen. Bei diesen beiden Leistungsbildern bleibt ferner der Leistungsanteil Dokumentation weiterhin der Leistungsphase 9 zugeordnet, wie es auch für die Architektenleistungen noch bis zur HOAI 2009 der Fall war.

Bei Ingenieurbauwerken und Verkehrsanlagen kommt dem Bauleiter des Bauherrn als Bauoberleiter (BOL) gemäß HOAI die Aufsicht über die einzelnen Örtlichen Bauüberwachungen (ÖBÜ) zu, die den einzelnen Objekten oder Bauwerken zugeteilt sind. Der Bauoberleiter hat diese einzelnen Objektüberwachungen zu koordinieren.

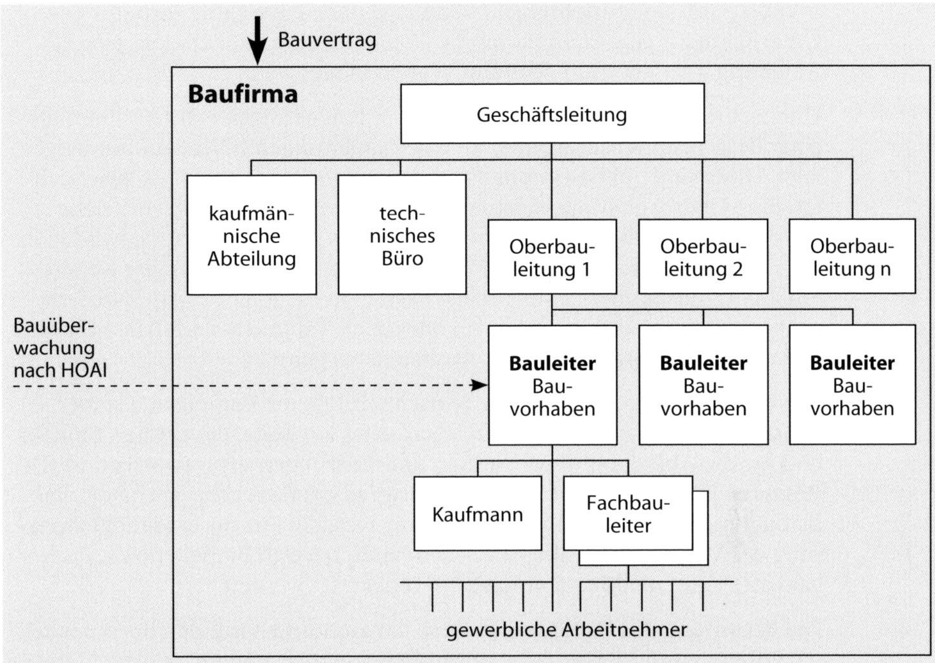

Abb. 1.6: Stellung des Unternehmer-Bauleiters innerhalb eines Bauunternehmens, Beispielstruktur

Bauleiter in der Bauunternehmung

In den Ausführungsunternehmen des Baus und der Haustechnik sind für die Führung und Leitung der Arbeiten auf der Baustelle ebenfalls Bauleiter erforderlich. Wegen seiner umfassenden unternehmensinternen Aufgaben der Arbeitsorganisation und unternehmerischen Verantwortung für die Baustellen wird dieser Bauleiter auch als Unternehmer-Bauleiter bezeichnet. Zur besseren Unterscheidung gegenüber dem überwachenden Bauleiter wird im Folgenden immer vom Unternehmer-Bauleiter gesprochen, wenn die bauunternehmerische Seite der Bauleitung gemeint ist.

Da eine Baufirma in Abhängigkeit von Größe und Leistungsfähigkeit mehrere Bauvorhaben gleichzeitig ausführen wird, sind meist mehrere Bauleiter und mehrere Hierarchiestufen innerhalb einer Ausführungsfirma vorhanden. Je nach fachlicher Ausrichtung und Größe des Unternehmens ist natürlich der familiengeführte Handwerksbetrieb flacher gegliedert als ein Unternehmen der Bauindustrie.

Unter der Geschäftsführung eines Bauunternehmens sind neben den einzelnen Bauleitungen, die für die Abwicklung von Bauaufträgen verantwortlich sind, weitere zentrale Einrichtungen vorhanden. Hierzu zählt das technische Büro oder eine technische Abteilung, die z. B. für die Erarbeitung von Sonderlösungen, für die Arbeitsvorbereitung und ausgewählte Planungsleistungen wie Werk- und Montageplanungen verantwortlich ist.

Weitere zentrale Einrichtungen können je nach Größe und Struktur eines Unternehmens eine kaufmännische Abteilung oder Kalkulation, eine IT-Abteilung oder auch ein zentraler Wareneinkauf sein.

Unterschiedliche Bauvorhaben und deren Bauleitungen werden innerhalb einer derartigen Struktur meist zu Oberbauleitungen (OBL) zusammengefasst. Diese sind auf bestimmte Produktgruppen oder Regionen ausgerichtet. Eine Oberbauleitung steht damit mehreren Bauleitungen vor (siehe Abb. 1.6). Bei größeren Baufirmen, wie z. B. in der Bauindustrie, werden in der Hierarchie zwischen Geschäftsleitung und Oberbauleitungen weitere Stufen der Zusammenfassung meist nach dem Regionalprinzip (Niederlassungen, Hauptniederlassung usw.) oder nach Tätigkeitsmerkmalen (Spezialtiefbau, Erdbau, Stahlbetonbau, Ausbau usw.) genutzt.

Der Unternehmer-Bauleiter hat, je nach Größe und Komplexität seiner Baustelle, einen kaufmännischen Mitarbeiter zur Seite, der für den Einkauf und für die Abrechnung von Stoffen und Leistungen verantwortlich ist. Des Weiteren können je nach Schwierigkeitsgrad oder Spezialisierung der Baumaßnahme Fachbauleitungen notwendig werden. Für die eindeutige Fixierung der Verantwortlichkeit zwischen Bauherrn und Bauleiter bzw. Fachbauleiter kann die Mustervorlage 1.1 verwendet werden.

Die Bauleitung des Bauunternehmens hat zusammen mit den ihr unterstellten Polieren und Meistern die gewerblichen Arbeitnehmer zu führen und ist für eine wirtschaftliche und technisch korrekte Umsetzung der ihr übertragenen Bauaufgabe verantwortlich. Der Unternehmer-Bauleiter steht in der Personalverantwortung seines Unternehmens und hat für die Umsetzung seines Bauauftrags aufseiten des Bauherrn im Außenverhältnis den Bauleiter des Bauherrn als fachlichen Ansprechpartner (siehe Abb. 1.4).

1.4 Bauleitervertrag

Die Ausführungen in Kapitel 1.3 zeigen, dass trotz unterschiedlicher Strukturen bei der Vergabe von Bauleistungen für den Bauleiter eigentlich nur 2 mögliche Varianten einer vertraglichen Bindung bestehen.

Dies ist zum einen ein Anstellungsvertrag mit dem ausführenden Bauunternehmen oder dem Bauherrn. Hierbei erhält der Bauleiter einen Arbeitsvertrag als Angestellter des Unternehmens oder des Bauherrn, und in seiner Arbeitsbeschreibung wird die Bauleitung als wesentliche Tätigkeit beschrieben. Die zweite Variante ist die Tätigkeit als freischaffender Architekt oder Ingenieur auf der Basis eines Honorarvertrags nach § 34 HOAI 2013 im Fall der Übertragung der Tätigkeiten der Bauüberwachung. Dieses ist vom Grundmuster her ein Werkvertrag, bei dem der Bauleiter im Rahmen seiner Aufgaben die Errichtung des Bauwerks schuldet. Bisweilen wird noch eine dritte Möglichkeit der vertraglichen Bindung des Bauleiters diskutiert: in der Position als freier Mitarbeiter des Bauherrn. Jedoch wird in der juristischen Fachliteratur darauf verwiesen, dass sich dieses Konstrukt nicht eindeutig zwischen dem Status als fester Mitarbeiter und dem als freischaffender (Nach-)Unternehmer abgrenzen lässt. In der Tat würden einem Bauleiter als freier Mitarbeiter sowohl die Vorteile eines regulären Arbeitsverhältnisses als Angestellter als auch die Vorteile der Entlohnung nach den

Honorarsätzen der HOAI versagt bleiben. Weiterführende Ausführungen macht hierzu beispielsweise Ulbrich im „Formularbuch des Fachanwalts Bau- und Architektenrecht“ (2015).

Wird ein umfassender Planungsvertrag, also von Leistungsphase 1 bis 8 nach § 34 HOAI, geschlossen, so handelt es sich hier immer um einen Werkvertrag. Der beauftragte Planer schuldet, wie auch die Baufirma mit Bauvertrag bzw. Bauleistungsvertrag, die Herbeiführung des Erfolgs, also die Errichtung des Bauwerks.

Ohne an dieser Stelle dieses juristische Thema zu vertiefen, seien noch die folgenden Sonderfälle erwähnt:

- separate Beauftragung eines Architekten oder Bauingenieurs mit der Leistungsphase 8 nach § 34 HOA I (siehe Mustervorlage 1.2)
- separate Beauftragung mit den Leistungen der Leistungsphasen 6 und 7 nach § 34 HOAI (Vorbereitung und Mitwirkung bei der Vergabe der Bauleistungen) (ein Vertrag hierzu kann leicht in Analogie zur Mustervorlage 1.2 selbst entwickelt werden)

Auch in diesen Fällen ist die Rede von einer werkvertraglichen Qualifizierung.

In der Praxis treten derartige Fälle einer isolierten Vergabe von Planungsleistungen z. B. auf, wenn der planende Architekt räumlich weiter entfernt vom Bauvorhaben ansässig ist und die Bauüberwachung (Leistungsphase 8 nach § 34 HOAI) an ein örtlich ansässiges Büro vergeben wird.

Auch die fachliche Ausrichtung des planenden Architekten kann zu einer isolierten Vergabe von Planungsleistungen führen. Liegt dessen Arbeitsschwerpunkt mehr auf der Gestaltungsebene, wird oft eine Trennung des Leistungsumfangs vorgenommen, z. B. in Leistungen einerseits der Leistungsphasen 1 bis 4 und andererseits der Leistungsphasen 5 bis 9 oder auch 6 bis 9 nach § 34 HOAI. Auch wenn die separate Übernahme von Leistungsphasen auf Vorleistungen Dritter basiert, wird von einem Werkvertragscharakter des Vertrags gesprochen.

Es sei für eine eigenständige Vertiefung dieses Themas auf die einschlägige juristische Literatur verwiesen, wie z. B. das Baurechtslehrbuch (Würfele, 2014). Ein Vertragsmuster (auch zum Download) enthält das Buch „Architekten- und Ingenieurvertrag nach HOAI“ (Kemper/Wronna, 2013).

Mustervorlage 1.1: Fachbauleitererklärung

FACHBAULEITERERKLÄRUNG

I. Bauleiterbestellung

In der Bausache:

Bauherr / Baugrundstück / Vorhaben:

bestelle ich ☐ für das gesamte Vorhaben ☐ für folgende Aufgaben

Gewerk:

als ☐ Bauleiter ☐ Fachbauleiter

Name, Anschrift, Telefon:

Einen etwaigen Wechsel in der Person des Fach-/Bauleiters werde ich rechtzeitig mitteilen.

Ort, Datum

Unterschrift des Auftragnehmers

II. Bauleitererklärung

Ich bin wie oben angegeben bestellt als ☐ Bauleiter ☐ Fachbauleiter

Ort, Datum

Unterschrift des Fach-/Bauleiters

Mustervorlage 1.2: Bauleitervertrag

Vertrag zur Bauleitung auf Basis der Leistungsphase 8 HOAI

(*die nicht zutreffenden Bereiche/Begriffe sind jeweils im Vertragsmuster zu streichen)

Zwischen

....
(Bauherr, rechtsgeschäftlicher Name und Adresse), nachfolgend mit „Bauherr" bezeichnet

und

....
(überwachender Bauleiter/Architekt/Ingenieur*, rechtsgeschäftlicher Name und Adresse), nachfolgend mit „Bauleiter" bezeichnet

wird folgender Vertrag geschlossen:

§ 1 Vertragsgegenstand

(1) Gegenstand dieses Vertrages sind Leistungen der Bauoberleitung/Objektüberwachung/Bauüberwachung* im Sinne der

- HOAI § 34 Leistungsphase 8 und Anlage 10 (für Gebäude und Innenräume)*
- HOAI § 39 Leistungsphase 8 und Anlage 11 (für Freianlagen)*
- HOAI § 43 Leistungsphase 8 und Anlage 12 (für Ingenieurbauwerke)*
- HOAI § 47 Leistungsphase 8 und Anlage 13 (für Verkehrsanlagen)*
- HOAI § 55 Leistungsphase 8 und Anlage 15 (für Technische Ausrüstung)*

an folgendem Bauvorhaben:

....
(Bezeichnung des Vorhabens, Adresse, ggf. Grundbuchbezeichnung)

(2) Die Zielvorstellungen des Bauherrn ergeben sich aus den unter § 2 genannten Unterlagen.

(3) Der Bauleiter verpflichtet sich, seine Leistungen in der Weise zu erbringen, dass die beschriebenen Zielvorstellungen in hoher Übereinstimmung erreicht werden. Sofern der Bauleiter erkennt, dass diese Zielvorstellungen nicht erreicht werden können, hat er den Bauherrn umgehend hierüber in Kenntnis zu setzen.

(4) Die Bausumme soll auf der Grundlage der vorliegenden Kostenschätzung nicht überschritten werden.

(5) Das Bauvorhaben soll fertig gestellt werden bis zum ....

§ 2 Vertragsgrundlagen

Grundlagen des Vertrags zur Bauoberleitung/Objektüberwachung/Bauüberwachung* sind

a) dieser Vertrag einschließlich seiner nachfolgend und in absteigender Rangfolge aufgeführten Anlagen wie

Mustervorlage 1.2: Bauleitervertrag (Fortsetzung)

b) Bauantragsunterlagen und Baugenehmigung, freigegebene Ausführungsplanungen, Leistungsverzeichnisse und andere Ausschreibungsunterlagen, Kostenberechnungen der Planer, Bauverträge mit Bauunternehmen, Bauablaufplanungen ... ,

c) die HOAI in ihrer bei Vertragsschluss geltenden Fassung,

d) die Bestimmungen des Bürgerlichen Gesetzbuches zum Werkvertrag (§ 631 ff. BGB).

§ 3 Auftrag

Der Bauherr beauftragt den Bauleiter mit der Erbringung der Bauoberleitung/Objektüberwachung/Bauüberwachung* nach Maßgabe dieses Vertrages und im Sinne der HOAI-Grundleistungen nach

- § 34 Leistungsphase 8 und Anlage 10 (für Gebäude und Innenräume)*
- § 39 Leistungsphase 8 und Anlage 11 (für Freianlagen)*
- § 43 Leistungsphase 8 und Anlage 12 (für Ingenieurbauwerke)*
- § 47 Leistungsphase 8 und Anlage 13 (für Verkehrsanlagen)*
- § 55 Leistungsphase 8 und Anlage 15 (für Technische Ausrüstung)*

§ 4 Leistungspflicht des Bauleiters

(1) Der Bauleiter überwacht und koordiniert die plangerechte, technisch und wirtschaftlich mangelfreie Erstellung des Bauwerks auf Basis der zum Zeitpunkt der Beauftragung vorliegenden Planungsergebnisse nach § 2.

(2) Zu seinem Leistungsumfang gehören sämtliche Grundleistungen nach Maßgabe der HOAI, Leistungsphase 8, insoweit sie zur Erzielung des Gesamterfolgs erforderlich sind.

(3) Unabhängig von Satz (2) hat der Bauleiter in jedem Fall folgende Teilleistungen zu erbringen:

- Aufstellen und Fortschreiben des Bauzeitenplans*
- Führen eines Bautagebuchs*
- Koordinierung beteiligter Fachbauleiter*
- Mitwirkung bei der Abnahme der Bauleistungen und Feststellen von Mängeln*
- Kostenkontrolle durch Überprüfen der Leistungsabrechnungen der ausführenden Bauunternehmen anhand der Vertragspreise und Kostenanschläge*
- Zusammenstellung und Übergabe der erforderlichen Baudokumentation, insbesondere Bedienungsunterlagen, Prüfprotokolle, Abnahmedokumentation*

(4) Sollten zur Erzielung des Gesamterfolges weitere Leistungen erforderlich werden, die über die in den Absätzen (1) bis (3) genannten hinausgehen, so hat der Bauleiter auch diese zu erbringen, allerdings vorbehaltlich eines ggf. bestehenden zusätzlichen Vergütungsanspruchs. Beispielsweise können Einzelleistungen aus dem Katalog der Besonderen Leistungen aus der Leistungsphase 8 HOAI erforderlich oder explizit vom Bauherrn gefordert werden.

(5) Leistungen aus Leistungsbildern der HOAI, die nicht beauftragt wurden (beispielsweise aus anderen Leistungsphasen, aus anderen Objekt- und Fachplanungsbereichen), hat der Bauleiter nicht zu erbringen.

(6) Grundlage der Leistungserbringung des Bauleiters ist die Annahme, dass die bereits vorliegenden Planungsunterlagen zu diesem Vertrag (siehe § 2 (b)) den Zielvorstellungen des Bauherrn und den anerkannten Regeln der Technik entsprechen und dass es sich um eine ausführbare und eine dauerhaft genehmigungsfähige Planung handelt.

Mustervorlage 1.2: Bauleitervertrag (Fortsetzung)

(7) Den Bauleiter trifft insofern keine umfassende Pflicht zur Überprüfung der vorgegebenen Planungsunterlagen. Vor Weiterleitung an die weiteren am Bau Beteiligten hat der Bauleiter die Planungsunterlagen jedoch auf Plausibilität, Widerspruchsfreiheit und Vollständigkeit zu prüfen und ggf. zu veranlassen, dass die Planungsunterlagen nachgearbeitet werden.

(8) Wird für den Bauleiter erkennbar, dass der vorgegebene Kostenrahmen oder der vorgegebene Zeitrahmen voraussichtlich überschritten wird, oder wird wegen einer im Laufe der Ausführung ersichtlich gewordenen Fehlerhaftigkeit der Planungs- oder von Ausführungsergebnissen das gewünschte Bauergebnis voraussichtlich nicht erreicht, so hat der Bauleiter den Bauherrn hierüber umgehend und umfassend zu unterrichten und entsprechende Korrekturvorschläge zu unterbreiten, die geeignet sind, die Einhaltung der Vorgaben wieder herzustellen. Eigene Planungsleistungen muss der Bauleiter insoweit allerdings nicht erbringen.

(9) Nach Maßgabe des § 3 ist der Bauleiter im Falle des Absatz (1) dazu verpflichtet, die Termin- bzw. Kostenpläne entsprechend fortzuschreiben.

§ 5 Bevollmächtigung des Bauleiters

(1) Der Bauherr bevollmächtigt den Bauleiter im Rahmen des Vertragsgegenstands zu folgenden Handlungen:

- Koordination und Überwachung (§ 4 Nr. 1 Abs. 1 und Abs. 2 VOB/B)
- Erteilung von Weisungen auf der Baustelle (§ 4 Nr. 1 Abs. 3 VOB/B)
- gemeinsames Aufmaß zusammen mit Vertretern von Bauunternehmen*
- technische Abnahmen*
- Entgegennehmen von Erklärungen ausführender Bauunternehmen wie Behinderungsanzeigen, Bedenkenanmeldungen, Mehrkostenanmeldungen*
- Entgegennehmen und Gegenzeichnen von Stundenlohnnachweisen*
- Mängelrügen*
- Entgegennehmen von Schlussrechnungen*

(2) Finanzielle Verpflichtungen für den Bauherrn darf der Bauleiter nur eingehen, wenn Gefahr in Verzug ist und das Einverständnis des Bauherrn nicht rechtzeitig eingeholt werden kann.

(3) Weitere, darüber hinaus gehende Vollmachten können nur schriftlich erteilt werden.

§ 6 Honorar

(1) Für die nach diesem Vertrag zu erbringenden Leistungen erhält der Bauleiter ein vereinbartes Gesamthonorar in Höhe von

.... € netto.

(2) Das Honorar wurde auf Basis der anrechenbaren Kosten sowie der HOAI-Honorarberechnungen gemäß Anlage .... ermittelt und festgeschrieben.

(3) Nebenkosten nach § 14 HOAI werden separat vergütet, und zwar

- mit dem pauschalen Betrag von ...... € netto,
- mit einem prozentualen Satz auf das Gesamthonorar in Höhe von ... %,
- auf Einzelnachweis.

Mustervorlage 1.2: Bauleitervertrag (Fortsetzung)

(4) Mögliche zusätzliche Vergütungsansprüche, die sich ergeben können aus

- Unterbrechungen der Projektrealisierung,
- Verzögerungen der Baudurchführung,
- Mehrleistungen infolge Planungsänderungen,
- Beauftragung zusätzlicher Leistungen,

bleiben hiervon unberührt. Diese sind zusätzlich zu vergüten.

(5) Sofern Leistungen, die nicht unter (1) fallen, nach Zeitaufwand anfallen, werden diese abgerechnet zu einem Stundensatz von .... €.

§ 7 Abrechnung

(1) Der Bauleiter ist berechtigt, monatliche Abschlagsrechnungen zu stellen.

(2) Die Höhe der Abschläge richtet sich nach dem Verhältnis der bereits erfolgten Bauzeit zur geplanten Gesamtbauzeit.*

(3) Für die Höhe der Abschlagszahlungen wird der Zahlungsplan, Anlage ... , vereinbart.*

§ 8 Dokumentation

(1) Der Bauleiter fasst die Ergebnisse seiner Bauleitertätigkeit schriftlich zusammen. Dem schriftlichen Bericht sind folgende Unterlagen beizufügen, sofern sie nicht schon im Laufe der Bauausführung übergeben wurden:

a) die technische Dokumentation der ausführenden Bauunternehmen zu eingesetzten Fabrikaten, Qualitätsprüfungen (siehe hierzu auch Kapitel 5, Abschnitt 5.1)

b) die gemeinsam mit den Bauunternehmen erstellten endgültigen Aufmaße

c) eine Auflistung aller Behinderungsanzeigen, Bedenkenanzeigen, Mängelrügen, Nachtragsangebote etc. sowie den zu den jeweiligen Sachverhalten vorliegenden Schriftwechsel, sofern diese nicht endgültig und einvernehmlich geklärt sind

d) eine Auflistung aller Mahnungen, Mängelrügen, Änderungsanordnungen etc. sowie den zu den jeweiligen Sachverhalten vorliegenden Schriftwechsel, sofern diese nicht endgültig und einvernehmlich geklärt sind

e) die Schlussrechnungen der Bauunternehmen

f) die Auflistung der Abnahmetermine sowie der Fristen für die Mangelbeseitigungspflicht der bauausführenden Bauunternehmen

g) die Kostenfeststellung

(2) Die Dokumentation ist in gedruckter Form zu übergeben/auf Datenträger zu übergeben/auf einem Projektserver strukturiert abzulegen*.

(3) Soweit weitere Unterlagen nicht an den Bauherrn zu übergeben sind, ist der Bauleiter berechtigt, diese ... Jahre nach vollständiger Leistungserbringung zu vernichten.

Mustervorlage 1.2: Bauleitervertrag (Fortsetzung)

§ 9 Versicherung

Der Bauleiter ist verpflichtet, für die Dauer dieses Vertrages eine Berufshaftpflichtversicherung mit ausreichenden Deckungssummen nachzuweisen. Diese müssen mindestens betragen:

- für Personenschäden: .... €
- für sonstige Schäden: .... €.

§ 10 Vorzeitige Vertragsbeendigung

(1) Bauherr und Bauleiter sind zur Kündigung dieses Vertrages aus wichtigem Grunde berechtigt. Das Recht des Bauherrn zur ordentlichen Vertragskündigung bleibt unberührt.

(2) Ein wichtiger Grund liegt für den Bauherrn dann vor, wenn

- er seine Bauabsicht für das Objekt endgültig aufgegeben hat.
- das Vertrauensverhältnis zwischen den Parteien aufgrund nach Vertragsschluss eingetretener Umstände erheblich gestört ist.
- der Bauleiter die Eröffnung des Insolvenzverfahrens über sein Vermögen beantragt hat.
- andere Umstände eingetreten sind, die die Leistungsfähigkeit des Bauleiters so beeinträchtigen, dass objektiv ein Vertrauen in seine Möglichkeiten zur vertragsgerechten Erfüllung nicht mehr besteht.

(3) Ein wichtiger Grund liegt für den Bauleiter dann vor, wenn

- der Bauherr eine ihm obliegende Leistung unterlässt, sodass dadurch der Bauleiter wesentlich in seiner vertragsgemäßen Leistungserbringung behindert ist.
- der Bauherr mit einer fälligen Zahlung in Verzug gerät.
- das Vertrauensverhältnis zwischen den Parteien aufgrund nach Vertragsschluss eingetretener Umstände erheblich gestört ist.

§ 11 Schlussbestimmung

Mündliche Nebenabreden sind nicht getroffen worden. Änderungen und Ergänzungen des Vertrages bedürfen der Schriftform.

....	....
Ort, Datum, Unterschrift (Bauherr)	Ort, Datum, Unterschrift (Bauleiter)

2 Vorbereitung einer Baustelle

2.1 Vorbereitende Tätigkeiten des Bauherrn

2.1.1 Strukturelle Weichenstellung

Der Bauherr kann die Errichtung seines Bauwerks grundsätzlich selbst überwachen, wenn er über die hierfür erforderlichen fachlichen, organisatorischen, rechtlichen und betriebswirtschaftlichen Kenntnisse verfügt.

Diese Voraussetzungen sind jedoch nur in den wenigsten Fällen gegeben. Daher unterbreiten Architekten und Ingenieure dem Bauherrn i. d. R. umfassende Dienstleistungsangebote. Es ist dabei sowohl möglich, die Leistungen der Leistungsphase 8 (Objektüberwachung gemäß § 34 HOAI) separat zu vereinbaren, als auch mehrere zusammenhängende Leistungsphasen (z. B. die Leistungsphasen 6 bis 8) oder auch das komplette Leistungsbild.

Praxistipp für die Leistungsvergabe

Je nach Leistungsfähigkeit des Architekten oder Ingenieurs können Leistungen zusammengefasst oder auch getrennt vergeben werden.

Wenn die Leistung der Objektüberwachung (Leistungsphase 8) separat vergeben wird, entsteht eine zusätzliche Schnittstelle. Das kann sinnvoll sein, wenn eine unabhängige zusätzliche Kontrolle der bisherigen Planinhalte gewünscht wird. Es verursacht aber auch einen zusätzlichen Einarbeitungsaufwand.

Entscheidet sich der Bauherr für die externe Beauftragung eines Architekten oder Ingenieurs, so kauft er bei diesem über einen Honorar- oder Planungsvertrag eine komplette, fehlerfreie Werkleistung zu einem nach der HOAI angemessenen Honorar ein. Die Art der Splittung oder Staffelung von Honorarleistungen ist dabei individuell gestaltbar und ist meist von positiven oder negativen Erfahrungen der einzelnen Akteure geprägt.

Grundsätzlich hat die separate Vergabe der Leistungsphase 8 den Vorteil, dass ein Spezialist für diese Leistung gewonnen wird, aber auch den Nachteil, dass dieser sich erst in die Planung hineindenken und einarbeiten muss. Ihm fehlen beim Einstieg in die Objektüberwachung die Projektvorkenntnisse. In vielen Fällen ist dies dennoch die gängige Variante.

Auch eine Vergabe der Leistungsphasen 6 bis 8 ist üblich, bei der der Bauleiter bzw. das beauftragte Büro die Bauleistungen zunächst ausschreibt und dann deren Ausführung überwacht. Diese Art der Leistungsbündelung entspricht in etwa dem im angelsächsischen Raum üblichen Construction Management.

Wird die Objektüberwachung dem planenden Architekten übertragen, hat dies den Vorteil, dass er eine vergleichsweise geringe Einarbeitung benötigt. Die Vergabe wird sich also in der Praxis nach der Fachkompetenz und der Leistungsfähigkeit des Dienstleisters sowie nach den Erfahrungen des Bauherrn richten.

Wenn sich der Bauherr für die Vergabe von Planungsleistungen entscheidet, so bildet die HOAI die Preisgrundlage für die darin beschriebenen Leistungen.

Mit der Neuauflage der HOAI im Jahr 2013 wurden deren Inhalte auch gegenüber der erst im Jahr 2009 erschienenen Überarbeitung verändert. Verschiedene Leistungsbilder wurden teilweise vollkommen neu bewertet. Die HOAI besteht nun aus 5 Teilen und insgesamt 15 Anlagen. Im Vergleich zur HOAI 2009 kommt ein neuer § 31 „Honorare für Grundleistungen bei Landschaftspflegerischen Begleitplänen" hinzu. Die Anlagen sind neu gegliedert.

Die 5 Teile der HOAI sind:

- Allgemeine Vorschriften
- Flächenplanung
- Objektplanung
- Fachplanung
- Übergangs- und Schlussvorschriften

Für die Objektüberwachung, die sich inhaltlich durch mehrere Leistungsbilder zieht, sind Teil 3 (Objektplanung) für Gebäude, Freianlagen, Ingenieurbauwerke und Verkehrsanlagen sowie Teil 4 (Fachplanung) für Tragwerksplanung und Technische Ausrüstung maßgebend.

Zu den Leistungsbildern werden in den jeweiligen Anlagen neben den Grundleistungen auch Besondere Leistungen in den einzelnen Leistungsphasen beschrieben.

2.1.2 Bauüberwachung nach HOAI

In der HOAI ist die Funktion des überwachenden Bauleiters nicht explizit definiert. Auch wird hier keine Differenzierung zwischen dem überwachenden Bauleiter und dem Unternehmer-Bauleiter vorgenommen. Jedoch fußt der Zweck der HOAI in ihrem Sinn als Ordnung zur Regelung der Honorare der Planer darauf, dass die überwachende Funktion des Bauleiters im Vordergrund steht. Dieses ist auch an den in den Anlagen zur HOAI detailliert aufgeführten Grundleistungen ersichtlich. So werden in Anlage 10 zu § 34 die folgenden 16 Grundleistungen der Leistungsphase 8 (Objekt- und Bauüberwachung) aufgeführt:

- Überwachen der Ausführung des Objekts auf Übereinstimmung mit der Baugenehmigung oder Zustimmung, den Ausführungsplänen, den Leistungsbeschreibungen und den allgemein anerkannten Regeln der Technik und den einschlägigen Vorschriften
- Überwachen der Ausführung von Tragwerken bei Tragwerken mit sehr geringem bzw. geringem Schwierigkeitsgrad auf Übereinstimmung mit dem Standsicherheitsnachweis

- Koordination der an der Bauüberwachung fachlich Beteiligten
- Aufstellen, Fortschreiben und Überwachen eines Terminplans (Balkendiagramm)
- Dokumentation des Bauablaufs z. B. durch Führen eines Bautagebuchs
- gemeinsames Aufmaß mit den ausführenden Firmen
- Rechnungsprüfung einschließlich Prüfung des Aufmaßes der bauausführenden Unternehmen
- Vergleich der Ergebnisse der Rechnungsprüfung mit den Auftragssummen inklusive Nachträgen
- Kostenkontrolle durch Überprüfung der Leistungsabrechnung der ausführenden Unternehmen
- Kostenfeststellung z. B. nach DIN 276 „Kosten im Bauwesen" (2018) oder nach wohnungsrechtlichem Berechnungsrecht
- Organisation der Abnahme der Bauleistungen und Feststellung von Mängeln unter Mitwirkung anderer an der Planung und Bauüberwachung fachlich Beteiligter, Abnahmeempfehlung für den Auftraggeber
- Antrag auf öffentlich-rechtliche Abnahmen und Teilnahme daran
- systematische Zusammenstellung der Dokumentation, der zeichnerischen Darstellungen und rechnerischen Ergebnisse des Objekts
- Übergabe des Objekts
- Auflisten der Verjährungsfristen für Mängelansprüche
- Überwachen der Beseitigung der bei der Abnahme der Bauleistungen festgestellten Mängel

In der Objektplanung kennt die HOAI neben der Bauüberwachung für Gebäude und Innenräume (§ 34 ff.) noch die Objektüberwachung (Bauüberwachung) und Dokumentation für Freianlagen (§ 39 ff.) mit einer ausführlichen Auflistung der Grundleistungen in Anlage 11 sowie die Bauoberleitung für Ingenieurbauwerke (§ 43 ff.) und für Verkehrsanlagen (§ 47 ff.), für die das Leistungsbild der Bauoberleitung in den Anlagen 12 und 13 ganz ähnlich beschrieben ist.

Ferner erwähnt die HOAI in Anlage 10 einige Besondere Leistungen, die in der Leistungsphase 8 zusätzlich vereinbart werden können. Die jeweilige Auflistung ist nicht abschließend. Die Honorare für Besondere Leistungen können frei vereinbart werden. Für Gebäude und Innenräume werden aufgezählt:

- Aufstellen, Überwachen und Fortschreiben eines Zahlungsplans
- Aufstellen, Überwachen und Fortschreiben von differenzierten Zeit-, Kosten- oder Kapazitätsplänen
- Tätigkeit als verantwortlicher Bauleiter (Bauleiter nach LBO, vgl. Kapitel 1.3), soweit dies nach jeweiligem Landesrecht über die Grundleistungen der Leistungsphase 8 hinausgeht

Für Ingenieuranlagen ist dieser Katalog möglicher Besonderer Leistungen deutlich umfangreicher und differenzierter beschrieben (Anlage 12 HOAI):

- Kostenkontrolle
- Prüfen von Nachträgen
- Erstellen eines Bauwerksbuchs

- Erstellen von Bestandsplänen
- Örtliche Bauüberwachung:
  - Plausibilitätsprüfung der Absteckung
  - Überwachen der Ausführung der Bauleistungen [...]
  - Mitwirken beim Aufmaß mit den ausführenden Unternehmen und Prüfen der Aufmaße
  - Mitwirken bei behördlichen Abnahmen
  - Mitwirken bei der Abnahme von Leistungen und Lieferungen
  - Rechnungsprüfung, Vergleich der Ergebnisse der Rechnungsprüfungen mit der Auftragssumme
  - Mitwirken beim Überwachen der Prüfung der Funktionsfähigkeit der Anlagenteile und der Gesamtanlage
  - Überwachen der Ausführung von Tragwerken nach Anlage 14.2 Honorarzone I und II mit sehr geringen und geringen Planungsanforderungen auf Übereinstimmung mit dem Standsicherheitsnachweis

Für weitere Details, insbesondere auch für Erläuterungen zu Leistungsbildern bei Freianlagen und Verkehrsanlagen, wird an dieser Stelle auf den vollständigen Text der HOAI verwiesen.

Die Leistungen der Objektüberwachung enden mit Übergabe und Beseitigung der bei der Abnahme festgestellten Mängel sowie mit Übergabe der Objektunterlagen.

Die Verfolgung der Mängelansprüche und das Organisieren der Beseitigung von Mängeln, die während der Gewährleistungsfristen festgestellt werden, ist Inhalt der Leistungsphase 9 (Objektbetreuung).

Die Abgrenzung der Phasen 8 und 9 ist in der Praxis oft schwierig, da der Bauherr „seinen" Bauleiter meist lange in der Pflicht sieht. Die Vorlage der Objektdokumentation und das Abnahmeprotokoll mit der Liste der Restleistungen und Mängel sowie deren Abarbeitung sind Indizien für den Abschluss der Leistungsphase 8. Mit der HOAI 2013 wurde auch die Wertung der einzelnen Leistungsphasen verändert. Die Leistungsphase 8 macht nunmehr 32 % des Gesamthonorars aus, die Leistungsphase 9 nur noch 2 % statt zuvor 3 %.

Die vorgenannten Grundleistungen kann man untereinander schlecht werten, aber in der Praxis gibt es den Begriff der Hauptleistungen für einige maßgebliche Grundleistungen.

Die wichtigste der vorgenannten 16 Grundleistungen ist sicherlich die Prüfung der Ausführungsleistung. Dies setzt nicht nur Erfahrung, sondern auch die Kenntnis der einschlägigen Vorschriften voraus, eine Anforderung, die den Bauleiter und alle Beteiligten zum Studium des umfangreichen Vorschriftenwerks und zur ständigen Weiterbildung zwingt. Dieser Tatbestand wird leider auf vielen Baustellen unterschätzt.

Eine Gewichtung der o. g. Grundleistungen kann auch anhand der Siemon-Einzelberechnungstabellen erfolgen. Die im Folgenden auszugsweise dargestellten Ansätze können als Hilfe bei der Honorarermittlung für die Vergabe von anteiligen Leistungen nach § 8 Abs. 2 HOAI genutzt werden. Gleiches gilt beim Erfordernis von Honorarabgrenzungen wegen vorzeitiger Kündi-

Tabelle 2.1: Auszug aus Einzelberechnungstabelle nach Siemon für das Leistungsbild Objektplanung, Leistungsphase 8 nach § 34 HOAI (Quelle: PBP Planungsbüro professionell, 2013, S. 3 ff.)

	Leistungsphase 8	**von in %**	**bis in %**	
a	Überwachen der Ausführung des Objekts auf Übereinstimmung mit der öffentlich-rechtlichen Genehmigung oder Zustimmung, den Verträgen mit ausführenden Unternehmen, den Ausführungsunterlagen, den einschlägigen Vorschriften sowie mit den allgemein anerkannten Regeln der Technik	20,00	23,00	
b	Überwachen der Ausführung von Tragwerken mit sehr geringen und geringen Planungsanforderungen auf Übereinstimmung mit dem Standsicherheitsnachweis			in a enthalten
c	Koordinieren der an der Objektüberwachung fachlich Beteiligten			in a enthalten
d	Aufstellen, Fortschreiben und Überwachen eines Terminplans (Balkendiagramm)	0,50	1,00	
e	Dokumentation des Bauablaufs (z. B. Bautagebuch)	0,25	0,50	
f	gemeinsames Aufmaß mit den ausführenden Unternehmen			in g enthalten
g	Rechnungsprüfung einschließlich Prüfen der Aufmaße der bauausführenden Unternehmen	4,00	7,00	
h	Vergleich der Ergebnisse der Rechnungsprüfungen mit den Auftragssummen einschließlich Nachträgen	1,00	1,50	
i	Kostenkontrolle durch Überprüfen der Leistungsabrechnung der bauausführenden Unternehmen im Vergleich zu den Vertragspreisen			in h enthalten
j	Kostenfeststellung, z. B. nach DIN 276	0,50	1,00	
k	Organisation der Abnahme der Bauleistungen unter Mitwirkung anderer an der Planung und Objektüberwachung fachlich Beteiligter, Feststellung von Mängeln, Abnahmeempfehlung für den Auftraggeber	1,00	3,00	
l	Antrag auf öffentlich-rechtliche Abnahmen und Teilnahme daran			in k enthalten
m	systematische Zusammenstellung der Dokumentation, zeichnerischen Darstellungen und rechnerischen Ergebnisse des Objekts	0,10	0,25	
n	Übergabe des Objekts			in k enthalten
o	Auflisten der Verjährungsfristen für Mängelansprüche			in k enthalten
p	Überwachen der Beseitigung der bei der Abnahme festgestellten Mängel	0,25	1,50	
gesamt: 32 %				

Tabelle 2.2: Auszug aus Einzelberechnungstabelle nach Siemon für das Leistungsbild Ingenieurbauwerke, Leistungsphase 8 nach § 43 HOAI (Quelle: PBP Planungsbüro professionell, 2013, S. 3 ff.)

	Leistungsphase 8	von in %	bis in %	
a	Aufsicht über die örtliche Bauüberwachung, Koordinierung der an der Objektüberwachung fachlich Beteiligten, einmaliges Prüfen von Plänen auf Übereinstimmung mit dem auszuführenden Objekt und Mitwirken bei deren Freigabe	8,50	11,00	
b	Aufstellen, Fortschreiben und Überwachen eines Terminplans (Balkendiagramm)	0,50	1,00	
c	Veranlassen und Mitwirken beim Inverzugsetzen der ausführenden Unternehmen	0,00	0,50	
d	Kostenfeststellung, Vergleich der Kostenfeststellung mit der Auftragssumme	0,50	1,00	
e	Abnahme von Bauleistungen, Leistungen und Lieferungen unter Mitwirkung der örtlichen Bauüberwachung und anderer an der Planung und Objektüberwachung fachlich Beteiligter, Feststellen von Mängeln, Fertigung einer Niederschrift über das Ergebnis der Abnahme	2,00	4,00	
f	Überwachen der Prüfungen der Funktionsfähigkeit der Anlagenteile und der Gesamtanlage			in e enthalten
g	Antrag auf behördliche Abnahmen und Teilnahme daran			in e enthalten
h	Übergabe des Objekts			in e enthalten
i	Auflisten der Verjährungsfristen der Mängelansprüche			in e enthalten
j	Zusammenstellen und Übergeben der Dokumentation des Bauablaufs, der Bestandsunterlagen und der Wartungsvorschriften	0,10	0,20	
gesamt: 15 %				

gung bzw. bei der Beauftragung eines Nachfolgeplaners bzw. eines auf die Planung folgenden Bauüberwachers. Auch bei Abschlagsrechnungen auf das Honorar oder bei der Vereinbarung eines Pauschalhonorars bei gleichzeitiger Herausnahme von Einzelleistungen kann diese Splittung Verwendung finden. Da die HOAI als kleinste rechnerische Einheit nur die Leistungsphasen kennt, ist für die oben beschriebenen Fälle eine weitere Unterteilung notwendig, die z. B. mit den Siemon-Einzelberechnungstabellen möglich ist.

Bei jeglicher Aufteilung des Leistungsbilds sollte der Auftraggeber oder sein beratender Ingenieur jedoch immer an die weitere Beibehaltung der Haf-

Tabelle 2.3: Auszug aus Einzelberechnungstabelle nach Siemon für das Leistungsbild Verkehrsanlagen, Leistungsphase 8 nach § 47 HOAI (Quelle: PBP Planungsbüro professionell, 2013, S. 3 ff.)

	Leistungsphase 8	**von in %**	**bis in %**	
a	Aufsicht über die örtliche Bauüberwachung, Koordinierung der an der Objektüberwachung fachlich Beteiligten, einmaliges Prüfen von Plänen auf Übereinstimmung mit dem auszuführenden Objekt und Mitwirken bei deren Freigabe	8,50	11,00	
b	Aufstellen, Fortschreiben und Überwachen eines Terminplans (Balkendiagramm)	0,50	1,00	
c	Veranlassen und Mitwirken daran, die ausführenden Unternehmen in Verzug zu setzen	0,00	0,50	
d	Kostenfeststellung, Vergleich der Kostenfeststellung mit der Auftragssumme	0,50	1,00	
e	Abnahme von Bauleistungen, Leistungen und Lieferungen unter Mitwirkung der örtlichen Bauüberwachung und anderer an der Planung und Objektüberwachung fachlich Beteiligter, Feststellen von Mängeln, Fertigen einer Niederschrift über das Ergebnis der Abnahme	2,00	4,00	
f	Antrag auf behördliche Abnahmen und Teilnahme daran			in e enthalten
g	Überwachen der Prüfungen der Funktionsfähigkeit der Anlagenteile und der Gesamtanlage			in e enthalten
h	Übergabe des Objekts			in e enthalten
i	Auflisten der Verjährungsfristen der Mängelansprüche			in e enthalten
j	Zusammenstellen und Übergeben der Dokumentation des Bauablaufs, der Bestandsunterlagen und der Wartungsvorschriften	0,10	0,20	
gesamt: 15 %				

tung des Planers denken. Auch ein wirtschaftlicher Gesichtspunkt spielt eine Rolle: Wenn nicht alle Grundleistungen einer Leistungsphase beauftragt werden, ist durch die gesonderte Vereinbarung zusätzlicher Koordinations- und Einarbeitungsaufwand erforderlich.

Die einzelnen Gewichtungen zeigen Spielräume („von ... bis"), innerhalb derer ein Preis festgesetzt werden kann. Es sind Orientierungswerte. Teilweise sind nicht alle Grundleistungen mit einem separaten Ansatz versehen. In diesen Fällen ist die jeweilige Leistung rechnerisch nicht trennbar von anderen Grundleistungen. Andererseits können Grundleistungen auch entfallen bzw. nicht erforderlich sein. In diesen Fällen liegt der Von-Wert bei 0,00 % (z. B. bei c in Tabelle 2.2).

Tabelle 2.4: Auszug aus Einzelberechnungstabelle nach Siemon für das Leistungsbild Technische Ausrüstung, Leistungsphase 8 nach § 55 HOAI (Quelle: PBP Planungsbüro professionell, 2013, S. 3 ff.)

	Leistungsphase 8	**von in %**	**bis in %**	
a	Überwachen der Ausführung des Objekts auf Übereinstimmung mit der öffentlich-rechtlichen Genehmigung oder Zustimmung, den Verträgen mit den ausführenden Unternehmen, den Ausführungsunterlagen, den Montage- und Werkstattplänen, den einschlägigen Vorschriften und den allgemein anerkannten Regeln der Technik	16,00	22,00	
b	Mitwirken bei der Koordination der am Projekt Beteiligten	0,50	1,00	
c	Aufstellen, Fortschreiben und Überwachen des Terminplans (Balkendiagramm)	0,25	0,50	
d	Dokumentation des Bauablaufs (Bautagebuch)	0,25	0,50	
e	Prüfen und Bewerten der Notwendigkeit geänderter oder zusätzlicher Leistungen der Unternehmer und der Angemessenheit der Preise	0,00	1,00	
f	gemeinsames Aufmaß mit den ausführenden Unternehmen			in g enthalten
g	Rechnungsprüfung in rechnerischer und fachlicher Hinsicht mit Prüfen und Bescheinigen des Leistungsstandes anhand nachvollziehbarer Leistungsnachweise	8,00	10,00	
h	Kostenkontrolle durch Überprüfen der Leistungsabrechnungen der ausführenden Unternehmen im Vergleich zu den Vertragspreisen und dem Kostenanschlag	0,75	1,25	
i	Kostenfeststellung			in h enthalten
j	Mitwirken bei Leistungs- und Funktionsprüfungen	0,10	0,25	
k	fachtechnische Abnahme der Leistungen auf Grundlage der vorgelegten Dokumentation, Erstellung eines Abnahmeprotokolls, Feststellen von Mängeln und Erteilen einer Abnahmeempfehlung	2,50	4,00	
l	Antrag auf behördliche Abnahmen und Teilnahme daran			in k enthalten
m	Prüfung der übergebenen Revisionsunterlagen auf Vollzähligkeit, Vollständigkeit und stichprobenartige Prüfung auf Übereinstimmung mit dem Stand der Ausführung	0,50	0,75	
n	Auflisten der Verjährungsfristen der Ansprüche auf Mängelbeseitigung			in k enthalten
o	Überwachen der Beseitigung der bei der Abnahme festgestellten Mängel	0,25	1,50	
p	systematische Zusammenstellung der Dokumentation, der zeichnerischen Darstellungen und rechnerischen Ergebnisse des Objekts	0,10	0,25	
gesamt: 35 %				

2.1.3 Bauleiter nach Landesbauordnung

Alle LBO definieren explizit die Rolle und die Grundpflichten der am Bau Beteiligten. Dies umfasst den Bauherrn, der alle Maßnahmen zu bestellen und anzuweisen hat, die für das Bauvorhaben und dessen sichere Umsetzung im Rahmen der Gesetze erforderlich sind. Ferner definiert die Musterbauordnung (MBO) den Entwurfsverfasser, der für die Vollständigkeit und Brauchbarkeit seines Entwurfs verantwortlich ist und ggf. weitere geeignete Fachplaner hinzuzuziehen hat. Als Drittes wird der Unternehmer beschrieben, der die von ihm übernommenen Arbeiten in Übereinstimmung mit den Ausführungsplänen und mit der notwendigen Sorgfalt und Sachkenntnis sowie unter Beachtung eines sicheren Betriebs auszuführen hat.

Die Musterbauordnung der Länder umschreibt die Qualifikation und Aufgaben des Bauleiters folgendermaßen:

„(1) Der Bauleiter hat darüber zu wachen, dass die Baumaßnahme entsprechend den öffentlich-rechtlichen Anforderungen durchgeführt wird, und die dafür erforderlichen Weisungen zu erteilen. Er hat im Rahmen dieser Aufgabe auf den sicheren bautechnischen Betrieb der Baustelle, insbesondere auf das gefahrlose Ineinandergreifen der Arbeiten der Unternehmer, zu achten. Die Verantwortlichkeit der Unternehmer bleibt unberührt.

(2) Der Bauleiter muss über die für seine Aufgabe erforderliche Sachkunde und Erfahrung verfügen. Verfügt er auf einzelnen Teilgebieten nicht über die erforderliche Sachkunde, so sind geeignete Fachbauleiter heranzuziehen. Diese treten insoweit an die Stelle des Bauleiters. Der Bauleiter hat die Tätigkeit der Fachbauleiter und seine Tätigkeit aufeinander abzustimmen."
(§ 56 MBO)

Dem ist zu entnehmen, dass weniger eine klare Aufgabenbeschreibung mit technologischem oder Managementschwerpunkt im Vordergrund steht als vielmehr die Übertragung der Verantwortung für Sicherheit und Ordnung auf der Baustelle. Da ohnehin der Bauherr die Oberverantwortung für sein Bauvorhaben trägt, verzichteten einige Länder in der Vergangenheit darauf, überhaupt einen Bauleiter im Gesetz zu verankern (aktuell z. B. noch Bayern). Doch gerade weil die Öffentlichkeit mehr Transparenz bei Bauvorhaben verlangt, haben in letzter Zeit wieder mehr Bundesländer den Bauleiter in ihre LBO aufgenommen. Dieser ist dann namentlich und mit Möglichkeit zur Kontaktaufnahme (Telefonnummer usw.) sichtbar auf dem Bauschild auszuweisen.

2.1.4 Vorbereitung durch den überwachenden Bauleiter

Vor bzw. mit Beginn der Tätigkeit des überwachenden Bauleiters sind – neben der Honorardefinition bzw. den entsprechenden Honoraransätzen – einige Vorbereitungen zu treffen.

Der Bauherr hat dem überwachenden Bauleiter die kompletten Ausschreibungsunterlagen zur Verfügung zu stellen. Diese umfassen im Einzelnen:

- Genehmigungen
- Leistungsverzeichnisse
- Pläne
- Baubeschreibungen
- Vertrag und Vertragsbedingungen (Besondere Vertragsbedingungen – BVB, Zusätzliche Vertragsbedingungen – ZVB)
- mögliche Nebenangebote, unabhängig davon, ob aktiviert oder nicht

Wenn der Bauleiter nicht in die Leistungsphasen 6 und 7 eingebunden wurde, sind ihm bei Beginn der Objektüberwachung umfassende Informationen über den Vergabeprozess, insbesondere über die entsprechenden Verhandlungs- bzw. Aufklärungsgespräche, an die Hand zu geben.

Der Bauleiter muss außerdem wissen, welche Absichten der Bauherr und sein Planer bei bestimmten Formulierungen und Beschreibungen verfolgen, und muss auch die Ansätze, mögliche Nebenangebote und Zwänge der Ausführungsfirmen abschätzen können.

Mit der Vergabeentscheidung des Bauherrn ist möglicherweise auch die Prüfung und Wertung von Nebenangeboten erfolgt. Auch wenn diese im Zuge der Auftragserteilung zunächst nicht weiter berücksichtigt werden, ist es in der Praxis nicht auszuschließen, dass im Verlauf der Vertragsabwicklung auf Lösungsvorschläge aus solchen Nebenangeboten zurückgegriffen wird. Dies ist insbesondere dann interessant, wenn Lösungsansätze für Probleme erforderlich werden, die zum Zeitpunkt der Angebotsprüfung noch nicht erkennbar waren. Hierzu finden dann i. d. R. Nachtragsverhandlungen statt, deren Vorbereitung und Durchführung beiden Bauleitern – dem überwachenden Bauleiter des Auftraggebers und dem Unternehmer-Bauleiter des Bauunternehmens – übertragen wird.

Neben den technischen und vertraglichen Vorbereitungen für die Bauüberwachung muss auch das Projektregime für die Baumaßnahme überlegt und abgestimmt werden. Hierzu gehören die Organisation der Bau- und Projektberatungen, das erforderliche Berichtswesen und die Kommunikationswege zwischen den Beteiligten.

Der Rhythmus und der Teilnehmerkreis der Bau- und Projektberatungen richten sich in erster Linie nach der Vergabestruktur für die Baumaßnahme. Generell wird die Bauberatung zwischen dem Bauleiter des Bauherrn und den Bauleitern der Bauausführungsunternehmen abgehalten und vom Bauleiter des Bauherrn geführt und protokolliert.

Kommunikationsmittel und -wege existieren im Projekt schon vor Beginn der Bauüberwachungstätigkeit. Es muss geprüft werden, ob diese für die Zeit der Bauausführung und für deren Akteure zweckmäßig sind und genutzt werden sollen. Dies sind insbesondere Projektserver, Projektplattformen (auch PKMS = Projekt-Kommunikations-Management-Systeme genannt), E-Mail-Verbindungen, zentrale E-Mail-Adressen für das Projekt sowie Möglichkeiten des Einlesens bzw. Scannens von Papierexemplaren. Außerdem muss festgelegt werden, welche Pläne und Unterlagen im Büro auf der Baustelle vorhanden sein sollen.

Trotz aller elektronischen Hilfsmittel hat es sich in der Praxis bewährt, auf der Baustelle immer einen Satz der aktuellen Pläne zu haben, und zwar besser noch laminiert, wenn die Pläne mit vor Ort genommen werden sollen. So ist der Bauleiter stets arbeitsfähig, denn die Überwachung der Bauausführung erfolgt nun einmal vor Ort auf der Baustelle.

2.2 Vorbereitung im Bauunternehmen

2.2.1 Organisation eines Bauunternehmens

Mit der Auftragserteilung wechselt die Verantwortlichkeit von der Kalkulationsabteilung und Geschäftsführung eines Bauunternehmens, die insbesondere bei Preisfindung und Vertragsabschluss gefragt waren, zur Arbeitsvorbereitung und zum Unternehmer-Bauleiter.

Auf Grundlage des Bürgerlichen Gesetzbuchs (BGB) wird das Unternehmen zur Herstellung des versprochenen Werks verpflichtet (§ 631 BGB) und hat dem Besteller des Werks dieses frei von Sach- und Rechtsmängeln zu verschaffen (§ 633 BGB). Hinter diesen allgemein gehaltenen Formulierungen verbergen sich im Fall eines geschuldeten Bauwerks eine Fülle von notwendigen Entscheidungen und Festlegungen, die umfassende fachliche, betriebswirtschaftliche und rechtliche Kenntnisse erforderlich machen.

2.2.2 Einsatzformen von Bauunternehmen

Wesentlich für die Arbeit und Organisation der Bauleitung ist nicht nur die Größe, Struktur und fachliche Ausrichtung eines Bauunternehmens – ein familiengeführter Handwerksbetrieb ist anders organisiert als ein Unternehmen der Bauindustrie. Vielmehr ist der Wille zur Übernahme von Planungsleistungen zusätzlich zu den traditionellen Bauleistungen und die damit zusammenhängende Unternehmenseinsatzform eine entscheidende Randbedingung.

In der Praxis haben sich unterschiedliche Formen des Einsatzes von Bauunternehmen entwickelt. Je nach Zweckmäßigkeit entscheidet der Bauherr über die Einsatzform der Unternehmen, indem er die von ihm zu vergebenden Bau- und ggf. auch Planungsleistungen entsprechend auswählt. Im Folgenden sind einige typische Einsatzformen beschrieben, neben denen es außerdem Mischformen gibt.

Bauvorhaben mit Einzelvergaben

Im öffentlichen Bauen werden Bauvorhaben am häufigsten in Einzelvergabe an Bauunternehmen unterschiedlicher Gewerke und Leistungsbereiche abgewickelt, da sich durch die Leistungsstreuung auch kleinere Unternehmen am Wettbewerb beteiligen können. Im allgemeinen Hochbau sind dabei durch den Bauherrn durchaus 50 bis 60 Einzelverträge für ein einziges Bauvorhaben zu schließen. Diese Vertragsverhältnisse müssen überwacht und koordiniert werden. Dabei kommt nicht nur dem Bauleiter des Bauherrn eine sehr komplexe Aufgabe zu, sondern in vielen Fällen wird eine zusätzliche Projektsteuerung erforderlich, die die Organisation übernimmt sowie die Kosten, Termine und Qualität steuert (Abb. 2.1).

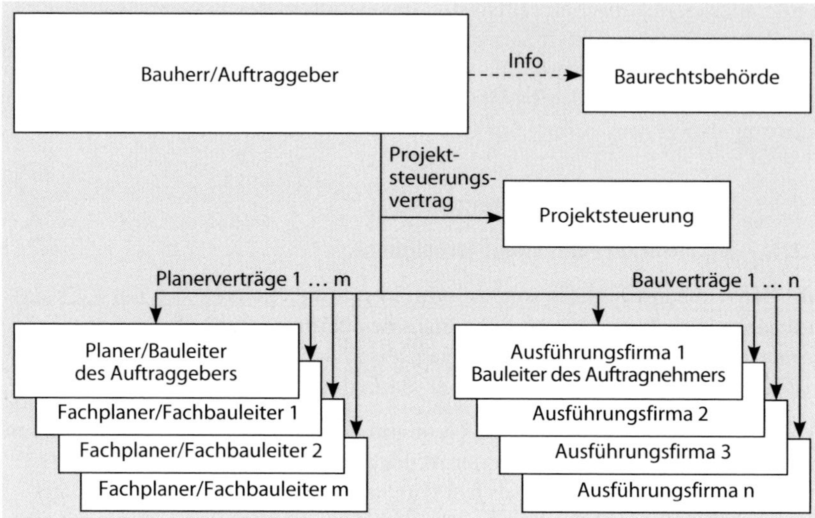

Abb. 2.1: Bauvorhaben mit Einzelvergaben der Planung und der Bauausführung

Der Vorteil der Einzelvergabe von Bauleistungen besteht in der breiten Leistungsstreuung, die unter anderem Spezialisten und andere, oft kleine und flexible Unternehmen zum Zuge kommen lässt und in Kombination mit Einheitspreisverträgen dem Bauherrn eine gute Leistungssteuerung ermöglicht.

Neben dem großen Steuerungsaufwand bei der Bauüberwachung der vielen Einzelvertragsverhältnisse hat der Bauherr i. d. R. die kompletten Planungen bis zur Ausführungsplanung bereitzustellen.

Die Einzelvergaben sind im Bereich von öffentlichen Bauprojekten, also mit Steuermitteln finanzierten Bauleistungen, typisch. Dementsprechend sind auch die meisten Bauämter bzw. vergleichbare öffentliche Einrichtungen nach Einzelgewerken und Fachdisziplinen strukturiert.

Bauvorhaben mit Generalunternehmervergabe

Wenn der Bauherr die Koordination der Bauverträge der einzelnen Gewerke nicht im vollen Umfang übernehmen will, entschließt er sich meist zu einer Generalunternehmervergabe. Bei dieser Unternehmenseinsatzform fungiert ein Unternehmen als sogenannter Kumulativleistungsträger und wird als Generalunternehmen (abgekürzt GU) bezeichnet. Die Bauleistungen werden alle oder teilweise zusammengefasst und an ein Unternehmen vergeben. Dieses vergibt wiederum Leistungen außerhalb seines Leistungsvermögens an andere Unternehmen (auch als Nachauftragnehmer, Nachunternehmen oder Subunternehmen bezeichnet und mit NU abgekürzt). Abb. 2.2 zeigt eine derartige Struktur.

Die Aufgaben des überwachenden Bauleiters werden dabei inhaltlich nicht weniger, nur hat er auf der Baustelle weniger Ansprechpartner. Er überwacht die Abwicklung eines oder nur weniger Vertragsverhältnisse, und

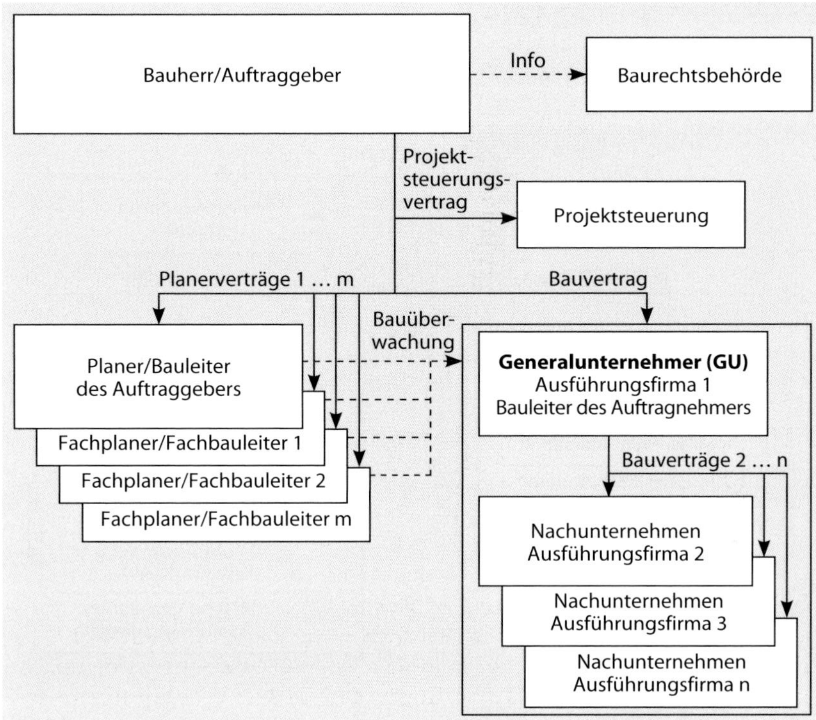

Abb. 2.2: Bauvorhaben mit Generalunternehmervergabe der Bauausführung

damit wird der Aufwand der Koordination für ihn geringer. Die Koordination der Nachunternehmen obliegt dem GU und damit dessen Bauleiter. Dieser muss seinerseits die Ausführung der Bauleistungen überwachen und koordinieren.

Oft gibt es Situationen, bei denen der Bauherr zwar seine Koordinations- und Überwachungsaufgaben reduzieren möchte, aber dennoch einige Dienstleister und Vertragspartner für bestimmte Gewerke direkt auswählen möchte. Dies ist z. B. häufig bei Fassadenbauarbeiten oder bestimmten Technikgewerken der Fall, bei denen der Spezialist auf dem Markt unabhängig vom GU gesucht und gebunden wird. Bei einem solchen GU mit reduziertem Leistungsspektrum spricht man von einem Teil-GU (siehe Abb. 2.3.), dem dann z. B. noch ein Spezialist für den Fassadenbau beigestellt wird.

Die Schnittstelle zwischen Planung und Ausführung liegt wie bei den Einzelvergaben zwischen Ausführungsplanung und Bauausführung, d. h., der Bauherr übergibt mit den Ausschreibungsunterlagen die fertiggestellte Ausführungsplanung. Der Bauleiter des Bauherrn überwacht die fachlich richtige Ausführung der Bauleistungen. Der Bauleiter des GU koordiniert seine Fachbauleiter und Nachunternehmen sowie die eigenen gewerblichen Arbeitnehmer auf der Baustelle.

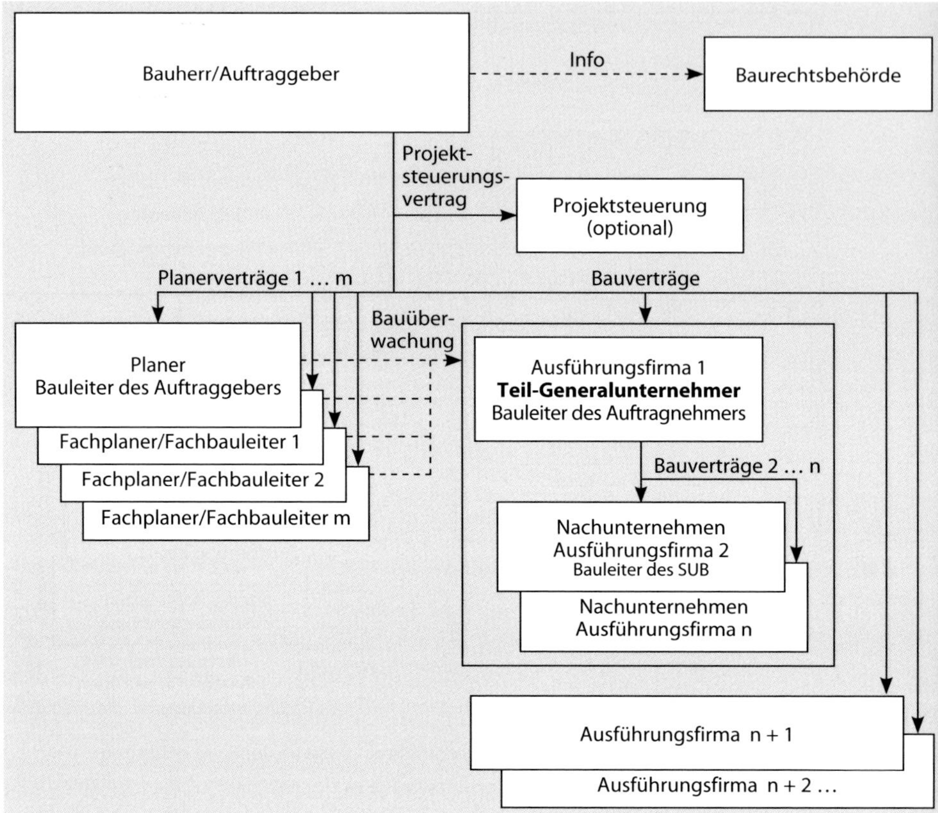

Abb. 2.3: Bauvorhaben mit Teil-GU-Vergabe der Bauausführung

Generalübernehmervergabe

Soll der Kumulativleistungsträger neben der Bündelung von Ausführungsleistungen auch zusätzlich Planungsleistungen übernehmen, spricht man von Generalübernehmervergaben.

Der Umfang der vom Generalübernehmer (GÜ) zu übernehmenden Planungsleistungen richtet sich nach der Leistungsfähigkeit des Unternehmens und letztendlich nach dem Vertrag. Es entsteht dabei eine Schnittstelle innerhalb des Planungsprozesses. In der Reinform einer GÜ-Vergabe beschreibt der Bauherr nur prinzipiell seinen Bauwunsch, z. B. ein Viersternehotel mit 120 Zimmern bzw. 200 Betten oder ein Schnellrestaurant mit 100 Sitzplätzen und einspurigem Drive-in. Selbstverständlich kann solch eine funktional beschriebene Vergabe nur gelingen, wenn es weitere Informationen zum geplanten Bauvorhaben gibt, wie den Standort, eine detaillierte allgemeine Baubeschreibung oder ein vergleichbares Referenzobjekt.

Deshalb ist es weitaus üblicher, nicht nur diese allgemeinen Beschreibungen vorzubereiten, sondern bereits die Entwurfsplanung von einem Architekten ausarbeiten zu lassen. Dies führt dazu, dass in den meisten Fällen das Ergebnis der Genehmigungsplanung (bis Leistungsphase 4 nach HOAI) inklusive

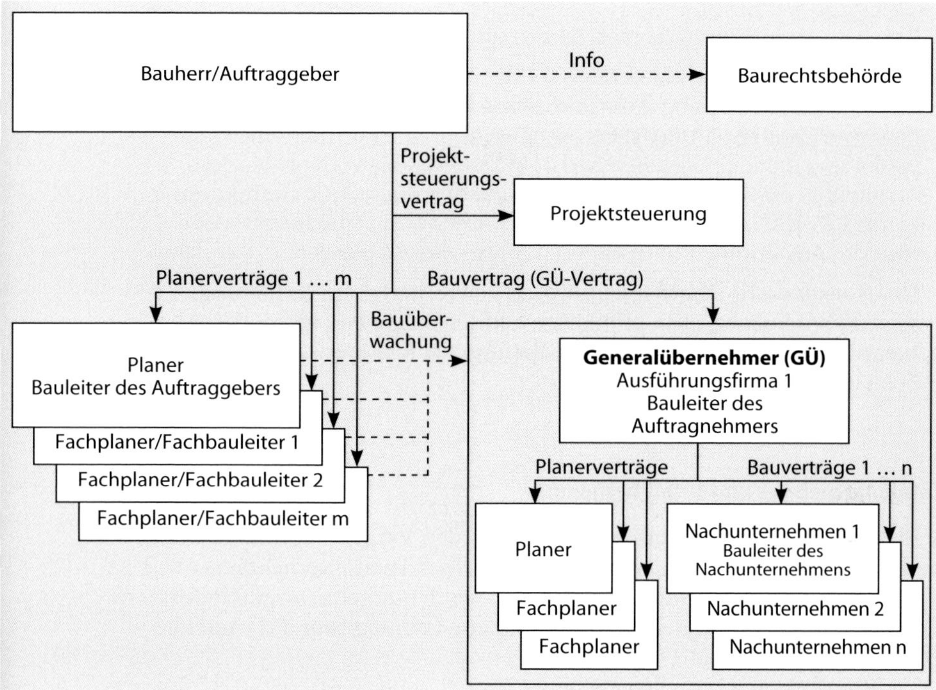

Abb. 2.4: Bauvorhaben mit GÜ-Vergabe

der Baugenehmigung vom Bauherrn und seinem Planerteam erarbeitet und an den GÜ übergeben wird. Dieser übernimmt dann in seinem Verantwortungsbereich die Ausführungsplanung (Leistungsphase 5 nach HOAI) sowie die Ausschreibung und Vergabe derjenigen Bauleistungen an Nachunternehmen, die er nicht selbst ausführen will (Leistungsphasen 6 und 7), siehe Abb. 2.4.

Intern wird beim GÜ zur Projektabwicklung meist ein Projektleiter eingesetzt, der die kompletten Vertragsleistungen, also Planung und Ausführung, koordinieren muss. Der Unternehmer-Bauleiter beim GÜ ist dabei nur für die Bauausführung und die Koordination der unterschiedlichen Gewerke verantwortlich.

Der überwachende Bauleiter des Bauherrn hat in diesem Fall vorrangig den Projektleiter des GÜ als Ansprechpartner und erst nachgeordnet dessen Unternehmer-Bauleiter.

Eine besondere Stellung nimmt bei der Vergabe an Kumulativleistungsträger die Begleitung des Entwurfs ein. Um den ursprünglichen Entwurfsgedanken des Entwurfsverfassers auch über die nun geschaffene Leistungsschnittstelle hinaus zu erhalten, wird in der Praxis in begründeten Fällen eine Künstlerische Oberbauleitung installiert, die der Entwurfsverfasser wahrnimmt. Diese Tätigkeit hat aber inhaltlich nichts mit der Leitung für die Bauausführung gemein. Hier ist nur die Kontrolle und Beratung hinsichtlich der Gestaltung verankert. Diese Besondere Leistung wird meist mit einem gesondert zu vereinbarenden Honorar abgegolten.

Praxistipp zur Künstlerischen Oberbauleitung

Die Künstlerische Oberbauleitung sollte nicht mit den Leistungsinhalten der Objektüberwachung (Leistungsphase 8 nach HOAI) verwechselt werden. Eine Differenzierung ist hier sehr wichtig. Eine Künstlerische Oberbauleitung dient im Wesentlichen dem Ziel, dass die vom planenden Architekten entwickelten Grundlinien und durchgängigen Gestaltungskonzepte nicht unter dem Druck lokaler Ad-hoc-Entscheidungen während der Ausführung konterkariert oder verwässert werden.

Eine Künstlerische Oberbauleitung, die sich nicht nur auf Gestaltungsaspekte beschränkt, kann schnell zur faktischen Bauleitung „mutieren". Hier ist Vorsicht geboten, denn die Haftung der Bauüberwachung bleibt beim überwachenden Bauleiter.

Totalunternehmer und Totalübernehmer

In den Grafiken nicht dargestellt sind die beiden Vergabe- und Vertragsmodelle für Kumulativleistungsträger in Form eines Totalunternehmers (TU) oder eines Totalübernehmers (TÜ). Bei diesen Unternehmenseinsatzformen übernimmt der Auftragnehmer die komplette Planung (nur TÜ) und alle Bauleistungen (TU und TÜ).

Ein bekanntes Beispiel für die Einsatzformen von TÜ und von GÜ sind Bauträger, die privaten Bauherren ein Einzelhaus – alles aus einer Hand – anbieten. In einem GÜ-Modell arbeitet der Bauträger die Planung selbst aus, was heutzutage durch spezialisierte Softwareprogramme relativ schnell zu machen ist. Beim TÜ-Modell zieht der Bauträger für die Planung ein kleines Architekturbüro hinzu.

Der Vorteil für den Bauherrn besteht darin, dass er das komplette Bauwerk aus einer Hand bekommt. Damit reduziert sich der Umfang der Überwachungstätigkeiten, aber die Möglichkeiten der Einflussnahme auf einzelne Bauleistungen sind gering. Nachträgliche Qualitätsveränderungen führen meist zu Störungen, die darüber hinaus über mehrere vertragliche Instanzen koordiniert und verhandelt werden müssen.

Construction Management

Eine Unternehmenseinsatzform, die aus dem angelsächsischen Raum stammt, ist die Integration eines Construction Managements (CM), siehe Abb. 2.5. Dies betrifft jedoch nicht die Einsatzform des Bauunternehmens, sondern vielmehr den überwachenden Bauleiter des Bauherrn. Das Leistungspaket, welches in dieser Form übernommen wird, besteht aus Ausschreibung und Vergabe der Bauleistungen und aus der Bauüberwachung. Es werden dabei also die Leistungsphasen 6 bis 8 nach HOAI zusammengefasst. Zusätzlich kommt in den meisten Fällen ein Projektsteuerungsbestandteil (Handlungsbereich) oder auch die komplette Projektsteuerung hinzu. Im Sinne des zu erstellenden Bauvorhabens ist dieses Modell in erster Linie ein Haftungsthema. Der Bauherr übergibt ab dem Zeitpunkt des Aus-

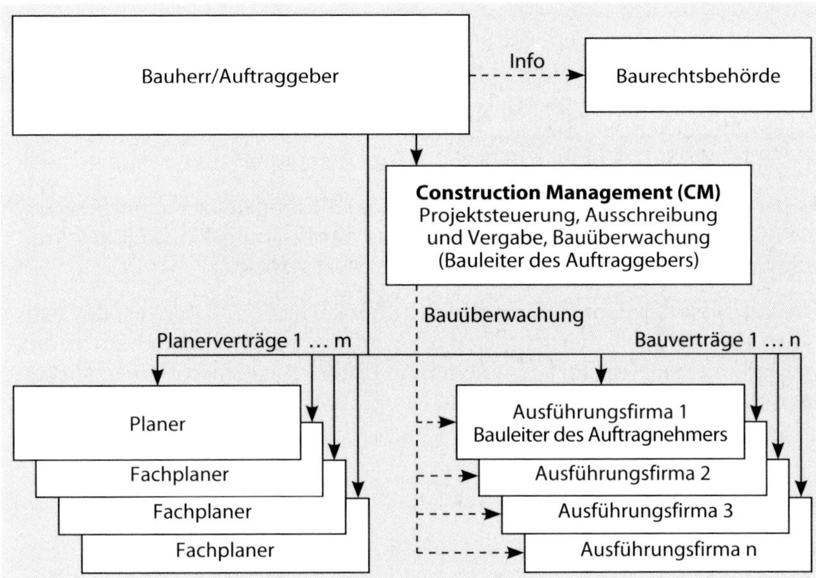

Abb. 2.5: Bauvorhaben mit Construction Management

schreibungsbeginns die Führung seines Bauvorhabens an einen separaten Dienstleister, den Construction Manager. Für den Unternehmens-Bauleiter des Ausführungsunternehmens ändert sich dadurch weder der Leistungsumfang noch der Leistungsinhalt.

Vergabe an eine Arbeitsgemeinschaft (Arge)

Der Zwang des Markts zur Spezialisierung einerseits und das flächendeckende Vorhalten von Kapazitäten andererseits macht in zunehmendem Maße die Kooperation von Bauunternehmen erforderlich. Dies führt zu Arbeitsgemeinschaften (kurz: Argen). Dabei bilden 2 oder mehrere Baufirmen eine Zweckgemeinschaft, zumeist in der Rechtsform einer Gesellschaft bürgerlichen Rechts (GbR). Man bildet damit zum Zwecke der Abwicklung der Bauaufgabe eine befristete gemeinsame Unternehmung.

Die Arge tritt nach außen einheitlich auf und schließt den Vertrag mit dem Bauherrn, wobei in einer GbR alle Arge-Partner unterzeichnen müssen. Innerhalb der Arge gibt es meist eine technische und eine kaufmännische Geschäftsführung. Die Haftungs- und Aufgabenverteilung wird dazu intern in einem Arbeitsgemeinschaftsvertrag fixiert. Im Außenverhältnis haftet die Arge insgesamt bzw. gesamtschuldnerisch.

Bei auseinandergehenden Unternehmensinteressen kann dieses Modell zu Schwierigkeiten führen, z. B. wenn in einer Verhandlung mit dem Bauherrn über Leistungsänderungen ein Kompromiss gefunden werden soll. Bisweilen schlägt sich diese schlechte interne Abstimmung auch auf die Zusammenarbeit mit dem Bauherrn durch, der dann möglicherweise keinen kompetenten oder autorisierten Ansprechpartner mehr vor sich hat.

Ein Vorteil für den Bauherrn ist dagegen die gesamtschuldnerische Haftung der Arge für die komplette Vertragsleistung. Das heißt beispielsweise, dass im Falle der Insolvenz eines Unternehmens innerhalb einer Arge die übrigen Partner die Leistungsverpflichtungen gegenüber dem Bauherrn automatisch mit übernehmen müssen. Das gilt auch, wenn die Arge-Partner sehr spezialisiert sind, der eine z. B. auf Rohbau, der andere auf Gebäudetechnik.

Neben der kapazitativen und fachtechnischen Kompetenzerweiterung durch die Bildung einer Arge ist die Absicherung der Leistungsfähigkeit des Auftragnehmers für viele Bauherren ein attraktiver Aspekt.

Die Tätigkeit der Bauleiter, sowohl des überwachenden Bauleiters des Bauherrn als auch des Unternehmer-Bauleiters, ändert sich dadurch nicht. Nur werden in einer Arge meist Bauleiter aus unterschiedlichen Firmen zusammen eingesetzt und lediglich für die Dauer ihrer Tätigkeit für die Baustelle abgestellt.

2.2.3 Unternehmer-Bauleiter

Nur in den seltensten Fällen wird sich der Unternehmer-Bauleiter zeitlich ausschließlich auf seine neue Aufgabe vorbereiten. In der Praxis wird meist die gerade abgeschlossene bzw. noch nicht ganz abgeschlossene Baustelle parallel zur Vorbereitung einer neuen Baustelle laufen.

Gleichwohl ist für die effektive Leitung einer Baustelle eine sorgfältige Vorbereitung unumgänglich. Der Bauleiter im Bauunternehmen hat zu Beginn seiner Tätigkeit Informationen einzuholen, die das Bauwerk, die Bauausführung und die örtlichen Verhältnisse betreffen.

Zu den Basisinformationen gehören Pläne, Leistungsbeschreibungen und andere Ausschreibungstexte wie besondere, zusätzliche und technische Vertragsbedingungen.

Die ersten Schritte der Vorbereitung einer neuen Baustelle sind:

- Studieren der Angebotsunterlagen (Mengen- und Stundensätze, eventuell vorhandene Widersprüche) und Veranlassen der Arbeitskalkulation
- Studieren der Verhandlungsprotokolle sowie der Vergabekriterien und Wertungen
- Beschaffung der Genehmigungs- und Planungsunterlagen
- Vorbereitung der Nachunternehmereinsätze
- Überlegungen zur Baustelleneinrichtung und zum Baustellenverkehr
- Prüfung von Vorleistungen Dritter hinsichtlich ihres Erfüllungsstandes und ihrer Eignung
- möglicherweise Sicherung von Beweisen
- Auswahl der internen Mannschaft (Poliere, Vorarbeiter usw.)

Auch die Vorschriften gemäß der Baustellenverordnung und des Sicherheits- und Gesundheitsschutzplanes sowie ggf. die vertragsgemäße Übertragung derartiger Verpflichtungen auf das Bauunternehmen sind zu prüfen.

2.3 Ausführungsunterlagen

2.3.1 Bereitstellung durch den Auftraggeber

Nach dem Gesetz ist der Besteller – also der Auftraggeber für ein Bauwerk – zur Mitwirkung verpflichtet (vgl. § 642 BGB). Diese sehr allgemein gehaltene Vorschrift wurde für die speziellen Bedingungen des Bauens präzisiert und ausgestaltet und in die Form der Vergabe- und Vertragsordnung für Bauleistungen (VOB) gebracht. Teil B der VOB regelt die allgemeinen Vertragsbedingungen für die Ausführung von Bauleistungen.

In § 3 Abs. 1 VOB/B wird gefordert: *„Die für die Ausführung nötigen Unterlagen sind dem Auftragnehmer unentgeltlich und rechtzeitig zu übergeben.“* Zu den Ausführungsunterlagen gehört letztendlich alles, was der Auftragnehmer zur vertragsgerechten Erbringung seiner Bauleistung benötigt und was von ihm selbst nicht zu beschaffen ist. Neben Zeichnungen, Berechnungen, Genehmigungen und Baubeschreibungen gehören noch *„[das] Abstecken der Hauptachsen der baulichen Anlagen, ebenso der Grenzen des Geländes [...] und das Schaffen der notwendigen Höhenfestpunkte in unmittelbarer Nähe der baulichen Anlagen [...]“* (§ 3 Abs. 2 VOB/B) zu den Aufgaben des Auftraggebers.

Wesentliche Aktivitäten bei der Bereitstellung der Ausführungsunterlagen werden in der Praxis auf Bauleiterebene durch den überwachenden Bauleiter des Bauherrn abgewickelt (siehe Checkliste 2.1). Dieser wird zunächst den Stand der vorliegenden Ausführungsunterlagen prüfen und anschließend im Namen des Bauherrn die Beibringung der noch ausstehenden Unterlagen organisieren. Er ist zwar in Bezug auf die Planung nicht Vertragspartner des Auftraggebers – sofern er nicht auch mit den der Leistungsphase 8 vorlaufenden Planungsleistungen beauftragt wurde. Dennoch wird der Bauherr darauf vertrauen, dass der überwachende Bauleiter die Übergabe der notwendigen Unterlagen an die Ausführungsunternehmen organisiert oder ihn auf mögliche Verzögerungen und Unzulänglichkeiten bei der Bereitstellung hinweist. Nicht vollständig oder verspätet gelieferte Ausführungsunterlagen führen schnell zu Behinderungen im Bauablauf. Es gehört zur Vorsorgepflicht des überwachenden Bauleiters, seinen Bauherrn vor den Folgen ungenügender Mitwirkung zu schützen, ihm entsprechende Empfehlungen zu geben und Entscheidungen vorzubereiten.

Ein wichtiger Punkt ist die Rechtzeitigkeit der Übergabe der Unterlagen. Darunter ist zu verstehen, dass das Bauunternehmen nach Kenntnisnahme noch genügend Zeit für seine Arbeitsvorbereitung und interne Disposition und Einrichtung der Baustelle haben muss. Gegebenenfalls müssen auch Nachunternehmen gebunden werden. An dieser Stelle muss der überwachende Bauleiter dem Bauherrn beratend zur Seite stehen, damit dieser den Überblick über sein Projekt behält.

Checkliste 2.1: Ausführungsunterlagen – Pflichten des Auftraggebers

		JA	NEIN	BEARBEITUNG
1	**Vollständigkeit**			
1.1	Ist der Auftragnehmer bereits im Besitz aller für die Ausführung benötigten Unterlagen, und liegt hierzu seine Bestätigung vor?			
1.2	Hat der Auftraggeber mit dem Planungsbüro (den Planungsbüros) einen Terminplan für die Auslieferung der weiteren Ausführungsunterlagen vereinbart?			
1.3	Fehlen noch Ausführungsunterlagen zum Baubeginn?			
1.4	Sind für die Ausführung Muster oder Proben vereinbart und sicher deponiert?			
1.5	Fehlen noch Unterlagen von Spezialplanern, die erst während der Bauausführung erstellt werden können?			
1.6	Ist ein Baugrundgutachten erforderlich, und liegt das vor?			
1.7	Liegen Stellungnahmen und Auflagen von Trägern öffentlicher Belange vor, die noch in die Ausführungsunterlagen eingearbeitet werden müssen?			
1.8	Muss der Auftragnehmer spezielle Anleitungen, bezogen auf z. B. den Schutz von Mietern, die Mitbenutzung von Aufzügen, das Verhalten auf dem Grundstück, die Beachtung von Nachbarschaftsbedingungen, erhalten, und liegen diese vor?			
1.9	Sind die notwendigen Vermessungsarbeiten erledigt (siehe 3)?			
2	**Rechtzeitigkeit**			
2.1	Ist der Terminplan für die Bereitstellung von Ausführungsunterlagen an den/die Auftragnehmer bereits verletzt?			

Checkliste 2.1: Ausführungsunterlagen – Pflichten des Auftraggebers (Fortsetzung)

		JA	NEIN	BEARBEITUNG
2.2	Hat der Auftragnehmer wegen verspäteter oder fehlender Bereitstellung von Ausführungsunterlagen Behinderung angezeigt?			
2.3	Entsprechen die Forderungen des Auftragnehmers dem tatsächlich notwendigen zeitlichen Vorlauf für das Auslösen von Bestellungen und die Arbeitsvorbereitungen im Unternehmen?			
2.4	Können durch operative Veränderungen im Bauablauf die Folgen des Fehlens von Ausführungsunterlagen eingeschränkt/vermieden werden?			
2.5	Ist beim Fehlen von Unterlagen der Auftragnehmer in der Lage und bereit, diese selbst (gegen Vergütung) zu erstellen?			
3	**Vermessungsarbeiten**			
3.1	Sind die Grenzen des Baugeländes, das dem Auftragnehmer zur Verfügung gestellt wird, eingemessen und sicher markiert?			
3.2	Sind weitere Markierungen/Begrenzungen z. B. zum Schutz von Nachbargrundstücken erforderlich?			
3.3	Sind die Hauptachsen der baulichen Anlagen abgesteckt und die Absteckungen geeignet gesichert?			
3.4	Kann/Soll bei fehlender Achsenabsteckung der Auftragnehmer mit diesen Vermessungsarbeiten beauftragt werden?			
3.5	Sind in unmittelbarer Nähe der baulichen Anlagen Höhenfestpunkte (ein Höhenfestpunkt) vorhanden, und ist der Auftragnehmer darüber informiert?			
3.6	Kann/Soll bei fehlenden Höhenfestpunkten in unmittelbarer Nähe der baulichen Anlagen der Auftragnehmer mit diesen Vermessungsarbeiten beauftragt werden?			

Checkliste 2.1: Ausführungsunterlagen – Pflichten des Auftraggebers (Fortsetzung)

			JA	NEIN	BEARBEITUNG
3.7	Sind für die vom Bauherrn vertraglich gebundenen Ausbauunternehmer die erforderlichen Höhenangaben im Bauwerk vorhanden?				
4	**Anleitungen**				
4.1	Sind im Text des Vertrags (Besondere oder Zusätzliche Vertragsbedingungen) besondere Bauumstände erwähnt, die den Auftragnehmer zu bestimmten Verhaltensweisen verpflichten?				
4.2	Handelt es sich hierbei z. B. um • besondere umweltrechtliche Vorschriften, • Festlegungen in Ortssatzungen, • ungewöhnliche Nachbarschaftsverhältnisse, • Rücksichtnahme bei Ausführung der Leistung bei laufendem Betrieb bzw. im bewohnten Zustand, • besondere Verkehrsverhältnisse und -beschränkungen, • Sicherung vorhandener Bausubstanz?				
4.3	Müssen die erforderlichen Anleitungen (siehe 4.2) noch vom Auftraggeber geliefert werden?				
4.4	Wurden dem Auftragnehmer die speziellen Bauumstände (siehe 4.2) erst nach Vertragsabschluss bekannt und sind folglich mit dem Auftraggeber zusätzliche Vereinbarungen zu schließen?				
4.5	Hat der Auftragnehmer die übergebenen Unterlagen (Anleitungen) auf Unstimmigkeiten überprüft und den Auftraggeber auf entdeckte oder vermutete Fehler hingewiesen?				
4.6	Sind zu ausgewählten besonderen Bauumständen neben nachträglichen Vereinbarungen auch spezielle Anweisungen zu erteilen?				

Checkliste 2.1: Ausführungsunterlagen – Pflichten des Auftraggebers (Fortsetzung)

5.1	Ist im Vertrag vereinbart, dass der Auftraggeber in bestimmten Ausbaugewerken eine Auswahl der einzusetzenden Stoffe vornehmen will?				
5.2	Sind für die Durchführung der Bemusterung spezielle Vorbereitungen eingeleitet/bereits erfolgt?				
5.3	Wurden die Entscheidungen des Auftraggebers protokolliert?				
5.4	Werden die Muster und die ausgewählten Stoffe manipulationssicher aufbewahrt?				
6	**Baugrunderkundungen**				
6.1	War das Baugrundgutachten oder waren vergleichbare Erkundungsergebnisse bereits Bestandteil der Ausschreibungsunterlagen?				
6.2	Entsprechen die Baugrunderkundungen den geltenden technischen Regeln?				
6.3	Sind nachträgliche Vereinbarungen über die Ausführung zusätzlicher Leistungen erforderlich, da die tatsächlichen Baugrundverhältnisse von den Erkundungsergebnissen deutlich abweichen?				
6.4	Ist im Vertrag vorgesehen, dass der Auftragnehmer selbst Baugrunduntersuchungen vornimmt?				
6.5	Verfügt der (ortsansässige) Auftragnehmer bereits über verwertbare Informationen zur Beschaffenheit des Baugrunds?				
6.6	Liegen Unterlagen über die Lage bestehender Ver- und Entsorgungsleitungen vor?				
6.7	Muss die Lage vorhandener Leitungen noch erkundet werden und müssen mit den Eigentümern Absprachen/Vereinbarungen erfolgen?				

Checkliste 2.1: Ausführungsunterlagen – Pflichten des Auftraggebers (Fortsetzung)

7	**Öffentlich-rechtliche Genehmigungen**				
7.1	Liegen vor Baubeginn die zur Ausführung der Bauleistungen notwendigen Genehmigungen vor, wie z. B. • Baugenehmigung nach Landesbauordnung, • wasserrechtliche Genehmigung, • verkehrsrechtliche und verkehrspolizeiliche Genehmigung, • umweltrechtliche Genehmigung, • gewerberechtliche Genehmigung?				
7.2	Sind die übergebenen öffentlich-rechtlichen Genehmigungen unvollständig oder widersprüchlich?				
7.3	Wurde dem Auftraggeber die Mangelhaftigkeit der übergebenen Genehmigungen angezeigt, indem schriftlich Bedenken angemeldet wurden?				
7.4	Ist der Auftragnehmer verpflichtet, selbst bei Behörden und Trägern öffentlicher Belange Genehmigungen und Erlaubnisse einzuholen? In welchem Umfang und zu welchen Sachverhalten?				

2.3.2 Mitwirkung des Auftragnehmers

Auch der Auftragnehmer hat eine Mitwirkungspflicht bei der Beschaffung bzw. Bereitstellung von Ausführungsunterlagen. Ist die VOB Vertragsbestandteil geworden, gelten diesbezüglich die Regelungen des § 3 VOB/B. In allen anderen Fällen ist sinngemäß zu verfahren. Neben der grundsätzlichen Verpflichtung des Auftraggebers zur rechtzeitigen und unentgeltlichen Bereitstellung der benötigten Unterlagen hat auch der Auftragnehmer spezielle eigene Pflichten zur Mitwirkung (Checkliste 2.2).

In § 3 VOB/B heißt es dazu:

„(3) Die vom Auftraggeber zur Verfügung gestellten Geländeaufnahmen und Absteckungen und die übrigen für die Ausführung übergebenen Unterlagen sind für den Auftragnehmer maßgebend. Jedoch hat er sie, soweit es zur ordnungsgemäßen Vertragserfüllung gehört, auf etwaige Unstimmigkeiten zu überprüfen und den Auftraggeber auf entdeckte oder vermutete Mängel hinzuweisen.

(4) Vor Beginn der Arbeiten ist, soweit notwendig, der Zustand der Straßen und Geländeoberfläche, der Vorfluter und Vorflutleitungen, ferner der baulichen Anlagen im Baubereich in einer Niederschrift festzuhalten, die vom Auftraggeber und Auftragnehmer anzuerkennen ist.

Checkliste 2.2: Ausführungsunterlagen – Pflichten des Auftragnehmers

		JA	NEIN	BEARBEITUNG
1	**Prüfungs- und Hinweispflicht**			
1.1	Liegen Hinweise des Auftragnehmers auf entdeckte oder vermutete Mängel in den Ausführungsunterlagen vor?			
1.2	Sind die vorliegenden Hinweise/Bedenkenanmeldungen fachlich und sachlich begründet?			
1.3	Unterbreitet der Auftragnehmer Vorschläge zu Veränderungen an den Ausführungsunterlagen?			
1.4	Besteht der Verdacht, dass der Auftragnehmer nur deshalb Bedenken anzeigt oder Änderungsvorschläge unterbreitet, weil er zur vertragsgerechten Ausführung fachlich oder zeitlich nicht in der Lage ist?			
1.5	Hat der Auftragnehmer seinen Hinweis auf mangelhafte Ausführungsunterlagen mit einer schriftlichen Behinderungsanzeige verbunden?			
2	**Erstellung eigener Ausführungsunterlagen**			
2.1	Ist der Auftragnehmer nach den DIN-Normen der VOB/C im Rahmen von Nebenleistungen verpflichtet, selbst Unterlagen zu beschaffen?			
2.2	Hat der Auftraggeber dem Auftragnehmer Planungsleistungen nach § 2 Abs. 9 VOB/B übertragen?			

(5) Zeichnungen, Berechnungen, Nachprüfungen von Berechnungen oder andere Unterlagen, die der Auftragnehmer nach dem Vertrag, besonders den Technischen Vertragsbedingungen, oder der gewerblichen Verkehrssitte oder auf besonderes Verlangen des Auftraggebers […] zu beschaffen hat, sind dem Auftraggeber nach Aufforderung rechtzeitig vorzulegen.“

Mit der Bereitstellung und späteren Nutzung von Unterlagen ist im Zeitalter der papierlosen Dokumentenweitergabe das Problem des Urheberrechts verbunden. Die genannten Unterlagen dürfen ohne Genehmigung ihres Urhebers nicht veröffentlicht, vervielfältigt, geändert oder für einen anderen als den vereinbarten Zweck benutzt werden. Dies betrifft nicht nur die vom Auftraggeber bereitzustellenden, sondern auch die vom Auftragnehmer zu fertigenden Unterlagen. Derartige Regelungen sind beispielsweise in § 3 VOB/B zu finden.

Weitere Hinweise für die Vorbereitung des überwachenden Bauleiters wie auch des Unternehmer-Bauleiters geben die Checklisten 2.3 bis 2.5.

Checkliste 2.3: Ausführungsunterlagen – Gemeinsame Pflichten von Auftragnehmer und Auftraggeber

		JA	NEIN	BEARBEITUNG
1	**Verlangen des Auftraggebers zur Sicherung von Beweisen**			
1.1	Ist es zum Zweck der späteren Beweisführung erforderlich, den vor Baubeginn vorhandenen Zustand von • Straßen, Zufahrten, Wegen und Plätzen, • Vorflutern und Vorflutleitungen, • Geländebeschaffenheit, • baulichen Anlagen im Baubereich in einer Niederschrift festzuhalten und vom Auftragnehmer und vom Bauherrn unterzeichnen zu lassen?			
1.2	Besteht die Gefahr der Beeinträchtigung oder Beschädigung von Anlagen durch die Ausführung der Bauarbeiten?			
1.3	Ist der Auftragnehmer zur Anerkennung der Niederschrift bereit?			
1.4	Muss der Bauherr eventuell informiert werden, dass der Auftragnehmer die Anerkennung der Niederschrift verweigert?			
2	**Verlangen des Auftragnehmers zur Sicherung von Beweisen**			
2.1	Verlangt der Auftragnehmer zum Zweck der späteren Beweisführung das Erstellen einer Niederschrift über den Zustand von • Straßen, Zufahrten, Wegen und Plätzen, • Vorflutern und Vorflutleitungen, • Geländebeschaffenheit, • baulichen Anlagen im Baubereich?			
2.2	Sind die Forderungen des Auftragnehmers zur Sicherung von Beweisen berechtigt/zweckmäßig?			
2.3	Ergibt sich im Zusammenhang mit der Beweissicherung die Notwendigkeit spezieller Auflagen und Vorgaben an den Auftragnehmer zur Benutzung und zum Umgang mit den bezeichneten Anlagen während der Bauausführung?			
2.4	Ist das Verlangen des Auftragnehmers Anlass zur Festlegung von Maßnahmen zur Wiederherstellung des ursprünglichen Zustands bei Beendigung der Baumaßnahmen?			

Checkliste 2.4: Überprüfung der Vollständigkeit von Übersichtszeichnungen bis M 1:100

Auftraggeber: ....

Projekt: ....

Bauteil: ....

ZEICHNUNG	OZ	EINZELHEIT	ERLEDIGT
Allgemein	1	Nordpfeil	
	2	Grundstücksgrenzen im Grundriss/EG bzw. Lageplan	
	3	Straßennamen im Grundriss/EG bzw. Lageplan	
	4	Achsmaße/Bauaußenmaße mit Öffnungsmaßen	
	5	Alle notwendigen Hauptraummaße	
	6	OKFF in allen Geschossen	
	7	Raumnummern/Raumbezeichnungen/Raumfläche/Raumumfang	
	8	Einrichtungen der Räume: Bäder, WCs, Küchen	
	9	Treppen mit Steigung und Auftritt sowie Anzahl der Stufen	
	10	lichte Durchgangsmaße sowie Art und Anordnung der Türen an und in Rettungswegen	
	11	Schornsteine/Lüftungsleitungen	
	12	Entwässerungsgrundleitungen in Wänden und hinter Verkleidungen	
Grundrisse	13	Entwässerungseinrichtungen unterhalb der Rückstauebene	
	14	Pumpensümpfe	
	15	Bodeneinläufe	
	16	Dachkante im EG	
	17	Zeichnungsschnittlinien	
	18	Aufzugsschächte mit der nutzbaren Grundfläche der Fahrkörbe	
	19	Räume für die Aufstellung von Feuerstätten und die Brennstofflagerung unter Angabe der dafür vorgesehenen Nennwärmeleistung und Lagermenge	
	20	ortsfeste Behälter für schädliche oder brennbare Flüssigkeiten	

Checkliste 2.4: Überprüfung der Vollständigkeit von Übersichtszeichnungen bis M 1:100 (Fortsetzung)

Auftraggeber: ....

Projekt: ....

Bauteil: ....

ZEICH-NUNG	OZ	EINZELHEIT	ERLEDIGT
Grund-risse	21	Aufstellorte für verflüssigte/nicht verflüssigte Gase	
	22	Lüftungsleitungen	
	23	Installationsschächte	
	24	Abwurfschächte, soweit sie baugenehmigungspflichtig sind	
	25	Feuermelde- und Feuerlöscheinrichtungen mit Angabe ihrer Art	
Schnitte	26	Höhenlage Fußboden EG über NN	
	27	OKFF in allen Geschossen	
	28	Geschosshöhen und lichte Raumhöhen	
	29	Gelände mit Straßenkrone	
	30	Geländehöhe vor Außenwänden	
	31	Treppen und Rampen mit Anzahl der Stufen und Steigungen	
	32	Traufenhöhen = Schnittpunkt Außenkante Wand mit OK Sparren	
	33	Firsthöhen	
	34	Dachneigung	
	35	Kamin mit Kaminkopf	
	36	Schnittbezeichnung (das Maß *H* je Außenwand im zur Bestimmung der Abstandsflächen erforderlichen Umfang, soweit dieses nicht im Lageplan oder den Ansichten angegeben ist)	
Ansichten	37	Bezeichnungen: Ost-, West- oder Straßen-, Gartenansicht	
	38	Anschluss an Nachbargebäude	
	39	Geländeoberfläche, Straßengefälle	
	40	Kaminköpfe (Angabe von Baustoffen und Farben)	

Checkliste 2.5: Überprüfung der Vollständigkeit von Ausführungszeichnungen

Auftraggeber: ....

Projekt: ....

Bauteil: ....

ZEICH-NUNG	OZ	EINZELHEIT	ERLEDIGT
Allgemein	1	Angaben aus den 1:100-Plänen, der Baugenehmigung, der Statik übertragen? (Checkliste 2.4 der 1:100-Pläne ebenfalls berücksichtigen!)	
	2	Mauermaße, Öffnungsmaße, Vorlagenmaße, Raummaße, Außenmaße, Tür- und Fenstermaße innen und außen	
	3	Brüstungs- und Schwellenhöhen innen und außen über OKFF	
	4	Treppenstufen nummeriert	
	5	Treppenpodeste OKFF und OK Tragkonstruktion	
	6	Treppenantritt/-austritt eingemaßt	
	7	Stufenzahl, Steigung und Auftritt von Treppen	
	8	OK Betonplatte Eingangspodest	
	9	Grundleitungen unter Gebäude	
	10	Grundleitungen auf dem Gelände im EG einschließlich Drainagestränge	
	11	Kellertreppenabmauerung und -auflager	
	12	Lüftungsrohre und -kanäle	
	13	Dachdichtungs-/Dachdeckungsaufbau	
	14	Bodenaufbauten (in Legende)	
	15	Wandaufbauten (in Legende)	
	16	Küchen- und Bädereinrichtung mit Maßangaben von Sanitärgegenständen	
Grundrisse	17	Baugenehmigung, Statik und 1:100-Pläne berücksichtigt	
	18	Schornsteine mit Querschnitten, Fabrikat und Bestellnummer	
	19	DD, WD, DS, WS, Bodenkanäle, -schächte unter Sohle, z. B. für Heberanlage	

Checkliste 2.5: Überprüfung der Vollständigkeit von Ausführungszeichnungen (Fortsetzung)

Auftraggeber: ....

Projekt: ....

Bauteil: ....

ZEICH-NUNG	OZ	EINZELHEIT	ERLEDIGT
	20	Detailkennzeichnungen, Schnittlinien	
	21	Stützen im Dachstuhl	
	22	First- und andere Dachlinien, wie z. B. 1 m i. L., 2 m i. L., 2,3 m i. L.	
	23	Heizkörper und -nischen	
	24	Gurtwickelkästen	
	25	Kellerfenster- und Lichtschachtmaße sowie -material (in Legende)	
	26	Regenfallrohre	
	27	Drainrohre	
	28	Bodeneinläufe im KG, in Garagen und auf dem Grundstück	
	29	Dachflächenfenster und Dachausstiegsfenster	
	30	Bodeneinstiegsluke	
	31	weitere Angaben in Legende, wie • Fensterbank und -laibungsmaterial • Fensterbänke außen • Tür- und Rahmenmaterial • Isolierungen	
	32	wichtige Details, z. B. • Kaminkopf • Kelleraußenwandschnitt • Podestplattenschnitt	
	33	Drainage	
	34	OKRF (Oberkante Rohfußboden) und OKFF (OK Fertig-fußboden)	
	35	Treppen und Rampen mit Anzahl der Stufen und Steigungen	
	36	Geschosshöhen und Raumhöhen	
	37	Maße der Deckenaufbauten	

Checkliste 2.5: Überprüfung der Vollständigkeit von Ausführungszeichnungen (Fortsetzung)

Auftraggeber: ....

Projekt: ....

Bauteil: ....

ZEICHNUNG	OZ	EINZELHEIT	ERLEDIGT
Schnitte	38	Drempelhöhe innen	
	39	Traufen- und Firsthöhen	
	40	Rollladenkästen	
	41	Feuchtigkeitssperren	
	42	weitere Angaben in Legende, wie Aufbauten von Wand, Boden, Dachfläche mit Material-, Farb- und Maßangaben	
	43	Sparrenlänge nach Ziegelmaß o. Ä.	
	44	Baugenehmigung, Statik und 1:100-Pläne berücksichtigt	
	45	Materialien, Farben, Steinreihen, Schichtmaße	
	46	Rollschichten, Entlastungsbögen, Dekore	
	47	Fenster und Türen mit Aufschlagrichtung und Unterteilung	
	48	Rollläden, Blendläden	
	49	Decken, Wände, Keller, Kellerfenster, Kellerwanddurchführungen eingestrichelt, Letztere eingemaßt	
Ansichten	50	Lichtgräben und Kellerhälse sichtbar eingezeichnet	
	51	Fenstergitter, Balkongeländer, Blumenkästen	
	52	OK Gelände im Verlauf	
	53	Dachneigungswinkel	
	54	Schornsteinfegertritte und Standbretter	
	55	weitere Angaben in Legende, wie • Dachaufbau • Klempnermaterial • Fensterbänke, Fenstermaterial und -farbe	

2.4 Ausschreibung der Bauleistungen

2.4.1 Leistungsverzeichnisse und Mengenermittlung

Grundsätzlich sind Leistungen eindeutig und erschöpfend zu beschreiben. Dies gilt für die Ausschreibung von Bauleistungen durch den Bauherrn genauso wie für die Ausschreibung von Teilleistungen für spätere Vergaben an Nachunternehmen durch die als Generalunternehmer tätige Baufirma.

Bau- und Leistungsbeschreibungen gehören zu den wichtigsten Bestandteilen der Verträge mit den Bauunternehmen. Man unterscheidet dabei die Baubeschreibung nach Leistungsprogramm und die Baubeschreibung mittels Leistungsverzeichnis.

Das Leistungsprogramm beschreibt neben Bauleistungen auch die Entwurfsleistungen und stellt damit eher die Ausnahme dar (in der Form des Funktionalvertrags kennt es sogar noch ganz andere, speziell hierzu weiter entwickelte Anforderungen und Mechanismen). Die Beschreibung der Bauleistungen mit Leistungsverzeichnis stellt den Normalfall dar, von dem im Weiteren ausgegangen wird.

Die Bauleistungen werden i. d. R. durch eine allgemeine Baubeschreibung und ein in Teilleistungen gegliedertes Leistungsverzeichnis (LV) beschrieben. Die LVs sind hierarchisch in mehreren Stufen aufgebaut. Deren Gliederung richtet sich nach der für das konkrete Projekt festgelegten Struktur. Teilleistungen, in Lose, Gewerke, Abschnitte und Titel unterteilt, dienen entsprechend der Projektstruktur zur Abgrenzung der einzelnen Dienstleister am Bau (preislich, vertraglich oder auch ablauftechnisch). Die Teilleistungen oder Positionen werden unterschieden in:

- Leistungspositionen zur Beschreibung der auszuführenden Leistungen
- Zulagepositionen zur Ergänzung bestimmter Leistungspositionen
- Alternativpositionen, die sich ein Auftraggeber alternativ zu einer Leistungsposition anbieten lässt
- Eventual- oder Bedarfspositionen, die Leistungen beschreiben, über deren Ausführung aufgrund unklaren Informationsstands noch keine Entscheidung getroffen werden kann
- Leitpositionen, die Leistungen beschreiben, die in nachfolgenden Positionen weiter detailliert oder differenziert werden

Neben den o. g. existiert eine Fülle anderer, nicht normierter Begriffe, die hier nicht weiter erläutert werden. LVs sind tabellarisch aufgebaut und bestehen aus:

- Positionsnummer oder Ordnungszahl
- Mengenangabe (Vordersatz)
- Maßeinheit
- Textblock als Kurz- und Langtext
- Einheitspreisangabe (EP)
- Gesamtpreisangabe (GP) als Produkt der Mengenangabe und des Einheitspreises

Das LV legt im Detail fest, welche Leistung erbracht werden muss, und ist gleichzeitig Kalkulationsgrundlage und Basis für die Preisfindung.

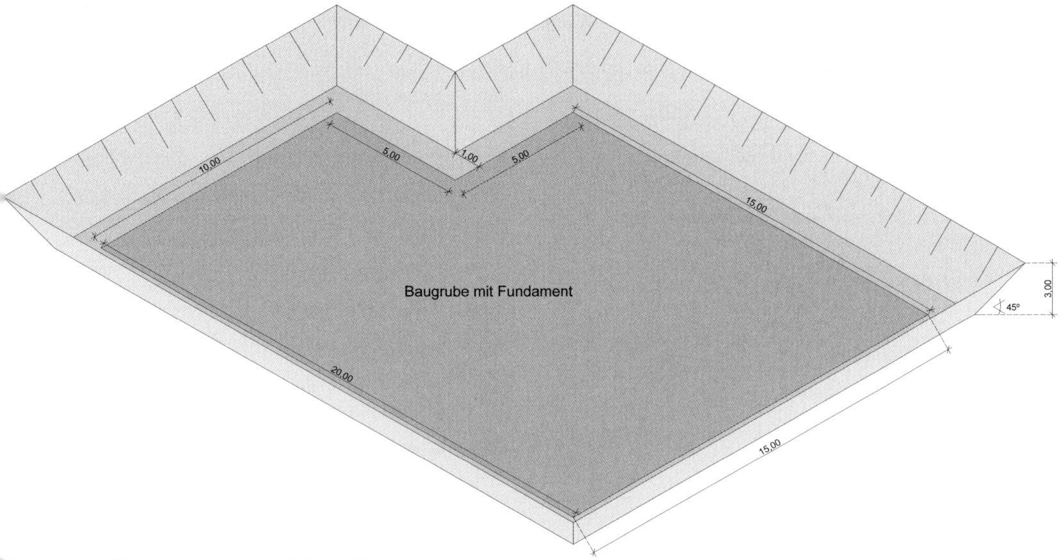

Abb. 2.6: Musterbaugrube mit Bemaßung

Tabelle 2.5: Leistungsverzeichnis zu Abb. 2.6

Baustelle: Mustermann				
Los 25: Aushub Baugrube				
Ordnungszahl	**Bezeichnung**	**Menge**	**Einheitspreis-angabe**	**Gesamtpreis-angabe**
01.01.0010	Boden ausheben, abfahren Boden für Baugrube profilgerecht lösen, laden, abfahren und einer Verwertung zuführen. Verwertungsnachweise sind der AG-Bauleitung zeitnah zu übergeben.			

Mithilfe von Ordnungszahlen (OZ), die auch als Projektstruktur-Code fungieren können, können Positionen leicht wiedergefunden werden. Leistungen, Preise und Mengen lassen sich strukturieren und in unterschiedlichen Gliederungen addieren (Beispiel siehe Abb. 2.6 bzw. Tabelle 2.5).

Da Leistungsverzeichnisse EDV-basiert erstellt werden, ist es wichtig, dass der Datenaustausch ebenfalls elektronisch erfolgt, denn der Ausschreibende wird seine LVs i. d. R. elektronisch versenden. Der Anbieter kann sie dann in seine Programme übernehmen, die Preisspalten ausfüllen und so ein Angebot erstellen, das wiederum ausgedruckt oder elektronisch versendet werden kann.

Tabelle 2.6: Leistungsbereiche nach STLB-Bau – Dynamische BauDaten® (Quelle: STLB-Bau online, 2020)

Nr.	Bezeichnung	Nr.	Bezeichnung
	Allgemeine Standardbeschreibungen (Vorbemerkungen)	034	Maler- und Lackierarbeiten – Beschichtungen
000	Sicherheitseinrichtungen, Baustelleneinrichtungen	035	Korrosionsschutzarbeiten an Stahlbauten
001	Gerüstarbeiten	036	Bodenbelagarbeiten
002	Erdarbeiten	037	Tapezierarbeiten
003	Landschaftsbauarbeiten	038	Vorgehängte hinterlüftete Fassaden
004	Landschaftsbauarbeiten – Pflanzen	039	Trockenbauarbeiten
005	Brunnenbauarbeiten und Aufschlussbohrungen	040	Wärmeversorgungsanlagen – Betriebseinrichtungen
006	Spezialtiefbauarbeiten	041	Wärmeversorgungsanlagen – Leitungen, Armaturen, Heizflächen
007	Untertagebauarbeiten	042	Gas- und Wasseranlagen – Leitungen, Armaturen
008	Wasserhaltungsarbeiten	043	Druckrohrleitungen für Gas, Wasser und Abwasser
009	Entwässerungskanalarbeiten	044	Abwasseranlagen – Leitungen, Abläufe, Armaturen
010	Drän- und Versickerarbeiten	045	Gas-, Wasser- und Entwässerungsanlagen – Ausstattung, Elemente, Fertigbäder
011	Abscheider- und Kleinkläranlagen	046	Gas-, Wasser- und Entwässerungsanlagen – Betriebseinrichtungen
012	Mauerarbeiten	047	Dämm- und Brandschutzarbeiten an technischen Anlagen
013	Betonarbeiten	049	Feuerlöschanlagen, Feuerlöschgeräte
014	Natur-, Betonwerksteinarbeiten	050	Blitzschutz-/Erdungsanlagen, Überspannungsschutz
016	Zimmer- und Holzbauarbeiten	051	Kabelleitungstiefbauarbeiten
017	Stahlbauarbeiten	052	Mittelspannungsanlagen
018	Abdichtungsarbeiten	053	Niederspannungsanlagen – Kabel/Leitungen, Verlegesysteme, Installationsgeräte
019	Kampfmittelräumarbeiten	054	Niederspannungsanlagen – Verteilersysteme und Einbaugeräte
020	Dachdeckungsarbeiten	055	Sicherheits- und Ersatzstromversorgungsanlagen
021	Dachabdichtungsarbeiten	057	Gebäudesystemtechnik
022	Klempnerarbeiten	058	Leuchten und Lampen
023	Putz- und Stuckarbeiten, Wärmedämmsysteme	059	Sicherheitsbeleuchtungsanlagen
024	Fliesen- und Plattenarbeiten	060	Sprech-, Ruf-, Antennenempfangs-, Uhren- und elektroakustische Anlagen
025	Estricharbeiten	061	Kommunikations- und Übertragungsnetze
026	Fenster, Außentüren	062	Kommunikationsanlagen
027	Tischlerarbeiten		
028	Parkett-, Holzpflasterarbeiten		
029	Beschlagarbeiten		
030	Rollladenarbeiten		
031	Metallbauarbeiten		
032	Verglasungsarbeiten		
033	Baureinigungsarbeiten		

Tabelle 2.6: Leistungsbereiche nach STBL-Bau – Dynamische BauDaten® (Fortsetzung)

Nr.	Bezeichnung	Nr.	Bezeichnung
063	Gefahrenmeldeanlagen	084	Abbruch-, Rückbau- und Schadstoffsanierungsarbeiten
064	Zutrittskontroll-, Zeiterfassungssysteme	085	Rohrvortriebsarbeiten
069	Aufzüge	087	Abfallentsorgung, Verwertung und Beseitigung
070	Gebäudeautomation	090	Baulogistik
075	Raumlufttechnische Anlagen	091	Stundenlohnarbeiten
078	Kälteanlagen für raumlufttechnische Anlagen	096	Bauarbeiten an Bahnübergängen
080	Straßen, Wege, Plätze	097	Bauarbeiten an Gleisen und Weichen
081	Betonerhaltungsarbeiten	098	Witterungsschutzmaßnahmen
082	Bekämpfender Holzschutz		

Der EDV-basierte Datenaustausch kann über eine sogenannte GAEB-Schnittstelle erfolgen (GAEB = Gemeinsamer Ausschuss Elektronik im Bauwesen). Der GAEB ist seit 2005 in den Deutschen Vergabe- und Vertragsausschuss für Bauleistungen (DVA) eingegliedert. Bei einem Bauvolumen von ca. 431 Mrd. Euro im Jahr 2019 (vgl. Bundesinstitut für Bau-, Stadt- und Raumforschung 2019, S. 21) kommt dem standardisierten Datenaustausch zwischen Planern, Bauherren, Ausführungsfirmen und Produktherstellern eine große Bedeutung zu. Ein Austausch von Daten zwischen den beteiligten Organisationen ist in vielen Phasen des Ausschreibungs-, Vergabe- und Abrechnungsprozesses (AVA) notwendig. Abb. 2.7 zeigt eine Übersicht der standardisierten GAEB-Schnittstellen.

Im Zuge der Standardisierung und Vernetzung wurden bereits in den 1980er-Jahren Standardleistungsbeschreibungen für das Bauwesen (STLB-Bau) entwickelt, die ursprünglich für den staatlichen Hochbau gedacht waren und dafür seit 1998 auch verbindlich sind. Aktuell umfassen die STLB-Bau – Dynamische BauDaten® 77 Leistungsbereiche mit mehreren Millionen standardisierten und strukturierten Ausschreibungstexten, die online abgerufen werden können und in der kompletten Breite der Bauaufträge angewendet werden (Tabelle 2.6). Für die Kalkulation können die Leistungstexte mit Zeitaufwandswerten kombiniert und direkt zu einem Angebot zusammengerechnet werden.

Datenbanksysteme und vorgefertigte Leistungspositionstexte lassen sich durch die einheitliche Gestaltung der Datenschnittstellen auch mit Produktbeschreibungen der Hersteller kombinieren. Eine weitere Entwicklung in naher Zukunft ist zudem die Verknüpfung dieser Leistungspositionen mit den entsprechenden Regelungen aus den DIN-Normen. Hierzu werden die Normentexte so aufbereitet, dass sie von den Softwareprogrammen bei der Zusammenstellung der LVs direkt angesprochen werden können (siehe hierzu auch den Internetauftritt von Dynamische BauDaten: www.dbd.de).

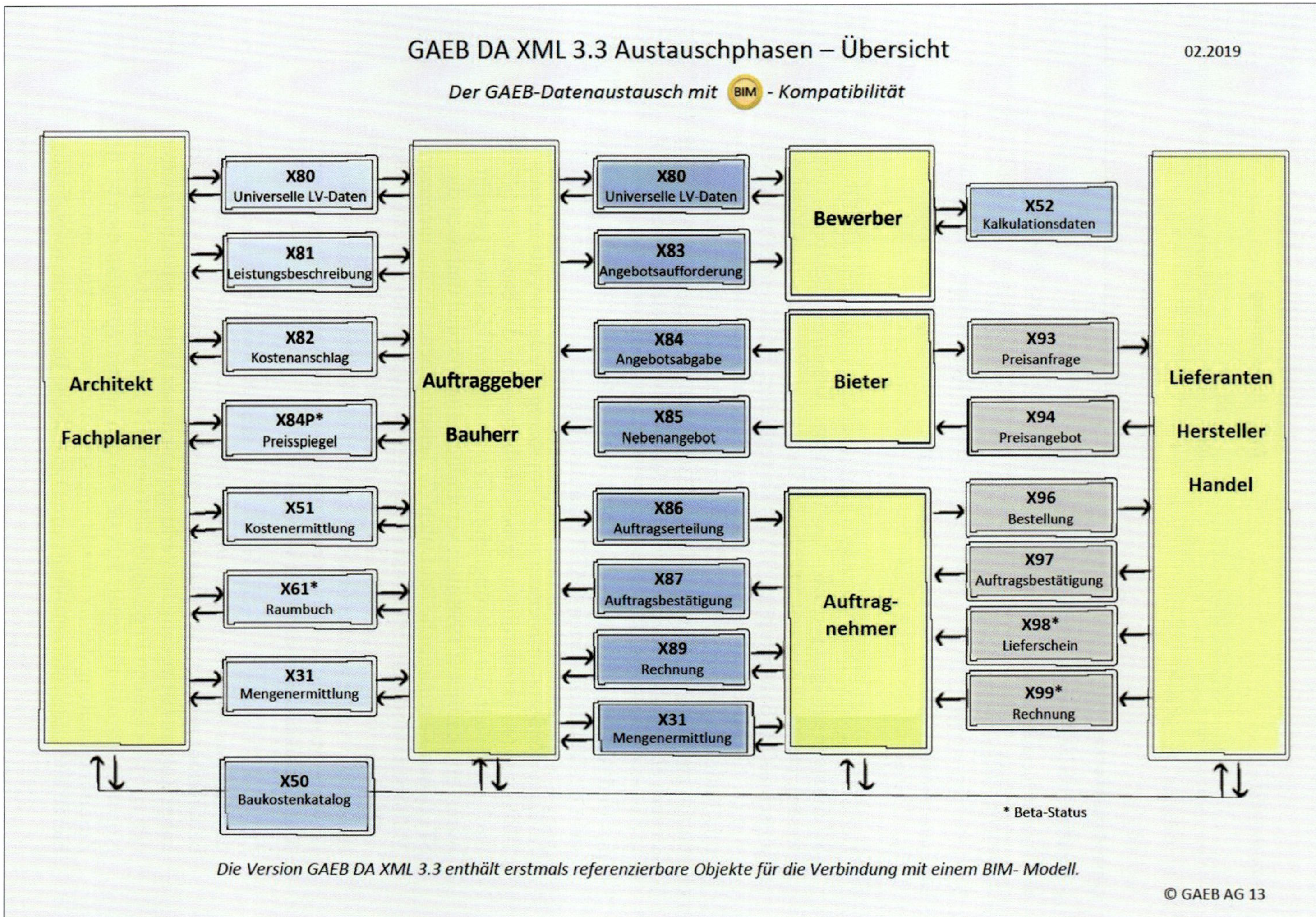

Abb. 2.7: GAEB-Schnittstellen und Zusammenwirken der am Bau Beteiligten (Quelle: GAEB [Hrsg.]: GAEB DA XML Version 3.3, 2019-02)

Mengenermittlung

Auch die Bestimmung der Vordersätze der Leistungspositionen erfolgt meist mithilfe der EDV, z. B. mithilfe von CAD-Systemen oder auf Basis sogenannter Bauwerkinformationsmodelle (BIM). Ist der überwachende Bauleiter in einem Planungsbüro tätig, welches auch die vorlaufenden Leistungsphasen erbracht hat, können die Vordersätze für die Ausschreibung höchstwahrscheinlich aus den vorhandenen CAD-Plänen oder dem BIM-Modell übernommen werden. Wenn jedoch die Ausschreibungsunterlagen separat erstellt werden, muss über den Transfer der Daten nachgedacht werden, bzw. müssen die Mengen am Plan separat ermittelt werden. Auch in diesem Fall kommt dem Ausschreibenden die Standardisierung der Datenschnittstellen zugute. Die meisten Ausschreibungsprogramme sind mit sogenannten Viewern ausgerüstet und können ohne zusätzliche CAD-Kenntnisse und Programme die Grafikdaten für die Ausschreibung nutzbar machen. Auch enthalten sie vielfach besondere Filterfunktionen, mit denen gezielt nach bestimmten Titeln, Positionen oder Materialeigenschaften gesucht werden kann. Beides zusammen, die Filtermöglichkeit und die Visualisierung mittels Viewern, ermöglicht es dem überwachenden Bauleiter, gezielt Mengen zu entnehmen, zu prüfen und nachzuverfolgen.

Neben einer erschöpfenden Leistungsbeschreibung ist die korrekte Mengenermittlung Voraussetzung für eine zutreffende Kostenermittlung für das Bauvorhaben. Dabei sind die besonderen Mengenermittlungs- und Abrechnungsregeln der VOB/C zu beachten und einzuhalten. Diese eigentlich noch aus der Zeit der Handrechnung entwickelten Konventionen, die manche Vereinfachungen bei der Mengenermittlung erlauben, beispielsweise das Übermessen von kleineren Öffnungen, sind in der Praxis weit verbreitet und anerkannt.

Bei einigen aktuellen Bauvorhaben, die auf Basis von Bauwerkinformationsmodellen geplant und vorbereitet werden, sind vereinzelt die Mengen auch schon nach den exakten Geometrien berechnet worden, sofern die Berechnungsalgorithmen bereits im Softwareprogramm hinterlegt waren. Diese Abweichung von der generellen Konvention müsste allerdings deutlich schon in der Ausschreibung vorgegeben bzw. später zwischen Bauherrn und Bauunternehmen vereinbart werden.

2.4.2 Grobterminplan

Neben der Beschreibung der einzelnen Bauleistungen bzw. der geforderten Qualitäten und Quantitäten im Leistungsverzeichnis ist deren zeitliche Einordnung und Verzahnung wichtig. Dazu dient dem Ausschreibenden ein Grobterminplan (siehe auch Kapitel 7).

Der Grobterminplan beschreibt die einzelnen Leistungspakete oder auch Vergabeeinheiten (VE) mit Startzeitpunkt, Dauer und Endzeitpunkt (Abb. 2.8). Er wird meist als Balkenplan dargestellt und je nach Erfordernis mit Einzelfristen je Vergabeeinheit belegt. Ein Grobterminplan „Ausführung" betrachtet dabei das Zeitfenster von Beginn bis zum Abschluss der Bauarbeiten. Diesem sind die Grobterminpläne „Planung" und „Ausschreibung" zeitlich vorlaufend.

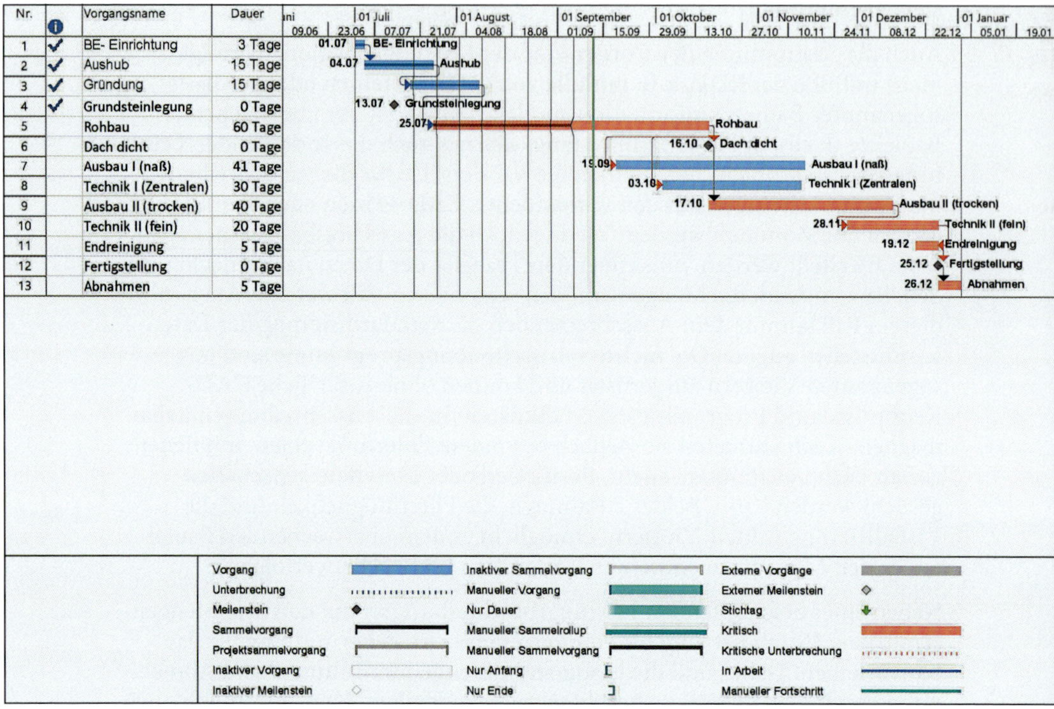

Abb. 2.8: Beispiel Grobterminplanung „Ausführung" (Screenshot aus Microsoft Project 2013)

Für die Erstellung der Leistungsverzeichnisse und Ausschreibungsunterlagen ist die zeitliche Fixierung der abgeforderten Leistungen wichtig. Sie bildet für den Bieter eine Kalkulationsgrundlage, und bei späterer Abweichung oder Verzögerung ergibt sich ein beliebter Nachtragsgrund. Der Ausschreibende muss sich also bereits während der Ausschreibung über die Vergabestruktur bzw. Bündelung der Leistungen und über deren zeitliche Abfolge Gedanken machen.

Praxistipp zum Grobterminplan

Der Grobterminplan für die Ausführung sollte in erster Linie die Vergabestruktur und Vergabeinhalte widerspiegeln. Er sollte 1 bis 3 Balken und 1 bis 2 Einzelfristen je Vergabeeinheit beinhalten und insgesamt nicht mehr als ca. 100 Vorgänge oder Aktivitäten umfassen.

Sind wegen der hohen Anzahl von Vergabeeinheiten mehr Vorgänge erforderlich, ist über eine Teilung des Grobterminplans z. B. nach Bauabschnitten nachzudenken.

Auch für den Grobterminplan der Ausführung gibt letztendlich der Bauherr die zeitlichen Rahmenbedingungen und Zwänge vor. Der Ausschreibende muss also die logische Abfolge der einzelnen Gewerke und Vergabeeinheiten unter Berücksichtigung der Schnittstellen und notwendigen Baufreiheiten in das ihm vorgegebene Zeitfenster setzen. Schon an dieser Stelle kann

Los Nr.	Bezeichnung	EU/nat.	Veröffentl. Vergabeart	Bauab-schnitt	zust. Büro	zust. Bauherr	Budget (in €)	Endfassung LV Planer [KT]	Veröffent-lichung/ Versand	Eröffnungs-/ Angebots-abgabetermin	Auftrags-erteilung erforderlich
(1)	(2)	(3)	(4)	(5)	(6)	(7)	(8)	(9)	(10)	(11)	(12)
Rohbau, BE											
10	Baustelleinrichtung	NAT	BSCH	1	Planer 1	Ansprech-partner X	120.000	Mo., 24.11.13	Mo., 01.12.13	Mo., 22.12.13	Mo., 05.01.14
11	Baustrom	NAT	BSCH	1	Planer 2	Ansprech-partner Y	35.000	Mo., 24.11.13	Di., 09.12.13	Di., 30.12.13	Di., 13.01.14
12	Rohbau	EU	OV	1	Planer 3	Ansprech-partner Z	1.650.000	Mo., 24.11.13	Do., 11.12.13	Fr., 02.01.14	Fr., 16.01.14

Abb. 2.9: Detailterminplan als Terminliste für den Ausschreibungsprozess gemäß VOB/A

der (spätere) überwachende Bauleiter den Bauherrn hinsichtlich eines realistischen Terminablaufs beraten, um nicht von Beginn an spätere Behinderungen und Nachträge zu riskieren. Oft muss bei der Zeitplanung ein Kompromiss zwischen dem technisch Machbaren und dem finanziell Optimalen gefunden werden. Für die Ausschreibung und Vergabe von Bauleistungen ist das Vordenken der zeitlichen Verschränkungen der einzelnen Ausführungsgewerke und damit auch die Kenntnis von bestimmten Technologien zwingend erforderlich.

2.4.3 Zeitliche Organisation der Ausschreibung

Sowohl für den öffentlichen als auch für den privaten Vergabeprozess ist die genaue Terminierung der Ausschreibungsfristen und des Durchlaufs der einzelnen Leistungsbeschreibungen wichtig. Was im öffentlichen Vergabeprozess zwingend ist, ist im privaten Sektor hilfreich. Jeder Planungsbeteiligte, der an der Erstellung eines Leistungsverzeichnisses mitwirkt, und jede Kontrollinstanz des Auftraggebers (Projektleitung, Projektsteuerer usw.) muss insbesondere im öffentlichen Ausschreibungsverfahren die genauen Einzelfristen je Vergabeeinheit gemäß VOB Teil A (VOB/A) kennen und einhalten.

Hier sind im offenen Verfahren mehrere Angebotsfristen zu beachten:

- EU-weite Ausschreibung (nach § 10a EU VOB/A): mit Vorinformation 15 Kalendertage (KT), ohne Vorankündigung 35 KT
- öffentliche Ausschreibung: mindestens 15 KT
- Bindefrist für die Angebote: mindestens 60 KT

Unter bestimmten Voraussetzungen können einzelne Fristen verkürzt werden.

Die VOB/A regelt in § 10 Abs. 1: „*Für die Bearbeitung und Einreichung der Angebote ist eine ausreichende Angebotsfrist vorzusehen, auch bei Dringlichkeit nicht unter 10 Kalendertagen.*"

Nach Abgabe der Angebote sind diese zügig zu prüfen und zu werten, um die Zuschlagsfrist so kurz wie möglich zu halten. In der VOB/A von 2019 wird für die Zuschlagsfrist keine Angabe gemacht.

Weiterhin sind im Bauablaufplan mögliche Bestellfristen für Baustoffe und Geräte sowie die entsprechenden Vorlaufzeiten für den Baustellenbeginn, also die zeitliche Einbindung der arbeitsvorbereitenden Tätigkeiten nach Abschluss des Vergabeprozesses, zu berücksichtigen.

Da im öffentlichen Bauen i. d. R. Einzelvergaben getätigt werden, um den Zugang regionaler Betriebe zu solchen Aufträgen sicherzustellen, sind im traditionellen Hochbau nicht selten 50 bis 70 Vergabeeinheiten in einem Projekt vorhanden. Diese müssen jeweils gemäß den o. g. Vorgaben im Ausschreibungs- und Vergabeprozess geführt und gesteuert werden. Neben dem eigentlichen Bauprozess ist gerade im öffentlichen Bauen diese Organisation und Steuerung eine schwierige Aufgabe.

Das Gesetz gegen Wettbewerbsbeschränkungen (GWB), das vorrangig vor der VOB/A gilt, fordert nicht nur die Berücksichtigung des Mittelstands, sondern verpflichtet die öffentlichen Auftraggeber (also auch die Sektorenauftraggeber), Leistungen getrennt nach Fachgebieten (Fachlosen) zu vergeben. Dies hält die Anzahl der auszuschreibenden und getrennt zu vergebenden Vergabeeinheiten auf hohem Niveau, wobei allerdings auch für den öffentlichen Bausektor generell nicht exakt verbindlich geregelt ist, wie kleinteilig eine Vergabeeinheit sein darf.

Zur besseren Organisation dieses Vergabeprozesses dient die in Abb. 2.9 gezeigte Darstellung. Sie basiert auf einer einfachen Tabelle und beschreibt in den einzelnen Spalten von links nach rechts den zeitlichen Durchlauf einer Vergabeeinheit im Vergabeprozess.

Einhaltung der VOB/A

Die Einhaltung der Vergabevorschriften nach VOB/A ist für die durch die Vergabe- und Sektorenverordnung gebundenen Auftraggeber zwingend. Ein Verstoß kann zur Aufhebung und Wiederholung des Vergabeverfahrens führen.

Ist der Zuschlag allerdings erteilt, haben etwaige Verstöße gegen die VOB/A keine Auswirkung auf den Vertrag, der vielmehr wirksam zustande gekommen ist. Den benachteiligten Bietern stehen aber ggf. Ansprüche auf Schadensersatz zu; möglicherweise sind auch staatlich gewährte oder anderweitig an die Einhaltung der VOB/A gebundene Fördermittel zurück zu gewähren, ohne dass dies aber die Wirksamkeit des erteilten Auftrages betrifft.

EU-Schwellenwerte für Auftragsvergabeverfahren

Die VOB/A enthält Basisparagrafen und EU-Paragrafen. Letztere gelten für öffentliche Bauaufträge oder für Auftraggeber, die öffentliche Mittel verwenden. In beiden Fällen muss EU-weit ausgeschrieben werden, wenn der Auftragswert über dem jeweils maßgebenden Schwellenwert liegt. Die EU-Schwellenwerte werden turnusmäßig alle 2 Jahre neu festgesetzt. Seit dem 1. Januar 2020 gelten die folgenden Werte (Quelle: Delegierte Verordnung [EU] Nr. 2019/1827, 2019/1828, 2019/1830):

- Bauaufträge: 5.350.000 Euro
- Liefer- und Dienstleistungsverträge (Sektorenauftraggeber): 428.000 Euro
- Liefer- und Dienstleistungsverträge (Sonstige): 214.000 Euro
- Liefer- und Dienstleistungsverträge der Oberen oder Obersten Bundesbaubehörde sowie vergleichbarer Bundeseinrichtungen: 139.000 Euro.

Die angewandten Schwellenwerte sind Euro-Wertgrenzen, welche sich aus einer Umrechnung der GPA-Werte ergeben (GPA: „Government Procurement Agreement", deutsch: Übereinkommen über das öffentliche Beschaffungswesen).

2.4.4 Ausschreibungsstrategien und Bildung von Vergabeeinheiten

Wichtig bei der Ausschreibung und Strukturierung der Leistungsverzeichnisse ist die Vergabestrategie, die der Ausschreibende oder Auftraggeber verfolgt. Bei einer kleinteiligen Ausschreibung (in kleinen Losgrößen) können die Fertigstellung der Ausschreibungsunterlagen und die Vergabe an leistungsfähige Unternehmen flexibel erfolgen. Bei größeren Losen werden möglicherweise kleine Firmen oder Spezialisten ausgeschlossen, die nicht alle Leistungen anbieten können. Andererseits reduzieren sich dadurch der Koordinationsaufwand und die Schnittstellenkontrolle.

Auch die Frage des Timings ist von Bedeutung. Wann und wo soll die Ausschreibung veröffentlicht werden? Welche Firmen sollen angesprochen werden, und wie wird das erreicht? Wie können leistungsfähige Ausführungsfirmen zu günstigen Preisen gebunden werden? Nicht immer bringt eine Veröffentlichung im Amtsblatt des Baustelleneinzugsgebiets oder im Supplement der EU die gewünschten Bieter, Marktteilnehmer und Marktpreise. Gleichwohl darf bei Überschreitung des EU-Schwellenwerts auf eine Veröffentlichung im Supplement der EU nicht verzichtet werden.

Der Prozess der Optimierung der Vergabestrategie lässt sich, vor allem im öffentlichen Bereich, nur bedingt steuern. Neben der offiziellen Bekanntmachung können Firmen auf die Veröffentlichung oder auch direkt auf die Ausschreibung hingewiesen werden, ggf. verbunden mit der Bitte um eine Angebotsabgabe. Der Auftraggeber, aber vor allem der Ausschreibende als sein fachkundiger Berater, kann den Prozess eher über die Vergabestruktur beeinflussen, indem Leistungen im Sinne des Auftraggebers sinnvoll kombiniert und ansprechende Offerten zusammengestellt werden.

Es ist im Interesse des Auftraggebers, leistungsfähige Firmen mit marktgängigen Preisen zu binden und dabei möglichst wenige Schnittstellen während der Ausführungs- und Gewährleistungszeit zu erzeugen. Im Einzelfall mag es lukrativ sein, mit der Beauftragung eines unterpreisigen Angebots ein besonderes „Schnäppchen" zu erzielen. Doch allgemein ist es auch im Interesse der Auftraggeberschaft, mit den Bauunternehmen für sie auskömmliche Preise zu vereinbaren. Denn dies sichert ab, dass sie die Bauleistungen sorgfältig abarbeiten können und letztlich ihre Aufträge wirtschaftlich auch „überleben".

Im privaten Bauen gibt es wegen der Problematik der Schnittstellen zwischen Einzelaufträgen zunehmend „Paketlösungen" mit mehreren Gewerken oder auch die Vergabe an Kumulativleistungsträger (siehe Kapitel 1.2). Im öffentlichen Bauen gibt es zwar einige Ausnahmen, aber im Allgemeinen steht einer Zusammenfassung die Bestimmung des GWB entgegen, wonach öffentliche Bauherren zur Vergabe nach Fachlosen verpflichtet sind (vgl. § 97 Abs. 4 GWB). § 5 Abs. 2 VOB/A regelt aber: *„Bauleistungen sind in der Menge aufgeteilt (Teillose) und getrennt nach Art oder Fachgebiet (Fachlose) zu vergeben. Bei der Vergabe kann aus wirtschaftlichen oder technischen Gründen auf eine Aufteilung oder Trennung verzichtet werden."*

Hintergrund der Forderung nach Aufteilung in Teil- bzw. Fachlose sind eine Vereinfachung der Koordinationsleistungen des Auftraggebers und später eine klare Zuordnung der Gewährleistung. Was jedoch „auf dem Papier" einfach ist, nämlich die vermeintlich eindeutige und klare Auftrennung in Fachlose, bedeutet in der Praxis oft sehr viel Aufwand für nur genügend gute Ergebnisse. Die exakte Beschreibung der sach- und ablauftechnischen Leistungsgrenzen ist beispielsweise eines dieser Probleme. Bisweilen können diese nicht richtig beschrieben werden, und zwar nicht aus Nachlässigkeit oder Unvermögen, sondern weil schlichtweg die vorhandene Bausubstanz nicht vollständig untersucht werden konnte. Im folgenden Praxisbeispiel wird eine typische Nachtragsquelle beschrieben, die in den ersten Baustellenmonaten aufgetreten ist.

Beispiel

Ein Auftraggeber einer Sanierungsmaßnahme hatte als erstes Leistungspaket Abbruchleistungen und Leistungen der Schadstoffentsorgung zu vergeben. Das Gebäude war bis kurz vor Baubeginn in Nutzung. Eine genaue Schadenskartierung war daher kaum möglich.

Vergaberechtskonform schrieb der Auftraggeber vorstehende Leistungen nach Fachlosen getrennt aus und vergab 2 Aufträge. Innerhalb der ersten Baustellentage trafen umgehend die ersten Bedenken-, Behinderungs- und Mehrkostenanmeldungen sowie Nachtragsangebote ein. Neben einigen zusätzlichen Leistungen wurde in erster Linie auf Behinderungen abgestellt, weil keine der beiden Firmen ohne Wartezeiten arbeiten konnte. Auch die Leistungsgrenze, also die Schnittstelle zwischen den beiden Vertragsinhalten, konnte nur schwer beschrieben werden. Dadurch war das Nachtragsrisiko sehr hoch.

Zumindest in dem Bereich, in dem nach Baualter und Gebäudestruktur mit Schadstoffaufkommen gerechnet werden konnte, hätte diese Trennung mit Bezug zu § 5 Abs. 2 VOB/A vermieden werden können.

Weiterhin musste im Leistungsverzeichnis auf mögliche ablauf- oder koordinationsbedingte zeitliche Unterbrechungen bzw. geplante zeitliche Abschnitte aufmerksam gemacht werden.

2.5 Vertragsgestaltung und Sicherheiten

2.5.1 Gestaltung eines Bauvertrags

Die Vertragsgestaltung ist bei Bauaufgaben ebenso wie bei anderen Vertragsgegenständen eine Frage der Kombination von konkreten Vertragsinhalten und Rahmenbedingungen. Es muss entschieden werden, wie viele und wie genau diese Inhalte im Vertrag geregelt werden, und wie viel Spielraum gelassen wird für spätere Veränderungen oder Präzisierungen im Verlauf des Projekts.

Während öffentliche Bauherren für die Ausschreibung und Vergabe von Bauleistungen an die Vergabe- und Vertragsordnung für Bauleistungen (VOB) gebunden sind, ist der private Bauherr zu deren Anwendung nicht verpflichtet. Soll bei privaten Auftraggebern die VOB angewendet werden, so muss diese separat vereinbart werden (siehe hierzu Kapitel 2.7).

Vertragliche Relevanz der VOB/A

Der VOB/A kommt für die Abwicklung des Vertrages insoweit Bedeutung zu, als sie für die Auslegung der vertraglichen Regelungen heranzuziehen ist. So darf der Auftragnehmer davon ausgehen, dass ein öffentlicher Auftraggeber die für ihn zwingenden Vorgaben der VOB/A einhalten und bei seiner Ausschreibung berücksichtigen will. Danach ist er beispielsweise zu einer vollständigen Beschreibung der geschuldeten Leistungen verpflichtet. Eine VOB/A-konforme Auslegung führt somit z. B. dazu, dass der Bieter in der Regel nicht von einer Belastung des von ihm abzutragenden Bodenmaterials auszugehen hat, wenn sich im Vertrag hierzu keine Angaben finden und die Bodenbelastung auch sonst nicht klar erkennbar ist.

Gleichzeitig ist § 7 VOB/A entgegen weitläufig verbreiteter Annahme nicht so zu verstehen, dass dem Auftragnehmer im Rahmen einer öffentlichen Vergabe überhaupt kein Risiko übertragen werden kann. Ist die Leistung in der Ausschreibung z. B. ersichtlich nicht detailliert und nur funktional beschrieben, hat der Auftragnehmer zu dem von ihm insoweit angebotenen Preis sämtliche Leistungen auszuführen, die für die Herbeiführung des funktionalen Erfolges notwendig sind – auch wenn diese bei Angebotsabgabe für ihn im Einzelnen nicht erkennbar oder kalkulierbar waren.

Die VOB gliedert sich in 3 Teile:

- Teil A – Allgemeine Bestimmungen für die Vergabe von Bauleistungen
- Teil B – Allgemeine Vertragsbedingungen für die Ausführung von Bauleistungen
- Teil C – Allgemeine Technische Vertragsbedingungen für Bauleistungen (ATV)

Die in der VOB fixierten Vertragsbedingungen werden in der Branche als ausgewogen betrachten, und über 90 % der privaten Bauherren nutzen die Teile B und C der VOB für ihre Bauverträge.

Während öffentliche Bauherren implizit durch die Verbindlichkeit der VOB/A an die dort niedergelegten Hinweise zur Erstellung von Leistungsverzeichnissen und somit auch an die vertragsrelevante Detailgestaltung gebunden sind, besteht für private Bauherren eine solche Vorschrift nicht.

Auch wenn grundsätzlich für Bauverträge keine Formvorschrift besteht, empfiehlt es sich für beide Partner (Auftraggeber wie Auftragnehmer), die Verhandlungsergebnisse in einem schriftlichen Vertrag zu fixieren. Rein mündliche Absprachen sind im Streitfall nicht nachvollziehbar und auch nicht durchsetzbar.

Bauverträge sollten daher folgende Mindestangaben enthalten:

- Bezeichnung und Adressen beider Vertragspartner sowie deren handelnde Personen
- Preis und Vertragstyp (Einheitspreis- oder Pauschalvertrag)
- Grundlage der Preisermittlung (Pläne, Leistungsverzeichnisse und weitere Ausschreibungsunterlagen, Angebotsschreiben und Verhandlungsprotokolle)
- Vertragsgrundlagen (BGB oder VOB)

Des Weiteren sollten Ausführungs- und Vertragsfristen, Zahlungsfristen und Zahlungspläne sowie Vollmachten und Vertretungsbefugnisse beider Vertragspartner eindeutig fixiert sein.

Wenn sich private Bauherren für die Anwendung der VOB entscheiden, so ist in diesen Fällen nicht das öffentliche Vergabeprocedere der VOB/A relevant, sondern vielmehr die Anwendung der Teile B und C.

Die Allgemeinen Vertragsbedingungen der VOB/B, die auch in der DIN 1961 veröffentlicht wurden, enthalten Regelungen über Vergütung, Ausführungsfristen, Kündigungsmöglichkeiten, Haftung, Abnahmen und Abrechnungen. Mit der Vereinbarung der VOB/B als Vertragsgrundlage werden diese ausgewogenen und über viele Jahre von Vertretern beider Vertragsseiten entwickelten Vertragsbedingungen wirksam (Mustervorlage 2.1).

Neben den in der VOB/B enthaltenen Allgemeinen Vertragsbedingungen beinhaltet Teil C der VOB die Allgemeinen Technischen Vertragsbedingungen (ATV). Diese Sammlung von DIN-Normen beginnt mit der vorgeschalteten DIN 18299, die allgemeine Regelungen für Bauarbeiten jeder Art beschreibt. Unter den DIN-Nummern 18300 (Erdarbeiten) bis 18459 (Abbruch- und Rückbauarbeiten) folgen spezielle Regelungen für über 60 einzelne Gewerke. Ist ein Spezialgewerk unter diesen nicht zu finden, können dafür die allgemeinen Regelungen der DIN 18299 angewendet werden.

Am Ende von Kapitel 3.2.2 sind die ATV vollständig für alle Gewerke aufgeführt.

VOB/B

Während das in Teil A der VOB geregelte Vergabeverfahren von nach der Vergabe- und Sektorenverordnung erfassten Auftraggebern zwingend einzuhalten ist, beinhaltet Teil B der VOB demgegenüber „Allgemeine Vertragsbedingungen für die Ausführung von Bauleistungen". Wie der Name schon sagt, handelt es sich um ein Vertragsmuster mit vorformulierten Vertragsbedingungen. Diese stellen weder Gesetzes- noch Gewohnheitsrecht dar; die Anwendung der VOB/B muss vielmehr vertraglich vereinbart werden. Hierzu ist in der Regel eine klare Regelung im Vertrag erforderlich, dass die VOB/B einbezogen wird und für den Vertrag gelten soll. Bei Verwendung der VOB/B gegenüber Privatleuten und sonstigen bauunerfahrenen Vertragspartnern ist zudem regelmäßig auch der Text der VOB/B zur Verfügung zu stellen, wenn diese in den Vertragsverhandlungen nicht durch Personen vertreten oder begleitet werden, die wie z. B. der Architekt im Umgang mit der VOB/B vertraut sind.

Als Allgemeine Geschäftsbedingungen (AGB) sind die Regelungen der VOB/B selbst bei entsprechender Einbeziehung in den Vertrag aber nur dann wirksam vereinbart, wenn sie keinen unbilligen Nachteil für den Vertragspartner ihres Verwenders beinhalten.

Bei der Verwendung gegenüber Unternehmen oder der öffentlichen Hand unterliegen die einzelnen Paragrafen, Absätze und Nummern der VOB/B als insgesamt ausgewogenem Regelungskonstrukt allerdings keiner dahingehenden Kontrolle, wenn die VOB/B in ihrer Gesamtheit ohne inhaltliche Änderung vereinbart worden ist.

Diese AGB-rechtliche Privilegierung der VOB/B erlangt gesteigerte Bedeutung, seit der Gesetzgeber mit der Reform u. a. des Bauvertragsrechts auch verschiedene gesetzliche Regelungen für alle ab dem 01.01.2018 geschlossenen Bauverträge geschaffen hat, mit denen auch zentrale Vorschriften der VOB/B z. B. in § 1 Abs. 3 und Abs. 4 nicht unbedingt in Einklang zu bringen sind. Um entsprechende Unsicherheiten in Bezug auf die Gültigkeit der vereinbarten Regelungen zu vermeiden, sind verstärkt Bemühungen erkennbar, die VOB/B wieder in Reinform ohne jedwede Änderung zu vereinbaren.

Umstritten und von der Rechtsprechung noch nicht abschließend geklärt ist allerdings, ob eine zum Verlust der Privilegierung führende Änderung der VOB/B auch schon dann vorliegt, wenn nur von ihren Öffnungsklauseln Gebrauch gemacht wird. Das Oberlandesgericht (OLG) Brandenburg hat dies in seiner Entscheidung vom 08.11.2007 – 12 U 30/07 ausdrücklich nur für den Fall abgelehnt, dass entsprechend der in § 13 Abs. 4 Nr. 1 VOB/B vorgesehenen Möglichkeit Gebrauch gemacht und statt der ansonsten geltenden 4 Jahre eine Gewährleistungsfrist von 5 Jahren vereinbart wurde.

Jedenfalls wenn über die Öffnungsklauseln hinaus in das Gefüge der VOB/B eingegriffen und diese – wie im Regelfall – nicht „als Ganzes" vereinbart wird, geht diese Privilegierung verloren; die einzelnen Klauseln der VOB/B unterliegen dann auch im geschäftlichen Verkehr, wie ohnehin auch immer gegenüber dem Verbraucher, einer isolierten Inhaltskontrolle. Dieser halten einzelne Regelungen, wie z. B. der Ausschluss von Nachforderungen nach Ablauf der Fristen nach § 16 Abs. 3 Nr. 2 VOB/B, bei Verwendung durch den Auftraggeber nicht stand. Auf eine derartige Unwirksamkeit kann sich aber nie derjenige berufen, auf dessen Veranlassung die VOB/B in den Vertrag einbezogen wurde, sodass z. B. der Ausschluss von Nachforderungen wiederum wirksam wäre, wenn ausnahmsweise der Auftragnehmer die VOB/B für den Vertrag gestellt hätte.

Mustervorlage 2.1: Bauvertrag nach VOB/B

Muster eines einfachen Bauvertrages

Bauvertrag

Verteiler:
Auftraggeber
Auftragnehmer (2-fach)
Akte Bauleitung

zwischen dem Auftraggeber (AG): ....
....
.... (Rechnungsanschrift) ①
und dem Auftragnehmer (AN): ....
....
Grundstückseigentümer: ② ....
Der AG erteilt dem AN den Auftrag zur Ausführung der ....
....
für das Bauvorhaben ....
....
auf der Grundlage des Angebotes des AN vom: ....
des Verhandlungsprotokolls vom: ....
des Nachtragsangebotes vom: ....

Grundlage des Vertrages sind:

1. Dieser Vertrag einschl. Verhandlungsprotokoll vom: ....
2. Die Leistungsbeschreibung (Anlage 1)
3. Die VOB, Teil B, neueste Fassung (liegt bei)*) ③
4. Alle in Frage kommenden bauaufsichtlichen, polizeilichen und entsprechenden einschlägigen Vorschriften, insbesondere LBO des Landes, einschließlich DVO und Ausführungsvorschriften sowie UVV der Bau-BG.
5. Der Vertragsfristenplan vom: .... (Anlage 2)
6. Anlage ....
   Anlage ....
   Anlage ....
   Anlage ....

Auftragssumme:
☐ vorläufige Netto-Auftragssumme .... EUR
zum Nachweis als Einheitspreisvertrag gemäß LV vom ....
☐ als Pauschalsumme (ohne MWSt.) .... EUR
Zu den Preisen wird die MWSt. in gesetzlicher Höhe hinzugerechnet.

....	....
Ort, Datum, AG	Ort, Datum, AN
....	....
Stempel, Unterschrift	Stempel, Unterschrift

Das Vertragsverhältnis tritt erst in Kraft, wenn dieser Vertrag sowohl vom Auftraggeber als auch vom Auftragnehmer rechtsgültig unterschrieben ist.

*) Nichtzutreffendes bitte streichen ④

Spezielle Hinweise

① Keine Postfachnummer! Eventuelles Mahnverfahren ist nur mit Straße und Hausnummer möglich.
② Wenn Bauherr nicht Grundstückseigentümer ist, auf Sicherung der Forderungen achten (z. B. nach BGB § 648 a- Bauwerkssicherung).
③ Allen „Baulaien“ ist grundsätzlich ein Exemplar der VOB/B zu übergeben (es genügt die unkommentierte Textfassung)
④ In allen Vertragsdokumenten muss durch Streichen und Hinzufügen Eindeutigkeit „erzeugt“ werden.

Mustervorlage 2.1: Bauvertrag nach VOB/B (Fortsetzung)

VERHANDLUNGSPROTOKOLL zum BAUVERTRAG

vom ....Seite 1
Bauvorhaben/Objekt: ....
Bauherr (AG): ....
Verhandlung mit Frau/Herrn: .... für den Auftraggeber
Frau/Herrn: .... für den Auftragnehmer

Zu folgenden Verhandlungspunkten wurde vereinbart:

Alle Geldangaben in diesem Verhandlungsprotokoll in EUR

1. Nachlass

a) Der Auftragnehmer gewährt einen Nachlass von .... %
auf die Nettoberechnungssumme für **günstige Terminabwicklung/ Vorauszahlung/verkürzte Gewährleistung*)** (s. a. Anlage ....) ja/nein

b) und .... % Nachlass auf die Bruttoabrechnungssumme für verkürzte Zahlungsziele
(s. a. Pkt. 2.1b und 2.2b auf dieser Seite) ja/nein

2. Zahlungsfristen

2.1 Abschlagszahlungen:

a) Es gilt die in der VOB/B § 16 festgelegte Zahlungsfrist (Zahlung binnen 18 Werktagen) ja/nein

oder

b) Zahlungsfrist wird abweichend von VOB/B § 16 vereinbart:
.... Werktage (Vertragsfrist) ja/nein

oder

c) Zahlungen erfolgen laut beigefügtem Zahlungsplan
(s. Anlage ....) ja/nein

2.2 Schlusszahlungen:

a) Es gelten die in VOB/B § 16 festgelegten Zahlungsfristen
(spätestens innerhalb von zwei Monaten nach Zugang der Schlussrechnung) ja/nein

oder

b) Als Zahlungsfrist wird abweichend von VOB/B § 16 vereinbart:
.... Werktage ja/nein

2.3 Fristlauf:

a) Die Zahlungsfristen beginnen mit dem Montag der auf dem Rechnungseingang folgenden Wochen ja/nein

oder

b) Die Frist beginnt mit Datum des Poststempels ja/nein

3. Zahlungsverzug des Auftraggebers

Als angemessene Frist gemäß VOB/B § 16 Abs. 5 Nr. 3 wird vereinbart:
.... Werktage

4. Mitwirkung des AG

4.1 Gemäß VOB/B § 3 Abs. 1 werden Zeichnungen oder sonstige zur Ausführung wichtige Unterlagen dem Auftragnehmer .... Werktage vor Beginn der Ausführung übergeben.
oder

4.2 Es gilt der als Anlage .... vereinbarte Plan der Planbereitstellung.
(Darin sind die Termine der Planbereitstellung, die Bezeichnung der Pläne und der jeweilige Maßstab der Pläne und die darzustellenden Inhalte enthalten)

Unterschriftenkürzel (Paraphe) ....

*) Nichtzutreffendes bitte streichen

Mustervorlage 2.1: Bauvertrag nach VOB/B (Fortsetzung)

VERHANDLUNGSPROTOKOLL zum BAUVERTRAG

vom .... Seite 2

5. Mängel vor Abnahme

a) Als angemessene Frist nach VOB/B § 4 Abs. 7 werden .... Werktage vereinbart.

b) Sollte der Auftragnehmer im Einzelfall eine längere Frist (als in a) vorgesehen) benötigen, wird er innerhalb von .... Werktagen die Gründe darlegen, sofern diese dem Auftraggeber nicht offenkundig sind. Er wird in diesem Fall auch die zusätzlich benötigte Anzahl von Werktagen anzeigen.

6. Mängel nach der Abnahme

Angemessene Frist nach VOB/B § 13 Abs. 5 Nr. 2: .... Werktage

7. Gewährleistung, Sicherheitsleistung

a) Es wird gemäß VOB/B § 13 Abs. 4 Nr. 1 eine Verjährungsfrist der Gewährleistung von .... Jahren vereinbart.
   I. ....
   II. ....
   III. ....
   IV. ....

b) Es wird gemäß VOB/B § 13 Abs. 4 Nr. 2 eine Verjährungsfrist der Gewährleistung von .... Jahren vereinbart.
   I. ....
   II. ....
   III. ....
   IV. ....

c) Für maschinelle und elektrotechnische/elektronische Anlagen oder Teilen davon wurde ein/kein*) Wartungsvertrag abgeschlossen. Die Gewährleistungsfrist beträgt ohne Wartungsvertrag ein Jahr.

d) Die Fristen beginnen mit der Abnahme. ja/nein

e) Der Auftraggeber erhält vom Auftragnehmer Hinweise für die Inspektion und zu Wartungszyklen, deren Einhaltung eine Voraussetzung für die Gewährleistung ist. ja/nein

8. Vollmachten und Vertreterberechtigungen des Auftraggebers

Der Auftraggeber wird von nachfolgenden Personen vertreten. Diese Personen sind bevollmächtigt:

a) in rechtlicher/finanzieller Hinsicht Frau/Herr ....

b) in bautechnischer Hinsicht Frau/Herr ....

c) Um Behinderungen im Bauablauf wegen fehlender Entscheidungen zu vermeiden, hat Frau/Herr .... das Recht, Teilaufträge bis zu einer jeweiligen Nettosumme von .... und einer maximalen Gesamtsumme (Netto) von .... direkt zu erteilen. Der Auftragnehmer informiert den Auftraggeber darüber unverzüglich, damit dieser sich entsprechend einrichten kann.

9. Vollmachten und Vertreterberechtigungen der Auftragnehmers

Der Auftragnehmer wird von folgenden Personen vertreten. Diese Personen sind bevollmächtigt:

a) in rechtlicher/finanzieller Hinsicht Frau/Herr ....

b) in bautechnischer Hinsicht Frau/Herr ....

c) in allen darüber hinausgehenden Belangen Frau/Herr ....

10. Abtretungen

Der Auftragnehmer ist berechtigt, Forderungen an Dritte abzutreten ja/nein

11. Sonstiges

....	....
Ort, Datum	Ort, Datum
....	....
Auftraggeber/Bauherr	Auftragnehmer

*) Nichtzutreffendes bitte streichen

Alle DIN-Normen der ATV folgen einer einheitlichen Gliederungssystematik. Diese umfasst:

- Teil 0 – Hinweise für das Aufstellen der Leistungsbeschreibung
- Teil 1 – Geltungsbereich
- Teil 2 – Stoffe, Bauteile
- Teil 3 – Ausführung
- Teil 4 – Nebenleistungen, Besondere Leistungen
- Teil 5 – Abrechnung

In der Baupraxis sind die Teile 4 und 5 von besonderem Interesse, da diese die zu vergütenden Leistungen abgrenzen und aus der Auslegung dieser ATV oft Nachtragsansprüche abgeleitet werden. Hierbei kommt der Unterscheidung zwischen Nebenleistungen und Besonderen Leistungen im Teil 4 jeder VOB eine besondere Bedeutung zu. Nebenleistungen – im Teil 4.1 einzeln aufgelistet – sind all diejenigen Leistungen, die auch ohne Erwähnung im Vertrag zur vertraglich geschuldeten Leistung dazugehören, also nicht separat vergütet werden. Besondere Leistungen, in Teil 4.2, gehören hingegen nicht zur vertraglich geschuldeten Leistung und müssen separat vereinbart werden. Hier kommt es nun darauf an, ob diese Leistungen eventuell in den Positionen des Leistungsverzeichnisses oder in Vorbemerkungen erwähnt sind, d. h., somit doch wieder zum geschuldeten Leistungsumfang gehören.

Im Teil 5 der ATV sind die Aufmaßvorschriften als Abrechnungsgrundlage für die einzelnen Gewerke fixiert. Hier wird erläutert, wie aus den Plänen heraus das Aufmaß ermittelt oder wie vor Ort aufgemessen wird. Es wird z. B. geregelt, ob Öffnungen (und, wenn ja, bis zu welcher Größe) übermessen und damit in die abrechenbaren Mengen einbezogen werden.

VOB/C

Mit Vereinbarung der VOB/B finden über den Verweis in § 1 Abs. 1 automatisch auch die ATV aus Teil C der VOB Anwendung. Hier gilt es allerdings zu beachten, dass abweichende Regelungen im Vertrag regelmäßig Vorrang genießen, da sie den Willen der Parteien zumeist konkreter wiedergeben als die insoweit abstrakten und allgemeinen Vorgaben nach den DIN 18299 ff. So können die Parteien im Vertrag abweichend hiervon z. B. festlegen, dass auch besondere Leistungen nach DIN durch die vereinbarten Einheitspreise erfasst und die abzurechnenden Mengen anders ermittelt werden, als nach DIN 18299 ff. vorgesehen ist.

Die VOB soll an dieser Stelle nicht weiter erläutert oder kommentiert werden. Sie spielt aber bei der Gestaltung von Bauverträgen eine fundamentale Rolle. Der Ausschreibende muss sich bei der Vertragsgestaltung über die Einbeziehung der VOB Gedanken machen. Die Vereinbarung der VOB, hier insbesondere der Teile B und C, wird zur Vermeidung von Widersprüchen und Lücken im Vertrag empfohlen (siehe Mustervertrag 2.1).

Tabelle 2.7: Ausgewählte Vertragssicherheiten in Bauverträgen

Nr.	Art	Quelle/ Rechtsgrundlage	Anwendung	Kommentar
1	Bieterbürgschaft	angelsächsischer Raum	Bürgschaft des Bieters an den Ausschreibenden, Absicherung der Ernsthaftigkeit des Gebots während des Ausschreibungsprozesses	eher selten, wird auch über hohe Entgelte für Ausschreibungsunterlagen abgedeckt
2	Vertragserfüllungsbürgschaft	VOB/A	Bürgschaft des AN an den AG, üblich 5 bis 10 % der Auftragssumme, nach § 9 Vertragsbedingungen, VOB/A 2009: erst ab Auftragssummen > 250.000 Euro ohne MwSt.	belastet die Kreditlinie des AN, Schwellenwert soll kleinere Firmen entlasten
3	Vorauszahlungsbürgschaft	VOB	Bürgschaft des AN an den AG, wird mit den Abschlagszahlungen Zug um Zug verrechnet	kostet den AN i. d. R. auch Gebühren, üblich bei umfangreichen Materialbestellungen des AN
4	Sicherung nach § 648a BGB	BGB	Bürgschaft des AG an den AN, Sicherung von unstrittigen AN-Zahlungsansprüchen. Sicherung des voraussichtlichen Werklohnanspruchs	belastet das Vertragsverhältnis und kann es schnell zu Ende bringen; soll insolvenzbedingte Forderungsausfälle minimieren
5	Zahlungsbürgschaft	BGB	Bürgschaft des AG an den AN (sinngemäß wie Nr. 4)	eher selten
6	Zahlungseinbehalte	nicht AGB-konform	Druckmittel des AG bei Nicht-Vorliegen einer Bürgschaft	Einbehalte müssen begründet sein.
7	Gewährleistungsbürgschaft	VOB/B	Bürgschaft des AN an den AG, Absicherung des AG über die Laufzeit der Gewährleistung	üblich, um als AG innerhalb der nach VOB/B § 13 vereinbarten Gewährleistungszeit für mögliche Gewährleistungsmängel abgesichert zu sein

Im Übrigen ist ohnehin davon auszugehen, dass den Regelungen der VOB/C durch ihren Normencharakter eine gewisse Vermutung der Richtigkeit anhaftet, wenn es um technische und technologische Zusammenhänge oder auch um fachtechnisch übliche Vorgehensweisen bzw. die übliche Verkehrssitte geht.

2.5.2 Sicherheitsleistungen

Das Grundprinzip von Verträgen besteht in der gegenseitigen Zusicherung von Leistungen. Der Bauherr (Besteller) verpflichtet sich zur Abnahme und Zahlung, der Bauunternehmer zur Lieferung eines Bauwerks. Beides ist mit gewissen Risiken verbunden.

Zum Zeitpunkt der Ausschreibung und der Bewerbungen hat der Bauherr das Risiko, dass er keine leistungsfähige Ausführungsfirma auswählt, denn meist ist es schwer, die Ernsthaftigkeit einer Bewerbung und die Leistungsfähigkeit des Bewerbers zu überprüfen. Ist der Vertrag unterzeichnet, hat in erster Linie der Bauunternehmer das Risiko der Vorleistung. Er muss Bauleistungen erbringen, bevor diese vom Bauherrn abgenommen und bezahlt werden. Für ihn stellt sich die Frage, ob die Leistung in der gelieferten Qualität akzeptiert und abgenommen wird, ob wie vereinbart bezahlt wird und wann. Ist der Bauherr auch während der gesamten Leistungserbringung zur Zahlung der gelieferten Leistungen in der Lage? Wie geht man mit geänderten Leistungen um und wie werden diese vergütet?

Die komplette Bauvertragsabwicklung von der Vertragsunterzeichnung bis zur Schlusszahlung ist von vielen Unsicherheiten und Veränderungen geprägt. Im Verlauf eines Bauprojekts ändert sich die Risikoverteilung zwischen den Vertragspartnern mehrfach. Da die Bauleistungen in aller Regel mit größeren Investitionen verbunden sind, können die Risikoausschläge im Verlauf des Bauvorhabens gewaltig sein und einen Vertragspartner leicht an die Grenze seiner finanziellen Leistungsfähigkeit bringen.

Daher wird über eine Reihe von Sicherheiten in unterschiedlicher Kombination und Ausprägung versucht, den Vertrag praktikabel zu gestalten und Verluste durch einseitige Vorleistungen zu bestimmten Zeiten der Vertragserfüllung zu vermeiden.

Während der Angebotsphase gibt es für den Ausschreibenden 2 Extrema, die es zu vermeiden gilt. Zum einen sind es zu wenig Angebote oder Bewerbungen für die zu vergebenden Leistungen. Dann muss sich der Ausschreibende überlegen, wie er besser an den Markt gehen und die Leistung attraktiver gestalten kann. Zum Beispiel könnte er Leistungspakete zusammenstellen, die auch für leistungsfähige, größere Firmen von Interesse sind. Und er könnte diese Firmen direkt ansprechen bzw. auf die Ausschreibung aufmerksam machen.

Zum anderen besteht in Zeiten geringerer Bauleistungen am Markt oft das Problem, dass zahlreiche Bewerbungen eingehen, von denen nur sehr wenige tatsächlich den gewünschten qualitativen Normen entsprechen. Die Frage ist also, wie möglichst schon im Vorfeld das Bewerberfeld reduziert werden kann. Hier kommt die Bieterbürgschaft infrage. Diese Bürgschaft gibt der Bieter dem Ausschreibenden während des Ausschreibungsprozesses, aber spätestens zum Zeitpunkt der Angebotsabgabe, als Beweis seiner Ernsthaftigkeit und zur Absicherung möglicher Bearbeitungsansprüche des Ausschreibenden an den Bewerber während der Ausschreibungsphase. Diese Form der Sicherheit wird in Deutschland eher selten gewählt. Geläufiger ist es, über entsprechend hohe Kostenbeteiligungen für die Bereitstellung der Ausschreibungsunterlagen einen ähnlichen Effekt zu erzeugen.

Nach Vertragsabschluss besteht, wie bereits erläutert, ein Risiko darin, dass der Auftraggeber vom Vertragspartner nicht die Leistung bzw. die komplette Leistung wie vertraglich zugesichert erhält. Zur Abdeckung dieser Unsicherheit gibt es gemäß § 9c VOB/A die Möglichkeit der Vertragserfüllungsbürgschaft: „Die Sicherheit soll nicht höher bemessen und ihre Rückgabe nicht für einen späteren Zeitpunkt vorgesehen werden, als nötig ist, um den Auftraggeber vor Schaden zu bewahren.“ (§ 9c Abs. 2 VOB/A).

An der gleichen Stelle wird für diese Bürgschaft ein Richtwert von 5 % der Auftragssumme angesetzt. Da diese Sicherheit, ob in Form einer Bürgschaft oder durch Hinterlegung von Bargeld gegeben, letztendlich die Kreditlinie des Auftragnehmers belastet, ist deren Anwendung nach § 9c Abs. 1 VOB/A erst ab einer Auftragssumme oberhalb von 250.000 Euro (netto) vorgesehen. Dadurch werden vor allem kleinere Firmen mit geringeren Auftragssummen entlastet.

Hat der Auftraggeber sich für eine beschränkte Ausschreibung entschieden, also nach einer Vorauswahl nur einige wenige Bauunternehmen zur Angebotsabgabe aufgefordert, so sollen Sicherheitsleistungen i. d. R. nicht verlangt werden (vgl. § 9c Abs. 1 VOB/A). Hier geht die VOB/A davon aus, dass der Bauherr durch seine Auswahl selbst dafür sorgen kann, dass er nur ernsthafte und leistungsfähige Anbieter anfragt.

Sicherheiten

Abweichend von den Richtwerten der VOB/A können vertraglich auch höhere Sicherheiten und Bürgschaftssummen vereinbart werden. Bei formularmäßiger Festlegung im Wege Allgemeiner Geschäftsbedingungen sind allerdings Sicherheiten für die Vertragserfüllung von mehr als 10 % und für die Gewährleistung von mehr als 5 % der Auftragssumme regelmäßig unwirksam.

Dabei muss vertraglich auch sichergestellt werden, dass sich an und für sich zulässige Sicherheiten nicht unzulässig kumulieren, indem z. B. die Vertragserfüllungssicherheit zeitweise neben eine Gewährleistungssicherheit tritt oder indem der Auftraggeber zusätzlich zu einer Vertragserfüllungsbürgschaft über 10 % auch noch berechtigt sein soll, 10 % der jeweiligen Abschlagszahlungen bis zur Schlusszahlung zurückzuhalten. In diesen Fällen wird die Sicherheit auch nicht einfach auf eine jeweils zulässige Höhe reduziert; vielmehr können beide Regelungen unwirksam sein, sodass dem Auftraggeber dann überhaupt kein Anspruch auf Sicherheit mehr zusteht.

Auch im nächsten Fall, der Vorauszahlungsbürgschaft, handelt es sich um eine Bürgschaft des Auftragnehmers an den Auftraggeber. Diese wird in erster Linie gewährt, um Vorleistungen des Auftraggebers abzusichern, z. B. bereits geleistete Abschlagszahlungen für Materialbestellungen, für die Bestellung von Geräten oder auch noch nicht getätigte Bauleistungen. Die Bürgschaft wird vom Auftragnehmer für die erhaltenen Vorauszahlungen gestellt und verursacht i. d. R. ebenfalls Gebühren. Sie ist jedoch insbesondere bei umfangreichen Materialbestellungen und langen Lieferzeiten üblich, aber auch bei kostenintensiven Vorfertigungen außerhalb der Baustelle, wie z. B. Aufzugsanlagen. Vorauszahlungsbürgschaften werden Zug um Zug mit den Abschlagszahlungen verrechnet.

Sicherheitsleistungen nach § 650e bzw. § 650f BGB sind im Baubereich ein spezielles Thema. Damit können Auftragnehmer unstrittige Zahlungsansprüche als Hypothek (Bauhandwerker-Sicherungshypothek) oder mittels Bürgschaft sichern. Der Auftragnehmer hat jederzeit das Recht, eine derartige Sicherungshypothek nach § 650e BGB (bei Bauleistungen) oder eine Sicherungsbürgschaft nach § 650f BGB einzufordern.

Sicherheitsleistungen sind häufig ein schwieriges Thema. Das gilt insbesondere für Vorleistungssicherheiten, denn sie sind eine Absicherung des Auftragnehmers gegen insolvenzbedingte Ausfälle des Auftraggebers. Damit können sie nicht nur das Vertragsverhältnis, sondern auch das Vertrauensverhältnis der Vertragspartner belasten.

Die Sicherheitsleistung nach § 650e ist jedoch oft die einzige Möglichkeit des Bauunternehmens, Sicherheit über die Zahlungsfähigkeit des Auftraggebers zu erlangen. Auch erhält er über diese Regelung die Möglichkeit, die Arbeiten kurzfristig einzustellen (z. B. im Fall von stockenden Zahlungen oder wenn Argwohn aufkommt, ob der Auftraggeber überhaupt noch zahlungsfähig ist), ohne dass Schadensersatzansprüche des Auftraggebers entstehen. Meist ist die Einforderung einer Bürgschaft nach § 650 BGB dennoch der letzte Schritt vor einer Vertragsbeendigung. Denn für den Auftraggeber ist der Aufwand recht hoch, schnell eine derartige Bürgschaft einzuholen. Es ist also genau zu überlegen, ob und wann diese Sicherheitsleistung eingefordert wird.

Es gibt auch außerhalb des Geltungsbereichs des § 650e BGB die Möglichkeit einer Zahlungsbürgschaft. Es handelt sich dabei ebenfalls um eine Bürgschaft des Auftraggebers an den Auftragnehmer, die jedoch im Bereich des Bauens eher unüblich ist.

Eine weitere Form der Sicherheitsleistung sind Zahlungseinbehalte. Diese finden vornehmlich im Bereich des privaten Baurechts Anwendung und sichern die vertragsgemäße Ausführung der Leistungen und Behebung von Mängeln ab. Die Forderung des Vertragspartners wird dabei für eine vereinbarte Zeit gestundet, und eine Aufrechnung erfolgt nur entsprechend dem vereinbarten Sicherungszweck. Wenn nichts Gegenteiliges vereinbart ist, gelten die §§ 232 bis 240 BGB. Bei VOB-Verträgen sind in § 17 VOB/B entsprechende Regelungen enthalten.

Vereinbarungen zu Geldeinbehalten im Rahmen der Allgemeinen Geschäftsbedingungen (AGB) sind regelmäßig unwirksam, da der Unternehmer die Möglichkeit des Austauschs von Sicherheiten (Geld gegen Bürgschaft) haben muss. Sehr wohl kann es aber zum Einbehalt einer vom Auftragnehmer geforderten Zahlung kommen, wenn eine Vertragserfüllungsbürgschaft vereinbart ist, diese aber vom Auftragnehmer noch nicht vorgelegt wurde.

Beispiel

> Ein Bauunternehmen stand bei seiner Hausbank so tief „in der Kreide", dass es entweder keine weitere Vertragserfüllungsbürgschaft mehr von ihr bekam oder die dafür zu hinterlegenden Sicherheiten und anfallenden Gebühren so hoch waren, dass es dann doch günstiger war, den Einbehalt des Bauherrn hinzunehmen. Also ließ sich das Bauunternehmen darauf ein.

Einbehalte müssen begründet werden, z. B. mit einer noch zu erbringenden Restleistung.

Beispiel

> In der Außenanlage, bestehend aus Gehweg und einer gepflasterten Terrasse, mussten die Steine noch mit Pflastersand eingekehrt werden, und die bereits gelieferten Bänke mussten noch auf den vorbereiteten Betonsockeln montiert werden.
>
> Für diese Leistung wurde ein Einbehalt von 500,00 Euro für die Terrasse und 700,00 Euro für die Bänke angesetzt. Damit war der Sicherungszweck eindeutig begründet und beschrieben. Die Auszahlung des Einbehalts erfolgte nach Fertigstellung.

Zur vollständigen Aufzählung der Sicherheitsleistungen gehört auch die Gewährleistungsbürgschaft. Die umgangssprachlich „Gewährleistungszeit" genannte Periode ist sozusagen die letzte Leistungszeit des Unternehmers gemäß Vertrag. Er haftet für die Produktqualität während einer bestimmten Zeit nach Fertigstellung und Abnahme und hat in dieser Zeit die Pflicht, Mängel am Bauwerk auf eigene Kosten zu beseitigen. In der Regel wird diese Frist für Mängelansprüche entweder nach § 634a BGB mit 5 Jahren oder nach § 13 VOB/B mit 4 Jahren vereinbart.

Es können aber auch abweichende Fristen vereinbart werden, z. B. für ein Bauteil mit geringerer Lebensdauer 2 Jahre oder für ein komplexes Bauteil (beispielsweise ein Flachdach) 10 Jahre. In § 13 Abs. 4 Nr. 1 VOB/B heißt es dazu: *„Ist für Mängelansprüche keine Verjährungsfrist im Vertrag vereinbart, so beträgt sie für Bauwerke 4 Jahre, für andere Werke, deren Erfolg in der Herstellung, Wartung oder Veränderung einer Sache besteht, und für die vom Feuer berührten Teile von Feuerungsanlagen 2 Jahre."*

Zur Sicherung der Leistungsbereitschaft des Bauunternehmens während dieser Frist für Mängelansprüche werden nach § 9c Abs. 2 VOB/A 3 % der Abrechnungssumme einbehalten bzw. eine Gewährleistungsbürgschaft in gleicher Höhe verlangt. Auch hier muss das Unternehmen wählen können zwischen einem Einbehalt und dem Stellen einer Sicherheit in Form einer anerkannten Bürgschaft.

2.6 Baustellenverordnung und Arbeitssicherheit

Zur Verbesserung der Sicherheit und des Gesundheitsschutzes auf Baustellen wurde am 1. Juli 1998 die Verordnung über Sicherheit und Gesundheitsschutz auf Baustellen (kurz: Baustellenverordnung – BaustellV) in Kraft gesetzt. Die BaustellV setzte die europäische Richtlinie 92/57/EWG über die auf zeitlich begrenzte oder ortsveränderliche Baustellen anzuwendenden Mindestvorschriften für die Sicherheit und den Gesundheitsschutz in deutsches Recht um.

Mit der BaustellV werden besonders Bauherren als Veranlasser der Bautätigkeiten in die Pflicht genommen. Sie sind verpflichtet, bei Planung und Bauausführung auch die Sicherheit und Gesundheit der dabei Beschäftigten zu beachten. Dies soll insbesondere durch besseren Informationsaustausch erreicht werden. Gleichzeitig werden auch die selbstständig auf Baustellen tätigen Unternehmen explizit dazu verpflichtet, die Arbeitsschutzvorschriften und speziellen Sicherheitsanweisungen einzuhalten und andere Beteiligte auf der Baustelle über mögliche Gefahren ihrer Tätigkeit zu informieren.

Folgende Regeln zum Arbeitsschutz auf Baustellen (RAB) sind dabei für den oder die zu bestellenden Sicherheits- und Gesundheitsschutzkoordinator(en) relevant:

- RAB 10 – Begriffsbestimmungen
- RAB 30 – Geeigneter Koordinator
- RAB 31 – Sicherheits- und Gesundheitsschutzplan (SiGe-Plan)
- RAB 32 – Unterlagen für spätere Arbeiten
- RAB 33 – Allgemeine Grundsätze des Arbeitsschutzgesetzes bei der Anwendung der BaustellV

Die RAB werden vom Bundesministerium für Wirtschaft und Arbeit (BMWA) bekannt gegeben.

Die BaustellV ist im dualen Arbeitsschutzsystem aufseiten der öffentlich-rechtlichen Vorschriften einzuordnen. Die Vorschriften der Deutschen Gesetzlichen Unfallversicherung (DGUV) bilden den zweiten Part dieses Systems.

In der Baustellenverordnung sind die Pflichten des Bauherrn, der durch ihn beauftragten Sicherheits- und Gesundheitsschutzkoordinatoren (SiGeKo) sowie der Arbeitgeber und sonstigen Personen beschrieben.

Dabei hat der Bauherr 4 Grundpflichten, die in den folgenden Kapiteln 2.6.1 bis 2.6.4 näher erläutert werden.

2.6.1 Vorankündigung

Gemäß § 2 Abs. 2 BaustellV ist für *„jede Baustelle, bei der*

1. *die voraussichtliche Dauer mehr als 30 Arbeitstage beträgt und auf der mehr als 20 Beschäftigte gleichzeitig tätig werden, oder*
2. *der Umfang der Arbeiten voraussichtlich 500 Personenarbeitstage überschreitet,*

[...] der zuständigen Behörde spätestens zwei Wochen vor Einrichtung der Baustelle eine Vorankündigung zu übermitteln [...].“ Die Vorankündigung ist auf der Baustelle auszuhängen (siehe Mustervorlage 2.2).

2.6.2 Erstellen eines Sicherheits- und Gesundheitsschutzplans

Gemäß § 2 Abs. 3 BaustellV ist für Baustellen, auf denen Beschäftigte mehrerer Arbeitgeber tätig werden oder besonders gefährliche Arbeiten ausgeführt werden, ein Sicherheits- und Gesundheitsschutzplan (SiGe-Plan) zu erstellen. Der Plan muss die anzuwendenden Arbeitsschutzbestimmungen erkennen lassen und Maßnahmen für besonders gefährliche Arbeiten gemäß Anhang II BaustellV enthalten. Die Notwendigkeit einer Vorankündigung ergibt sich aus Abb. 2.10.

Mustervorlage 2.2: Vorankündigung gemäß BaustellV

An

(für den Arbeitsschutz zuständige Behörde)
- (in der Regel Gewerbeaufsichtsämter/Ämter für Arbeitsschutz)

Vorankündigung
gemäß § 2 der Verordnung über Sicherheit und Gesundheitsschutz auf Baustellen (Baustellenverordnung – BaustellV)[1]

1. Bezeichnung und Ort der Baustelle: ....
   Straße/Nr.: ....
   PLZ/Ort: ....
2. Name und Anschrift des Bauherrn:
   ....
   ....
   ....
3. Name und Anschrift des anstelle des Bauherrn verantwortlichen Dritten:
   ....
   ....
   ....
4. Art des Bauvorhabens:
   ....
5. Koordinator(en) (sofern erforderlich) mit Anschrift und Telefon, ggf. Fax, E-Mail
   – für die Planung der Ausführung: ....
   – für die Ausführung des Bauvorhabens: ....
6. Voraussichtl. Beginn u. Ende der Arbeiten:
   von .... bis ....

   Voraussichtliche Zahl der Arbeitgeber:
   ....
7. Voraussichtl. Höchstzahl der gleichzeitig Beschäftigten auf der Baustelle:
   ....
   Voraussichtliche Zahl der Arbeitgeber und Unternehmer ohne Beschäftigte:
   ....
8. Bereits ausgewählte Arbeitgeber und Unternehmer (ohne Beschäftigte):

Lfd. Nr.	Leistung/Gewerk	Name des Unternehmens/ Arbeitgebers	Adresse
1.			
2.			
3.			
4.			
5.			
6.			
7.			
8.			
9.			
10.			

(weitere Angaben ggf. als Anlage)

____________ (Ort/Datum) ____________ (Name)[2] ____________ (Unterschrift)

Verteiler:
1 x zuständige Behörde
1 x Baustellenaushang
1 x Bauherr

[1] Eine solche Vorankündigung ist nur erforderlich, wenn entweder die voraussichtliche Dauer der Arbeiten mehr als 30 Arbeitstage beträgt und auf der Baustelle mehr als 20 Beschäftigte gleichzeitig tätig werden, oder wenn der Umfang der Arbeiten voraussichtlich 500 Personentage überschreitet.
[2] Name des Bauherrn oder anstelle des Bauherrn verantwortlichen Dritten.

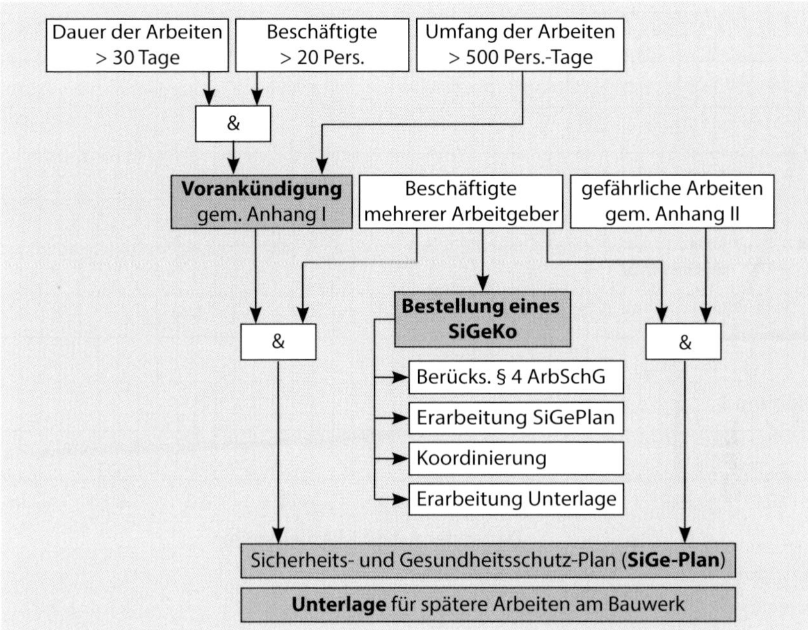

Abb. 2.10: Übersicht über die formalen Forderungen der BaustellV

Die Einschaltung eines SiGeKo, die Notwendigkeit einer Vorankündigung und die Erstellung eines SiGe-Plans hängen von unterschiedlichen Kriterien ab.

Wenn nicht mehr als 30 Arbeitstage anfallen und nicht mehr als 20 Beschäftigte tätig sind und gleichzeitig die Arbeiten in Summe nicht mehr als 500 Personentage (Produkt aus Anzahl der Beschäftigten und anfallenden Arbeitstagen) umfassen, ist keine Vorankündigung notwendig. Diese Bedingung ist in Abb. 2.11 als Entscheidungshilfe visualisiert. Die Wertepaare (Anzahl und Zeit) der Linie ergeben im Produkt immer den Wert 500. Das Feld „20/30" resultiert aus einer zweiten Bedingung nach § 2 Abs. 2 BaustellV. Es handelt sich dabei also um 2 Bedingungen, die sich rein rechnerisch leicht überschneiden, wie in der Abbildung ersichtlich.

Die RAB 31 enthalten als Anlage A einen Leitfaden zur Ausarbeitung eines SiGe-Plans, der die Forderungen der BaustellV erfüllt (Beispiel siehe Mustervorlage 2.4). Weiterhin wird empfohlen, den Maßnahmen zur Vermeidung bzw. Minimierung der Gefahren sogenannte mitgeltende Unterlagen zuzuordnen. Mitgeltende Unterlagen oder Dokumente können Leistungsverzeichnisse, Pläne (z. B. Abbruchplan), spezielle Anweisungen (z. B. Montageanweisungen) oder auch eine Baustellenordnung (siehe Mustervorlage 2.3) sein. In diesem Zusammenhang sei auch auf den Leitfaden für die Erstellung einer Baustellenordnung der Offensive Gutes Bauen verwiesen.

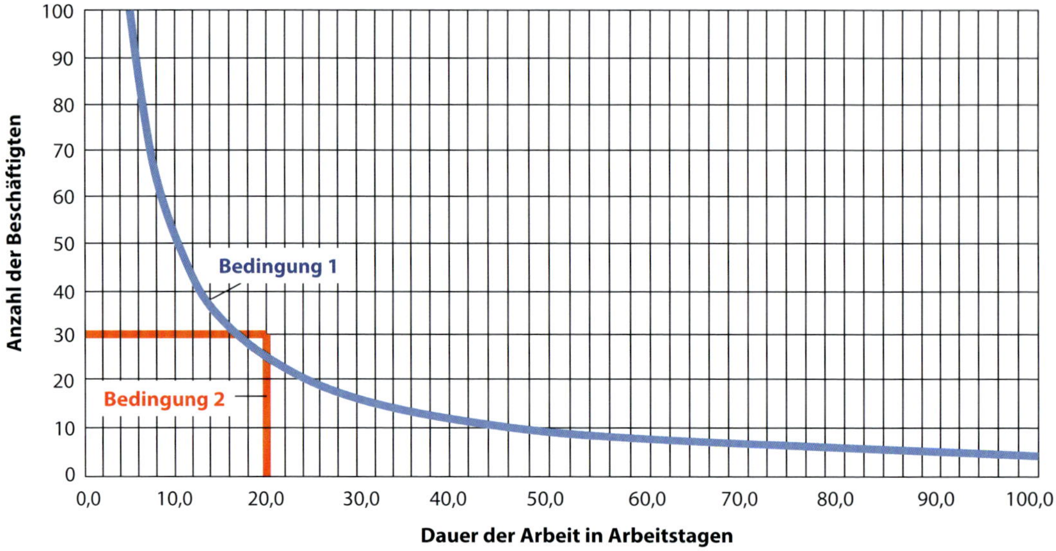

Abb. 2.11: Entscheidungshilfe „500-Personentage-Linie"

2.6.3 Sicherheits- und Gesundheitsschutzkoordination

Gemäß § 3 Abs. 1 BaustellV sind für Baustellen, auf denen Beschäftigte mehrerer Arbeitgeber tätig werden, ein oder mehrere geeignete Koordinatoren zu bestellen. Der Bauherr kann diese Funktion auch selbst übernehmen, wenn er geeignet ist. In den meisten Fällen wird der Bauherr einen geeigneten Dritten mit der Wahrnehmung dieser Aufgabe beauftragen. Auch bei dieser Auswahl sollte ihn der überwachende Bauleiter, sofern er schon involviert ist, beraten. Es ist auch bei dieser Vergabe auf die Vermeidung von Interessenskonflikten zu achten, um eine bestmögliche Wirksamkeit zu erzielen.

Praxistipp zur SiGe-Koordination

Einfamilienhaus-Baustellen liegen i. d. R. bei ca. 300 bis 400 Personentagen, und es sind nicht mehr als 20 Beschäftigte eines Arbeitgebers gleichzeitig auf der Baustelle tätig. In diesem Fall ist keine Vorankündigung, kein SiGe-Plan und auch kein Koordinator notwendig.

Falls Beschäftigte mehrerer Arbeitgeber (Unternehmen) tätig werden, so ist ein SiGeKo zu bestellen.

Das Honorar für den SiGeKo ist i. d. R. zeitabhängig und nimmt bei langen Bauzeiten prozentual zur anrechenbaren Bausumme zu. In Heft 15 der AHO-Schriftenreihe (Leistungen nach der Baustellenverordnung, 2011) sind entsprechende Leistungsbeschreibungen und Honoraransätze zu finden. Der Einsatz eines SiGeKo bedeutet für den Bauherrn zusätzliche Kosten in Höhe von ca. 0,3 bis 1,0 % der Baukosten.

Mustervorlage 2.3: Baustellenordnung

Baustellenordnung

(in Anlehnung an eine frühere Muster-Baustellenordnung der Arbeitsgemeinschaft der Bau-Berufsgenossenschaften)

Inhalt

1 Allgemeines

1.1 Lage der Baustelle

Pläne über die Lage und Anbindung der Baustelle an das öffentliche Verkehrsnetz sind als Anlage beigefügt.

Zur Baustelle gehören außer dem Baugrundstück die vom Bauherrn zur Verfügung gestellten ausgewiesenen Flächen und angrenzende Bereiche, die durch den Baustellenbetrieb beeinträchtigt werden können.

1.2 Anschriften und Rufnummern

- Bauherr
- Projektleitung – Ausführung (überwachender Bauleiter)
- Baustellenleitung (Unternehmerbauleiter)
- Koordination
- Brandschutzbeauftragte
- Gewerbeaufsichtsamt bzw. Staatliches Amt für Arbeitsschutz

Mustervorlage 2.3: Baustellenordnung (Fortsetzung)

- Berufsgenossenschaften
- Ämter
- Unfallärzte
- Rettungsdienst
- Polizei

1.3 Organisation

Die Organisation wird in dem als Anlage beigefügten Organigramm dargestellt. Dieses enthält Festlegungen zur Leitung von Planung und Ausführung sowie zur Koordination und Überwachung der Arbeitssicherheit und des Gesundheitsschutzes.

1.4 Koordination und Überwachung der Arbeitssicherheit und Gesundheitsschutz

Der vom Bauherrn gemäß BaustellV eingesetzte Koordinator ist über seine Rechte nach BaustellV hinaus gegenüber den ausführenden Firmen sowie deren Arbeitnehmern weisungsbefugt.

Der Auftragnehmer hat dem Koordinator vor Beginn der Arbeiten seine Arbeitsverfahren sowie die vorgesehenen Sicherheitsmaßnahmen anzugeben. Der Koordinator legt die Ausschreibung, den SiGe-Plan und den Bauablaufplan zugrunde und prüft die Angaben daraufhin, ob die Arbeiten wie vorgesehen und ohne gegenseitige Gefährdung durchgeführt werden können. Ergibt die Prüfung, dass die Sicherheitsmaßnahmen unzureichend sind, veranlasst der Koordinator notwendige Änderungen der Arbeitsverfahren oder des Arbeitsablaufs.

Der Koordinator kontrolliert die Einhaltung dieser Baustellenordnung, des SiGe-Plans, der Arbeitsschutzvorschriften und schreitet bei erkennbaren Gefahrenzuständen ein. Die Auftragnehmer sind zur unverzüglichen Mängelbeseitigung verpflichtet. In Abstimmung mit der Baustellenleitung arbeitet der Koordinator einen Terminplan für Sicherheitsbesprechungen und Baustellenbegehungen aus. Über diese Aktivitäten führt er Protokoll.

Die Tätigkeit des Koordinators befreit den Auftragnehmer nicht von seiner Abstimmungspflicht mit anderen Unternehmern entsprechend § 8 Arbeitsschutzgesetz (ArbSchG) und § 6 Abs. 2 Unfallverhütungsvorschrift (UVV) „Allgemeine Vorschriften" (VBG 1). Die Verantwortlichkeit des Auftragnehmers für die Erfüllung der Arbeitsschutzpflichten gegenüber seinen Beschäftigten bleibt unberührt.

1.5 Berichterstattung

Der Auftragnehmer hat in geeigneter Form den Personaleinsatz, den Geräteeinsatz, die Materiallieferungen, die Arbeitsleistungen und den Arbeitsfortschritt zu dokumentieren und regelmäßig, spätestens vierwöchentlich an den Bauherrn zu berichten. Dem Koordinator sind alle Arbeitsunfälle und Schadensfälle unverzüglich mitzuteilen. Die gesetzlich vorgeschriebene Meldepflicht an Behörden und Berufsgenossenschaften bleibt davon unberührt.

1.6 Personal

Das Personal des Auftragnehmers muss für die ihm übertragene Arbeit geeignet sein. Personen, die gegen Arbeitsschutz- und Unfallverhütungsvorschriften verstoßen oder den Anweisungen des Bauherrn oder seiner Beauftragten hierzu nicht Folge leisten, sind abzuberufen und zu ersetzen. Werden Arbeitnehmer eingesetzt, die der deutschen Sprache nicht mächtig sind, muss ständig eine der deutschen Sprache kundige, fachlich geeignete Person als Ansprechpartner vor Ort sein.

Mustervorlage 2.3: Baustellenordnung (Fortsetzung)

1.7 Arbeitszeit

Grundsätzlich gilt eine werktägliche Rahmenarbeitszeit von _______ bis _______. Abweichungen hiervon sind mit dem Auftraggeber abzustimmen. Die Bestimmungen des Arbeitszeitgesetzes bleiben unberührt.

1.8 Weitergabe von Arbeiten

Leistungen dürfen nur mit dem Einverständnis des Bauherrn auf der Grundlage dieser Baustellenordnung und entsprechend der VOB/B an Nachunternehmen weitergegeben werden. Der Auftragnehmer hat bei der Vergabe von Arbeiten an andere Unternehmer seiner Abstimmungspflicht entsprechend § 8 ArbSchG sowie § 6 Abs. 1 UVV „Allgemeine Vorschriften" nachzukommen.

2 Arbeitsstätten

2.1 Baustelleneinrichtung, Baustellenverkehr

Der Auftragnehmer hat seine Baustelleneinrichtung auf den vom Bauherrn zugewiesenen Flächen vorzunehmen. Die Nutzung der ihm zugewiesenen Flächen ist 14 Tage vor Arbeitsaufnahme mit dem Koordinator abzustimmen. Er darf die Baustelle nur durch gekennzeichnete Zugänge betreten und verlassen.

Verkehrsflächen sind besonders gekennzeichnet. Darüber hinaus werden sie im Baustelleneinrichtungsplan ausgewiesen.

Private Personenkraftwagen können nur auf den dafür vorgesehenen Parkplätzen abgestellt werden. Auf der Baustelle gilt grundsätzlich die Straßenverkehrsordnung. Davon abweichend wird die Höchstgeschwindigkeit auf ____ km/h festgelegt. Verkehrsflächen dürfen nicht durch Bau- oder Montagearbeiten beeinträchtigt werden. Ausnahmen sind mit dem überwachenden Bauleiter bzw. dem Koordinator zu vereinbaren. Rückwärtsfahren ist nur in Ausnahmefällen erlaubt. Es besteht Einweisungspflicht. Zufahrtswege für Feuerwehr-, Rettungs-, Polizei- und sonstige Hilfsfahrzeuge sind freizuhalten.

Materialien, Maschinen und Geräte sind dem Arbeitsfortschritt entsprechend auf die Baustelle zu bringen. Anlieferungsart, Standort sowie Auf- und Abladearbeiten sind mit dem überwachenden Bauleiter bzw. dem Koordinator abzustimmen. Dies gilt z. B. für Schwertransporte. Der Auftragnehmer hat die für ihn angelieferten Materialien sicher zu lagern. Nach Abschluss der Arbeiten ist die Baustelle unverzüglich zu räumen. Die benutzten Flächen sind nach der Räumung in ihren ursprünglichen Zustand zu versetzen, soweit der Vertrag nichts anderes vorsieht.

2.2 Unterkünfte und soziale Anlagen

Der Bauherr stellt Flächen mit den erforderlichen Ver- und Entsorgungsmöglichkeiten für die nach der Arbeitsstättenverordnung (ArbStättV) erforderlichen Tagesunterkünfte, Waschräume, Toiletten und sonstige Einrichtungen. Der Bauherr behält sich vor, diese Sozialanlagen selbst einzurichten.

Dieses gilt ebenso für die Einrichtung von Übernachtungsunterkünften/Übernachtungsunterkünfte werden auf der Baustelle nicht gestattet. (Nichtzutreffendes streichen)

Der Bauherr lässt im Bedarfsfall eine Kantine oder einen Verkaufsstand zu. (Nichtzutreffendes streichen)

Mustervorlage 2.3: Baustellenordnung (Fortsetzung)

2.3 Winterfeste Arbeitsplätze

Leistungen zur Schaffung winterfester Arbeitsplätze, einschließlich der Räum- und Streuarbeiten, vergibt der Bauherr gesondert. Der Auftragnehmer hat grundsätzlich die Forderungen des Anhangs der ArbStättV (insbesondere Abschnitt 5.1) einzuhalten.

2.4 Sanitätsraum

Der Bauherr unterhält eine zentrale Erste-Hilfe-Station. Weitere Anforderungen nach der ArbStättV oder der UVV „Erste Hilfe" (VBG 109) hat der Auftragnehmer zu erfüllen.

2.5 Baustromversorgung, Baustellenbeleuchtung

Die Stromversorgung erfolgt entsprechend dem Baustromversorgungsplan (Anlage). Der Bauherr übernimmt die Einrichtung des Anschlusspunkts und der Hauptverteilung. Ab Hauptverteilung ist die Unterverteilung Sache des Auftragnehmers und mit dem Koordinator abzusprechen.

Die Weiterberechnung der Stromkosten an die Unternehmen erfolgt nicht/nach Zählerablesung/über eine pauschale Umlage in Höhe von ... des Auftragswerts. (Nichtzutreffendes streichen)

Der Bauherr stellt auch die Allgemein-, Not- und Wegebeleuchtung. Für ausreichende Arbeitsplatzbeleuchtung hat der Auftragnehmer selbst zu sorgen.

2.6 Funksprechverkehr

Bei Funksprechverkehr sind Gerätezahl und -typ sowie die verwendete Frequenz der überwachenden Bauleitung zu melden und ist die Nutzungsberechtigung hierfür einzuholen. Die Anforderungen des Post- und Fernmeldewesens sind einzuhalten.

2.7 Ordnung, Sauberkeit und Hygiene

Die Auftragnehmer sind verpflichtet, ihren Arbeitsbereich sowie ihre Unterkünfte und sanitären Anlagen in ordentlichem Zustand zu halten.

Verunreinigungen sind unverzüglich zu beseitigen. Andernfalls vergibt die überwachende Bauleitung den Auftrag hierfür und legt die Kosten auf die Verursacher um. Unterkünfte und Sozialanlagen müssen den Anforderungen der ArbStättV entsprechend vorgehalten und betrieben werden.

2.8 Rauschmittelmissbrauch

Der Auftragnehmer hat Personen, bei denen der begründete Verdacht auf Alkohol- und Drogeneinfluss besteht, unverzüglich von der Baustelle zu entfernen. Der Bauherr behält sich vor, solchen Personen Baustellenverbot zu erteilen.

3 Arbeitssicherheit

3.1 Allgemeines

Jeder Auftragnehmer ist dafür verantwortlich, dass seine auf der Baustelle tätigen Unternehmer-Bauleiter bzw. Aufsichtsführenden, einschließlich seiner Nachunternehmen, Kenntnis über den SiGe-Plan, diese Baustellenordnung sowie die einschlägigen Arbeitsschutz- und Unfallverhütungsvorschriften haben.

Mustervorlage 2.3: Baustellenordnung (Fortsetzung)

Der Auftragnehmer verpflichtet sich, für die von ihm durchzuführenden Arbeiten Gefährdungs- und Belastungsanalysen dem Koordinator vorzulegen und von diesem genehmigen zu lassen.

Greifen Arbeitsvorgänge verschiedener Auftragnehmer ineinander, sind die vorgefundenen Gegebenheiten zu prüfen. Dies gilt insbesondere für Baugruben und Gräben, hochgelegene Arbeitsplätze sowie alle Verkehrswege, Gerüste, für die Stromversorgung und die Allgemeinbeleuchtung der Baustelle.

Stellt der Auftragnehmer Mängel fest, sind diese unverzüglich dem Koordinator zu melden und es ist auf deren Abstellung hinzuwirken. Nimmt ein Auftragnehmer trotz erkennbarer Mängel seine Arbeit auf, ist er zur Mängelbeseitigung verpflichtet.

Die einschlägigen Arbeitsschutz- und Unfallverhütungsvorschriften sind auf der Baustelle vorzuhalten.

Der Auftragnehmer hat der überwachenden Bauleitung und dem Koordinator Name und Anschrift seiner Montageleiter bzw. Aufsichtführenden und die der Sicherheitsfachkräfte mitzuteilen.

3.2 Unterweisung

Erstmalig auf der Baustelle eingesetztes Personal ist vor Beginn der Arbeiten über die besonderen Bedingungen auf der Baustelle durch ihren Aufsichtführenden zu unterweisen.

3.3 Arbeitsmedizinische Vorsorge

Der Auftragnehmer hat dafür zu sorgen, dass in Bereichen, in denen Arbeiten mit gesundheitsschädigenden Einwirkungen ausgeführt werden, nur Personal eingesetzt wird, das dazu geeignet ist und durch arbeitsmedizinische Voruntersuchungen überwacht wird. Der Nachweis hierfür muss dem Koordinator vorgelegt werden.

3.4 Erdarbeiten

Unplanmäßiges Ausheben von Gruben und Gräben, das Eintreiben von Pfählen und Metallstangen bedarf der vorherigen Zustimmung der überwachenden Bauleitung.

3.5 Baumaschinen und Geräte

Bei Maschinen, Geräten, Werkzeugen, elektrischen Anlagen und Betriebsmitteln sowie überwachungsbedürftigen Anlagen, die einer Sachverständigen- oder Sachkundigenprüfpflicht unterliegen, verpflichtet sich der Auftragnehmer, die entsprechenden Nachweise, Aufbauanleitungen, Zulassungsbescheide, Erlaubnisse, Prüf- und Kontrollbücher an der Baustelle vorzuhalten.

Der Auftragnehmer hat dafür zu sorgen, dass Baumaschinen und Geräte nur von dazu beauftragten Personen bedient werden. Sofern eine schriftliche Beauftragung in Rechtsvorschriften vorgesehen ist, muss die beauftragte Person diese ständig bei sich haben. Gefahrenbereiche sind abzusperren. Personen dürfen sich dort nicht aufhalten.

3.6 Montagearbeiten

Bei Montagearbeiten ist eine Montageanweisung, in der die erforderlichen Sicherheitsmaßnahmen sowie die zum Einsatz kommenden Maschinen, Geräte und Werkzeuge erkennbar sind, dem Koordinator vorzulegen und von diesem genehmigen zu lassen.

Mustervorlage 2.3: Baustellenordnung (Fortsetzung)

3.7 Gerüste

Der Auftragnehmer hat die Brauchbarkeit der von ihm eingesetzten Arbeits-, Schutz- und Traggerüste nachzuweisen und die Betriebssicherheit zu überwachen. Zulassungsbescheide sowie Aufbau- und Verwendungsanleitungen sind auf der Baustelle vorzuhalten. Jeder Benutzer hat den ordnungsgemäßen Zustand zu prüfen und ihn zu erhalten. Veränderungen am Gerüst dürfen nur vom Gerüsthersteller vorgenommen werden. Gesperrte Gerüste dürfen nicht benutzt werden.

3.8 Gefahrstoffe

Beim Umgang mit Gefahrstoffen sind die Betriebsanweisungen auf der Baustelle vorzuhalten.

3.9 Persönliche Schutzausrüstung

Personen ohne Schutzhelm und Schutzschuhe haben keinen Zutritt zur Baustelle. Sind darüber hinaus weitere Schutzausrüstungen erforderlich (z. B. Augen- oder Gesichtsschutz, Gehörschutz, Atemschutz, Warnkleidung), hat der Auftragnehmer deren Benutzung sicherzustellen. Zuwiderhandelnde Personen können nach einmaliger Verwarnung von der Baustelle gewiesen werden.

3.10 Abbrucharbeiten

Bei der Durchführung von Abbrucharbeiten ist eine Abbruchanweisung, in der die erforderlichen Sicherheitsmaßnahmen und die zum Einsatz kommenden Maschinen, Geräte und Werkzeuge erkennbar sind, dem Koordinator vorzulegen und von diesem genehmigen zu lassen.

4 Brand- und Explosionsschutz

4.1 Allgemeines

Der Bauherr erlässt eine Brandschutzordnung und benennt einen Brandschutzbeauftragten. Zu seinen Aufgaben gehört die Durchsetzung der Brand- und Explosionsschutzmaßnahmen. Jeder Auftragnehmer muss die für seinen Arbeitsbereich erforderlichen Brand- bzw. Explosionsschutzmaßnahmen mit dem Brandschutzbeauftragten abstimmen. Werden in brandgefährdeten Bereichen Schweiß- bzw. Schneidarbeiten durchgeführt, ist eine schriftliche Schweißerlaubnis einzuholen. Diese ist vom Koordinator gegenzuzeichnen. Die Beschäftigten müssen im Gebrauch der Löscheinrichtungen unterwiesen sein.

4.2 Brandfall

Für den Brandfall gilt der Brandalarmplan (Anlage). Ausgenommen davon sind entstehende Brände, die mit den vorhandenen Löscheinrichtungen gelöscht werden können. Diese Fälle sind dem Brandschutzbeauftragten nach dem Löschen zu melden.

Der Sammelplatz im Falle eines Feueralarms oder einer anderen Evakuierung ist bei ....

Mustervorlage 2.3: Baustellenordnung (Fortsetzung)

5 Umweltschutz

5.1 Abfall

Jeder Auftragnehmer ist verpflichtet, seine anfallenden Reststoffe zu beseitigen. Verbrennen von Abfällen ist verboten. Sondermüll und Bauschutt sind getrennt zu lagern und umgehend zu beseitigen. Kommt der Auftragnehmer seiner Abfallbeseitigungspflicht nicht nach, behält sich der Auftraggeber vor, dieses auf Kosten des Verursachers zu veranlassen. Der Bauherr behält sich vor, eine Sammelstelle für Reststoffe und deren sortierte Sammlung vorzuhalten.

5.2 Lärm

Arbeiten, bei denen voraussichtlich der Beurteilungspegel von 85 dB(A) überschritten wird, sind dem Koordinator zu melden.

5.3 Gewässerschutz

Beim Umgang mit wassergefährdenden Stoffen sind die einschlägigen Rechtsvorschriften einzuhalten, und der Umgang ist dem Koordinator zu melden.

Die Einleitung von flüssigen Stoffen in das Erdreich ist verboten. Abwässer aus Reinigungsvorgängen sind aufzufangen und vom Auftragnehmer zu entsorgen. Bei Zuwiderhandlung behält sich der Auftraggeber einen Bodenaustausch zulasten des Verursachers vor.

6 Sicherung der Baustelle

6.1 Wachdienst, Ausweise

Der Bauherr richtet für die Baustelle einen Wachdienst ein. Alle am Bau beteiligten Personen unterliegen den Kontrollmaßnahmen des Wachdienstes. Es werden Tages- bzw. Dauerausweise ausgegeben. Die Tagesausweise werden vom Wachdienst an der Pforte ausgestellt. Dauerausweise sind schriftlich beim Bauherrn zu beantragen, wobei jedem Antrag zwei Passbilder beizufügen sind. Die Ausweise sind nicht übertragbar. Der Auftragnehmer verpflichtet sich, die Dauerausweise zurückzugeben. Die Ausweise sind dem Wachdienst beim Betreten der Baustelle vorzuzeigen.

6.2 Fotografieren

Das Fotografieren und Filmen auf der Baustelle ist nur mit Einwilligung des Bauherrn gestattet. Entsprechende Anträge sind schriftlich an den Bauherrn zu stellen.

6.3 Besucher

Für Besichtigungen und Führungen ist das Einverständnis der überwachenden Bauleitung einzuholen.

Mustervorlage 2.4: Sicherheits- und Gesundheitsschutzplan (SiGe-Plan) – Ausschnitt

Gewerke / Bereiche	Gefährdungen Einrichtungen	Lösungen/ Maßnahmen	Koordination	Ausschreibungstexte, Hinweise: Regelwerk	Ausschreibungstexte, Hinweise: Ordner-Nr.	Bemer-kungen	Planungs-phase	1998 (1–12) / 1999 (1–10)	LV Los	Pläne	Anwei-sungen	ausgewählte Bestimmungen
Stahlbetonarbeiten Betonarbeiten Mauerarbeiten Montagearbeiten	Montage Fertigteile	Montage-anweisung		BM BM	03.2.18 03.1.3			ROHBAU: Stahlbeton.- Mauerarb.-Montagearbeiten				UVV "Bauarbeiten" (VBG 37) UVV "Krane" (VBG 9) UVV "Lastaufnahmeeinrichtungen im Hebezugbetrieb" (VBG 9a) UVV "Hebebühnen" (VBG 14) UVV "Leitern und Tritte" (VBG 74) DIN 4420 "Arbeits- und Schutzgerüste" Muster-Montageanweisung
	Schalungen	Lehrgerüste Stellplätze Taktpläne		GM	C 177							UVV "Bauarbeiten" (VBG 37) Din 1045; DIN 4421; DIN 4424 Regeln für Sicherheit und Gesundheitsschutz im...Schalungsbau
	Bodenöffnungen	Abdeckungen		BM BM BM	03.3.1 03.3.2 03.3.3							UVV "Bauarbeiten" (VBG 37) DIN 4420 "Arbeits- und Schutzgerüste" Arbeitsstättenverordnung Arbeitsstättenrichtlinie (ASR) 12/1-3
	Wandöffnungen	Seitenschutz		BM BM BM	03.3.10 03.3.11 03.3.12							UVV "Bauarbeiten" (VBG 37) Arbeitsstättenverordnung DIN 4420 "Arbeits- und Schutzgerüste"
	Treppenläufe	Seitenschutz		BM BM BM	03.3.7 03.3.8 03.3.9							UVV "Bauarbeiten" (VBG 37)
	Hochgelegene Arbeitsplätze und Verkehrswege an Fassaden an Schächten	Arbeitsgerüst Konsolengerüst Podest		BM GM BM	03.2.3 C 121 03.3.1							UVV "Bauarbeiten" (VBG 37) Arbeitsstättenverordnung DIN 4420 "Arbeits- und Schutzgerüste" Regeln für Sicherheit und Gesundheitsschutz im Gerüstbau
	Zugänge zu hochgelegenen Arbeitsplätzen	Anlegeleitern		GM	C 22							UVV "Bauarbeiten" (VBG 37) UVV "Leitern und Tritte" (VBG 74)
	Schweißen	Persönliche Schutz-ausrüstung		GM GM	A 6 D 32; 33; 34							UVV "Schweißen, Schneiden und verwandte Verfahren" (VBG 15) UVV "Sicherheitskennzeichnung am Arbeitsplatz" (VBG 125) UVV "Verwendung von Flüssiggas" (VBG 21) Regeln für den Einsatz von Augenschutz Regeln für den Einsatz von Atemschutzgeräten Druckbehälterverordnung Druckbehälterverordnung
Stahl-Glas-Fassade	Montage Fertigteile	Montage-anweisung		BM BM	03.2.18 03.1.3			Stahl-Glas-Fass.				UVV "Bauarbeiten" (VBG 37) UVV "Krane" (VBG 9) UVV "Lastaufnahmeeinrichtungen im Hebezugbetrieb" (VBG 9a) UVV "Hebebühnen" (VBG 14) UVV "Leitern und Tritte" (VBG 74) DIN 4420 "Arbeits- und Schutzgerüste" Muster-Montageanweisung
	Bodenöffnungen	Abdeckungen		BM	03.3.1							UVV "Bauarbeiten" (VBG 37) DIN 4420 "Arbeits- und Schutzgerüste" Arbeitsstättenverordnung
	Wandöffnungen	Seitenschutz		BM	03.3.10							UVV "Bauarbeiten" (VBG 37) DIN 4420 "Arbeits- und Schutzgerüste" Arbeitsstättenverordnung
	Treppenläufe	Seitenschutz		BM	03.3.7							UVV "Bauarbeiten" (VBG 37)
	Hochgelegene Arbeitsplätze und Verkehrswege	Arbeitsgerüst		BM BM GM	05.1.1 05.1.5 C 45;D 163							UVV "Bauarbeiten" (VBG 37) Arbeitsstättenverordnung DIN 4420 "Arbeits- und Schutzgerüste" Regeln für den Einsatz von persönl. Schutzausrüst.gegen Absturz
	Schächte (vertikal)	Podest		BM	03.3.1							UVV "Bauarbeiten" (VBG 37) DIN 4420 "Arbeits- und Schutzgerüste"
	Zugänge zu hochgelegenen Arbeitsplätzen	Anlegeleitern		GM	C 22							UVV "Bauarbeiten" (VBG 37) UVV "Leitern und Tritte" (VBG 74)
Fenster Sonnenschutz (Außen)	Bodenöffnungen	Abdeckungen		BM	03.3.1			Fenster Fenster F.-Bänke / Sonnenschutz				UVV "Bauarbeiten" (VBG 37) DIN 4420 "Arbeits- und Schutzgerüste" Arbeitsstättenverordnung
	Wandöffnungen	Seitenschutz		BM	03.3.10							UVV "Bauarbeiten" (VBG 37) DIN 4420 "Arbeits- und Schutzgerüste" Arbeitsstättenverordnung
	Treppenläufe	Seitenschutz		BM	03.3.7							UVV "Bauarbeiten" (VBG 37)
	Hochgelegene Arbeitsplätze und Verkehrswege	Arbeitsgerüst Fassade		BM	06.1							UVV "Bauarbeiten" (VBG 37) Arbeitsstättenverordnung DIN 4420 "Arbeits- und Schutzgerüste" Regeln für den Einsatz von persönl. Schutzausrüst.gegen Absturz

Diese per Gesetz verordneten Schutzmaßnahmen verursachen zunächst Mehrkosten, die sich aber durch eine bessere Koordination und einen besseren Informationsaustausch sowie die gemeinsame Nutzung von Bauhilfsmitteln kompensieren sollten. Der höhere Aufwand wird auch durch den Zwang zur Auseinandersetzung mit dem Arbeitsschutz-Regelwerk verursacht. Auch dieser sollte durch geringere Unfall- und Störkosten kompensierbar sein.

In der Praxis hilft ein erfahrener SiGeKo der Bauüberwachung, nicht nur die formale Einhaltung der einschlägigen Vorschriften zu gewährleisten, sondern ist auch im Sinne des Vier-Augen-Prinzips ein unabhängiger Dritter, der mit seiner Kenntnis und Erfahrung zur besseren und vor allem sichereren Abwicklung eines Bauvorhabens beiträgt. Eine frühzeitige Einbindung, Beratung und gemeinsame Konsultationen können dazu beitragen, dass der Bauherr und die Baustellenteams vom Erfahrungswissen des SiGeKo auch bestmöglich profitieren. Dieser Vorteil sollte erkannt werden und bei der Auswahl dieses speziellen Dienstleisters in Betracht gezogen werden.

Der Honorarvorschlag gemäß AHO-Schriftreihe Nr. 15 ist sowohl zeit- als auch baukostenabhängig. So wird beispielsweise für eine Bauzeit von 18 Monaten und eine anrechenbare Bausumme von ca. 1.000.000,00 Euro ein Nettohonorarsatz von 10.801,00 Euro angegeben. In der Praxis ist nicht nur die reine Bauzeit, sondern auch die Staffelung der einzelnen Bauarbeiten maßgebend, die in diesem Ansatz nur indirekt Berücksichtigung findet. Neben der Nutzung der vorgenannten Tabellenwerte ist es also auch notwendig, die Einsatzzeit unter Beachtung des tatsächlichen Bauablaufs und der notwendigen Präsenz des SiGeKo zu kalkulieren.

2.6.4 Erarbeitung der Unterlage (Baumerkmalsakte) des SiGeKo

Mit der in § 3 Abs. 2 Nr. 3 BaustellV geforderten Unterlage für spätere Arbeiten an baulichen Anlagen (auch als Baumerkmalsakte bezeichnet) soll bereits während der Ausschreibung der Bauleistungen ein Konzept für die sicheren und gesundheitsgerechten Wartungs- und Instandsetzungsarbeiten aufgestellt werden. Hierzu gehört auch die Pflicht zur Prüfung bestimmter Geräte und Anlagen (prüfbedürftige Arbeitsgeräte). Diese Unterlage ist bei Änderungen in der Planung oder während der Ausführung entsprechend anzupassen.

Zeitlich ist die Erstellung der Unterlage während der Erstellung des SiGe-Plans einzuordnen, also vor Baubeginn (siehe Abb. 2.12).

2.7 Vergabe der Bauleistungen

Zeitlich vor der Bauleitung und Überwachung der Bauausführung liegt die Beauftragung bzw. Vergabe der Bauleistungen. Die Vergabe stellt einen wesentlichen Leistungsblock während der Vorbereitung dar. Hierbei werden nicht nur die zu realisierenden Bauleistungen beschrieben, sondern mit der Wahl des Bauunternehmens und der Fixierung der Vertragsbedingungen wird auch die Basis für die Baurealisierung gelegt.

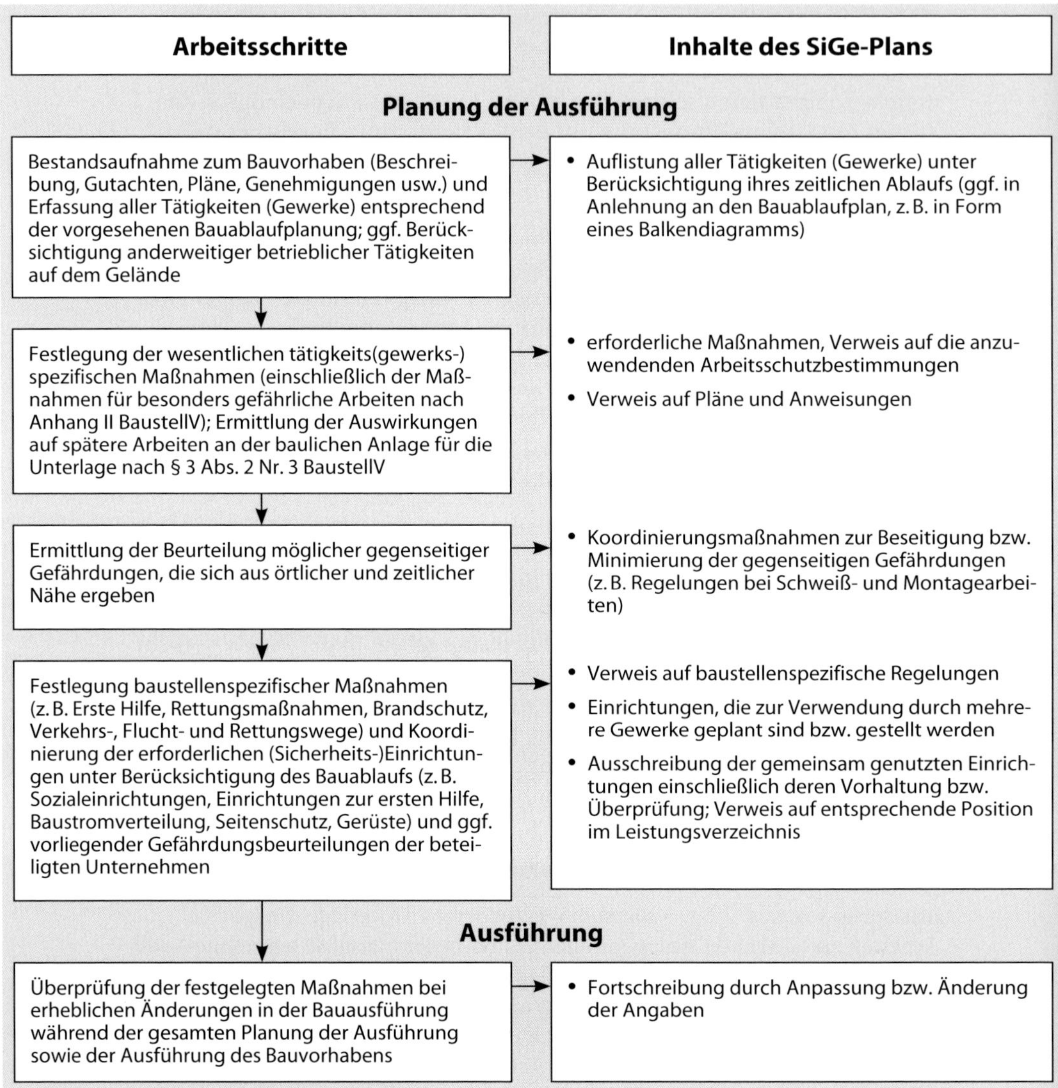

Abb. 2.12: Arbeitsschritte für den SiGe-Plan

Auf Bauherrenseite wird für die Vorbereitung und Mitwirkung bei der Vergabe meist ein Planungsbüro oder ein planender Architekt oder Ingenieur mit den Leistungsphasen 6 und 7 nach § 34 HOAI beauftragt. In größeren Bauunternehmen, die Bauleistungen auch an Nachunternehmen weitervergeben, gibt es für die Vergaben eine separate Einkaufsabteilung, die diesen Prozess intern betreut. Die Prozessabläufe sind jedoch vergleichbar.

Obwohl die Vergabe der Bauleistungen zu den vorbereitenden Maßnahmen einer Baustelle gehört, hat in Abhängigkeit der jeweiligen vertraglichen Bindung der überwachende Bauleiter des Bauherrn genauso wie der Unternehmer-Bauleiter mitzuwirken bzw. Kenntnis über den Vergabeprozess zu erhalten.

Ist die Bauleistung treffend beschrieben, das richtige Bauunternehmen ausgewählt und der Vertrag ausgewogen formuliert, sinkt die Wahrscheinlichkeit von Streitigkeiten während des Baugeschehens, und alle Beteiligten können sich auf die eigentliche Bauleistung konzentrieren. Ein undurchsichtiges Vergabeverfahren, die Wahl eines leistungsschwachen Baupartners oder auch unausgewogene Bauverträge sind meist der Nährboden für spätere Streitigkeiten, die Nerven, Kraft und letztendlich Zeit und Geld kosten.

Nachdem in Kapitel 2.4 die Beschreibung der Leistungen in Form von Leistungsprogrammen oder Leistungsverzeichnissen erfolgte und in Kapitel 2.5 die Vertragsbestandteile erläutert wurden, wird nunmehr mit der Darstellung des eigentlichen Vergabeprozesses die Platzierung der Bauleistung am Markt gezeigt. Bei öffentlichen Bauvorhaben und der Verpflichtung zur Anwendung der VOB/A wird dieser Prozess ablaufen wie in Abb. 2.13 dargestellt. Bei nicht öffentlichen Bauherren bzw. bei Auftraggebern, die nicht mit öffentlichen Mitteln bauen, kann sich der Vergabeprozess an der VOB/A orientieren, aber weder Fristen noch die einzelnen Schritte sind in diesen Fällen zwingend einzuhalten. Der wesentliche Unterschied besteht in der Praxis vor allem in der Möglichkeit der Preisverhandlung nach Angebotsabgabe bzw. Submission. Dies ist im öffentlichen Vergabeverfahren nicht gestattet.

Der zweite wesentliche Unterschied der nicht öffentlichen Vergabe ist die Möglichkeit der direkten Ansprache von Baufirmen ohne vorherige Veröffentlichung. Dennoch ist wohl auch jeder private Bauherr daran interessiert, im Zuge der Ausschreibung und Vergabe von Bauleistungen möglichst marktkonforme Angebote von leistungsfähigen Ausführungsfirmen zu erhalten. Deshalb kann sich das Prozedere bis auf die Preisverhandlung oder das Aushandeln von Preisnachlässen am öffentlichen Verfahren orientieren, in der Praxis des privaten Bauens liegt der Schwerpunkt jedoch meist auf einer Preisminimierung und der Erlangung möglichst kurzer Vorlauf- und Bauzeiten. Daher trennt man sich in diesen Fällen vom öffentlichen Prozess, um die Negativeffekte einer langen Verfahrensdauer und erst danach einsetzender Vorlaufzeiten für den Baubeginn zu vermeiden.

Der in Abb. 2.13 dargestellte Ablauf lässt sich in 3 Stufen (A, B und C) unterteilen. Während die Stufen A und C rein formal ablaufende Prozesse sind, die oft von den Vergabestellen der öffentlichen Hand ohne Mitwirkung des beratenden Ingenieurs oder Architekten laufen, so ist in Stufe B – der Prüfung und Wertung der Angebote – deren Mitwirkung erforderlich.

Öffentliche Vergabe

Nach der Submission, der Angebotseröffnung und der akkuraten Erfassung der Bieter und Angebotssummen (siehe Mustervorlage 2.5) ist es am Ingenieur bzw. Architekten, die Angebote auf Richtigkeit und Vollständigkeit rechnerisch, technisch und wirtschaftlich zu prüfen.

Neben der Prüfung des Hauptangebots, der korrekten Verpreisung der Leistungsverzeichnisse und dem Feststellen von möglichen Abweichungen, großen Preisschwankungen oder Einschränkungen der Gültigkeit der angege-

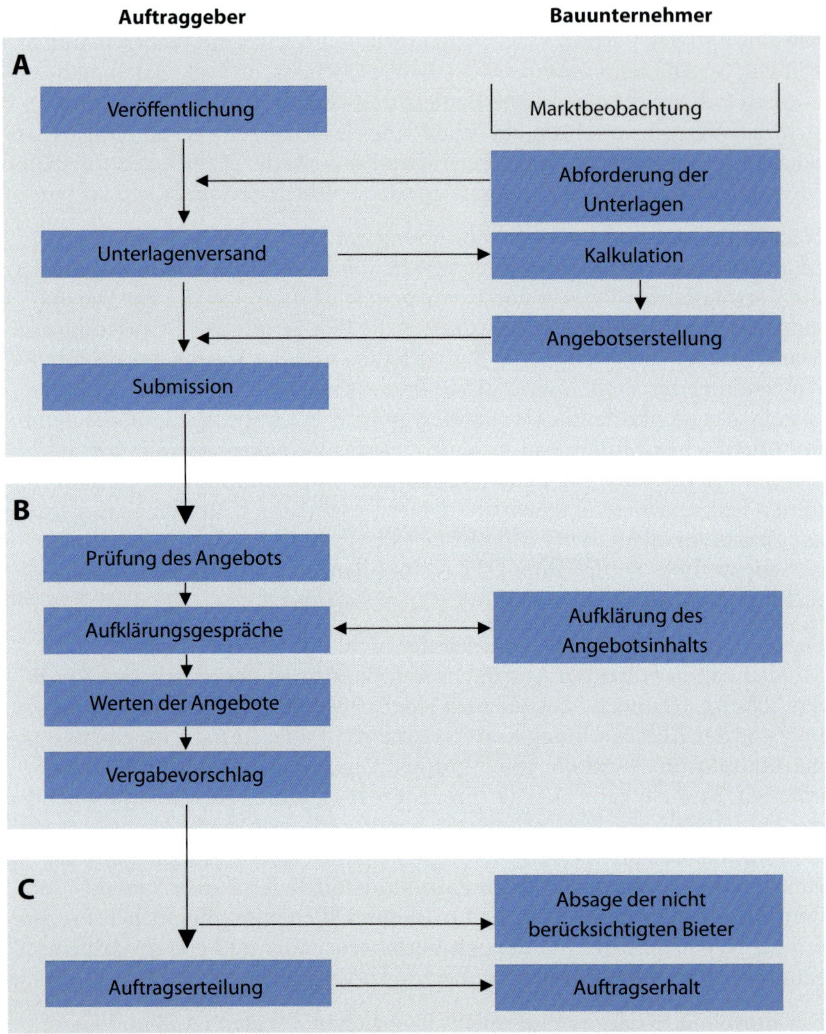

Abb. 2.13: Vergabeprozess nach VOB/A

benen Preise müssen bei vielen Ausschreibungen Nebenangebote geprüft werden.

Nebenangebote werden von Ausführungsunternehmen parallel zum Hauptangebot eingereicht, um die unternehmensspezifischen Vorteile des jeweiligen Bieters besser einsetzen zu können. Diese Vorteile können in speziellen Technologien oder bestimmten Herstellerkonditionen liegen, die dem Bieter im Wettbewerb Vorteile bringen und allein im Amtsvorschlag des Hauptangebots nicht genügend zum Tragen kämen. In diesen Fällen wird ein Nebenangebot unterbreitet. Das Hauptangebot muss dennoch richtig ausgefüllt und abgegeben werden. Das ist allein schon dadurch verständlich, dass ggf. dem Bauherrn das Nebenangebot nicht gefällt und er dann von diesem Bieter gar kein wertbares Angebot vorliegen hätte.

Mustervorlage 2.5: Bieterliste

Bieterliste

Eröffnet am ____________ [Datum] um _________ [Uhrzeit]

				Angebotssumme	Angebotssumme	Bemerkungen
Angebot Nr. 1	Name der Bieterin oder des Bieters 2	Wohnort 3	Datum des Angebotseingangs 4	Endbetrag bei der Angebotseröffnung (in €) 5	Endbetrag nach rechnerischer Prüfung (in roter Farbe nachzutragen) (in €) 6	(z. B. Nebenangebote, Name der oder des Federführenden bei gemeinschaftlichen Bietern, Gründe für den Ausschluss von Angeboten, Probestücke) 7

_______________________________ _______________________________

Unterschrift (Verhandlungsleiterin oder Verhandlungsleiter) Unterschrift (Vertreterin oder Vertreter)

Nebenangebote ermöglichen in flexibler Form die Einbeziehung des Know-hows des Bieters, der oft in die Entwicklung spezieller Techniken und Technologien viel intensiver involviert ist als die planenden und ausschreibenden Ingenieure und Architekten.

Die Prüfung von Nebenangeboten erfordert, dass sich die planenden Ingenieure und Architekten in diese spezielle Lösung hineindenken, sie verstehen und die Gleichwertigkeit hinsichtlich des Amtsvorschlags anerkennen. Die Mindestforderungen der Ausschreibung müssen auch bei einem Nebenangebot erfüllt sein.

Für den Bieter bedeutet die Unterbreitung eines Nebenangebots, dass die Ausschreibungsbedingungen (Zeit, Geld und Qualität) wie beim Amtsvorschlag zugesichert werden müssen. Der Bieter wird im Zuge der Vergabe daher in den meisten Fällen eine Konformitätserklärung unterschreiben müssen. Insbesondere sichern sich damit Auftraggeber dagegen ab, dass sich durch das beauftragte Nebenangebot später versteckte Zusatzkosten ergeben.

Nach der Prüfung der Angebote wird ein Preisspiegel aufgestellt, der einen vergleichenden Überblick über alle eingereichten Angebote geben soll. Hierbei zeigt der Quervergleich (jeweilige Einheitspreise der verschiedenen Bieter nebeneinander, Vergleich der Titelsummen der Anbieter zueinander usw.) eventuelle Unregelmäßigkeiten, Preisverschiebungen oder auch „Ausreißer". Diese können bewusste Preispolitik eines Anbieters sein, aber auch Spiegelbild von Unklarheiten in der Ausschreibung oder einfach Irrtum eines Kalkulators.

Bei den öffentlichen Ausschreibungen kann deshalb nach Prüfung und vor abschließender Wertung der Angebote ein sogenanntes Aufklärungsgespräch mit jedem Bieter geführt werden. In den Aufklärungsgesprächen ist es nicht zulässig, über Preise zu verhandeln. Bei diesen Gesprächen geht es einzig und allein um Hintergrundinformation zur Kalkulation und zum Verständnis der Leistungsbeschreibung.

Stellt der Anbieter im Aufklärungsgespräch fest, dass er sich in einer oder mehreren Preispositionen geirrt hat, kann er den Preis allerdings nicht mehr korrigieren. Denn dann müsste sein Angebot wegen Fehlerhaftigkeit komplett aus der Wertung genommen werden.

Nicht öffentliche Vergabe

Je nach Auftraggeber haben sich in der Praxis von nicht öffentlichen Vergaben sehr unterschiedliche Verhandlungsstrategien eingebürgert. Bei nicht öffentlichen Ausschreibungen werden üblicherweise an dieser Stelle und auf Basis des Preisspiegels eine oder mehrere Verhandlungen über Inhalte und Preise – auch mit mehreren Bietern, im Extremfall sogar simultan in Nachbarräumen – geführt.

Üblicherweise beginnt auch die nicht öffentliche Verhandlung um die Auftragsvergabe mit einem technischen Aufklärungsgespräch. Hierbei wird oft gegenseitig ausgelotet, an welcher Stelle die Nebenangebote des Bieters zum Zuge kommen könnten oder auch welche Bestandteile der Leistungsbeschreibung der Auftraggeber noch bereit ist zu ändern. Gerade professionelle Systemanbieter, die auf umfassende Vorfertigung und Vorkonfektionierung von Bauelementen und Ausstattungsmodulen setzen, nutzen diese Verhandlungsphase, um den Bauherrn über ihr technisches Potenzial aufzuklären.

Manche Verhandlungen beginnen aber auch mit dem Anruf des Bauherrn, dass ein Bieter aus dem Rennen sei, sofern er nicht zunächst einmal einen kräftigen Nachlass auf seine Preise anbiete. Nicht alles, was in diesen Bieterverhandlungen über Preisstellung und interne Kosten gesagt wird, darf man für bare Münze nehmen. Manche Einkäufer von großen Bauinvestoren führen Auftragsverhandlungen wie ein Pokerspiel, ebenso wie manche Verhandlungsführer auf Auftragnehmerseite bisweilen bei Nebenangeboten „vergessen", wichtige Eckpunkte des Bedarfs des Bauherrn einzuhalten, und sich so Türen für spätere Nachträge öffnen.

Praxistipp zu Vergabeverhandlungen

Auch wenn bisweilen Verhandlungen in nicht öffentlichen Vergaben sehr hektisch abzulaufen scheinen („Verhandlungsdruck"), sollte man sachlich bleiben und nüchtern urteilen. So können unbedachte Zugeständnisse oder unter Entscheidungsdruck schlecht ausformulierte Leistungsänderungen verhindert werden. Auch sollte stets geprüft werden, ob die erzielten Verhandlungsergebnisse beidseitig dazu taugen, nach Vertragsschluss einen leistungsgerechten Vertrag mit ausgewogener Verteilung von Chancen und Risiken abarbeiten zu können.

Anschließend, nachdem alle technischen und in nicht öffentlichen Vergaben auch preislichen Unklarheiten geklärt sind, wird dem Bauherrn ein Vergabevorschlag unterbreitet (siehe Mustervorlage 2.6). In diesem ist nach Wertung und Prüfung aller Angebote die fachkundige Empfehlung des beauftragten Ingenieurs oder Architekten enthalten, ein bestimmtes Unternehmen mit der Ausführung der ausgeschriebenen Leistungen zu beauftragen.

Mit der Zuschlagserteilung (siehe Mustervorlage 2.7) und der Bekanntgabe dieses Zuschlags muss zeitnah verfahren werden, oder wie es in § 19 Abs. 1 VOB/A heißt:

„Bieter, deren Angebote ausgeschlossen worden sind [...], und solche, deren Angebote nicht in die engere Wahl kommen, sollen unverzüglich unterrichtet werden."

Nach § 19 Abs. 2 VOB/A sind dem Bieter auf Verlangen innerhalb einer Frist von 15 Kalendertagen die Gründe einer Nichtberücksichtigung mitzuteilen.

Viel interessanter für den Ausschreibenden ist jedoch die gemäß GWB bei europaweiten Ausschreibungen geforderte Benachrichtigung der nicht berücksichtigten Bieter und die damit verbundene Einspruchsmöglichkeit innerhalb von 14 Tagen ab Absendung dieser Mitteilung.

Mit dieser Bestimmung soll dafür gesorgt werden, dass ein möglicherweise begründeter Einspruch eines unterlegenen Bieters zum Tragen kommen kann. Falls solch ein Einspruch gegen die beabsichtigte Vergabe bei der Vergabekammer eintrifft, wird der Zuschlag zunächst nicht erteilt. Stattdessen überprüft die Vergabekammer den bisherigen Ausschreibungsprozess und erteilt dann entweder die Erlaubnis zur Vergabe an den vorgesehenen Bieter, oder sie rügt die Fehler im bisherigen Ausschreibungsprozess und weist den Weg auf, wie diese ausgeräumt werden können.

Dieser formale Akt der Mitteilung an die unterlegenen Bieter ist in der Praxis eine wesentliche und mit Spannung abzuwartende Phase im öffentlichen Vergabeprozess. Der enge Markt und der damit verbundene Kampf um öffentliche Aufträge führen zur verbreiteten Bereitschaft zum Einspruch durch unterlegene Bieter. Der Preiskampf mit vorbestimmten Ausschreibungsbedingungen schafft zusätzlichen Druck zur genauen Kontrolle des

Mustervorlage 2.6: Vergabevorschlag

Vergabestelle

Vergabevermerk - Entscheidung über den Zuschlag

Az/AVA-Nummer	______	Vergabenummer	______
fachlich zuständig	______	Datum	______
federführend zuständig	______	Bearbeiter/Tel.	______

Baumaßnahme

Leistung

☐ Der Gesamtauftrag ☐ Der Auftrag für Los ______

soll der Firma ______

☐ auf das Hauptangebot vom ______ ☐ auf das Nebenangebot vom ______

erteilt werden.

Ausschlaggeben für den Vorschlag ☐ ist der Preis. ☐ sind die nachstehenden Kriterien:

Begründung zum Vergabevorschlag, wenn für den Vergabevorschlag nicht der Preis sondern andere Kriterien maßgebend sind.

Eignung des Bieters, Nachweise nach Aufforderung zur Abgabe eines Angebots

Die Eignung des Bieters wird bestätigt. ☐ Der Bieter ist bevorzugter Bewerber (vgl. Anlage).

☐ Die in den Vergabeunterlagen geforderten Nachweise zur Eignung liegen vor.

☐ Auf die Vorlage folgender Nachweise

wurde verzeichtet, weil

Auftragssumme/Wertungssumme			
Angebotssumme (geprüft) netto	€	Auftragssumme (Übertrag)	€
Preisnachlass %	€		€
Angebotssumme netto inkl. Preisnachlass	€		€
Umsatzsteuer %	€	weitere Kosten (z. B. Wartung, Betriebskosten usw.)	€
Auftragssumme	**€**	**Wertungssumme**	€
veranschlagte Auftragssumme	€	für Auftrag verfügbar	€
Ablauf der Zuschlagfrist			

☐ Informationen gemäß § 101a GWB: Art der Absendung ☐ per Post ☐ per Fax ☐ per E-Mail am:

(siehe Richtlinie zum Formblatt 334) frühester Termin der Auftragserteilung am:

Vergabevorschlag Anlage: ☐ Wertungsübersicht 321

erstellt/fachlich zuständig ______	☐ einverstanden (mit den ersichtlichen Änderungen)
federführend zuständig ______	☐ nicht einverstanden
Haushalt/Kosten ______	☐ Behördenleitung ______

Mustervorlage 2.7: Auftragsschreiben

Vergabestelle

Deutschland

Tel. Fax

Datum: Auftragsnummer:	
Maßnahmennummer:	
Ansprechpartner: Telefon:	

Auftrag

Baumaßnahme

____

____

Leistung

____

Angebot vom ____________________________________

Anlagen:
Zweitfertigung dieses Auftragsschreibens

Pläne/Zeichnungen Nr. ______________________________

____

Aufgrund Ihres oben genannten Angebots erhalten Sie hiermit den Auftrag zur Ausführung der oben bezeichneten Leistung im Namen und für Rechnung.

Mustervorlage 2.7: Auftragsschreiben (Fortsetzung)

Objekt-/Bauüberwachung (§ 4 Abs. 1 VOB/B) **und ggf. Sicherheitskoordination** (Baustellenverordnung):
Anordnungen dürfen nur vom Auftraggeber bzw. vom Beauftragten des Auftraggebers getroffen werden.

Die Objekt-/Bauüberwachung obliegt

____

Die Sicherheitskoordination obliegt

____

Erläuterungen
Die Erläuterungen sind zu nummerieren; als Abschluss ist zu schreiben: "Ende der Erläuterungen".
Werden keine Erläuterungen aufgenommen, ist zu schreiben: "Keine".

____
(Auftraggeber)

Sie werden gebeten, die Zweitfertigung dieses Auftragsschreibens als Empfangsbestätigung unverzüglich unterschrieben zurückzugeben.

Empfangsbestätigung

Ich/Wir bestätige(n) den Empfang Ihres vorstehenden Auftragsschreibens.
Zur Entgegennahme von Anordnungen wird als bevollmächtigter Vertreter bestellt.

☒ ____
Ein Wechsel in der Vertretung wird der Vergabestelle unverzüglich mitgeteilt.

☐ Ansprechpartner für den Sicherheitskoordinator:

____

____
(Ort, Datum und Unterschrift)

Los Nr.	Bezeichnung	EU/nat.	Veröffentl. Vergabeart	Bauabschnitt	zust. Büro	zust. Bauherr	Budget (in €)	Endfassung LV Planer (in KT)	Veröffentlichung/ Versand	Eröffnungs-/ Angebotsabgabetermin	Auftragserteilung erforderlich	Werkplanung bzw. Vorlauf (in KT)	frühestmgl. Baubeginn	Baubeginn Soll gem. Terminplan Ausführung	Puffer (in KT)
(1)	(2)	(3)	(4)	(5)	(6)	(7)	(8)	(9)	(10)	(11)	(12)	(13)	(14)	(15)	(16)
Rohbau, BE															
10	Baustelleinrichtung	NAT	BSCH	1	Planer 1	Ansprechpartner X	120.000	Mo, 25. 11.13	Mo, 02. 12.13	Mo, 23. 12.13	Mo, 06. 01.14	7	Mo, 13. 01.14	Di, 21. 01.14	8
11	Baustrom	NAT	BSCH	1	Planer 2	Ansprechpartner Y	35.000	Mo, 25. 11.13	Di, 10. 12.13	Di, 31. 12.13	Di, 14. 01.14	7	Di, 21. 01.14	Di, 21. 01.14	0
12	Rohbau	EU	OV	1	Planer 3	Ansprechpartner Z	1.650.000	Mo, 25. 11.13	Do, 12. 12.13	Fr, 03. 01.14	Fr, 17. 01.14	7	Fr, 24. 01.14	Do, 23. 01.14	-1
Gebäudehülle															
20	Gerüst	EU	OV	3	Planer 4	Ansprechpartner	25.000								
21	Dachabdichtung	EU	OV	3	Planer 5	Ansprechpartner	45.000								
22	Passivhausfenster	NAT	FH	3	Planer 6	Ansprechpartner	30.000								
23	Fenster Metall, Türen Metallrahmen	EU	OV	3	Planer 7	Ansprechpartner	400.000								
Ausbau															
30	Trockenbau/Innenputz	EU	OV	3	Planer	Ansprechpartner	190.000								
31	Estrich/Dämmung	EU	OV	3	Planer	Ansprechpartner	120.000								
technische Gebäudeausrüstung															
40	zentr. Wärme und Kälteerzeugung (ehm. 45 Erdwärme)	NAT	BSCH		Planer	Ansprechpartner	90.000								
41	Förderanlagen	NAT	BSCH	1	Planer	Ansprechpartner	50.000								
42	Starkstrom (inkl. Kabel Schwachstrom)	EU	OV	1	Planer	Ansprechpartner	360.000								
Außenanlagen, Erschließung															
50	Stützwände	EU	OV	1	Planer	Ansprechpartner	110.000								
51	Grünanlagen	EU	OV	2,3	Planer	Ansprechpartner	120.000								
52	techn. Anlagen in Außenanlagen	EU	OV	1	Planer	Ansprechpartner	290.000								
GESAMT							**3.635.000**								

Auswertung nach Vergabearten		Vergabeschl.	Anzahl		
Gesamt	3.635.000,00 €	100%	17	1% =	36.350,00 €
EU	3.310.000,00 €	91%	10		
NAT	295.000,00 €	8%	6		
FH	30.000,00 €	1%	1		

EU OV	EU-weit: offenes Verfahren
EU NV	EU-weit: nicht offenes Verfahren
EU VV	EU-weit: Verhandlungsverfahren
NAT ÖFF	national öffentliche Vergabe
NAT BSCH	national beschränkte Vergabe
NAT FH	national freihändige Vergabe

Abb. 2.14: Vergabeterminliste

Verfahrens – und dies sowohl auf der Seite des Ausschreibenden als auch aufseiten der Bieter.

Bevor ein möglicherweise unterlegener Bieter jedoch den Prozess der Vergabe durch Einsprüche bei Vergabekammern o. Ä. zum Stillstand bringt, sollte die Erfüllung der geforderten Ausschreibungsbedingungen in der eigenen Bewerbungsunterlage geprüft werden.

Die in Abb. 2.14 dargestellte Vergabeterminliste ist das Steuerungsinstrument während der Vergabezeit und beinhaltet neben der Terminverfolgung im unteren Teil auch die kumulative Ausweisung der bis zum Stichtag öffentlich, nicht öffentlich und beschränkt vergebenen Auftragssummen.

Das Führen des gesamten Ausschreibungsprozesses für ein Bauprojekt kann u. a. mit der in Abb. 2.14 dargestellten Terminliste erfolgen, die nicht nur die Termineinhaltung in einer „Ampelschaltung" zeigt, sondern auch über die Integration der jeweiligen Vergabesummen den bisherigen Umfang öffentlicher Vergaben zeigt. Auch wenn in der Praxis von öffentlichen Vergaben gesprochen wird, so kann ein öffentliches Bauvorhaben beispielsweise nicht öffentliche Vergaben von bis zu 10 % des Werts beinhalten. Der Hintergrund ist, dass bestimmte Leistungen in Ausnahmefällen zur Steuerung eines Projekts außerhalb des zeitaufwendigen öffentlichen Vergabeprozederes vergeben werden können. In den meisten Fällen wird dies erst in der Schlussphase eines Projekts notwendig, wenn beispielsweise mit der Vergabe einer Leistung relativ lange gewartet werden muss, weil die technische Lösung erst im Verlauf des Projekts entwickelt wird oder wenn es für diese spezielle Leistung nur einen Anbieter gibt.

3 Baudurchführung

3.1 Aufgaben des überwachenden Bauleiters und des Unternehmer-Bauleiters

3.1.1 Leistungsumfang nach HOAI und Landesbauordnungen

In der Honorarordnung für Architekten und Ingenieure (HOAI) wird die Funktion des überwachenden Bauleiters nicht explizit definiert. Insbesondere wird keine Differenzierung zwischen dem überwachenden Bauleiter und dem Unternehmer-Bauleiter vorgenommen, jedoch fußt die HOAI in ihrem Sinn als Ordnung zur Regelung der Honorare der Planer darauf, dass die überwachende Funktion des Bauleiters im Vordergrund steht.

Wenn auch die Verbindlichkeit des Preisrechts der HOAI durch Urteil des Europäischen Gerichtshofs (EuGH) gekippt wurde, so bildet die HOAI weiterhin aufgrund ihrer Ordnungsstruktur, der Planungsphasen und der Aufgabenbeschreibungen eine unerlässliche Grundlage für alle Bauleiter.

Bezüglich des Bauleiters betreffen die Aufgaben im Einzelnen (Überwachung der Ausführung des Objekts und von Tragwerken, Koordination der Beteiligten, Terminplan, Bautagebuch, Aufmaß, Rechnungsprüfung, Kostenkontrolle, Kostenfeststellung, Abnahmen, Dokumentation, Übergabe des Objekts, Auflisten der Verjährungsfristen, Überwachen der Mängelbeseitigung; siehe Kapitel 2.1.2) den überwachenden Bauleiter.

In Kapitel 2.1.2 wurden bereits die einzelnen Grundleistungen in der Leistungsphase 8 (Objektüberwachung – Bauüberwachung und Dokumentation) nach § 34 HOAI erläutert. Auch auf die Differenzierung zur Objektüberwachung bei Freianlagen (§ 39 HOAI) und zur Bauoberleitung bei Ingenieurbauwerken (§ 43 HOAI) und Verkehrsanlagen (§ 47 HOAI) soll hier nicht erneut eingegangen werden.

Honorarordnung für Architekten und Ingenieure

Die Honorarordnung für Architekten und Ingenieure (HOAI) regelt entsprechend ihrem Namen zunächst nur die Vergütungsansprüche für Planungs- und Überwachungsleistungen. Sie ist damit reines Preisrecht und beinhaltet keinerlei bindende Vorgaben hinsichtlich der vom Planer und/oder Bauleiter geschuldeten Leistungen. Diese ergeben sich vielmehr aus dem Vertrag und den zwischen Bauherr und Architekt/Bauleiter getroffenen Absprachen. Dabei werden allerdings häufig die Leistungsphasen der HOAI und die in den Anlagen beschriebenen Grundleistungen als Leistungsbeschreibung herangezogen und somit vertraglich vereinbart.

Hinsichtlich der von ihr erfassten Leistungen gibt die HOAI die geschuldete Vergütung zwingend vor, sodass abweichend hiervon getroffene Vereinbarungen unwirksam wären. Hierdurch soll insbesondere ein auskömmliches Honorar gewährt und die Qualität von Planungsleistungen gesichert werden, indem ein ruinöser Preiswettkampf ausgeschlossen wird.

Gerade diesen Zwangscharakter hat nunmehr aber der EuGH in seiner Entscheidung vom 04.07.2019 – C-377/17 beanstandet und als europarechtswidrig angesehen, da hierdurch entgegen der geltenden Dienstleistungsfreiheit Planern aus anderen Mitgliedsstaaten der Zugang zum deutschen Markt erschwert werde. Dies sei auch nicht durch die eigentlich legitimen Ziele der HOAI gerechtfertigt, da nicht erkennbar sei, dass durch die jetzige Ausgestaltung der HOAI tatsächlich eine Sicherung der Planungsqualität oder der Schutz von Verbrauchern erreicht werde.

Diese Entscheidung führt aber nicht automatisch dazu, dass Höchst- und Mindestsätze der HOAI nicht mehr anzuwenden wären; sie richtet sich im Grundsatz vielmehr zunächst nur an die Bundesrepublik Deutschland, die den gerichtlichen Vorgaben durch eine Anpassung der nationalen Gesetzeslage Rechnung zu tragen hat. Bis dahin bleibt die HOAI grundsätzlich in Deutschland geltendes Recht; allerdings ist die Bundesrepublik gehalten, Verstöße gegen das Unionsrecht nicht weiter zu verfestigen. In diesem Bemühen hat das Bundesinnenministerium mit Erlass vom 05.08.2019 klargestellt, dass bei Verträgen mit der öffentlichen Hand auch von der HOAI abweichende Honorare vereinbart werden können oder Bieter nicht mehr generell auszuschließen sind, wenn ihre Angebote die Höchstsätze über- oder die Mindestsätze unterschreiten. Inwieweit die HOAI aber auch für Verträge zwischen Privatpersonen oder -firmen zwingend einzuhalten ist, ist aktuell umstritten und wird von unterschiedlichen Gerichten jeweils unterschiedlich beurteilt; genau diese Frage hat der BGH mit Beschluss vom 14.05.2020 – VII ZR 174/19 nunmehr dem EuGH zur Klärung vorgelegt.

Für den Unternehmer-Bauleiter findet sich in den Regelungen kein entsprechendes Pendant zum (überwachenden) Bauleiter der HOAI. Diese ist im Übrigen ja auch gar nicht für Bauunternehmen und Unternehmer-Bauleiter gedacht.

Jedoch wird bisweilen das Bauunternehmen vom Auftraggeber aufgefordert, den in einigen Bauordnungen der Bundesländer verankerten „verantwortlichen Bauleiter“ zu stellen (vgl. § 56 MBO der Länder). Mit dieser Aufgabe ist verbunden, dass die entsprechende Person über ausreichende Fach- und Sachkunde zur Führung einer Baustelle verfügen muss. Eine besondere Qualifikation, etwa ein Meisterabschluss in einem Bauhandwerk oder ein

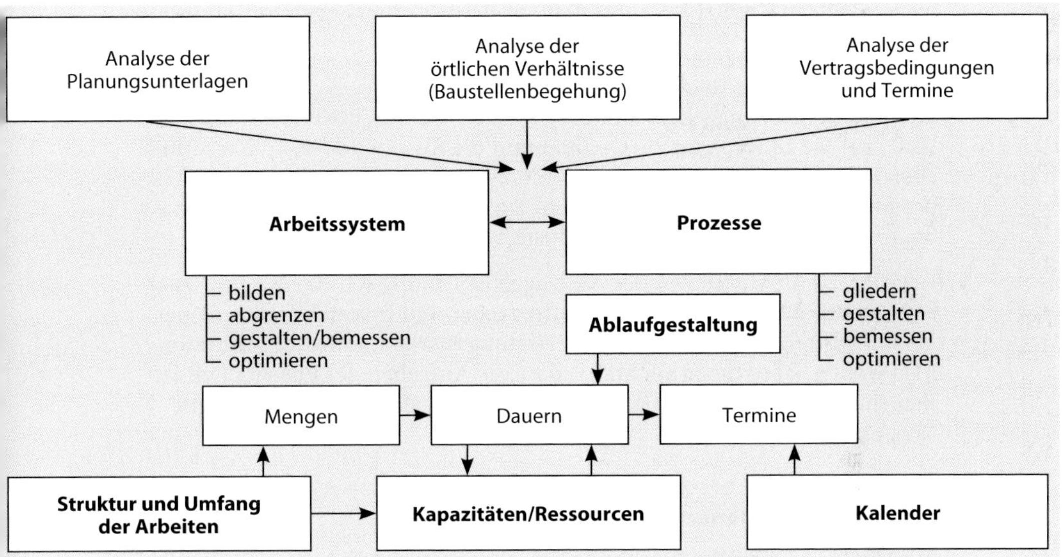

Abb. 3.1: Gegenstände und Aufgabenfelder der Arbeitsvorbereitung des Unternehmer-Bauleiters

akademischer Ingenieurgrad, ist nicht erforderlich. Es obliegt in diesem Fall dem Bauherrn, durch die Wahl eines geeigneten Unternehmens, und dann wiederum dem Bauunternehmen, durch die Auswahl eines aus seiner Sicht geeigneten fachkundigen Mitarbeiters die Position des Bauleiters nach LBO qualifiziert zu besetzen.

Die erforderliche Qualifizierung eines Unternehmer-Bauleiters setzt sich aus fachlichen und allgemeinen Anforderungen zusammen. Zu den fachlichen Anforderungen gehören Kenntnisse über die technologischen Prozesse, über ingenieurmäßige Wirkungszusammenhänge, über Baustoffe, aber auch Kenntnisse in Baubetriebswirtschaft, in Baurecht und in Aspekten der Arbeitssicherheit.

Zu den allgemeinen Anforderungen an einen Unternehmer-Bauleiter zählen Organisationstalent, Führungsqualitäten, Verhandlungsgeschick und Durchsetzungsvermögen, Ausdrucksfähigkeit, Flexibilität, Teamfähigkeit und Verantwortungsbewusstsein.

Die technologischen Aufgabenfelder des Unternehmer-Bauleiters zu Beginn einer Baustelle werden schlaglichtartig in Abb. 3.1 verdeutlicht. Diese Aufgaben muss er in einem engen Rahmen so erfüllen, dass einerseits das Bauvorhaben zur Zufriedenheit des Auftraggebers ausgeführt wird und dass andererseits für sein Unternehmen ein positives Ergebnis erzielt wird.

3.1.2 Vollmachten und Verantwortungsgrenzen des Bauleiters

Die Aufgaben des Bauleiters für den Auftraggeber, also des überwachenden Bauleiters, sind dadurch vorgegeben, dass er für den Bauherrn und in seinem Auftrag ganz bestimmte Aufgaben auszuführen hat, damit das Bauvorhaben realisiert wird. Die Aufgaben und die Verantwortung sind im Überblick bereits in Kapitel 1.3 vorgestellt, weitere Ausführungen in Kapitel 1.4 gemacht worden.

Der überwachende Bauleiter vertritt die Interessen des Bauherrn, des Investors und des Auftraggebers. Somit muss sich seine Sichtweise auf die Bauabläufe, auf die zu erreichende Qualität und die Kosten und auf die terminlichen Rahmenbedingungen an den Interessen der Seite des Auftraggebers orientieren. Ein wichtiges Instrument zur Umsetzung dieser Interessen ist die Änderungsanordnung (siehe Mustervorlage 3.2).

Gerade weil die Interessen des Auftraggebers häufig schwierig herauszuarbeiten sind, z. B. wenn Bauherr, Auftraggeber und Investor nicht in einer Person vertreten sind oder wenn vertretungsstarke Endnutzer mitbestimmen wollen, ist es umso wichtiger, dass die Aufgaben des überwachenden Bauleiters im Rahmen des Bauvorhabens genau abgestimmt sind (siehe Mustervorlage 3.1).

Vollmachten

Der überwachende Bauleiter vertritt den Auftraggeber typischerweise nur in technischer Hinsicht. Ihm stehen ohne gesonderte Bevollmächtigung in der Regel keine Befugnisse zu, den Auftraggeber auch in kaufmännischen Belangen zu vertreten. Von daher ist der überwachende Bauleiter grundsätzlich auch nicht befugt, zusätzliche oder geänderte Leistungen mit Wirkung für den Bauherrn anzuordnen. Die Entscheidung, ob zusätzliche Finanzmittel für eine abweichende Ausführung aufgewandt werden sollen, ist zunächst allein dem Auftraggeber selbst vorbehalten.

Dies hat auch zur Folge, dass z. B. der Unterzeichnung von Stundenzetteln durch den überwachenden Bauleiter anstelle des Auftraggebers regelmäßig keine Aussage über Art und Weise der Vergütung der jeweiligen Leistungen zu entnehmen ist; der überwachende Bauleiter bestätigt nur, dass die Stunden angefallen sind – nicht aber deren Abrechnung im Stundenlohn.

Umgekehrt ist der überwachende Bauleiter aber auch ohne gesonderte Bevollmächtigung des Auftraggebers regelmäßig befugt, Erklärungen wie z. B. die Ankündigung von Mehrkosten bei Zusatzleistungen oder Behinderungs- oder Bedenkenanzeigen mit Wirkung für den Bauherrn entgegenzunehmen. Etwas anderes soll nach der Rechtsprechung nur dann gelten, wenn die Zusatzleistung, Störung oder Mangelrüge auf den überwachenden Bauleiter selbst zurückgeht, weil dieser z. B. auch die Planung erstellt hat. Dann kann der Auftragnehmer nicht ohne Weiteres mit einer Weitergabe an den Auftraggeber rechnen und hat sich direkt an diesen zu wenden. Von daher empfiehlt sich, entsprechende Erklärungen vorsorglich immer (auch) direkt an den Auftraggeber zu richten.

Geht es um die qualitative, terminliche und kostenmäßige Steuerung eines Bauprojekts, so muss der überwachende Bauleiter häufig noch an den Details zur Qualität, an den feiner untersetzten Detailterminplänen und insbesondere an der Fortschreibung der Kostenermittlung und Kostenkontrolle mitwirken, wobei hierbei oft auch die Soll-Vorgaben noch nicht endgültig fixiert sind.

Die Aufgaben des Bauleiters in einem Bauunternehmen, also des Unternehmer-Bauleiters, sind oft noch weniger explizit festgelegt, weil sich bereits vieles aus den Planunterlagen und spezifischen Baubeschreibungen des umzusetzenden Bauvorhabens ergibt. Bisweilen wird sein Aufgaben- und Verantwortungsspektrum zusätzlich dadurch bestimmt, dass weitere Tätigkeiten in seiner Arbeitsplatzbeschreibung oder auch in seinem Arbeitsvertrag festgehalten sind, die er als Angestellter seines Bauunternehmens zu erfüllen hat.

In der Regel wird dem Unternehmer-Bauleiter die Leitung der Baustellentätigkeiten für ein Bauobjekt übertragen, das er dann im Rahmen der bauvertraglichen Bedingungen, auf Basis der örtlichen Gegebenheiten, unter Einhaltung der gesetzlichen Bestimmungen, nach den aktuell anerkannten Regeln der Technik und unter Beachtung der unternehmensinternen Vorgaben und Gepflogenheiten zu realisieren hat. Hierbei ist es seine Aufgabe, das Bauobjekt mit der beschriebenen Qualität und innerhalb des gegebenen Terminrahmens möglichst kostengünstig herzustellen. Da Bauunternehmen sich am Bau engagieren, um damit wirtschaftlich zu bestehen, muss stets ein möglichst gutes betriebswirtschaftliches Ergebnis erzielt und die Baustelle mit Gewinn abgeschlossen werden. Denn dieser Gewinn wird u. a. dafür benötigt, ggf. andere negative Baustellen zu kompensieren und auch in neue Geschäftsfelder zu investieren.

Praxistipp für überwachende Bauleiter

Beim Einsatz als überwachender Bauleiter für die Baustelle sollte ein „Rundum-sorglos-Paket" für die beteiligten Bauunternehmen und Fachingenieure vermieden werden. Es sollte stets auf eine faire Verteilung von Aufgaben und Lasten geachtet werden, und darauf, dass die Verantwortlichen der tätigen Bauunternehmen ihrer Verantwortung auch nachkommen. Dann kann auch das bereitwillige Entgegenkommen einzelner Bauunternehmen, z. B. bei einer unverhofft zu verändernden Leistungsdisposition, in geeigneter Weise honoriert werden – nicht in Geld, jedoch ebenfalls durch Hinweise des überwachenden Bauleiters auf eine effizientere Arbeitsgestaltung oder die Koordinierungsunterstützung an anderer Stelle.

Mustervorlage 3.1: Benennung eines Bauüberwachers

Absender
Einschreiben/Rückschein/Per Boten[1]
An den Auftragnehmer

____________ [Ort], den ________ [Datum]

Bauvorhaben ____________________________________ [Name des Bauvorhabens]
Bauüberwachung

Sehr geehrte Damen und Herren,

in § 4 Abs. 1 Nr. 2 VOB/B ist vorgesehen, dass der Auftraggeber das Recht hat, die vertragsgemäße Ausführung der Leistung zu überwachen. Wir haben Frau/Herrn __________ [Name] von der Firma ________________ [Name] damit beauftragt, uns bei der Bauüberwachung zu unterstützen. Wir bitten Sie hiermit, unbedingt sicherzustellen, dass

Frau/Herr _____________________ [Name] die uns als Auftraggeber nach § 4 Abs. 1 Nr. 2 VOB/B zustehenden Rechte stellvertretend für uns in Anspruch nehmen kann. Es handelt sich hierbei im Einzelnen um

- das Zutrittsrecht zu Arbeitsplätzen, Werkstätten und Lagerräumen des Auftragnehmers,
- das Recht auf Einsicht in Werk- und Montagepläne und andere Ausführungsunterlagen des Auftragnehmers,
- die Einsichtnahme in die Ergebnisse von Güteprüfungen des Auftragnehmers,
- die zeitweilige Überlassung von Ausführungsunterlagen zur Vornahme von Änderungen/ Korrekturen,
- das Erteilen von Auskünften zu Einzelheiten der Ausführung der vertraglich geschuldeten Bauleistung,
- das Gewähren von Einsicht in Bautagesberichte und Besprechungsprotokolle.

[1] Es ist zu beachten, dass der Absender rechtserheblicher Erklärungen deren Zugang im Streitfall beweisen muss. Dieser Nachweis kann bei einem Standardbrief regelmäßig nicht geführt werden. Auch ein Telefax-Sendeprotokoll ist kein anerkannter Zugangsnachweis. Die Zustellung rechtserheblicher Erklärungen kann daher nur per Einschreiben/Rückschein oder per Boten erfolgen, wobei auch hier noch dokumentiert werden muss, welches Dokument zugestellt wird. Alternativ ist auch die Zustellung mit Empfangsbekenntnis möglich; es ist dann darauf zu achten, dass der Empfänger das Empfangsbekenntnis vollzieht und zurücksendet. Ferner ist eine Zustellung durch den Gerichtsvollzieher möglich; dies ist im regelmäßigen Geschäftsverkehr aber wenig praktikabel.

Mustervorlage 3.1: Benennung eines Bauüberwachers (Fortsetzung)

☐ Frau/Herrn/Firma* __________________ [Name] ist allerdings nicht berechtigt, Erklärungen mit Wirkung für und gegen uns abzugeben oder entgegenzunehmen, insbesondere die Ausführung geänderter oder zusätzlicher Leistungen oder von

☐ Sollten Sie auf bestimmte Erzeugnisse oder Verfahren Urheberrechte besitzen, teilen Sie uns das bitte schriftlich bis zum ______________ [Datum] mit. Wir sichern Ihnen zu, dass unser Bauüberwacher sämtliche Geschäftsgeheimnisse, die ihm im Zusammenhang mit seiner Überwachungstätigkeit bekannt werden, in vollem Umfang wahren wird.

Mit freundlichen Grüßen

____

* Nichtzutreffendes bitte streichen.

Mustervorlage 3.2: Änderung des Bauentwurfs

Absender
Einschreiben/Rückschein/Per Boten[1]
An den Auftragnehmer

____________ [Ort], den ________ [Datum]

Bauvorhaben ________________________ [Name des Bauvorhabens]
Änderung des Bauentwurfs bzw. andere Anordnungen

Sehr geehrte Damen und Herren,

mit Vertrag vom _________ [Datum] haben wir Sie mit der Ausführung o. g. Leistungen beauftragt. Vertragsgrundlage ist die VOB/B. In § 1 Abs. 3 VOB/B ist vorgesehen, dass es dem Auftraggeber vorbehalten bleibt, Änderungen anzuordnen. Eine Einschränkung dieses Rechts sieht die VOB/B nicht vor. Von diesem Recht machen wir Gebrauch und fordern Sie auf, folgende Änderungen bei der Bauausführung zu berücksichtigen:

Bisher vereinbarte Leistung: ___________________________________
____
Geänderte Leistung: ___________________________________
____

☐ Es handelt sich hierbei um Abweichungen vom vertraglich geschuldeten Leistungsumfang. Dies hat gemäß § 2 Abs. 5 VOB/B zur Folge, dass die Vergütung entsprechend den infolge der Änderung entstehenden Mehr- und Minderkosten anzupassen ist. Zur Anpassung des Vertrags an den neuen Leistungsumfang bzw. an den neuen Bauzeitplan und an die geänderte Vergütung werden wir Ihnen kurzfristig eine Nachtragsvereinbarung vorlegen.

☐ Soweit durch die vorgenommenen Änderungen des Bauentwurfs oder die anderen Anordnungen die Grundlagen des Preises für eine im Vertrag vorgesehene Leistung geän-

---

[1] Es ist zu beachten, dass der Absender rechtserheblicher Erklärungen deren Zugang im Streitfall beweisen muss. Dieser Nachweis kann bei einem Standardbrief regelmäßig nicht geführt werden. Auch ein Telefax-Sendeprotokoll ist kein anerkannter Zugangsnachweis. Die Zustellung rechtserheblicher Erklärungen kann daher nur per Einschreiben/Rückschein oder per Boten erfolgen, wobei auch hier noch dokumentiert werden muss, welches Dokument zugestellt wird. Alternativ ist auch die Zustellung mit Empfangsbekenntnis möglich; es ist dann darauf zu achten, dass der Empfänger das Empfangsbekenntnis vollzieht und zurücksendet. Ferner ist eine Zustellung durch den Gerichtsvollzieher möglich; dies ist im regelmäßigen Geschäftsverkehr aber wenig praktikabel.

Mustervorlage 3.2: Änderung des Bauentwurfs (Fortsetzung)

dert werden, so ist gemäß § 2 Abs. 5 VOB/B ein neuer Preis unter Berücksichtigung der Mehr- oder Minderkosten zu vereinbaren. Sollten Sie wegen der angeordneten Änderungen Forderungen (Mehrkosten) beanspruchen, möchten wir Sie bitten, unverzüglich, spätestens aber bis zum ________________ [Datum], ein prüfbares Nachtragsangebot vorzulegen.

☐ Aus unserer Sicht sind infolge der Änderung Minderkosten zu berücksichtigen. Deshalb bitten wir Sie unverzüglich, spätestens aber bis zum ________________ [Datum], ein prüfbares Nachtragsangebot über die Minderkosten vorzulegen.

☐ Dabei ist zu berücksichtigen, dass die Mehr- und Minderkosten nach Maßgabe der Urkalkulation des Hauptvertrags zu berechnen sind. Demnach sind die Kalkulationsansätze (z. B. Lohnniveau, Gemeinkostensätze, Wagnis- und Gewinnansatz, Nachlass) bei der Kalkulation der geänderten Leistung zu übernehmen. Zum Nachweis der Berechtigung Ihrer Vergütungsansprüche fordern wir Sie auf,

- ☐ am ________________ [Datum] um _______ [Uhrzeit] in unseren Geschäftsräumen zu erscheinen, um die hier verschlossen hinterlegte Urkalkulation des Hauptvertrags gemeinsam zu öffnen.
- ☐ Ihre Urkalkulation des Hauptvertrags bis zum ________________ [Datum] offenzulegen.

Mit freundlichen Grüßen

____

Beispiel

Auf einer Großbaustelle setzte der Generalunternehmer (GU, in seiner Eigenschaft als der die Nachunternehmer überwachende Bauleiter) zur Bewehrungskontrolle einen äußerst versierten Oberpolier und ehemaligen Leiter eines Biegebetriebs ein, weil er für diesen erfahrenen Mann derzeit keinen anderen geeigneten Einsatz hatte. Die Bewehrungsarbeiten des Nachunternehmens liefen „wie am Schnürchen", und es gab bei den Bewehrungsabnahmen kaum Beanstandungen.

Im Lauf der Zeit fiel der überwachenden Bauleitung allerdings auf, dass der Nachunternehmer für Bewehrung seine eigenen Führungskräfte schon lange von der Baustelle abgezogen hatte und statt eines eigenen Unternehmer-Bauleiters die umfangreichen Koordinierungsarbeiten und Materialdispositionen dem Oberpolier des GU überließ. Die Kosten des Oberpoliers trug der GU, und aus Kostengründen wurde dieser Mann schließlich von der Baustelle abgezogen. Daraufhin musste der Nachunternehmer – ganz vertragsgemäß und auch kostenmäßig bei ihm angesiedelt – die unternehmensinterne Bauleitung der Bewehrungsarbeiten wieder selbst übernehmen.

Nur kurz soll an dieser Stelle mit Bezug zu Abb. 3.2 auf die unterschiedlichen Sparten der Bauwirtschaft eingegangen werden. Dies ist deshalb von Bedeutung, weil für die Bauwirtschaft besondere Sozialverträge und soziale Absicherungen gelten. Daher ist es für Unternehmen bedeutsam, ob und inwieweit sie der Baubranche zugerechnet werden und ob sie bestimmten Aufsichtspflichten unterliegen.

Grundsätzlich gilt im Baugewerbe das Verbot der Arbeitnehmerüberlassung (Leiharbeit), das sich wiederum auf das Bauhauptgewerbe beschränkt (siehe Aufzählung unten). Leiharbeit ist in engen Grenzen nur für ganz wenige, genau bezeichnete Ausnahmen möglich, wie z. B. den gegenseitigen Verleih von Arbeitnehmern unter Bauunternehmen, die die gleichen Sozialkassentarifverträge haben und sich zudem für das gegenseitige Ausleihen von Arbeitskräften gesondert angemeldet haben. Näheres regelt das Gesetz zur Regelung der Arbeitnehmerüberlassung (AÜG).

Wesentliche Gewerke, die dem Bauhauptgewerbe zugerechnet werden, sind:

- Erdarbeiten
- Schachtarbeiten
- Rohrleitungsbau
- Straßenbau
- Wasserbau
- Gleisbauarbeiten
- Wasserhaltungsmaßnahmen
- Beton- und Stahlbetonarbeiten
- Maurerarbeiten
- Zimmereiarbeiten
- Estricharbeiten
- Fliesenarbeiten
- Verfugungsarbeiten

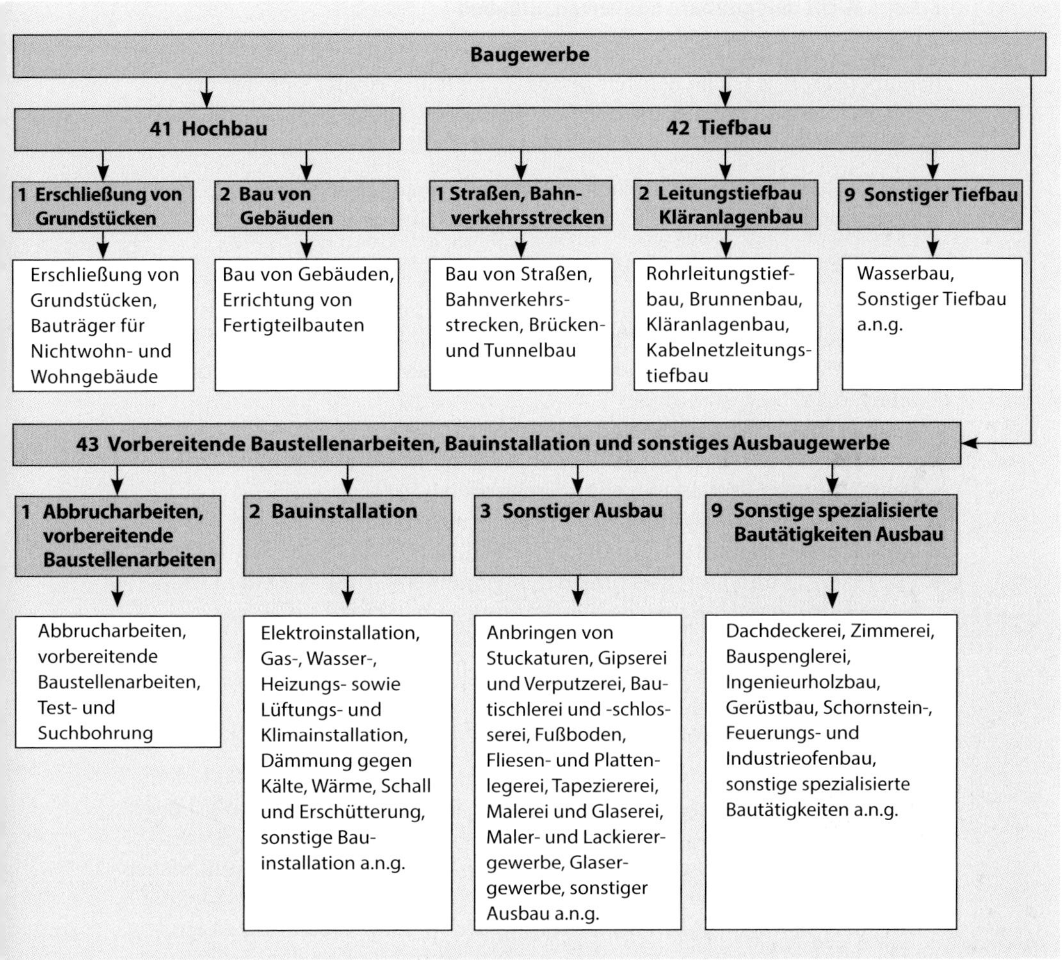

Abb. 3.2: Amtliche Klassifikation der Wirtschaftszweige im Baugewerbe (nach International Standard Industrial Classification ISIC, Revision 4), eingeführt auch beim Statistischen Bundesamt für die Erhebung von Daten zur Wirtschaftsleistung in Deutschland seit 2008 (www.destatis.de)
a.n.g. = anderweitig nicht genannt

- Fassadenarbeiten
- Trockenbauarbeiten
- Wärmedämmarbeiten

Für den Unternehmer-Bauleiter ist es wichtig, das grundsätzliche Verbot und die strengen Hürden der Ausnahmen zur Arbeitnehmerüberlassung zu kennen, falls er einmal einen kurzfristigen Personalengpass durch zusätzliche Arbeitskräfte von anderen Unternehmen abdecken möchte. Falls er diese Einschränkungen nicht richtig beachtet, kann er sich durch den Einsatz von Leiharbeitern schnell strafbar machen und hohe Bußen wegen Ordnungswidrigkeiten einhandeln.

3.1.3 Nicht delegierbare Bauherrenaufgaben

Überwachende Bauleiter können im Auftrag des Bauherrn vielfältige Aufgaben übernehmen (siehe Mustervorlage 3.1). Häufig richtet sich der Leistungsumfang nach den Wünschen des Bauherrn. Er regelt, welche Aufgaben er durch Delegation an den überwachenden Bauleiter weitergibt.

Dabei sollten weder die Kernaufgaben des überwachenden Bauleiters verwässert noch diese mit den Kernaufgaben des Bauherrn vermischt werden.

Zu den Kernaufgaben des Bauherrn gehören:

- Festlegen, was gebaut werden soll und welche Funktionen mit dem Gebäude erfüllt werden sollen
- Festlegen der Qualitätsstandards, des Kostenrahmens und des Zeitrahmens
- Beschaffen der finanziellen Mittel
- Festlegen, in welcher Vergabeform die Planer und ausführenden Unternehmen in das Projekt eingebunden werden
- Beauftragung der einzubindenden Planer und Bauunternehmen
- Freigabe der Planunterlagen der verschiedenen Etappen der Planung
- Für Planung und Durchsetzung der allgemeinen Grundsätze der Gefahrenverhütung nach Baustellenverordnung sorgen (wird i. d. R. auf den SiGeKo delegiert)
- Entgegennahme von Berichten der Baustelle
- Tätigen von Zahlungen
- Durchführung der rechtsgeschäftlichen Abnahme des Bauprojekts

Der Bauherr wird sich bei vielen dieser Aufgaben fachkundigen Rat holen. Auch der überwachende Bauleiter kann den Bauherrn in seiner Rolle beraten. Jedoch wird das i. d. R. nur in engen Grenzen erfolgen. Beispielsweise kann er einen Vorschlag zur Vergabeform machen, kann die Planunterlagen vor der Freigabe prüfen, die Berichte der Baustelle kommentieren oder die Anweisung von Zahlungen nach Prüfung der Abschlagsrechnungen empfehlen. Hierbei handelt es sich also eher um beratende und flankierende Tätigkeiten, damit der Bauherr seiner Rolle als professioneller Partner der Bauunternehmen gerecht werden kann.

Für eine weitergehende Übertragung von Aufgaben des Bauherrn an den überwachenden Bauleiter benötigt dieser eine eindeutige Vollmacht, mit der der Bauherr ihm bestimmte, klar umrissene weitere Befugnisse übertragen kann (siehe Kapitel 3.1.2). Es gibt immer wieder eingespielte Bauherr-Bauleiter-Teams, bei denen die Zusammenarbeit sehr gut harmoniert und der überwachende Bauleiter ohne nochmalige Rücksprache mit dem Bauherrn schon weiß, welche Entscheidungen der Bauherr in diesen Situationen getroffen hätte.

Der überwachende Bauleiter sollte in solch einem Fall immer wieder überprüfen, inwieweit die ihm übertragenen Befugnisse durch eine schriftliche Vollmacht des Bauherrn gedeckt sind – und ob der Bauleiter von diesen Befugnissen im konkreten Fall auch Gebrauch machen möchte.

3.2 Prüfen und Bereitstellen der Ausführungsunterlagen

3.2.1 Planunterlagen

Jeder Bauleiter, ob überwachender oder Unternehmer-Bauleiter, benötigt zur Bauausführung eindeutige Angaben darüber, was gebaut werden soll. Diese Angaben bestimmen das Bau-Soll, wie es baujuristisch ausgedrückt wird, also die Beschreibung dessen, was gebaut werden soll. Je nach Bauwerk, aber auch abhängig von der jeweiligen Vergabeform und der Vertragskonstellation, können diese Angaben sehr unterschiedlich ausfallen. So genügt einem Generalunternehmer eine generelle und funktionale Beschreibung mit den schließlich zu erreichenden Funktionalitäten des fertigen Bauwerks. Ein Auftragnehmer, der nur einzelne Komponenten einzubauen hat, etwa ein Fensterbauer, benötigt dagegen genaue Angaben zum Fenstertyp, zur Schallschutzklasse, zu Anschlagsart und -richtung, zur Materialauswahl u. Ä. Wenn diese spezifischen Angaben in der Gesamtplanung des Bauwerks noch nicht festgelegt worden sind, wird er nachfragen müssen, was und wie er seine Leistung zu erbringen hat.

Zu den Planunterlagen für ein Bauvorhaben gehören i. d. R.:

- Baubeschreibung
- Übersichtspläne
- Berechnungen zu Statik, Gebäudetechnik, Energiebedarf usw.
- Ausführungspläne
- Fachgutachten, wie z. B. zum Baugrund, zum Brandschutz, zum Schallschutz usw.
- ggf. Funktionsskizzen für einzelne Bauteile und Einrichtungen
- Allgemeine, Besondere und Zusätzliche Vertragsbedingungen

Die VOB/B führt in § 1 Abs. 2 die möglichen mitgeltenden Unterlagen aus juristischer Sicht in nachfolgender Rangfolge auf. Diese sind:

- die Leistungsbeschreibung
- die Besonderen Vertragsbedingungen
- etwaige Zusätzliche Vertragsbedingungen
- etwaige Zusätzliche Technische Vertragsbedingungen
- die Allgemeinen Technischen Vertragsbedingungen für Bauleistungen (entspricht der VOB/C)
- die Allgemeinen Vertragsbedingungen für die Ausführung von Bauleistungen (identisch mit der VOB/B selbst)

Ein Vergleich der beiden vorangegangenen Auflistungen zeigt, dass die eigentliche Beschreibung der Leistung in der VOB/B nur eine einzige Zeile (erste Zeile) einnimmt, während diese Leistungsbeschreibung in der Praxis auf vielfältige und sehr unterschiedliche Weise gegeben sein kann. Neben den verschiedenartigen Entwurfs-, Übersichts-, Genehmigungs-, Ausführungs- und Detailplänen können weiter dazu gehören:

- Leitdetails und Systemskizzen
- Organisationspläne und Rahmenzeitpläne
- Ablauf- und Baustelleneinrichtungspläne
- Werkpläne
- Muster und Probestücke
- Benennung von Referenzbauwerken und -ausführungen

Rangfolgenregelung

Ein Bauvertrag besteht zumeist aus zahlreichen Unterlagen und Anlagen. So werden dem Vertrag neben dem eigentlichen Auftrag, den Besonderen Vertragsbedingungen und den Zusätzlichen Technischen Vertragsbedingungen regelmäßig auch eine textliche Leistungsbeschreibung und ein Leistungsverzeichnis sowie verschiedene Pläne zur weiteren Erläuterung der Bauaufgabe beigefügt. Hier kann es mitunter zu widersprüchlichen Angaben kommen. Es stellt sich dann die Frage, was eigentlich gelten soll. Im Grundsatz gehen etwaige Widersprüche dabei zu Lasten des ausschreibenden Auftraggebers. Um dies zu vermeiden, sehen Verträge dann aber häufig Rangfolgenregelungen entsprechend § 1 Abs. 2 VOB/B vor. Für deren Anwendung muss allerdings überhaupt ein Widerspruch gegeben sein. Dies ist erst dann der Fall, wenn sich auch im Wege der Auslegung kein eindeutiges Ergebnis über den Vertragsinhalt ergibt.

Im Rahmen der vorrangig durchzuführenden Auslegung ist dann u. a. von Bedeutung, welcher der verschiedenen Vertragsbestandteile die geschuldete Leistung konkreter beschreibt; es liegt nahe, dass dieser Teil den Willen der Parteien eher wiedergibt als widersprechende, demgegenüber aber nur allgemeine und abstrakte Angaben an anderer Stelle. Dabei existiert allerdings kein Grundsatz, dass z. B. Plänen immer der Vorrang vor textlichen Beschreibungen einzuräumen ist. So können die Parteien die Angaben aus einem Plan auch bewusst abweichend in das Leistungsverzeichnis übertragen haben, um einen günstigeren Einheitspreis zu ermöglichen. Es kommt vielmehr auf den jeweiligen Einzelfall an. Danach können im Zuge der Auslegung aber auch solche Unterlagen vorrangig maßgeblich sein, die nach der Rangfolgenregelung erst nachrangig Berücksichtigung finden würden. Allerdings wird der Rangfolgenregelung insoweit mitunter ein für die Auslegung wiederum mit zu beachtendes Indiz zu entnehmen sein, welchem Bestandteil des Vertrages die Parteien generell die größere Bedeutung einräumen wollten.

Üblicherweise werden Werkpläne erst von den jeweilig ausführenden Bauunternehmen erstellt. Eine Ausnahme bilden die Schal- und Bewehrungspläne. Streng genommen zählen sie ebenfalls zu den Werkplänen. Sie werden aber überwiegend von den Fachplanern des Bauherrn aufgestellt und dem Bauunternehmen fertig und geprüft übergeben. Sollte der Unternehmer-Bauleiter eines ausführenden Rohbauunternehmens eine davon abweichende Schalungsanordnung oder eine andere Aufteilung der Betonierabschnitte oder -reihenfolge vorsehen, so muss er die Schal- und Bewehrungspläne ggf. darauf anpassen lassen.

Grundsätzlich ist davon auszugehen, dass alles, was nicht durch Pläne, Baubeschreibungen oder in anderer Weise vom Bauherrn und seinem Planungsteam festgelegt ist, von dem ausführenden Bauunternehmen nach eigenem Ermessen ausgeführt werden kann. Hier besteht also für das ausführende Bauunternehmen eine weitgehende Dispositionsfreiheit. Sie ist außer durch die Festlegungen in der Baubeschreibung und den Planunterlagen nur noch durch das eingeschränkt, was üblicherweise bei Bauwerken oder Bauteilen dieser Art zu erwarten ist.

Beispiel

Ist gemäß Baubeschreibung für einen Trockenbauschacht eine Revisionsklappe in die Wand einzubauen, so kann das Bauunternehmen nicht einfach ein Stück Pappe vor die Aussparung heften oder sich darauf berufen, dass man später zur Revision die Gipskartonwand an geeigneter Stelle aufschneiden könne. Andererseits ist, wenn nichts weiter zur Klappe angegeben ist, auch keine aufwendige, abschließbare oder brandschutztechnisch zugelassene Stahlklappe erforderlich.

Hilfreich ist die Verwendung einer Checkliste, wie beispielsweise in Tabelle 3.1 gezeigt. Mit dieser sollte der Unternehmer-Bauleiter frühzeitig prüfen, welche Pläne vom Auftraggeber und welche Pläne von den ausführenden Bauunternehmen zu erwarten sind. Beim Auftraggeber empfiehlt es sich, nochmals nach den Fachingenieuren zu differenzieren, die der Auftraggeber eingeschaltet hat. Von versierten Fachplanern kann der überwachende Bauleiter bereits zu Beginn eine Übersicht aller voraussichtlichen Plannummern und Bezeichnungen der Pläne erhalten, die die Fachplaner dann erst im Laufe des Projekts erstellen werden. Eine solche vorausschauende Übersicht ist i. d. R. für alle Beteiligten sehr hilfreich, da die späteren Planabrufe auf dieser Basis erfolgen können. Wenn dann im Laufe des Projekts noch der eine oder andere vorher nicht vorgesehene Ergänzungsplan notwendig wird, ist das nicht so gravierend.

Mustervorlage 3.3 zeigt beispielhaft ein Begleitschreiben zur Übergabe der Planunterlagen.

Sofern der Bauherr einem Bauunternehmen vertraglich bestimmte Ausführungspläne zugesagt hat bzw. wenn er die Ausführung der Leistung auf Basis vorgegebener Ausführungspläne vereinbart hat, so hat der Unternehmer-Bauleiter darauf zu achten, dass diese Pläne zweifelsfrei alle Angaben beinhalten, die das Bauunternehmen in die Lage versetzen, die Ausführung nach Plan fachgerecht und ohne weitere Rückfragen vorzunehmen. Fehlende Angaben in den Plänen würden dazu führen, dass das Bauunternehmen erst beim Auftraggeber nachfragen und um Vervollständigung der Pläne bitten müsste. Da dieser Vorgang oft von einer Behinderungsanzeige begleitet wird, sollte der überwachende Bauleiter dem vorbeugen und sich um die zügige und rechtzeitige Bereitstellung der Ausführungspläne kümmern (siehe hierzu auch Kapitel 8).

Wenn der Auftraggeber nicht alle Ausführungspläne zu Baubeginn übergeben kann, so sind diese so nachzuliefern, dass die Bauarbeiten dadurch in keiner Weise aufgehalten werden. Diese Vorgehensweise, Pläne sukzessive nach Bedarf auf die Baustelle zu liefern, ist in der Praxis weit verbreitet.

Tabelle 3.1: Bereitstellung von Planunterlagen

	Kriterium	**Maßnahmen und Maßnahmen bei Abweichung**
1	Übersicht über alle zu erwartenden Pläne	Die Einordnung jedes Plans im Gesamtkontext des Projekts ist eindeutig.
		Weitere oder ergänzende Pläne werden derzeit nicht benötigt.
2	Überprüfung der Vollständigkeit des Plans/der Pläne	Die anstehenden Arbeiten können ohne weitere Rückfragen zweifelsfrei ausgeführt werden.
		Der Plan ist zusätzlich von den zuständigen Fachbauleitern auf Vollständigkeit und Umsetzbarkeit zu prüfen.
3	Überprüfung der Übereinstimmung der Planliste mit den gelieferten Unterlagen	ggf. eigene Planliste aufstellen oder nachführen
		Nachricht veranlassen, falls Abweichungen vorhanden
4	Überprüfung der Ausschreibungspläne auf einheitlichen Planungsstand	Planungsstände in der Planliste vermerken
		Abweichungen herausfiltern und bewerten, inwieweit relevant für die Ausführung, Klarstellung herbeiführen
5	Überprüfung der Einzelpläne auf einheitliche Darstellung, insbesondere im Zusammenhang mit Schnittplänen und Leitdetails	Geltungsrangfolge beachten
		bei Unterschieden und Abweichungen die Konsequenzen für die Ausführung beurteilen, Klarstellung herbeiführen
6	Überprüfung auf Widersprüche von Ausschreibungsunterlagen und Leitdetails zu DIN-Normen und Herstellerregeln	bei Unterschieden und Abweichungen Klarstellung herbeiführen
7	Überprüfung der Schnittstellen von Leitdetails untereinander und zu den Ausschreibungsplänen	Geltungsrangfolge beachten
		bei Unterschieden und Abweichungen die Konsequenzen für die Ausführung beurteilen, Klarstellung herbeiführen
8	Überprüfung auf Abweichung zwischen der Leistungsbeschreibung und den Ausschreibungsplänen	Geltungsrangfolge beachten
		bei Unterschieden und Abweichungen Klarstellung herbeiführen
9	Überprüfung auf Abweichungen zwischen den zeichnerischen Darstellungen und den Vertragstexten in Vorbemerkungen, Besonderen Vertragsbedingungen, Zusätzlichen Technischen Vertragsbedingungen usw.	Geltungsrangfolge beachten
		bei Unterschieden und Abweichungen die Konsequenzen für die Ausführung beurteilen, Klarstellung herbeiführen
10	Überprüfung, dass Sondervorschläge und Alternativen durchgehend kompatibel und komplett eindeutig zu den vorherigen Unterlagen sind	Prüfen der Einarbeitung in die Ausschreibungsunterlagen
		Voraussetzungen und Konsequenzen der Alternative kritisch prüfen
11	Überprüfung, dass alle vorgegebenen Baustoffe und Baumaterialien noch auf dem Markt sowie technisch verfügbar und zulässig sind	ggf. nochmals nachprüfen
		nach Alternativen suchen, auf Alternativen vorbereiten

Sie resultiert daraus, dass auch die Planungsbüros des Auftraggebers nicht an allen Bauteilen gleichzeitig arbeiten, sondern jeweils mit den zeitkritischen Arbeiten beginnen. Im Umkehrschluss sollte der Unternehmer-Bauleiter besonders darauf achten, dass die Pläne rechtzeitig an die Baustelle

Mustervorlage 3.3: Übergabe von Ausführungsunterlagen

Absender
Einschreiben/Rückschein/Per Boten[1]
An den Auftragnehmer

____________ [Ort], den __________ [Datum]

Bauvorhaben _______________________ [Name des Bauvorhabens]
Übergabe von Ausführungsunterlagen

Sehr geehrte Damen und Herren,

in der Anlage erhalten Sie die folgenden

☐ zur Realisierung des im Betreff genannten Bauvorhabens
☐ zur Ausführung der Leistung ____________________ [Bezeichnung der Leistung]

erforderlichen Ausführungsunterlagen:

Ausführungsunterlagen (Zeichnung, Berechnung, Beschreibung, Genehmigung)		Nummer		Datum		Anzahl
1.						
2.						
3.						
4.						
5.						
6.						

Wir weisen darauf hin, dass Sie gemäß § 3 Abs. 3 VOB/B verpflichtet sind, die für die Ausführung übergebenen Unterlagen auf etwaige Unstimmigkeiten zu überprüfen und uns auf entdeckte oder vermutete Mängel hinzuweisen.

Wir fordern Sie auf, diese Überprüfung vorzunehmen und uns über entdeckte oder vermutete Mängel unverzüglich, spätestens aber bis zum __________ [Datum], schriftlich in Kenntnis zu setzen.

Mit freundlichen Grüßen

____

[1] Es ist zu beachten, dass der Absender rechtserheblicher Erklärungen deren Zugang im Streitfall beweisen muss. Dieser Nachweis kann bei einem Standardbrief regelmäßig nicht geführt werden. Auch ein Telefax-Sendeprotokoll ist kein anerkannter Zugangsnachweis. Die Zustellung rechtserheblicher Erklärungen kann daher nur per Einschreiben/Rückschein oder per Boten erfolgen, wobei auch hier noch dokumentiert werden muss, welches Dokument zugestellt wird. Alternativ ist auch die Zustellung mit Empfangsbekenntnis möglich; es ist dann darauf zu achten, dass der Empfänger das Empfangsbekenntnis vollzieht und zurücksendet. Ferner ist eine Zustellung durch den Gerichtsvollzieher möglich; dies ist im regelmäßigen Geschäftsverkehr aber wenig praktikabel.

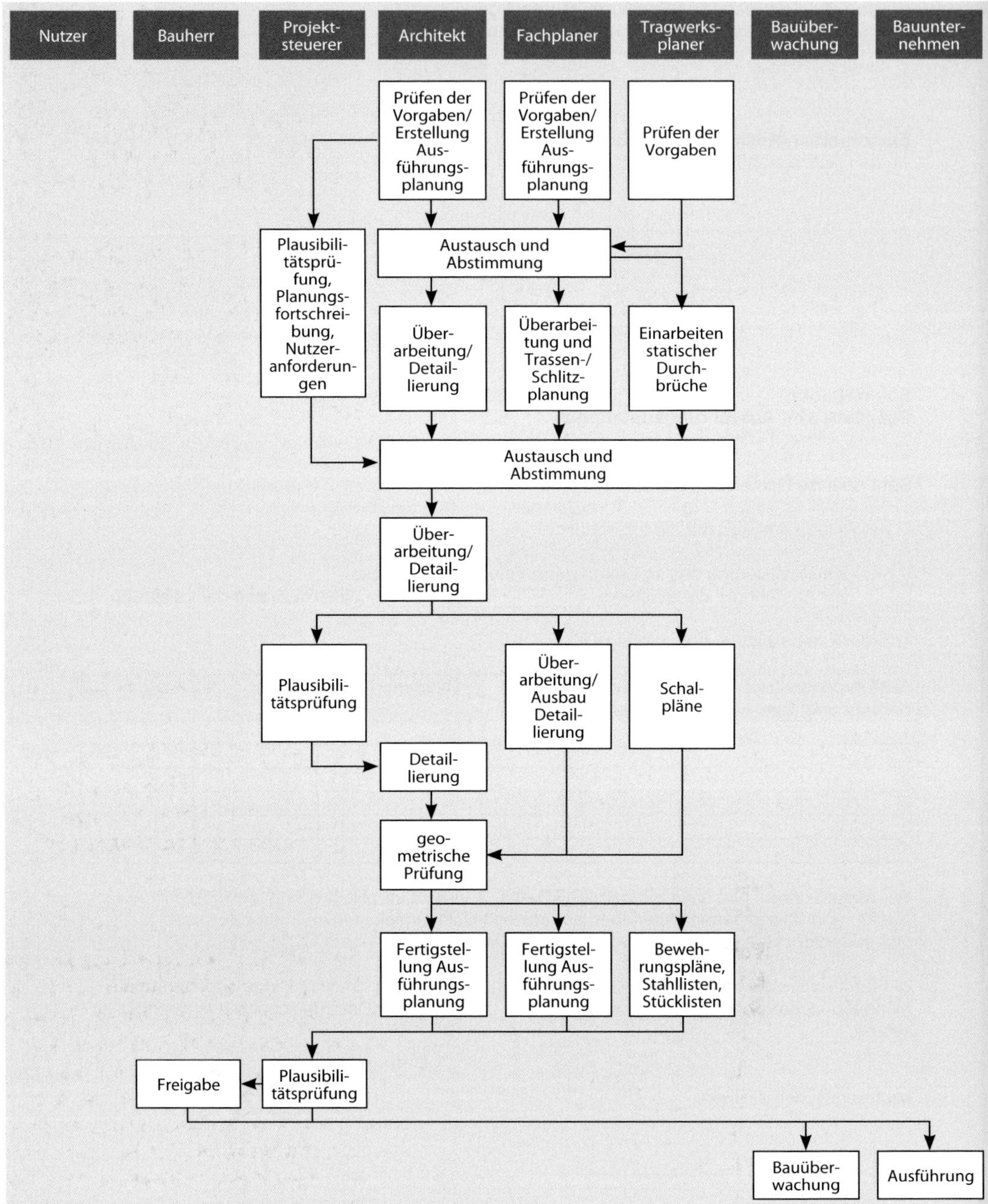

Abb. 3.3: Ablaufdiagramm zur Ausführungsplanung

geliefert werden. Hierzu ist es empfehlenswert, ein Musterplanlaufschema festzulegen, in dem zunächst festgehalten wird, wie, in welcher Anzahl und binnen welcher Bearbeitungsfrist die Ausführungspläne vom Bauherrn oder seinen Fachingenieuren an die Baustelle übergeben werden, und wie diese dann an die Bauunternehmen zu verteilen sind. Das Planlaufschema dient der Koordinierung der Übergabe der Pläne durch die verschiedenen Stationen. Außerdem kann jeder Bauleiter den Planlauf mithilfe des Planlaufschemas gut kontrollieren.

Sind viele Beteiligte in einem Projekt involviert, z. B. durch Einbeziehung eines späteren Nutzers, von Projektsteuerern und weiteren Bauüberwachern, so kann sich schnell das in Abb. 3.3 dargestellte Ablaufschema ergeben. In jedem Fall ist das Schema individuell auf die Situation des jeweiligen Bauherrn, seine Vertragsgestaltung sowie die involvierten Beteiligten und ihre vereinbarte Zusammenarbeit anzupassen. Im weiteren Verlauf dieses Buches wird bei Ablaufdiagrammen immer wieder diese identische Kopfzeile mit den folgenden 8 Akteursgruppen verwendet:

- Nutzer (Mieter, Endabnehmer, Endinvestor)
- Bauherr (Investor, Bauträger)
- Projektsteuerer
- Architekt (Innenarchitekt, Landschaftsarchitekt)
- Fachplaner (technische Gebäudeplaner, Fassadenplaner, Energieplaner)
- Tragwerksplaner (Gründungsspezialist)
- Bauüberwachung
- Bauunternehmen (Einzelunternehmer, Generalunternehmer, Totalunternehmer)

Einzig die diversen Nachunternehmer-Konstellationen wurden hierbei weggelassen. Sie sind vertragsgemäß nur über ihren Hauptunternehmer eingebunden, auch wenn sich in der Praxis oftmals eine direkte Kommunikation zwischen den Fachplanern und verschiedenen Nachunternehmern etabliert.

Planfreigabe und Bemusterung

Legt der Auftragnehmer die Werk- und Montageplanung dem Auftraggeber vor und erteilt dieser die entsprechende Freigabe, führt dies entgegen weit verbreiteter Auffassung im Regelfall nicht zu einer (Mit-)Verantwortung des Bauherrn für später etwaig auftretende Schäden. Der Auftragnehmer bleibt vielmehr für die Richtigkeit und Vollständigkeit der von ihm erstellten Planung verantwortlich. Mit der Vorlage wird dem Auftraggeber lediglich die Möglichkeit der Kontrolle eröffnet, zu der er aber nicht verpflichtet ist und auf die der Auftragnehmer jedenfalls auch keinen Anspruch hat.

Der Freigabe durch den Auftraggeber kann auch kein generelles Einverständnis mit etwaigen Ausführungsänderungen entnommen werden, die sich aus den vorgelegten Plänen ergeben. Dies kommt allenfalls dann in Betracht, wenn die Änderungen dem Auftraggeber bewusst waren und er hierauf z. B. ausdrücklich aufmerksam gemacht wurde. Selbst dann trägt der Auftragnehmer aber weiterhin die Verantwortung dafür, dass sich aus den Änderungen keine Beeinträchtigung in Funktion und Nutzung des Bauwerks ergibt.

Nichts anderes gilt regelmäßig z. B. auch für Bemusterungen. Auch hier ist maßgeblich auf die „Anordnungstiefe" entsprechender Freigabe abzustellen. So dienen Bemusterungen im Regelfall dazu, bestimmte Bauteile und Materialien im Hinblick auf ihr optisches Erscheinungsbild auszuwählen. Allein hierauf bezieht sich dann auch die vom Auftraggeber erteilte Bemusterungsfreigabe. Stellen sich die so ausgewählten Teile später als untauglich oder mangelhaft heraus, entbindet die Freigabe den Auftragnehmer nicht von seiner dahingehenden Verantwortung.

Die Baustelle benötigt zum Arbeiten verlässliche, d. h. vom Auftraggeber zur Ausführung freigegebene Pläne. Nach Vorabzügen von Plänen kann kein Bauunternehmen bauen, es sei denn, der Bauherr klärt mit dem Bauunternehmen, wie im Fall von Abweichungen zwischen dem Vorabzug und dem endgültig genehmigten und unterzeichneten Plan zu verfahren ist.

Mit einem elektronischen Projekt-Kommunikations-Management-System (PKMS) ist es kein Problem, den Lauf jedes einzelnen Plans über alle beteiligten Partner zu verfolgen. Kernelement eines funktionierenden Planmanagementsystems ist dabei das entwickelte und vom überwachenden Bauleiter freigegebene Planlaufschema. Weist dieses nicht die richtigen Verknüpfungen aus oder gibt es unrealistische Bearbeitungsfristen vor, so ist es schlecht geeignet, die rechtzeitige Bereitstellung freigegebener Pläne für die Baustelle abzusichern.

Schwierig und vor allem nicht einheitlich zu beantworten ist die Frage danach, wie rechtzeitig ein Plan vor der eigentlichen Ausführung der darin dargestellten Leistungen auf der Baustelle vorzuliegen hat. Sofern keine besonderen Bestell- und Dispositionsfristen zu beachten sind, kann üblicherweise von einem Vorlauf von 2 bis 3 Wochen ausgegangen werden. Dabei ist bei der Veranschlagung der Tage auch zu berücksichtigen, dass die jeweiligen Schritte der Vorbereitung nicht umgehend, sondern in der routinierten Praxis jeweils zusammen mit anderen Tagesobliegenheiten erledigt werden. Ein ausgelasteter Disponent benötigt dann schon einmal bis zu 3 Tage, bis er die jeweiligen Materialien für einen Ausführungsabschnitt aus dem Plan herausgezogen und bereitgestellt hat. Überschlägig könnte man sich die Dispositionsfristen wie folgend dargestellt vorstellen:

- Posteingang des Ausführungsplans, Planprüfung: 1 bis 3 Tage
- Kopie und interne Verteilung des Plans: 1 bis 3 Tage
- Auswertung des Plans und Abruf von Material: 1 bis 3 Tage
- Planung der Arbeiten für die nächsten 5 bis 10 Arbeitstage: 1 bis 3 Tage
- Disposition der Arbeitnehmer, vorbereitende Arbeiten: 4 bis 12 Tage

In Summe ergeben sich hierbei sehr schnell 10 oder 20 Arbeitstage zeitlicher Vorlauf, sodass ein Ausführungsplan entsprechend früh vor Beginn der eigentlichen Arbeiten auf der Baustelle verfügbar sein sollte (siehe Abb. 3.4).

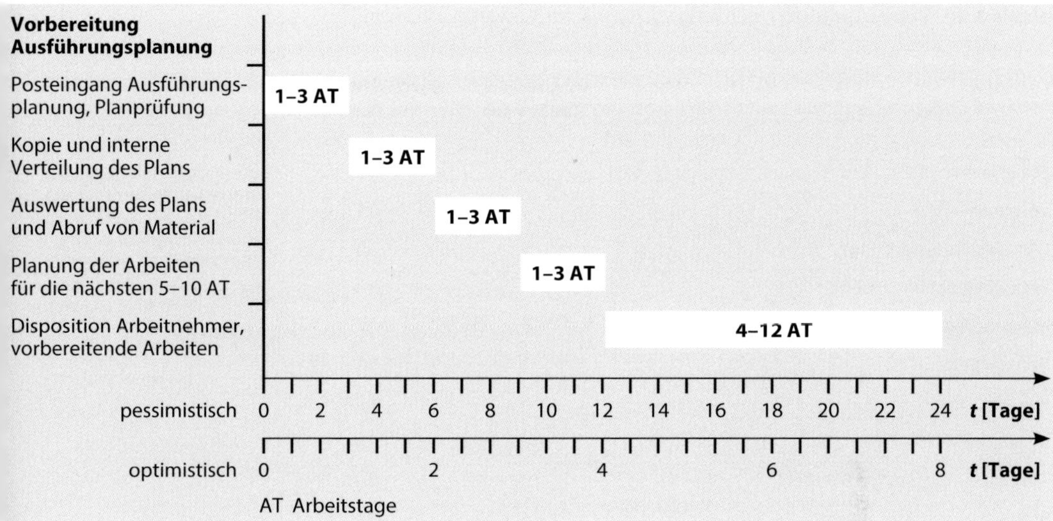

Abb. 3.4: Dispositionsfristen für Pläne des Auftraggebers

Jeder Bauherr sollte beachten, dass Bauarbeiten nur dann gut organisiert und reibungslos koordiniert werden können, wenn die relevanten Pläne rechtzeitig, d. h. mit genügendem Vorlauf, auf der Baustelle verfügbar sind. Nur so können sich die Verantwortlichen einer Baustelle ausreichend auf die spezifischen Anforderungen vorbereiten. Umgekehrt sollte ein Bauherr bei rechtzeitiger Bereitstellung aller Pläne auch erwarten können, dass die Baumaßnahme gut vorbereitet begonnen und durchgeführt wird. Ein Bauherr, dem der Unternehmer-Bauleiter diese Abhängigkeit erläutert, wird dafür Verständnis aufbringen. Schließlich hofft der Auftraggeber, dass der Unternehmer-Bauleiter keine Arbeiten unüberlegt, mit ungeeignetem Material oder von schlecht informierten Arbeitern ausführen lässt, was letztendlich die von ihm gesetzten Termine oder die erforderliche Qualität gefährden könnte.

In die Bestimmung des benötigten Vorlaufs für die Freigabe von Plänen zur Ausführung fließen grundsätzlich folgende Aspekte ein:

- Schwierigkeitsgrad der auszuführenden Arbeiten, um durch ausreichende Vorbereitungszeit das bestmögliche Fertigungsverfahren bestimmen und vorbereiten zu können
- Verfügbarkeit und Disposition des dazu benötigten eigenen oder fremden Personals
- Verfügbarkeit von Geräten und Maschinen aus eigenem Besitz, vom Verleihmarkt oder durch Neuanschaffung
- Bestell- und Lieferfristen für Material und Komponenten
- Fristen für Vorfertigung von Einbauelementen
- behördliche Genehmigungsfristen (z. B. für Schwertransporte)

Gerade bei schwierig zu beschaffenden Einbauteilen, aber auch bei der Disposition von Großgerät oder beim Einsatz ausgefeilter Fertigungstechniken, können diese notwendigen Vorlauffristen sehr viel länger sein und teilweise bis zu einem ganzen Jahr dauern. Hinzu kommt, dass Bestellfristen für Mate-

Tabelle 3.2: Planvorlauffristen für häufig vorkommende Gewerkeleistungen

Leistung	mindestens (in Tagen)	durchschnittlich (in Tagen)	maximal
Erdarbeiten	2	10	Die möglichen Maximalwerte für Vorlauffristen hängen von dem jeweiligen individuellen Einzelfall (Bestellzeiten, Vorfertigungsphasen, Dispositionsfristen, Beschaffungsfristen usw.) ab.
Verbauarbeiten	5	15	
Wasserhaltungsarbeiten	5	10	
Verkehrswegebauarbeiten	5	10	
Mauerarbeiten	5	15	
Betonarbeiten	5	15	
Bewehrungsarbeiten	5	15	
Schalarbeiten	10	20	
Zimmer- und Holzbauarbeiten	10	20	
Stahlbauarbeiten	15	30	
Klempnerarbeiten	5	15	
Trockenbauarbeiten	2	10	
Putz- und Stuckarbeiten	2	10	
Fliesen- und Plattenarbeiten	5	15	
Estricharbeiten	5	15	
Tischlerarbeiten	10	20	
Metallbauarbeiten	10	20	
Maler- und Lackierarbeiten	2	5	
Bodenbelagsarbeiten	5	15	
Heizanlagen	5	15	
Gas-, Wasser- und Abwasserinstallationsanlagen	5	15	
Dämmarbeiten	2	5	
Gerüstarbeiten	2	5	
Abbruch- und Rückbauarbeiten	5	10	

rial und Bauelemente teilweise konjunkturabhängig sind. So gab es vor einigen Jahren eine längere Phase, während der für Innentürblätter eine Lieferzeit von 6 Monaten zu beachten war. Tabelle 3.2 gibt einige Erfahrungswerte dafür, welche Mindestfristen ab Bereitstellung eines genehmigten Ausführungsplans erforderlich sind, damit die Ausführung der Arbeiten ausreichend vorbereitet werden kann. Diese Anhaltswerte für Mindestzeiten erfassen keine Besonderheiten bei Genehmigung, Materialbeschaffung, Bereitstellung von Gerät und Personal sowie zur Örtlichkeit.

Gelegentliche Schwierigkeiten, die benötigten Vorlauffristen einzuhalten, können dadurch verringert werden, dass bereits vorab die schon verfügbaren Informationen weitergegeben werden. Beispielsweise kann nach erfolgter Materialauswahl bereits ein Kontingent dieses Materials vorgeordert

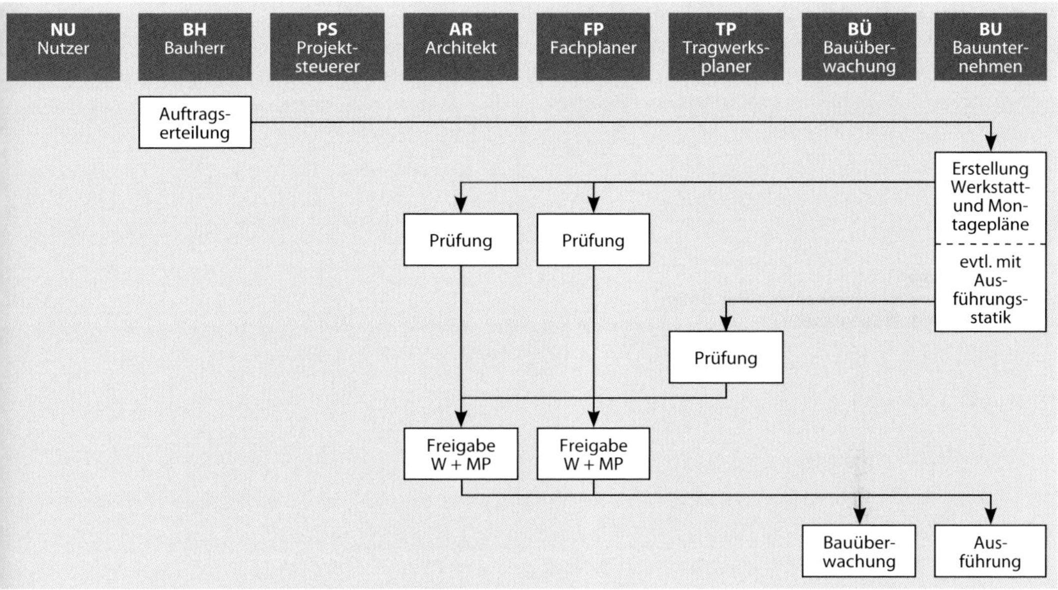

Abb. 3.5: Ablaufdiagramm Werk- und Montageplanung (W + MP)

werden. Oder es können Arbeitsvorbereitungen schon auf Basis von Entwurfsplänen vorgenommen werden. Hierbei besteht jedoch immer ein Restrisiko, dass sich durch die endgültig freigegebenen Pläne noch Veränderungen gegenüber der Vordisposition ergeben. Damit es in diesem Fall nicht zu einem Streit darüber kommt, wer die dadurch verursachten Mehrkosten zu tragen hat, sollten auch die Konsequenzen geklärt sein, wie bei einem solchen beschleunigten Vorgehen mit möglichen Abweichungen im Zuge der endgültig freigegebenen Pläne zu verfahren ist.

In manchen Fällen, besonders bei Werk- und Montageplänen, aber auch bei Gütenachweisen, wird vereinbart, dass diese vom Bauunternehmen aufzustellen oder beizubringen sind (siehe dazu auch die Mustervorlagen 3.4 und 3.5). Egal ob das Bauunternehmen die Pläne selbst zeichnet oder ob es sie durch einen beauftragten Fachingenieur erstellen lässt, es sollte sie in jedem Fall rechtzeitig dem Auftraggeber vorlegen und von ihm genehmigen lassen. Ein für diese Fälle geeignetes Planlaufschema ist in Abb. 3.5 wiedergegeben. Auch dieses prinzipielle Schema muss an die jeweilige Vertragskonstellation angepasst und sollte in diesem Zuge auch durch die Angabe von Fristen für jeden Schritt ergänzt werden.

Wichtig für einen reibungslosen Ablauf ist es, bereits beim Entwurf des Planlaufschemas auch die jeweiligen Verteil- und Prüffristen festzulegen, wie in Abb. 3.6 zu sehen ist. Diese Vorgaben für die maximale Bearbeitungs- bzw. Beantwortungszeit sind ein ganz entscheidendes Werkzeug, um später im Ablauf auf die verbindliche Fristsetzung zur Lieferung und Prüfung von Plänen bauen zu können.

Mustervorlage 3.4: Beschaffung von Ausführungsunterlagen

Absender
Einschreiben/Rückschein/Per Boten[1]
An den Auftragnehmer

__________ [Ort], den __________ [Datum]

Bauvorhaben _________ [Name des Bauvorhabens]
Beschaffung von Ausführungsunterlagen

Sehr geehrte Damen und Herren,

☐ nach Maßgabe der Ziff. ___ [Nummer] des Vertrags vom ___________ [Datum] sind Sie verpflichtet,
☐ nach Maßgabe der Ziff. ___ [Nummer] der Technischen Vertragsbedingungen sind Sie verpflichtet,
☐ nach Maßgabe der gewerblichen Verkehrssitte sind Sie verpflichtet,
☐ mit Schreiben vom ___________ [Datum] hatten wir Sie aufgefordert,
die ____________ [Zeichnung/Berechnung/Unterlage]
☐ anzufertigen.
☐ zu überprüfen.

☐ In DIN _____ [Nummer], Abschnitt 4.1___ [Abschnitt] ist geregelt, dass es sich bei der Anfertigung/Überprüfung* dieser Zeichnung/Berechnung/Unterlage* um eine Nebenleistung handelt. Ferner ist in DIN 18299, Abschnitt 4.1 geregelt, dass Nebenleistungen auch dann zum vertraglich geschuldeten Leistungsumfang gehören, wenn sie in den Vertragsunterlagen nicht explizit erwähnt sind. Die Anfertigung/Überprüfung* der ____________ [Zeichnung/Berechnung/Unterlage] gehört nach der gewerblichen Verkehrssitte daher zu dem von Ihnen vertraglich geschuldeten Leistungsumfang.[2]

☐ Die
☐ Anfertigung
☐ Überprüfung
dieser ____________ [Zeichnung/Berechnung/Unterlage]

---

[1] Es ist zu beachten, dass der Absender rechtserheblicher Erklärungen deren Zugang im Streitfall beweisen muss. Dieser Nachweis kann bei einem Standardbrief regelmäßig nicht geführt werden. Auch ein Telefax-Sendeprotokoll ist kein anerkannter Zugangsnachweis. Die Zustellung rechtserheblicher Erklärungen kann daher nur per Einschreiben/Rückschein oder per Boten erfolgen, wobei auch hier noch dokumentiert werden muss, welches Dokument zugestellt wird. Alternativ ist auch die Zustellung mit Empfangsbekenntnis möglich; es ist dann darauf zu achten, dass der Empfänger das Empfangsbekenntnis vollzieht und zurücksendet. Ferner ist eine Zustellung durch den Gerichtsvollzieher möglich; dies ist im regelmäßigen Geschäftsverkehr aber wenig praktikabel.
[2] Beispiel: Anfertigen und Liefern von statischen Verformungsberechnungen und Zeichnungen nach DIN 18330, Abschnitt 4.1.1; Anmerkung: Auf die gewerbliche Verkehrssitte kommt es nur an, wenn die Leistung in den Vertragsunterlagen nicht explizit bereits erwähnt ist.

Mustervorlage 3.4: Beschaffung von Ausführungsunterlagen (Fortsetzung)

ist zur Ausführung der vertraglich vereinbarten Leistungen erforderlich; überdies ist Ihr Betrieb auf die Ausführung dieser Leistung eingerichtet. ____________ [Begründung][3]

Wir fordern Sie daher auf, die vorbezeichnete Zeichnung/Berechnung/Unterlage* unverzüglich, spätestens aber bis zum ___________ [Datum], zu liefern.

☐ Sollten Sie dieser Aufforderung keine Folge leisten und deshalb nicht in der Lage sein, die vertraglich vereinbarten Bauleistungen fristgemäß auszuführen, behalten wir uns vor, Sie gemäß § 5 Abs. 4 VOB/B mit der Ausführung in Verzug zu setzen und den Vertrag nach fruchtlosem Ablauf einer Frist gemäß § 8 Abs. 3 Nr. 1 VOB/B ganz oder teilweise zu kündigen. Im Anschluss daran werden wir den noch nicht vollendeten Teil der Leistung gemäß § 8 Abs. 3 Nr. 2 VOB/B zu Ihren Lasten durch einen Dritten ausführen lassen und Ersatz des weiteren Schadens verlangen oder gemäß § 8 Abs. 3 Nr. 2 VOB/B auf die weitere Ausführung verzichten und von Ihnen Schadensersatz wegen Nichterfüllung verlangen.

☐ Ferner behalten wir uns vor, bei der Fortsetzung der Arbeiten gemäß § 8 Abs. 3 Nr. 3 VOB/B Geräte, Gerüste, Baustelleneinrichtungen und angelieferte Stoffe und Bauteile gegen angemessene Vergütung in Anspruch zu nehmen.

Aus diesem Grund können wir Ihnen nur empfehlen, uns die ____________ [Zeichnung/Berechnung/Unterlage] rechtzeitig und vollständig zur Verfügung zu stellen.

Mit freundlichen Grüßen

* Nichtzutreffendes bitte streichen

[3] Auf die Erforderlichkeit kommt es nicht an, wenn die Leistung zum vertraglich geschuldeten Leistungsumfang gehört, sondern nur, wenn die Ausführung dieser Leistung nachträglich angeordnet wurde, so wie in § 2 Nr. 9 VOB/B beschrieben.

Mustervorlage 3.5: Aufforderung zur Vorlage von Gütenachweisen und Zeichnungen

Absender
Einschreiben/Rückschein/Per Boten[1]
An den Auftragnehmer

__________ [Ort], den __________ [Datum]

Bauvorhaben ___________[Name des Bauvorhabens]
Aufforderung zur Vorlage der Eignungs- und Gütenachweise/Ergebnisse der Güteprüfung/ Werkzeichnungen/ Ausführungsplanung/ Werk- und Montageplanung

Sehr geehrte Damen und Herren,

☐ in
- ☐ Ziff./Pos./OZ* ___ [Nummer] des Bauvertrags vom __________ [Datum] wurde vereinbart,
- ☐ Ziff./Pos./OZ* ___ [Nummer] der Baubeschreibung wurde vereinbart,
- ☐ Ziff./Pos./OZ* ___ [Nummer] des Einheitspreis-Leistungsverzeichnisses wurde vereinbart,
- ☐ Ziff./Pos./OZ* ___ [Nummer] der Besonderen Vertragsbedingungen wurde vereinbart,
- ☐ Ziff./Pos./OZ* ___ [Nummer] der Allgemeinen Vertragsbedingungen wurde vereinbart,
- ☐ Ziff./Pos./OZ* ___ [Nummer] der ____________ [Unterlage] wurde vereinbart,
- ☐ DIN _____[Nummer], Abschnitt _____[Abschnitt] ist vorgesehen,

dass der Auftragnehmer
- ☐ für die ____________ [Bezeichnung der Stoffe bzw. Bauteile] einen Eignungs- und Gütenachweis vorzulegen hat. Dieser
- ☐ die Werkzeichnungen/Ausführungsplanung für die ____________ [Bezeichnung der Leistung] anzufertigen hat. Diese
- ☐ die Werk- und Montageplanung für die ____________ [Bezeichnung der Leistung] anzufertigen hat. Diese

☐ gemäß § 4 Abs. 1 Nr. 2 VOB/B sind dem Auftraggeber auf Verlangen die Ergebnisse von Güteprüfungen zur Einsicht vorzulegen und die erforderlichen Auskünfte zu erteilen. Wir sind insbesondere an dem Ergebnis der Güteprüfung der ____________ [Bezeichnung der Stoffe bzw. Bauteile] interessiert. Dieses

☐ gemäß § 4 Abs. 1 Nr. 2 VOB/B sind dem Auftraggeber Werkzeichnungen und andere Ausführungsunterlagen zur Einsicht vorzulegen.Wir sind insbesondere an den Werkzeichnungen/Ausführungsunterlagen*der ____________ [Bauteile/Bauwerksteile/Ausführungsdetails] interessiert.

[1] Es ist zu beachten, dass der Absender rechtserheblicher Erklärungen deren Zugang im Streitfall beweisen muss. Dieser Nachweis kann bei einem Standardbrief regelmäßig nicht geführt werden. Auch ein Telefax-Sendeprotokoll ist kein anerkannter Zugangsnachweis. Die Zustellung rechtserheblicher Erklärungen kann daher nur per Einschreiben/Rückschein oder per Boten erfolgen, wobei auch hier noch dokumentiert werden muss, welches Dokument zugestellt wird. Alternativ ist auch die Zustellung mit Empfangsbekenntnis möglich; es ist dann darauf zu achten, dass der Empfänger das Empfangsbekenntnis vollzieht und zurücksendet. Ferner ist eine Zustellung durch den Gerichtsvollzieher möglich; dies ist im regelmäßigen Geschäftsverkehr aber wenig praktikabel.

Mustervorlage 3.5: Aufforderung zur Vorlage von Gütenachweisen und Zeichnungen (Fortsetzung)

Diese liegt uns nicht vor. Wir fordern Sie daher auf, uns

- ☐ den vorbezeichneten Eignungs- und Gütenachweis
- ☐ das vorbezeichnete Ergebnis der Güteprüfungen
- ☐ die vorbezeichneten Werkzeichnungen/Ausführungsunterlagen
- ☐ die vorbezeichnete Werk- und Montageplanung

unverzüglich, spätestens aber bis zum __________ [Datum], zur Verfügung zu stellen.

☐ Bitte beachten Sie, dass die Bauausführung nur auf der Grundlage frei gegebener Ausführungsunterlagen erfolgen darf.

☐ Als Geschäftsgeheimnisse bezeichnete Auskünfte und Unterlagen werden wir selbstverständlich vertraulich behandeln.

Mit freundlichen Grüßen

* Nichtzutreffendes bitte streichen

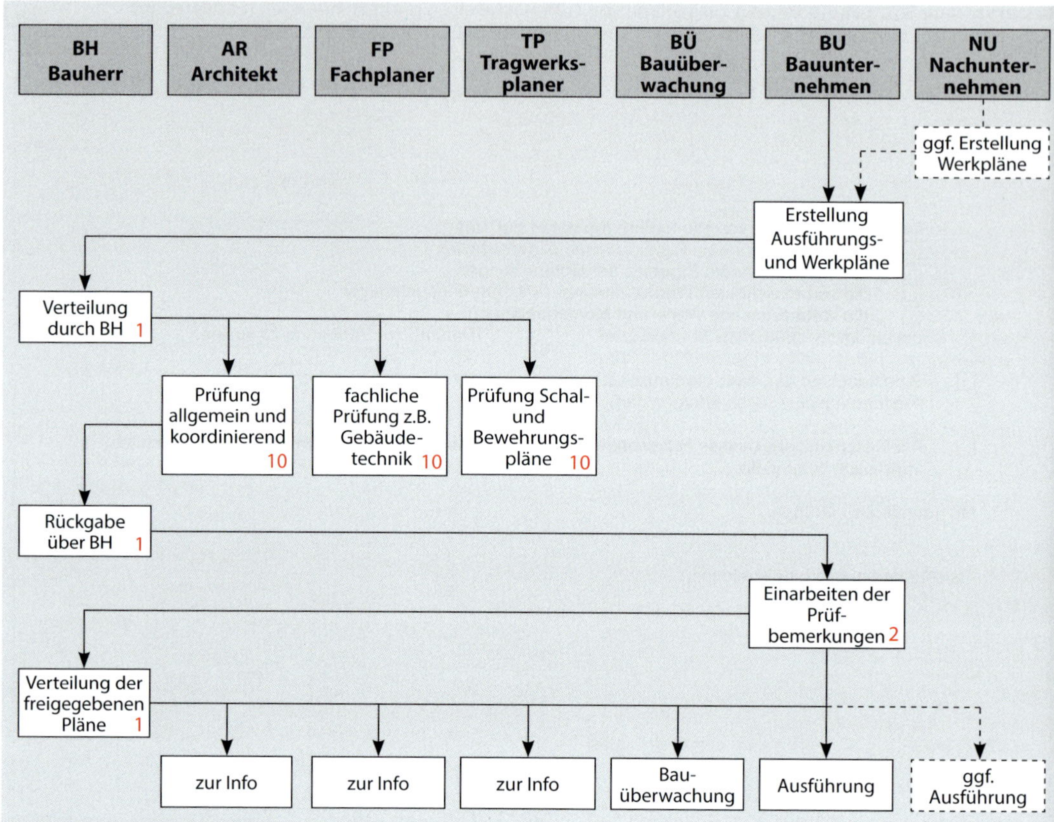

Die roten Zahlen jeweils unten rechts stellen einen Vorschlag für eine angemessene Bearbeitungsfrist dar (in Arbeitstagen).

Abb. 3.6: Planlaufschema für Pläne vom Auftragnehmer

3.2.2 Leistungsbeschreibung

Viele Leistungsbeschreibungen und Vertragsunterlagen sind sehr umfangreich. In diesem Fall empfiehlt es sich, dass sich der Unternehmer-Bauleiter ein Vertragsregister anlegt. Das Vertragsregister ist zunächst einmal eine verständliche und übersichtliche Inhaltsangabe aller Vertragsunterlagen. Wer als Unternehmer-Bauleiter seinen Vertrag einmal gründlich durchgelesen hat und sich parallel dazu Stichworte gemacht hat, hat schon das Wesentliche im Kopf. Damit er es auch später noch abrufen kann, wenn im Laufe der Bauzeit andere Tagesgeschäfte wichtiger geworden sind, bietet sich eine stichwortartige Übersicht zu den Vertragsbestandteilen an.

Vorstehende Ausführungen gelten natürlich sinngemäß auch für den überwachenden Bauleiter. Er muss die Vertragsinhalte sogar noch besser kennen, weil er auf dieser Basis vielfach initiativ und proaktiv agieren muss. Doch sind überwachende Bauleiter oftmals schon in die Vorbereitung der Bauverträge involviert, sodass sie hierüber dann bereits in die Entstehung der diversen Vertragsaspekte eingebunden sind.

Große Verträge sind so umfangreich, dass kein Bauleiter allein alle Vertragsbestandteile gründlich erfassen kann. Hierfür bietet sich eine systematische Erfassung mittels einer Verschlagwortung an. Einige auf Baurecht spezialisierte Kanzleien bieten an, so ein juristisches Vertragsregister für einen komplexen Bauvertrag im Wege einer Dienstleistung zu erstellen, z. B. auf Basis des Systems JurProM® von Kapellmann und Partner (www.kapellmann.de).

Das juristische Vertragsregister wird so aufgebaut, dass es geordnet nach typischen baubetrieblichen Themen und möglichen Problempunkten für jeden dieser Punkte bereits die Antworten gibt, an welcher Stelle und wie im Vertrag dazu passende Regelungen zu finden sind. Bei der Erstellung des Vertragsregisters ist darauf zu achten, dass die Verweise auf die verschiedenen Passagen aus den Vertragsbedingungen in der Rangfolge ihrer Geltung im Vertrag aufgeführt werden. Dieses ist hilfreich, um von Vornherein die Interpretation des Vertrags zu erleichtern bzw. um frühzeitig mögliche Unklarheiten der Vertragsinterpretation zu erkennen.

Gute elektronische Datenmanagementsysteme (EDM) bieten die Möglichkeit der Suche nach Schlagworten als eine Funktionalität ihres Systems an. Voraussetzung für die Nutzung eines solchen Systems ist, dass alle Vertragsdokumente in geeigneter Weise elektronisch erfasst worden sind. Dieses ist i. d. R. kein Problem für textbasierte Dokumente. Oft stecken aber auch relevante Informationen in den Plänen und Zeichnungen, in zeichnerischen Anlagen von Gutachten und in Hinweisen auf mitgeltende Normen. Dann muss der Bauleiter genauer in die Dokumente, in die Pläne und Anlagen hineinschauen.

Das Vertrags-Leistungsverzeichnis mit den vereinbarten Preisen dient dazu, außer über die Leistungsverpflichtungen des Unternehmens den Überblick über die Kosten des Gesamtprojekts zu bekommen. Sofern jedoch ein Pauschalvertrag geschlossen wurde, liegt ggf. kein detailliertes Leistungsverzeichnis in gewerkeweiser Gliederung vor (siehe auch Abb. 3.7). Und vielleicht sind auch noch nicht alle Leistungen vertraglich gebunden, sondern müssen im Laufe des Projekts noch vergeben werden. Dann hat der überwachende Bauleiter gleichzeitig auch die Ausschreibung und Vergabe der fehlenden Leistungen mit im Auge zu behalten.

3.2.3 Baugenehmigung

Grundlage allen Bauens ist eine gültige Baugenehmigung. Diese muss dem Bauherrn im Original und vom Bauamt unterschrieben vorliegen. Das der Baugenehmigung beigefügte sogenannte Baustellenschild, ein mit einem dicken roten Punkt hinterlegtes Ergänzungsblatt zur Baugenehmigung, muss gut sichtbar an der Baustelle angebracht sein. In der Regel benutzen Bauleiter dafür lediglich eine farbige Kopie und verwahren das Original gut geschützt in einem Archiv. Gleiches gilt für die komplette Baugenehmigung, die mit Anlagen und grün gestempelten Bauantragsplänen manchmal mehrere Ordner füllen kann. Auf Verlangen muss diese jedoch vorzeigbar sein. Abb. 3.8 zeigt das Muster einer offiziellen Baugenehmigung, wie es in vielen Bundesländern Pflicht ist in Deutschland, ein sogenanntes Baustellenschild.

Allgemeine Regelungen für Bauarbeiten jeder Art	DIN 18299	Stahlbauarbeiten	DIN 18335
Erdarbeiten	DIN 18300	Abdichtungsarbeiten	DIN 18336
Bohrarbeiten	DIN 18301	Dachdeckungsarbeiten	DIN 18338
Arbeiten zum Ausbau von Bohrungen	DIN 18302	Klempnerarbeiten	DIN 18339
Verbauarbeiten	DIN 18303	Trockenbauarbeiten	DIN 18340
Ramm-, Rüttel- und Pressarbeiten	DIN 18304	Wärmedämm-Verbundsysteme	DIN 18345
Wasserhaltungsarbeiten	DIN 18305	Betonerhaltungsarbeiten	DIN 18349
Entwässerungskanalarbeiten	DIN 18306	Putz- und Stuckarbeiten	DIN 18350
Druckrohrleitungsarbeiten außerhalb von Gebäuden	DIN 18307	Vorgehängte Hinterlüftete Fassaden	DIN 18351
Drän- und Versickerungsarbeiten	DIN 18308	Fliesen- und Plattenarbeiten	DIN 18352
Einpressarbeiten	DIN 18309	Estricharbeiten	DIN 18353
Nassbaggerarbeiten	DIN 18311	Gussasphaltarbeiten	DIN 18354
Untertagebauarbeiten	DIN 18312	Tischlerarbeiten	DIN 18355
Schlitzwandarbeiten mit stützenden Flüssigkeiten	DIN 18313	Parkett- und Holzpflasterarbeiten	DIN 18356
Spritzbetonarbeiten	DIN 18314	Beschlagarbeiten	DIN 18357
Verkehrswegebauarbeiten – Oberbauschichten ohne Bindemittel	DIN 18315	Rollladenarbeiten	DIN 18358
Verkehrswegebauarbeiten – Oberbauschichten mit hydraulischen Bindemitteln	DIN 18316	Metallbauarbeiten	DIN 18360
Verkehrswegebauarbeiten – Oberbauschichten aus Asphalt	DIN 18317	Verglasungsarbeiten	DIN 18361
Pflasterdecken und Plattenbeläge, Einfassungen	DIN 18318	Maler- und Lackierarbeiten – Beschichtungen	DIN 18363
Rohrvortriebsarbeiten	DIN 18319	Korrosionsschutzarbeiten an Stahlbauten	DIN 18364
Landschaftsbauarbeiten	DIN 18320	Bodenbelagarbeiten	DIN 18365
Düsenstrahlarbeiten	DIN 18321	Tapezierarbeiten	DIN 18366
Kabelleitungstiefbauarbeiten	DIN 18322	Raumlufttechnische Anlagen	DIN 18379
Kampfmittelräumarbeiten	DIN 18323	Heizanlagen und zentrale Wassererwärmungsanlagen	DIN 18380
Horizontalspülbohrverfahren	DIN 18324	Gas-, Wasser- und Entwässerungsanlagen innerhalb von Gebäuden	DIN 18381
Gleisbauarbeiten	DIN 18325	Elektro-, Sicherheits- und Informationstechnische Anlagen	DIN 18382
Renovierungsarbeiten an Entwässerungskanälen	DIN 18326	Blitzschutz-, Überspannungsschutz- und Erdungsanlagen	DIN 18384
Verkehrssicherungsarbeiten	DIN 18329	Aufzugsanlagen, Fahrtreppen und Fahrsteige sowie Förderanlagen	DIN 18385
Mauerarbeiten	DIN 18330	Gebäudeautomation	DIN 18386
Betonarbeiten	DIN 18331	Dämm- und Brandschutzarbeiten an technischen Anlagen	DIN 18421
Naturwerksteinarbeiten	DIN 18332	Gerüstarbeiten	DIN 18451
Betonwerksteinarbeiten	DIN 18333	Abbruch- und Rückbauarbeiten	DIN 18459
Zimmer- und Holzbauarbeiten	DIN 18334		

Abb. 3.7: Liste aller in der VOB/C gesondert aufgeführten Gewerkebereiche

Bitte in Klarsichthülle an der Baustelle anbringen

BAUSTELLENSCHILD

Bauvorhaben	Aktenzeichen der Baugenehmigung **106-BG/2014 vom 06.05.2014**
	Bezeichnung des Vorhabens **Anbau und Dachgeschossausbau an bestehendem Wohnhaus Wohnhaus**
	Bauort (Straße, Hausnummer, Ortsteil) **Am Musterberg 9 in 99425 Weimar**
	Baugrundstück (Gemarkung, Flur, Flurstück) **Weimar Flur: 11 Flurstück: 85**
Entwurfsverfasser Gemäß § 56 ThürBO bestellt vom Bauherrn nach § 55 Abs. 1 ThürBO; zuständig dafür, dass die Ausführungsplanung den öffentlich-rechtlichen Vorschriften entspricht.	Name, Vorname **Planungsgruppe Fölsche Architekten + Ingenieure GbR Dipl.-Ing. Günther Fölsche**
	Anschrift **Über der Nonnenwiese 7, 99428 Weimar**
	Telefon (mit Vorwahl) **03643 123456** Telefon (mit Vorwahl) **03643 654321**
Bauherr (vom Bauherrn freiwillig auszufüllen)	Name, Vorname, Anschrift
	Telefon (mit Vorwahl) Telefax (mit Vorwahl)
Bauleiter (vom Bauherrn auszufüllen) Gemäß § 55 ThürBO vom Bauherrn der Bauaufsichtsbehörde mitzuteilen.	Name, Vorname, Anschrift **Dipl.-Ing. Otto Feine, Musterstraße 7, 99423 Weimar**
	Telefon (mit Vorwahl) **03643 123456** Telefax (mit Vorwahl) **03643 654321**
Unternehmer für den Rohbau (vom Bauherrn auszufüllen) Gemäß § 57 ThürBO bestellt vom Bauherrn nach § 55 Abs. 1 ThürBO	Name, Vorname, Anschrift **Spezialbau Erfurt GmbH, Julius-König-Str. 6, 99085 Erfurt**
	Telefon (mit Vorwahl) **0361 123456** Telefax (mit Vorwahl) **0361 654321**
Thüringen 15 Dienstsiegel Stadt Weimar	i.V. [Unterschrift] Jörg Bognitz Amtsleiter (Untere Bauaufsichtsbehörde) STADTVERWALTUNG WEIMAR Bauaufsichtsamt Schwanseestraße 17 Postfach 2014 Postanschrift: 99401 Weimar Lieferanschrift: 99423 Weimar

Bei der Ausführung nicht verfahrensfreier Bauvorhaben nach §§ 62, 63a, 63b oder 63c Thüringer Bauordnung (ThürBO) hat der Bauherr an der Baustelle ein Schild, das die Bezeichnung des Bauvorhabens und die Namen und Anschriften des Entwurfsverfassers des Bauleiters und der Unternehmer für den Rohbau enthalten muss, dauerhaft und von der öffentlichen Verkehrsfläche aus sichtbar anzubringen (§ 14 Abs . 3 ThürBO idF. Vom 16.03.2004).

Abb. 3.8: Muster eines Baustellenschilds

Abb. 3.9 und 3.10: Weitere Baustellenfreigabeschilder

Im Ausland wird die Pflicht zum öffentlichen, gut sichtbaren Aushang der Baugenehmigung häufig strenger überwacht als in Deutschland.

Welche einzelnen Baumaßnahmen im Detail auf Basis der erteilten Baugenehmigung erlaubt sind, ist auf dem Baustellenschild nicht zu erkennen. Es benennt lediglich in grober Beschreibung die Art der Arbeiten sowie die Adresse der Baustelle. Für weitere Informationen ist man auf den Wortlaut der Baugenehmigung angewiesen und häufig dazu auch noch auf den Wortlaut des Bauantrags. Der Sinn vieler Auflagen aus der Baugenehmigung erschließt sich erst durch das vergleichende Studium des Bauantrags mit den entsprechenden Anmerkungen in der Baugenehmigung. Daher muss die Baugenehmigung und sollten auch die Bauantragsunterlagen in Kopie stets für den überwachenden Bauleiter bzw. auf der Baustelle verfügbar sein.

Das Baustellenschild ist nicht zu verwechseln mit anderen Bauschildern, die der öffentlichen Information und der Werbung für Bauherr, Planer und Bauunternehmen dienen. Nun gibt es auch weitere Baustellenschilder, die in einigen Bundesländern in Ergänzung zum bisherigen Baugenehmigungsschild ausgegeben werden. Abb. 3.9 zeigt ein Beispiel für ein Schild nach dem Kenntnisgabeverfahren. In Abb. 3.10 ist zusätzlich das Beispiel eines Bauschilds für eine Teil-Baufreigabe wiedergegeben.

3.2.4 Stellungnahmen und Zuarbeit von Fachingenieuren

Die komplexen Anforderungen moderner Bauwerke machen es erforderlich, dass einzelne Aspekte des Entwurfs und der Ausführung noch von Fachingenieuren besonders analysiert werden. Viele dieser Leistungen erfolgen im Voraus, wie z. B. die Untersuchung des Baugrunds, die Bestandsanalyse, eine statische Berechnung, die haustechnische und energetische Fachplanung usw. In etlichen Situationen ist es jedoch angebracht, zu Baubeginn oder während der Ausführung wiederum auf den Sachverstand dieser Fachingenieure zurückzugreifen.

Zunächst ist aber wichtig, dass die wesentlichen Festlegungen und Stellungnahmen der Fachingenieure bzw. deren Aussagen bekannt werden. Üblicherweise, und um Übertragungsfehler zu vermeiden, wird deshalb das komplette Baugrundgutachten vom Bauherrn an das ausführende Bauunternehmen übergeben. Gleiches gilt für ein energetisches Gutachten an den Fassadenbau, die haustechnische Berechnung an die Heizungs- und Lüftungsbauer usw. Der überwachende Bauleiter muss darauf achten, dass diese Informationen an die Bauunternehmen rechtzeitig und im notwendigen Umfang weitergegeben werden.

Finden sich in einem ausführlichen Gutachten allerdings verschiedene Alternativen, z. B. eine Tiefgründung und eine Flachgründung als Ausführungsvarianten, so hilft die bloße Übergabe des kompletten Gutachtens an das Bauunternehmen kaum weiter, wenn nicht gleichzeitig Zusatzinformationen in Form von Plänen oder Anweisungen dazu gegeben werden, welche der Alternativen ausgeführt werden soll.

Erfolgt die Übergabe eines Gutachtens noch vor Vertragsabschluss mit dem ausführenden Bauunternehmen, so wird das Gutachten i. d. R. Bestandteil des Vertrags, und das Bauunternehmen muss die Aussagen und Ergebnisse des Gutachtens bei seiner Kalkulation und Arbeitsvorbereitung beachten. Erfolgt die Übergabe des Gutachtens nach Vertragsschluss, sollte deutlich vereinbart werden, inwieweit sich das Bauunternehmen mit dem Gutachten vertraut machen soll, und vor allem welche Teile des Gutachtens für die eigenen Arbeiten relevant sind.

Auch für den Unternehmer-Bauleiter trifft zu, dass er sich bei komplexen Teilaufgaben ggf. ergänzenden Sachverstand hinzuholen muss. Dies entspricht ganz der Vorkehrung in der MBO der Länder: „*Verfügt [der Bauleiter] auf einzelnen Teilgebieten nicht über die erforderliche Sachkunde, so sind geeignete Fachbauleiter heranzuziehen.*“ (§ 56 Abs. 2 Satz 2 MBO).

3.2.5 Örtliche Bedingungen an der Baustelle

Zur Vorbereitung der Bauausführung durch den Unternehmer-Bauleiter gehört die persönliche Inaugenscheinnahme des Baugeländes vor Ort. Diese kann nicht früh genug erfolgen, wirft sie doch oft noch weitere Fragen auf. Dennoch sollte sie erst nach dem Studium der Plan- und Vertragsunterlagen erfolgen, denn daraus ergeben sich ggf. Anhaltspunkte für die Recherchen vor Ort.

Checkliste 3.1: Fragen zum Baugrundstück und zur Genehmigungssituation

			JA	NEIN	BEARBEITUNG
1	**Abstecken der Hauptachsen**				
1.1	Sicherung gegen unbeabsichtigte Zerstörung				
1.2	Ist ein Vermessungsingenieur eingeschaltet/einzuschalten?				
2	**Baufeld, das vom Auftraggeber für die Bautätigkeiten zur Verfügung gestellt wird**				
2.1	Ist das Baugrundrisiko eindeutig spezifiziert und verbleibt beim Auftraggeber?				
2.2	Liegen Angaben über eventuelle Kontaminierung vor?				
2.3	Liegen Angaben über die Wasserverhältnisse (Oberflächen-, Grundwasser) vor?				
2.4	Liegt ein Bodengutachten vor? Von wann? Wer hat es beschafft?				
2.5	Gibt es Risiken bezüglich des Baufelds, die an den Auftragnehmer weitergegeben werden?				
3	**Beibringung von öffentlich-rechtlichen Genehmigungen**				
3.1	Ist die Baugenehmigung noch nicht vorhanden und soll sie erst Vertragsinhalt des Auftrags werden?				
3.2	Sind die Auflagen aus der Baugenehmigung bereits Bestandteil von Planung und Auftrag?				
3.3	Liegen andere öffentlich-rechtliche Genehmigungen vor bzw. sind sie zu beschaffen (Grundwasser, Zufahrt, Sondernutzung, Überbauung o. Ä.)?				
3.4	Sind durch das kommunale Ordnungsrecht Einschränkungen bei der Bauausführung zu erwarten (z. B. besondere Ruhezeiten, Einfahrbeschränkungen, Sperrzeiten)?				

Checkliste 3.1: Fragen zum Baugrundstück und zur Genehmigungssituation (Fortsetzung)

			JA	NEIN	BEARBEITUNG
4	**Nachbarrisiko**				
4.1	Sind privatrechtliche Zustimmungen (z. B. Überfahrrecht, Mitnutzung von Kanalisation und anderen Medien, Rückverankerungen im Baugrund, Überschwenken mit Kran) erforderlich (Risiko der Verweigerung)?				
4.2	Sind öffentlich-rechtliche Zustimmungen erforderlich (Risiko der Verweigerung)?				
4.3	Sind Unterfangungen von Nachbargebäuden erforderlich (Stand der Planung)?				
4.4	Gibt es vom Nachbargrundstück ausgehende Risiken (z. B. unbekannte Einleitungen, baufällige Bausubstanz, Risiken aus den Besonderheiten des Betriebs)?				
5	**Grundstücksgrenzen und Baufeld**				
5.1	Wird auf fremdem Grund gebaut, ist eine Baulast erforderlich?				
5.2	Ist das Baufeld frei von nachbarlichen Überbauungen oder Nutzungen?				
5.3	Gibt es sonstige Verträge mit anderen Grundstückseigentümern?				

Checkliste 3.2: Begehung der zukünftigen Baustelle und Klärung von Sachverhalten

Umgebungs-verhältnisse	• Lage, Oberflächenbeschaffenheit (Oberboden, Relief) • Untergrundbeschaffenheit (Bodenart, Bodenklasse) • hydrologische Bedingungen (Grundwasser, Vorflut), evtl. „verräterische" alte Straßennamen oder Flurbezeichnungen • Wasserläufe mit Hochwassergefahr in Baustellennähe • Lage im Grundwasserschutzgebiet • Steinschlaggefahr • Hindernisse (unterirdische Bauwerke und Leitungen) • Behinderungen (z. B. durch zusätzliche Lärmschutzanforderungen, Sperrzeiten) • Nachbargrenzen, Namen und Ansprechpartner der Nachbarn
Bestand	• angrenzende Bebauung (Zustand feststellen, evtl. Beweissicherung durchführen oder vorsehen) • bestehende Gebäude im Baufeld (evtl. für die Baustelleneinrichtung nutzbar oder zu schützen) • zu erhaltender (und schützender) Vegetationsbestand • unterirdische Leitungen (Gas-, Wasser-, Abwasser-, Heiz-, Öl-, Elektro-, Datenleitungen) • oberirdische Leitungen (Hochspannungsleitungen, Telefon, Richtfeuer) • Platzverhältnisse für Lagerflächen, Baustellenunterkünfte
Verkehrs-verhältnisse	• Zufahrtswege zum Baufeld (Befestigungsart, Belastbarkeit, Lichtraumprofil, Kurvenradien, Tragfähigkeit von Brücken) • Bahnanschluss, Wasserstraßennutzung usw. • Notwendigkeit des Anlegens besonderer Baustraßen oder der Verstärkung vorhandener Straßen, auch im öffentlichen Raum • erforderliche Einschränkungen des Individualverkehrs (Straßenausfahrt, Sperrungen, Umleitungen, Fußgängerführung) • Einrichten von Umleitungs- oder Entlastungsstrecken
Ver- und Entsorgung	• Möglichkeiten der Versorgung mit Wasser, Strom, Druckluft, Wärme, Informationsmedien, Kraft- und Betriebsstoffen • Möglichkeiten der Entsorgung von Abfällen und Abwasser • nächste Standorte der Baustoff- und Betriebsstofflieferanten sowie Bodenkippe, Deponien
zusätzliche Fragestellungen	• Wohnunterkünfte für das Personal, Berufsverkehr, Parkmöglichkeit • Anwerbung örtlichen Personals, von Lieferanten und Nachunternehmen • Nutzung örtlich vorhandener Produktions- und Werkstätten • Polizei- und Rettungsstationen, ärztliche Betreuung • Einschränkungen durch Baulasten

Ein Beispiel für wesentliche Klärungspunkte bezüglich des Baugeländes gibt Checkliste 3.1.

Bei der Besichtigung vor Ort sollte der Unternehmer-Bauleiter sich nicht nur eine Vorstellung davon verschaffen, wie das zukünftige Bauwerk demnächst im Gelände stehen wird, sondern auch versuchen, möglichst viele Rahmenbedingungen für den Betrieb der Baustelle zu registrieren. Die Checkliste 3.2 hilft, die wesentlichen Informationen zu erfassen oder vor Ort zu erfragen.

Manche Informationen kann sich der Unternehmer-Bauleiter nicht auf direktem Wege beschaffen. Leitungsnetze und deren Dimensionierung müssen i. d. R. bei den Versorgungsbetrieben abgefragt werden. Für viele Angaben, insbesondere zur bestehenden Infrastruktur, sind aber oft schon Hinweise vorhanden. So weisen Kanaldeckel im Straßenkörper auf einen möglichen Abwasseranschluss oder eine vorhandene Vorflut hin. Strommasten lassen eine schnelle Möglichkeit einer ersten Baustromversorgung erhoffen. Letztlich verraten auch bestehende oder ehemalige umliegende Gebäude einiges über die möglicherweise nutzbare Infrastruktur für die Baustelle.

Praxistipp zur Baustellenbegehung

Der erste Termin zur Baustellenbesichtigung sollte nicht gerade auf einen „Schön-Wetter-Tag" gelegt werden. Die Erkenntnisse über die Gefällesituation auf dem Baufeld, zur Befahrbarkeit des Geländes, über vorhandene Vorflut und andere Eigenschaften sind bei Regen wesentlich schneller und eindrucksvoller zu gewinnen als an trockenen Tagen.

Gespräche mit Nachbarn und manchmal auch zufälligen Passanten können Zusatzinformationen einbringen, für die ein Unternehmer-Bauleiter sonst lange in Archiven recherchieren müsste. Gerade bei Bestandsbauten ist das auf diese Weise erwerbbare Wissen zwar nicht formal zwingend, aber oft sehr aufschlussreich und für die weitere Planung hilfreich.

Schließlich, und das ist eine bekannte Bauleiterweisheit, sagen die alten Namen und Bezeichnungen von Straßen und manchmal auch von Gebäuden einiges über die Gelände- und Umgebungsverhältnisse aus (z. B. „Am Pfuhl" – ehemaliger Tümpel, „In den Froschäckern" – sumpfiges Gebiet mit schlechten Untergrundeigenschaften). Manch böse Überraschung aufgrund ungünstiger Wetterlagen kann sich ein Bauleiter ersparen, wenn er frühzeitig auf derartige implizit vorhandene Hinweise geachtet hat.

Bereits bei der ersten Begehung des Baugeländes sind die möglichen Zuwege und die Wegeplanung auf dem Baugelände zu überlegen. Zu diesem Zeitpunkt, zu dem noch keine Arbeiten begonnen haben, erscheint das Baugelände oft weit und geräumig. Doch ist ein geschickt angelegtes Zufahrtsregime mitentscheidend, dass auch später, wenn sich viele Anliefer- und Baufahrzeuge von verschiedenen Firmen auf dem Gelände drängen, die Liefer- und Arbeitsvorgänge ohne größere Engpässe vonstattengehen können.

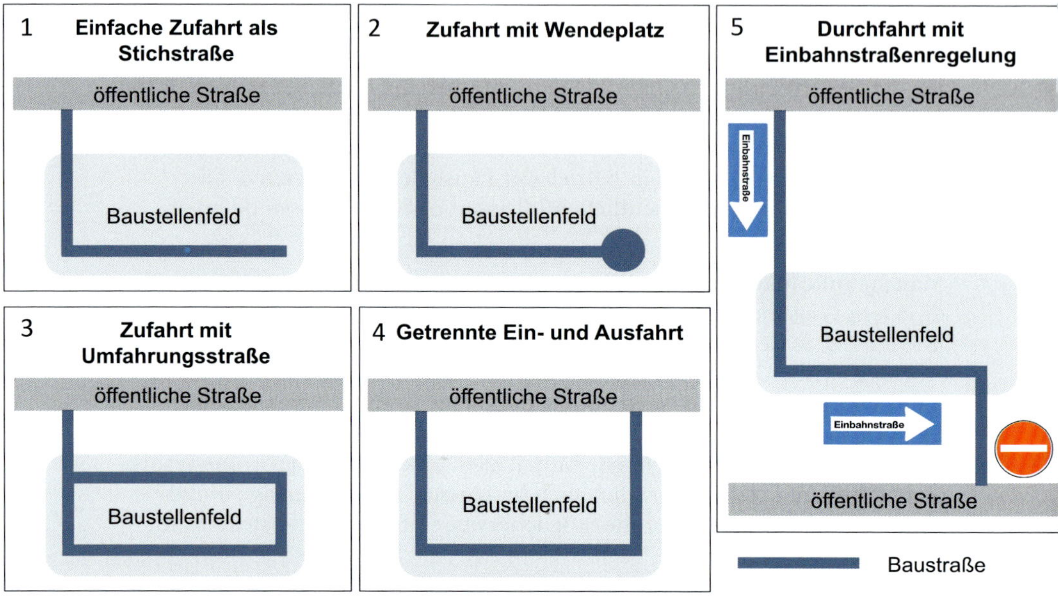

Abb. 3.11: Konzepte der Straßenführung zur Baustellenbelieferung

Falls das Gelände die Möglichkeit der Umfahrt oder des Einbahnverkehrs hergibt, sollte der Unternehmer-Bauleiter stets dieser klareren Linienführung den Vorzug geben. Nur wenn die Platzsituation beengt ist, sollte er auf Einfahrten mit Wendehammer, in größter Not auch ohne Wendehammer zurückgreifen. Abb. 3.11 zeigt in der Reihenfolge vom einfachsten bis zum leistungsfähigsten Konzept 5 grundlegende Möglichkeiten der Wegeführung auf Baustellen.

3.3 Baustellenstart

3.3.1 Startgespräch intern

Der Beginn einer Baustelle ist für den Unternehmer-Bauleiter zunächst damit verbunden, sich in eine große Menge neuer Informationen einzuarbeiten. In der Regel wurden die vorhergehenden Planungsphasen von anderen Architekten oder Ingenieuren geleitet und zur Ausführungsreife gebracht. Die dazu erarbeiteten Pläne, Beschreibungen und zusätzlichen Unterlagen wie Vertragstexte und Spezifikationen finden sich häufig nicht einmal alle an einer Stelle zusammengetragen.

Gleichzeitig drängt der Bauherr auf einen schnellen Baubeginn. So treffen auf den Unternehmer-Bauleiter auch Anforderungen der Baustelle wie das Einrichten der Versorgungspunkte, die Übernahme der Hauptachsen usw.

Dennoch ist es zunächst die vordringliche Aufgabe des Unternehmer-Bauleiters, sich einen Überblick über alle Dokumente (Pläne, Beschreibungen usw.) des Bauprojekts zu verschaffen. Andernfalls kann er später eine böse

Überraschung erleben, wenn unerwartet noch weitere, aber für das Projekt relevante Dokumente auftauchen.

Den Überblick verschafft sich der Unternehmer-Bauleiter am besten dadurch, dass er eine ausführliche Liste aller Dokumente aufstellt, die er für das Projekt übernimmt. Wenn solch eine Liste bereits von der technischen Arbeitsvorbereitung oder vom Architekten erstellt wurde, prüft er sie auf Vollständigkeit und erweitert sie gegebenenfalls.

Bei der Aufstellung und Prüfung dieser Liste ist unbedingt auf den jeweiligen Ausgabestand (Datum) der einzelnen Dokumente zu achten. Also werden Pläne mit ihrer Plannummer und dem jeweiligen Index sowie dem Erstell- bzw. Freigabedatum erfasst. Auch Baubeschreibungen und andere textliche Erläuterungen sollten mit einem eindeutigen Datum der Erstellung, der Ausgabe oder der Freigabe in der Liste erfasst werden. Nicht datierte Unterlagen erhalten vom Unternehmer-Bauleiter ein Eingangs- oder Erfassungsdatum.

Nicht selten stößt der Unternehmer-Bauleiter bereits bei dieser Auflistung auf Widersprüche in den Planunterlagen. Beispielsweise sind einzelne Pläne nicht mit ihrem neuesten Index vorhanden, obwohl eine beigefüge Planliste bereits aktuellere Planungsstände ausweist, oder es bestehen zwischen Index und Plandatum Widersprüche oder die Baubeschreibung verweist auf Anlagen, die bereits überholt sind. Es gehört zum Alltag, dass sich schon in der Registrierung der Unterlagen Fehler einschleichen.

Praxistipp zur Handakte

Es ist hilfreich, wenn sich der Unternehmer-Bauleiter bereits bei der ersten Sichtung der Dokumente zum Bauprojekt eine sogenannte Handakte anlegt. In diesen Ordner heftet er wesentliche Übersichten ab, wie z. B. einen Lageplan, eine Skizze über das Ordnungssystem mit der Bezeichnung der verschiedenen Bauteile und Bauwerksachsen, die Liste der Beteiligten am Projekt usw.

Die Handakte kann ständig weiter vervollständigt werden. Sie ist auch gut geeignet, um sich und andere Beteiligte schnell anhand der wesentlichen Übersichten zum Bauwerk zu orientieren. Daher empfiehlt es sich weiterhin, diese Handakte in Papierform zu führen.

Ob die Dokumente zur Baustelle und für das Bauprojekt vollständig sind, kann ein Bauleiter nur schwer prüfen. Mit zunehmender Erfahrung wird sein Blick hierfür geschult. Aber auch umfangreiche Checklisten helfen, darauf aufmerksam zu werden. Checkliste 3.3 ist dafür ein Beispiel. Logisch unterteilt in die Punkte 1 bis 12 für den Unternehmer-Bauleiter und die Punkte 13 bis 19 für den überwachenden Bauleiter gibt sie im Ganzen betrachtet einen guten Überblick auch über die Perspektive und den Klärungsbedarf der jeweils „anderen Seite".

Sollten dem Unternehmer-Bauleiter Unterlagen fehlen (z. B. Aussagen zum Baugrund, die genaue Abgrenzung des Baufelds, Aussagen zur Nachbarbebauung und zur zu schützenden Vegetation – um nur einige Beispiele zu

Checkliste 3.3: Vorbereitung der Bauleitung

		JA	NEIN	BEARBEITUNG
1	**Informationen aus dem Bauvertrag**			
1.1	Liegt dem Unternehmer-Bauleiter der Bauvertrag in aktueller Fassung vor?			
1.2	Verfügt der Unternehmer-Bauleiter über eine Zusammenstellung der wichtigsten Projektdaten bzw. kann er sich diese Zusammenstellung anhand der vorliegenden Vertragsunterlagen selbst erarbeiten?			
1.3	Ergeben sich aus den Besonderen und Zusätzlichen Vertragsbedingungen wichtige Informationen für die Leitung der Bauausführung?			
1.4	Enthält der Vertrag Festlegungen über eine Gleitklausel für die vereinbarten Preise?			
1.5	Besteht die Möglichkeit zur Einsichtnahme in die vertragliche Angebotskalkulation?			
1.6	Ist der Bauablaufplan Bestandteil des Vertrags?			
1.7	Sind besondere Sanktionen im Vertrag für den Fall von Fristverletzungen vereinbart?			
1.8	Bestehen besondere Festlegungen zum Aufmaß oder zur Abrechnung der Leistungen?			
1.9	Sind Abschlagszahlungen vereinbart?			
1.10	Gibt es besonders zu beachtende Vereinbarungen zu Sicherheitsleistungen?			
1.11	Gibt es spezielle Regelungen für die Ablaufprozesse bei Nachtragsforderungen?			
1.12	Gibt es von der VOB abweichende Regelungen für die Verjährungsfrist für Mängelansprüche?			
2	**Informationen aus der betrieblichen Arbeitsvorbereitung**			
2.1	Können durch operative Veränderungen im Bauablauf die Folgen des Fehlens von Ausführungsunterlagen eingeschränkt/vermieden werden?			
2.2	Gibt es besondere Regelungen zur Kostenabgrenzung bei der Bereitstellung von Medien und für die Vermessungsarbeiten?			

Checkliste 3.3: Vorbereitung der Bauleitung (Fortsetzung)

			JA	NEIN	BEARBEITUNG
2.3	Sind Winterbaumaßnahmen erforderlich; wie sind diese geplant und vorbereitet?				
2.4	Sind bestimmte Unterlagen beim Auftraggeber zur Bestätigung/Genehmigung vorzulegen?				
3	**Allgemeine Informationen aus der Leistungsbeschreibung**				
3.1	Ist mit besonderen Erschwernissen und Abweichungen von den üblichen Bedingungen zu rechnen?				
3.2	Unterliegt die fertiggestellte Leistung besonderen Beanspruchungen?				
3.3	Muss die vertraglich vereinbarte Leistung in Arbeitsabschnitten ausgeführt werden?				
3.4	Ergeben sich aus der Leistungsbeschreibung Hinweise auf zu erwartende Arbeitsunterbrechungen oder andere Beschränkungen?				
3.5	Sind besondere Schutzmaßnahmen (z. B. bei Arbeit in kontaminierten Bereichen) erforderlich?				
3.6	Gibt es besondere Festlegungen zur Entsorgung von Abfall?				
3.7	Ist die Abrechnung nach bestimmten Zeichnungen oder Tabellen vorzunehmen?				
4	**Informationen aus der Kalkulation**				
4.1	Erfolgte die Ermittlung der Preise über die Endsumme oder mit vorausberechneten Zuschlägen?				
4.2	Wurde bei der Berechnung des Mittellohns die voraussichtliche Besetzung der Baustelle zutreffend berücksichtigt?				
4.3	Erfolgte die Ermittlung der Gerätekosten unter Berücksichtigung der vorgesehenen Technologie?				
4.4	Wurden bei den kalkulierten Stoffkosten die üblichen Streu- und Bruchverluste eingerechnet?				
4.5	Sind Fremdleistungen vorgesehen; wie wurden diese in der Angebotskalkulation bzw. in der Arbeitskalkulation berücksichtigt?				

Checkliste 3.3: Vorbereitung der Bauleitung (Fortsetzung)

		JA	NEIN	BEARBEITUNG
4.6	Entspricht der Prozentsatz für die Gemeinkosten der Baustelle den voraussichtlich zu erwartenden Verhältnissen, und wird damit eine Deckung erzielt?			
4.7	Erfolgte die Umlage der allgemeinen Geschäftskosten auf der Grundlage analytischer Werte im Unternehmen?			
4.8	Gibt es besondere Titel oder Positionen, bei denen ein besonderes Wagnis kalkuliert wurde?			
4.9	Gibt es eine festgelegte Gewinnmarge, die zu erwirtschaften ist?			
4.10	Wurden die im Leistungsverzeichnis angegebenen Mengen überprüft und dabei größere Abweichungen festgestellt?			
4.11	Wurden die Mengenunterschiede bei der Angebotskalkulation für die Preisermittlung berücksichtigt?			
4.12	Liegt die Angebotskalkulation vollständig vor und kann sie als Grundlage für die Kalkulation der angepassten Preise bei Nachträgen dienen?			
4.13	Gibt es Positionen mit offensichtlicher Kostenunterdeckung?			
4.14	Gibt es Positionen mit offensichtlichen kalkulativen Reserven?			
4.15	Wird auf der Grundlage der Angebotskalkulation eine Arbeitskalkulation erstellt und der Bauausführung vorgegeben?			
5	**Spezielle Informationen aus der Leistungsbeschreibung**			
5.1	Sind die Lage der Baustelle und der genaue Ort der Ausführung der Leistungen bekannt?			
5.2	Sind bei der Bauausführung spezielle Umgebungsbedingungen zu beachten?			
5.3	Ist die Zufahrt zur Baustelle bestimmt und deren Beschaffenheit als ausreichend anzusehen?			
5.4	Sind auf der Baustelle bestehende Verkehrsregelungen – vor allem Verkehrsbeschränkungen – zu beachten?			

Checkliste 3.3: Vorbereitung der Bauleitung (Fortsetzung)

			JA	NEIN	BEARBEITUNG
5.5	Müssen bestimmte Flächen auf der Baustelle für den Verkehr freigehalten werden?				
5.6	Enthält die Leistungsbeschreibung Angaben zum Baugrund und seiner Tragfähigkeit sowie zu den Bodenverhältnissen?				
5.7	Liegen Ergebnisse von Bodenuntersuchungen vor?				
5.8	Liegen – soweit erforderlich – hydrologische Werte vom Grundwasser und von Gewässern vor?				
5.9	Bestehen besondere Vorgaben für die Beseitigung von Abwasser und Abfall?				
5.10	Liegt die Baustelle innerhalb von Schutzgebieten, und sind bestimmte Schutzzeiten zu beachten?				
5.11	Sind im Bereich der Baustelle Kampfmittel zu vermuten, und liegen Ergebnisse von Erkundungs- und Beräumungsmaßnahmen vor?				
5.12	Enthält die Leistungsbeschreibung Angaben zu möglichen Schadstoffbelastungen, z. B. des Bodens, der Gewässer, der Luft, der Stoffe und Bauteile?				
6	**Informationen über die Baustellenbegehung**				
6.1	Sind die Besitzverhältnisse an Grund und Boden geklärt?				
6.2	Wurde die Geländeform – speziell die Geländeneigung – vollständig dokumentiert?				
6.3	Muss vorhandene Bepflanzung geschützt und erhalten bleiben?				
6.4	Stellen bestehende Bauwerke Hindernisse im Bauablauf dar?				
6.5	Sind die Grenzen zu Nachbargrundstücken eindeutig markiert und im Lageplan festgehalten?				
6.6	Sind in Baustellennähe Entnahmestellen und Deponieflächen für Boden vorhanden?				
6.7	Befinden sich im Bereich der Baustelle Leitungen, Kabel, Draine, Kanäle und Bauwerke, und sind deren Eigentümer bekannt?				

Checkliste 3.3: Vorbereitung der Bauleitung (Fortsetzung)

			JA	NEIN	BEARBEITUNG
6.8	Führen oberirdische Leitungen über den Bauplatz, und stellen diese Hindernisse für die Ausführung der Bauleistungen dar?				
6.9	Können die oberirdischen Leitungen provisorisch verlegt werden; mit welchen Stellen ist hierzu Verbindung aufzunehmen?				
6.10	Ist der tatsächliche Zustand der Zufahrtswege genauer zu hinterfragen?				
6.11	Sind in Verbindung mit der Zufahrt zur Baustelle Lichtraumprofile bei Unterführungen und Durchfahrten zu beachten?				
6.12	Ist eine vollständige/teilweise Straßensperrung nötig und möglich?				
6.13	Müssen vorübergehend Umleitungen angelegt werden?				
6.14	Sind die vom Auftraggeber veranlassten Vorarbeiten planmäßig und zeitgerecht ausgeführt?				
6.15	Liegen besondere Anordnungen der Eigentümer von Leitungen und dergleichen vor?				
7	**Informationen für das Einrichten der Baustelle**				
7.1	Gibt es besondere/festgelegte Flächen/Bereiche für das Einrichten der Baustelle?				
7.2	Liegt ein Vergleich der verfügbaren Flächen mit den von der Arbeitsvorbereitung ermittelten Flächen für die Baustelleinrichtung vor?				
7.3	Befinden sich im Bereich des Baufelds Anschlüsse für Wasser, Energie und Abwasser; unter welchen Bedingungen werden diese dem Auftragnehmer überlassen?				
7.4	Liegen die spezifischen Anschlusswerte für die Versorgungs- und Entsorgungseinrichtungen fest und sind diese mit den verfügbaren Werten abgeglichen?				
7.5	Sind im Zusammenhang mit dem Einrichten der Baustelle besondere umweltrechtliche Vorschriften zu beachten?				
7.6	Müssen auf dem Baugelände befindliche Bauwerke, Bauwerksteile, Grenzsteine und dergleichen besonders geschützt werden?				

Checkliste 3.3: Vorbereitung der Bauleitung (Fortsetzung)

			JA	NEIN	BEARBEITUNG
7.7	Besteht die Möglichkeit zur Benutzung/Mitbenutzung von Teilen der Baustelleneinrichtung anderer Auftragnehmer bzw. der vom Auftraggeber errichteten Baustelleneinrichtung?				
7.8	Sind auf der Baustelle oder in unmittelbarer Nähe Möglichkeiten für Verpflegung und Pausenversorgung der Mitarbeiter vorhanden?				
7.9	Besteht für die Ausführung der Baumaßnahmen ein Wohnlager und die Möglichkeit zur Mitbenutzung?				
7.10	Existiert ein Verzeichnis der Kontaktadressen?				
8	**Richtwerte und Kennzahlen**				
8.1	Stehen dem Unternehmer-Bauleiter Kennzahlen zur Verfügung, die aus ähnlichen Bauvorhaben gewonnen wurden?				
8.2	Wurden aus den unter 8.1 genannten Kennzahlen Grobrichtwerte ermittelt, mit deren Hilfe die Größenordnung des Objekts, die Planung der Baustelleneinrichtung, die Zahl der Bauführungskräfte und andere für die Ausführung wichtige Probleme vorab bestimmt werden?				
8.3	Ergibt eine Kontrolle der Mengenansätze in den Ausschreibungsunterlagen Hinweise auf mögliche Fehler im Leistungsverzeichnis?				
8.4	Wurden die erforderlichen Vorbereitungen getroffen, um bei der Ausführung durch ein sorgfältig konzipiertes Berichtswesen (Wochenstunden-, Tagesstunden-, Maschinentages-, Materialberichte) die für die Steuerung und Abrechnung erforderlichen Kennzahlen und Informationen zu erhalten?				
9	**Ablaufplanung**				
9.1	Sind die zeitlichen Vorstellungen des Auftraggebers Gegenstand der vertraglichen Vereinbarung geworden und sind diese in die Ablaufplanung aufgenommen worden?				

Checkliste 3.3: Vorbereitung der Bauleitung (Fortsetzung)

			JA	NEIN	BEARBEITUNG
9.2	Ist es auf der Grundlage der vorliegenden Daten möglich, einen Grobablaufplan zu erstellen, der die Ecktermine für • Arbeitsverfahren und Technologie, • Großgeräteeinsatz, • Schalungssysteme, • Baustelleneinrichtung ausweist?				
9.3	Sind Entscheidungen zur Darstellungsform (Balkendiagramm, Zyklogramm bzw. Weg-Zeit-Diagramm, Netzplan) erforderlich?				
9.4	Sind für einzelne Bauabschnitte die Voraussetzungen für die Erarbeitung von Detailablaufplänen gegeben?				
9.5	Werden die Detailablaufpläne unter Verwendung der vorermittelten Mengen und voraussichtlichen Aufwandswerte erstellt?				
9.6	Ist es wegen der besonderen Eigenschaften des Vorhabens erforderlich, die über jeweils 1 bis 3 Monate laufende Detailablaufplanung durch eine wöchentlich rollierende für jeweils 2 bis 3 Wochen gültige Detailplanung zu untersetzen?				
9.7	Hat der Unternehmer-Bauleiter besondere Maßnahmen für den Fall vorzubereiten, dass größere Abweichungen zwischen der Grobablaufplanung und der Detailablaufplanung entstehen?				
10	**Einsatz von Nachunternehmen**				
10.1	Wurde bereits im Angebot der Einsatz von Nachunternehmen vorgesehen?				
10.2	Welche vertraglichen Leistungen sind zur Weitergabe an Nachunternehmen vorgesehen?				
10.3	Müssen mit den Nachunternehmen noch Feinabsprachen zum terminlichen Ablauf, zur notwendigen Kapazität und zum Personaleinsatz erfolgen?				
10.4	Sind Korrekturen der bestehenden Vereinbarungen mit Nachunternehmen erforderlich?				
10.5	Ergibt sich aus der Feinplanung die Notwendigkeit, weitere Leistungen an Nachunternehmen zu vergeben?				

Checkliste 3.3: Vorbereitung der Bauleitung (Fortsetzung)

			JA	NEIN	BEARBEITUNG
10.6	Ist es erforderlich, die schriftliche Zustimmung des Auftraggebers zum zusätzlichen Einsatz von Nachunternehmen einzuholen, da die betroffenen Leistungen auch im eigenen Betrieb ausgeführt werden könnten?				
11	**Einrichten der Baustelle**				
11.1	Ist der Unternehmer-Bauleiter – in Ermangelung einer ausreichenden betrieblichen Arbeits-vorbereitung – für die Gestaltung, den Umfang und das Erstellen der Baustelleneinrichtung selbst verantwortlich?				
11.2	Wurde das Einrichten der Baustelle im Vertrags-Leistungsverzeichnis als gesonderte Position ausgeschrieben?				
11.3	Werden die mit der Baustelleneinrichtung verbundenen Kosten über die Baustellen-gemeinkosten erfasst und abgerechnet?				
11.4	Liegt die Belegschaftsstärke in Abhängigkeit zum Bauablaufplan als Grundlage für die Berechnung der Baustelleneinrichtung fest?				
11.5	Kann die Art und Anzahl der erforderlichen Hebezeuge ermittelt werden?				
11.6	Liegen die Art der Unterkünfte und ihre vom Bauablaufplan abhängige Kapazität fest?				
11.7	Wird für die Baustelleneinrichtung eine gesonderte Planung erstellt?				
12	**Baustellenorganisation**				
12.1	Sind geeignete Festlegungen zu treffen über die Durchführung regelmäßiger Bauberatung (Jour fixe)?				
12.2	Wird die Führung eines Bautagebuchs angeordnet und werden Festlegungen zum Inhalt und zur Verantwortlichkeit getroffen?				
12.3	Wie wird zwischen den Bauberatungen die laufende Terminsteuerung organisiert?				
12.4	Liegen die Prozeduren fest, wie der Unternehmer-Bauleiter bei Störungen im Bauablauf infolge unverschuldeter Behinderungen zu verfahren hat?				

Checkliste 3.3: Vorbereitung der Bauleitung (Fortsetzung)

		JA	NEIN	BEARBEITUNG
12.5	Welche Regelungen werden für die Erfüllung der Unternehmerpflicht getroffen, Bedenken anzumelden?			
12.6	Liegt das Prozedere fest, wie auf der Baustelle verfahren wird, wenn die Notwendigkeit einer Nachtragsvereinbarung erkannt wird?			
12.7	Wie werden bereits im Unternehmen bestehende Regelungen zum Qualitätsmanagement auf der Baustelle umgesetzt?			
12.8	Gibt es spezifische Festlegungen des Unternehmer-Bauleiters, die sich aus den Vorschriften der Baustellenverordnung für seine Baustelle ableiten?			
13	**Informationen aus dem Architekten-/Ingenieurvertrag**			
13.1	Besteht zwischen dem Bauherrn und dem mit der Objektüberwachung beauftragten Büro ein schriftlicher Vertrag und steht dem überwachenden Bauleiter dieser Vertrag zur Verfügung?			
13.2	Ist der Architekten-/Ingenieurvertrag als Ergebnis einer mündlichen Absprache (konkludent) zustande gekommen?			
13.3	Hat der mit der Objektüberwachung beauftragte überwachende Bauleiter bereits an anderen Leistungsphasen im Zusammenhang mit der Planung und Vorbereitung des Vorhabens mitgewirkt?			
13.4	Hat der Bauherr innerhalb der Leistungsphase 8 (Objektüberwachung) alle Grundleistungen übertragen?			
13.5	Wurde durch den Bauherrn ein Teil der Grundleistungen nicht übertragen, weil er diese selbst ausführen will?			
13.6	Wurde durch den Bauherrn ein Teil der Grundleistungen nicht übertragen, weil diese aufgrund spezieller Eigenschaften des Vorhabens nicht ausgeführt werden müssen?			
13.7	Hat sich der Auftraggeber ein individuelles Leistungspaket aus verschiedenen Grundleistungen zusammengestellt?			
13.8	Wurde das Honorar schriftlich vereinbart?			

Checkliste 3.3: Vorbereitung der Bauleitung (Fortsetzung)

			JA	NEIN	BEARBEITUNG
13.9	Ist die Honorarzone für das Bauwerk eindeutig zugeordnet?				
13.10	Wurde eine Pauschalhonorarvereinbarung in den Vertrag aufgenommen?				
13.11	Wurden – ggf. durch ein anderes Büro – in der Leistungsphase 2 die Kostenschätzung, in der Leistungsphase 3 die Kostenberechnung und in der Leistungsphase 7 der Kostenanschlag erarbeitet?				
13.12	Erwartet der Auftraggeber im Zusammenhang mit der Objektüberwachung das Erstellen der Kostenfeststellung?				
13.13	Bewegt sich das o. g. Pauschalhonorar innerhalb des zulässigen Rahmens zwischen Mindest- und Höchstsätzen?				
13.14	Wurden bei der Pauschalhonorarvereinbarung die Mindestsätze unterschritten und ist den Vertragspartnern bekannt, dass in diesem Fall der Mindestsatz der HOAI gilt?				
14	**Informationen aus dem Bauvertrag**				
14.1	Hat der Auftraggeber dem überwachenden Bauleiter alle relevanten Unterlagen aus dem Vertrag (Baubeschreibung, Leistungsverzeichnis, Zeichnungen, Besondere Vertragsbedingungen, Zusätzliche Vertragsbedingungen, Verhandlungsprotokoll, EFB-Formblätter, Beratungsprotokolle, Schriftverkehr) zur Verfügung gestellt?				
14.2	Ergibt sich aus dem Studium der vorgenannten Unterlagen die Notwendigkeit, Spezialisten (Fachbauleiter) einzubeziehen?				
14.3	Hat der Auftragnehmer die Angebotskalkulation verschlossen beim Auftraggeber hinterlegt?				
14.4	Enthält der Vertrag eine Gleitklausel für eventuelle Preisanpassungen bei Lohn und Stoffen?				
14.5	Sind Detaillierungsgrad und Betrachtungshorizont des vom Auftragnehmer vorgelegten Bauablaufplans transparent, logisch und ausreichend?				
14.6	Ist unverzüglich eine Detailablaufplanung einzuleiten?				

Checkliste 3.3: Vorbereitung der Bauleitung (Fortsetzung)

			JA	NEIN	BEARBEITUNG
14.7	Gibt es klare Sanktionen, die für den Fall einer Fristverletzung im Vertrag vereinbart sind und erlassen werden können?				
14.8	Sind die vertraglichen Vereinbarungen zur Abrechnung, Rechnungslegung, Zahlung und zu Sicherheitsleistungen eindeutig und nachvollziehbar?				
14.9	Sind im Bauvertrag spezielle Regelungen für den Umgang mit Nachtragsforderungen enthalten?				
14.10	Gibt es besondere/von der VOB abweichende Regelungen zur Verjährung von Mängelansprüchen im Vertrag?				
14.11	Gibt es besondere Gutachten, Auflagen oder Forderungen Dritter, die bei der Vorbereitung auf die Bauüberwachung noch zu beachten sind?				
15	**Informationen aus der Planung**				
15.1	Wird die Ausführungsplanung zum Baubeginn abgeschlossen sein?				
15.2	Muss mit „gleitender Planung" gearbeitet werden, da wegen kurzer Vorbereitungsfristen kein Planungsvorlauf geschaffen werden konnte?				
15.3	Sind operative und kurzfristige Änderungen durch den Auftraggeber der Grund für mangelnden Planungsvorlauf?				
15.4	Sind Subplaner (Spezialisten) eingeschaltet und muss mit diesen zur Übergabe und Übernahme von Informationen direkt Kontakt aufgenommen werden?				
15.5	Gibt es besondere planerische Unterlagen, die der Auftragnehmer für die Ausführung seiner Leistung selbst zu erstellen bzw. gemäß ATV der VOB/C vorzulegen hat?				
16	**Informationen aus der Baustellenbegehung**				
16.1	Sind dem überwachenden Bauleiter die genaue Lage der Baustelle, die Möglichkeit und der Zustand der Zufahrt sowie die für die Bauausführung wichtigsten Umgebungsbedingungen bekannt?				
16.2	Muss der Auftragnehmer noch spezielle Hinweise zu Verkehrsbeschränkungen und zu den für den Verkehr freizuhaltenden Flächen bekommen?				

Checkliste 3.3: Vorbereitung der Bauleitung (Fortsetzung)

			JA	NEIN	BEARBEITUNG
16.3	Bestehen für die Baustelle besondere Vorgaben zur Beseitigung von Abwasser und Abfall und muss der Auftragnehmer hierüber noch belehrt werden?				
16.4	Liegt die Baustelle innerhalb eines Schutzgebiets und muss deshalb der Auftragnehmer besondere Schutzzeiten beachten?				
16.5	Liegen Ergebnisse von Erkundungs- und Beräumungsmaßnahmen vor, die den Schluss zulassen, dass im Bereich der Baustelle noch Kampfmittel zu vermuten sind?				
16.6	Müssen Informationen, Festlegungen und Maßnahmen erfolgen, weil z. B. der Boden, die Gewässer, die Luft oder die zu beseitigenden Stoffe und Bauteile schadstoffbelastet sind?				
16.7	Hat die Geländeform – speziell die Geländeneigung – Einfluss auf die Errichtung des Bauwerks?				
16.8	Werden bei der Besichtigung der Baustelle Hindernisse für die Bauausführung erkannt, die entweder beseitigt oder durch spezielle Maßnahmen geschützt werden müssen?				
16.9	Sind die Grenzen zu Nachbargrundstücken definiert bzw. müssen mit den Grundstücksnachbarn noch Absprachen getroffen werden?				
16.10	Sind Entnahmestellen und Kippen für Boden in Baustellennähe vorhanden?				
16.11	Befinden sich im Bereich der Baustelle Leitungen, Kabel, Kanäle und Bauwerke, und sind deren Eigentümer bekannt?				
16.12	Bilden oberirdisch verlegte Leitungen Hindernisse für die Ausführung der Bauleistungen?				
16.13	Können die oberirdischen Leitungen provisorisch verlegt werden, und mit welchen Stellen muss hierzu verhandelt werden?				
16.14	Muss der Auftragnehmer auf Lichtraumprofile bei Unterführungen und Durchfahrten aufmerksam gemacht werden?				
16.15	Wird es voraussichtlich nötig sein, Straßen vollständig oder teilweise zu sperren?				

Checkliste 3.3: Vorbereitung der Bauleitung (Fortsetzung)

		JA	NEIN	BEARBEITUNG
16.16	Müssen voraussichtlich Umleitungen eingerichtet werden?			
16.17	Müssen besondere Anordnungen der Eigentümer von Leitungen, Kanälen, Kabeln, Bauwerken und dergleichen bei der Ausführung beachtet werden?			
17	**Informationen zur Baustelleneinrichtung**			
17.1	Hat der Auftragnehmer seine Konzeption zur Baustelleneinrichtung bereits mit dem Angebot vorgelegt?			
17.2	Sind die für Baustelleneinrichtungszwecke vorhandenen Flächen ausreichend?			
17.3	Ist das Anmieten von Nachbarflächen erforderlich?			
17.4	Gibt es Flächen, die mehrere Auftragnehmer gemeinsam/nacheinander nutzen müssen?			
17.5	Befinden sich auf der Baustelle oder in unmittelbarer Nähe Anschlüsse für Wasser, Energie und Abwasser, und unter welchen Bedingungen werden diese dem Auftragnehmer zur Nutzung überlassen?			
17.6	Sind hinsichtlich der Baustelleneinrichtung besondere umweltrechtliche Vorschriften und Auflagen von Behörden zu beachten?			
17.7	Muss der Auftragnehmer besondere Auflagen zum Schutz vorhandener baulicher Anlagen, Bauwerksteile, Grenzsteine und dergleichen erhalten?			
17.8	Hat der Auftraggeber Teile einer Baustelleneinrichtung selbst erstellt; unter welchen Bedingungen werden diese den Ausführenden zur Verfügung gestellt?			
17.9	Ist der Auftraggeber in der Lage, den auf der Baustelle tätigen Unternehmen eine Möglichkeit für Verpflegung und Pausenversorgung der Mitarbeiter anzubieten?			
18	**Vorbereitung auf die gemäß HOAI zu erledigenden Grundleistungen**			
18.1	Hat der Bauherr (z. B. bei Ingenieurbauwerken und Verkehrsanlagen) die Bauoberleitung und die örtliche Bauüberwachung getrennt und 2 verschiedenen Auftragnehmern übertragen?			

Checkliste 3.3: Vorbereitung der Bauleitung (Fortsetzung)

		JA	NEIN	BEARBEITUNG
18.2	Macht die Bauoberleitung im Zusammenhang mit ihrer Aufsicht über die örtliche Bauüberwachung von ihrem Recht Gebrauch, Weisungen zu erteilen?			
18.3	Wird dabei beachtet, dass Eingriffe in den Vertrag der örtlichen Bauüberwachung mit dem Bauherrn (z. B. Entzug des Auftrags, Verhängung von Sanktionen, Minderung von Honorar usw.) im Zuständigkeitsbereich des Bauherrn verbleiben?			
18.4	Liegen die zur Überwachung der Ausführung nötigen Unterlagen der Ausführungsplanung vor?			
18.5	Liegt die Baugenehmigung vor und enthält sie unbedingt umzusetzende Auflagen?			
18.6	Verfügt der überwachende Bauleiter über die aktuellen, zum Zeitpunkt der Abnahme gültigen DIN-Vorschriften – insbesondere der ATV der VOB/C?			
18.7	Sorgt der überwachende Bauleiter dafür, dass grundsätzlich nur DIN-gerechte oder behördlich zugelassene Baustoffe oder Bauteile verwendet werden und dass Stoffe und Bauteile, für die weder DIN-Normen bestehen noch eine amtliche Zulassung vorgesehen ist, nur mit Zustimmung des Bauherrn verwendet werden dürfen?			
18.8	Trifft den überwachenden Bauleiter eine erhöhte Prüfungs- und Überwachungspflicht, weil neuartige, nicht abschließend erprobte Konstruktionen und Materialien verwendet werden (Anmeldung von Bedenken)?			
18.9	Muss dem Bauherrn das Hinzuziehen eines Sonderfachmanns (Fachbauleiter) empfohlen werden?			
18.10	Konzentriert der überwachende Bauleiter seine Anwesenheit auf der Baustelle auf die für das Gelingen des Bauwerks wichtigen Bauabschnitte (z. B. Festlegung der Hauptachsen, Gründungs- und Fundamentarbeiten, Abdichtungsmaßnahmen, Einhaltung der Bewehrungspläne, Dehnungsfugen, Dachkonstruktionen usw.)?			
18.11	Überzeugt sich der überwachende Bauleiter durch eigene Stichproben von der Zuverlässigkeit und Qualität der Leistungen des Auftragnehmers?			
18.12	Trifft den überwachenden Bauleiter eine erhöhte Überwachungspflicht, da Ausführungsmängel aufgetreten sind?			

Checkliste 3.3: Vorbereitung der Bauleitung (Fortsetzung)

		JA	NEIN	BEARBEITUNG
18.13	Ist vor Baubeginn eine Beweissicherung über den Zustand der Straßen und Geländeoberfläche, der Vorfluter und Vorflutleitungen sowie der baulichen Anlagen im Baubereich durchzuführen, indem eine von Auftraggeber und Auftragnehmer anzuerkennende Niederschrift angefertigt wird?			
18.14	Kontrolliert der überwachende Bauleiter die Pflichten des Auftragnehmers gemäß ATV der VOB/C an Ausführungsunterlagen mitzuwirken?			
18.15	Kennt der überwachende Bauleiter die formalen Anforderungen an eine vom Auftragnehmer eingereichte Behinderungsanzeige (schriftlich, unverzüglich, begründet, richtig adressiert)?			
18.16	Wird der überwachende Bauleiter dem Bauherrn die Ablehnung einer Behinderungsanzeige empfehlen, wenn der Auftragnehmer damit offensichtlich nur seine eigene Leistungsunfähigkeit, die Mangelhaftigkeit seiner Leistung oder die Auswirkungen normaler Witterungseinflüsse verdecken will?			
18.17	Müssen in Verantwortung des Bauherrn noch die Hauptachsen der baulichen Anlagen und die Grenzen des Baugeländes abgesteckt werden?			
18.18	Will der Bauherr für die vorgenannten Leistungen ein Vermessungsbüro einschalten?			
18.19	Erscheint es nach Prüfung der technischen und materiellen Voraussetzung möglich, die vorgenannten Vermessungsarbeiten durch den Auftragnehmer – gegen angemessene Vergütung – ausführen zu lassen?			
18.20	Sind aufgrund der Spezifik des Bauvorhabens weitere Spezialisten an der Objektüberwachung beteiligt, und ist deren Koordinierung vorzubereiten?			
18.21	Werden für die Errichtung des Bauwerks Fertigteile benötigt und ist es zweckmäßig, dass sich der überwachende Bauleiter durch Stichproben von der Qualität der Herstellung überzeugt?			
18.22	Erfüllt der überwachende Bauleiter seine Verpflichtung, einen Zeitplan aufzustellen?			
18.23	Liegen für den Zeitplan die Zuarbeiten der Auftragnehmer vor; sind Differenzen zu klären?			

Checkliste 3.3: Vorbereitung der Bauleitung (Fortsetzung)

			JA	NEIN	BEARBEITUNG
18.24	Ist noch zu entscheiden, nach welchem Modell (Balkendiagramm, Zyklogramm, Netzplan) die Ablaufplanung erfolgen soll?				
18.25	Enthält der Vertrag eine Vereinbarung über Vertragsstrafen, und ist diese unter Beachtung der Höhe insgesamt und pro Tag wirksam?				
18.26	Steht das vom überwachenden Bauleiter zu führende Bautagebuch zur Verfügung und ist es für das zu überwachende Vorhaben eingerichtet?				
18.27	Hat der Auftragnehmer den Partner des überwachenden Bauleiters für ein ggf. gemeinsam zu erstellendes Aufmaß genannt?				
18.28	Ist – in Abhängigkeit von der Vergütungsart – ein Aufmaß der erbrachten Leistungen überhaupt erforderlich?				
18.29	Gibt es besondere Festlegungen im Bauvertrag zur Form der Abnahme?				
18.30	Wurde der überwachende Bauleiter im Vertrag mit dem Bauherrn bevollmächtigt, neben der Feststellung des Zustands von Teilen der Leistung auch rechtsgeschäftliche Teilabnahmen vorzubereiten und durchzuführen?				
18.31	Wie erfolgt die Abnahme der Leistungen der Nachunternehmen?				
18.32	Welche bauvertraglichen Festlegungen hinsichtlich der Mängelansprüche des Bauherrn muss der überwachende Bauleiter gegenüber dem Auftragnehmer bei der Vorbereitung seiner Tätigkeit beachten?				
18.33	Sind dem überwachenden Bauleiter die qualitativen Anforderungen an die Abrechnung erbrachter Bauleistungen und die damit verbundene Rechnungslegung bekannt?				
18.34	Sind im Bauvertrag Abschlagszahlungen vereinbart?				
18.35	Sind dem überwachenden Bauleiter die Kriterien für die Prüffähigkeit einer Rechnung bekannt?				
18.36	Ist der überwachende Bauleiter auf die Verfahrensweise beim Umgang mit Stundenlohnarbeiten vorbereitet?				

Checkliste 3.3: Vorbereitung der Bauleitung (Fortsetzung)

			JA	NEIN	BEARBEITUNG
18.37	Gibt es besondere Vorarbeiten, die für die am Ende der Ausführung durch den überwachenden Bauleiter zu erstellende Kostenfeststellung erforderlich sind?				
18.38	Liegt das Organisationsschema fest, mit dem der überwachende Bauleiter über den gesamten Ablauf des Bauvorhabens die Kostenkontrolle durchführt?				
19	**Beratungspflichten und Haftung des überwachenden Bauleiters**				
19.1	Ist der überwachende Bauleiter bereits an der Ausarbeitung von Verträgen beteiligt?				
19.2	Verfügt der überwachende Bauleiter über die erforderlichen Rechtskenntnisse, um bei Abweichungen des Auftragnehmers von vertraglichen Vereinbarungen dem Bauherrn geeignete Empfehlungen geben zu können?				
19.3	Ist der überwachende Bauleiter in der Lage, den Bauherrn in finanzieller Hinsicht, z. B. bei drohenden Kostenüberschreitungen, über geeignete Vorsorge oder Abhilfe zu beraten?				
19.4	Kann der überwachende Bauleiter den Bauherrn bei der Offenlegung der (beim Bauherrn verschlossen hinterlegten) Basiskalkulation im Hinblick auf die Beurteilung der Angemessenheit von Vergütungsforderungen des Auftragnehmers beraten und unterstützen?				
19.5	Ist der überwachende Bauleiter in der Lage, die zu erwartenden Nachtragsforderungen des Auftragnehmers hinsichtlich der Anspruchsvoraussetzungen zu prüfen und dem Bauherrn entsprechende Entscheidungsvorschläge zu unterbreiten?				
19.6	Kennt der überwachende Bauleiter die Einzelheiten der Vorgehensweise zur Anpassung der Vergütung bei Mengenabweichungen unterhalb und oberhalb von 10 %, bei Selbstübernahme/Teilkündigung von Leistungen, bei Bauentwurfsänderung und bei Übertragung zusätzlicher Leistungen?				

nennen, die für den Baubeginn relevant sein können), so notiert er sich diese zunächst in einer Liste von zu klärenden Punkten.

Für den überwachenden Bauleiter ist es ebenfalls wichtig, dass er alle relevanten Dokumente zur Baustelle vollständig von seinem Bauherrn bzw. Auftraggeber erhält. Insbesondere sollte er mindestens den gleichen Informationsstand haben wie die beauftragten Bauunternehmen. Andernfalls kann er seiner Aufgabe als Repräsentant des Auftraggebers nur unzureichend nachkommen.

Der Unternehmer-Bauleiter ist dagegen häufig darauf ausgerichtet, erst einmal festzustellen, welche Dokumente des Auftraggebers im Zuge des Vertragsschlusses festgeschrieben wurden. Insbesondere diese sind für ihn relevant, um das Bau-Soll zu erfassen, also die Leistungen, die vertraglich zu erbringen, und die Rahmenbedingungen, die dabei zu beachten sind. Alle weiteren danach noch vom Auftraggeber gelieferten Unterlagen könnten möglicherweise bereits Ursache einer Leistungsänderung und damit Potenzial für spätere Nachträge sein (siehe Kapitel 4.6.3).

Der Unternehmer-Bauleiter muss gleichwohl prüfen, ob er mit den Unterlagen, die er vom Auftraggeber erhalten hat, in der Lage ist, die Arbeiten zu beginnen. Häufig fehlen dazu noch wichtige begleitende Dokumente, wie z. B. die Baugenehmigung oder die Unterschrift des Bauherrn zur Freigabe der Ausführungszeichnungen.

Für den Unternehmer-Bauleiter ist weiterhin wichtig, dass er alle relevanten internen Informationen erhält, die das Bauunternehmen schon im Zuge der Angebotserstellung und möglicherweise der Verhandlungen mit dem Auftraggeber erarbeitet hat. Hierzu gehören die Vorstudien zur Arbeitsvorbereitung und die Kalkulationsunterlagen. Da diese Informationen in der Hektik der Angebotsphase oft nur in Form von Skizzen, Notizen und Entwürfen existieren, sollten diese von den Kollegen aus der Kalkulationsabteilung oder aus der Arbeitsvorbereitung übergeben und dabei ausführlich erläutert werden.

Mit der Sammlung relevanter Kontaktdaten kann der Unternehmer-Bauleiter nicht früh genug beginnen. Die Liste aller relevanten Ansprechpartner wird gerade zu Beginn schnell wachsen, wobei nicht jeder Kontakt, z. B. im Baustellenumfeld, später noch benötigt wird. Doch Baustellenbeginn ist auch die Zeit des Sammelns jeglicher verfügbarer Information, die ggf. weiterhelfen könnte.

Explizit für die Baustelle selbst sollte jeder Bauleiter eine Liste mit relevanten Kontaktdaten führen, siehe Tabelle 3.3. Diese sollte mindestens beinhalten: Name, Firma, Funktion bei diesem Bauprojekt, Telefonnummer, Handynummer, Fax, E-Mail-Adresse. Weitere Angaben wie Postanschrift, private Telefonnummer, Vertreter im Amt, Website u. Ä. hängen eher davon ab, in welcher Funktion der jeweilige Kontakt voraussichtlich genutzt werden wird. Es hat sich bewährt, diese Liste nach folgenden Rubriken zu klassifizieren: Auftraggeber (einschließlich seiner Fachingenieure), Behörden (einschließlich der Prüfämter), Auftragnehmer und ggf. deren Nachunternehmer, Lieferanten, Nachbarn und Sonstige.

Tabelle 3.3: Verantwortliche Personen für das Bauprojekt

Firma	Name, Position	ggf. Vorname	ggf. Adresse	Fax	E-Mail	Telefon	Mobiltelefon
Bauherr							
...	...	...	...	...	...	...	...
überwachender Bauleiter							
...							
Unternehmer-Bauleiter							
...							
Nutzer							
...							
Architekten und Planer							
...							
ausführende Bauunternehmen							
...							
Lieferanten							
...							

Praxistipp zur Liste der verantwortlichen Personen

Es sollte darauf geachtet werden, dass auch die eigenen Kontaktdaten vollständig auf der Adressenliste stehen, ebenfalls mit der Angabe der Funktion für die Baustelle. So kann die Liste stets als „besonderer Service" an alle Beteiligten weitergegeben werden, und es ist sichergestellt, dass die gegenseitige Erreichbarkeit funktioniert.

Auch in Zeiten der schier unendlichen Speichermöglichkeiten von Kontakten auf Smartphones und mobilen Computern ist es immer noch äußerst hilfreich, eine besondere Gruppierung der für die Baustelle relevanten Personen zusammenzustellen und dabei auch explizit deren Funktionen in diesem Projekt auszuweisen. Der übliche Austausch von Visitenkarten genügt dafür nicht.

Ein weiteres nützliches Ordnungselement ist die Zuständigkeitsmatrix. Besonders bei großen Baustellen mit vielen Beteiligten, mit Oberbauleitern, Spezialbauleitern und mehreren Abschnittsbauleitern aufseiten des Bauunternehmens sollten die unternehmensinternen Aufgaben klar zugeordnet sein. Eine solche Zuordnung zeigt Abb. 3.12. Auch hier bewährt es sich, wenn die interne Festlegung ebenso nach außen kommuniziert wird, d. h., die Übersicht sollte so erstellt werden, dass sie den Projektpartnern bekannt gemacht wird und auch gedruckt ausgehändigt werden kann.

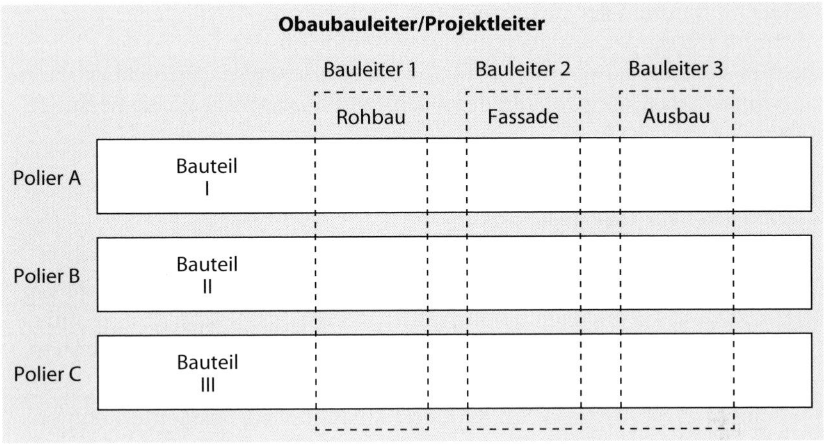

Abb. 3.12: Zuständigkeitsmatrix von Bauleitern und Polieren für mehrere Bauteile und Leistungsabschnitte

3.3.2 Startgespräche mit Bauunternehmen

Für jedes Gewerk, das neu auf der Baustelle tätig wird, sollte der überwachende Bauleiter ein Startgespräch anberaumen. Hierzu lädt er den verantwortlichen Teilbauleiter des neu beginnenden Gewerks einige Tage, je nach Gewerk sogar bis zu mehrere Wochen vor Beginn der eigentlichen Arbeiten zu einem Auftaktgespräch auf die Baustelle ein.

Das Gespräch hat mehrere Funktionen. Zunächst dient es dazu, sich gegenseitig kennenzulernen. Es ist auch beabsichtigt, das Bauunternehmen zu veranlassen, rechtzeitig die für die Baustelle handelnden Personen wie Unternehmer-Bauleiter, Polier usw. zu benennen und den Vertretern des Auftraggebers auf der Baustelle zu präsentieren. Im Gespräch werden die groben Vorstellungen beider Seiten zur Ausführung der Arbeiten und zur Verflechtung mit den übrigen auf der Baustelle tätigen Gewerken ausgetauscht und mögliche Konfliktpunkte identifiziert.

Erfahrungsgemäß beginnen diese Gespräche manchmal etwas „zäh", weil keine der beiden Parteien große mögliche Schwierigkeiten sieht. Je mehr sich aber die Beteiligten gegenseitig über ihre beabsichtigte Vorgehensweise informieren, desto mehr Anhaltspunkte für noch zu klärende Detailfragen ergeben sich i. d. R.

Falls im Bauvertrag noch nicht festgelegt ist, welche Personen des Bauunternehmens auf der Baustelle verantwortlich eingesetzt werden, so ist das Startgespräch eine gute Gelegenheit, dies festzuschreiben. Hier wird dann gleich die Adressenliste und die Liste der Ansprechpartner auf der Baustelle vervollständigt.

Liegt das Startgespräch relativ weit vor dem tatsächlichen Beginn der Arbeiten, wie das i. d. R. bei Gewerken mit einem hohen Vorfertigungsgrad, z. B. einer vorgehängten Fassade, der Fall sein sollte, so sollte der überwachende Bauleiter kurz vor dem Beginn der eigentlichen Montage nochmals zu einem Koordinierungsgespräch einladen. Dieses Gespräch kann dann bereits im Rahmen der turnusmäßigen Bauberatung stattfinden. Neben der Abstimmung der letzten noch unklaren Punkte für den Beginn der Montage dient es auch dazu, nochmals auf indirekte Weise und nachdrücklich daran zu erinnern, dass die Arbeiten demnächst auf dieser Baustelle zu beginnen haben.

Praxistipp zum Vorgespräch

Achten Sie darauf, dass das Baustellenstartgespräch bereits die „Handschrift" des überwachenden Bauleiters trägt. Klare und verlässliche Ansagen sowie die unmissverständliche Klärung von Ansprechpartnern und Leistungsgrenzen auf beiden Seiten erhöhen das gegenseitige Vertrauen und erleichtern das spätere Miteinander.

Erscheint zum Startgespräch der Geschäftsführer des Nachunternehmers allein, sendet er dann zur Bauberatung unmittelbar vor Arbeitsaufnahme einen anderen, nicht eingewiesenen Bauleiter, und schickt er schließlich zu Arbeitsbeginn erneut eine nicht informierte Arbeitskolonne, so muss ggf. die Einweisung und Erläuterung dreimal wiederholt werden. Solch mangelnde Kommunikation aufseiten der Partner sollten deutlich kritisiert und somit von vornherein unterbunden werden.

Das Baustellenstartgespräch zwischen Auftraggeber und Bauunternehmen dient nicht allein dem Informationsaustausch, sondern schafft auch die richtige Atmosphäre des Miteinanders. Eine verbesserte und frühzeitige Kommunikation über geplante Anliegen und möglicherweise zu erwartende Schwierigkeiten trägt dazu bei, dass die Beteiligten sich noch intensiver in die vor ihnen liegenden Aufgaben eindenken. Diese gemeinsamen, häufig sehr intensiven Gespräche finden sich auch als ein Aspekt des zurzeit recht populären Lean Construction wieder.

3.3.3 Infrastruktur der Baustelleneinrichtung

Häufig werden einige generelle Rahmenbedingungen bereits in den Raumordnungs- oder Baugenehmigungsverfahren festgelegt. Dies kann die Art der Zufahrten zur Baustelle und die Nutzung umliegender Straßennetze betreffen, den Schutz von Natur und Wassergewinnungsgebieten u. v. m. Beispielsweise kann die Anzahl der Lkw begrenzt sein, die die Baustelle täglich anfahren dürfen. Es kann eine Einschränkung der täglichen Arbeitszeit auf der Baustelle geben, wie z. B. in Kur- und Erholungsgebieten, oder sogar ganze Saisonzeiten können für die Bautätigkeit ausgeschlossen werden, z. B. während der Brutzeit bestimmter Vogelarten.

Dennoch ergeben sich i. d. R. für den Unternehmer-Bauleiter große Freiheiten in der Gestaltung der Baustelleneinrichtung. Um die hierin liegenden Möglichkeiten kommunizierbar und damit für alle Beteiligten nutzbar zu machen, sollte der Unternehmer-Bauleiter stets einen Baustelleneinrichtungsplan aufstellen. Dazu genügt in einfachen Fällen eine verständliche Skizze, während der Baustelleneinrichtungsplan, abgekürzt BE-Plan, bei komplexeren Baustellen meist von einem technischen Büro oder einer

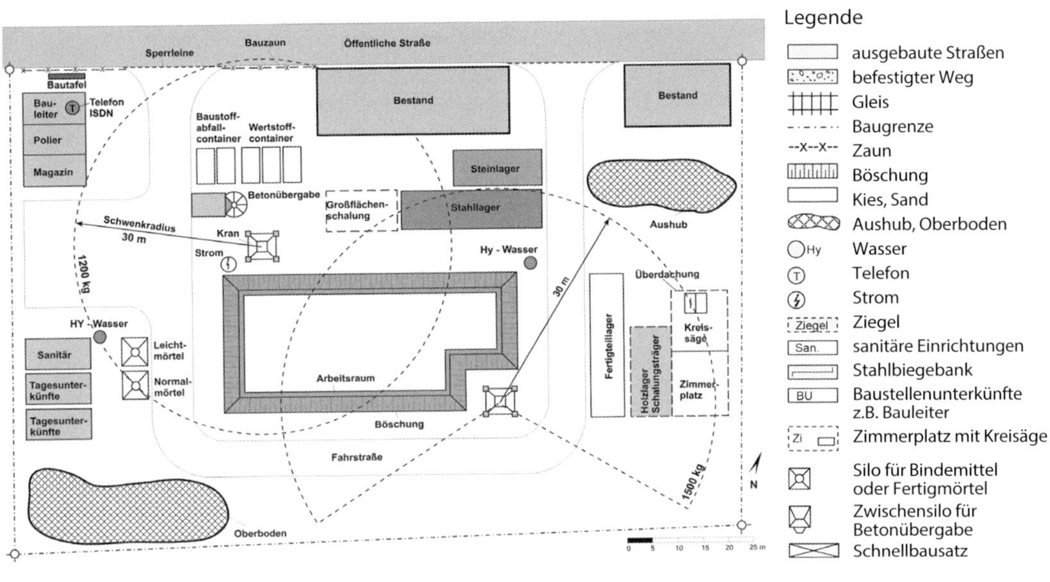

Planungsbüro			
Bauvorhaben		Bauherr	
Zeichnungsinhalt		Maßstab	Zeichnungs-Nr.
Datum	bearbeitet	Datum	geändert

Abb. 3.13: Baustelleneinrichtungsplan für die Rohbauphase

Abteilung für Arbeitsvorbereitung entwickelt und maßstabsgerecht gezeichnet wird.

Basis des BE-Plans ist das zu erstellende Bauwerk. Dieses sollte in jedem BE-Plan in geeigneter Form abgebildet sein, auch wenn es zum Zeitpunkt, für den der BE-Plan aufgestellt wird, noch nicht vorhanden ist. Es erleichtert den Fachleuten im Übrigen die Orientierung auf dem Plan.

Da der BE-Plan auch eine gute Hilfe ist, Nichtbauleute (z. B. Lieferanten) auf der Baustelle zu orientieren, ist die Verwendung von zeichnerischen Darstellungen in Anlehnung an übliche Straßenkarten oder Navigationssysteme praktisch. International verwendete Piktogramme können darüber hinaus die Verständlichkeit auch für Baustellenmitarbeiter, die kein Deutsch sprechen, verbessern.

Die für den Ablauf wesentlichen Einrichtungen sollten mit entsprechenden Informationen zur Dimensionierung oder Vermaßung ausgewiesen sein. Dieses sind üblicherweise die Transporteinrichtungen wie Hebezeuge und Aufzüge. So gehören zu jedem Turmdrehkran neben seiner Position relativ zum Bauwerk die maximale Ausladung des Kranauslegers und die zugehörige Maximallast am Kranhaken. Bei Bauaufzügen sollten deren innere Abmessungen, die Türbreite und die Tragfähigkeit des Aufzugskorbs vermerkt sein. An Engstellen von Straßen und Toren sollten lichte Durchfahrtsbreite und -höhe angegeben sein.

Ausladung und Tragfähigkeit Radius and capacity / Portée et charge / Sbraccio e portata / Alcances y cargas / Alcance e capacidade de carga / Вылет и грузоподъемность

154 EC-H 10 FR.tronic®

m r	m/kg	14,0	17,0	20,0	23,0	26,0	29,0	32,0	35,0	40,0	45,0	50,0	55,0	60,0
60,0 (r=61,4)	2,2–13,0 10000	9160	7350	6090	5160	4450	3890	3440	3060	2560	2170	1860	1610	**1400**
55,0 (r=56,4)	2,2–14,2 10000	10000	8140	6760	5740	4960	4350	3850	3440	2890	2470	2130	**1850**	
50,0 (r=51,4)	2,2–15,6 10000	10000	9100	7570	6450	5590	4910	4360	3900	3300	2830	**2450**		
45,0 (r=46,4)	2,2–16,3 10000	10000	9570	7970	6790	5890	5180	4600	4130	3490	**3000**			
40,0 (r=41,4)	2,2–17,3 10000	10000	10000	8490	7250	6290	5540	4930	4420	**3750**				

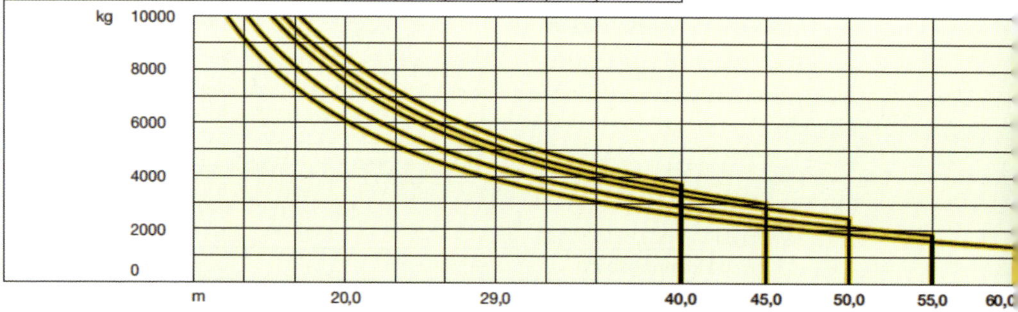

Abb. 3.14: Tragfähigkeitsdiagramm für einen Turmdrehkran (Quelle: www.liebherr.com)

Der BE-Plan ist für den Unternehmer-Bauleiter einerseits Arbeitspapier, andererseits auch offizielles Dokument. Daher gehört auch auf BE-Pläne ein Planspiegel und ein Erstell- und Freigabedatum und -zeichen wie auf jeden anderen Ausführungsplan. Ebenfalls ist ein Feld für den Revisionsindex vorzusehen. Zu unterscheiden von dem einfachen Index sind BE-Pläne, die zwar für das gleiche Gelände, aber gezielt für spätere Phasen der Bautätigkeit erstellt werden (siehe Abb. 3.13).

Baustelleneinrichtungen sind nicht statisch. Sie sind dem Verlauf der Baustelle immer wieder anzupassen und unterliegen daher gravierenden Änderungen. Das spiegelt sich in der Fortschreibung bzw. in Neuauflagen des BE-Plans wider. Deshalb besteht auch ein großer Unterschied zwischen einem BE-Plan in der Gründungsphase, wenn z. B. eine geböschte Baugrube vorhanden ist und daher rundherum um den Baukörper Flächen wegen der Böschung nicht nutzbar sind, und der Ausbauphase, in der die Gräben um das Gebäude bereits verfüllt sind und somit der Baukörper von allen Seiten erreichbar ist. Ein Unternehmer-Bauleiter sollte sich daher frühzeitig überlegen, für welche Phasen ein neuer BE-Plan zu erstellen ist.

Weitere nützliche Angaben im BE-Plan ergeben sich aus dem Aufgabenspektrum der Bauleitung für ein spezifisches Projekt. Abb. 3.13 kann daher nur einige Beispiele für geeignete Informationen auf dem BE-Plan liefern. Für genauere Details wird dann auf separate Informationen zurückgegriffen, beispielsweise auf die Tragfähigkeitsdiagramme der Kranhersteller, die i. d. R. auch im Internet verfügbar sind (siehe Abb. 3.14).

3.3.4 Koordination mehrerer Gewerke

Werden mehrere Gewerke auf einer Baustelle nebeneinander oder nacheinander tätig, so sind deren Arbeiten vom überwachenden Bauleiter zu koordinieren. Falls er noch keine konkrete Vorstellung von den internen Abläufen einzelner Gewerke hat, so sollte er sich rechtzeitig dazu kundig machen. Dabei hilft ihm das Startgespräch mit dem jeweiligen Gewerk (siehe Kapitel 3.3.2). Auch erfahrene Bauleiter nutzen diese Vorgespräche intensiv, um sich mit den neuesten Arbeitsmethoden von Nachgewerken vertraut zu machen. Informationen, die ein überwachender Bauleiter auf diese Weise frühzeitig gesammelt hat, kann er häufig im Laufe der weiteren Tätigkeit nutzbringend anwenden, z. B. wenn er in akuten Konflikten zwischen mehreren Parteien zu entscheiden hat.

Es ist zu empfehlen, frühzeitig klare Leitlinien für die Zusammenarbeit der Gewerke untereinander und auf der Baustelle zu setzen. Dies betrifft eigentlich alle Aspekte der Zusammenarbeit mehrerer Gewerke, also vom Eintreffen der Arbeitskolonnen, der Anlieferung von Material und Gerät sowie der täglichen Arbeitsaufnahme über das Verhalten bei unvorhergesehenen Hindernissen, das Verlassen der Baustelle bis zum Freimelden fertiggestellter Arbeitsabschnitte. Um diese Einweisung nicht stets wiederholen oder in Erinnerung rufen zu müssen, legen sich erfahrene Bauleiter dafür einen eigenen Handzettel an. Die hierzu beigefügte Checkliste 3.4 sollte in jedem Fall individuell auf die jeweilige Baustelle angepasst werden, bevor sie an die Beteiligten ausgegeben wird.

Checkliste 3.4: Einweisung von Bauunternehmen auf der Baustelle

Örtlichkeit der Baustelle	• Einweisung in das Baufeld • voraussichtlicher Bautenstand zum Zeitpunkt des Arbeitsbeginns des Bauunternehmens • Zufahrten, Kranentladestellen, Umschlagpunkte • Einschränkungen der öffentlichen Erreichbarkeit • parallel laufende andere Arbeiten, die beachtet werden müssen • Teilfertigstellungstermine • andere Tätigkeiten, die von diesen Tätigkeiten abhängen
Auftrag	• Auftragsdokumente vorhanden? • Ausführungspläne freigegeben? • Werkpläne angefertigt und freigegeben? • Noch ausstehende Bemusterungen?
Koordination	• verantwortlicher Unternehmer-Bauleiter • Telefonnummern, Erreichbarkeit • eigene Telefonnummern, Erreichbarkeit • Organigramm der Bauleitung • Einweisung in die Koordination nach Baustellenverordnung
Berichtspflichten	• Anmeldung Arbeitsbeginn beim überwachenden Bauleiter • Vorlage Bautagesberichte
sonstige Punkte	• Was fehlt noch auf dieser Checkliste? • Was muss bei diesem Bauvorhaben besonders sorgfältig beachtet werden?

Auch wenn auf größeren Baustellen viele Verhaltensanweisungen schriftlich abgefasst werden müssen, um diese Unterlagen im Falle von Fehlverhalten vorweisen zu können, so steht für den Unternehmer-Bauleiter das gelebte Vorbild eindeutig im Vordergrund. Alle Verfahrensanweisungen und Verhaltensvorschriften zur allgemeinen Ordnung und Organisation auf der Baustelle, die nicht gleichzeitig durch ständiges Üben und vor allem durch das Durchsetzen entsprechender Verhaltensweisen zur Routine der Baustelle gemacht werden, werden schnell Makulatur und konterkarieren die Effizienz der Bauleitung – es sei denn, sie waren nicht vernünftig und angemessen.

Dem Thema Ablaufplanung ist wegen seiner großen Bedeutung in diesem Buch ein eigenes Kapitel gewidmet (siehe Kapitel 7). Dennoch soll an dieser Stelle bereits darauf hingewiesen werden, dass Baustellen gelegentlich so etwas wie „inhärente Schrittmacher“ haben. Diese zu erkennen, sie zu stärken und als „eisernes Gesetz“ für alle Beteiligten zu etablieren, kann einem Unternehmer-Bauleiter die tägliche Arbeit erheblich erleichtern.

Praxistipp zur Strukturierung des Bauablaufs

Wenn im Voraus ermittelt wird, dass bei einem Hochbau im Rohbau je Geschoss 6 Arbeitstage benötigt werden, so ist es wirtschaftlich günstig, dieses in der Taktfrequenz 1 Geschoss/Kalenderwoche festzuschreiben. Das stabilisiert i. d. R. den gesamten Terminplan und fixiert alle anderen Arbeiten um den Rohbau herum.

Beispiel

Bei einem größeren Hochhaus, für das der Bauherr noch keinen Mieter finden konnte, drängte dieser deshalb auch nicht besonders auf die zügige Fertigstellung des vorläufigen Ausbaus. Um dennoch die Bauzeit und damit die Kosten nicht aus dem Ruder laufen zu lassen, legt der Unternehmer-Bauleiter des Generalunternehmers intern fest, dass die Regelgeschosse in einer Taktfrequenz von 14 Kalendertagen je Geschoss der Reihe nach ausbaufertig zu vollenden und dann besenrein abzuschließen sind. Ohne diese klar festgelegte zeitliche Marschroute müsste er nahezu in jeder Bauberatung immer wieder neu gegenüber seinen Mitarbeitern und Nachunternehmen begründen, warum diese ihre Verzögerungen aufholen müssen, wo doch jeder weiß, dass der Bauherr noch keine Nutzer für sein Gebäude hat.

Sind die durch die Bauleitung festgelegten „Schrittmacher“ für alle einsichtig und darüber hinaus gut sichtbar, so lässt sich auf einer Baustelle schnell ein quasi sportlicher Ehrgeiz entwickeln, mit dem alle das Ihre dazu beitragen werden, dass diese Termine wie geplant eingehalten werden.

Selbst bei Bauprojekten, die scheinbar keinen technologischen Zwängen unterliegen, ist es von Vorteil, wenn der Unternehmer-Bauleiter eine klare und für alle einsichtige Arbeitsreihenfolge vorgibt bzw. die von einem relevanten Teilgewerk vorgeschlagene Reihenfolge akzeptiert und gegenüber den anderen Beteiligten durchsetzt. Tabelle 3.4 gibt einige geeignete Priorisierungen zur Festlegung der Arbeitsreihenfolge an sowie in der zweiten

Tabelle 3.4: Mögliche Priorisierungen von Arbeiten im Bauablaufplan

Prinzip der Priorisierung	Beispiel	Gegenbeispiel
„innen vor außen"	tragende Wandteile vor Wandputz und Elektroarbeiten	Kernbohrungen in Stahlbetondecke
„nass vor trocken"	Estricharbeiten vor Trockenbauwänden	Einbau von Holzfenstern vor Wandgipsputz
„schmutzig vor sauber"	Wandfliesen vor Fußbodenbelag	Abdichtungen und Klebungen vor Wiederverfüllung
„grob vor fein"	erst Herstellung der großen Flächen beim Werkstein, dann die Anarbeitungen der Ränder	Unterkonstruktionen für Verkofferungen von technischen Anlagen
„Abbruch vor Aufbau"	Entkernungsarbeiten in einem Altbau für den Umbau	Erhalt von alten Treppenläufen als Zugang während der Umbauphasen
„kompliziert vor einfach"	erst Mauerecken anlegen und aufmauern, dann die Zwischenbereiche	erst die großen Abrechnungsmengen des Leistungsverzeichnisses ausführen
„unten vor oben"	Betondecken geschossweise aufeinander aufbauend	Montage von Deckenkanälen vor Fußbodenarbeiten

Spalte Beispiele, bei denen die jeweilige Priorisierung zutreffend gewählt werden könnte.

Die Bauablaufplanung ist in der Praxis so vielfältig und von unterschiedlichen Rahmenbedingungen beeinflusst, dass auch gegenteilige Beispiele für die vorstehenden Priorisierungen genannt werden könnten. Deshalb benennt Tabelle 3.4 in der dritten Spalte jeweils „Ausnahmen" oder Gegenbeispiele, in denen prinzipiell genau die umgekehrte Reihenfolge wie in Spalte 2 sinnvoll sein könnte.

Ein recht starkes Instrument bei der Koordination mehrerer Gewerke ist es, wenn der Aufbau einer getakteten Fertigung gelingt. Bei Linienbaustellen, also Baustellen, deren Fertigung sich in einer Richtung organisieren lässt, wie z. B. lange Brücken, Rohrleitungen und Straßenbau, ist dies schnell einsichtig. Taktweise wird der gleiche Arbeitsvorgang an einem Ende beginnend immer wiederholt, der zweite Arbeitstakt folgt dem ersten in einem vorgegebenen Abstand und so weiter (siehe Abb. 3.15). Die durch die Taktung vorgegebene Disziplinierung aller Beteiligten lässt sich leicht kommunizieren und ist daher noch einfacher durchzusetzen als die Reihenfolgeplanung auf einer Flächenbaustelle.

Taktplanung ist eines der wesentlichen Elemente der mehr und mehr nachgefragten Lean Construction. Zu diesen Elementen gehören noch weitere Methoden, um Verschwendung zu vermeiden, die Produktivität und Effektivität der Arbeitsprozesse zu steigern und Fehlarbeiten zu reduzieren.

Ablaufabschnitt	Zeit → t					
Haus 1	Sohle	Wände	Dach	Fenster	Außenputz	
Haus 2		Sohle	Wände	Dach	Fenster	Außenputz
Haus 3			Sohle	Wände	Dach	Fenster
Haus 4				Sohle	Wände	Dach
Haus 5					Sohle	Wände

Abb. 3.15: Prinzip einer taktweisen Fertigung mehrerer Abschnitte

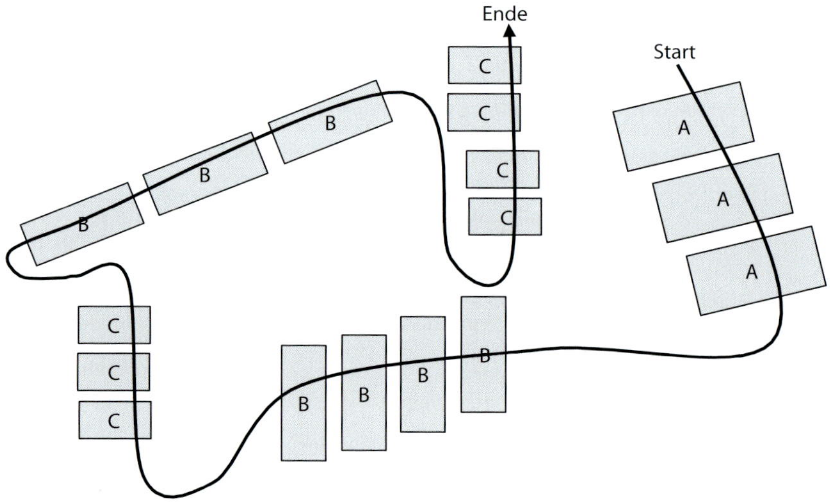

Abb. 3.16: Beispiel für das Vorgeben einer Reihenfolge bei flächiger Ausdehnung der aus mehreren Bauabschnitten bestehenden Gesamtbaustelle

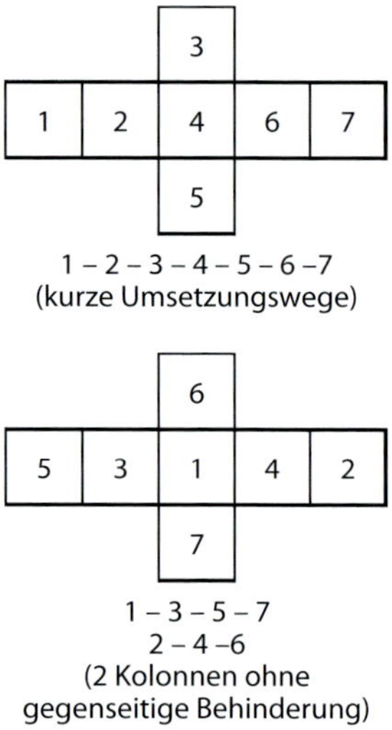

Abb. 3.17: Beispiel für das Vorgeben einer Reihenfolge bei flächiger Ausdehnung der aus mehreren Bauabschnitten bestehenden Gesamtbaustelle (Foto: Heiner Leiska)

Viele dieser Methoden fließen bereits wie selbstverständlich bei einer gründlichen Arbeitsvorbereitung und einer guten Abstimmung zwischen allen Beteiligten ein.

Ein Unternehmer-Bauleiter kann auch manche Flächenbaustellen zu Linienbaustellen machen, indem er die verschiedenen auf einen größeren Bauraum verteilten Bauabschnitte durch Vorgabe einer eindeutigen Reihenfolge in eine virtuelle Linienbaustelle transponiert (siehe Abb. 3.16). So können die verschiedenen Gewerke nacheinander versetzt, aber stets in der Reihenfolge der nummerierten Abschnitte arbeiten.

Wird dieses Verfahren auf ein komplexeres Gebäude übertragen, so sind die konstruktiven Abhängigkeiten und statischen Bedingungen zu beachten und ggf. anzupassen. Im in Abb. 3.17 gezeigten Beispiel müsste beim Rohbau in Abhängigkeit von der gewählten Reihenfolge festgelegt werden, in welchem Abschnitt die fugenübergreifende Bewehrung eingelegt oder wie herum die Auflagerkonsolen entlang der Fugen ausgebildet werden müssen.

3.4 Routinetätigkeiten während der Bauausführung

3.4.1 Tages- und Wochenplanung des Bauleiters

Während der Bauausführung haben der überwachende und der Unternehmer-Bauleiter sehr vielfältige Aufgaben. Viele Aspekte sind für beide Bauleiter ähnlich. Sie reichen von der Dokumentation des Erreichten über die Kontrolle der aktuellen Arbeiten bis zur Vorbereitung von noch weit in der Zukunft liegenden Arbeitsphasen. Jedoch ist die Intensität der einzelnen Inhalte beim überwachenden Bauleiter anders gelagert als beim Unternehmer-Bauleiter.

Während der überwachende Bauleiter die Vertretung des Bauherrn und somit eher eine kontrollierende Funktion ausübt, ist der Unternehmer-Bauleiter unternehmerisch koordinierend für das Personal des eigenen Bauunternehmens tätig. In Bezug auf die vom Bauunternehmen eingeschalteten Nachunternehmer ähneln allerdings die Aufgaben des Unternehmer-Bauleiters denen des überwachenden Bauleiters. Die folgenden Ausführungen im Kapitel 3.4 gelten daher in vielen Aspekten gleichermaßen für beide Bauleiter. Auf Besonderheiten für das Aufgabenspektrum des einen oder des anderen Bauleitertyps wird jeweils explizit hingewiesen.

Den Bauleiter werden häufig das Tagesgeschehen, viele zu klärende akute Fragen und die Überwachung der täglichen Arbeiten am sichtbarsten in Anspruch nehmen. Auch steht der Bauleiter als Ansprechpartner für den Auftraggeber, die Baufirmen und ihre Mitarbeiter, für viele Fachplaner und für weitere Beteiligte und Unbeteiligte zur Verfügung.

Umso wichtiger ist es, dass ein Bauleiter darauf achtet, dass ihm ausreichend Zeit für die zukünftig noch anstehenden Entscheidungen und die dazu nötigen Vorbereitungen zur Verfügung steht. Dies gehört zu einem souveränen Zeitmanagement ebenso wie der reflektierende Umgang mit den täglich auf die Bauleitung einstürmenden Anfragen und Anliegen, die alle eine hohe Dringlichkeit reklamieren.

Ein hierbei wichtiger Aspekt für jeden Bauleiter ist es, sich immer wieder zu fragen, welche Arbeiten besondere Unterstützung, Anweisung oder Kontrolle benötigen, und welche Arbeiten bereits gut organisiert sind und daher selbstständiger laufen können. Gut mitdenkende Unternehmer-Bauleiter bewirken oft eine sichtbare Entlastung des überwachenden Bauleiters. Gute Vorarbeiter des Bauunternehmens und auch gute Bauleiter von Nachunternehmern können zu einer deutlichen Entlastung des Unternehmer-Bauleiters führen.

Praxistipp zum Zeitmanagement

Es sollte gelegentlich auch im Nachhinein kritisch geprüft werden, was auf der Baustelle anders lief an einem Tag, an dem der Bauleiter für viele Stunden unabkömmlich in einer langen Sitzung des Bauherrn eingebunden oder auf einer unternehmensinternen Fortbildung war. Wurden im Vorwege genügend Instruktionen gegeben und rechtzeitig mit den Mitarbeitern die möglichen Eventualitäten diskutiert, sodass die Baustelle an diesem Tag problemlos und planmäßig weiterlaufen konnte?

In der Literatur gibt es zahlreiche Hilfen zum Zeitmanagement. Es ist auch für einen erfahrenen Bauleiter immer wieder empfehlenswert, sich einige dieser Tipps erneut anzusehen und zu überlegen, was in der Zeitplanung für Arbeitstag und Wochenorganisation nachjustiert werden könnte.

Bewährt hat sich das Einrichten fester Wochenpläne mit den wiederkehrenden Routinetätigkeiten des Bauleiters. Diese sollten Zeitfenster für die strategische Diskussion der zukünftigen Arbeitsphasen ebenso vorsehen wie Zeiten, um gemeinsam die taktischen Festlegungen der nächsten Arbeitsschritte zu erörtern. Schließlich sollten die täglichen operativen Beratungen kurz und knapp gehalten werden. Ein regelmäßiger täglicher Kontrollrundgang über die Baustelle kann parallel dazu genutzt werden, mit den wesentlichen Akteuren die aktuellen operativen Anliegen zu besprechen. Es bietet sich deshalb an, diesen Routinerundgang immer zur gleichen Zeit, z. B. am frühen Vormittag, durchzuführen.

Der Unternehmer-Bauleiter hat i. d. R. die folgenden Routineaufgaben:

- Prüfen der Ausführungen bis zum aktuellen Stichtag (siehe Kapitel 3.4.7)
- Inspizieren der laufenden Arbeiten (siehe Kapitel 3.4.2, 3.4.5 und 3.4.6)
- Diskutieren der anstehenden Arbeiten (siehe Kapitel 3.4.3 und 3.4.4)
- Planen der zukünftigen Arbeiten (siehe Kapitel 3.4.3 und 3.4.4)
- Dokumentation (siehe Kapitel 3.4.7, 3.4.8 und 3.4.9)

Der überwachende Bauleiter wird diese Aufgaben ggf. weniger detailliert als der Unternehmer-Bauleiter wahrnehmen und sich auf mögliche kritische Punkte beschränken.

3.4.2 Bautagebuch

Nach der HOAI (§ 34 in Verbindung mit Anlage 10, Leistungsphase 8, Punkt e) gehört das Führen eines Bautagebuchs zu den Grundleistungen des Architekten in der Leistungsphase 8 (Objektüberwachung – Bauüberwachung und Dokumentation: „Dokumentation des Bauablaufs (z. B. Bautagebuch)“). Ähnliches gilt für die Zuarbeit der Fachingenieure der Technischen Gebäudeausrüstung zum Bautagebuch (§ 55 HOAI in Verbindung mit Anlage 15.1, Leistungsphase 8, Punkt d). Allerdings lässt die Vorgabe für die Dokumentation des Bauablaufs nach § 34 mit „Dokumentation des Bauablaufs (zum Beispiel Bautagebuch)“ eine gewisse Flexibilität zu, wie diese Dokumentation erfolgt. Doch im Kern bleibt es die gleiche Grundleistung, die dazu geeignet sein muss, später den tatsächlichen Verlauf der Baugeschehnisse anhand der Aufzeichnungen rekonstruieren zu können.

Weitere Fachingenieure wie der Tragewerksplaner sind nur dann dazu verpflichtet, ihrerseits ein Bautagebuch zu führen oder zum Bautagebuch beizutragen, wenn dieses in ihrem Beratungsauftrag als besondere Leistung auch beauftragt ist. Für öffentliche Aufträge sieht das 564 Seiten umfassende Vergabehandbuch des Bundes verpflichtend das Führen eines Bautagebuchs vor.

Durch das lückenlose, tägliche Führen von Bau-Tagesberichten (siehe Mustervorlage 3.6) entsteht das Bautagebuch eines Bauunternehmens oder seines Unternehmer-Bauleiters für das Bauprojekt. Ein Bau-Tagesbericht enthält als Bestandteile im Kopf die Bezeichnung des Bauobjekts oder der Baustelle. Dem vorangestellt sind das Datum sowie eine durchlaufende Nummerierung. Beides erleichtert das spätere Ablegen und Nachschlagen. In der nächsten Rubrik werden die Wetterdaten festgehalten, insbesondere Angaben zu Temperatur, Regen oder Schneefall.

In der dritten Rubrik werden die Bauunternehmen aufgeführt, die am gleichen Tag auf der Baustelle tätig waren, mit jeweiliger Angabe der Personalstärke, ggf. differenziert nach Einsatzstunden, nach Früh- oder Spätschicht usw. Wesentlicher Geräteeinsatz kann hier ebenfalls vermerkt werden.

Dann folgen die Leistungen des Tages, möglichst mit einer Zuordnung zu den jeweiligen Gewerken, Bauunternehmen bzw. Kolonnen. Hier können auch wesentliche Lieferungen des Tages vermerkt werden, wie z. B. die Anlieferung von Bewehrung für die Bewehrungsverleger, Fertigteile für die Montagekolonne, Steine für die Maurer oder Fenster für die Fassadenmonteure. Wichtige Leistungsänderungen, sofern auch diese bereits am gleichen Tag umgesetzt wurden, sollten deutlich gesondert vermerkt werden. Auch ein Hinweis auf ausgeführte Tagelohnarbeiten ist hier angebracht, die dann auf gesondertem Tagelohnzettel dokumentiert werden, aber ebenso Hinweise auf jegliche andere Anlagen zur genaueren Erläuterung der Leistungen.

Die fünfte Rubrik betrifft Behinderungen oder Erschwernisse, wie z. B. vorübergehender Ausfall der Stromversorgung, noch durchgefrorener Boden, die eigenen Arbeiten blockierende Nebenunternehmen o. Ä.

Unter der Rubrik der besonderen Vorkommnisse werden u. a. Inspektionen durch Behörden, Abnahmen des Bauherrn und deren Ergebnis, Kontrollen durch die Arbeitsbehörden, Unfälle, aber auch Streiks, Diebstahl und Sachbeschädigungen aufgeführt.

Abgeschlossen wird der Bau-Tagesbericht mit den Feldern für Datum und Unterschrift des das Bautagebuch führenden Bauleiters sowie Datum und Gegenzeichnung für die Kenntnisnahme durch den Auftraggeber. Damit

Mustervorlage 3.6: Bau-Tagesbericht

Bau-Tagesbericht

Datum: ________ Nr.: _____

1. Bauvorhaben

Objekt *PLZ, Ort* *Straße, Hausnummer*

Auftraggeber

2. Witterung

☐ Sonne ☐ Wind ☐ Frost Temperatur ____°C

☐ Regen ☐ Schnee ☐ ______________________

3. Ausführende Firmen

Firma *Anzahl Arbeiter* *Anzahl/Art Maschinen*

4. Ausgeführte Arbeiten

5. Erschwernisse/Behinderungen

6. Besondere Vorkommnisse

(Begehungen/Abnahmen/etc.)

7. *Ort, Datum* *Unterschrift Bauleitung*

ein Exemplar beim Bauunternehmen verbleiben kann, ein weiteres dem Auftraggeber überlassen wird und ein drittes den Weg nach der Unterschrift des Auftraggebers wieder zurück zum Bauunternehmen gehen kann, werden i. d. R. 3 Kopien bzw. ein Original mit 2 Durchschlägen angefertigt.

In der Regel delegiert der Auftraggeber die Entgegennahme und Unterschriftsleistung an den überwachenden Bauleiter. Hierbei fällt es dem überwachenden Bauleiter zu, die Eintragungen auf ihre Richtigkeit und Plausibilität zu kontrollieren, bevor er seine Unterschrift daruntersetzt oder seinem Bauherrn die Unterschrift empfiehlt. Gegebenenfalls muss der überwachende Bauleiter weitere Ergänzungen im Bautagebuch vornehmen. Dies sollte allerdings die Ausnahme bleiben und der überwachende Bauleiter besser eine sorgfältige Protokollierung vom Unternehmer-Bauleiter einfordern.

Das Bautagebuch ist für den Unternehmer-Bauleiter vor Ort das wichtigste Dokumentationsmedium, um über den täglichen Fortgang der Arbeiten zu berichten und um besondere Ereignisse zu protokollieren. Es hat aber auch für den überwachenden Bauleiter bei der Protokollierung von Bauleistungen und Vorkommnissen einen hohen Stellenwert. Es sollte daher zur ständigen Routine gehören, dass jeder Bauleiter auf einer Baustelle ein eigenes Bautagebuch führt bzw. zum gemeinsam geführten Bautagebuch aktiv beiträgt.

Auch von Nachunternehmern sollte verlangt werden, dass sie ein eigenes Bautagebuch führen. Dieses kann insbesondere bezüglich der Leistungsfeststellung und der eingesetzten Ressourcen gut zum Abgleich der eigenen Beobachtungen und später zur Verifizierung der eigenen Aufzeichnungen herangezogen werden.

Manche Bauleiter verzichten gelegentlich darauf, die Bau-Tagesberichte ihrer Nachunternehmer entgegenzunehmen, in der Annahme, dadurch schlechte Nachrichten oder die darin manifestierten Argumente für spätere Mehrkostenforderungen unterdrücken zu können. Teilweise kann das in der Praxis sogar zutreffen, wenn auf diese Weise die in § 2 Abs. 6 VOB/B geforderte vorherige Ankündigung einer im Vertrag nicht vorgesehenen Leistung vor Ausführung später nicht mehr nachweisbar ist.

Doch i. d. R. liegen zum Zeitpunkt des Schreibens des Bau-Tagesberichts die Fakten und die Ereignisse der Baustelle ursprünglich und unverfälscht vor und lassen sich von allen Beteiligten auch einfach überprüfen. Ferner ist in diesem Moment noch nicht abzusehen, ob ein Eintrag im Bautagebuch später für das Tagebuch führende Bauunternehmen des Protokollanten eher positive oder eher negative Auswirkungen haben könnte.

Beispiele

> Es sei im Bautagebuch festgehalten: „Seit Arbeitsbeginn 6 Stunden Kranausfall wegen Störung in der Kranelektronik. Maurerkolonne ohne Zulieferung. Gegen 14 Uhr behoben und Arbeit wieder aufgenommen." Sofern ein Mietvertrag mit dem Baumaschinenverleih die Kostenübernahme bei bestimmten technischen Störungen vorsieht, dient das Protokollieren der 6 verlorenen Arbeitsstunden für die komplette Maurerkolonne als Nachweis der entstandenen Ausfallkosten. Sofern allerdings später nachgewiesen werden soll, wie viele Stunden die Maurerkolonne

bei diesem Bauteil effektiv aufgewendet hat, z. B. um den Nachtrag für eine noch zusätzlich zu vergütende Leistung zu begründen, dann muss das Bauunternehmen diese 6 Fehlstunden, während derer die Kolonne nicht arbeitsfähig war, aus der Gesamtsumme herausrechnen.

Als zweites Beispiel notiere der Unternehmer-Bauleiter in seinem Bautagebuch, dass die Putzarbeiten am Erweiterungsbau bereits abgeschlossen seien, obwohl noch erhebliche Restarbeiten ausstehen. Damit treibt er die monatliche Abschlagsrechnung etwas höher und rechnet die Putzarbeiten gegenüber dem Bauherrn bereits ab. Der Bauherr bezahlt. Doch nun kommt es im nachfolgenden Zeitraum zu erheblichen Behinderungen der Fertigstellung der Putzarbeiten, weil vielleicht die Materiallieferungen wegen Streiks ausbleiben oder der Bauherr die Zuwegung nicht mehr gewährleisten kann oder Frost einbricht, sodass kein Arbeiten mehr möglich ist. Der Bauleiter will daraufhin beim Bauherrn Behinderung anmelden, mehr Bauzeit beanspruchen und Mehrkostenforderungen erheben. Dieses steht aber nun in krassem Widerspruch zu der Meldung der Fertigstellung der Putzarbeiten und kann deshalb vom Bauherrn abgewiesen werden.

Gerade im Zusammenhang der späteren Ermittlung von Mehrkosten durch Bauverzögerung ist i. d. R. die vorherige Spekulation auf mögliche positive Auswirkungen eines bestimmten Eintrags im Bautagebuch sehr unsicher.

Derzeit ist das von Hand geschriebene Bautagebuch immer noch am weitesten verbreitet. Doch es hat große Nachteile, da es aufwendig archiviert und bei Nachfragen oder zur Nachweisführung bei Kostenveränderungen wiederum per Hand ausgewertet werden muss. Daher sollte sich jeder Bauleiter überlegen, ob er sich eines der vielen Softwareprodukte für Bautagebücher zunutze macht oder auch sein eigenes Formular für ein Bautagebuch auf dem PC entwirft. Die elektronisch erfassten Daten sind später viel einfacher auszuwerten. Sie können nach bestimmten Schlagworten und Rubriken automatisch gefiltert und analysiert werden. Bereits einfache Programme erlauben eine Summierung von Zahlenangaben über die Bauzeit und auch entsprechende grafische Auswertungen.

Trotz elektronischer Datenaufnahme sollte das Bautagebuch weiterhin auf Papier ausgedruckt und dem Bauherrn zur Anerkenntnis vorgelegt werden. Manche Bauherren verzichten gern darauf. Dennoch sollte der Unternehmer-Bauleiter dann durch periodisches Übersenden der gesammelten Bautagebücher von nicht mehr als einer Woche dafür sorgen, dass den Bauherrn eine Mindestmenge an regelmäßiger Information der Baustelle auch erreicht.

Elektronisch geführte Bautagebücher sollten nicht nur im eigenen Archiv geführt werden, sondern zur Sicherheit ebenfalls beim Bauherrn und ggf. auch beim Architekten und beim Projektsteuerer hinterlegt werden. Ist später ein Papierausdruck nicht mehr aufzufinden, so liegt die elektronische Fassung zumindest an mehreren Stellen vor. Dieses hat zwar nicht die gleiche Beweiskraft wie das vom Bauherrn gegengezeichnete Papierexemplar. Jedoch gibt es schon mit hoher Sicherheit ein zutreffendes Bild darüber, wie die Informationen während der Bauzeit zwischen den Beteiligten kommuniziert wurden.

Auf größeren Baustellen wird ein Unternehmer-Bauleiter allein nicht alle Informationen für das Bautagebuch zusammentragen können. Er wird dann einige Teilaufgaben delegieren, wie z. B. das Protokollieren der Wetterdaten, das Erheben der Mitarbeiteranzahl und der eingesetzten Großgeräte. Auch die Beschreibung der Arbeiten des jeweiligen Tages ist häufig umfangreich. Hierbei erleichtert ein allgemein gehaltener Eintrag, der über Tage unverändert bleibt (z. B. „Betonierarbeiten zwischen Achse 5 und 12"), zwar die schnelle Erledigung der täglichen Pflicht, hilft aber im Endeffekt nicht weiter, falls das Bautagebuch zu Nachweiszwecken herangezogen werden muss.

Wesentliches Merkmal eines guten Bautagebuchs ist neben der ausreichenden Detaillierung auch die Verlässlichkeit der Eintragungen. Sicherlich unterlaufen dem Protokollanten gelegentlich Fehler (z. B. bei der Anzahl der Nachunternehmer-Arbeiter, bei der Angabe von Bauteilbezeichnungen usw.). Wenn ein Unternehmer-Bauleiter allerdings immer wieder die Angaben zum eingesetzten Personal überhöht angibt oder vorsätzlich falsche Informationen einträgt, geht schnell das Vertrauen in das komplette Bautagebuch verloren. Es ist damit als Ganzes entwertet und wird für jegliche Nachweisführung unbrauchbar. Die Übergabe einer Kopie des Bautagebuchs an den Auftraggeber oder seinen überwachenden Bauleiter dient letztlich auch dazu, übereifrige „Bautagebuchliteraten" rechtzeitig in ihre Schranken zu weisen, wozu die stichprobenartige Kontrolle der Einträge durch den überwachenden Bauleiter und dessen Gegenzeichnung im Bautagebuch erforderlich sind.

Praxistipp zum Bautagebuch

Auch wenn auf einer größeren Baustelle das Führen des Bautagebuchs delegiert wird, sollten vor der Fertigstellung und Weitergabe ein letzter Blick darauf geworfen und möglicherweise noch einige Details, Prüfungen und besondere Vorkommnisse ergänzt werden, die der Mitarbeiter übersehen hat oder die er nicht für erwähnenswert gehalten hat.

Das Wesen des täglich geführten Bautagebuchs liegt darin zu erfassen, was objektiv an diesem Arbeitstag geschehen ist – in Bezug auf Arbeitsleistung, Ressourcen, routinemäßige Ereignisse und besondere Vorkommnisse – und dieses auch dem Vertragspartner zeitnah zur Kenntnis zu geben.

3.4.3 Bauberatungen

Regelmäßige Bauberatungen sind das feste Rückgrat der Baustellenführung. Sie sind ein Forum, in dem zu festgesetzten Zeiten die wesentlichen Aufgaben aktualisiert und notwendige grundsätzliche Koordinierungen für die Zukunft vorgenommen werden. Sie sind möglichst keine Bühne dafür, um strittige vertragliche Punkte mit einzelnen Beteiligten zu erörtern.

In vielerlei Hinsicht unterscheiden sich Bauberatungen nicht von Beratungen, wie sie in anderen Branchen üblich sind. Insofern wird hier zur generellen Organisation und Führung auf die zahlreichen Tipps und Hinweise an anderen Stellen und in einschlägiger Literatur verwiesen, z. B. „Projektmanagement-Fachmann“ (GPM/RKW, 2002) oder „Meetings effizient leiten“ (Fischer, 2008). Dennoch zeichnen sich Beratungen auf der Baustelle durch einige Besonderheiten aus.

Bauberatungen sollten gut vorbereitet sein. Aufgrund der Dynamik der Baustelle treten immer wieder neue Punkte auf, die strukturiert werden müssen. Eine Struktur ermöglicht, die einzelnen Punkte jeweils bestimmten Oberthemen zuzuordnen. Eine vorab versandte Tagesordnung hilft allen Beteiligten, sich auf die einzelnen Punkte vorzubereiten. Eine explizite Aufforderung zum Einbringen weiterer Tagesordnungspunkte sollte zusätzlich die Eingeladenen dazu anhalten, ihren Beratungsbedarf rechtzeitig bei der Bauleitung anzumelden. Zusätzlich ergibt sich ein psychologischer Vorteil für den überwachenden Bauleiter, da mit der Bekanntgabe der Beratungspunkte implizit eine entsprechende Vorbereitung aller Teilnehmer erwartet werden darf.

Bauberatungen

Rechtlich relevante Erklärungen setzen grundsätzlich ein positives Handeln voraus; so muss z. B. ein Angebot ausdrücklich oder zumindest konkludent durch schlüssiges Verhalten angenommen werden. Dem bloßen Schweigen misst der Rechtsverkehr demgegenüber im Regelfall keine Bedeutung zu.

Eine Ausnahme hiervon macht z. B. § 15 Abs. 3 S. 4 VOB/B, nach dem (bei wirksamer Vereinbarung) nicht rechtzeitig zurückgegebene Stundenlohnzettel als anerkannt gelten.

Eine weitere Ausnahme stellt das sogenannte „kaufmännische Bestätigungsschreiben“ dar, mit dem der Inhalt einer mündlich getroffenen Vereinbarung lediglich nochmals schriftlich bestätigt wird. Handelt es sich bei dem Empfänger um einen Kaufmann, kann aufgrund dessen Geschäftserfahrung erwartet werden, dass dieser einer inhaltlich unzutreffenden Bestätigung umgehend widerspricht. Unterlässt er einen solchen Widerspruch, gilt das Geschäft von daher als wie bestätigt abgeschlossen – jedenfalls solange die Bestätigung nicht vollständig vom tatsächlich besprochenen Inhalt abweicht.

Auch wenn es sich nicht um kaufmännische Bestätigungsschreiben handelt, werden dahingehende Grundsätze auch auf Protokolle von Baubesprechungen übertragen. So gerät z. B. das ausführende Unternehmen auch dann in Verzug, wenn es ausweislich eines unwidersprochenen Protokolls bestimmte Leistungen zu einem konkreten Termin zugesagt haben soll, in der Besprechung tatsächlich aber nur erklärt hatte, seinem Nachunternehmen eine entsprechende Frist gesetzt zu haben. Es empfiehlt sich von daher unbedingt, eingehende Protokolle zu sichten und bei Fehlern umgehend (in belegbarer Form) zu widersprechen!

Mustervorlage 3.7: Einladung zur Bauberatung

Absender
An die Besprechungsteilnehmer

__________ [Ort], den ________ [Datum]

Bauvorhaben ____________________________________ [Name des Bauvorhabens]
Einladung zur Baubesprechung

Sehr geehrte Damen und Herren,

hiermit laden wir Sie zur Baubesprechung des im Betreff genannten Bauvorhabens

am: __________ [Datum]

in: __________ [Ort]

um: __________ [Uhrzeit] ein.

☐ Die Besprechung wird voraussichtlich gegen _______________ Uhr zu Ende sein.

Folgende Tagesordnung ist vorgesehen:

1.

2.

3.

Ergänzungsvorschläge zur o. g. Tagesordnung senden Sie bitte bis zum __________ [Datum] an uns.

Bitte benachrichtigen Sie uns, wenn Sie an der Besprechung nicht teilnehmen können.

Mit freundlichen Grüßen

____

Mustervorlage 3.8: Protokoll einer Bauberatung

Protokoll zur ____. Bauberatung vom ___________ [Datum]

Bauvorhaben: ____

Teilnehmer:

__________________ [Name], __________________ [Firma] (Architekt)
__________________ [Name], __________________ [Firma] (Bauunternehmen)
...
...
__________________ [Name], __________________ [Firma] (überwachender Bauleiter und Protokollant)

Verteiler: alle Beteiligten sowie Bauherr

Erläuterung:

Widerspruch: Vorbehalte, Bemerkungen oder Einwände zu diesem Bauberatungsprotokoll sind schriftlich innerhalb einer Woche ab Verteilung des Protokolls anzuzeigen. Liegen bis zum genannten Termin keine Vorbehalte, Bemerkungen oder Einwände vor, gilt das Protokoll als von allen Beteiligten anerkannt.

Text: Text in kleiner Schriftgröße markiert offene Punkte, deren Inhalte gegenüber vorangegangenen Beratungen unverändert geblieben sind.

Notation: Bsp.: 1.8.2 1. Gliederungspunkt
2. lfd. Nummer Protokoll
3. lfd. Nummer Unterpunkt

I. F. A.: steht für Information, Festlegung, Aufgabe. Jeder TOP entfällt auf eine der drei Kategorien.

Lfd. Nr.	TOP	I F A	Verant-wortlich	Termin Status
1 1.1 1.2 1.2.1 1.3	Allgemeines			
2	Termine			
3	Planung			
4	Bauausführung Rohbau			
5	Technische Gebäudeausrüstung			
6	Bauausführung Ausbau			
7	Sonstiges, nächste Beratung			

Die nächste Bauberatung findet am ____________ [Datum] um ____________________ [Uhrzeit] in ______________ [Ort] statt.

den ______________________________ [Datum]

______________________________ [Name], ______________________________ [Unterschrift]
(überwachender Bauleiter)

Mustervorlage 3.9: Teilnehmerliste einer Bauberatung

Teilnehmerliste

Beratung zum Bauvorhaben: am:

in:

Teilnehmer

lfd. Nr.	Name	Firma	Telefon	Fax/E-Mail

Mustervorlage 3.10: Liste offener Punkte nach einer Bauberatung

Liste offener Punkte

lfd. Nr.	Datum	offener Punkt/ Stichwort	Thema (Kurzerläuterung)	zu erledigen durch	bis	Bemerkungen
1						
2						
3						
4						
5						
6						
7						
8						

Einige ausgewählte Mustervorlagen (3.7, 3.8, 3.9 und 3.10) sollen das Prozedere verdeutlichen.

Die Einladung zur Bauberatung sollte differenzieren zwischen denen, die eingeladen werden, und denen, die die Einladung nur zur Information erhalten. Dies sollte klar aus der Adressierung der Einladung hervorgehen und nicht den jeweils Angesprochenen selbst überlassen bleiben. Auch sollte geregelt werden, ob bei Verhinderung eines Teilnehmers ein kompetenter Vertreter benötigt wird.

Praxistipp zur Bauberatung

Gerade bei großen und komplexen Baustellen ist es von Vorteil, den Kreis der an einer Bauberatung teilnehmenden Personen nicht zu groß werden zu lassen und die Liste der eingeladenen Teilnehmer immer wieder kritisch zu überprüfen.

Andererseits sollten neu hinzukommende Partner (z. B. Fachingenieure, weitere Gewerke) schon frühzeitig in das Beratungsgeschehen eingebunden werden. Deshalb kann eine Differenzierung der Einladung zur Bauberatung nach Eingeladenen und nach lediglich über die Tagesordnung Informierten helfen, die eigentliche Sitzung „schlank" zu halten und effizient zu gestalten.

Die Bauberatung ist das Herzstück der Kommunikation des überwachenden Bauleiters auf der Baustelle. Deshalb ist es wichtig, hier auch die richtige Atmosphäre zu erzeugen, in der die Beteiligten bereit sind, konstruktiv zusammenzuarbeiten. Jeder Bauleiter wird hierfür seinen eigenen Stil und seine eigenen Methoden entwickeln. Dabei ist es hilfreich, das Spektrum an unterschiedlichen Verhaltensweisen möglichst breit zu halten. Dann kann aus der Vielzahl möglicher Optionen zur Gesprächs- und Verhandlungsführung bestmöglich gewählt werden, und es kann ein sehr gutes Verständnis für die Verhaltensweisen der anderen Gesprächspartner entwickelt werden.

Letztendlich ist eine gute Bauberatung neben den sachbezogenen Abstimmungen auch immer ein Verhandlungsgespräch – um ehrgeizige oder fast schon verloren geglaubte Termine, um verbesserte Qualitäten oder um Konzessionen bei der Entzerrung konfliktbeladener Koordinierung. Der Bauleiter wirbt auf vielfältige Weise, und zwar manchmal bittend und manchmal fordernd, darum, dass einzelne Beteiligte im Sinne des gemeinsamen Ziels kleinere Zugeständnisse in Bezug auf ihre Leistungserbringung machen. Ein gewisses schauspielerisches Talent ist in vielen Situationen dabei nicht nachteilig, um auf angenehme Weise und mit vielfältigen Mitteln die gemeinsame Linie für die Baustelle durchzusetzen.

Der überwachende Bauleiter wird bei den Koordinierungsgesprächen stets das Gesamtziel, also die termingerechte Fertigstellung bei akzeptierter Qualität und innerhalb des Gesamtkostenrahmens, vor Augen haben. Er jongliert dazu auf der einen Seite mit den Zugeständnissen, einzelne Teilleistungen schneller oder anders auszuführen, auf der anderen Seite sollte er stets auch Argumente parat haben, inwiefern das eine oder andere Bauunternehmen durch sein Zutun von deutlicher Erleichterung profitieren konnte. Schließlich gibt es, trotz noch so technologischer und perfekter Arbeitsvorbereitung, auf einer dynamischen Baustelle immer wieder Situationen, in denen eintretende Konflikte nur durch gegenseitige Rücksichtnahme und ein gewisses Maß an Toleranz zu bewältigen sind.

Abschließend, direkt nach der Beratung, erstellt der überwachende Bauleiter das Protokoll zur Sitzung und versendet es. Das Protokoll soll so abgefasst werden, dass es kurz und knapp die wesentlichen Ergebnisse aus der Beratung wiedergibt und dazu eindeutig festlegt, wer bis wann für die Umsetzung der Festlegungen verantwortlich ist. Sollten unterschiedliche Auffassungen in der Beratung zur Sprache gekommen sein und diese nicht geklärt worden sein, so werden auch diese unterschiedlichen Sichtweisen protokolliert.

Praxistipp zum Protokoll der Bauberatung

Bei der Anfertigung des Protokolls muss darauf geachtet werden, dass wahrheitsgemäß protokolliert wird. Dies bewirkt im Laufe der Zeit unwillkürlich eine hohe implizite Bindewirkung der Protokolle. Wenn dagegen Sachverhalte protokolliert werden, die in der Beratung so nicht gesagt oder vereinbart wurden, kann das einen lang anhaltenden Schriftwechsel nach sich ziehen, mit Einsprüchen, Stellungnahmen usw.

Deshalb wird bei strittigen oder nicht ganz eindeutigen Sachverhalten empfohlen, dass noch einmal deutlich nachgefragt wird und ggf. der Wortlaut der Protokollierung bereits während der Beratung festgelegt wird.

Die Technik eines sogenannten rollierenden Protokolls wird eingesetzt, um turnusmäßig zu Beginn einer Beratung die bisher noch unerledigten Punkte aus den letzten Beratungen aufzurufen. Hierbei ist darauf zu achten, dass die Liste der unerledigten Punkte nicht immer länger wird. Denn dadurch wird das Protokoll unübersichtlich und verliert an Prägnanz. Gegebenenfalls sind unerledigte Punkte von Zeit zu Zeit in eine gesonderte Merkliste sogenannter Langläufer auszulagern, sodass diese Punkte separat behandelt werden können.

3.4.4 Baustellenrundgang

Zu den Grundpflichten des überwachenden Bauleiters gehört die regelmäßige Inspektion der Baustelle und der Ereignisse auf der Baustelle. Ein Bauleiter sollte sich zur Gewohnheit machen, diesen Rundgang stets zur gewohnten Zeit vorzunehmen, beispielsweise jeweils vor der zweiwöchentlich stattfindenden Bauberatung.

Unternehmer-Bauleiter werden dagegen sehr viel öfter ihre Baustelle inspizieren, häufig täglich (siehe Kapitel 3.4.1). Es ist nicht nachteilig, sich dabei von anderen Mitarbeitern, einem Polier oder von Unternehmer-Bauleitern beteiligter Nachunternehmen begleiten zu lassen. Häufig beschleunigt das die Beratung an neuralgischen Punkten und die Festlegung auszuhandelnder Kompromisse.

Eine weitere empfohlene Verhaltenseigenschaft für den Baustellenrundgang ist Gelassenheit. Manche kritischen Situationen liegen nicht offen da, sondern müssen erst im Gespräch, beim längeren Blick auf eine bestimmte Gebäudeecke oder im Beobachten der Abfolge von Tätigkeiten erkannt werden. Die Probleme „müssen Gelegenheit haben, auf den Bauleiter zuzukommen".

Beispiel

Bei einem Rundgang auf einer Hochbaustelle mit Flachdecken besichtigte der Unternehmer-Bauleiter auch die nahezu fertige Bewehrung des aktuellen Deckenabschnitts. Lage und Positionsnummern der Bewehrung entsprachen dem Bewehrungsplan, alles war planmäßig verlegt. Dennoch erschien dem Unternehmer-Bauleiter die Deckenbewehrung auffallend „luftig", sodass er sich im Baubüro nochmals die Pläne vornahm. Erst durch Vergleich mit den Plänen der Nachbarabschnitte fiel auf, dass die Listenmatten der Bewehrung in diesem Abschnitt als Einfachstäbe ausgeführt waren, in den anderen Abschnitten aber als Doppelstabmatten. Die Ursache dieser falschen Bewehrung lag in einem Übertragungsfehler von der Statik in die Stahlauszugslisten zur Bestellung der Bewehrung.

Praxistipp zum Baustellenrundgang

Wer einen Praktikumsstudenten auf der Baustelle beschäftigt, sollte ihn auf den Baustellenrundgang mitnehmen. Oft wird er aus mangelnder Erfahrung manches hinterfragen, was eigentlich der überwachende Bauleiter selbst hätte erkennen können. Andererseits ergibt sich so Gelegenheit, Abläufe zu erläutern und darüber zu beraten, sodass durch das laute Aussprechen der geplanten Vorgehensweise mögliche Schwachstellen offenbar werden.

Denn die Aufgabe jedes Bauleiters beim Rundgang ist es nicht nur, das zu sehen, was unmittelbar sichtbar ist, sondern insbesondere das zu erkennen, was eigentlich auch noch hätte sein sollen oder was fehlt, bzw. zu erahnen, wo sich zukünftig etwas falsch entwickeln könnte.

Beispiel

Auf der Baustelle eines Forschungszentrums wurde ein Praktikant im höheren Studiensemester beschäftigt. Jeden Morgen machte er einen Rundgang über die Baustelle. Nach seiner Rückkehr ins Büro vom Bauleiter befragt, wie weit die Arbeiten in diesem oder jenem Bereich wären, wusste der Praktikant dazu keine Antwort. Er lief quasi „blind" über die Baustelle. Also entwickelte der Bauleiter ein mittelfristiges Programm, mithilfe dessen er dem Praktikanten Schritt für Schritt das bewusste Sehen von Vorgängen und Ereignissen beizubringen versuchte. Es umfasste zunächst ganz konkrete Aufgaben zur Beobachtung vor Ort, wurde ergänzt mit gemeinsamen Gesprächen über das Geschehen nach der Rückkehr ins Büro und mündete in einer eigenständigen kurzen Ist-Aufnahme der täglichen Arbeitsleistung. Schließlich, zum Ende seiner Einsatzzeit auf der Baustelle, hatte der Praktikant gelernt, schon intuitiv die Bauzustände und den Baufortschritt auf seinem Baustellenrundgang wahrzunehmen.

Einige überwachende Bauleiter nehmen grundsätzlich eine Kamera bzw. ihr Fotohandy zum Rundgang mit, um ggf. neuralgische Punkte sofort fotografieren zu können. Doch sollte ein Bauleiter die gezielte Fotodokumentation der Bautätigkeit besser zeitlich und möglichst auch personell vom Baustellenrundgang trennen, um nicht durch den Blick nach gesuchten Motiven für die Dokumentation von der eigentlichen Aufgabe, nämlich der Erfassung der Leistung und möglicher zu erwartender Problempunkte, abgelenkt zu werden.

3.4.5 Terminkontrolle

Die klassische Kontrollebene für jeden überwachenden Bauleiter ist die Kontrolle der Termine. In der Tat legt eine gute Terminsteuerung während der Bauausführung die Grundlage für ein erfolgreiches Projekt. Das Beobachten des aktuellen Bau-Ist-Stands ist dabei nur ein kleiner Teil der Terminkontrolle.

Grundlage der Terminkontrolle ist der vorab aufgestellte Terminplan oder Bauzeitenplan. Während ein Terminplan i. d. R. nur angibt, wann einzelne Bauabschnitte begonnen oder fertiggestellt sein sollen, so sollte ein Bauzeitenplan darüber hinaus auch Aussagen ermöglichen über den eigentlichen Baufortschritt, also zur Geschwindigkeit der Arbeiten. Weg-Zeit-Diagramme sind dafür besonders gut geeignete Darstellungsformen (siehe hierzu auch Kapitel 7.1).

Ein weiterer Schritt, um dem Bauablaufplan Wichtigkeit und Verbindlichkeit zu verleihen, wird damit erreicht, dass dieser als Arbeitskopie sichtbar im Baubüro aufgehängt wird. Zunächst ist schon das Aufhängen des Bauablaufplans ein Hinweis darauf, dass der Bauleiter hinter dem Plan steht und dass er die Termine ernst nimmt. Der Bauablaufplan sollte darüber hinaus, ebenso wie die anderen Ausführungspläne, kommunizierbar und stets für die Erläuterung von Abläufen und die Diskussion möglicher Konflikte verfügbar sein. Ein Bauleiter sollte sofort, wenn er mit anderen Baubeteiligten spricht, auf diesen Terminplan und die sich daraus ergebenden Zwangspunkte verweisen können. Eine transparente Terminplanung und eine verbindlich vermittelte Ablaufplanung können die Durchsetzungsfähigkeit der darin dargestellten terminlichen Abläufe deutlich erhöhen.

Bei Verzögerung der tatsächlichen Bauausführung kann ein sichtbar im Baubüro des Bauunternehmens ausgehängter und von der aktuellen Situation abweichender Bauzeitenplan kritische Nachfragen des überwachenden Bauleiters provozieren, bis wann und wie diese Abweichungen aufgeholt sein werden. Daraufhin den Bauzeitenplan gar nicht mehr transparent zu machen, würde allerdings ggf. weiteren „Verdacht" seitens des überwachenden Bauleiters hervorrufen, dass das Bauunternehmen seine Leistungen nicht richtig im Griff habe.

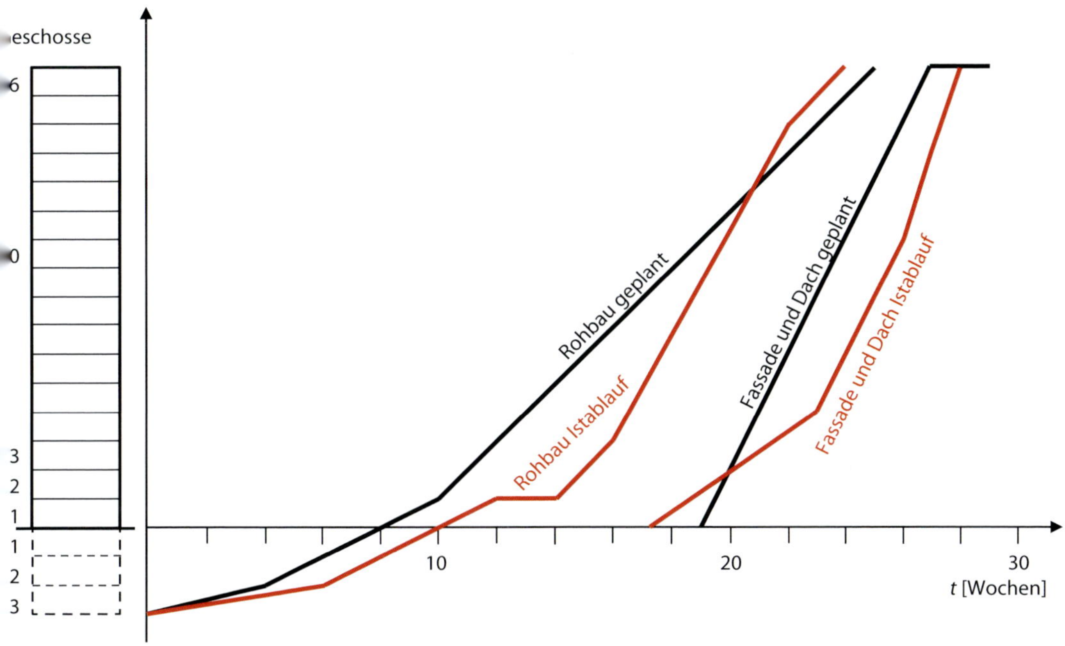

Abb. 3.18: Weg-Zeit-Diagramm

Der Bauleiter kontrolliert die auf der Baustelle beobachteten Bauabläufe, indem er diese dem für das jeweilige Datum im Bauablaufplan vorgegebenen Bautenstand gegenüberstellt. Hierbei gibt es einfach überschaubare Situationen und schwieriger einzuschätzende Gewerke. Zu den einfachen gehört i. d. R. der Rohbau. Beispielsweise können bei einer Stahlbetonwand durch die Abfolge „einseitig schalen – bewehren – Schalung schließen – betonieren – ausschalen" viele klar erkennbare Zäsuren in einem kurzen Zeitraster erfasst werden. Viel schwieriger wird es z. B. im Ausbau, wenn die Rohinstallation der Heizungsleitungen zu bewerten ist, aber dafür unter Umständen im Bauablaufplan insgesamt nur ein einziger langer Vorgang angegeben ist.

Die Terminkontrolle kann tabellarisch erfolgen, indem der Bauleiter neben die vorgegebenen Soll-Termine die jeweiligen Ist-Termine einträgt. Besser noch ist eine grafische Unterstützung, indem die Ist-Termine in den Soll-Terminplan eingetragen werden. Hierbei sind auf einen Blick sowohl Arbeiten zu erkennen, die terminlich verspätet liegen, als auch Arbeiten, die dem Zeitplan voraus sind. Der Bauleiter sollte beides kommunizieren und argumentativ bei Diskussionen über die Ursachen für und Konsequenzen aus Verspätungen und aus vorgezogenen Arbeiten einbringen.

Darüber hinaus sind grafische Darstellungen, vor allem solche vom Typ des Weg-Zeit-Diagramms, sehr gut geeignet, auch den täglichen Baufortschritt übersichtlich darzustellen. Auf einen Blick kann der Bauleiter abschätzen, ob der derzeitige Produktionsfortschritt geeignet ist, bisherige Verzögerungen wieder aufzuholen oder nicht (siehe Abb. 3.18). Das Verwenden farbiger Einträge verbessert die Übersichtlichkeit der Pläne zusätzlich. Als

„Wandtapete" sichtbar im Büro des Unternehmer-Bauleiters ausgehängt, stehen stets die terminkritischen Arbeiten vor Augen.

Termine und Behinderungen

Rechtlich ist bei der Terminverfolgung zwischen verbindlichen Vertragsfristen und bloßen Kontrollfristen zu unterscheiden. Nur die schuldhafte Überschreitung von Vertragsfristen führt zum Verzug des Auftragnehmers mit der Folge von möglichen Schadensersatzansprüchen des Bauherrn.

Ob es sich um eine Vertrags- oder Kontrollfrist handelt, beurteilt sich dabei nach dem Willen der Vertragsparteien. Wenn der Vertrag insoweit keine ausdrückliche Klarstellung vorsieht, ist der Parteiwille ggf. durch Auslegung zu ermitteln. Dabei hat der Bauherr häufig kein gesteigertes Interesse an der Einhaltung von Zwischenfristen; ihm kommt es typischerweise vor allem auf die Einhaltung des Fertigstellungstermins an. Dementsprechend sieht z. B. § 5 VOB/B vor, dass in einem vertraglich vereinbarten Bauzeitenplan enthaltene Einzelfristen keine verbindlichen Vertragsfristen darstellen, solange dies nicht ausdrücklich vereinbart worden ist.

Vertragsfristen können dabei über ein konkretes Datum oder aber über Zeitspannen ab einem bestimmten Zeitpunkt, wie z. B. 6 Monate nach Erteilung der Baufreigabe o. Ä., angegeben werden. Verlängert sich die so kalendarisch bestimmte oder bestimmbare Frist aufgrund von Umständen außerhalb der Verantwortung des Auftragnehmers, kommen Ansprüche aus Verzug für den Bauherrn nur dann in Betracht, wenn er die Einhaltung des „neuen" Fertigstellungstermins zuvor angemahnt hat. Eine solche Mahnung setzt eine ernsthafte Aufforderung voraus, die Leistungen zu dem neuen Termin fertigzustellen. Die Aufforderung zur Vorlage von Terminkonzepten oder zur Abgabe einer bestätigenden Erklärung ist insoweit nicht ausreichend. Mahnt der Auftraggeber einen zu frühen Termin an, geht die Mahnung ins Leere; der Auftragnehmer gerät dann auch bei Überschreitung des eigentlichen Termins mangels insoweit ausgesprochener Mahnung nicht in Verzug.

Dem überwachenden Bauleiter ist von daher anzuraten, eine etwaige Mahnung vorsorglich nochmals für einen oder mehrere spätere Termine zu wiederholen.

Nochmals sei an dieser Stelle erwähnt: Wenn der Unternehmer-Bauleiter eine transparente, übersichtliche und für alle gut einsehbare Terminkontrolle führt, dann hat es der überwachende Bauleiter in dieser Hinsicht einfacher und muss nichts doppelt erarbeiten. Doch er sollte diese Übersichten regelmäßig in Kopie für sich archivieren und muss sich dennoch zumindest stichprobenartig selbst davon überzeugen, dass der Baufortschritt in der Tat dem protokollierten entspricht und die Berichte des Unternehmer-Bauleiters plausibel sind.

In der Praxis ist es allerdings häufig so, dass weder Unternehmer-Bauleiter noch überwachender Bauleiter noch die Bauleiter der Nachunternehmer sorgfältig genug protokollieren. Dann sind es später die eigenen Aufzeichnungen, also das eigene Bautagebuch, das im Zweifel zum Nachweis guter Bauleistung herangezogen werden muss.

3.4.6 Qualitätskontrolle

Der überwachende Bauleiter ist dafür verantwortlich, dass die Ausführungsqualität den vertraglichen Vorgaben genügt. Das heißt, er muss sich die Ausführungsqualität im Detail ansehen und sollte dazu eine klare Meinung haben. Falls die Qualität seiner Meinung nach nicht den Vorgaben entspricht, so hat er die Arbeit zu rügen und umgehend auf Korrektur zu bestehen.

In der VOB/B heißt es dazu in § 4 Abs. 7:

„Leistungen, die schon während der Ausführung als mangelhaft oder vertragswidrig erkannt werden, hat der Auftragnehmer auf eigene Kosten durch mangelfreie zu ersetzen. […] Kommt der Auftragnehmer der Pflicht zur Beseitigung des Mangels nicht nach, so kann ihm der Auftraggeber eine angemessene Frist zur Beseitigung des Mangels setzen […].“

Ein erkannter Mangel ist also in angemessener Zeit zu beseitigen. Die Arbeiten dürfen nicht „auf die lange Bank geschoben“ werden. Dadurch soll vermieden werden, dass der Mangel wieder in Vergessenheit gerät oder dass die Beseitigung des Mangels aufgrund bereits erfolgter nachfolgender Arbeiten aufwendiger als bei der sofortigen Beseitigung oder ganz unmöglich wird. Aus baupraktischer Sicht sollte der überwachende Bauleiter ein vertretbares Zeitfenster vorsehen, innerhalb dessen die Mangelbeseitigung für den Auftraggeber zufriedenstellend und gleichzeitig für das Bauunternehmen innerhalb eines kontrollierten Ablaufs angemessen ist.

Mängel bzw. Auffassungsunterschiede in der Bewertung der Ausführungsqualität gehören zum täglichen Geschäft des überwachenden Bauleiters. Deshalb ist es richtig, sofort zu Beginn der Ausführung klare Qualitätsstandards festzulegen und durchzusetzen. Falls dazu die Unterstützung von Fachingenieuren nötig ist, sollten diese frühzeitig zu einer ersten Inspektion hinzugezogen werden. Auch die Bewertung der Leistungen durch den Bauherrn kann hilfreich sein, um frühzeitig alle Beteiligten auf das gleiche Qualitätsniveau zu bringen, das später, zur endgültigen Abnahme des Bauwerks, dann ebenfalls Maßstab sein wird.

Falls ein Bauunternehmen schon zu Beginn abweichende Vorstellungen von der Ausführungsqualität hat, können diese Unterschiede in der Interpretation der Baubeschreibung noch gemeinsam diskutiert und eine für alle verbindliche Auslegung festgeschrieben werden. Dies wird die Qualitätskontrolle der Bauleitung im Laufe der Ausführung erheblich erleichtern.

Praxistipp zur Arbeitsqualität

Es sollte besonders darauf geachtet werden, wann neue Gewerke oder neue Unternehmer-Bauleiter und Arbeitskolonnen ihre Arbeit auf der Baustelle aufnehmen. Deren Arbeiten sollten in den ersten 2 bis 5 Tagen sehr kritisch kontrolliert werden. Die Bewertung zur beobachteten Ausführungsqualität sollte klar zu erkennen gegeben werden. Das erspart später mühselige „Erziehungsmaßnahmen" oder aufwendige Nacharbeiten.

Gute Kolonnen stellen sich schnell auf die Anforderungen des überwachenden Bauleiters ein und versuchen, ihre Arbeitsweise auf dessen (angemessene) Qualitätsvorgaben auszurichten. Auf diese Weise kann der bei vielen Bauunternehmen intern vorhandene Spielraum in der Ausführungsqualität zugunsten des überwachenden Bauleiters aktiviert werden.

Gute Qualität hat so viele Facetten, dass auch ein versierter Bauleiter heutzutage stets weiter lernen muss, um die aktuellen Ansprüche an die richtige Bauausführung parat zu haben. Daher gehört zu seinen ständigen Aufgaben die Weiterbildung anhand von Fachpublikationen und Seminaren. Häufig kann der Bauleiter dies im gesamten Spektrum möglicher Detailfragen aller Gewerke gar nicht leisten. Daher ist er gefordert, sich jeweils neu auf die aktuellen Gewerke und deren Leistungen einzustellen. Hierzu gibt es viele Informationsquellen, die heutzutage nicht nur aus Normentexten bestehen müssen.

Hinweise zu den erwarteten Ausführungs- und Qualitätsstandards sind an folgenden Stellen zu finden:

- Vertragsunterlagen zum Bauobjekt
- einschlägige DIN-Normen
- weiterführende Richtlinien von Verbänden
- allgemeine Fach- und Lehrbücher
- Verarbeitungshinweise der Produkthersteller
- diverse Informationsportale im Internet

Praxistipp zur Informationsbeschaffung

Ein überwachender Bauleiter sollte stets wissbegierig sein. Es sollten frühzeitig, möglichst schon in der Angebotsphase, spätestens aber beim ersten Auftaktgespräch mit einem neuen Gewerk, detaillierte Fragen gestellt werden zur Art und Weise, wie die einzelnen Arbeitsschritte schulmäßig zu durchlaufen sind, was geeignete Kriterien für gute Qualität sind und wie diese erkannt und kontrolliert werden können.

Bauunternehmer teilen üblicherweise zu diesem frühen Zeitpunkt mit Stolz ihre Kenntnisse und werden gerne darlegen, mit welch hohem Anspruch an die Qualität sie die Arbeiten ausführen werden.

Wenn diese Darstellungen des Bauunternehmers mit der in den ersten Tagen geleisteten Ausführungsqualität verglichen werden, können mit hoher Wahrscheinlichkeit schon 80 bis 90 % der üblichen Ausführungsfehler erkannt und gerügt werden.

DIN-Normen

Bei DIN-Normen handelt es sich um private technische Regelungen mit Empfehlungscharakter. Rechtlich kommt ihnen nur mittelbar Bedeutung zu. So genügt allein die Einhaltung von DIN-Normen nicht, um ein Bauwerk mängelfrei zu erstellen. Hierzu muss das Bauwerk vielmehr die vertraglich vereinbarten Beschaffenheiten aufweisen und funktionstauglich sein, was weit über die bloße Umsetzung von DIN-Normen hinausgehen kann.

Dabei ist auch nicht sichergestellt, dass ein Bauvorhaben bei Einhaltung der DIN-Normen den anerkannten Regeln der Technik als der regelmäßig zumindest konkludent (mit-) vereinbarten Mindestanforderung entspricht. DIN-Normen können je nach Alter und Entstehungsgeschichte auch hinter den anerkannten Regeln der Technik zurückbleiben.

Umgekehrt begründet allerdings ein Verstoß gegen zum Zeitpunkt der Abnahme geltende DIN-Normen eine (widerlegbare) Vermutung für einen Mangel wie sogar auch für ein dahingehendes, ggf. sogar grobes Verschulden des ausführenden Unternehmens.

3.4.7 Aufmaß und Abschlagsrechnungen

Das Aufmaß und die Abrechnung gehören bisweilen zu den ungeliebten Tätigkeiten eines Unternehmer-Bauleiters. Daran ist ein wahrer Kern, denn weder durch Aufmaß noch durch Abrechnung wird Bauleistung erbracht und das Bauwerk fertiggestellt. Dennoch ist es erforderlich, um aus der Leistung erst im betriebswirtschaftlichen Sinne gegenüber dem Auftraggeber eine Bauleistung werden zu lassen.

Die Abrechnung ist je nach Auftraggeber von mannigfachen Formvorschriften begleitet. Aufgrund der Vertragsfreiheit hat jeder Auftraggeber die Möglichkeit, selbst mit Beauftragung an ein Unternehmen vorzugeben, wie Aufmaß und Abrechnung zu erfolgen haben. Insbesondere im öffentlichen Bau, wo also staatliche Auftraggeber tätig werden, ist dieses zu beachten. Im Straßen- und Tiefbau ist oftmals ein elektronisch gestütztes Aufmaß zu erstellen, und hierbei sind vorgegebene elektronische Abrechnungsprogramme zu verwenden.

Sofern die Anwendung der VOB vereinbart oder vorgeschrieben ist – dies ist für alle Bauaufträge der öffentlichen Hand und Bauaufträge, die mit öffentlichen Mitteln gefördert werden, auch ohne explizite Erwähnung der VOB der Fall –, gilt dadurch implizit auch die VOB/C. Diese gibt genaue Vorgaben für die Mengenermittlung und somit für die Erstellung des Aufmaßes. Zur Anwendung und Auslegung der Aufmaßregeln der VOB/C gibt es umfassende weiterführende Fachliteratur, die in Wort und Bild erläutert, wie die Regelungen der einzelnen DIN-Normen der VOB/C anzuwenden sind.

Sind die Abläufe nicht explizit im Bauvertrag geregelt, so sollte sich der Unternehmer-Bauleiter nach den Empfehlungen in § 14 Abs. 1 und 2 der VOB/B richten. Sie lauten:

„*(1) Der Auftragnehmer hat seine Leistungen prüfbar abzurechnen. Er hat die Rechnungen übersichtlich aufzustellen und dabei die Reihenfolge der Posten einzuhalten und die in den Vertragsbestandteilen enthaltenen Bezeichnungen zu verwenden. Die zum Nachweis von Art und Umfang der Leistung erforderlichen Mengenberechnungen, Zeichnungen und andere Belege sind beizufügen. Änderungen und Ergänzungen des Vertrags sind in der Rechnung besonders kenntlich zu machen; sie sind auf Verlangen getrennt abzurechnen.*

(2) Die für die Abrechnung notwendigen Feststellungen sind dem Fortgang der Leistung entsprechend möglichst gemeinsam vorzunehmen. Die Abrechnungsbestimmungen in den Technischen Vertragsbedingungen und den anderen Vertragsunterlagen sind zu beachten. Für Leistungen, die bei Weiterführung der Arbeiten nur schwer feststellbar sind, hat der Auftragnehmer rechtzeitig gemeinsame Feststellungen zu beantragen.“

Es ist zu empfehlen, dass der überwachende Bauleiter mit den Parteien auf der Baustelle frühzeitig alle Abläufe zur Abrechnung sowie die dazu eingesetzten Formblätter bespricht. Der Unternehmer-Bauleiter wird dabei versuchen, dem Auftraggeber seine Arbeitsweise transparent zu erläutern und ihn auf diese Weise in der zügigen und wohlwollenden Prüfung seiner Bauabrechnung zu unterstützen. Als überwachender Bauleiter in Diensten des Bauherrn gilt Ähnliches: Indem er den Bauunternehmen empfiehlt, bestimmte von ihm vorgeschlagene Formblätter und Strukturierungen zu verwenden und seine Vorschläge zur Aufstellung und zum Ablauf der Abrechnung zu berücksichtigen, wird er versuchen, sich die ihm obliegende Prüfung des Aufmaßes und der Abrechnung zu vereinfachen. Einen Anspruch auf die exakte Einhaltung der von ihm vorgeschlagenen Prozeduren hat er allerdings nicht, sofern dies nicht als Teil der Vertragsbedingungen des Bauvertrags festgeschrieben ist.

Für die in Rechnung gestellten abgeschlossenen Teilleistungen bzw. abrechenbaren Leistungspositionen steht dem Bauunternehmen eine Abschlagszahlung zu. Hierzu multipliziert der Unternehmer-Bauleiter die im Aufmaß ermittelten Mengen mit den entsprechenden Einheitspreisen und erhält so den Gesamtbetrag der Abschlagsrechnung.

Da das Aufmaß kumuliert erstellt wird, z. B. für regelmäßige monatliche Abschlagsrechnungen, wird auf diese Weise der Gesamtbetrag errechnet, den die seit Beginn der Baustelle erbrachte Bauleistung erreicht hat. Auf dem Rechnungsschreiben werden dann alle bisher erhaltenen Abschläge aufgeführt und von der Gesamtsumme subtrahiert. Die Differenz ergibt den Betrag der aktuellen Abschlagsrechnung.

Abschlagsrechnungen werden 21 Kalendertage nach Zugang der Aufstellung fällig. Bei mehreren Beteiligten auf der Bauherrenseite, die alle noch einen kritischen Blick auf die Rechnungen werfen oder die die Rechnung vorprüfen sollen, muss der Bauherr die Abläufe gut strukturieren, um diese Frist einhalten zu können.

Abschlagsrechnung Nr. 4	**Bauvorhaben Musterhaus**
Wert der bis zum 31.07. erbrachten Leistungen (entsprechend beiliegendem Aufmaß)	
• nach Vertrags-Leistungsverzeichnis	580.000,00 Euro
• aus Ergänzungsvereinbarungen über Nachtrag 1 bis 3	10.000,00 Euro
• aus angemeldeten Nachträgen 4 und 5	8.000,00 Euro
Rechnungssumme gesamt auf erbrachte Leistung	598.000,00 Euro
10 % Sicherheitseinbehalt anstelle von Vertragserfüllungsbürgschaft	– 59.800,00 Euro
Davon abzuziehen:	
Abschlagszahlung Nr. 3 vom 30.06.	– 126.000,00 Euro
Abschlagszahlung Nr. 2 vom 31.05.	– 170.000,00 Euro
Abschlagszahlung Nr. 1 vom 31.03.	– 68.000,00 Euro
Rechnungssumme netto 4. Abschlag	**174.200,00 Euro**
Umsatzsteuer 19 %	**33.098,00 Euro**
Rechnungssumme brutto	**207.298,00 Euro**

Abb. 3.19: Aufbau einer Abschlagsrechnung

Es ist zu empfehlen, gleich bei der ersten Abschlagsrechnung auf die formalen Details der Rechnungslegung zu achten. Hierzu gehören die üblichen Formvorschriften wie die korrekten handelsrechtlichen Bezeichnungen des Rechnungsempfängers und des Absenders, eine eindeutige Identifikationsnummer, die Angabe der Steuernummer des Rechnungsstellers und die separat ausgewiesene Umsatzsteuer.

Ferner können weitere Differenzierungen angebracht sein, die die Rechnungsprüfung vereinfachen. So hat es sich bewährt, zunächst alle Positionen des Hauptauftrags aufzuführen, dann die Positionen aus beauftragten Nachträgen sowie schließlich, falls vorhanden, Positionen aus noch nicht beauftragten Nachträgen. Auf diese Weise fällt es dem überwachenden Bauleiter und den von ihm mit der detaillierten Rechnungsprüfung betrauten Planern leichter, unstrittige von strittigen Sachverhalten, z. B. noch zu verhandelnde Nachträge, abzugrenzen. Abb. 3.19 zeigt ein einfaches Beispiel dazu.

3.4.8 Schriftwechsel

Viele für die Baustelle relevante Informationen werden immer noch über Schriftwechsel ausgetauscht. Hierbei ist stets darauf zu achten, dass Schreiben, seien sie auf gedrucktem Papier oder in Form von Telefaxen oder E-Mails, vertragliche Relevanz haben und daher gut registriert und geordnet weiterverarbeitet werden müssen.

Selbst verfasste Schreiben sollten daher vollständig sein, also klar den oder die Adressaten, den Absender, den Betreff und das aktuelle Datum ausweisen. Ferner sollte vermerkt sein, welche weiteren Personen dieses Schreiben gleichzeitig in Kopie erhalten haben. Bei eingehenden Schreiben und Nachrichten sollte der Bauleiter ebenfalls darauf achten, dass diese Basisinformationen vollständig auf dem Schreiben vermerkt sind. Hinzu kommt der Vermerk, wann das Schreiben eingegangen ist.

Schriftform

Mit Ausnahme bestimmter besonders bedeutsamer Geschäfte, wie z. B. dem Kauf oder Verkauf eines Grundstücks, sind Erklärungen im Rechtsverkehr nicht an eine bestimmte Form gebunden. Verträge bedürfen damit nicht der Schriftform, sondern können auch mündlich wirksam abgeschlossen werden. Ebenso sind grundsätzlich auch mündliche oder per E-Mail abgegebene Erklärungen gültig und verbindlich.

Die Parteien können abweichend hiervon allerdings vereinbaren, dass bestimmte Erklärungen nur bei Einhaltung bestimmter Formvorschriften wirksam sind. So findet sich in Bauverträgen häufig die Regelung, dass Änderungen oder Ergänzungen des Vertrages der Schriftform bedürfen. Treffen die Parteien dann mündlich z. B. eine Nachtragsvereinbarung, wäre diese nicht wirksam. Dabei gilt allerdings zu beachten, dass die Parteien nicht nur einen Formzwang vereinbaren, sondern auch wieder aufheben können. Dies kann auch konkludent erfolgen; sind sich die Parteien z. B. über einen Nachtrag einig und soll dieser nach beiderseitigem Verständnis auch ohne gesonderte Niederschrift „gelten", kann hierdurch die vertragliche Schriftform abbedungen sein. So bringen die Parteien durch ihr Verhalten zum Ausdruck, dass die getroffene Nachtragsvereinbarung gerade unabhängig und losgelöst von etwaigen Formvorschriften im Vertrag maßgeblich und bindend sein soll.

Zur Vermeidung derartig „beiläufiger" Vereinbarungen ohne Einhaltung der vertraglich vorgesehenen Form sehen Bauverträge mitunter auch eine „doppelte" Schriftformklausel vor, nach der die vereinbarte Schriftform wiederum nur schriftlich aufgehoben werden kann. Auch wenn hier grundsätzlich ebenfalls eine konkludente Aufhebung der 2. Schriftformstufe in Betracht kommt, kann ein dahingehender Wille der Parteien dann nicht mehr ohne Weiteres, sondern nur noch in eng begrenzten Ausnahmefällen angenommen werden.

Dabei ist rechtlich umstritten, inwieweit eine einfache E-Mail der vertraglich vereinbarten Schriftform genügt. Dies wird von einzelnen Oberlandesgerichten abgelehnt, wenn es sich um eine E-Mail handelt, die keine einkopierte eigenhändige Unterschrift des Verfassers enthält. Zur Wahrung der Schriftform sollten von daher allenfalls unterschriebene und eingescannte Dokumente per E-Mail versandt werden.

Praxistipp zum Schriftverkehr

Heutzutage ist ein intensiver E-Mail-Verkehr auch auf kleineren Baustellen nicht mehr wegzudenken. Es empfiehlt sich deshalb, sofern nicht alle gedruckten Schreiben zentral erfasst und eingescannt werden, zumindest eine einheitliche und für Papier- und elektronische Ablage identische Ablagestruktur anzulegen, sodass alle Unterlagen mindestens entweder in der einen oder der anderen Ablage zu finden sind.

Wegen der schlechteren Nachweismöglichkeiten ist für wichtige Nachrichten der Gebrauch des Telefons oder auch von SMS absolut ungeeignet. Wenn sich telefonisch oder mündlich vereinbarte Festlegungen nicht vermeiden lassen, so empfiehlt es sich, dass der Bauleiter eine solche Vereinbarung kurz schriftlich zusammenfasst und den Beteiligten per E-Mail oder als Schriftnotiz zusendet. Dieses bringt Solidität in den Ablauf und entlastet die Beteiligten davon, sich unnötigerweise viele Details merken zu müssen.

Ein jederzeitiger und guter Überblick über den gesamten Schriftwechsel in einem Bauprojekt ist wichtig. Dies wird im einfachsten Fall durch ein Eingangs- und Ausgangsbuch kontrolliert, in dem jedes Schreiben erfasst und dessen mögliche Weitergabe an weitere Instanzen protokolliert wird.

Gerade wenn sich ein Großteil des Schriftwechsels auf elektronische Kommunikationskanäle verlagert, ist eine übersichtliche Datenhaltung notwendig, die die planmäßige und schnelle Suche nach bestimmten Schreiben, gefiltert nach Stichworten, Datum, Adressat, Absender oder anderen Kriterien ermöglicht.

3.4.9 Schlussrechnung

Die Schlussrechnung eines Bauunternehmens krönt die Fertigstellung der Bauausführung. Sie ist nach etlichen turnusmäßigen oder auch unregelmäßigen Abschlagsrechnungen die letzte Möglichkeit des Bauunternehmens, Bezahlung für alle erbrachten Leistungen zu verlangen, Gegenrechnungen zu berücksichtigen und sämtliche monetären Forderungen aus dem Baugeschehen an den Bauherrn vorzulegen.

Üblicherweise hat sich der Vorgang der Rechnungslegung bis zur Schlussrechnung eingespielt. Schon bei den Abschlagsrechnungen achtet der überwachende Bauleiter auf die richtigen Adressaten, auf die handelsrechtlich korrekten Bezeichnungen und auch die steuerrechtlich zu beachtenden Formvorschriften.

Weil i. d. R. auf die Vertragsleistung bereits einige Abschlagszahlungen geleistet wurden, sind diese auf der Schlussrechnung nochmals auszuweisen und vom Gesamtbetrag abzuziehen. Dagegen werden nun auch die Einbehalte wieder in Rechnung gestellt. Das in Abb. 3.19 vorgestellte Beispiel einer Abschlagsrechnung sieht, wenn es sich um eine Schlussrechnung handelt, folgendermaßen aus (Abb. 3.20).

Schlussrechnung	**Bauvorhaben Musterhaus**
Wert der bis zum Bauende erbrachten Leistungen (entsprechend beiliegendem Aufmaß)	
• nach Vertrags-Leistungsverzeichnis	580.000,00 Euro
• aus Ergänzungsvereinbarungen über Nachtrag 1 bis 3	10.000,00 Euro
• aus angemeldeten Nachträgen 4 und 5	8.000,00 Euro
Rechnungssumme gesamt auf erbrachte Leistung	598.000,00 Euro
Davon abzuziehen:	
Abschlagszahlung Nr. 3 vom 30.06.	– 126.000,00 Euro
Abschlagszahlung Nr. 2 vom 31.05.	– 170.000,00 Euro
Abschlagszahlung Nr. 1 vom 31.03.	– 68.000,00 Euro
Rechnungssumme netto	**234.000,00 Euro**
Umsatzsteuer 19 %	**44.460,00 Euro**
Rechnungssumme brutto	**278.460,00 Euro**

Abb. 3.20: Aufbau einer Schlussrechnung

Ziel jeder Unternehmer-Bauleitung sollte es sein, die Rechnungslegung der Schlussrechnung auch zeitnah zur Fertigstellung des Bauwerks vorzunehmen. Zu dieser Zeit sind die maßgeblichen Akteure beider Seiten i. d. R. noch im Projekt involviert und können dank ihrer Hintergrundinformationen unklare Positionen in der Rechnung zügig klären.

§ 16 Abs. 3 VOB/B legt fest: *„Der Anspruch auf Schlusszahlung wird alsbald nach Prüfung und Feststellung fällig, spätestens innerhalb von 30 Tagen nach Zugang der Schlussrechnung. Die Frist verlängert sich auf höchstens 60 Tage, wenn sie aufgrund der besonderen Natur oder Merkmale der Vereinbarung sachlich gerechtfertigt ist und ausdrücklich vereinbart wurde.“*

Ferner führt die VOB/B an gleicher Stelle weiter aus: *„Werden Einwendungen gegen die Prüfbarkeit unter Angabe der Gründe nicht bis zum Ablauf der jeweiligen Frist erhoben, kann der Auftraggeber sich nicht mehr auf die fehlende Prüfbarkeit berufen. Die Prüfung der Schlussrechnung ist nach Möglichkeit zu beschleunigen. Verzögert sie sich, so ist das unbestrittene Guthaben als Abschlagszahlung sofort zu zahlen.“*

In der Praxis ist es vonseiten des Unternehmer-Bauleiters elegant, nicht nur die Schlussrechnung zügig aufzustellen, sondern diese dann auch mit dem Bauherrn oder seinem überwachenden Bauleiter durchzusprechen. So können ggf. Missverständnisse oder andere Unklarheiten gleich beseitigt werden, und die eigentliche Prüffrist muss nicht unnötig in die Länge gezogen werden.

Bisweilen gibt es Bauherren, die die Schlusszahlung aus verschiedenen Gründen lange hinauszögern wollen. Das kann daran liegen, dass besonders gründlich geprüft wird oder dass der Druck, noch offene Restarbeiten zu erledigen, hoch gehalten werden soll. In solchen Situationen wäre das Angebot des Unternehmer-Bauleiters, zunächst die Schlussrechnung gemeinsam zu besprechen, eine willkommene Einladung, die Fälligkeit der Schlusszahlung weiter hinauszuzögern.

Abschlags- und Schlussrechnung

Bei Abschlagszahlungen handelt es sich um vorläufige Anzahlungen des Auftraggebers auf die vereinbarte Vergütung, die erst später nach Fertigstellung und Abnahme fällig wird. Durch entsprechende Abschlagszahlungen soll die Vorleistungspflicht des Unternehmens ausgeglichen und ihm bereits während der Bauphase Liquidität zugeführt werden. Aufgrund ihres nur vorläufigen Charakters kommt Abschlagszahlungen in der Regel aber keinerlei Anerkenntniswirkung zu; der Auftraggeber kann im Rahmen seiner Schlussrechnungsprüfung z. B. auch Mengen kürzen oder wieder streichen, die er zuvor bereits über Abschläge vergütet hat.

Während der Auftraggeber nach früherer Rechtslage bei Vorliegen wesentlicher Mängel überhaupt keine Abschlagszahlungen zu leisten hatte, sieht der Gesetzgeber mit der für alle ab dem 01.01.2018 geschlossenen Verträge geltenden Neufassung von § 632a Abs. 1 BGB in diesem Fall nunmehr nur noch das Recht vor, von den grundsätzlich weiterhin geschuldeten Abschlagszahlungen entsprechende Einbehalte vorzunehmen. Es liegt zumindest nahe, dass dies so nunmehr auch für § 16 Abs. 1 VOB/B gilt.

Außerdem hat der Gesetzgeber mit dem neuen § 650g Abs. 4 BGB klargestellt, dass auch im Bauvertrag nach BGB die eigentliche Vergütung des Unternehmers neben der Abnahme auch die Vorlage einer prüffähigen Schlussrechnung voraussetzt, wie dies für den VOB/B-Vertrag in § 16 Abs. 3 Nr. 1 VOB/B schon seit jeher vorgesehen ist.

Einwände gegen die Prüfbarkeit von Abschlags- oder Schlussrechnungen kann der Auftraggeber nur innerhalb der insoweit festgelegten Fristen erheben; für eine beachtliche Prüfbarkeitsrüge genügt es allerdings nicht, die Prüfbarkeit der Rechnung generell zu bestreiten. Der Auftraggeber muss seine Einwände vielmehr konkret benennen und den Auftragnehmer dadurch in die Lage versetzen, den beanstandeten Defiziten abzuhelfen.

Kommt der Auftraggeber dem nicht innerhalb der jeweiligen Fristen nach, ist er mit dem Einwand fehlender Prüfbarkeit ausgeschlossen; die Rechnung wird dann fällig, auch wenn sie nicht prüfbar sein sollte. Der Auftraggeber kann sich dann aber natürlich immer noch auf die inhaltliche Unrichtigkeit der Rechnung berufen und Kürzungen und Streichungen bei sachlich nicht gerechtfertigten Positionen vornehmen.

Doch liegt die Schlussrechnung erst einmal prüffähig vor, so zählt die Zahlungsfrist. Zahlt der Auftraggeber nicht fristgerecht, kann ihm das Bauunternehmen eine angemessene Nachfrist setzen. Zahlt der Auftraggeber auch dann nicht, so hat von da an das Bauunternehmen mindestens Anspruch auf Zinsen nach § 288 Abs. 2 BGB, wenn es nicht einen höheren Verzugsschaden nachweist.

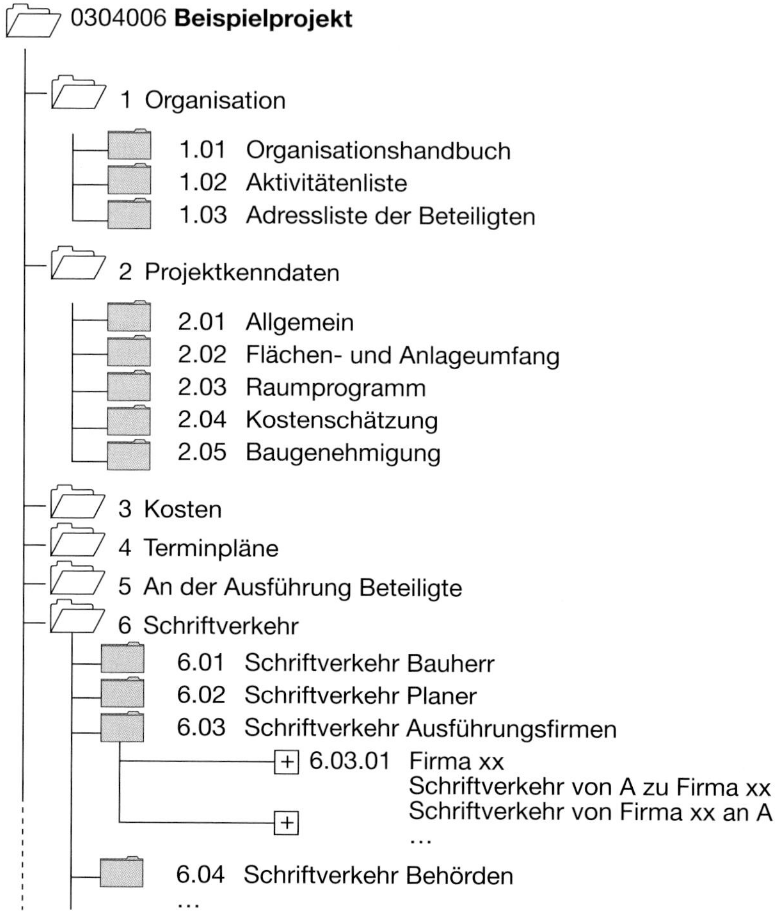

Abb. 3.21: Vorschlag einer Aktenstruktur für den überwachenden Bauleiter

3.5 Dokumentation

Die Dokumentation zum Baugeschehen nimmt heute einen wichtigen Raum im gesamten Miteinander ein. Deshalb wird an dieser Stelle auch auf die routinemäßige Dokumentation während der Bauausführung eingegangen.

3.5.1 Aktenordnung für die Baustelle

Für die zahlreichen im Zusammenhang mit einem Bauvorhaben anfallenden Dokumente bietet sich das frühzeitige Festlegen einer einheitlichen Aktenordnung an. Wird eine elektronische Ablage betrieben, so erfolgt das meist in Ergänzung zur Papierablage. Dann ist es umso hilfreicher, wenn Papier- und elektronische Ablage die gleiche Ordnungsstruktur haben. So können dieselben Dokumente mindestens in einer der beiden Ablagen archiviert werden, und selbst eine doppelte Erfassung in der Ablage ist nicht schädlich.

1. Auftragswesen
1.1 Auftrag
1.1.1 Auftragsschreiben, Vertrag
1.1.2 Sonstige Vertragsunterlagen (Angebots-Kalkulation/Pläne/ Gutachten usw.), (AK-Regelungen)[2]
1.1.3 Nachtrags-/Zusatzangebote
1.1.4 Schriftwechsel Bauherr
1.1.5 Schriftwechsel Sonstiges (NU siehe 1.6.2)
1.1.6 Aktennotizen/Beratungen Bauherr
1.1.7 Aktennotizen/Beratungen Sonstiges
1.1.8 Abnahmen mit Bauherr (NU siehe 1.6.2)
1.1.9 Gewährleistung mit Bauherr
1.1.10 Aufträge Dritte

1.2 Arge-Vertrag
1.2.1 Arge-Protokolle
1.2.1 Schriftwechsel Partner

1.3 Abrechnung/ Rechnungsgrundlagen
1.3.1 Abrechnungsunterlagen mit Bauherr[1]
1.3.2 Stundenlohn-/Nachweisarbeiten mit Bauherr[1]
1.3.3 Zahlungsplan
1.3.4 Abrechnung mit Dritten[1]
1.3.5 Qualitätsnachweise für Baustoffe

1.4 Technische Unterlagen
1.4.1 Technische Bearbeitung
1.4.2 Ausführungsunterlagen Rohbau
1.4.3 Ausführungsunterlagen Ausbau
1.4.4 Schalung, Rüstung, Sonstiges
1.4.5 Vermessungsgrundlagen
1.4.6 Gutachten (soweit nicht 1.1.2)
1.4.7 Beweissicherung
1.4.8 Fotodokumentation
1.4.9 Betonordner

1.5 Arbeitsvorbereitung der Baustelle
1.5.1 Bautagebuch/Tagesberichte
1.5.2 Planeingangs- und Verteildokumentation
1.5.3 Terminplanung
1.5.4 Baustelleneinrichtungsplanung
1.5.5 Bauverfahrensplanung
1.5.6 Disposition

1.6 Einkauf – Lieferanten – Nachunternehmer
1.6.1 Lieferantenverträge
1.6.2 Nachunternehmerverträge, NU-Regelungen[2]
1.6.3 Arch.- und Ing.-Verträge
1.6.4 Sonstige Verträge
1.6.5 Baustelleninventur
1.6.6 Rahmenabkommen
1.6.7 Bonusabrechnung

1.7 Betriebskontrolle und Kostenkontrolle
1.7.1 Betriebskalkulation für Baustellen, BfB-Regelungen)[2]
1.7.2 Leistungsmeldung über BfB
1.7.3 Stunden- und Kostenkontrollausdrucke
1.7.4 Nachkalkulation

1.8 Interne Dokumentation allgemein
1.8.1 Aktennotizen
1.8.2 Protokolle der Bauberatung
1.8.3 Schriftwechsel intern

2. Projektwesen/ Angebotsbearbeitung
2.1 Allgemeine Akquisition
2.2 Submissionsergebnisse
2.3 Einzelprojekte (gem. Einzelverzeichnis nach Angebots-Nr.)
2.4 Projektentwicklungen
2.5 Bauherrendatei und Beteiligte
2.6 Immobilienangebote
2.7 Sonstiges

3. Verwaltungswesen
3.1 Vollmachten (Bank, Post usw.)
3.2 Gebäude, Grundstücke
3.3 Rechtsstreitigkeiten
3.4 Rundschreiben und Information
3.5 Interne Vermerke
3.6 Organisation
3.7 Revision
3.8 Mitgliedschaften, Auskünfte
3.9 Sonstiges

4. Rechnungswesen
4.1 Hauptbuchhaltung
4.1.1 Journale
4.1.2 Konten, FiBu-/BeBu-Auszüge
4.1.3 Ergebnisrechnung
4.1.4 Arge-Ergebnisrechnung

4.2 Rechnungen und Buchungsbelege
4.2.1 Eingangsrechnungen
4.2.2 Ausgangsrechnungen
4.2.3 Leistungsmeldung
4.2.4 Statistische Monatsberichte

4.3 Debitorenbereich
4.3.1 Statistische Konten
4.3.2 Mahnwesen und Zahlungsmeldungen

4.4 Bürgschaften
4.5 Finanzpläne
4.6 Versicherungen
4.7 Sonstiges Rechnungswesen

5. Personalwesen
5.1 Personalakten
5.2 Abrechnung
5.3 Aus- und Fortbildungswesen
5.4 Arbeits- und Sozialwesen
5.5 Arbeits- und Sozialrecht
5.6 Krankenkasse
5.7 Sonstiges
5.8 Personalwesen auf Baustellen

6. Gerätewesen (MTA und Baustelle)
6.1 Geräte allgemein
6.2 Fahrzeuge
6.3 Krane
6.4 Kessel
6.5 Kontrollbücher
6.6 Altöl
6.7 Geräte-, Versand-, Gebrauchsgebühren
6.8 Inventarmeldungen
6.9 Baracken, Container
6.10 Sonstiges

7. ZBV – zur besonderen Verwendung

8. Qualitätsmanagement
8.1. QM-Plan der Baustelle, (QM-Regelungen)[2]
8.2 QM-Sonstiges

Abk.	Bedeutung	Abk.	Bedeutung
AK	Angebots-Kalkulation	Ing.	Ingenieure
Arch.	Architekten	MTA	maschinentechnische Abteilung
Arge	Arbeitsgemeinschaft	NU	Nachunternehmer
BeBu	Betriebsbuchhaltung	QM	Qualitätsmanagement
BfB	Betriebskalkulation für Baustellen	ZBV	zur besonderen Verwendung
FiBu	Finanzbuchhaltung		

1) Rechnungen siehe 4.2.1 und 4.2.2
2) Nach Bedarf Sonder- oder Unterregister anlegen.

Abb. 3.22: Vorschlag einer Aktenstruktur für den Unternehmer-Bauleiter

Hier sind 2 Vorschläge für die Strukturierung einer Aktenordnung gegeben, einer für den überwachenden Bauleiter (Abb. 3.21), einer für den Unternehmer-Bauleiter (Abb. 3.22). Sie müssen ggf. an die Belange einzelner Bauvorhaben angepasst werden. Dabei empfiehlt es sich jedoch, stets dieselbe

Grundstruktur zu verwenden und ggf. auch entsprechende Ordnungsziffern zu vergeben. Bewährt hat sich das folgende Grundmuster:

1. Baubeschreibung, Bauvorhaben, Pläne
2. Betreiber, Nutzer, Mieter
3. Behörden, Genehmigungen
4. Dritte, indirekt Beteiligte, Nachbarn, Presse
5. Planer, Architekt, Tragwerkplaner, Gebäudetechnik
6. Bauunternehmen
7. Abnahmen

Gerade weil aufgrund des zunehmenden Einsatzes von Elektronik die Anzahl von Schriftstücken ständig weiter steigt, ist eine einfache und übersichtliche Grundstruktur umso wichtiger, um den Überblick zu bewahren und mit leistungsstarken Suchalgorithmen die richtigen Dokumente zur rechten Zeit wieder aufzufinden.

3.5.2 Auftrag und Auftragsbestätigung

Basis für das Miteinander während der gesamten Bauzeit ist der Bauvertrag. Dieser ist dadurch zustande gekommen, dass zu einem gewissen Zeitpunkt beide Parteien, also Auftraggeber und Auftragnehmer, in Willensübereinstimmung erklärt haben, dass die Bauleistungen vom Bauunternehmen termingerecht und zum vereinbarten Preis durchgeführt werden sollen.

Während die Ausschreibungsunterlagen, also Pläne, Baubeschreibung und Vertragsbedingungen, meistens sehr sorgfältig von den Planern vorbereitet worden sind, verlaufen die endgültigen Verhandlungen um die Auftragserteilung häufig hektischer. Insbesondere verhandlungsversierte Baupartner sind oft sehr kreativ, durch kleine Veränderungen der Vertragsbedingungen oder des Vertragsgegenstandes noch die letzten Möglichkeiten einer besseren Preisstellung herauszuarbeiten. Daher ist es durchaus an der Tagesordnung, dass sich der vereinbarte Baugegenstand in vielen Punkten signifikant von den in der Ausschreibung beschriebenen Leistungen unterscheidet.

Die Auftragsbestätigung ist nun das Kernelement, anhand dessen später alle ausgeführten Leistungen und alle geforderten Rechnungsbeträge auf ihre Rechtmäßigkeit geprüft werden. Sie sollte deshalb stets schriftlich verfasst oder protokolliert werden und eindeutig auf die letztgültigen Angebots- und Verhandlungsdokumente Bezug nehmen.

Sofern alle Vertragsdokumente in ihrer letztgültigen Überarbeitung als Angebot vom Bauunternehmen vorliegen, kann die Auftragsbestätigung sehr einfach lauten.

Beispiel

> Eine Auftragsbestätigung könnte beispielsweise so formuliert sein: „Hiermit erteilen wir (Auftraggeber) dem Bauunternehmen (Auftragnehmer) den Auftrag, die in den Dokumenten (hier sind alle relevanten Unterlagen aufzuführen) beschriebenen Leistungen auszuführen. Als Vergütung wird die im Angebot des Bauunternehmens ausgewiesene Summe von (Betrag netto/brutto) vereinbart."

Diese Auftragsbestätigung und die zugehörigen Anlagen sind die wichtigsten Unterlagen für die Dokumentation, weil sich daraus später alle Änderungen ableiten oder danach bewertet werden müssen.

Sofern der Auftrag auf entsprechende Anlagen verweist, gehören diese ebenfalls in die Dokumentation der Auftragsbestätigung:

- der Bauvertrag
- die Leistungsbeschreibung
- die Besonderen Vertragsbedingungen
- etwaige Zusätzliche Vertragsbedingungen
- etwaige Zusätzliche Technische Vertragsbedingungen
- die Allgemeinen Technischen Vertragsbedingungen für Bauleistungen
- die Allgemeinen Vertragsbedingungen für die Bauausführung von Bauleistungen

(Bis hierhin entspricht die Auflistung § 1 Abs. 2 VOB/B.)

- die Terminpläne
- die allgemeine Baubeschreibung in ihrer letzten Fassung
- die Pläne zur Ausschreibung in ihrer letzten Fassung
- evtl. technische Veränderungen durch Herausnehmen, Hinzufügen oder Abändern von Leistungen
- evtl. Änderungen der Vertragsbedingungen durch Verlagerung von Risiken oder Spezifizieren abgeänderter Randbedingungen
- evtl. Verschiebung von Terminabläufen gegenüber den Ausschreibungsterminen durch Veränderung von Leistungsansätzen, Verschieben in ein andere Jahreszeit, Detaillierung und Untersetzung von Grobterminplänen
- Aufschlüsselung von gewährten Nachlässen als genereller Nachlass, als gezielte Reduzierung einzelner Positionen oder als Rundung der Endsumme

Praxistipp zu Vertragsunterlagen

Der Zeitpunkt der Vertragseinigung ist für den gesamten weiteren Ablauf der Baustelle besonders wichtig, da er immer wieder als Ausgangspunkt dient, um gegenüber dieser Soll-Konfiguration eingetretene oder gewünschte Abweichungen zu beurteilen.

Es ist zu empfehlen, diese Vertragsunterlagen einmal komplett und geschlossen separat zu archivieren, um im Bedarfsfall darauf zurückgreifen zu können. Werden sie elektronisch abgelegt, so gibt es dafür diverse Möglichkeiten der Softwarekennzeichnung, mit der die Authentizität der abgespeicherten Dokumente festgehalten wird. Jedoch dürfte auf absehbare Zeit stets noch eine Papierablage mit einem Satz der Originaldokumente ratsam sein.

3.5.3 Protokolle von Bauherrenberatungen

Die im Laufe der Planung und der Bauausführung abgehaltenen Beratungen werden protokolliert. Somit werden die Ergebnisse festgehalten und können an weitere Beteiligte weitergegeben werden. Während die Protokolle meist für das Endbauwerk von untergeordneter Bedeutung sind, da die Beschlüsse in Form von Plänen oder Beschreibungen umgesetzt werden, sind sie für den Nachweis oder die Abwehr möglicher Mehrkosten während der Bauausführung durchaus wichtig. Hieraus kann später bei Bedarf rekonstruiert werden, welche Pläne zu welchem Zeitpunkt vorlagen, welche Entscheidungen wann getroffen wurden und auf welchen Bautenstand bestimmte Änderungsanordnungen trafen.

Es ist zu empfehlen, frühzeitig durch den Auftraggeber festlegen zu lassen, wer das Protokoll der Bauherrenberatungen führen soll. Je nach Schwerpunkt der Beratungsthemen sind hierfür der Architekt (in der Planungsphase) oder auch ein späterer Nutzer (bei wesentlichen Punkten des Betriebs) prädestiniert. Sofern der Bauherr einen Projektmanager eingeschaltet hat, wird er diesem die Protokollführung übertragen.

Protokolle der Bauherrenberatungen werden als Ergebnisprotokolle geführt. Sie halten die beratenden Gegenstände in geordneter Form fest und weisen dazu die getroffenen Entscheidungen und die noch offenen Punkte transparent aus. Als wesentliche Dokumente des Planungsprozesses sind sie chronologisch zu erfassen und zu dokumentieren.

Als Formularvorlage wird hier auf das Protokollmuster für Bauberatungen verwiesen, das in Kapitel 3.4.3 bereits vorgestellt wurde (siehe Mustervorlage 3.8). Für die Dokumentation erweisen sich dann einige der dabei vorgestellten Elemente als großer Vorteil. Diese sind:

- klare Datierung der jeweiligen Protokolle, verbunden mit einer laufenden Protokollnummer; diese geringfügige Redundanz durch Datierung und Nummerierung hilft, bei versehentlicher Falschauszeichnung das Protokoll richtig einzuordnen.
- deutlicher Verteilerschlüssel zu den Adressaten, denen das Protokoll übersandt wurde
- immer wiederkehrende gleiche Strukturierung der Beratungspunkte, sodass die „Geschichte“ eines bestimmten Punkts, z. B. einer mehrfach revidierten Entscheidung oder eines sich sukzessive abzeichnenden Verzugs, von Protokoll zu Protokoll gut nachvollzogen werden kann

Praxistipp zur Ablage der Protokolle

Jegliche nachträgliche Ergänzung oder Änderung im Protokoll, bevor es zur Dokumentation abgelegt wird, sollte vermieden werden. Damit kann leichtfertig die Verlässlichkeit und Glaubwürdigkeit der gesamten Dokumentationsablage unterminiert werden.

Falls ein Aspekt in einem Protokoll abgeändert werden muss, sollte dieser explizit in der nächsten hierfür kompetenten Runde zur Sprache gebracht werden, und dann sollten einvernehmlich die Protokolle geändert bzw. sollte eine gemeinsame Ergänzung dazu angefertigt werden.

3.5.4 Protokolle von Bauberatungen

Die Protokollierung der Bauberatungen mit den Bauunternehmen erfolgt in ähnlicher Weise wie die der Bauherrenberatungen, also in Form von Ereignis- und Ergebnisprotokollen. Eine elektronische Erfassung, insbesondere wenn mit Texterkennung versehen, ermöglicht später die vereinfachte systematische Suche nach bestimmten Einträgen und Themen. Dies setzt allerdings voraus, dass möglichst auch in einheitlicher Begriffsverwendung oder nach klaren Schlagworten und Strukturüberschriften protokolliert und dokumentiert wird.

Da die Protokolle i. d. R. von einer Partei angefertigt werden und dann erst im Zuge der folgenden Tage oder mitunter erst zu Beginn der Folgeberatung von allen Parteien autorisiert werden, ist darauf zu achten, dass nicht die Entwürfe oder Vorläufer der Protokolle archiviert werden, sondern jeweils die autorisierten Fassungen. Für sehr komplexe Fälle bewährt es sich in der Praxis, das Protokoll sogleich während der Sitzung mitzuschreiben (handschriftlich oder per Computer) und besonders kritische Formulierungen umgehend gemeinsam abzustimmen. Das Protokoll kann dann am Ende der Sitzung von allen Beteiligten gegengezeichnet werden. So erspart man das langwierige Hin- und Hersenden von Protokollen in unterschiedlichen Vorversionen oder Reifegraden.

3.5.5 Nachverfolgung und Protokollkontrolle

Gelegentlich werden Änderungen in einzelnen Protokollen im nachfolgenden Protokoll aufgenommen und vermerkt. In anderen Fällen, insbesondere wenn einzelne Beteiligte nicht bei der Beratung anwesend waren, erfolgen Einsprüche gegen die Protokollierung und Ergänzungen zum Protokoll auf schriftlichem Wege. Diese Änderungsmitteilungen sind dann zusammen mit den Protokollen zu dokumentieren und abzulegen.

Besondere Aufmerksamkeit ist geboten, wenn eine Partei einem ihr zugesandten Protokoll der Bauberatung über die Ergebnisse einer gemeinsamen Beratung nicht widerspricht, obwohl darin enthaltene Feststellungen ihrer Meinung nach unzutreffend sind. Denn dann entfalten sich die Wirkungen wie bei einem kaufmännischen Bestätigungsschreiben, d. h., der Versender des Protokolls kann von der Richtigkeit der Inhalte seines Schreibens ausgehen. Deshalb besteht die Notwendigkeit, zugegangene Protokolle zu prüfen und ggf. unverzüglich Widerspruch einzulegen, wenn es dazu Anlass gibt. Bleibt dies aus, erlangen die Erklärungen aus dem Protokoll der Bauberatung Wirksamkeit, und etwaige Vertragskonsequenzen mit dem protokollierten Inhalt kommen zustande (siehe auch Kap. 3.4.3).

Gute Protokollführung beinhaltet immer einen Block von noch offenen Punkten, die mit einem Termin zur Erledigung versehen sind (siehe Mustervorlage 3.8). Es gehört zu einer sorgfältigen Dokumentation, dass das Abarbeiten dieser offenen Punkte in den nachfolgenden Protokollen vermerkt wird. Deshalb werden oft alle offenen Punkte so lange im laufenden Protokoll mitgeführt, bis deren Erledigung bestätigt werden kann (siehe Mustervorlage 3.10). Dennoch kann es später mühsam sein, bei notwendigen Nachweisverfahren den Zeitpunkt der Erledigung aus den Protokollen herauszusuchen.

Einige Bauleiter bevorzugen deshalb eine separate und vollständige Liste mit allen Entscheidungen und Erledigungen, in die sie die jeweiligen Klärungen eintragen und mit der sie den Überblick über sämtliche Festlegungen behalten. Doch kann solch eine Liste, die ja auch die erledigten Punkte ständig mitführt, bei größeren Bauvorhaben schnell unhandlich werden.

3.5.6 Nachhalten mündlicher Festlegungen

Manch ein Bauherr gibt mündliche Anweisungen, ohne sie schriftlich festzuhalten. Dies kann für den überwachenden Bauleiter sehr schwierig werden, insbesondere wenn er nicht ständig bei den Beratungen des Bauherrn dabei sein kann und deshalb Anordnungen nachträglich erfährt. In diesem Fall ist es ratsam, dass der überwachende Bauleiter versucht, die Anordnung zu „rekonstruieren", um sie als schriftliche Fassung dann mit dem Bauherrn und dem Bauunternehmen abzustimmen.

Generell ist zu empfehlen, von allen termin-, kosten- oder qualitätsrelevanten mündlichen Beratungen und Festlegungen eine kurze Notiz zu verfassen, die durch den Versand an alle Beteiligten ihre Verbindlichkeit entfaltet.

3.5.7 Weiterer Schriftwechsel

Zum Umfang der notwendigen Dokumentationen gehört der über die Bauzeit anfallende Schriftwechsel. Je nach Naturell der Beteiligten kann das relativ wenig sein, kann aber auch auf mehrere Schreiben eines einzelnen Bauunternehmens pro Tag anschwellen. Im Falle einer solch großen Briefflut ist es i. d. R. angebracht, gemeinsam in einem klärenden Gespräch die Eckpunkte der Zusammenarbeit neu zu justieren und vor allem die offenbar „gärenden" Probleme anzusprechen und gemeinsame Lösungen zu suchen. Denn Schreiben von Vertragsparteien müssen häufig beantwortet werden, es ist zu widersprechen, zu ergänzen, richtigzustellen, sodass ein Problem, das sich in Form von Schriftwechsel manifestiert, selten auf diese Weise auch beseitigt werden kann.

Jeglicher Schriftwechsel, der vertragsrelevant ist oder werden kann, sowie auch das aus der klärenden Beratung hervorgehende Beratungsprotokoll sind gut zu dokumentieren und aufzubewahren.

Die Dokumentation von Schriftwechsel auf Baustellen ist mitunter auch ein Kampf um Nachlässigkeiten bei der Schriftlichkeit. Dies beginnt damit, dass gerade bei kleineren und vermeintlich zunächst nicht so bedeutenden Vorgängen Schreiben ausgetauscht werden, die kein Datum, keinen Betreff, keinen Adressaten oder keinen Unterzeichner haben. Hier sollte der überwachende Bauleiter von vornherein auf vollständige Formalien in offiziellen Schreiben achten. Manche Bauherren verweigern zu Recht die Annahme von unvollständigen Schreiben, wie z. B. beim Fehlen des Betreffs oder der Auftragsnummer.

Dabei ist es auf der Baustelle nicht immer einsichtig, weshalb ein Bauleiter auf so viel vermeintlichem Formalismus beharrt. Doch ein Aktenvermerk, der schnell vor Ort skizziert ist, in einer Situation, in der jeder die Örtlichkeit vor Augen hat, den aktuellen Bautenstand kennt, und wo die Beteiligten alle persönlich dabei sind, erscheint schnell unverständlich, wenn er viele Monate später fernab der Baustelle und von Mitarbeitern, die bei den Entscheidungen nicht dabei waren, auf Basis der schriftlichen Aufzeichnungen rekonstruiert werden soll.

Praxistipp zur Schriftlichkeit

Schriftlichkeit schließt nicht die mündliche Anordnung von Entscheidungen aus. Doch zumindest ein kurzes schriftliches Ergebnisprotokoll sollte immer angefertigt werden. Denn es dient nicht nur der gemeinsamen Klärung, ob alle Parteien das Gleiche verstanden haben. Es hilft auch gegen Erinnerungsverlust und Irrtümer.

Der wesentliche Vorteil der Schriftlichkeit ist allerdings, dass diese vom überwachenden Bauleiter oder auch vom Unternehmer-Bauleiter gepflegte Verbindlichkeit der Kommunikation alle in die Lage versetzt, Aufgaben transparent weiterzugeben, auch wesentliche Teilarbeiten zu delegieren, besser zu kooperieren und schließlich die Ergebnisse mit andern zu teilen und so gemeinsam eine größere und komplexere Bauaufgabe zu bewältigen.

Ein weiterer Bereich, der sich leicht einer ordentlichen Dokumentation entzieht, ist die Gewohnheit, Teile der Kommunikation über kurze persönliche E-Mails abzuwickeln. Während dies im Routinefall die Kommunikation erheblich vereinfachen und beschleunigen kann, fällt es gleichzeitig schwer, den richtigen Moment zu erfassen, zu dem die beratenen oder verhandelten Sachverhalte wegen ihrer vertraglichen Relevanz festgehalten, dokumentiert und unter Umständen auch den anderen Beteiligten zugänglich gemacht werden müssen.

Dass demgegenüber das Verlagern der Klärungen auf Telefonate oder SMS noch weniger nachhaltig, archivierbar oder später rekonstruierbar ist, braucht an dieser Stelle wohl nicht noch einmal betont zu werden.

3.5.8 Aufbewahrung von Originalen

Im Rahmen der Dokumentation gibt es einige Bereiche, in denen zwingend Originale aufzubewahren sind. Hierzu gehört der beidseitig unterschriebene Bauvertrag. Auch die Baugenehmigung ist ein im Original vorzuhaltendes Dokument. Jedoch schon bei der Frage, ob diese auf der Baustelle oder vorzugsweise in einem sicheren Büro aufbewahrt werden sollte, gehen die Meinungen auseinander. Überwiegend genügt es, das Originalexemplar der Baugenehmigung an einem sicheren Ort außerhalb der Baustelle zu bewahren, ebenso wie den Bauvertrag. Auf der Baustelle ist dann eine Kopie der Baugenehmigung vorzuhalten. Bei Zweifeln an der Echtheit der Kopie und bei anderen kritischen Nachfragen muss das Original ggf. geholt und vorgelegt werden. Jedoch geht es heutzutage im Zuge der elektronischen Möglichkeiten praktisch nur noch darum zu klären, inwieweit die Kopie oder die elektronisch aufgerufene Version in der Tat dem original unterschriebenen Exemplar entspricht.

Weitere Unterlagen, die im Original zu verwahren sind, sind Bürgschaften wie Vertragserfüllungsbürgschaft, Vorauszahlungsbürgschaft, Gewährleistungsbürgschaft usw. Diese sind nach Ablauf der Bürgschaftszeit oder Wegfall des Bürgschaftsgrunds im Original wieder zurückzugeben, weshalb das Verwahren der Originale besonders beachtet werden muss.

Schließlich sind die im Zuge der Abnahme erstellten Abnahmeprotokolle und Betriebsbescheinigungen wichtige Dokumente, die im Original vorgehalten werden müssen, beispielsweise im Wege des Weiterverkaufs eines fertiggestellten Bauobjekts an einen Endinvestor. Hier könnte es ebenfalls zu erheblichen Schwierigkeiten kommen, wenn diese Dokumente später nicht mehr vorgelegt werden können. Daher gilt auch für die Abnahmeprotokolle, dass sie besonders sorgfältig und i. d. R. nicht auf der Baustelle aufbewahrt werden sollten, sondern an einem separaten Platz. Somit vermeidet man auch, dass sie im Zuge der Hektik gegen Ende einer Baustelle verloren gehen oder anderweitig „verlegt" werden.

Im täglichen Ablauf sollte für alle Dokumente festgelegt werden, wo jeweils die Originale, wo entsprechende Zweitschriften und wo darüber hinaus weitere Kopien aufbewahrt oder abgelegt werden. Dies kann von Baustelle zu Baustelle unterschiedlich organisiert sein.

Beispiel

> Ein großer Auftraggeber hatte für alle seine Geschäftsfelder festgelegt, dass sämtliche Fremdrechnungen im Original bei einer bundesweiten zentralen Rechnungsprüfungsstelle einzureichen waren. Diese erfasste alle eingegangenen Rechnungen, scannte sie ein und stellte sie auf elektronischem Wege den beteiligten Abteilungen und Fachplanern zur Rechnungsprüfung zur Verfügung. Nicht dort eingereichte Rechnungen wurden nicht bearbeitet und waren an den Absender zurückzugeben.

Während diese Vorgehensweise, wenn es um Forderungen der Vertragspartner geht, noch relativ leicht per vertraglicher Regelung und dann mit entsprechendem „Leidensdruck" durchzusetzen ist, so gibt es eine ganze Reihe von Belegen, Lieferscheinen, Prüfberichten und anderen Nachweisen, die originär auf der Baustelle anfallen und dort auch übergeben werden. Hier ist für alle Dokumente jeweils festzulegen, wo die Originalbelege für die Dauer der Bauzeit aufzubewahren sind und wer danach die Archivierung übernimmt.

4 Besondere Ereignisse während der Baudurchführung

4.1 Bauleiter als Problemlöser vor Ort

Ein Bauleiter wäre theoretisch überflüssig, wenn stets alle Baustellen bestens vorbereitet wären und ohne Störungen ablaufen würden. Die im vorherigen Kapitel beschriebenen Routinetätigkeiten des Bauleiters dienen prinzipiell dazu, den Ablauf der Baustelle stets im Blick und die einzelnen Prozesse unter Kontrolle zu haben. Dies wäre nicht nötig, wenn es keine Störereignisse, keine abweichenden Baubedingungen, keine fehlenden Pläne, keine unvollständigen Leistungsangaben, keine Sonderwünsche des Bauherrn, keine Qualitätsmängel in der Ausführung, keinen Terminverzug und keine Nachträge gäbe.

Insofern dienen die Routineaufgaben des überwachenden Bauleiters, wie die Sichtung der Ausführungsunterlagen, das Baustellenstartgespräch, die Wochenplanung, das Führen des Bautagebuchs, die Bauberatung und der Baustellenrundgang, auch dem Bereithalten aller Informationen zur aktuellen Lage. Somit und auf der Basis all dieser Informationen kann der überwachende Bauleiter schnell und fundiert auf neu entstehende Probleme und Situationen reagieren. Gleiches gilt natürlich ebenso für den Unternehmer-Bauleiter in seinem Zuständigkeitsbereich.

In diesem Kapitel werden einige der häufigsten Ereignisse diskutiert, mit denen ein Bauleiter im Laufe des Projekts konfrontiert werden kann. Seine Aufgabe ist es dabei, eintretende oder zu erwartende Störungen frühzeitig zu erfassen, sie zu analysieren und entsprechende Gegenmaßnahmen zu ergreifen.

Ein bewährtes Werkzeug zum Umgang mit zu erwartenden besonderen Vorkommnissen ist die Operationalisierung. Mit diesem Begriff wird die Umsetzung der nach Vertrag vorgegebenen Bedingungen in vorgedachte Handlungsanweisungen für künftig erwartete Themen oder Probleme bezeichnet. Tritt später so ein Problem auf, so ist bereits durch den Operationsplan festgelegt, wie im Einzelnen zu verfahren ist.

Als Handwerkszeug für den Bauleiter vor Ort hat sich bewährt, dass er jederzeit eine Handakte führt, in der die wichtigsten aktuellen Dokumente gesammelt sind. Im Folgenden ist aufgezählt, was vorzugsweise in dieser Akte oder Arbeitsmappe zu finden sein sollte. Auch in Zeiten von Smartphones und anderen elektronischen Speichermedien zahlt es sich aus, Kopien der wichtigsten Unterlagen „am Mann“ zu haben, um sie notfalls auch als Kopien verteilen oder als maßstäbliche Skizzenunterlage für weitere Notizen verwenden zu können.

Inhalt der Handakte sollte sein:

- Bauvertrag
  - mit den relevanten Allgemeinen Vertragsbedingungen
  - mit den relevanten Technischen Vertragsbedingungen
  - Auszug aus den relevanten Vertragsbedingungen des Vertrags
- Baupläne
  - Lageplan
  - Übersichtspläne des Architekten
  - wesentliche Positionspläne
  - Planübersicht
- Terminplan
  - Vertragsterminplan
  - aktueller Terminplan
- Kostenübersicht
  - Überblick über das Budget bzw. über Kalkulationsansätze
  - aktuelle Vergabeliste
- Kommunikation
  - Telefon- und Kontaktliste
  - letzte Protokolle der Bauberatungen
  - wichtige Schreiben

Bekannt ist das Arbeiten mit vorgedachten Handlungsanweisungen von Rettungsplänen, Notfallprogrammen und anderen kritischen Situationen, in denen keine Zeit mehr ist, zunächst noch über die geeigneten Maßnahmen zu diskutieren und die benötigten Ansprechpartner zu suchen. Doch bewährt sich für den Bauleiter ein vergleichbares Vorgehen auch für vermeintliche Sonderaufgaben, die jedoch zumindest im Laufe der gesamten Bauzeit mit hoher Wahrscheinlichkeit öfter vorkommen. Übrigens arbeiten schon etliche Bauherren mit vorgedachten Handlungsanweisungen, z. B. bei der Vermarktung ihrer Wohnimmobilien an die Endnutzer.

Praxistipp zur Qualität

Ein überwachender Bauleiter sollte bedenken, dass sein Bauprojekt während der Bauausführung stets im Wettbewerb steht mit anderen Bauprojekten, die ebenfalls ständig um die gleichen Ressourcen kämpfen: die besten Bauleiter, die leistungsstärksten Kolonnen innerhalb eines Bauunternehmens und die qualifiziertesten Lieferanten. In diesem unsichtbaren Wettstreit kann gut abschneiden, wer die Qualitätsanforderungen gleich zu Anfang klar artikuliert, wer kompetente Ansprechpartner seitens der Firmen verlangt, wer bei Problemen zügig reagiert und ebenso schnelle Abhilfe seitens der Bauunternehmen erwartet. Denn selbst hervorragende Bauunternehmen haben gute und weniger starke Kolonnen, haben kompetente und weniger belastbare Mitarbeiter.

4.2 Änderungen der Bauausführung

4.2.1 Änderungsanordnungen des Bauherrn

Änderungsanordnungen des Bauherrn sind ein häufiges Vorkommnis auf der Baustelle, das eine perfekte Baustellenvorbereitung und eine souveräne Ablauforganisation des überwachenden Bauleiters ebenso wie des Unternehmer-Bauleiters über den Haufen werfen kann. Sofern ein Bauvertrag auf Basis der VOB abgewickelt wird, hat jeder Bauherr bzw. Auftraggeber das Recht, Änderungen anzuordnen. § 1 Abs. 3 VOB/B lautet dazu: *„Änderungen des Bauentwurfs anzuordnen, bleibt dem Auftraggeber vorbehalten."*

Dieses Änderungsrecht des Auftraggebers ist etwas Besonderes an den Werkverträgen auf Basis der VOB, das es in normalen Werkverträgen auf Basis des BGB nicht gibt. Doch auch bei anderen Bauverträgen, die, wie z. B. bei Verträgen im Ausland, nicht die VOB zugrunde legen, ist eine derartige Vertragsklausel üblich, nach der dem Auftraggeber ermöglicht wird, noch während der Bauausführung Änderungen am Bau-Soll vorzunehmen.

Der überwachende Bauleiter sollte darauf achten, dass Änderungsanordnungen des Bauherrn von ihm erfasst und dokumentiert werden. Hierzu und zur späteren Klärung der Vergütungs- und Bauzeitfolgen sollte er folgende Punkte festhalten:

- Name des Bauherrn oder Bevollmächtigten; bei mehreren Bevollmächtigten sollte festgehalten werden, von wem die Anordnung kam; sollte ein Architekt ohne Vollmacht eine Änderung anordnen, so müsste sich der überwachende Bauleiter, übrigens ebenso wie der Unternehmer-Bauleiter, zunächst beim Bauherrn rückversichern, ob dieser die Änderungsanordnung auch autorisiert
- Art der Änderung; mit kurzen Erläuterungen sollte die Änderung verbal beschrieben werden, auch um sie gegenüber anderen, weiteren Änderungen abzugrenzen. Hilfreich ist eine prägnante Kurzbeschreibung zur einfacheren Identifikation und Ansprache (Beispiel: „Nachgründung Achse B4")
- von der Änderung betroffene Bauteile, Gewerke (sofern bereits erkennbar bzw. abschließend feststellbar); dies dient dazu, rechtzeitig bei der Änderungsplanung alle relevanten Beteiligten anzusprechen und zu involvieren
- Datum der Änderungsanordnung; dies ist relevant, um ggf. spätere Unstimmigkeiten über die Konsequenzen aus der Umplanung (Kosten, Zeit) zuordnen zu können
- ggf. einige erläuternde Ausführungen zum aktuellen Stand der Bauarbeiten der von der Änderung betroffenen Bauteile
- Angaben zum weiteren Vorgehen: Hinweise auf Abstimmungen, nächste Planungs- und Genehmigungsschritte, Einholen von Kostenangeboten usw.
- erläuternde Unterlagen: Skizzen, Leistungstexte, Planausschnitte usw.

In Kapitel 3.1.2 ist eine Änderungsanordnung als Muster zu finden (Mustervorlage 3.2).

Damit das dem Auftraggeber einseitig zustehende Recht der Änderung nicht zu einem Ungleichgewicht im gesamten Vertragsverhältnis führt, sieht die VOB/B in § 2 mehrere Regelungen vor, die festlegen, wie im Falle von Änderungen zu verfahren ist. Insbesondere ist wichtig, den Bauherrn auf die damit verbundenen Konsequenzen bezüglich möglicher Mehrkosten und verlängerter Bauzeit hinzuweisen, bevor er durch unüberlegte Änderungsanordnungen sein Budget sprengt oder die vereinbarten Termine gefährdet.

Lässt der Bauherr als Auftraggeber seinen Fachingenieuren weitgehend freie Hand, sodass sie ihrerseits noch während der Bauausführung Änderungen oder Ergänzungen an den Ausführungsunterlagen vornehmen, und akzeptiert er diese augenscheinlich, so riskiert er damit die gleichen Konsequenzen. Die Änderungen könnten dann als von ihm veranlasst oder gebilligt wahrgenommen werden, was somit die gleichen Folgen bezüglich Budget und Bauzeit nach sich zieht.

Preisvereinbarung und Nachträge nach BGB

Wenn es in der VOB/B heißt, dass die Preisvereinbarung vor Ausführung der Nachtragsleistungen getroffen werden „soll", so ist im Umkehrschluss eine solche Abrede nicht zwingend erforderlich. Dies bedeutet, dass der Auftragnehmer die zusätzlichen oder geänderten Leistungen auch dann auf Anordnung des Auftraggebers auszuführen hat, wenn noch keine Einigung über die zusätzliche Vergütung getroffen wurde.

Etwas anderes gilt aber dann, wenn der Auftraggeber die zumindest dem Grunde nach berechtigte Nachtragsforderung des Auftragnehmers endgültig und kategorisch ablehnt. Der Auftragnehmer ist dann berechtigt, die Ausführung der geänderten oder zusätzlichen Leistungen zu verweigern. Denn es kann dem Auftragnehmer nicht zugemutet werden, zusätzlichen Aufwand in dem Wissen zu betreiben, hierfür keine oder allenfalls nach langwieriger Auseinandersetzung die berechtigte Vergütung zu erhalten.

Reagiert der Auftraggeber allerdings überhaupt nicht auf ein vor Ausführung eingereichtes Nachtragsangebot des Unternehmens und weist dieses auch der Höhe nach nicht zurück, kann die Entgegennahme der betreffenden Nachtragsleistungen teilweise als konkludente Annahme des Angebots gewertet werden – wodurch eine Vereinbarung auch über die angebotenen Preise zustande gekommen wäre.

Ansonsten war in Bezug auf die Preisbildung bislang der Grundsatz der Fortschreibung der Urkalkulation gemäß dem Prinzip „guter Preis bleibt guter Preis, schlechter Preis bleibt schlechter Preis" unumstößlich. Der Bundesgerichtshof hat allerdings in einem Fall zu Mengenänderungen nach § 2 Abs. 3 Nr. 2 VOB/B klargestellt, dass für eine solche Fortschreibung keine Grundlage besteht; soweit die Parteien hierunter nicht übereinstimmend etwas anderes verstünden, sei die Vergütung nach dem Wortlaut der Regelung anhand der für den Nachtrag erforderlichen Istkosten zuzüglich angemessener Zuschläge zu ermitteln. Da auch § 2 Abs. 5 VOB/B für die Preisanpassung bei geänderten Leistungen gleichlautend auf Mehr- und Minderkosten abstellt, kann hierfür letztlich kaum etwas anders gelten; inwieweit dies dann auch für zusätzliche Leistungen gilt, ist vor dem Hintergrund des abweichenden Wortlautes von § 2 Abs. 6 Nr. 2 VOB/B mit einer Bezugnahme u. a. auf die vertraglichen Preisermittlungsgrundlagen allerdings fraglich.

Nachdem ein Anordnungsrecht bislang gesetzlich überhaupt nicht vorgesehen war, hat der Gesetzgeber mit dem für alle ab dem 01.01.2018 geschlossenen Verträge geltenden § 650b BGB einen von der VOB/B grundsätzlich abweichenden Ansatz gewählt. Hier wird z. B. nicht zwischen zusätzlichen oder geänderten Leistungen, sondern zwischen Änderungen des vereinbarten Werkerfolges und Änderungen unterschieden, die zur Erreichung des vereinbarten Werkerfolges notwendig sind. Vor allem ist der Unternehmer nach der gesetzlichen Regelung auch nicht verpflichtet, Änderungsanordnungen des Bestellers umgehend und unabhängig von einer Preisvereinbarung umzusetzen. Nach dem Gesetz ist der Unternehmer vielmehr verpflichtet, ein Angebot über die vom Besteller geforderten Änderungen vorzulegen, über das die Parteien dann eine Verständigung finden sollen. Erst wenn das innerhalb einer Frist von 30 Tagen nicht gelingt, steht dem Besteller ein Recht zur Anordnung zu, der der Unternehmer dann auch ohne eine vorausgehende Preisvereinbarung Folge zu leisten hat.

In diesem Fall hat der Unternehmer nach § 650c Abs. 1 BGB Anspruch auf Anpassung der Vergütung, die auf Basis der für den änderungsbedingten Mehraufwand erforderlichen Istkosten zuzüglich angemessener Zuschläge für allgemeine Geschäftskosten sowie Wagnis und Gewinn zu ermitteln ist. Dem Unternehmer steht allerdings alternativ auch die Möglichkeit offen, für die Nachtragspreisermittlung auf die vereinbarungsgemäß hinterlegte Urkalkulation zurückzugreifen, wobei dann vermutet wird, dass die hiernach fortgeschriebene Vergütung den erforderlichen Istkosten mit angemessen Zuschlägen entspricht. Diese Vermutung ist dann vom Besteller zu widerlegen, wenn er den sich hieraus ergebenden Nachtragspreis als nicht gerechtfertigt erachtet.

Ungeachtet dieser Preisbildungsmechanismen steht dem Unternehmer in Fällen, in denen er die geänderten Leistungen ohne vorausgehende Preisvereinbarung ausführt, ein Anspruch auf Abschlagszahlungen in Höhe von 80 % des von ihm seinerzeit vorgelegten Angebots zu – ungeachtet dessen, ob dies angemessen oder aber z. B. überhöht war. Eine sich gegenüber der objektiv geschuldeten Vergütung dann ggf. ergebende Überzahlung ist erst nach Abnahme, allerdings verzinslich, an den Besteller zurückzuerstatten.

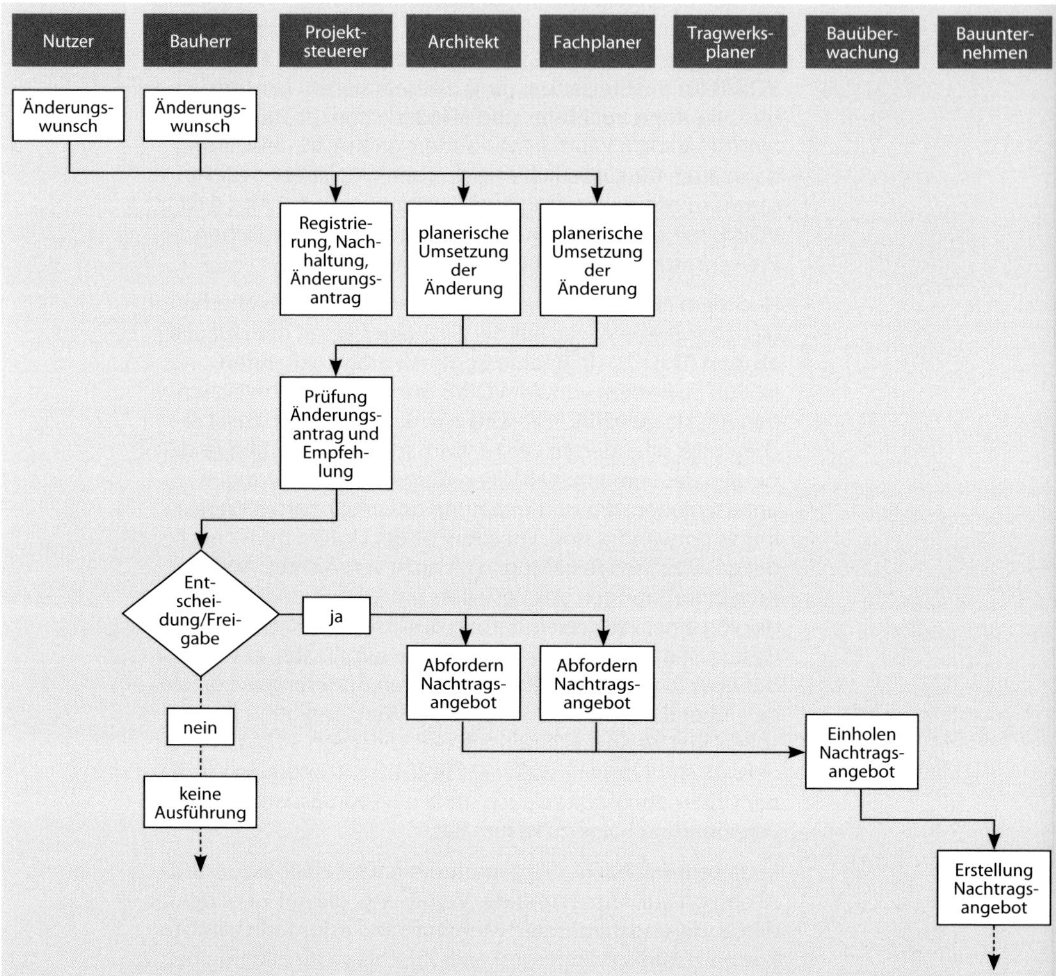

Abb. 4.1: Ablaufdiagramm Änderungsmanagement

Die Konsequenzen von Änderungsanordnungen ergeben sich aus § 2 Abs. 4 bis 6 VOB/B. Überwiegend ist Absatz 5 anwendbar. Er lautet:

„*Werden durch Änderung des Bauentwurfs oder andere Anordnungen des Auftraggebers die Grundlagen des Preises für eine im Vertrag vorgesehene Leistung geändert, so ist ein neuer Preis unter Berücksichtigung der Mehr- oder Minderkosten zu vereinbaren. Die Vereinbarung soll vor der Ausführung getroffen werden.*“

Mustervorlage 4.1 zeigt eine solche Nachtragsvereinbarung.

In Abb. 4.1 ist ein Ablaufschema vorgestellt, anhand dessen Änderungswünsche des Auftraggebers gut verfolgt und abgearbeitet werden können.

Nicht explizit in der VOB/B erwähnt ist, dass sich durch die Änderungsanordnung auch die Bauzeit verändern kann. Grundsätzlich ist davon auszugehen, dass zusätzliche Leistungen auch zusätzliche Kosten und eine für deren Umsetzung erforderliche Bauzeit verursachen.

Mustervorlage 4.1: Nachtragsvereinbarung über geänderte Leistung

Abrechnung
Nachträge zum Bauvertrag

Vorgang: Nachtragsvereinbarung wegen Änderung des Bauentwurfs durch den Auftraggeber (§ 2 Abs. 5 VOB/B)

Bauvorhaben:
Bauabschnitt:
Auftraggeber:
Auftrag/Vertrag vom:

Nachtragsvereinbarung
geänderte Leistung

Auf der Grundlage des Vertrags vom ______________

zwischen dem Auftraggeber ______________________

____

und dem Auftragnehmer ______________________

____

wird Folgendes vereinbart:

Der Auftraggeber hat die folgenden Änderungen des Bauentwurfs/des Baufristenplans angeordnet:

____

Diese Änderung hat Auswirkungen auf die Höhe der vertraglich vereinbarten Vergütung.

Die Berechnung der neuen Preise erfolgte gemäß § 2 Abs. 5 VOB/B unter Berücksichtigung der Mehr- oder Minderkosten auf der Grundlage der vertraglichen Urkalkulation des Auftragnehmers (Preisermittlung siehe Anlage).

☐

OZ	Menge	Leistung	Einheitspreis	Gesamtpreis

(OZ Ordnungszahl)

☐ Pauschalpreis: ______________________ EUR

Mehr- und Minderkosten: ______________________ EUR

Neuer Pauschalpreis: ______________________ EUR

Mustervorlage 4.1: Nachtragsvereinbarung über geänderte Leistung (Fortsetzung)

Abrechnung
Nachträge zum Bauvertrag

Vorgang: **Nachtragsvereinbarung wegen Änderung des Bauentwurfs durch den Auftraggeber (§ 2 Abs. 5 VOB/B)**

Die Parteien sind sich darüber einig, dass die Vertragsfristen sich infolge der Leistungsänderung

☐ nicht ändern.
☐ folgendermaßen ändern:
Ausführungsbeginn ____________ [Datum]
Fertigstellung der __________________ am ___________ [Datum]
Fertigstellung der __________________ am ___________ [Datum]
Gesamtfertigstellung ____________ [Datum]
Bei den vorbezeichneten Terminen handelt es sich um Vertragsfristen, auf die die in §/Ziff.* ___ [Nummer] des Bauvertrags vom _________ [Datum] vereinbarte Vertragsstrafe Anwendung findet.
☐ Die verbleibenden Vertragsfristen bleiben unberührt.

Ort, Datum: __________________ Ort, Datum: __________________

_________________________ _________________________
Auftraggeber Auftragnehmer

* Nichtzutreffendes bitte streichen.

Beispiel

Ein Auftraggeber verlangt im Zuge seines Änderungsrechts ein schwer zu beschaffendes Einbauteil, das lange Bestellzeiten hat. Während der Auftragnehmer für die ursprüngliche Variante alle Bestellzeiten schon bei der Angebotsabgabe einkalkuliert hat, war die verlängerte Bestellzeit für ihn nicht vorhersehbar und somit auch nicht kalkulierbar.

Das Änderungsrecht des Auftraggebers ermöglicht sogar, dass Teilleistungen, die bereits fertiggestellt sind, wieder entfernt werden müssen. Dies ist z. B. dann der Fall, wenn in einem Kaufhaus, dessen Geschossdecken bereits fertiggestellt sind, während der Bauzeit noch eine Fahrtreppe nachgerüstet werden soll. Auch hierbei ist sofort einsichtig, dass ein so gravierender Eingriff in das Baugeschehen und den Bauablauf Konsequenzen für die Bauzeit und ggf. den Endtermin haben wird.

War im Bauvertrag überhaupt keine Fahrtreppe vorgesehen, so könnte man darüber streiten, ob es sich um eine Änderung des Bauentwurfs handelt oder um eine im Vertrag überhaupt nicht vorgesehene Leistung. Jedoch fällt das Beispiel weiterhin eindeutig unter § 2 Abs. 5 VOB/B, da eine Änderungsanordnung des Bauherrn vorliegt.

Dennoch sieht die VOB/B auch eine Regelung für Fälle vor, bei denen eine im Vertrag nicht vorgesehene Leistung erforderlich wird. Dies ist z. B. gegeben, wenn zwar Stahlbetonstützen ausgeschrieben wurden, aber die zugehörigen Fundamente im Leistungsverzeichnis vergessen wurden. Hierfür lautet die Regelung in § 2 Abs. 6 VOB/B:

„*1. Wird eine im Vertrag nicht vorgesehene Leistung gefordert, so hat der Auftragnehmer Anspruch auf besondere Vergütung. Er muss jedoch den Anspruch dem Auftraggeber ankündigen, bevor er mit der Ausführung der Leistung beginnt.*

2. Die Vergütung bestimmt sich nach den Grundlagen der Preisermittlung für die vertragliche Leistung und den besonderen Kosten der geforderten Leistung. Sie ist möglichst vor Beginn der Ausführung zu vereinbaren.“

Der Unterschied zu Abs. 5 liegt darin, dass der Auftraggeber hier ggf. von selbst keine Kenntnis erlangt über eine nicht vorgesehene, aber dennoch für erforderlich gehaltene Leistung, also z. B. über die im Leistungsverzeichnis nicht aufgeführten Fundamente. Um den Auftraggeber rechtzeitig zu informieren, ist in § 2 Abs. 6 VOB/B verlangt, dass der Auftragnehmer seinen Anspruch eindeutig vor Ausführung der Zusatzarbeiten ankündigt. Denn es könnte ja sein, dass der Auftraggeber für die vom Auftragnehmer vermeintlich als fehlend erkannten Leistungen bereits eine andere Lösung vorgesehen hat. Vielleicht beabsichtigt er, die Fundamente von einem anderen Bauunternehmen oder in Eigenarbeit herzustellen, oder er hat durch eine Bodenuntersuchung festgestellt, dass direkt ohne zusätzliches Fundament auf einem Felsen gegründet werden kann. Die Pflicht des Auftragnehmers zur vorherigen Ankündigung von Zusatzleistungen dient also dazu, die Kommunikation zwischen Auftraggeber und Auftragnehmer über vermeintlich fehlende Leistungsbestandteile frühzeitig in Gang zu setzen.

Mustervorlage 4.2: Nachtragsforderungen wegen Bauentwurfsänderungen

Absender

Einschreiben/Rückschein/Per Boten[1]
An den Auftragnehmer

____________ [Ort], den ____________ [Datum]

Bauvorhaben ______________________________ [Name des Bauvorhabens]
Nachtragsforderungen wegen Bauentwurfsänderung

Sehr geehrte Damen und Herren,

mit Schreiben vom ____________ [Datum] verlangen Sie eine Vergütung für _____________ _________________ [Bezeichnung der geänderten Leistung]. Zur Begründung haben Sie darauf hingewiesen, dass

☐ wir mit Schreiben vom ____________ [Datum] festgelegt hätten,
☐ Frau/Herr ____________ [Name] am ____________ [Datum] festgelegt hätte,
☐ in dem Plan ____________ [Plan] vorgesehen ist,

dass anstelle der ________________________________ [Bezeichnung der vermeintlichen geschuldeten Leistung] _________________________________ [Bezeichnung der vermeintlichen geänderten Leistung] zur Ausführung kommen soll, mit der Folge, dass Sie einen Anspruch auf Mehrkosten haben. Das ist nicht zutreffend.

☐ Die
  ☐ am ____________ [Datum] festgelegte
  ☐ im Plan ____________ [Plan] vorgesehene
  Leistung gehört zum vertraglich geschuldeten Leistungsumfang. ____________________ ____________________________________ [Begründung]

[1] Es ist zu beachten, dass der Absender rechtserheblicher Erklärungen deren Zugang im Streitfall beweisen muss. Dieser Nachweis kann bei einem Standardbrief regelmäßig nicht geführt werden. Auch ein Telefax-Sendeprotokoll ist kein anerkannter Zugangsnachweis. Die Zustellung rechtserheblicher Erklärungen kann daher nur per Einschreiben/Rückschein oder per Boten erfolgen, wobei auch hier noch dokumentiert werden muss, welches Dokument zugestellt wird. Alternativ ist auch die Zustellung mit Empfangsbekenntnis möglich; es ist dann darauf zu achten, dass der Empfänger das Empfangsbekenntnis vollzieht und zurücksendet. Ferner ist eine Zustellung durch den Gerichtsvollzieher möglich; dies ist im regelmäßigen Geschäftsverkehr aber wenig praktikabel.

Mustervorlage 4.2: Nachtragsforderungen wegen Bauentwurfsänderungen (Fortsetzung)

- ☐ Bei den von Ihnen als Änderung des Bauentwurfs bezeichneten Vorgängen handelt es sich um eine Mengenmehrung/Mengenminderung*. Hierfür erfolgt die Anpassung der Vergütung ggf. nach § 2 Abs. 3 VOB/B.[2]
- ☐ Bei den von Ihnen als Änderung des Bauentwurfs bezeichneten Vorgängen handelt es sich um eine Mengenmehrung/Mengenminderung*. Dies hat jedoch nicht zur Folge, dass sich die Vergütung ändert, da wir einen Pauschalpreisvertrag geschlossen haben, bei dem der Auftragnehmer das Mengenrisiko trägt.[3]
- ☐ Eine entsprechende Anordnung durch Frau/Herrn* ____________ [Name] können wir nicht bestätigen. Frau/Herr* ____________ [Name] hat auch
  - ☐ keine Vollmacht, Leistungen in unserem Namen zu beauftragen oder in Abweichung vom Vertrag ausführen zu lassen.
  - ☐ nur Vollmacht zur Auslösung von Aufträgen über geänderte bzw. zusätzliche Leistungen bis zu einem Betrag von maximal EUR _________ [Betrag].

  Der abweichend vom Bauvertrag erbrachten Leistung lag daher keine entsprechende Anordnung des Auftraggebers nach § 1 Abs. 3 VOB/B zugrunde.
- ☐ Bei den von Ihnen als Änderung des Bauentwurfs bezeichneten Vorgängen handelt es sich um eigenmächtige Abweichungen Ihrerseits von der vertraglich vereinbarten Leistung.
  - ☐ Wir fordern Sie unter Berufung auf § 2 Abs. 8 VOB/B und unter gleichzeitiger Androhung der dort genannten Folgen unverzüglich auf, diese Änderungen rückgängig zu machen und nach dem Vertrag auszuführen.

Im Ergebnis können wir daher einen Anspruch auf Mehrkosten nicht erkennen.

- ☐ Überdies haben Sie bislang kein prüfbares Nachtragsangebot vorlegt. Es steht Ihnen frei, dieses nachzureichen.
  - ☐ Dabei ist zu berücksichtigen, dass die Mehr- und Minderkosten nach Maßgabe der Urkalkulation des Hauptvertrags zu berechnen sind. Demnach sind die Kalkulationsansätze (z. B. Lohnniveau, Gemeinkostensätze, Wagnis- und Gewinnansatz, Nachlass) bei der Kalkulation der geänderten Leistung zu übernehmen.
  - ☐ Zum Nachweis der Berechtigung Ihrer Vergütungsansprüche fordern wir Sie auf,
    - ☐ am _________________ [Datum] um ______ [Uhrzeit] in unseren Geschäftsräumen zu erscheinen, um die hier verschlossen hinterlegte Urkalkulation des Hauptvertrags gemeinsam zu öffnen.
    - ☐ Ihre Urkalkulation des Hauptvertrags bis zum ___________________ [Datum] offenzulegen.

  Bis zur Vorlage eines prüfbaren Nachtragsangebots können wir in dieser Sache nichts für Sie tun.
- ☐ Überdies haben wir Ihr Nachtragsangebot geprüft und festgestellt, dass dieses überhöht ist. ____ [Begründung]
  Es steht Ihnen allerdings frei, Ihr Nachtragsangebot zu ändern und erneut einzureichen.

Mit freundlichen Grüßen

____

* Nichtzutreffendes bitte streichen.

---

[2] Diese Alternative gilt nur für den Einheitspreisvertrag.
[3] Diese Alternative gilt nur für den Pauschalpreisvertrag.

Mustervorlage 4.2 zeigt eine mögliche Form der Bestätigung des Auftraggebers auf eine Ankündigung des Bauunternehmens.

Wenn sich der Auftraggeber nachträglich entschließt, einige der Leistungen selbst auszuführen oder Material selbst einzukaufen und beizustellen, so stellt dieses aus dem Blickwinkel eines Bauunternehmens auch eine Änderung des mit ihm vereinbarten Leistungsumfangs dar. Hierfür ist dann § 2 Abs. 4 VOB/B anzuwenden:

„Werden im Vertrag ausbedungene Leistungen des Auftragnehmers vom Auftraggeber selbst übernommen (z. B. Lieferung von Bau-, Bauhilfs- und Betriebsstoffen), so gilt, wenn nichts anderes vereinbart wird, § 8 Absatz 1 Nummer 2 entsprechend."

Entscheidet sich der Auftraggeber, einen Teil der Leistungen, wozu auch die Lieferung von Material gehört, nicht vom beauftragten Bauunternehmen ausführen zu lassen, so ist es unbedeutend, ob der Auftraggeber die Leistungen anschließend selbst ausführt, ob er sie durch andere Lieferanten oder Unternehmer ausführen lässt oder ob er ganz auf sie verzichtet. Denn mit dem Verweis auf § 8 VOB/B werden die Regelungen zur Kündigung durch den Auftraggeber herangezogen. Und in diesem Fall steht dem Auftragnehmer ohnehin die vereinbarte Vergütung zu, wobei er sich lediglich die durch den Wegfall des Auftrags ersparten Kosten anrechnen lassen muss.

Praxistipp zu Änderungsanordnungen

Der überwachende Bauleiter sollte seinen Auftraggeber und Bauherrn frühzeitig über die Konsequenzen von allzu leichtfertigen Änderungsanordnungen aufklären, um ihm damit überraschende Kostensteigerungen zu ersparen und um die verbindlich mit den Bauunternehmen vereinbarten Termine nicht zu untergraben.

Nicht jede Änderung zieht automatisch Mehrkosten oder eine Verlängerung der Bauzeit nach sich. Es ist Aufgabe des Bauunternehmens, die Änderungsanordnungen des Bauherrn in dieser Hinsicht zu analysieren und seinerseits begründete Mehrkostenforderungen und Ansprüche auf Bauzeitverlängerung anzuzeigen. Diese Forderungen müssen auf der Basis der vereinbarten Vertragspreise und der geltenden Vertragsbedingungen entwickelt werden. Dennoch ist gerade bei knappen Vertragspreisen die Neigung der Bauunternehmen groß, mit entsprechendem Aufwand eine stichhaltige Begründung für berechtigte Mehrkosten auszuarbeiten.

Jede Änderung sollte von einer ausführlichen Dokumentation begleitet werden. Diese dient dazu, die Grundlagen für die Bewertung eines potenziellen Nachtrags, also einer Mehrkostenforderung des Auftragnehmers, objektiv bewerten zu können. Einen formalen Anlass zu einer derartigen Dokumentation gibt nur die Leistungsänderung nach § 2 Abs. 6 VOB/B. Denn hier muss der Auftragnehmer seinen Vergütungsanspruch vor Ausführung ankündigen. Bei den Änderungsanordnungen nach § 2 Abs. 5 VOB/B wie auch nach § 2 Abs. 4 VOB/B werden häufig keine separaten Anordnungen oder Anzeigen geschrieben, sondern die Änderungen ergeben sich implizit

abelle 4.1: Übersicht über Leistungsänderungen im Laufe der Bauzeit

lfd. Nr.	Kurzbeschreibung des Nachtrags/ VOB-Grundlage	angemeldet am (Datum)	eingereicht		verhandelt		schriftlich beauftragt		Bemerkungen
			am (Datum)	Betrag (netto in Euro)	am (Datum)	Betrag (netto in Euro)	am (Datum)	Betrag (netto in Euro)	
1	2	3	4	5	6	7	8	9	10
1	Verstärkung KG-Sohle/§ 2 Abs. 6 VOB/B	23.11.12	04.01.13	3.840	08.01.13	3.640	15.01.12	3.640	vorgefundener Baugrund ungenügend
2	zusätzliche Aussparungen in UG-Wand/§ 2 Abs. 5 VOB/B	08.01.13	08.01.13	250					Anschluss weiterer Rohrleitungen lt. Plan v. 10.12.12
3	Lichtschacht ergänzt/§ 2 Abs. 5 VOB/B	08.01.13							Planrevision Bauherr, hängt mit Nr. 2 zusammen
4	bauseitige Beistellung aller Rohrdurchführungen/ § 2 Abs. 4 VOB/B								Leistung durch Haustechniker des AG beabsichtigt
5	zusätzliche Durchbrüche Decke über KG/§ 2 Abs. 5 VOB/B								Planrevision v. 10.12.12

durch die Übergabe neuer Pläne an die Baustelle, durch Festlegungen während der Bauberatungen oder durch andere Mitteilungen des Auftraggebers an das Bauunternehmen.

In diesen Fällen ist es sowohl für den überwachenden Bauleiter als auch für den Unternehmer-Bauleiter wichtig, dass sie die Änderungsanordnungen registrieren und zeitnah nachverfolgen. Andernfalls kann die Situation schnell unübersichtlich werden. Denn streng genommen kann ein Bauunternehmen auch noch am Tag der Einreichung der Schlussrechnung seine Mehrkostenforderung und die Ansprüche auf Verlängerung der Bauzeit vorbringen. Die Dokumentation der Änderungsanordnungen dient also dazu, weiterhin die Kontrolle über das Budget und die Gesamtbauzeit zu haben.

Zur Dokumentation von Änderungsanordnungen hat sich in der Praxis das Führen sogenannter Nachtragsübersichten bzw. Übersichten über die Leistungsänderungen bewährt. Der hier ausführlich dargestellte Kopf einer solchen Übersicht ist in Tabelle 4.1 wiedergegeben.

Zur Erstellung einer solchen Tabelle reicht ein einfaches Tabellenkalkulationsprogramm. Wenn die Sachverhalte komplexer werden, so kann die Übersicht leicht um weitere Zeilen und Spalten erweitert werden. So könnten je nach Projekt folgende weitere Spalten für das Arbeiten mit der Übersichtstabelle nützlich sein:

- getrennte Erfassung des Sachgrunds und der zugehörigen Vertragsgrundlagen
- Datum, an dem der Sachverhalt erstmalig erkannt wurde
- Vermerk, falls die Leistungsänderung während einer Bauberatung oder durch welche anderweitigen Schriftstücke sie bereits dokumentiert wurde
- zeitliche Konsequenzen der Leistungsänderung für die Bauzeit
- mit dem Nachtrag intern verbundene Kosten
- voraussichtlicher Effekt auf das Endergebnis der Baustelle
- Leistungsanteil, der vom Nachtrag bereits ausgeführt ist (zur internen Kostenabgrenzung aufseiten des Auftragnehmers)
- voraussichtliches oder angestrebtes Verhandlungsergebnis über diesen Nachtrag
- Status der Einarbeitung des Nachtrags in die aktuelle Kostenberechnung bzw. Arbeitskalkulation

Es sei an dieser Stelle auf die weiterführenden Ausführungen in Kapitel 6.4 verwiesen.

Bei größeren Bauvorhaben bieten sich höher entwickelte Datenbanken an, die von mehreren Bearbeitern auch gleichzeitig gepflegt und abgerufen werden können.

Beispiel

> Die komplette Investitionsübersicht der Deutschen Bahn einschließlich der dynamischen Kostenveränderungen durch Nachträge und Leistungsänderungen in verschiedenen hierarchischen Ebenen läuft auf der kommerziellen Plattform iTWO (früher GRANID).

Praxistipp zur Nachtragsübersicht

Zu Beginn eines Bauprojekts sollte die Tabelle mit nur wenigen Spalten begonnen, dann aber regelmäßig aktualisiert werden. Sie sollte erst dann erweitert werden, wenn zur besseren Übersichtlichkeit zusätzliche Angaben in weiteren Spalten benötigt werden.

Die Liste sollte möglichst so geführt werden, dass sie jederzeit auch mit der Gegenseite (Auftraggeber – Auftragnehmer) abgeglichen oder ausgetauscht werden könnte. Das erleichtert die Abarbeitung der noch offenen Punkte. Wenn Spalten wie „erwartetes Verhandlungsergebnis" oder „interner Kostenaufwand" geführt werden, sollten diese Informationen nicht unbedingt in die Hände der anderen Seite gelangen.

Mit der Übersicht zu den Leistungsänderungen behält der Bauleiter den Überblick, in welchen Bereichen sich die Baustelle anders als auf Basis des Ursprungsvertrags entwickeln wird und welche Punkte demnächst noch geklärt werden müssen. Eine zügige Klärung der offenen oder strittigen Punkte ist essenziell, um Kosten und Termine unter Kontrolle zu haben.

Es hat sich bewährt, einen Nachtragsordner anzulegen, in dem zu jedem Sachverhalt auf der Liste jeweils eine kurze Zusammenstellung aller hierfür relevanten Unterlagen erfasst ist. Mit dem Begriff Nachtragsordner ist in der

Tat eine Sammlung ausgedruckter Dokumente gemeint, die man jederzeit auf dem Tisch ausbreiten, erläutern, handschriftlich ergänzen und ggf. sofort kopieren und an die anderen Beteiligten verteilen kann. Im Nachtragsordner sammelt der Bauleiter alle relevanten Dokumente zu Leistungsänderungen, mit denen er jederzeit fundiert über jeden noch offenen Nachtrag verhandeln könnte. In den Nachtragsordner gehören daher separat für jeden einzelnen Nachtrag die folgenden Unterlagen:

- über den bisherigen Stand des Leistungsumfangs
  - Auszug aus den relevanten Vertragszeichnungen
  - Auszug aus dem Vertrags-Leistungsverzeichnis
  - Auszug aus den relevanten Vertragsbedingungen des Vertrags
- über das veränderte Leistungssoll
  - Auszug aus den geänderten Plänen
  - Auszug aus dem geänderten oder Änderungs-Leistungsverzeichnis
- weiterer Schriftwechsel zur Änderungsanordnung
  - Anmeldung der nicht vorgesehenen Leistung
  - Anordnung der Leistungsänderung
  - andere relevante Protokolle (Auszug aus Bauberatungen, Begehungen)
- zur Dokumentation
  - Fotodokumentation
  - Aufmaßpläne, -skizzen
- ergänzende Angaben zum Nachweis der Kosten und Konsequenzen
  - Berechnungen (Statik, Mengen, Geräte)
  - Kalkulation der geänderten Leistungen
  - Tagesberichte/Wochenberichte/Aufwandsberichte

Ergeben sich bei einem Einheitspreisvertrag Mengenänderungen gegenüber den Vertragsunterlagen, so sind die Mehr- und Mindermengen, sofern die Abweichung mehr als 10 % beträgt, nach § 2 Abs. 3 VOB/B folgendermaßen abzurechnen:

„1. Weicht die ausgeführte Menge der unter einem Einheitspreis erfassten Leistung oder Teilleistung um nicht mehr als 10 v. H. von dem im Vertrag vorgesehenen Umfang ab, so gilt der vertragliche Einheitspreis.

2. Für die über 10 v. H. hinausgehende Überschreitung des Mengenansatzes ist auf Verlangen ein neuer Preis unter Berücksichtigung der Mehr- oder Minderkosten zu vereinbaren.

3. Bei einer über 10 v. H. hinausgehenden Unterschreitung des Mengenansatzes ist auf Verlangen der Einheitspreis für die tatsächlich ausgeführte Menge der Leistung oder Teilleistung zu erhöhen, soweit der Auftragnehmer nicht durch Erhöhung der Mengen bei anderen Ordnungszahlen (Positionen) oder in anderer Weise einen Ausgleich erhält. Die Erhöhung des Einheitspreises soll im Wesentlichen dem Mehrbetrag entsprechen, der sich durch Verteilung der Baustelleneinrichtungs- und Baustellengemeinkosten und der Allgemeinen Geschäftskosten auf die verringerte Menge ergibt. Die Umsatzsteuer wird entsprechend dem neuen Preis vergütet.

4. Sind von der unter einem Einheitspreis erfassten Leistung oder Teilleistung andere Leistungen abhängig, für die eine Pauschalsumme vereinbart ist, so kann mit der Änderung des Einheitspreises auch eine angemessene Änderung der Pauschalsumme gefordert werden.“

Eine besondere Klasse von Änderungsanordnungen, die streng genommen gar nicht in diese Rubrik fällt, sind Anfragen des Auftraggebers nach alternativen Ausführungsvarianten, ohne diese bereits verbindlich zu beauftragen. Vielfach möchte der Bauherr wissen, welche Konsequenzen die eine oder andere Veränderung der Ausführungsplanung noch während der Bauphase hätte. Für den Unternehmer-Bauleiter ist es i. d. R. nicht ganz einfach, diese Anfrage zufriedenstellend zu beantworten, denn er weiß weder, wann sich der Auftraggeber verbindlich für die Änderung festlegen wird, noch ob er überhaupt die Änderung beauftragt oder stattdessen bei der bisherigen Ausführungsalternative bleibt.

Für die Bearbeitung einer solchen Änderungsanfrage sollte der Unternehmer-Bauleiter daher ein Angebot ausarbeiten, das die Konditionen verbindlich für einen noch in der Zukunft liegenden Entscheidungszeitpunkt des Auftraggebers beschreibt – in Bezug auf Preisstellung und Lieferzeiten, auf den dann erreichten Bautenstand und auf eventuelle von dieser Situation her abgeleitete Zusatzkosten.

Beispiel

> Ein Bauherr fragt nach alternativen Heizkörpermodellen. Dabei kann es angebracht sein, ihn zunächst darauf hinzuweisen, dass die bisher freigegebenen Modelle planmäßig innerhalb der nächsten 3 bis 4 Monate geliefert und eingebaut würden und dass die Entscheidung zu einer Alternative nur dann keine Verzugsfolgen hätte, wenn diese innerhalb der nächsten 2 oder 3 Tage getroffen würde. Gleichzeitig genüge aber dieser Zeitraum nicht, um abgesicherte Preise für die alternativen Modelle einzuholen. Also müsste das Bauunternehmen planmäßig mit dem Abruf der bisher vorgesehenen Heizkörper fortfahren, um Bauverzögerungen im Falle der Ablehnung des Alternativangebots auszuschließen. Für den Fall der endgültigen Beauftragung der Alternative allerdings wären die zwischenzeitlich gelieferten und teilweise bereits eingebauten Heizkörper dann wieder auszubauen und zu entsorgen.

In welcher zeitlichen Größenordnung derartige „Vorgriffe" auf alternative Lösungen liegen können, macht das konkrete Beispiel der Klärung des Weiterbaus an der Elbphilharmonie in Hamburg im Jahr 2013 deutlich.

Beispiel

> Bei Verhandlungen zwischen dem Bauherrn und dem Generalunternehmer, die Ende 2012 begonnen wurden, wurde eine Vereinbarung zum Weiterbau in veränderter Vertragskonstellation mit dem Generalunternehmer und dem Architekten in einem Konsortium auf der einen Seite und der Gesellschaft der Hansestadt Hamburg auf der anderen Seite ausgehandelt und Ende Februar 2013 paraphiert. Hierbei wurden die Konditionen für den Weiterbau nach etlichen Monaten des Baustillstands zwischen Auftraggeber und Auftragnehmer vereinbart. Doch anstatt die Bauarbeiten an der Elbphilharmonie fortzusetzen, mussten die Parteien noch darauf warten, dass der Hamburger Senat, der Bauausschuss der Bürgerschaft und schließlich die Bürgerschaft selbst in ihren regulären Sitzungen dem ausgehandelten Kompromiss zustimmten. Die letzte Zustimmung, der Beschluss der Bürgerschaft, erfolgte Anfang Juli 2013.

Somit musste der bereits im Februar endgültig ausgehandelte Kompromiss einschließlich der darin enthaltenen Verzugskosten, der Preisstellung und der sonstigen kosten- und terminrelevanten Regelungen darauf abgestellt sein, dass diese Regelungen für den Fall einer Zustimmung des Auftraggebers nicht vor Juli 2013 immer noch ihre Gültigkeit behielten. Die Kalkulation des Änderungsangebots war also auf einer fiktiven, 6 Monate in der Zukunft liegenden Preis- und Kostenbasis erstellt worden.

4.2.2 Geänderte Rahmenbedingungen auf der Baustelle

Dass sich die Situation auf der Baustelle in der Realität oft anders darstellt als in der Planung angenommen, sollte keinen Bauleiter überraschen. Durch die vorlaufenden Erkundungen des Baugrunds werden nur punktuell an den Sondierungsstellen Erkenntnisse gewonnen. Die Bodeneigenschaften zwischen den Probenstellen werden interpoliert. Auch kann z. B. die Aufnahme von Umgebung und Zustand der Infrastruktur nur den momentanen Zustand zum Zeitpunkt der Begutachtung wiedergeben. Häufig liegen aber zwischen der Erfassung des Ist-Zustands und dem Baubeginn mehrere Monate, während derer sich der Zustand verändert haben kann.

Veränderte Rahmenbedingungen auf der Baustelle können somit zu einem Widerspruch zwischen Planung und Realität führen. Um den Widerspruch zu lösen, müssen die Pläne an die neue Realität angepasst werden. Dies bedeutet zusätzlichen Planungsaufwand und in der Konsequenz eine Leistungsänderung für das Bauunternehmen. Werden die Änderungen zuerst von den Fachingenieuren des Bauherrn erkannt, so ergeben sich daraus Änderungsanordnungen in Form von überarbeiteten Ausführungsplänen oder Arbeitsanweisungen des Auftraggebers.

Erkennt das Bauunternehmen seinerseits zuerst die veränderten Bedingungen, so sollte es diese dem Auftraggeber unverzüglich anzeigen, schon um seinen Anspruch auf Vergütung eventueller Mehrkosten zu wahren (siehe Kapitel 4.2.1). Andererseits ist die Anzeige auch notwendig, damit der Auftraggeber sich für den aus seiner Sicht geeignetsten Weg zur Lösung des Problems entscheiden kann. Dabei wird davon ausgegangen, dass der Auftraggeber mit seinen Fachleuten den besten Überblick hat, wie mit dem Problem umgegangen werden kann. Falls er dennoch die Unterstützung des Bauunternehmens sucht, so wird er sich mit ihm in Verbindung setzen (siehe hierzu auch Mustervorlage 4.2).

Mittlerweile hat die allgemeine Rechtsprechung oftmals demjenigen die Verantwortung für einen Lösungsvorschlag zugeordnet, der den Vorschlag in die Diskussion eingebracht hat. Insbesondere bei Bauherren, die fachlich Laien sind, geht man davon aus, dass das Bauunternehmen aufgrund seiner größeren Fachkenntnis überblicken kann, inwieweit sein Vorschlag tauglich ist.

Leider hat sich in der Praxis aus diesem Sachverhalt heraus eine große Zurückhaltung unter Bauunternehmen entwickelt, überhaupt noch Vorschläge zur Lösung auftretender technischer oder organisatorischer Probleme in der Bauphase zu machen, es sei denn, die Ursache für das Problem liegt ohnehin in ihrem Verantwortungsbereich. Aus juristischer Sicht ist dies vollkommen korrekt.

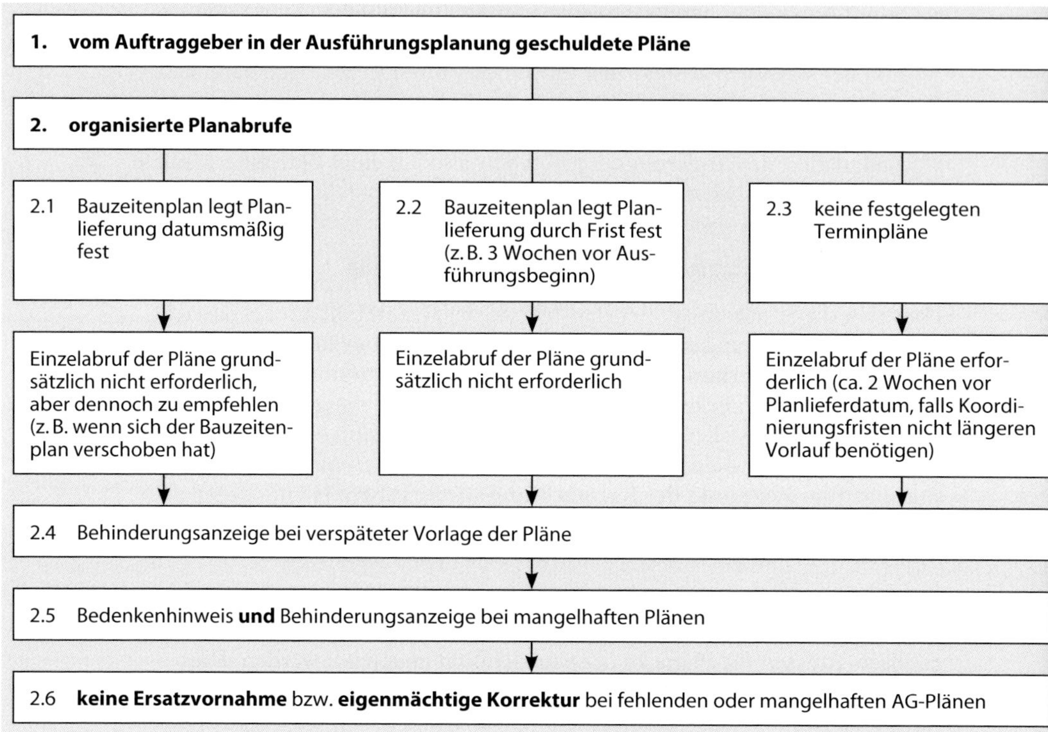

Abb. 4.2: Für Auftragnehmer empfohlene Vorgehensweise bei Abruf von Plänen

Doch dieses Verhalten wird der traditionellen Denkweise der Ingenieure wenig gerecht, die darauf ausgerichtet ist, ein einmal erkanntes Problem gemeinsam und mit den besten verfügbaren Ideen ingenieurmäßig, also auch pragmatisch zu lösen. In diesem Fall kann nur eine klare Verabredung darüber weiterhelfen, wer im Falle des Scheiterns des gemeinsam ausgearbeiteten Lösungsvorschlags die Verantwortung übernimmt.

Eine Quelle möglicher Schwierigkeiten auf der Baustelle sind unvollständige Planungen. Dies ist dann der Fall, wenn entweder die benötigten Pläne noch nicht fertiggestellt sind, oder wenn die Pläne nicht alle erforderlichen Angaben für die Bauausführung enthalten. In diesen Fällen müssen die Pläne noch ergänzt werden. Seitens der Baustelle kommt dann i. d. R. die Meldung, dass das Bauunternehmen in der Ausführung der Arbeiten behindert sei. In Abb. 4.2 ist ein entsprechender Handlungsfahrplan für solche Fälle dargestellt.

Aus Sicht des Bauunternehmens ist es ausreichend, auf Auswirkungen aus fehlenden oder mangelhaften Plänen hinzuweisen. Doch muss sich in diesem Fall der überwachende Bauleiter des Bauherrn einen Überblick über den Planungsstand verschaffen, um die Anzeige des Bauunternehmens beurteilen und seinerseits reagieren zu können. Hierzu sollte er die Planlauflisten und Planliefertermine der Planung einsehen bzw. diese von der Projektleitung des Auftraggebers oder dem Generalplaner abfordern.

4.2.3 Auflagen der Genehmigungsbehörden

Nicht immer liegt bereits mit der erteilten Baugenehmigung der vollständige durch die Aufsichtsämter zu genehmigende Plansatz der Genehmigungsunterlagen vor. Häufig werden die Auflagen, z. B. zum Brandschutz, aber auch für viele Betriebsgenehmigungen und Sonderzulassungen, nur verbal in der Baugenehmigung formuliert. Diese Hinweise müssen dann in den Ausführungsplänen verarbeitet, die Auflagen eingearbeitet und ggf. die endgültige Planung noch einmal den Ämtern vorgelegt werden. Da dieses i. d. R. erst parallel mit der beginnenden Bauausführung geschieht, ergeben sich daraus Leistungsänderungen, die im bisherigen vertraglichen Leistungsumfang noch nicht vorgesehen waren.

Da die Auflagen und Hinweise in der Baugenehmigung erst durch die zuständigen Fachingenieure verarbeitet, d. h. in geeigneter Weise in die Pläne umgesetzt werden müssen, und da prinzipiell auch denkbar ist, dass der Bauherr die Auflagen nicht widerspruchslos hinnimmt, sondern zunächst mit den Behörden über die Art der Erfüllung der Auflagen in Verhandlung tritt oder sie gar generell anficht, ist mit der Weitergabe der Baugenehmigung noch keine deutliche Anweisung des Bauherrn verknüpft, die Ausführung der Arbeiten zu verändern.

Erst mit der Übergabe aktualisierter Ausführungspläne, in denen die Auflagen umgesetzt sind, oder aber mit der expliziten Anweisung an das Bauunternehmen, die Auflagen zu beachten, wirkt eine Änderungsanordnung des Bauherrn. Dann ist hiermit weiter zu verfahren wie bereits in Kapitel 4.2.1 erläutert.

Sollte allerdings der Bauherr die Baugenehmigung an das Bauunternehmen weiterreichen, ohne eine entsprechende Anweisung zur Umsetzung zu geben, so ist das Bauunternehmen gehalten, sich über die Verbindlichkeit der Genehmigung Gewissheit zu verschaffen. In diesem Fall empfiehlt es sich, dass das Bauunternehmen dem Auftraggeber eine Bedenkenanmeldung übersendet (siehe Kapitel 4.3.1).

4.2.4 Änderungswünsche des Architekten

Änderungswünsche des Architekten gehören ebenso zur Tagesordnung wie die Änderungsanordnungen des Bauherrn. Auch wenn in der weiteren Abarbeitung der Änderungsbegehren weitgehend auf das Kapitel 4.2.1 verwiesen werden kann, so bleibt doch ein wesentlicher Unterschied.

Bei Änderungsbegehren vom Architekten, ebenso wie bei den selten vorkommenden Änderungsbegehren der übrigen Fachingenieure, ist zunächst zu prüfen, ob der Bauherr sich diese Änderungswünsche zu eigen macht und sie als seine eigenen Änderungsanordnungen an die Baustelle gibt. Für diesen Fall gelten die in Kapitel 4.2.1 ausführlich erläuterten Verhaltensregeln.

Schwieriger wird es bei Änderungsbegehren, die nicht vom Auftraggeber autorisiert werden. Streng genommen sind diese für die Bauleitung dann auch nicht bindend. Doch manche Bauherren lassen ihre Planer recht freihändig wirken und akzeptieren deren Änderungsanordnungen schweigend.

Gerade im täglichen Geschäft häufen sich manchmal geringfügige Änderungen, über die der Bauherr nicht einmal informiert sein will.

Eine sorgsame Unternehmer-Bauleitung sollte diese Änderungsanordnungen dennoch dem Bauherrn noch einmal explizit zur Kenntnis bringen, z. B. in Form kurzer Bestätigungsschreiben oder periodisch aufgestellter Sammellisten. Gleiches gilt für den überwachenden Bauleiter, wenn ihm Änderungsbegehren der Planer zur Kenntnis kommen. Auf diese Weise kann der Bauleiter sicherstellen, dass später kein Streit darüber entsteht, ob die Änderungen der Fachplaner implizit oder explizit genehmigt waren. Auch eröffnet dies dem Bauherrn die Möglichkeit, sich bei ausuferndem Änderungsverhalten wieder intensiver in die Planungsrunden einzuschalten.

4.2.5 Stundenlohn- oder Regiearbeiten

Stundenlohnarbeiten, auch Regiearbeiten genannt, sind Leistungen geringeren Umfangs, die in direkter Regie des Auftraggebers geleistet werden. Hierzu gehören i. d. R. Beistellarbeiten, Aufräumarbeiten und andere Dienstleistungen für den Auftraggeber, die im Leistungsverzeichnis nicht vorgesehen sind, kurzfristig anfallen und deshalb nicht erst aufwendig in einem ergänzenden Leistungsverzeichnis erfasst und vereinbart werden (Mustervorlagen 4.3 und 4.4). Bereits in Vertrags-Leistungsverzeichnissen kann hierfür ein Stundenverrechnungssatz vereinbart werden.

Stundenlohnarbeiten

Die häufig am Ende eines LV vorgesehene Position „Stundenlohnarbeiten" stellt keine vorausgehende Vereinbarung i. S. v. § 2 Abs. 10 VOB/B dar. Hierdurch wird vielmehr allgemein ein Stundenkontingent vorgesehen und mit einem Stundensatz versehen. Die Stundenlohnabrede nach VOB/B setzt demgegenüber aber eine genaue Bestimmung voraus, welche Leistungen konkret im Stundenlohn abgerechnet werden sollen.

Eine solche Vereinbarung können die Parteien abweichend vom Wortlaut des § 2 Abs. 10 VOB/B auch noch im Nachhinein treffen. Allerdings stellt die Unterzeichnung von Stundenlohnzetteln durch den überwachenden Bauleiter in aller Regel keine solche nachträgliche Vereinbarung dar. Der überwachende Bauleiter ist typischerweise gar nicht bevollmächtigt, Vergütungsfragen für den Auftraggeber zu regeln. Mit seiner Unterschrift bestätigt er von daher nur, dass entsprechende Stunden angefallen sind; er trifft damit aber keine Aussage, wie die Leistungen abgerechnet werden können. Diese Entscheidung bleibt allein dem Auftraggeber vorbehalten.

Stundenlohnarbeiten werden nur auf unmittelbare Anforderung des Auftraggebers geleistet. Die VOB/B lautet dazu in § 2 Abs. 10:

Mustervorlage 4.3: Beauftragung von Stundenlohnarbeiten

Absender
Einschreiben/Rückschein/Per Boten[1]
An den Auftragnehmer

___________ [Ort], den __________ [Datum]

Bauvorhaben ___________________________________ [Name des Bauvorhabens]
Beauftragung von Stundenlohnarbeiten

Sehr geehrte Damen und Herren,

☐ zur Ausführung der vertraglich vereinbarten Leistung ist die Ausführung der folgenden Leistung als Vorleistung erforderlich: _________________________ [Leistung]. Dabei handelt es sich um eine Leistung, die der vertraglich geschuldeten Leistung entspricht _____________________ [Begründung]. Wir gehen daher davon aus, dass Ihr Betrieb auf die Ausführung dieser Leistungen eingerichtet ist, und fordern Sie auf, diese Leistung auszuführen.

☐ Sie haben mit Schreiben vom _________ [Datum] darauf hingewiesen, die ____________ [Leistung] weisungsgemäß auszuführen und nach Lohnstunden abzurechnen. Hierfür wird Ihnen hiermit der Auftrag erteilt.

☐ Der Stundenverrechnungssatz beträgt gemäß Ziff./OZ/Pos.* ____ [Nummer] des Bauvertrags/Einheitspreis-Leistungsverzeichnisses _____ [Betrag] EUR/Std.

☐ Wir bestätigen Ihnen einen Stundenverrechnungssatz von _____ [Betrag] EUR/h.

☐ Die Kosten für den Verbrauch von Stoffen, für die Vorhaltung von Einrichtungen, Geräten, Maschinen und maschinellen Anlagen, für Frachten, Fuhr- und Ladeleistungen sowie etwaige Sonderkosten usw. sind in dem Stundenverrechnungssatz enthalten.

☐ Der Auftragnehmer erhält für den Verbrauch von Stoffen, für die Vorhaltung von Einrichtungen, Geräten, Maschinen und maschinellen Anlagen, für Frachten, Fuhr- und Ladeleistungen sowie etwaige Sonderkosten usw. zusätzlich zu dem Stundenverrechnungssatz

---

[1] Es ist zu beachten, dass der Absender rechtserheblicher Erklärungen deren Zugang im Streitfall beweisen muss. Dieser Nachweis kann bei einem Standardbrief regelmäßig nicht geführt werden. Auch ein Telefax-Sendeprotokoll ist kein anerkannter Zugangsnachweis. Die Zustellung rechtserheblicher Erklärungen kann daher nur per Einschreiben/Rückschein oder per Boten erfolgen, wobei auch hier noch dokumentiert werden muss, welches Dokument zugestellt wird. Alternativ ist auch die Zustellung mit Empfangsbekenntnis möglich; es ist dann darauf zu achten, dass der Empfänger das Empfangsbekenntnis vollzieht und zurücksendet. Ferner ist eine Zustellung durch den Gerichtsvollzieher möglich; dies ist im regelmäßigen Geschäftsverkehr aber wenig praktikabel.

Mustervorlage 4.3: Beauftragung von Stundenlohnarbeiten (Fortsetzung)

folgende Vergütung:

____

____

____

Wir weisen ausdrücklich darauf hin, dass Sie gemäß § 15 Abs. 3 VOB/B verpflichtet sind, dem Auftraggeber die Ausführung von Stundenlohnarbeiten vor deren Beginn anzuzeigen. Über die geleisteten Arbeitsstunden und den dabei erforderlichen besonders zu vergütenden Aufwand für den Verbrauch von Stoffen, für Vorhaltung von Einrichtungen, Geräten, Maschinen und maschinellen Anlagen, für Frachten, Fuhr- und Ladeleistungen sowie etwaige Sonderkosten sind werktäglich oder wöchentlich Stundenzettel einzureichen. Gemäß § 15 Abs. 4 VOB/B sind Stundenlohnrechnungen alsbald nach Abschluss der Stundenlohnarbeiten, längstens jedoch im Abstand von vier Wochen einzureichen.

☐ Bitte verwenden Sie zur Dokumentation der Stundenlohnarbeiten das beiliegende Formular.

☐ Die Gegenzeichnung der Stundenlohnzettel erfolgt ausschließlich durch Frau/Herrn ________________ [Name].

Mit freundlichen Grüßen

____

* Nichtzutreffendes bitte streichen.

„Stundenlohnarbeiten werden nur vergütet, wenn sie als solche vor ihrem Beginn ausdrücklich vereinbart worden sind […].“

Weitere Regelungen zur Anordnung und Vergütung von Stundenlohnarbeiten finden sich in § 15 VOB/B. Danach muss das Bauunternehmen dem Auftraggeber *„die Ausführung von Stundenlohnarbeiten vor Beginn“* (§ 15 Abs. 3 Satz 1 VOB/B) anzeigen. Ferner muss es werktäglich, mindestens aber wöchentlich alle *„geleisteten Arbeitsstunden und den dabei erforderlichen, besonders zu vergütenden Aufwand für den Verbrauch von Stoffen, für Vorhaltung von Einrichtungen, Geräten, Maschinen und maschinellen Anlagen, für Frachten, Fuhr- und Ladeleistungen sowie etwaige Sonderkosten“* (§ 15 Abs. 3 Satz 2 VOB/B) zusammenstellen und dem Auftraggeber vorlegen.

Mustervorlage 4.4: Stundenlohnzettel

Nachweis für die Ausführung von Stundenlohnarbeiten

Bauvorhaben: ______			aufgestellt von: ______		Datum: ______	
Name und Qualifikation[1]:	**Beginn Uhrzeit:**	**Ende Uhrzeit:**	**Anzahl Stunden**	**ausgeführte Arbeiten***	**Materialverbrauch (Menge/Einheit)**	**Geräteeinsatz**
Summe:				*genaue Beschreibung nach Ort und Art der Tätigkeit		

Bauleitung des Auftragnehmers:	Bauüberwachung des Auftraggebers:
Für die Richtigkeit	Ich bestätige die korrekte Ausführung und die Richtigkeit der Angaben.
Ort und Datum: ______	Ort und Datum: ______
Unterschrift: ______	Unterschrift: ______

[1] Z. B. Bauleiter, Polier, Vorarbeiter, Meister, Geselle, Facharbeiter, Monteur, Auszubildender

„Der Auftraggeber hat die von ihm bescheinigten Stundenlohnzettel unverzüglich, spätestens jedoch innerhalb von 6 Werktagen nach Zugang, zurückzugeben. Dabei kann er Einwendungen auf den Stundenlohnzetteln oder gesondert schriftlich erheben. Nicht fristgemäß zurückgegebene Stundenlohnzettel gelten als anerkannt.“ (§ 15 Abs. 3 Satz 3 bis 5 VOB/B) Eine nachlässige Beaufsichtigung der Stundenlohnarbeiten durch den überwachenden Bauleiter kann also in einer ungewollten Anerkennung der aufgeschriebenen und eingereichten Stundenlohnzettel münden. Damit dies nicht vorkommt, sollte der überwachende Bauleiter den Umfang von Stundenlohnarbeiten möglichst gering halten und darüber hinaus die Abwicklung der Arbeiten gut organisieren.

Praxistipp zu Stundenlohnarbeiten

Gelegentlich kommt es vor, dass ein Bauunternehmen vermeintlich zusätzliche Arbeiten anmeldet und diese nach anfallenden Stunden abrechnen möchte. Wird die Ausführung der Arbeiten dringend benötigt, kann aber zum Zeitpunkt ihres Abrufs noch nicht geklärt werden, ob es sich dabei um Vertragsleistungen oder tatsächlich um Zusatzleistungen handelt, so kann man vereinbaren, diese unter dem Vorbehalt der späteren Klärung der vertraglichen Grundlagen zunächst auszuführen, zu dokumentieren und vom Auftraggeber gegenzeichnen zu lassen.

Dann sollte der überwachende Bauleiter die vertragliche Einordnung umgehend abklären. Denn der Auftragnehmer ist nach § 15 Abs. 4 VOB/B verpflichtet, Stundenlohnarbeiten spätestens nach 4 Wochen abzurechnen.

Da Stundenlohnarbeiten von ihrem Wesen her unter der Aufsicht und Koordinierung des Auftraggebers ausgeführt werden, binden sie auch Leitungskapazität des Auftraggebers. Sofern größere zusätzliche Arbeiten anstehen, ist es daher anzuraten, diese im Wege einer Leistungsanfrage als zusätzliche Leistungen zu bestellen, sie in Form eines Nachtragsangebots vorab kalkulieren zu lassen und diesen Nachtrag zu verhandeln und zu beauftragen. Dadurch verbleibt auch die Koordinierung der Leistungen beim Bauunternehmen, das ebenfalls für den effizienten Einsatz seines Personals sorgen wird.

4.2.6 Alternativvorschläge vom Bauunternehmen

Eine besondere Wesensart vieler kreativer Ingenieure ist es, ein großes Augenmerk auf die kontinuierliche Verbesserung und die Perfektionierung von Ingenieurlösungen zu legen. So liegt es nicht fern, dass Bauunternehmen Alternativen zur Bauausführung einbringen, die entweder für den Bauherrn besser oder für das Bauunternehmen einfacher sind oder die beiden Seiten Vorteile bringen. Prinzipiell sind Alternativvorschläge (auch Sondervorschläge genannt) ein großes Feld innovativer Weiterentwicklung in der Bauwirtschaft.

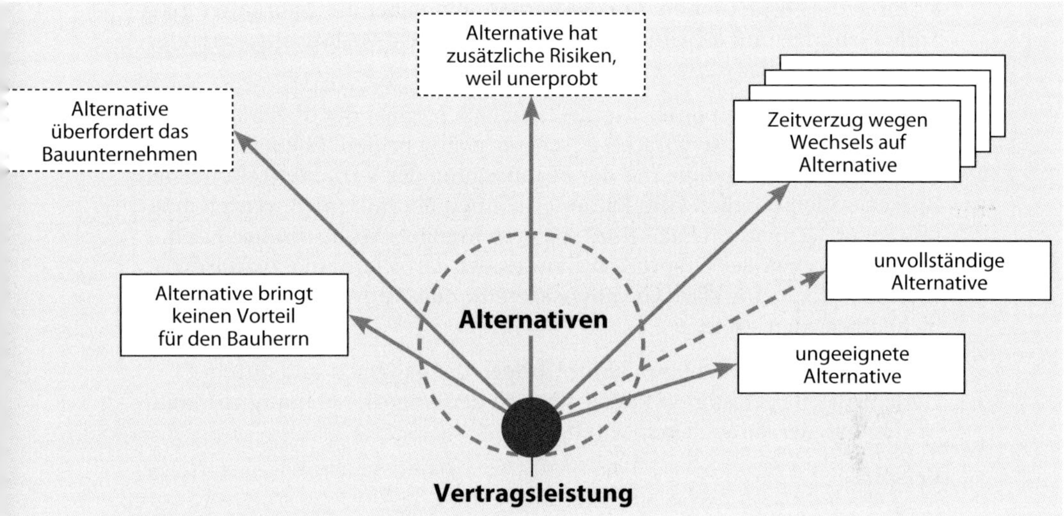

Abb. 4.3: Risiken durch alternative Ausführungsvorschläge

Alternativvorschläge in der Angebotsphase unterliegen der Bewertung und dem Vergleich mehrerer Anbieter. Werden sie beauftragt, so werden sie in die vertragliche Baubeschreibung integriert und damit Bestandteil des Bau-Solls. Weiterführende Vereinbarungen, etwa zur Haftung für die von der Alternative betroffenen Bauteile, sind dann ebenfalls dort zu regeln.

Auch während der Bauausführung schlagen Bauunternehmen alternative Lösungen vor, die sie gern realisieren möchten. Sicherlich ist davon auszugehen, dass ein gut geführtes Bauunternehmen keine Alternativen einbringen wird, die ihm höhere Kosten verursachen werden als die vertraglich vereinbarte Ausführungsvariante. Doch auch Auftraggeber profitieren davon, dass ihnen vom Bauunternehmen Varianten zu geringeren Kosten, mit besserer Qualität, für schnellere oder robustere Bauausführung oder mit günstigeren Langfristeigenschaften angeboten werden, die zum Zeitpunkt der Planung nicht erkannt wurden oder noch nicht verfügbar waren. Nicht selten, und der Vollständigkeit halber hier erwähnt, werden auch Alternativen zu einem höheren als dem Vertragspreis angeboten, wenn z. B. damit auch für den Auftraggeber ein deutlicher Mehrwert verbunden ist.

Alternativen bergen mehrere Risiken, derer sich ein Bauherr bewusst sein sollte, bevor er überhaupt die Diskussion über vermeintlich bessere Ausführungsvarianten zulässt. Es sind folgende Risiken möglich (siehe auch Abb. 4.3):

- Die Alternative ist ungeeignet und ist insofern keine echte Alternative.
- Die Alternative bietet dem Bauherrn keinen Vorteil.
- Die Alternative ist unvollständig und zieht deshalb weitere derzeit noch nicht erkannte Zusatzmaßnahmen nach sich.
- Die Alternative ist nicht ausreichend erprobt, erhöht also das Risiko für spätere Mängel an dem Objekt.
- Das Bauunternehmen ist nicht in der Lage, die vorgeschlagene Alternative zu realisieren.

- Durch die Diskussionen und die Verhandlung über die Alternative gerät der bisherige und geordnete Ablauf der aktuellen Ausführungsvariante außer Kontrolle.

Um alle diese Risiken unter Kontrolle zu haben, muss der überwachende Bauleiter die Alternativvorschläge sehr sorgfältig prüfen. Ebenfalls sollte er deutlich machen, dass die mit der Beauftragung der Variante verbundenen Risiken vollumfänglich vom Bauunternehmen übernommen werden müssen. Selbst wenn es im Falle eines späteren Mangels Mühe machen kann, dessen Ursachen der Ursprungsvariante oder der Alternative zuzuordnen, so ist dies doch eine klare Grundposition für den Auftraggeber, von der er nicht abweichen sollte.

Diese Grundhaltung entspricht im Übrigen der gängigen und durch Gerichtsurteile gefestigten Praxis, wonach derjenige die Planung zu verantworten hat, der sie auch gemacht hat.

Beispiel

> Es ist im Hochbau üblich, dass Architekt und Tragwerksplaner eine Ortbetonlösung für die Geschossdecken vorsehen. Nicht selten bittet dann das ausführende Bauunternehmen im Zuge eines kostenneutralen Nebenangebots darum, die Decken als teilweise vorgefertigte Filigrandecken ausführen zu dürfen. Dabei ist davon auszugehen, dass alle mit der Änderung zusammenhängenden Leistungen durch dieses Nebenangebot abgedeckt sind, also auch das Anfertigen geänderter Schal- und Bewehrungspläne und ggf. auch die erneute Prüfung durch den Prüfingenieur.

Schlägt ein Bauunternehmen also eine veränderte Ausführung vor und fertigt dazu die Planung an, so ist es neben der Ausführung auch für die Richtigkeit dieser Planung verantwortlich. Eine entsprechende Vollständigkeitsklausel sollte deshalb bei der Beauftragung der Alternative nicht fehlen. Sie könnte z. B. folgendermaßen lauten:

Beispiel

> „Mit der Vergütung in Höhe von netto _____ Euro für die vom Auftragnehmer angebotene Ausführungsalternative sind alle damit gegenüber der Vertragsausführung verbundenen Mehraufwendungen abgegolten. Dies betrifft auch die Kosten für die Anpassung der Ausführungsplanung, für etwaige Prüfungen und Zulassungen sowie weitere, hier nicht explizit benannte Folgekosten. Die Bauzeit verändert sich durch die Beauftragung der Alternative wie in nachfolgendem überarbeiteten Bauablaufplan festgeschrieben."

Besonderes Augenmerk sollte der überwachende Bauleiter darauf legen, ob der Bauablaufplan wegen der Alternative verändert werden muss. Dies muss ebenfalls im Zuge der Verhandlungen vor Beauftragung der Alternative endgültig geklärt werden. Je nach Relevanz auch für andere Arbeiten kann das eine größere Umstellung der gesamten Abläufe nach sich ziehen, in die ggf. andere Planer und Bauunternehmen mit einzubeziehen sind. Versäumt es der überwachende Bauleiter, diese Koordinierung vorzunehmen, so gerät die Baustelle schnell in einen nicht mehr eindeutig definierten Terminzustand.

Viele Bauunternehmen, die im Wesentlichen risikominimierend geführt werden, scheuen sich mittlerweile, überhaupt Alternativen einzubringen, weil die Konsequenzen und möglichen Kosten häufig nicht bis zum Ende überschaubar sind. Dies entspricht einer aus juristischer Sicht durchaus empfehlenswerten Verhaltensweise. Bauunternehmen, die dagegen eher risikobewusst geführt werden, werden weiterhin versuchen, innovative Lösungen mit für sie überschaubarem Risikopotenzial vorzuschlagen und durchzusetzen, weil sie sich dadurch einen Marktvorteil erhoffen.

Die Praxis zeigt, dass die Vorstellungen mancher Bauherren über das von ihnen definierte Bau-Soll nicht immer ganz konkret festgelegt sind. Dann ist es sogar im Sinne des Auftraggebers, wenn das Bauunternehmen mit einem Alternativvorschlag während der Bauausführung noch vorteilhaftere Lösungen einbringt. Gelegentlich ergibt sich dadurch aber auch eine strittige Diskussion mit dem Architekten über die vermeintlichen Wünsche des Auftraggebers.

Besonders Auftraggeber, die wenig Erfahrung im Bauen haben, können sich schnell verunsichert fühlen, wenn sie vom Architekten und vom Bauunternehmen gegensätzliche Ausführungsvarianten vorgeschlagen bekommen. Der überwachende Bauleiter sollte in diesem Fall frühzeitig auszugleichen versuchen, sich selbst eine Meinung von den Alternativen bilden und vor allem unerbittlich nach den Vorteilen für den Auftraggeber forschen, bevor er mit den Vorschlägen an seinen Aufraggeber herantritt.

4.2.7 Eigenmächtige Leistungen von Bauunternehmen

Führt ein Bauunternehmen Leistungen eigenmächtig aus, so läuft es Gefahr, diese nicht nur nicht vergütet zu bekommen, sondern sie sogar wieder beseitigen zu müssen. Auch aus diesem Grund sollte also ein Bauunternehmen darauf achten, dass die übergebenen Ausführungszeichnungen vollständig sind. Eigene Konkretisierungen wie Werkzeichnungen und Materialauswahl sollte sich das Bauunternehmen stets vom Auftraggeber freigeben lassen, um auch hier Missverständnisse und späteren Streit über die Art der Ausführung von vornherein zu vermeiden.

§ 2 Abs. 8 VOB/B regelt dazu eindeutig:

„1. Leistungen, die der Auftragnehmer ohne Auftrag oder unter eigenmächtiger Abweichung vom Auftrag ausführt, werden nicht vergütet. Der Auftragnehmer hat sie auf Verlangen innerhalb einer angemessenen Frist zu beseitigen; sonst kann es auf seine Kosten geschehen. Er haftet außerdem für andere Schäden, die dem Auftraggeber hieraus entstehen.

2. Eine Vergütung steht dem Auftragnehmer jedoch zu, wenn der Auftraggeber solche Leistungen nachträglich anerkennt. Eine Vergütung steht ihm auch zu, wenn die Leistungen für die Erfüllung des Vertrags notwendig waren, dem mutmaßlichen Willen des Auftraggebers entsprachen und ihm unverzüglich angezeigt wurden. […]“

Die vorstehende Regelung ist, mit Ausnahme des letzten hier zitierten Satzes, auch aus anderen Vertragsarten bekannt, beispielsweise im Mietrecht, bei der Wohnungsrückgabe an den Vermieter von einer durch den Mieter eigenmächtig veränderten Mieteinheit. Sie entspricht dem Grundsatz, dass ein Auftragnehmer das dem Auftraggeber versprochene Werk bzw. das vertraglich vereinbarte Bau-Soll nicht eigenmächtig abändern darf.

4.3 Unterbrechungen während der Bauausführung

4.3.1 Bedenkenanmeldung

Mit der Bedenkenanmeldung hat ein Bauunternehmen die Möglichkeit, aus seiner Sicht falsche, bedenkliche oder widersprüchliche Ausführungsanweisungen zu kritisieren und infrage zu stellen. Die VOB/B sieht für die Anmeldung von Bedenken in § 4 Abs. 1 Ziffer 4 folgende Regelung vor: *„Hält der Auftragnehmer die Anordnungen des Auftraggebers für unberechtigt oder unzweckmäßig, so hat er seine Bedenken geltend zu machen, die Anordnungen jedoch auf Verlangen auszuführen, wenn nicht gesetzliche oder behördliche Bestimmungen entgegenstehen. [...]"*

Eine Bedenkenanmeldung (Mustervorlage 4.5) bewirkt per se noch keine Bauunterbrechung. Gleichwohl sollte ihr aber vonseiten des Auftraggebers sofort nachgegangen werden. Der Sachverhalt und die vorgebrachten Gründe für die Bedenken müssen geprüft werden, um eventuelle Fehler oder Unvollständigkeiten in den Ausführungsplänen und -anweisungen auszuräumen. Auch ist der überwachende Bauleiter gefordert, als Reaktion auf die Bedenkenanmeldung umgehend entweder neue Anordnungen zu geben oder explizit die Ausführung nach den bisherigen Anordnungen zu verlangen. Tut er das nicht, so kann der Bedenkenanmeldung unmittelbar eine Behinderungsanzeige des Bauunternehmens folgen, mit der Begründung, es fehle an einer eindeutigen Anweisung des Auftraggebers, wie nun weiter zu verfahren sei (siehe Kapitel 4.3.2).

Meldet ein Bauunternehmen Bedenken an, weil die Ausführungsunterlagen widersprüchlich sind, sollte der überwachende Bauleiter in jedem Fall umgehend reagieren (Mustervorlagen 4.6 und 4.7). Tut er dies nicht, so kann das Bauunternehmen auf 2 Arten reagieren. Entweder teilt es mit, dass es somit in der Ausführung seiner Arbeiten behindert sei (siehe Kapitel 4.3.2). Oder es schlägt dem Bauherrn eine mögliche Auflösung des Widerspruchs vor, z. B. die Entscheidung für eine der möglichen Lesarten der Leistungsbeschreibung, mit dem Hinweis, dass es diese Variante umsetzen werde, wenn es nicht innerhalb einer angemessenen Frist eine gegenteilige Anweisung des Auftraggebers erhält. Letzteres Vorgehen hat für beide Seiten den Vorteil, dass die Arbeiten damit nicht verzögert werden, auch wenn es der überwachende Bauleiter und der Bauherr versäumen sollten, rechtzeitig für klare Anweisungen zu sorgen.

Die Bedenkenanmeldung ist vom Grunde her ein hilfreiches Instrument, mit dem die Fachkunde der ausführenden Bauunternehmen aktiviert werden kann. So kann es in technisch schwierigen Situationen für den überwachenden Bauleiter angebracht sein, mit dem Bauunternehmen in den Dialog über die Details der geplanten Ausführung zu treten, um somit schon vorab mögliche Bedenkenanmeldungen auszuräumen bzw. sie so frühzeitig zu erhalten, dass die daraus entstehenden Konsequenzen noch keine Folgen für den weiteren Bauablauf haben.

Bedenkenanmeldung

Der Auftragnehmer schuldet ein funktionstaugliches Werk entsprechend den vertraglich vereinbarten Beschaffenheiten. Werden diese Anforderungen nicht erfüllt, leidet das Werk unter einem Mangel. Dies ist auch dann der Fall, wenn die Abweichungen und Funktionsdefizite gar nicht auf eine Schlechtleistung des Auftragnehmers selbst zurückgehen, sondern auf fehlerhaften Vorgaben des Auftraggebers, einer unzureichenden Planung oder auf einem mangelhaft ausgeführten Vorgewerk beruhen. So ist das verlegte Parkett z. B. auch dann mangelhaft, wenn dessen Unebenheiten allein durch den zuvor von einem anderen Unternehmen unzureichend verlegten Estrich hervorgerufen werden. In diesem Fall muss der Auftragnehmer im Rahmen seiner Nacherfüllung zwar nicht den Mangel im Estrich beseitigen, aber immerhin das von ihm verlegte Parkett auf eigene Kosten erneuern.

Dem kann der Auftragnehmer nur entgehen, wenn er die Vorgaben des Auftraggebers, dessen Planung, beigestellte Materialien oder die ihn betreffenden Vorgewerke überprüft und etwaig bestehende Bedenken dem Auftraggeber gegenüber anzeigt. Es obliegt dann dem Auftraggeber, den Bedenken nachzugehen und diese ggf. auszuräumen. Kommt der Auftraggeber dem nicht nach, hat der Auftragnehmer für die dementsprechend dann später auftretenden Mängel seiner Werkleistung nicht länger einzustehen; die Prüfung und Anzeige etwaiger Bedenken hat vielmehr seine Enthaftung zur Folge.

Dazu müssen die Bedenken allerdings so formuliert sein, dass der Auftraggeber die Notwendigkeit einer Überprüfung erkennen und diese anhand der Mitteilung des Auftragnehmers auch vornehmen kann. Der Bedenkenhinweis muss sowohl die Umstände, die Anlass zu Bedenken geben, wie auch das potenzielle Schadensrisiko jeweils konkret und verständlich benennen. Nach § 4 Abs. 3 VOB/B ist der Hinweis außerdem schriftlich zu erteilen. Er sollte auch unmittelbar an den Auftraggeber gerichtet werden, da der Hinweis an den örtlichen überwachenden Bauleiter nur dann genügt, wenn dieser auch sachgerecht hierauf reagiert oder die Bedenken nicht selbst verursacht hat, da dann eine Weiterleitung an den Auftraggeber wiederum nicht sichergestellt erscheint.

Gelegentlich wird das Instrument der Bedenkenanmeldung von Bauunternehmen genutzt, um nur den eigenen Kenntnisstand zu verbessern oder um vermeintlich Zeit zu gewinnen. Daher sollte der überwachende Bauleiter darauf achten, dass jede eingehende Anmeldung den Sachverhalt der Bedenken so präzise anspricht, dass dieser ohne Schwierigkeiten eingegrenzt und mögliche Mängel in der Planung zügig aufgeklärt werden können. Andern-

Mustervorlage 4.5: Bedenkenanmeldung

Einschreiben-Rückschein/Per Boten
Auftraggeber **persönlich** – und (empfohlen) in Kopie an Architekten

__________ , den ________

Bauvorhaben ____________________
hier: Bedenkenanmeldung gegen die vorgesehene Art der Ausführung und Behinderungsanzeige

Sehr geehrte(r) Frau/Herr ____ ,

als qualifiziertes Fachunternehmen sind wir nach § 4 Nr. 3 VOB/B gehalten, dem Auftraggeber persönlich auftretende Bedenken unverzüglich schriftlich mitzuteilen. Deshalb melden wir nun formell Bedenken gegen die vorgesehene Art der Ausführung an.

Begründung: ____
(Hinweis: Diese muss in ausführlicher Form stattfinden und vor allem auf die drohenden Risiken und Schäden deutlich hinweisen, die sich durch eine Nichtbeachtung der Bedenken ergeben können. Weiterhin muss die Bedenkenanmeldung in einer Sprache formuliert sein, die auf die technische Verständnisfähigkeit des Auftraggebers Rücksicht nimmt, also kein reines „Technik-Latein"!)

Wir hatten unsere Bedenken dem Architekten bereits mündlich kommuniziert. Dort zeigte man sich gegenüber unserem Anliegen aber nicht aufgeschlossen, vielmehr will der Architekt an der ursprünglichen Planung festhalten.

Bitte sorgen Sie schnellstmöglich für Abhilfe in Form einer neuen Planung oder stimmen Sie eine Lösung gemeinsam mit uns ab.

Alternativ haben wir von uns aus eine den Regeln der Technik entsprechende Lösung in unser beigefügtes Nachtragsangebot eingearbeitet. Wir bitten, dies zu prüfen und uns im Falle Ihrer Zustimmung mit dem Nachtrag entsprechend zu beauftragen.

Mustervorlage 4.5: Bedenkenanmeldung (Fortsetzung)

Bis zu Ihrer Mitteilung über das weitere Vorgehen werden die Arbeiten ab dem ______ [Datum] unterbrochen. Bis dahin können wir mit unserem Gewerk noch fortfahren. Danach kommen wir in einen Bereich, bei dem eine vorherige Entscheidung Ihrerseits über unsere Bedenken notwendig ist. Sollte sie bis dahin nicht vorliegen, sind wir in der Fortführung der Leistung behindert.

Vorsorglich weisen wir darauf hin, dass wir von demjenigen Teilbereich der Gewährleistung frei sind, falls Sie unsere Bedenken an Ihrer ursprünglichen Planung zurückweisen und daraus ein Mangel entsteht.

Mit freundlichen Grüßen

– Unterschrift –

Mustervorlage 4.6: Zurückweisung von Bedenken

Absender
Einschreiben/Rückschein/Per Boten[1]
An den Auftragnehmer

__________ [Ort], den __________ [Datum]

Bauvorhaben __________ [Name des Bauvorhabens]
Zurückweisung von Bedenken[2]

Sehr geehrte Damen und Herren,

mit Schreiben vom __________ [Datum] haben Sie

☐ Bedenken gegen unsere Anordnung vom __________ [Datum] hinsichtlich der __________________ [Beschreibung der Anordnung] angemeldet, die Sie für unberechtigt oder unzweckmäßig halten.
☐ Bedenken gegen die Ihnen vorgegebene Art der Ausführung vom __________ [Datum] hinsichtlich der __________________ [Beschreibung der Art der Ausführung] angemeldet.
☐ darauf hingewiesen, dass aufgrund __________________ [Beschreibung der Unfallgefahr] Unfallgefahren bestehen und insofern Bedenken angemeldet.
☐ Bedenken gegen die Güte der vom Auftraggeber/Fa. _________* gelieferten ______________________ [Stoffe und Bauteile] angemeldet.
☐ Bedenken gegen die vom vorangegangenen Unternehmer erbrachten __________________ [Beschreibung der Leistung] angemeldet.

Die von Ihnen vorgetragenen Bedenken werden als unbegründet zurückgewiesen. __________ [Begründung]. Wir fordern Sie auf,

☐ die erteilten Anweisungen ohne Abweichung zu befolgen.
☐ die Bauleistung nach Maßgabe der Ihnen vorliegenden Ausführungsunterlagen auszuführen.
☐ die Ihnen nach VOB/C auferlegten Pflichten zur Erstellung eigener Unterlagen zu erfüllen.
☐ die vom Auftraggeber/Fa. _________* gelieferten ______________________ [Stoffe und Bauteile] zu verwenden.
  ☐ Dabei sind die Herstellerrichtlinien für die Verarbeitung zu beachten.
☐ die für Sie zutreffenden gesetzlichen und behördlichen Bestimmungen zur Unfallverhütung in eigener Verantwortung zu befolgen.
☐ Probleme mit Ihren Lieferanten und Nachunternehmern in eigener Regie zu lösen.

Für notwendige Rückfragen/Erläuterungen steht Ihnen unsere Bauleitung zur Verfügung.

Mit freundlichen Grüßen

* Nichtzutreffendes bitte streichen

[1] Es ist zu beachten, dass der Absender rechtserheblicher Erklärungen deren Zugang im Streitfall beweisen muss. Dieser Nachweis kann bei einem Standardbrief regelmäßig nicht geführt werden. Auch ein Telefax-Sendeprotokoll ist kein anerkannter Zugangsnachweis. Die Zustellung rechtserheblicher Erklärungen kann daher nur per Einschreiben/Rückschein oder per Boten erfolgen, wobei auch hier noch dokumentiert werden muss, welches Dokument zugestellt wird. Alternativ ist auch die Zustellung mit Empfangsbekenntnis möglich; es ist dann darauf zu achten, dass der Empfänger das Empfangsbekenntnis vollzieht und zurücksendet. Ferner ist eine Zustellung durch den Gerichtsvollzieher möglich; dies ist im regelmäßigen Geschäftsverkehr aber wenig praktikabel.
[2] Sofern der Auftraggeber die Bedenken des Auftragnehmers zu Unrecht zurückweist, hat dies zur Folge, dass der Auftraggeber die Konsequenzen selbst trägt. Der Auftragnehmer ist insoweit gemäß § 13 Abs. 3 VOB/B von der Gewährleistung frei.

Mustervorlage 4.7: Stattgabe von Bedenkenanmeldung gegen Ausführungsunterlagen

Absender
Einschreiben/Rückschein/Per Boten[1]
An den Auftragnehmer

_______________ [Ort], den _____________ [Datum]

Bauvorhaben ________________________________ [Name des Bauvorhabens]
Stattgabe von Bedenkenanmeldung gegen Ausführungsunterlagen

Sehr geehrte Damen und Herren,

mit Schreiben vom __________ [Datum] haben Sie

☐ Bedenken gegen die im Ausführungsplan ______________ [Bezeichnung des Plans] vorgegebene Art der Ausführung hinsichtlich __________________ [Beschreibung der Art der Ausführung] angemeldet.

☐ Bedenken gegen die Ihnen übergebenen Geländeaufnahmen und Absteckungen hinsichtlich __________________ [kurze Wiederholung der Bedenken] angemeldet.

Wir bedanken uns für Ihre aufmerksame Überprüfung und die fachlich und sachlich begründeten Hinweise.

☐ Zur Klärung der Bedenken und weiteren Verfahrensweise haben wir das Ingenieurbüro zur Prüfung und unverzüglichen Fehlerbeseitigung aufgefordert. Sie erhalten bis zum __________ [Datum] eine entsprechende Antwort.

☐ Zur Klärung der Bedenken und weiteren Verfahrensweise bitten wir Sie, die erforderlichen Veränderungen/Ergänzungen an den Ausführungsunterlagen selbst vorzunehmen. Die Vergütung erfolgt nach § 2 Abs. 9 VOB/B in Verbindung mit § 2 Abs. 6 VOB/B.

☐ Ungeachtet dessen fordern wir Sie trotz Ihrer berechtigten Hinweise auf, die Leistungen nach den übergebenen Unterlagen auszuführen, da eine nachträgliche Änderung für den Auftraggeber weder wirtschaftlich noch zeitlich vertretbar ist.[2]

Mit freundlichen Grüßen

____

[1] Es ist zu beachten, dass der Absender rechtserheblicher Erklärungen deren Zugang im Streitfall beweisen muss. Dieser Nachweis kann bei einem Standardbrief regelmäßig nicht geführt werden. Auch ein Telefax-Sendeprotokoll ist kein anerkannter Zugangsnachweis. Die Zustellung rechtserheblicher Erklärungen kann daher nur per Einschreiben/Rückschein oder per Boten erfolgen, wobei auch hier noch dokumentiert werden muss, welches Dokument zugestellt wird. Alternativ ist auch die Zustellung mit Empfangsbekenntnis möglich; es ist dann darauf zu achten, dass der Empfänger das Empfangsbekenntnis vollzieht und zurücksendet. Ferner ist eine Zustellung durch den Gerichtsvollzieher möglich; dies ist im regelmäßigen Geschäftsverkehr aber wenig praktikabel.
[2] Sofern der Auftraggeber die Bedenken des Auftragnehmers zu Unrecht zurückweist, hat dies zur Folge, dass der Auftraggeber die Konsequenzen selbst trägt. Der Auftragnehmer ist insoweit gemäß § 13 Abs. 3 VOB/B von der Gewährleistung frei.

falls empfiehlt es sich, die Bedenkenanmeldung wegen nicht prüfbarer Tatbestände sofort zurückzusenden und zurückzuweisen.

Gibt der überwachende Bauleiter in Absprache mit dem Auftraggeber den Bedenken nicht statt, so ist für die weitere Ausführung alles Notwendige veranlasst, denn sie erfolgt unverändert gemäß den bisherigen Anordnungen. Der Bauablauf ist nicht gestört. Jedoch können sich langfristig Folgen ergeben, wenn die Bedenken begründet waren und es später deswegen zu Mängeln kommt. In dem Fall wäre das Bauunternehmen frei von der Verantwortung für die Mängel, soweit diese auf den mit der Bedenkenanmeldung kritisierten Sachverhalt zurückzuführen sind.

4.3.2 Anmeldung einer Behinderung

Viele Umstände auf der Baustelle können dazu führen, dass ein Bauunternehmen seine Leistungen nicht wie geplant ausführen kann. Die in Kapitel 4.2.1 aufgeführten Änderungsanordnungen des Auftraggebers sind nur eine Art von möglichen Vorkommnissen. Weitere Störungen der geplanten Ausführung können sich beispielsweise ergeben durch

- das Fehlen einer Genehmigung von Behörden (Baugenehmigung, Schachterlaubnis, wasserrechtliche Genehmigung, Prüfergebnis der statischen Prüfung u. Ä.),
- das Fehlen von rechtzeitig freigegebenen Ausführungsplänen,
- vom Auftraggeber bereitgestellte Infrastruktur, wie z. B. ein Kran, ein Stromanschluss oder die Zufahrt zum Baugelände, die nicht einsatzfähig oder ausgefallen sind,
- das Versäumnis des Auftraggebers, sich rechtzeitig für eine von mehreren im Leistungsverzeichnis vorgesehenen Alternativen zu entscheiden,
- Arbeiten anderer Bauunternehmen, die die eigenen vorgesehenen Tätigkeiten blockieren,
- Handlungen von Aufsichtsorganen, z. B. Arbeitseinstellung der Baustelle wegen Sicherheitsbedenken, Verstoß gegen Auflagen oder Beschwerden der Nachbarschaft,
- den Ausfall von Personal oder Geräten des Bauunternehmens.

Die Liste könnte beliebig verlängert werden. Bei all diesen Beispielen ist zunächst zu prüfen, in wessen Verantwortung die vorgebrachte Behinderung fällt. Ist sie der Sphäre des Auftraggebers zuzuordnen, so sollte dieser sich zügig um Abhilfe bemühen, einerseits um keine kostbare Bauzeit zu verlieren, andererseits aber auch um nicht verantwortlich zu sein für Mehrkosten, die dem Auftragnehmer durch die Behinderung entstehen.

Ist der Sachverhalt der Sphäre des Auftragnehmers zuzuordnen, so liegt es in dessen Verantwortung, hier zügig eine Lösung zu finden und Abhilfe zu schaffen. Dennoch sollte der überwachende Bauleiter auch in diesem Fall aufmerksam den Lauf der Dinge verfolgen und sich berichten lassen, einerseits um den Auftragnehmer zur zügigen Beseitigung der hindernden Umstände anzuhalten, andererseits um mithilfe von ggf. nur durch ihn zugänglichen Zusatzinformationen eine schnellere Lösung zu befördern.

Die Baubehinderungsanzeige ist ein formalisiertes Verfahren, das in § 6 Abs. 1 VOB/B geregelt ist:

„Glaubt sich der Auftragnehmer in der ordnungsgemäßen Ausführung der Leistung behindert, so hat er es dem Auftraggeber unverzüglich schriftlich anzuzeigen. Unterlässt er die Anzeige, so hat er nur dann Anspruch auf Berücksichtigung der hindernden Umstände, wenn dem Auftraggeber offenkundig die Tatsache und deren hindernde Wirkung bekannt waren."

Behinderungsanzeige

Entgegen weit verbreiteter Auffassung handelt es sich bei einer Behinderungsanzeige nicht zwangsläufig um eine „Kriegserklärung" des Auftragnehmers. Rechtlich gesehen ist sie vielmehr Ausfluss des Kooperationsgedankens und dient dem Schutz des Auftraggebers, dem die Abläufe auf der Baustelle und damit die Auswirkungen von Störungen häufig nicht weiter bekannt sind. Durch die Behinderungsanzeige soll er in die Lage versetzt werden, das Risiko von Verzögerungen in der Bauabwicklung zu erkennen und zu deren Vermeidung der Behinderung abzuhelfen.

Nur wenn der Auftragnehmer seiner dahingehenden Informationspflicht entsprochen hat, soll er nach § 6 Abs. 1 VOB/B seinerseits Ansprüche aus einer behinderungsbedingten Bauzeitverlängerung geltend machen können. Dies setzt u. a. aber weiter voraus, dass der Auftragnehmer überhaupt nachweisen kann, dass die jeweilige Behinderung tatsächlich eine Bauzeitverlängerung hervorgerufen hat. Für diesen Kausalitätsnachweis bedarf es nach der Rechtsprechung einer konkreten, bauablaufbezogenen Darstellung, die eine möglichst genaue und umfassende Dokumentation der Ist-Abläufe vor Ort erforderlich macht. Die dahingehenden Anforderungen sind immens und lassen sich selbst mit externer Unterstützung nur schwer erfüllen.

Demgegenüber sind verzugsbedingte Schadensersatzansprüche des Auftraggebers verhältnismäßig einfach zu begründen. Der Auftraggeber hat hierzu lediglich zu behaupten, dass die vereinbarten Termine nicht eingehalten wurden und welcher Schaden ihm entstanden ist. Das erforderliche Verschulden wird dabei widerleglich vermutet; demgegenüber hat sich dann der Auftragnehmer zu entlasten. Dabei soll er entgegen dem Wortlaut von § 6 Abs. 1 VOB/B aber auch dann auf vom Auftraggeber verursachte Behinderungen zurückgreifen können, wenn er sie zuvor nicht angezeigt hat. Denn auch ohne entsprechende Anzeige ist die Verzögerung nicht vom Auftragnehmer verschuldet.

Jede Baubehinderung ist vom Auftraggeber bzw. seinem überwachenden Bauleiter sofort sorgfältig zu prüfen. Dabei bietet sich ein klar strukturiertes mehrstufiges Verfahren an, indem zunächst geklärt wird, ob die Behinderung überhaupt besteht, und dann, wer dafür die Verantwortung zu tragen hat. Anschließend erfolgen erst die weiteren Punkte der inhaltlichen Prüfung, wobei besonderer Wert darauf gelegt werden sollte, dass die Behinderungsanzeige eine ausreichende Beschreibung der behindernden Umstände enthält und Vorschläge, wie diese wieder beseitigt werden könnten (siehe Mustervorlage 4.8).

Eine Behinderungsanzeige eines Auftragnehmers mit der allgemein gehaltenen Bemerkung „Wir zeigen an, dass wir bei der Ausführung unserer Arbeiten behindert sind." verpufft ins Leere, wenn nicht die behindernden Umstände so offensichtlich sind, dass sie auch der Auftraggeber bereits zur Kenntnis genommen haben muss. Dies wäre z. B. dann möglicherweise der Fall, wenn bereits die örtliche Presse über einen verfügten Baustopp berichtet hat. In allen anderen Fällen sollte der Auftragnehmer umgehend und sorgfältig dokumentieren, welche Leistungen weshalb, ab wann und bis wann durch die Umstände behindert werden (Mustervorlage 4.9).

Dennoch sollte ein Bauunternehmen stets auch in vermeintlich klaren Fällen nicht auf die Behinderungsanzeige verzichten. Denn es ist selbst bei einem so offensichtlichen Ereignis wie einem offiziell verfügten und über die örtliche Presse bekannt gemachten Baustopp, einem Wassereinbruch in der Baugrube oder anderen offensichtlichen Störungen nicht direkt und kausal sichtbar, welche der Arbeiten des Bauunternehmens von dieser Störung betroffen sind und in welchen Bereichen andere Arbeiten weitergeführt werden können.

Praxistipp zur Baubehinderung

Wenn eine Behinderung angemeldet wird, sollte der überwachende Bauleiter dieser Behinderungsanzeige unverzüglich nachgehen. Er sollte sich möglichst direkt vor Ort einen eigenen Eindruck von der Lage verschaffen und versuchen zu beurteilen, ob die vermeintliche Behinderung den Sachverhalt zutreffend beschreibt und ob sie tatsächlich zu einer Erschwernis der Arbeiten führt. Oft genügt zur Abhilfe bereits ein wohlwollender Vorschlag, zunächst einmal die noch ausstehenden anderen Arbeiten fertigzustellen.

Ist eine Behinderungsanzeige aus Sicht des Auftraggebers unbegründet, so wird der überwachende Bauleiter diese mit kurzer Begründung unverzüglich zurückweisen (Mustervorlage 4.10). Hält der überwachende Bauleiter sie dagegen für begründet, sollte er dem Bauunternehmen möglichst umgehend mitteilen, wann mit der Beseitigung der hindernden Umstände gerechnet werden kann. So kann sich das Bauunternehmen auf die Dauer der Behinderung einstellen und seine eigenen Ressourcen daran anpassen.

Je nach Art der Behinderung kann es auch eine Lösung sein, das Bauunternehmen selbst mit der Beseitigung der Behinderung zu beauftragen, z. B. wenn es sich um fehlende Infrastrukturleistungen des Auftraggebers handelt. Eine solche Anweisung zieht dann allerdings einen Vergütungsanspruch des Bauunternehmens für diese Zusatzleistung nach sich (Mustervorlagen 4.11 und 4.12).

Mustervorlage 4.8: Baubehinderungsanzeige

Absender

Einschreiben/Rückschein/Per Boten[1]

An den Auftraggeber

__________________ [Ort], den ____________ [Datum]

Bauvorhaben ____________________________ [Name des Bauvorhabens]

Baubehinderungsanzeige

Sehr geehrte(r) Frau/Herr _______________ [Name],

hiermit zeigen wir Ihnen formell eine Baubehinderung an.

Wir können die Arbeiten nicht weiter ausführen. Der Grund dafür ist, dass

☐ die Unfallverhütungsvorschriften an der Baustelle nicht eingehalten werden,

☐ die nötigen Vorleistungen anderer Unternehmer noch nicht abgeschlossen sind, insbesondere fehlt ________________________ [Beschreibung der Tätigkeit],

☐ die Baustellenlogistik nicht wie vereinbart vorliegt, insbesondere _____________________ [Beschreibung] (z. B. Lage und Ausstattung der Arbeitsplätze, Zufahrtwege, Anschlüsse für Wasser und Energie),

☐ nötige Planunterlagen fehlen, wie insbesondere Detailzeichnungen ________________________ [Benennung].

Solange Sie dieses Versäumnis nicht nachholen, ist der Beginn der Bauausführung bzw. die Fortsetzung der Arbeiten nicht möglich.

---

[1] Es ist zu beachten, dass der Absender rechtserheblicher Erklärungen deren Zugang im Streitfall beweisen muss. Dieser Nachweis kann bei einem Standardbrief regelmäßig nicht geführt werden. Auch ein Telefax-Sendeprotokoll ist kein anerkannter Zugangsnachweis. Die Zustellung rechtserheblicher Erklärungen kann daher nur per Einschreiben/Rückschein oder per Boten erfolgen, wobei auch hier noch dokumentiert werden muss, welches Dokument zugestellt wird. Alternativ ist auch die Zustellung mit Empfangsbekenntnis möglich; es ist dann darauf zu achten, dass der Empfänger das Empfangsbekenntnis vollzieht und zurücksendet. Ferner ist eine Zustellung durch den Gerichtsvollzieher möglich; dies ist im regelmäßigen Geschäftsverkehr aber wenig praktikabel.

Mustervorlage 4.8: Baubehinderungsanzeige (Fortsetzung)

Wir fordern Sie daher auf, das vorbezeichnete Defizit unverzüglich, spätestens aber bis zum ________________ [Datum] zu beseitigen.

Vorläufig sind wir aus den vorbezeichneten Gründen gezwungen, die Arbeiten einzustellen.

Das hat zur Folge, dass sich auch die weiteren Ausführungsfristen und der Fertigstellungstermin um den Zeitraum der Behinderung und einen angemessenen zeitlichen Zuschlag für die Wiederaufnahme der Bauarbeiten bzw. für die Verschiebung der Bauarbeiten in eine ungünstigere Jahreszeit verlängern werden.

Zusätzlich entstehende Kosten, z. B. wegen längerer Baustelleneinrichtung, Bauleitung, Materialdisposition etc., werden wir Ihnen gesondert in Rechnung stellen.

Für Rückfragen steht Ihnen Frau/Herr ______________ [Name] jederzeit gerne zur Verfügung.

Mit freundlichen Grüßen

____

Mustervorlage 4.9: Protokoll neutrale Störung

Neutrale Störung

DOKUMENTATION Behinderung Nr.:

Bauvorhaben: ______________________________

(1) Beschreibung der Behinderungsursache

Beschreibung: ______________________________

____

____

Beginn der Behinderung: ______________

Ende der Behinderung: ______________

☐ Behinderungsanzeige durch Auftragnehmer
mit Schreiben vom: ________ Anlage Nr.: ________

(2) Unmittelbare Auswirkungen der Störung

betroffener Arbeitsvorgang: ______________________________

betroffene Firma: ______________________________

Störungsfolge: ☐ erschwerte Ausführung ☐ Unterbrechung

Wirkungszeitpunkt: ☐ zu Beginn ☐ während der Ausführung

Bemerkungen: ______________________________

____

____

(3) Eingeleitete Maßnahmen

Umstellung des Bauablaufs

Arbeitsvorgang Beschreibung Anlage Nr.

______________________________ ________

______________________________ ________

______________________________ ________

Mustervorlage 4.9: Protokoll neutrale Störung (Fortsetzung)

Neutrale Störung

DOKUMENTATION Behinderung Nr.:

Beschleunigung des Bauablaufs

Arbeitsvorgang Beschreibung	Anlage Nr.
______________________	________
______________________	________
______________________	________

(4) Auswirkungen auf den Gesamtablauf

☐ Verschiebung des Fertigstellungstermins

Alter Termin: ____________ Neuer Termin: ____________

Verschiebung von Zwischenterminen:

Beschreibung	Alter Termin	Neuer Termin
______________	________	________
______________	________	________
______________	________	________

(5) Weiterer Schriftverkehr

Datum	Kurzbeschreibung	Verfasser	Anlage Nr.
______	______________	__________	______
______	______________	__________	______
______	______________	__________	______

Aufgestellt von: ____________________

Mustervorlage 4.10: Zurückweisung der Behinderungsanzeige

Absender
Einschreiben/Rückschein/Per Boten[1]
An den Auftragnehmer

____________ [Ort], den ________ [Datum]

Bauvorhaben _______________________________ [Name des Bauvorhabens]
Zurückweisung Behinderungsanzeige

Sehr geehrte Damen und Herren,

mit Schreiben vom __________ [Datum] haben Sie eine Behinderung in der Bauausführung angezeigt. Zur Begründung haben Sie darauf hingewiesen, dass __________________ [kurze Wiederholung der Behinderung]. Diese Behinderungsanzeige weisen wir zurück.

☐ Sie haben die hindernden Umstände sehr allgemein und nicht auf das spezielle Problem bezogen beschrieben. Aus Ihrer Darstellung kann von uns nicht entnommen werden, wodurch Sie im Einzelnen an der ordnungsgemäßen Ausführung der vertraglichen Leistung gehindert werden.
☐ Die von Ihnen vorgetragenen Umstände liegen nicht vor. __________________ [Begründung]
☐ Die von Ihnen vorgetragenen Umstände behindern Sie nicht in der Bauausführung. __________________ [Begründung]
☐ Sie haben gegen das Gebot der Unverzüglichkeit verstoßen. Ihre Anzeige hätte – ohne schuldhaftes Zögern – zu Beginn der Behinderung/Unterbrechung am __________ [Datum] gestellt werden müssen. Durch Ihr Zögern haben Sie uns keine Gelegenheit gegeben, den hindernden Umständen entgegenzuwirken.
☐ Gemäß § 6 Abs. 3 VOB/B haben Sie alles zu tun, was Ihnen billigerweise zugemutet werden kann, um die Weiterführung der Arbeiten zu ermöglichen. Gegen diese Verpflichtung haben Sie verstoßen, indem Sie es unterlassen haben __________________ [Darstellung der Ausweichmöglichkeit].

Aus vorgenanntem Grund/vorgenannten Gründen* können wir die mit Ihrem Schreiben vom __________ [Datum] verbundene Forderung nach Bauzeitverlängerung nicht akzeptieren.

☐ Des Weiteren fordern wir Sie auf,
  ☐ die Bauausführung unverzüglich, spätestens aber am __________ [Datum], fortzusetzen.
  ☐ den entstandenen Rückstand bis zum __________ [Datum] aufzuholen und die Leistungen spätestens am __________ [Datum] fertigzustellen.

Mit freundlichen Grüßen

____

* Nichtzutreffendes bitte streichen.

[1] Es ist zu beachten, dass der Absender rechtserheblicher Erklärungen deren Zugang im Streitfall beweisen muss. Dieser Nachweis kann bei einem Standardbrief regelmäßig nicht geführt werden. Auch ein Telefax-Sendeprotokoll ist kein anerkannter Zugangsnachweis. Die Zustellung rechtserheblicher Erklärungen kann daher nur per Einschreiben/Rückschein oder per Boten erfolgen, wobei auch hier noch dokumentiert werden muss, welches Dokument zugestellt wird. Alternativ ist auch die Zustellung mit Empfangsbekenntnis möglich; es ist dann darauf zu achten, dass der Empfänger das Empfangsbekenntnis vollzieht und zurücksendet. Ferner ist eine Zustellung durch den Gerichtsvollzieher möglich; dies ist im regelmäßigen Geschäftsverkehr aber wenig praktikabel.

Mustervorlage 4.11: Fristverlängerung wegen Behinderung

Absender

Einschreiben/Rückschein/Per Boten[1]

An den Auftragnehmer

_____________ [Ort], den _________ [Datum]

Bauvorhaben ____________________________________ [Name des Bauvorhabens]

Fristverlängerung wegen Behinderung

Sehr geehrte Damen und Herren,

mit Ihrem Schreiben vom __________ [Datum] beantragen Sie Fristverlängerung als Folge Ihrer Behinderung bei der vertragsgemäßen Ausführung der Leistungen und Ihrer Anzeige vom __________ [Datum]. Unsere Bauleitung hat den Sachverhalt und Ihren Anspruch auf Fristverlängerung geprüft. Im Ergebnis wird Ihrem Antrag

☐ entsprochen.

☐ teilweise entsprochen.

  ☐ Allerdings beträgt die Dauer der Behinderung lediglich ___ [Anzahl] Werktage[2]. Der Grund dafür ist __________________ [Begründung].

  ☐ Ein Zuschlag für die Wiederaufnahme der Arbeiten kann Ihnen nicht zugestanden werden. Der Grund dafür ist __________________ [Begründung].

  ☐ Ein Zuschlag für die Verschiebung der Bauausführung in eine ungünstigere Jahreszeit kann Ihnen nicht zugestanden werden. Der Grund dafür ist __________________ [Begründung].

Sie erhalten folgende Fristverlängerung:

Dauer der Behinderung: ____ Werktage[2]

---

[1] Es ist zu beachten, dass der Absender rechtserheblicher Erklärungen deren Zugang im Streitfall beweisen muss. Dieser Nachweis kann bei einem Standardbrief regelmäßig nicht geführt werden. Auch ein Telefax-Sendeprotokoll ist kein anerkannter Zugangsnachweis. Die Zustellung rechtserheblicher Erklärungen kann daher nur per Einschreiben/Rückschein oder per Boten erfolgen, wobei auch hier noch dokumentiert werden muss, welches Dokument zugestellt wird. Alternativ ist auch die Zustellung mit Empfangsbekenntnis möglich; es ist dann darauf zu achten, dass der Empfänger das Empfangsbekenntnis vollzieht und zurücksendet. Ferner ist eine Zustellung durch den Gerichtsvollzieher möglich; dies ist im regelmäßigen Geschäftsverkehr aber wenig praktikabel.

[2] Werktage sind die Arbeitstage zzgl. der Sonnabende mit Ausnahme gesetzlicher Feiertage.

Mustervorlage 4.11: Fristverlängerung wegen Behinderung (Fortsetzung)

Zuschlag für die Wiederaufnahme der Arbeiten: ____ Werktage

Zuschlag für die Verschiebung der Bauausführung in eine ungünstigere Jahreszeit: ____ Werktage

Gesamt: ____ Werktage

Aus vorgenannter Fristverlängerung ergeben sich folgende neue Fristen für die Ausführung Ihrer Leistungen:

- Teilfertigstellung von:
  ______________________ Termin: ________________
  ______________________ Termin: ________________
  ______________________ Termin: ________________
- Gesamtfertigstellung
  ______________________ Termin: ________________

☐ Bei den vorbezeichneten Terminen handelt es sich um Vertragsfristen, auf die die in §/Ziff.* ___ [Nummer] des Bauvertrags vom __________ [Datum] vereinbarte Vertragsstrafe Anwendung findet.

Wir bitten Sie um schriftliche Bestätigung durch Unterschrift und Rückgabe der Zweitschrift dieses Exemplars bis zum __________ [Datum].

Mit freundlichen Grüßen

____

Bestätigung:

__________________, den _____________.
(Ort)

____
(Unterschrift)

* Nichtzutreffendes bitte streichen.

Mustervorlage 4.12: Antwort auf Schadenersatzforderungen

Absender
Einschreiben/Rückschein/Per Boten[1]
An den Auftragnehmer

__________ [Ort], den __________ [Datum]

Bauvorhaben __________ [Name des Bauvorhabens]
Ihre Forderung nach Entschädigung/Schadensersatz*

Sehr geehrte Damen und Herren,

mit Schreiben vom __________ [Datum] haben Sie aufgrund __________________ [kurze Wiederholung der Behinderung] eine Behinderung angemeldet. Mit weiterem Schreiben vom __________ [Datum] nebst Anlagen übergaben Sie uns eine Aufstellung Ihrer Forderungen auf Ersatz von Schaden durch Erstattung von Mehrkosten als Folge einer Behinderung/Unterbrechung* der Bauausführung an o. g. Bauvorhaben.

Sie berufen sich hierbei auf § 642 BGB/§ 6 Abs. 6 VOB/B*.

Ihre Forderungen wurden von uns in Zusammenarbeit mit unserer Bauüberwachung geprüft.

Dabei sind wir zu dem Ergebnis gekommen, dass

☐ eine Behinderung nicht vorgelegen hat. Hinsichtlich der weiteren Einzelheiten verweisen wir auf unser Schreiben vom __________ [Datum].
  ☐ Wir fordern Sie daher auf, die Bauausführung unverzüglich, spätestens aber am __________ [Datum] fortzusetzen,
    ☐ den entstandenen Rückstand bis zum __________ [Datum] aufzuholen
    und die Leistungen spätestens am __________ [Datum] fertigzustellen.

☐ Sie gemäß § 6 Abs. 3 VOB/B alles zu tun hatten, was Ihnen billigerweise zugemutet werden kann, um die Weiterführung der Arbeiten zu ermöglichen. Gegen diese Verpflichtung haben Sie verstoßen, indem Sie es unterlassen haben __________________ [Darstellung der Ausweichmöglichkeit].
  ☐ Wir fordern Sie daher auf, die Bauausführung unverzüglich, spätestens aber am __________ [Datum], fortzusetzen
    ☐ , den entstandenen Rückstand bis zum __________ [Datum] aufzuholen
    und die Leistungen spätestens am __________ [Datum] fertigzustellen.

[1] Es ist zu beachten, dass der Absender rechtserheblicher Erklärungen deren Zugang im Streitfall beweisen muss. Dieser Nachweis kann bei einem Standardbrief regelmäßig nicht geführt werden. Auch ein Telefax-Sendeprotokoll ist kein anerkannter Zugangsnachweis. Die Zustellung rechtserheblicher Erklärungen kann daher nur per Einschreiben/Rückschein oder per Boten erfolgen, wobei auch hier noch dokumentiert werden muss, welches Dokument zugestellt wird. Alternativ ist auch die Zustellung mit Empfangsbekenntnis möglich; es ist dann darauf zu achten, dass der Empfänger das Empfangsbekenntnis vollzieht und zurücksendet. Ferner ist eine Zustellung durch den Gerichtsvollzieher möglich; dies ist im regelmäßigen Geschäftsverkehr aber wenig praktikabel.

Mustervorlage 4.12: Antwort auf Schadenersatzforderungen (Fortsetzung)

- ☐ Jedenfalls aber haben Sie die Behinderung nicht rechtzeitig und formvollendet angezeigt. Eine Behinderungsanzeige soll grundsätzlich Informations-, Schutz- und Warnfunktionen erfüllen. Insbesondere dient die Behinderungsanzeige dem Zweck, dem Auftraggeber von einer anstehenden Behinderung in Kenntnis zu setzen, damit dieser ggf. noch rechtzeitig Abhilfe schaffen kann. Eine sich abzeichnende Behinderung muss daher bereits im Vorwege (unverzüglich) angezeigt werden. Überdies muss die Behinderungsanzeige sämtliche Tatsachen enthalten, aus denen sich mit hinreichender Klarheit Gründe für die Behinderung bzw. Unterbrechung der Bauausführung ergeben, denn sonst kann der Auftraggeber nicht sachgerecht reagieren. Insbesondere müssen in der Behinderungsanzeige die Auswirkungen auf den Bauablauf dargestellt werden, d. h. Aufschluss darüber geben, zu welchen Zeitpunkten die nach dem Bauablauf vorgesehene Arbeiten ausgeführt werden sollen und weshalb dies infolge der Behinderung mutmaßlich nicht geschehen kann. Auch dies ist für eine sachgerechte Reaktion des Auftraggebers erforderlich. Diesen Anforderungen genügt Ihre Behinderungsanzeige nicht.
  - ☐ Die Behinderungsanzeige erfolgte erst am __________ [Datum], mithin verspätet, denn zu diesem Zeitpunkt konnten wir nicht mehr reagieren. __________________ [Begründung].
  - ☐ Die vermeintlich hindernden Umstände waren in der Behinderungsanzeige allenfalls kursorisch dargestellt. Anhand Ihrer Angaben war uns eine sachgerechte Reaktion nicht möglich. __________________ [Begründung].
  - ☐ Die Auswirkungen auf den Bauablauf waren in der Behinderungsanzeige allenfalls angedeutet. Dies hatte zur Folge, dass uns eine sachgerechte Reaktion, z. B. durch Umstellung des Bauablaufs nicht möglich war.
  - ☐ Aus den vorbezeichneten Gründen sahen wir uns auch nicht in der Lage die hindernden Umstände sowie deren Auswirkungen auf den Bauablauf selbst zu untersuchen. __________________ [Begründung].
- ☐ Die Behinderung war für uns auch nicht offenkundig, mit der Folge dass eine (formvollendete) Behinderungsanzeige entbehrlich gewesen wäre. Schließlich waren uns
  - ☐ die hindernden Umstände sowie
  - ☐ deren Auswirkung auf den Bauablauf

  nicht bekannt. Schließlich kannten die Details des von Ihnen geplanten Bauablaufs nicht. Aus diesem Grund konnten wir auch nicht erkennen, dass hindernde Umstände vorliegen und welchen Einfluss diese auf den weiteren Bauablauf haben würden. __________________ [Begründung].
- ☐ Außerdem setzt ein Entschädigungsanspruch nach allgemeiner Ansicht die Darstellung des Soll-Bauablaufs sowie den störungsmodifizierten Bauablauf voraus. Letzterer ist dann mit dem Ist-Bauablauf zu vergleichen, auch um überprüfen zu können, inwieweit Störungen letztlich durch den Auftragnehmer (mit-) verursacht wurden. An einer solchen bauablaufbezogenen Darstellung fehlt es völlig. Anhand der von Ihnen vorgelegten Unterlagen konnten wird weder erkennen, inwiefern der Bauablauf durch die vermeintliche Behinderung gestört wurde noch die vermeintlichen Auswirkungen auf den Bauablauf. Zudem fehlen der Ist-Bauablauf sowie eine Darstellung des Zusammenhangs zwischen der Bauablaufstörung sowie den vermeintlich entstandenen Mehrkosten. __________________ [Begründung].
- ☐ Ihre Entschädigungs- bzw. Schadenersatzforderungen ausreichend begründet sind und werden von uns dem Grunde nach bestätigt. Die Mehrkosten werden Ihnen in nachgewiesener Höhe vergütet.
- ☐ Ihre Entschädigungs- bzw. Schadenersatzforderungen teilweise begründet sind. Wir widersprechen jedoch dem Ansatz der Kosten für __________________ [Bezeichnung] in Höhe von EUR ___ [Betrag]. Der Grund dafür ist, dass __________________ [Begründung].
- ☐ wir Ihre Entschädigungs- bzw. Schadensersatzforderungen derzeit noch nicht abschließend bewerten können, da uns hierfür die notwendigen Unterlagen und Informationen fehlen. Wir möchten Sie daher bitten, uns folgende Unterlagen und Informationen zur Verfügung zu stellen:
  __________________ [Information]
  __________________ [Unterlage]
  Nach Eingang dieser Unterlagen und Informationen werden wir auf den Sachverhalt zurückkommen.

Mit freundlichen Grüßen

* Nichtzutreffendes bitte streichen

Behinderungssachverhalte

Umstände aus dem Risikobereich des Auftraggebers sind typischerweise fehlende Planunterlagen, eine fehlende Baugenehmigung oder Verzug und Mängel im Vorgewerk. Aber auch Mengenmehrungen nach § 2 Abs. 3 VOB/B oder ausstehende Abschlagszahlungen können eine Behinderung des Auftragnehmers darstellen. Dies kommt auch bei der Anordnung geänderter wie vor allem auch zusätzlicher Leistungen in Betracht, da eine Behinderung nicht zwangsläufig auch ein rechtswidriges oder gar schuldhaftes Verhalten des Auftraggebers voraussetzt.

Mit Blick auf § 6 Abs. 1 VOB/B empfiehlt es sich von daher, im Rahmen einer Mehrkostenankündigung nach § 2 Abs. 6 VOB/B zugleich auch die mit der Leistungsänderung einhergehende Behinderung anzuzeigen. Dies ist auch dann erforderlich, wenn sich – wie häufig – die konkreten zeitlichen Auswirkungen bei Anordnung der Leistung noch gar nicht genau absehen lassen.

In diesem Fall ist dem Auftragnehmer auch zu raten, bei Abschluss von Nachtragsvereinbarungen einen Vorbehalt von bauzeitbezogenen Mehraufwendungen vorzusehen, da er mit deren nachträglicher Geltendmachung ansonsten regelmäßig ausgeschlossen sein wird. Die Nachtragsvereinbarung ist insoweit abschließend und erlaubt ohne entsprechenden Vorbehalt kein späteres Nachtragsschreiben zeitbezogener Mehrkosten.

Wenn, so § 6 Abs. 2 VOB/B, *„die Behinderung verursacht ist*

a) durch einen Umstand aus dem Risikobereich des Auftraggebers,

b) durch Streik oder eine von der Berufsvertretung der Arbeitgeber angeordnete Aussperrung im Betrieb des Auftragnehmers oder in einem unmittelbar für ihn arbeitenden Betrieb,

c) durch höhere Gewalt oder andere für den Auftragnehmer unabwendbare Umstände“,

so verlängern sich die dem Auftragnehmer zugestandenen Ausführungsfristen. Bei der Fristverlängerung wird nicht nur die Dauer der Behinderung an die Bauzeit angehängt, sondern es ist auch ein Zuschlag für die Wiederaufnahme der Arbeiten sowie für eine etwaige Verschiebung in eine ungünstigere Jahreszeit zu gewähren.

Im Falle eines solchen Zuschlags für die Wiederaufnahme der Arbeiten ist dieser vom Bauunternehmen zu begründen. Solche Gründe könnten z. B. darin liegen, dass zwischenzeitlich an anderer Stelle eingesetzte Kolonnen erst wieder zur Baustelle umzusetzen sind oder dass temporäre Schutzmaßnahmen der vorübergehend stillgelegten Baustelle zunächst zurückzubauen sind. Schwierig kann es werden, wenn langfristig zu disponierende Groß- und Spezialgeräte wegen der Behinderung nicht zum Einsatz kommen und dann erst für einen neuen Zeitraum geordert werden müssen. Hier gab es in der Praxis schon Fälle, in denen z. B. ein großer Schwimmkran erst wieder etliche Monate später für die Baustelle verfügbar war.

Für die Dauer der Behinderung, also beginnend mit dem Tag der Anmeldung und bis zur Abmeldung bzw. bis zum Tag der offensichtlichen Beseitigung der hindernden Umstände, steht dem Bauunternehmen Schadenersatz zu (Mustervorlage 4.12). Um diesen später genau beziffern zu können, ist eine sorgfältige Dokumentation der gesamten Ereignisse rund um die Behinderung erforderlich. Weder der überwachende Bauleiter noch der Unternehmer-Bauleiter sollten sich hier allein darauf verlassen, dass alle Beteiligten Augenzeugen waren und daher auch später noch genau bestätigen können, wem in welchem Umfang welche Schwierigkeiten durch die Behinderung entstanden sind. Beide müssen die Dokumentation aktiv begleiten und wesentliche Fakten selbst festhalten.

Zur Dokumentation aller an- und abgemeldeten Behinderungen bietet sich eine tabellarische Erfassung an, wie auch bei den Änderungsanordnungen des Bauherrn (siehe Mustervorlagen 4.8 und 4.9). Die wesentlichen Daten dazu sind:

- laufende Nummer
- Datum der Behinderungsanzeige
- Grund der Behinderung
- von der Behinderung betroffene Gewerke und Bauteile
- Bearbeitungsvermerk, Antwort auf die Behinderungsanzeige
- Mitteilung über die Beseitigung der Behinderung
- Datum des Endes der Behinderung
- Abrechnung der Mehrkosten

Der weitere Verlauf zur Abrechnung der Mehrkosten aus der Behinderung kann dann wiederum in einer Tabelle erfasst werden, die analog zur Tabelle der Leistungsänderungen aufgebaut ist (siehe Tabelle 4.1).

4.3.3 Unterbrechungen

Zu den eher seltenen Vorkommnissen auf einer Baustelle gehört die Unterbrechung der Bauleistung. Dazu gibt es sehr einprägsame Beispiele von Großprojekten aus jüngerer Zeit.

Beispiel

> Als bei „Stuttgart 21" die heftige Diskussion in der Bevölkerung über das Für und Wider der grundlegenden Umgestaltung des Stuttgarter Hauptbahnhofs zu Beginn der Abbrucharbeiten am Bahnhofsgebäude aufflammte, waren die ersten Firmen schon fest gebunden und somit auch verpflichtet, ihre Arbeiten entsprechend der vertraglichen Terminpläne auszuführen. Um aber die politisch anberaumten Schlichtungsgespräche nicht zusätzlich zu belasten, ordnete der Auftraggeber den Bauunternehmen gegenüber die vorübergehende Unterbrechung der Arbeiten an.

Eine Unterbrechung der Arbeiten, also die vorübergehende komplette Einstellung der Arbeiten, ist in § 6 Abs. 5 VOB/B wie folgt geregelt:

„Wird die Ausführung für voraussichtlich längere Dauer unterbrochen, ohne dass die Leistung dauernd unmöglich wird, so sind die ausgeführten Leistungen nach den Vertragspreisen abzurechnen und außerdem die Kosten zu vergüten, die dem Auftragnehmer bereits entstanden und in den Vertragspreisen des nicht ausgeführten Teils der Leistung enthalten sind."

Zu beachten ist, dass der Bauherr die Arbeiten nicht auf unendliche Zeit unterbrechen lassen kann. Denn in § 6 Abs. 7 VOB/B ist hierfür eine Fristenregelung eingebaut, die lautet:

„Dauert eine Unterbrechung länger als drei Monate, so kann jeder Teil nach Ablauf dieser Zeit den Vertrag schriftlich kündigen. Die Abrechnung regelt sich nach den Absätzen 5 und 6; wenn der Auftragnehmer die Unterbrechung nicht zu vertreten hat, sind auch die Kosten der Baustellenräumung zu vergüten, soweit sie nicht in der Vergütung für die bereits ausgeführten Leistungen enthalten sind."

Die Frist von 3 Monaten ist als Kann-Vorschrift formuliert, d. h., es steht beiden Seiten frei, den Vertrag nach Ablauf der Zeit zu beenden. Keine der beiden Seiten muss aber die Beendigung verlangen. So bleiben häufig Verträge auch bei längeren Unterbrechungen noch schwebend wirksam, weil die Parteien trotz aller momentanen Hindernisse weiterhin am Projekt festhalten und auch die Realisierung weiter gemeinsam machen wollen. Gerade bei öffentlichen Aufträgen, bei denen wegen der festen Vergabeverfahren die Vertragskündigung und eine erneute Ausschreibung mit großem Zeitverlust verbunden sind, ist das Festhalten des Auftraggebers am ruhenden Vertrag eine willkommene Option. Auch Bauunternehmen halten gern einen schon akquirierten Auftrag in ihren Büchern fest, auch wenn vorübergehend keine Leistung auf der Baustelle zu erbringen ist, dann aber die Fortsetzung der Bauausführung unter veränderten Bedingungen zu einer Anpassung des Preises berechtigt.

4.3.4 Mehrkosten

Bei jeder Art der Unterbrechung während der Bauausführung können grundsätzlich Mehrkosten auftreten. Es liegt in der Natur der Sache, dass sich die ausführenden Bauunternehmen auf eine geordnete und planmäßige Produktion auf der Baustelle und in der Vorfertigung eingestellt haben und durch die Unterbrechung in diesem Rhythmus gestört werden. Jedoch führt eine Unterbrechung nicht automatisch zu einer berechtigten Mehrkostenforderung eines Bauunternehmens. Denn es ist auch möglich, dass ein Bauunternehmen, z. B. durch geschicktes Umdisponieren der eigenen Ressourcen (Verlagerung auf andere Baustellen, kurzfristiger Betriebsurlaub usw.), das Entstehen zusätzlicher Kosten komplett abwenden kann.

Liegt die Ursache für die Unterbrechung im Verantwortungsbereich des Bauunternehmens, so hat es in diesem Fall die Mehrkosten selbst zu tragen. Auch bei Streik oder höherer Gewalt sind die Mehrkosten nicht durch den Auftraggeber zu erstatten, gleichwohl muss er dem Bauunternehmen eine angemessene Verlängerung seiner Ausführungsfristen zugestehen. Für alle übrigen Fälle sieht die VOB/B in § 6 Abs. 6 vor:

„Sind die hindernden Umstände von einem Vertragsteil zu vertreten, so hat der andere Teil Anspruch auf Ersatz des nachweislich entstandenen Schadens, des entgangenen Gewinns aber nur bei Vorsatz oder grober Fahrlässigkeit. Im Übrigen bleibt der Anspruch des Auftragnehmers auf angemessene Entschädigung nach § 642 BGB unberührt, sofern die Anzeige nach Absatz 1 Satz 1 erfolgt oder wenn Offenkundigkeit nach Absatz 1 Satz 2 gegeben ist."

Neben Mehrkostenforderungen wegen Behinderungen und Unterbrechungen können derartige Forderungen des Ausführungsunternehmens auch aufgrund geänderter oder zusätzlicher Leistungen gestellt werden. Diese Mehrkostenanmeldungen werden dann im Verlauf der weiteren Konkretisierung der Leistungsinhalte als Nachtragsangebote seitens des Ausführungsunternehmens eingereicht. Konkrete Ausführungen zum Ansatz und zur Berechnung der Mehrkosten finden sich in den Kapiteln 6.2 und 6.3.

4.4 Störfaktoren während der Bauausführung

4.4.1 Fehlender Terminplan des Ausführungsunternehmens

Zu den Verpflichtungen im Rahmen eines Bauvertrags gehören neben der Erstellung des Werks durch die Ausführung von Bauleistungen nicht selten auch flankierende Leistungen und Zuarbeiten. Eine solche ist die Vorlage eines Detailterminplans durch das Bauunternehmen.

Der detaillierte Terminplan erfüllt mehrere Funktionen. Zunächst ist davon auszugehen, dass ein Bauunternehmen nur auf Basis eines ausgearbeiteten Terminplans seine eigenen Leistungen „im Griff" hat. Insofern ist ein detaillierter Terminplan also Selbstzweck. Ferner dient der Terminplan dem Unternehmer-Bauleiter, um als Verantwortlicher gegenüber dem Bauherrn den Überblick zu behalten und sich mit den detaillierten Abläufen vertraut zu machen.

Auch die Einordnung eigener Arbeiten oder von Arbeiten anderer Unternehmer ist meist erst auf Basis des detaillierten Terminplans möglich, wenn dieser alle relevanten Randbedingungen erfasst und berücksichtigt.

Und schließlich fungiert der Terminplan als Richtschnur, anhand derer die Ist-Leistungen und eventuelle Abweichungen quantifiziert beurteilt werden können.

Wenn ein Bauunternehmen trotz gegenteiliger vertraglicher Verpflichtungen keinen detaillierten Terminplan vorlegt, ist diese Leistung zunächst beim Bauunternehmen anzumahnen. Auch eine monetäre Bewertung der Aufstellung eines Detailterminplans und ein entsprechender Abzug von der nächsten Abschlagsrechnung sind möglich, aber i. d. R. nicht durchschlagend. Weiterhin kann der Auftraggeber bzw. der überwachende Bauleiter, wenn weitere Druckmittel wie verzögerte Zahlungen auch nicht fruchten, seinerseits nun seine eigenen notwendigen Koordinierungstermine zusammenstellen und diese an das Bauunternehmen weitergeben. Damit erhöht sich der Druck auf das Bauunternehmen, entweder diese Termine zu akzeptieren oder fundiert Stellung zu nehmen und Gegenvorschläge zu unterbreiten. Wird dem Termingerüst des Auftraggebers nicht begründet widersprochen, so kann von der Richtigkeit der darin enthaltenen Termine und somit der Verbindlichkeit für weitere zu koordinierende Arbeiten ausgegangen werden.

Gute Bauleistungen, die trotz eines fehlenden detaillierten Terminplans offensichtlich planmäßig verlaufen, sind kein tragfähiger Boden, um mit harten Forderungen die vertragsgemäße Lieferung von Terminplänen durchzusetzen. Dennoch sollte der überwachende Bauleiter auch in diesem Fall darauf achten, dass er der Verpflichtung des Bauunternehmens zur Vorlage eines Detailterminplans Nachdruck verleiht.

Gehen die Arbeiten dagegen nur schleppend voran und legt das Bauunternehmen auch nach Aufforderung keinen aussagekräftigen Terminplan vor, so kann der überwachende Bauleiter auch in dieser Hinsicht das Argument anführen, dass das Bauunternehmen offenbar nicht ausreichend in der Lage ist, den erhaltenen Auftrag angemessen vorzubereiten und auszuführen. Welche Konsequenzen das nach sich zieht, ob das Grundlage ist für eine begründete Inverzugsetzung, eine Abhilfeanordnung oder gar eine Kündigung, wird in Kapitel 4.5 ausführlich diskutiert. Doch das alleinige Fehlen eines detaillierten Terminplans reicht nicht als Grund für eine Vertragskündigung.

4.4.2 Insolvenz eines Ausführungsunternehmens

Nicht selten geht ein Bauunternehmen während der Ausführung seiner Arbeiten pleite. Dann stehen die Arbeiten erst einmal still und ggf. können auch andere Bauunternehmen nicht mehr weiterarbeiten, wenn ihnen die notwendigen Vorleistungen oder Zuarbeiten fehlen.

Um für diesen Fall zumindest ein wenig Vorsorge zu treffen, hat der überwachende Bauleiter 2 Instrumente. Das eine, und zwar das wesentliche, ist die kritische Bewertung und akribische Abrechnung der jeweils zu den Stichtagen von Abschlagsrechnungen erbrachten und abrechnungsfähigen Leistungen. Wurden hier großzügig noch nicht erbrachte Leistungen in Rechnung gestellt und auch bezahlt, so kann bei der plötzlichen Einstellung der Bauarbeiten bereits eine Überzahlung vorliegen.

Das andere Instrument ist die Vereinbarung einer Vertragserfüllungsbürgschaft in Höhe von bis zu 10 % des Auftragswerts oder der Einbehalt von jeweils 10 % der in den kumulierten Abschlagsrechnungen geforderten Zahlungsbeträge. Während im ersten Fall die Sicherheit mit 10 % der Auftragssumme von Anfang an in konstanter Höhe vorliegt, baut sie sich im zweiten Fall durch den sukzessiven Einbehalt erst langsam auf. Fällt also ein Bauunternehmen recht schnell zu Beginn des Vertrags aus, hat der Bauherr erst wenig Geld einbehalten und ist entsprechend gering abgesichert.

Im Falle der überraschenden Insolvenz eines Bauunternehmens sind diese Einbehalte lediglich dazu geeignet, die Folgen für den Bauherrn zu lindern. Denn eine Insolvenz bedeutet i. d. R. Verlust von Bauzeit, Mehrkosten durch einen neuen Vertragspartner sowie aufwendige Feststellung und Dokumentation der bisher erbrachten, unfertigen Leistung.

Dennoch ist es für einen Bauherrn oder seinen Bauleiter recht schwierig, frühzeitig eine drohende Insolvenz eines Bauunternehmens zu erahnen. Es gibt Fälle, in denen sich Bauunternehmen über Jahre durch schwierige wirtschaftliche Situationen durchgewunden haben und erfolgreiche Bauleistungen erbracht haben, obwohl mancher ihnen kaum noch eine wirtschaftliche Überlebenschance zugetraut hatte. Wiederum andere Bauunternehmen sind überraschend von einem Tag zum anderen insolvent geworden, weil z. B. eine große Geldforderung ausgefallen ist, ein kapitaler Mangel auf einem anderen Bauvorhaben aufgetreten ist oder weil auf andere Weise überraschend Geld im Unternehmen fehlte.

Daher ist jeder Bauleiter, also sowohl der überwachende Bauleiter als auch der Unternehmer-Bauleiter gegenüber seinen Nachunternehmen, in der Praxis darauf angewiesen, nach entsprechenden Signalen für eine kritische Situation des Bauunternehmens Ausschau zu halten. Zu möglichen Sensoren über einen kritischen wirtschaftlichen Zustand eines auf der Baustelle tätigen Bauunternehmens gehören:

- schlechte Bonitätsauskunft bei der Schufa oder einer anderen Kreditagentur
- Vorlage eines unbefriedigenden letzten Jahresabschlusses
- keine Vorlage der vereinbarten Vertragserfüllungsbürgschaft und stattdessen das Akzeptieren eines Einbehalts von den Abschlagsrechnungen
- Vorlage einer Vertragserfüllungsbürgschaft von wenig bekannten oder von ausländischen Kreditinstituten
- kurze Periodizität der vom Bauunternehmen vorgelegten Abschlagsrechnungen
- mangelnde Personalkontinuität beim bauleitenden Personal auf der Baustelle
- wechselnde Ansprechpartner, keine Ansprechpartner im Unternehmen
- auf der Baustelle häufig wechselnde Arbeitskolonnen
- hohe Fluktuation von Mitarbeitern, die das Bauunternehmen endgültig verlassen
- plötzlich erhöhter Einsatz von Nachunternehmen, die bisher nicht im Projekt involviert waren
- Nachunternehmen, die sich mit ihren Forderungen am Bauunternehmen vorbei direkt an den Auftraggeber wenden
- Verzögerungen bei der Belieferung oder Reduzierung von Liefermengen bei Baustoffen und Material für das Bauunternehmen
- Verzögerung der Auftragsauslösung gegenüber Nachunternehmen des Bauunternehmens
- veraltetes, unvollständiges, schlecht gewartetes Gerät oder ausgefallenes Gerät, das weder repariert noch von der Baustelle entfernt wird
- ausgeschöpfte Kreditlinien des Bauunternehmens bei seinen Baustofflieferanten
- Baustofflieferanten, die sich mit ihren Forderungen direkt an den Bauherrn wenden

Jeder der hier aufgeführten Indikatoren kann, muss aber nicht auf eine bevorstehende Insolvenz hinweisen. Wenn jedoch viele der Indikatoren zusammenkommen, ist zumindest die Vermutung gerechtfertigt, dass es dem Bauunternehmen wirtschaftlich nicht gut geht.

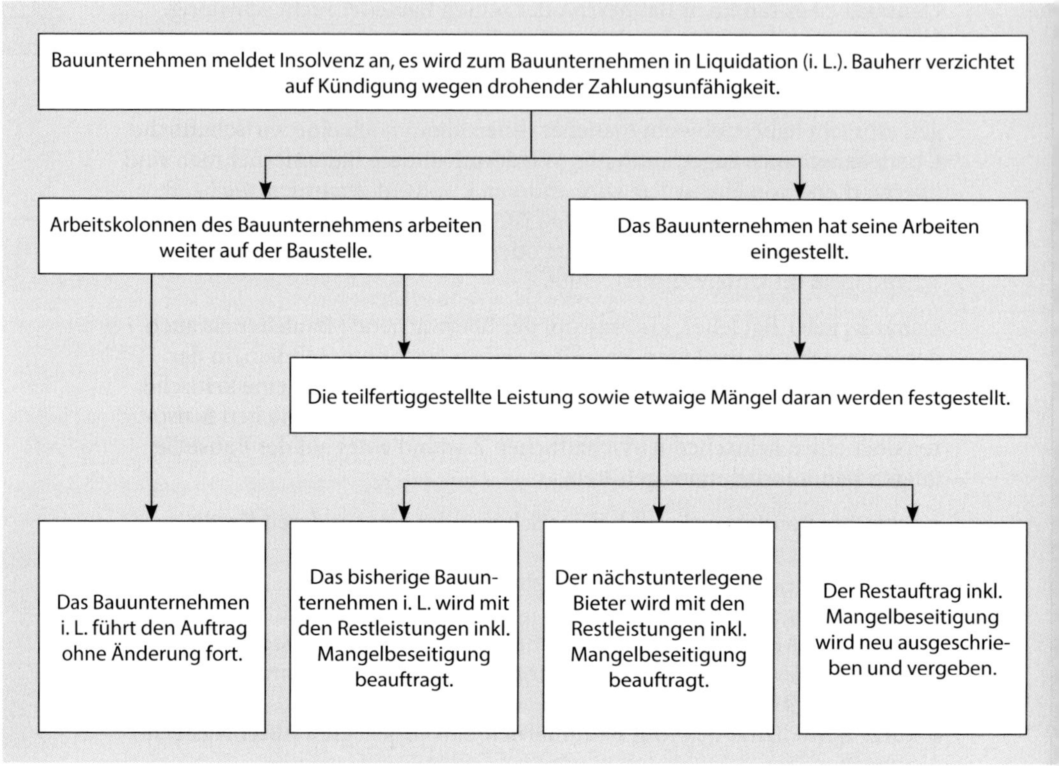

Abb. 4.4: Alternativen zur Fortführung der Arbeiten bei Insolvenz eines Bauunternehmens

Gerade bei großen Bauunternehmen ist es sehr schwer, aus den objektiven Fakten auf den voraussichtlichen Tag der Insolvenz zu schließen. Dies haben die Beispiele der großen Insolvenzen der Philipp Holzmann AG und der Walter Bau AG nachdrücklich bewiesen, bei denen ganz andere Faktoren den letztendlichen Gang zum Insolvenzrichter bestimmt haben als der Leistungsstand einer einzelnen Baustelle. Weniger das Ausbleiben einer einzelnen Abschlags- oder Schlusszahlung für eines der Bauvorhaben gab dort den Ausschlag, sondern die Kündigung des Kreditrahmens für Dispositionskredite durch eine der finanzierenden Banken bzw. das Scheitern von Fusions- oder Verkaufsverhandlungen für ganze Unternehmensteile.

Kleine Unternehmen können andererseits in ihrer kritischen Lage sehr dankbare Partner sein, wenn sie durch den vom Bauherrn erhaltenen Auftrag wieder die Chance zur erfolgreichen Fortführung ihres Betriebs erhalten. So gibt es Beispiele, in denen verantwortungsvolle und risikobewusste Bauherren gerade durch den gezielt an ein kriselndes Unternehmen erteilten Auftrag zur Stabilität dieses Bauunternehmens in einer Region beigetragen und eine hervorragende Bauleistung erhalten haben.

Sobald die Insolvenz eines Unternehmens beim Amtsgericht angemeldet ist, hat der Bauherr die Möglichkeit, diesem Bauunternehmen den Auftrag zu entziehen und ein anderes Unternehmen mit den Restleistungen zu beauftragen (siehe Abb. 4.4 und Mustervorlage 4.13). Gelegentlich bietet auch der

Mustervorlage 4.13: Kündigung des Bauvertrags wegen Insolvenz des Auftragnehmers

Absender
Einschreiben/Rückschein/Per Boten[1]
An den Auftragnehmer

__________ [Ort], den __________ [Datum]

Bauvorhaben __________ [Name des Bauvorhabens]
Kündigung des Bauvertrags wegen Insolvenz des Auftragnehmers[2,3,4]

Sehr geehrte Damen und Herren,

hiermit kündigen wir den Bauvertrag vom __________ [Datum] aus wichtigem Grund, da

☐ Sie am __________ [Datum] die Zahlung eingestellt haben.
☐ Herr/Frau/Firma* ____________ [Name] am __________ [Datum] zulässigerweise das Insolvenzverfahren über Ihr Vermögen beantragt hat.
☐ Sie am __________ [Datum] die Eröffnung des Insolvenzverfahrens beantragt haben.
☐ am __________ [Datum] die Eröffnung des Insolvenzverfahrens mangels Masse abgelehnt wurde.
☐ Sie am __________ [Datum] ein Vergleichsverfahren beantragt haben.

---

[1] Es ist zu beachten, dass der Absender rechtserheblicher Erklärungen deren Zugang im Streitfall beweisen muss. Dieser Nachweis kann bei einem Standardbrief regelmäßig nicht geführt werden. Auch ein Telefax-Sendeprotokoll ist kein anerkannter Zugangsnachweis. Die Zustellung rechtserheblicher Erklärungen kann daher nur per Einschreiben/Rückschein oder per Boten erfolgen, wobei auch hier noch dokumentiert werden muss, welches Dokument zugestellt wird. Alternativ ist auch die Zustellung mit Empfangsbekenntnis möglich; es ist dann darauf zu achten, dass der Empfänger das Empfangsbekenntnis vollzieht und zurücksendet. Ferner ist eine Zustellung durch den Gerichtsvollzieher möglich; dies ist im regelmäßigen Geschäftsverkehr aber wenig praktikabel.

[2] Es ist zu beachten, dass der Auftraggeber das Vorliegen des wichtigen Grundes zur Kündigung des Bauvertrags im Streitfall zu beweisen hat. Das bedeutet bei einer Kündigung wegen Zahlungseinstellung nicht nur, dass der Auftraggeber die Zahlungseinstellung nachweisen muss. Bei einer Kündigung aufgrund eines von einem Gläubiger des Auftragnehmers gestellten Insolvenzantrags muss der Auftraggeber die Zulässigkeit dieses Insolvenzantrags nachweisen, d. h., dass der Gläubiger eine Forderung gegen den Auftragnehmer hat sowie ein rechtliches Interesse an der Eröffnung des Insolvenzverfahrens. Außerdem muss der Insolvenzgrund vorliegen, d. h. die Zahlungsunfähigkeit oder die Überschuldung des Auftragnehmers. Auch dies ist vom Auftraggeber nachzuweisen. Sofern kein wichtiger Grund zur Kündigung des Vertrags vorliegt bzw. der Nachweis nicht gelingt, wird die Kündigung als Kündigung ohne wichtigen Grund gemäß § 8 Abs. 1 VOB/B bewertet. Eine solche Kündigung hat zur Folge, dass der Auftragnehmer Anspruch auf die volle vertraglich vereinbarte Vergütung abzüglich ersparter Aufwendungen bzw. ersparter Kosten hat. Die Kündigung des Bauvertrags kann den Auftraggeber daher teuer zu stehen kommen, insbesondere wenn der Auftragnehmer infolge der Kündigung des Vertrags keine oder nur geringe Aufwendungen oder Kosten erspart. Der Auftraggeber sollte sich daher vor der Kündigung vergewissern, ob ein wichtiger Grund zur Kündigung des Bauvertrags vorliegt und ob er diesen nachweisen kann.

[3] Es ist zu beachten, dass die Kündigung des Bauvertrags aus wichtigem Grund binnen angemessener Frist zu erklären ist, nachdem der Kündigende von den Tatsachen Kenntnis erlangt hat, die den wichtigen Grund zur Kündigung des Vertrags berechtigen. Welche Frist angemessen ist, sagt das Gesetz nicht. Mehr als eine Woche sollte der Auftraggeber sich allerdings keinesfalls Zeit lassen.

[4] Es ist zu beachten, dass die Kündigung des Bauvertrags schriftlich zu erfolgen hat.

Mustervorlage 4.13: Kündigung des Bauvertrags wegen Insolvenz des Auftragnehmers (Fortsetzung)

Im Übrigen möchten wir noch auf Folgendes hinweisen:

☐ Bei der Überprüfung der von Ihnen bis zur Kündigung erbrachten Leistungen haben wir festgestellt, dass diese mangelhaft sind. Folgende Mängel liegen vor:

____

____

____

____

Wir fordern Sie auf, diese Mängel unverzüglich, spätestens aber bis zum __________ [Datum] vollständig und nachhaltig zu beseitigen.[5]

☐ Diese Mängel sind zumindest in der Summe wesentlich, sodass wir die Abnahme der von Ihnen erbrachten Leistungen bis zur Beseitigung dieser Mängel ablehnen. Nur der Vollständigkeit halber sei darauf hingewiesen, dass wir auf einer förmlichen Abnahme bestehen.

☐ Wir bestehen auf einer förmlichen Abnahme. Bitte beantragen Sie hierfür einen Termin.

☐ Wir möchten Sie einladen, am __________ [Datum] den Leistungsstand gemeinsam mit uns festzustellen. Dies ist erforderlich, um Abgrenzungsschwierigkeiten hinsichtlich der erbrachten Leistungen zu vermeiden, da wir beabsichtigen, im Anschluss daran einen anderen Unternehmer mit der Fortsetzung der Bauarbeiten zu beauftragen. Sollten Sie diesem Termin unentschuldigt fern bleiben, würden wir den Leistungsstand gleichwohl mit Wirkung für und gegen Sie feststellen.[6]

☐ Wir fordern Sie auf, die Baustelle unverzüglich, spätestens aber bis zum __________ [Datum] zu beräumen.

☐ Wir behalten uns vor, Sie auf Schadensersatz wegen Nichterfüllung in Anspruch zu nehmen (§ 8 Abs. 2 VOB/B).[7]

Mit freundlichen Grüßen

* Nichtzutreffendes bitte streichen

[5] Der Auftragnehmer hat grundsätzlich auch nach Kündigung des Bauvertrags wegen Insolvenz nicht nur die Pflicht, sondern auch das Recht Mängel zu beseitigen, um sich seinen Vergütungsanspruch zu erhalten. Der Auftragnehmer ist daher unter Fristsetzung zur Mangelbeseitigung aufzufordern, bevor die Mängel im Wege der Ersatzvornahme auf Kosten des Auftragnehmers beseitigt werden können.

[6] Dieser Hinweis ist auch bei einem Pauschalpreisvertrag indiziert, da der Auftragnehmer nur teilweise erbrachte Leistungen ohne Aufmaß oder Leistungsfeststellung kaum wird prüfbar abrechnen können.

[7] Der Vorbehalt ist nicht Voraussetzung für diesen Anspruch.

Insolvenzverwalter bzw. ein neuer Geschäftsführer des in die Insolvenz gegangenen Betriebs an, den Auftrag weiter auszuführen.

In jedem Fall bedeutet die Insolvenz eines Bauunternehmens einen Bruch in der planmäßigen Abwicklung des Bauvorhabens. Selbst im Falle der Weiterbeschäftigung des in die Insolvenz gegangenen Bauunternehmens müssen zunächst die dafür geltenden Konditionen vereinbart werden. In der Regel kommt dies für den Bauherrn nur infrage, wenn das in Insolvenz fortgeführte Bauunternehmen bereit ist, ohne Abstriche in die nicht fertiggestellten Werkleistungen gemäß bisherigem Bauvertrag einzusteigen. Dann kann auf Basis des bisherigen Leistungsumfangs weitergearbeitet werden. Ziel des Bauleiters ist es, die gesamte Vertragsleistung letztendlich von dem weitergeführten Bauunternehmen ausführen zu lassen und somit auch die volle Gewährleistung zu erhalten.

So wie der Bauherr aber im Falle der Insolvenz eines Bauunternehmens prinzipiell frei ist, die Arbeiten von einem anderen Betrieb ausführen zu lassen, so wird auch ein Insolvenzverwalter im Sinne der bestmöglichen Verwertung der Reste des Bauunternehmens frei entscheiden, ob die Fortführung des Auftrags oder der Abbruch des Auftrags mit den Konsequenzen von Vertragsstrafen und Schadenersatz günstiger ist. Also kann sich auch für den Bauherrn die Notwendigkeit ergeben, dass er zunächst noch mit dem Insolvenzverwalter über die Anrechnung oder teilweise Ausklammerung bisher erbrachter Lieferungen und Leistungen verhandeln muss.

Wird ein Nachunternehmer eines vom Bauherrn beauftragten Bauunternehmens insolvent, so berührt es zunächst nicht das bestehende Vertragsverhältnis zwischen Auftraggeber und Auftragnehmer. Es liegt ja gerade im Wesen der Sache, dass Hauptunternehmen auch für die Leistungsbereitschaft der von ihnen vorgesehenen Nachunternehmen geradestehen müssen. Dennoch wird ein Bauherr in diesem Falle besorgt sein, ob und wie das Bauunternehmen sich aus seiner Zwangslage befreit, ohne dass die Bauarbeiten ins Stocken geraten. Deshalb sollte der überwachende Bauleiter in diesem Fall sehr kritisch nachfassen, wenn er die Leistungsfähigkeit des Bauunternehmens aufgrund des ausgefallenen Nachunternehmers anzweifeln muss. Gegebenenfalls sollte er seiner Kritik mit einer Abhilfeanordnung nach § 5 Abs. 3 VOB/B Substanz verleihen.

Im Falle der Insolvenz eines Bauunternehmens wird sich der überwachende Bauleiter darauf vorbereiten, dass er die noch verbleibende Restleistung neu ausschreiben und an ein anderes Unternehmen vergeben muss. Hierbei gerät er schnell in Zeitnot, und auch der bisherige Kostenrahmen ist gefährdet. Ferner hat der überwachende Bauleiter i. d. R. noch keinen genauen Überblick über den derzeitigen Stand, weder über die noch ausstehenden Leistungen noch über bisherige ordnungsgemäße oder mit Mängeln behaftete Leistungen des bisherigen Bauunternehmens. Also sind mehrere Dinge gleichzeitig in die Wege zu leiten, die in etwa folgende Prioritäten haben:

- Stoppen sämtlicher schon angewiesener Zahlungen an das insolvente Unternehmen
- Feststellen des Leistungsstands des Bauunternehmens am Projekt
- gründliche Aufnahme von Mängeln an den ausgeführten Leistungen

- Zusammenstellung bisheriger und potenzieller zukünftiger Gegenrechnungen
- Gespräche mit Insolvenzverwalter über dessen Absicht oder Interesse an der Fortführung der Bauleistungen
- Gespräche mit unterlegenen Bietern über den möglichen Einstieg in das Projekt
- Gespräche mit Schlüsselpersonal auf der Baustelle, damit der Bauherr dieses ggf. vorübergehend direkt zur Verstärkung der eigenen Bauleitung übernimmt.

Bei den letzten 3 der Maßnahmen geht es darum, in der Notlage durch ein ausgefallenes Unternehmen möglichst schnell wieder eine Situation zu gewinnen, in der mehrere Optionen für die Fortsetzung der Arbeiten bestehen. Bei komplexen Aufträgen kann häufig durch die vorübergehende Übernahme des Unternehmer-Bauleiters das implizite Know-how für dieses Bauprojekt erhalten werden, während man dann zusammen mit diesem „ehemaligen" Unternehmer-Bauleiter ein Ersatzunternehmen sucht, das die eigentlichen Leistungen fortsetzt und fertigstellt.

4.4.3 Streik

Auch wenn Streiks in Deutschland eher selten an der Tagesordnung sind, so können sie wegen der arbeitsteiligen Organisation der deutschen Wirtschaft den Bauablauf empfindlich stören. Bereits ein Warnstreik bei öffentlichen Verkehrsbetrieben kann Schlüsselpersonal zu spät zur Arbeit erscheinen lassen. Gravierender wird es, wenn Herstellerwerke aufgrund von Streik kein Material mehr ausliefern oder eingeplante Bauteile nicht rechtzeitig fertigen.

Theoretisch sind viele Risikoszenarien denkbar, in denen aufgrund eines Streiks in einem der Schlüsselgewerke die gesamte Baustelle zum Erliegen kommen kann. Realistisch gesehen kann dieses Risiko derzeit in Deutschland aber als gering eingestuft werden. Im Übrigen ist ein Blick auf das Nachbarland Frankreich hilfreich, in dem viel und häufig gestreikt wird. Dennoch gibt es dort keine Meldungen über Baukatastrophen, die durch Streiks verursacht wurden. Denn dort wie hier gilt, dass der Auftragnehmer alles zu tun hat, *„was ihm billigerweise zugemutet werden kann, um die Weiterführung der Arbeiten zu ermöglichen"* (§ 6 Abs. 3 VOB/B). Sobald die hindernden Umstände wegfallen, hat der Auftragnehmer *„ohne Weiteres und unverzüglich die Arbeiten wieder aufzunehmen und den Auftraggeber davon zu benachrichtigen"* (ebd.).

Zu dieser Pflicht zur angemessenen Förderung der Arbeiten zählt auch, dass eine Baustelle nicht unvorbereitet in einen angekündigten Streik hineinlaufen sollte. Zahlreiche Maßnahmen sind denkbar, mit denen schon im Vorwege mögliche negative Folgen eines Streiks abgewendet werden können. Gelegentlich ist es deshalb angebracht, dass in streikschwangeren Situationen der überwachende Bauleiter diese Dinge schon vorab in Bauberatungen problematisiert und die Bauunternehmen dazu veranlasst, selbst geeignete Vorkehrungen zu treffen und Ersatzmaßnahmen zu planen, beispielsweise den vorzeitigen Abruf von Baumaterial oder das Bereitstellen alternativer Transportkapazität.

4.4.4 Höhere Gewalt

Höhere Gewalt ist ein von außen einwirkendes, Schaden verursachendes Ereignis, das auch durch die äußerst zumutbare Sorgfalt weder abgewendet noch unschädlich gemacht werden kann. Damit ist ausgeschlossen, dass Ereignisse, mit deren Eintritt normalerweise gerechnet werden muss, als höhere Gewalt zählen.

Dies verpflichtet zunächst einmal jeden Bauleiter, die Baustelle und die Bauarbeiten mit größter Sorgfalt so zu organisieren, dass auch bei außergewöhnlichen Ereignissen, mit denen aber üblicherweise zu rechnen ist, keine Gefährdung entsteht.

Auch wenn eine zunächst friedliche Demonstration in einem Innenstadtgebiet oder auch in einem Stadionumfeld, die überraschend in Tätlichkeiten ausartet, als unabwendbares Ereignis gilt, so ist eine solche Situation, je nachdem, wie sie sich ankündigt, häufig zu einem gewissen Grad doch vorhersehbar. So gehört es zu den Aufgaben einer sorgfältigen Bauleitung, die Bauunternehmen in solchen Fällen frühzeitig zu besonderer Vorsicht anzuhalten, wozu Maßnahmen gehören können wie:

- massive Absperrung der Zugänge zur Baustelle
- geschlossene und miteinander fest verbundene Bauzaunelemente
- besondere zusätzliche Absicherung von gefährlichen Bereichen
- Reduzierung der Lagermengen von Baustoffen auf der Baustelle
- Entfernen von beweglichen Geräten und Baumaschinen aus den potenziell gefährdeten Bereichen
- Einrichten eines Wach- bzw. Werkschutzdienstes

Somit verbleibt nur noch ein kleines Segment möglicher unabwendbarer Ereignisse oder höherer Gewalt, während das Gros der auftretenden Störereignisse i. d. R. anderen Kategorien zuzuschreiben ist, etwa der Behinderung durch ungünstige Witterung (siehe Kapitel 4.4.5).

4.4.5 Schlechtes Wetter

Witterungseinflüsse zählen zwar zu den unberechenbaren, dennoch aber zu den im Rahmen einer statistischen Streuung durchaus vorhersehbaren Ereignissen. Sie zählen im üblichen Rahmen nicht zu höherer Gewalt. Die VOB/B grenzt übliche Witterungseinflüsse in § 6 Abs. 2 unter Ziffer 2 folgendermaßen gegenüber anderen Behinderungen und Unterbrechungen der Bauausführung ab: „*Witterungseinflüsse während der Ausführungszeit, mit denen bei Abgabe des Angebots normalerweise gerechnet werden musste, gelten nicht als Behinderung.*“

Österreich weist in seinem Bauarbeiter-Schlechtwetterentschädigungsgesetz (BSchEG) und auch in den Ausführungsbestimmungen der Bauarbeiter-Urlaubs- und Abfertigungskasse (BUAG) sehr klare Kriterien für Schlechtwetter und deren Anerkennung aus. Es sind folgende Anhaltspunkte angegeben, bei denen generell von Schlechtwetter auszugehen ist:

- Windstärken von wenigstens 8 (62 bis 74 km/h); ab 74 km/h dürfen Hochbaukrane nicht mehr betrieben werden
- Neuschneehöhe morgens um 7 Uhr von wenigstens 20 cm

- dichter Nebel und Sturm, wenn aus Sicherheitsgründen die Einstellung der Arbeiten erforderlich ist
- Kälte von −10 °C und darunter
- Hitze über 35 °C

Im Gegensatz zu Österreich gibt es in Deutschland keine vergleichbaren objektiven, an den Wetterbedingungen ausgerichteten Kriterien. Daher muss situationsbedingt beurteilt werden, ob die Weiterbeschäftigung ohne Sicherheitsbedenken, ohne Gesundheitsgefährdung der Arbeiter und schließlich auch mit ausreichenden Resultaten der jeweiligen Gewerkeleistungen fortgesetzt werden kann. Man kann davon ausgehen, dass auch hier die wesentlichen Kriterien für schlechtes Wetter Sturm, Kälte, Hitze, Niederschlag, Schnee und Eis sind.

Tariflich anerkannte Schlechtwetterzeiten für die Mitarbeiter des Bauhauptgewerbes in Deutschland bestehen allerdings nur in den Wintermonaten in der Zeit vom 1. Dezember bis zum 31. März. Zum Bauhauptgewerbe zählen die Bauunternehmen des Rohbaus im Hoch-, Tief- und Straßenbau, Zimmerei, Trockenbau und andere. Eine komplette Liste der zum Bauhauptgewerbe gehörenden Gewerke ist am Ende dieses Abschnitts aufgeführt.

Tarifliche Anerkennung bedeutet, dass die Mitarbeiter bei Ausfall von Arbeitszeit durch den Arbeitgeber bzw. durch eine Schlechtwetter-Ausgleichskasse in Form von Saison-Kurzarbeitergeld entschädigt werden. Davon unabhängig ist das aktuelle Wetterereignis durch den jeweiligen Arbeitgeber der auf der Baustelle tätigen Arbeiter zu beurteilen, der seine Kolonnen anweisen kann, die Arbeiten vorübergehend so lange einzustellen, bis die Wetterbedingungen wieder besser sind oder bis er auf andere Weise geeignete Vorkehrungen gegen die Unbill des Wetters getroffen hat.

Durch ungünstige Witterung tatsächlich verursachte Störungen der Arbeitsleistung treten nicht nur im Rahmen der formalen Kriterien für Schlechtwetter oder nur in den relevanten Wintermonaten auf. Ungünstige Witterung, die das Risiko der Qualitätseinbußen bei der Bauausführung begünstigt, kann vielfältig sein. Hierzu zählt generell zu viel Regen, starker Schneefall, heftiger Sturm, Hagel, Frost sowie starker Raureif. Je nach auszuführenden Arbeiten können aber auch schon weniger extreme Ereignisse eine Erschwernis der Arbeiten bedeuten. Die folgende Aufstellung gibt hierzu einige Beispiele:

- Temperaturen unter 5 °C – Verfugungsarbeiten, Maurerarbeiten
- leichter Frost – Malerarbeiten, Klebearbeiten
- Frost – Gründungsarbeiten im aufgefrorenen Boden
- hohe Luftfeuchtigkeit, Regen – Beschichtungsarbeiten
- starker Regen – Betonieren im Freien, Oberflächenvergütung
- stetiger Windzug – Estricharbeiten in offenen Räumen
- längere Trockenperiode – Verdichtungsarbeiten im Erdbau
- längere Regenperiode – Verdichtungsarbeiten im Erdbau
- starke Sonneneinstrahlung – Passarbeiten im Fassadenbau
- große Hitze – Handschachtung im Straßenbau
- leichter nächtlicher Schneefall – Beginn des Betonierens im Rohbau
- Raureif, Glätte – Stahlbauarbeiten im Freien
- Eisbelag – in der Schalung vor dem Betonieren

Die Beispiele zeigen, dass es nicht ein einheitliches schlechtes Wetter auf der Baustelle gibt, und dass nahezu jedes Gewerk „sein" schlechtes Wetter kennt. Die Definition und die Auswirkungen ungeeigneter Witterungsbedingungen sind je nach Gewerk und nach auszuführender Tätigkeit sehr unterschiedlich. Daher sind auch die Maßnahmen der Bauunternehmen vielseitig, wie sie mit den Witterungsereignissen umgehen können. Zu den rein technologischen Gründen für ungeeignete Witterungsbedingungen kommen auch die Arbeitsbedingungen für die Arbeitskräfte. Ihnen kann nicht bei jeder Wetterlage zugemutet werden, Arbeiten in Außenbereichen auszuführen, ohne dass damit eine gesundheitliche Gefährdung oder eine schlechte Ausführungsqualität riskiert wird.

Manchmal sind auch die Gepflogenheiten der jeweiligen Gewerke zu beachten. So kommen Rohbaubetriebe im deutschen Stahlbeton- und Maurerhandwerk traditionell aus einer Vergangenheit, bei der Schlechtwetter empfunden wurde, wenn z. B. die Temperaturen unter –5 °C fielen, während die Stahlbaumontage bei gleichen Temperaturbedingungen keinen tariflichen Einschränkungen unterliegt.

Die große Abhängigkeit einzelner Gewerke vom Wetter führt in einigen Bauunternehmen, wie z. B. in Spezialbetrieben zur Beschichtung von Betonflächen, dazu, dass die Disponenten mit einem Vorlauf von bis zu 10 Tagen und mit dem Blick auf die langfristige Wetterprognose entscheiden, in welcher Kolonnenstärke sie die verschiedenen Baustellen in den folgenden Tagen besetzen sollten, um das Risiko des Ausfalls von Arbeitsstunden infolge ungeeigneter Witterung zu minimieren.

Andere Maßnahmen gegen wechselhaftes Wetter bestehen im aktiven Schutz der Baustelle vor den möglichen Wetterereignissen. Hierzu zählen z. B.

- Bereitstellung von Abdeckmaterial gegen zu schnelles Austrocknen oder Schlagregen
- Bereitstellung von Zelten gegen Kälte, Feuchtigkeit, Wind und abrupte Temperaturschwankungen
- Bereithalten von Heizgeräten gegen zu niedrige Verarbeitungstemperaturen
- Bereithalten von Trocknungsgeräten zur Vorbereitung von Verarbeitungsoberflächen
- Einrichtung einer leistungsfähigen Vorflut zur Ableitung des Regenwassers
- Schutz von Wasserleitungen gegen Einfrieren
- Sturmsicherung von Planen und Gerüsten
- Anlegen befestigter Baustraßen gegen hohe Staubentwicklung bei Trockenheit, gegen schnelle Verschmutzung bei Feuchtigkeit und gegen zu schnelle Auswaschungen bei Regen
- Zuführung von Wasser zur Verbesserung der Verdichtungsfähigkeit von einzubauendem Boden
- Berieselung mit Wasser zur Staubbindung
- Verlegung von Abdeckfolien auf Böschungen gegen Auswaschungen und auf vor Austrocknung zu schützenden Flächen

Die Liste ließe sich noch wesentlich erweitern. Schlüssel zu einer weniger durch Witterungseinflüsse gestörten Baustelle ist die rechtzeitige Vorsorge und Disposition geeigneter Maßnahmen, bevor das Wetterereignis eintritt. Dabei spielt auch die jahreszeitliche Lage eine große Rolle. Bei einer Baustelle während der Sommermonate muss keine Vorsorge gegen Schneefall und Frost getroffen werden, bei einer Winterbaustelle selten Vorsorge gegen zu große Austrocknung.

Erfahrungen zeigen, dass gerade bei Baustellen, die über mehrere Jahreszeiten aktiv sind, die rechtzeitigen und vorsorglichen Maßnahmen gegen Witterungseinflüsse, mit denen ohnehin im Laufe der gesamten Bauzeit zu rechnen ist, mit wesentlich weniger Aufwand zu beschaffen und zu installieren sind, als wenn das schlechte Wetter unmittelbar bevorsteht.

Praxistipp zu schlechtem Wetter

Mögliche Witterungseinflüsse, auch in ihren extremeren Erscheinungsformen, sollten rechtzeitig diskutiert und geeignete Vorkehrungsmaßnahmen erarbeitet werden. Viele Maßnahmen verursachen im Vorwege nur geringe Kosten, verhindern aber im Falle des Eintritts von schlechtem Wetter den kompletten Stillstand der Baustelle.

Nachfolgend sind die zum Bauhauptgewerbe zählenden Gewerke aufgeführt. Diese sind der Baubetriebe-Verordnung (BaubetrV) zu entnehmen. Die BaubetrV bestimmt, in welchen Betrieben die ganzjährige Beschäftigung durch das Saison-Kurzarbeitergeld zu fördern ist. Dies betrifft Betriebe, die gewerblich überwiegend Bauleistungen erbringen, und die durch die nachfolgende Liste unter (2) charakterisiert werden.

§ 1 Zugelassene Betriebe

(1) Die ganzjährige Beschäftigung im Baugewerbe ist durch das Saison-Kurzarbeitergeld in Betrieben und Betriebsabteilungen zu fördern, die gewerblich überwiegend Bauleistungen (§ 101 Absatz 2 des Dritten Buches Sozialgesetzbuch) erbringen.

(2) Betriebe und Betriebsabteilungen im Sinne des Absatzes 1 sind solche, in denen insbesondere folgende Arbeiten verrichtet werden (Bauhauptgewerbe):

1. Abdichtungsarbeiten gegen Feuchtigkeit;

2. Aptierungs- und Drainierungsarbeiten, wie zum Beispiel das Entwässern von Grundstücken und urbar zu machenden Bodenflächen, einschließlich der Grabenräumungs- und Faschinierungsarbeiten, des Verlegens von Drainagerohrleitungen sowie des Herstellens von Vorflut- und Schleusenanlagen;

2a. Asbestsanierungsarbeiten an Bauwerken und Bauwerksteilen;

3. Bautrocknungsarbeiten, das sind Arbeiten, die unter Einwirkung auf das Gefüge des Mauerwerks der Entfeuchtung dienen, auch unter Verwendung von Kunststoffen oder chemischen Mitteln sowie durch Einbau von Kondensatoren;

4. Beton- und Stahlbetonarbeiten einschließlich Betonschutz- und Betonsanierungsarbeiten sowie Armierungsarbeiten;

5. *Bohrarbeiten;*
6. *Brunnenbauarbeiten;*
7. *chemische Bodenverfestigungen;*
8. *Dämm-(Isolier-)Arbeiten (das sind zum Beispiel Wärme-, Kälte-, Schallschutz-, Schallschluck-, Schallverbesserungs-, Schallveredelungsarbeiten) einschließlich Anbringung von Unterkonstruktionen sowie technischen Dämm-(Isolier-)Arbeiten, insbesondere an technischen Anlagen und auf Land-, Luft- und Wasserfahrzeugen;*
9. *Erdbewegungsarbeiten, das sind zum Beispiel Wegebau-, Meliorations-, Landgewinnungs-, Deichbauarbeiten, Wildbach- und Lawinenverbau, Sportanlagenbau sowie Errichtung von Schallschutzwällen und Seitenbefestigungen an Verkehrswegen;*
10. *Estricharbeiten, das sind zum Beispiel Arbeiten unter Verwendung von Zement, Asphalt, Anhydrit, Magnesit, Gips, Kunststoffen oder ähnlichen Stoffen;*
11. *Fassadenbauarbeiten;*
12. *Fertigbauarbeiten: Einbauen oder Zusammenfügen von Fertigbauteilen zur Erstellung, Instandsetzung, Instandhaltung oder Änderung von Bauwerken; ferner das Herstellen von Fertigbauteilen, wenn diese zum überwiegenden Teil durch den Betrieb, einen anderen Betrieb desselben Unternehmens oder innerhalb von Unternehmenszusammenschlüssen – unbeschadet der Rechtsform – durch den Betrieb mindestens eines beteiligten Gesellschafters zusammengefügt oder eingebaut werden; nicht erfasst wird das Herstellen von Betonfertigteilen, Holzfertigteilen zum Zwecke des Errichtens von Holzfertigbauwerken und Isolierelementen in massiven, ortsfesten und auf Dauer eingerichteten Arbeitsstätten nach Art stationärer Betriebe; § 2 Nr. 12 bleibt unberührt;*
13. *Feuerungs- und Ofenbauarbeiten;*
14. *Fliesen-, Platten- und Mosaik-Ansetz- und Verlegearbeiten;*

14a. *Fugarbeiten an Bauwerken, insbesondere Verfugung von Verblendmauerwerk und von Anschlüssen zwischen Einbauteilen und Mauerwerk sowie dauerelastische und dauerplastische Verfugungen aller Art;*

15. *Glasstahlbetonarbeiten sowie Vermauern und Verlegen von Glasbausteinen;*
16. *Gleisbauarbeiten;*
17. *Herstellen von nicht lagerfähigen Baustoffen, wie zum Beispiel Beton- und Mörtelmischungen (Transportbeton und Fertigmörtel), wenn mit dem überwiegenden Teil der hergestellten Baustoffe die Baustellen des herstellenden Betriebs, eines anderen Betriebs desselben Unternehmens oder innerhalb von Unternehmenszusammenschlüssen – unbeschadet der Rechtsform – die Baustellen des Betriebs mindestens eines beteiligten Gesellschafters versorgt werden;*
18. *Hochbauarbeiten;*
19. *Holzschutzarbeiten an Bauteilen;*
20. *Kanalbau-(Sielbau-)Arbeiten;*
21. *Maurerarbeiten;*
22. *Rammarbeiten;*
23. *Rohrleitungsbau-, Rohrleitungstiefbau-, Kabelleitungstiefbauarbeiten und Bodendurchpressungen;*
24. *Schachtbau- und Tunnelbauarbeiten;*

25. *Schalungsarbeiten;*
26. *Schornsteinbauarbeiten;*
27. *Spreng-, Abbruch- und Enttrümmerungsarbeiten; nicht erfasst werden Abbruch- und Abwrackbetriebe, deren überwiegende Tätigkeit der Gewinnung von Rohmaterialien oder der Wiederaufbereitung von Abbruchmaterialien dient;*
28. *Stahlbiege- und -flechtarbeiten, soweit sie zur Erbringung anderer baulicher Leistungen des Betriebs oder auf Baustellen ausgeführt werden;*
29. *Stakerarbeiten;*
30. *Steinmetzarbeiten;*
31. *Straßenbauarbeiten, das sind zum Beispiel Stein-, Asphalt-, Beton-, Schwarzstraßenbauarbeiten, Pflasterarbeiten aller Art, Fahrbahnmarkierungsarbeiten; ferner Herstellen und Aufbereiten des Mischguts, wenn mit dem überwiegenden Teil des Mischguts der Betrieb, ein anderer Betrieb desselben Unternehmens oder innerhalb von Unternehmenszusammenschlüssen – unbeschadet der Rechtsform – der Betrieb mindestens eines beteiligten Gesellschafters versorgt wird;*
32. *Straßenwalzarbeiten;*
33. *Stuck-, Putz-, Gips- und Rabitzarbeiten einschließlich des Anbringens von Unterkonstruktionen und Putzträgern;*
34. *Terrazzoarbeiten;*
35. *Tiefbauarbeiten;*
36. *Trocken- und Montagebauarbeiten (zum Beispiel Wand- und Deckeneinbau und -verkleidungen), Montage von Baufertigteilen einschließlich des Anbringens von Unterkonstruktionen und Putzträgern;*
37. *Verlegen von Bodenbelägen in Verbindung mit anderen baulichen Leistungen;*
38. *Vermieten von Baumaschinen mit Bedienungspersonal, wenn die Baumaschinen mit Bedienungspersonal zur Erbringung baulicher Leistungen eingesetzt werden;*

38a. *Wärmedämmverbundsystemarbeiten;*

39. *Wasserwerksbauarbeiten, Wasserhaltungsarbeiten, Wasserbauarbeiten (zum Beispiel Wasserstraßenbau, Wasserbeckenbau, Schleusenanlagenbau);*
40. *Zimmerarbeiten und Holzbauarbeiten, die im Rahmen des Zimmergewerbes ausgeführt werden;*
41. *Aufstellen von Bauaufzügen.*

(3) Betriebe und Betriebsabteilungen im Sinne des Absatzes 1 sind auch

1. *Betriebe, die Gerüste aufstellen (Gerüstbauerhandwerk),*
2. *Betriebe des Dachdeckerhandwerks.*

(4) Betriebe und Betriebsabteilungen im Sinne des Absatzes 1 sind ferner diejenigen des Garten- und Landschaftsbaus, in denen folgende Arbeiten verrichtet werden:

1. *Erstellung von Garten-, Park- und Grünanlagen, Sport- und Spielplätzen sowie Friedhofsanlagen;*
2. *Erstellung der gesamten Außenanlagen im Wohnungsbau, bei öffentlichen Bauvorhaben, insbesondere an Schulen, Krankenhäusern, Schwimmbädern, Straßen-, Autobahn-, Eisenbahn-Anlagen, Flugplätzen, Kasernen;*

3. *Deich-, Hang-, Halden- und Böschungsverbau einschließlich Faschinenbau;*
4. *ingenieurbiologische Arbeiten aller Art;*
5. *Schutzpflanzungen aller Art;*
6. *Drainierungsarbeiten;*
7. *Meliorationsarbeiten;*
8. *Landgewinnungs- und Rekultivierungsarbeiten.*

(5) Betriebe und Betriebsabteilungen im Sinne des Absatzes 1 sind von einer Förderung der ganzjährigen Beschäftigung durch das Saison-Kurzarbeitergeld ausgeschlossen, wenn sie zu einer abgrenzbaren und nennenswerten Gruppe gehören, bei denen eine Einbeziehung nach den Absätzen 2 bis 4 in der Schlechtwetterzeit nicht zu einer Belebung der wirtschaftlichen Tätigkeit oder zu einer Stabilisierung der Beschäftigungsverhältnisse der von saisonbedingten Arbeitsausfällen betroffenen Arbeitnehmer führt.

§ 2 Ausgeschlossene Betriebe

Nicht als förderfähige Betriebe im Sinne des § 1 Abs. 1 anzusehen sind Betriebe

1. *des Bauten- und Eisenschutzgewerbes;*
2. *des Betonwaren und Terrazzowaren herstellenden Gewerbes, soweit nicht in Betriebsabteilungen nach deren Zweckbestimmung überwiegend Bauleistungen im Sinne des § 1 Abs. 1 und 2 ausgeführt werden;*
3. *der Fassadenreinigung;*
4. *der Fußboden- und Parkettlegerei;*
5. *des Glaserhandwerks;*
6. *des Installationsgewerbes, insbesondere der Klempnerei, des Klimaanlagenbaues, der Gas-, Wasser-, Heizungs-, Lüftungs- und Elektroinstallation, sowie des Blitzschutz- und Erdungsanlagenbaus;*
7. *des Maler- und Lackiererhandwerks, soweit nicht überwiegend Bauleistungen im Sinne des § 1 Abs. 1 und 2 ausgeführt werden;*
8. *der Naturstein- und Naturwerksteinindustrie und des Steinmetzhandwerks;*
9. *der Nassbaggerei;*
10. *des Kachelofen- und Luftheizungsbaues;*
11. *der Säurebauindustrie;*
12. *des Schreinerhandwerks sowie der holzbe- und -verarbeitenden Industrie einschließlich der Holzfertigbauindustrie, soweit nicht überwiegend Fertigbau-, Dämm-(Isolier-), Trockenbau- und Montagebauarbeiten oder Zimmerarbeiten ausgeführt werden;*
13. *des reinen Stahl-, Eisen-, Metall- und Leichtmetallbaus sowie des Fahrleitungs-, Freileitungs-, Ortsnetz- und Kabelbaus;*
14. *und Betriebe, die Betonentladegeräte gewerblich zur Verfügung stellen.*

(§§ 1 und 2 BaubetrVG)

4.5 Terminabweichungen

4.5.1 Unbestimmter Baubeginn

Auch wenn die fehlende Festlegung des Baubeginns streng genommen noch nicht zu der Rubrik der Terminabweichungen gehört, kann sie bereits eine erste Abweichung vom möglicherweise gedachten, geplanten oder kalkulierten Verlauf bedeuten.

Zunächst kommt es bisweilen vor, dass der Auftraggeber zwar einen Auftrag ausgelöst hat, dabei aber nicht festgelegt hat, wann die Arbeiten beginnen sollen. Für diesen Fall kann der Auftragnehmer nach § 5 Abs. 2 VOB/B verlangen, dass ihm der Auftraggeber Auskunft über den voraussichtlichen Beginn erteilt, sodass er seine Arbeiten und Ressourcen rechtzeitig disponieren kann.

Der Auftraggeber muss ihm daraufhin eine Antwort geben (siehe Mustervorlage 4.14). Diese sollte angemessen genau sein. Das heißt, wenn er plant, den Bau innerhalb des nächsten Monats zu starten, muss seine Terminangabe auf wenigstens 3 bis 5 Tage genau sein. Wenn er hingegen plant, erst in einem Dreivierteljahr zu beginnen, genügt eine ungefähre Angabe des entsprechenden Quartals oder eines Zeitraums von 2 Monaten. Später, wenn der beabsichtigte Baubeginn näher rückt, muss der Bauherr seine Angaben genauer fassen bzw. auf erneute Anfrage des Bauunternehmens den Zeitraum weiter eingrenzen.

Diese „Vorwarnung“ des Bauunternehmens wird bisweilen vergessen, und dann ist die Verärgerung groß, wenn sich der Baustart – z. B. des Fassadenunternehmens nach Fertigstellung des Rohbaus – nur deshalb verzögert, weil der Auftraggeber der Information über den ungefähren Beginn der Fassadenarbeiten keine konkrete Terminangabe hat folgen lassen.

4.5.2 Fehlende Vorleistungen

Sehr häufig wird der Unternehmer-Bauleiter damit konfrontiert, dass notwendige Vorleistungen anderer Gewerke oder auch des Auftraggebers noch nicht erledigt sind und somit die eigene Bauleistung möglicherweise auch nicht pünktlich begonnen werden kann. In der Regel kündigen sich derartige Verspätungen aber an. Das heißt, bei sorgfältiger Verfolgung der terminlichen Abläufe und der erwarteten Vorleistungen ist es schon absehbar, falls die Übergabe nicht pünktlich erfolgen wird oder zumindest sehr knapp werden kann.

Daher wird empfohlen, dass der Unternehmer-Bauleiter den Bauherrn bzw. über den Auftraggeber auch die Vorgewerke rechtzeitig darauf hinweist, dass „demnächst“ eine für den Unternehmer-Bauleiter relevante Fertigstellung oder Übergabe einer Vorleistung ansteht. Damit sichert sich der Unternehmer-Bauleiter zusätzlich ab, dass er mit seinen eigenen Arbeiten weiterhin nach den terminlichen Vorgaben beginnen kann. Selektiv, aber nicht inflationär eingesetzt, hilft solch eine „Vorwarnfunktion“ meistens, dass die Vorleistungen rechtzeitig erledigt werden, bevor es zu einer Terminverzögerung kommt.

Mustervorlage 4.14: Auskunft zum Ausführungsbeginn

Absender
Einschreiben/Rückschein/Per Boten[1]
An den Auftragnehmer

_________ [Ort], den __________ [Datum]

Bauvorhaben __________ [Name des Bauvorhabens]
Auskunft zum Ausführungsbeginn

Sehr geehrte Damen und Herren,

mit Schreiben vom ___________ [Datum] weisen Sie darauf hin, dass im Vertrag keine Frist für den Baubeginn vereinbart worden wäre und verlangen Auskunft über den voraussichtlichen Baubeginn.

- ☐ Hierzu teilen wir Ihnen mit, dass mit der Bauausführung voraussichtlich am ___________ [Datum] zu beginnen sein wird.
- ☐ Es ist nicht zutreffend, dass im Bauvertrag keine Frist für den Baubeginn genannt ist. Vielmehr ist in §/Ziff.* ___ [Nummer] des Bauvertrags vom ___________ [Datum]
  - ☐ als Termin für den Baubeginn der ___________ [Datum] vorgesehen.
  - ☐ vorgesehen, dass Sie ___ [Anzahl] Arbeitstage/Werktage/Kalendertage/Wochen* nach Vorliegen der Baugenehmigung mit der Bauausführung beginnen.
    - ☐ Diese liegt noch nicht vor. Sobald die Baugenehmigung erteilt wird, werden wir Ihnen eine Kopie hiervon zur Verfügung stellen, damit Sie den Termin für den Ausführungsbeginn errechnen können.
    - ☐ Diese liegt erst seit dem ___________ [Datum] vor. Mit der Bauausführung ist daher spätestens am ___________ [Datum] zu beginnen.
  - ☐ vorgesehen, dass Sie ___ [Anzahl] Arbeitstage/Werktage/Kalendertage/Wochen* nach __________ [Ereignis] mit der Bauausführung beginnen. Sobald die Voraussetzungen für den Baubeginn vorliegen, werden wir Sie davon in Kenntnis setzen.

  Wir betrachten Ihr vorbezeichnetes Schreiben daher als gegenstandslos.

Mit freundlichen Grüßen

* Nichtzutreffendes bitte streichen

[1] Es ist zu beachten, dass der Absender rechtserheblicher Erklärungen deren Zugang im Streitfall beweisen muss. Dieser Nachweis kann bei einem Standardbrief regelmäßig nicht geführt werden. Auch ein Telefax-Sendeprotokoll ist kein anerkannter Zugangsnachweis. Die Zustellung rechtserheblicher Erklärungen kann daher nur per Einschreiben/Rückschein oder per Boten erfolgen, wobei auch hier noch dokumentiert werden muss, welches Dokument zugestellt wird. Alternativ ist auch die Zustellung mit Empfangsbekenntnis möglich; es ist dann darauf zu achten, dass der Empfänger das Empfangsbekenntnis vollzieht und zurücksendet. Ferner ist eine Zustellung durch den Gerichtsvollzieher möglich; dies ist im regelmäßigen Geschäftsverkehr aber wenig praktikabel.

Fehlt die Vorleistung aber definitiv zum vereinbarten Zeitpunkt, so muss der Unternehmer-Bauleiter unverzüglich handeln. In diesem Fall sollte er sofort den Auftraggeber in Kenntnis setzen und darauf verweisen, dass er hierdurch in der Fortführung seiner eigenen Arbeiten behindert ist.

Für solch ein Behinderungsschreiben gelten keine Formvorschriften. Gleichwohl ist es wichtig, dass das Schreiben einige wesentliche Bestandteile enthält, nämlich den genauen Grund der Behinderung, den Termin des Eintritts der Behinderung und die Konsequenzen bzw. Auswirkungen dieser Behinderung auf seine eigene Leistung (siehe auch Kapitel 4.3.2).

4.5.3 Verzögerte Ausführung

Nicht selten stellt der überwachende Bauleiter fest, dass der Baufortschritt eines Bauunternehmens zu gering ist und dass nicht die Menge an Leistung geschafft wird, die eigentlich für die Einhaltung des Terminplans erforderlich wäre. Dies kann viele Gründe haben und sollte daher vom überwachenden Bauleiter nicht pauschal mit einer Aufforderung zum schnelleren Arbeiten beantwortet werden. Zwar sieht die VOB/B in § 5 Abs. 1 bereits vor, dass *„Die Ausführung [...] nach den verbindlichen Fristen (Vertragsfristen) zu beginnen, angemessen zu fördern und zu vollenden"* ist. Doch es ist i. d. R. wesentlich effektiver, zunächst tiefer in die möglichen Ursachen einzusteigen, um dann auch gezieltere Gegenmaßnahmen zu ergreifen oder einzufordern.

Falls ein Bauunternehmen seine Arbeiten gar nicht erst beginnt, muss der überwachende Bauleiter sicherstellen, dass das Bauunternehmen ordnungsgemäß zum Beginn der Arbeiten aufgefordert wurde. Hierzu regelt die VOB/B in § 5 Abs. 2, dass *„der Auftragnehmer [...] innerhalb von 12 Werktagen nach Aufforderung zu beginnen"* hat. Doch neben der formalen Aufforderung führen andere, flankierende Maßnahmen oft schneller zum Ziel der Arbeitsaufnahme.

Üblich ist es, den Unternehmer-Bauleiter oder auch den Leiter des Bauunternehmens persönlich einzubestellen, sich seine Bauablaufplanung vorlegen zu lassen und mit ihm die Problematik seines möglichen Verzugs im Hinblick auf Konsequenzen für andere Gewerke (und damit verbundene Verzugskosten für den säumigen Unternehmer) zu erörtern. Wenn all dies ausreichend vor dem Beginn der eigentlichen Tätigkeit des Bauunternehmens liegt, genügt der damit erreichbare auch psychologische Druck auf das Bauunternehmen vielleicht, dass kein weiterer Verzug seitens des Bauunternehmens mehr entsteht.

Als überwachender Bauleiter eine verzögerte Ausführung des Bauunternehmens während der Arbeiten zu diagnostizieren erfordert üblicherweise etwas mehr Information. Wenn er gut vorbereitet ist, dann hat der überwachende Bauleiter bereits aus den Diskussionen und Informationen der Anlaufberatungen ausreichend Kriterien gesammelt, nach welchen Maßstäben er den Leistungsfortschritt des Bauunternehmens am Projekt zutreffend beurteilen kann. Durch den Vergleich mit den vom Bauunternehmen zu Beginn abgeforderten detaillierten Bauablaufplänen und anderen Informationen wird der tatsächliche Baufortschritt eingeschätzt. Ist dieser ungenügend, wird das Bauunternehmen ermahnt, sich an die eigenen Zeitpläne zu halten und entsprechende Maßnahmen zu ergreifen, um den entstandenen Verzug wieder einzuarbeiten. Basis hierfür ist § 5 Abs. 3 VOB/B: *„Wenn Arbeitskräfte, Geräte, Gerüste, Stoffe oder Bauteile so unzureichend sind, dass die Ausführungsfristen offenbar nicht eingehalten werden können, muss der Auftragnehmer auf Verlangen unverzüglich Abhilfe schaffen."*

Möglichst schriftlich fordert der überwachende Bauleiter das Bauunternehmen auf, „Abhilfe zu schaffen". Er kann diese Aufforderung mit dem Zusatz noch weiter verschärfen, dass der Auftraggeber andernfalls, also wenn die Arbeiten nicht wieder im erforderlichen Umfang intensiviert werden, Schadenersatz geltend machen wird (Mustervorlage 4.15).

Formal (nach § 5 Abs. 4 VOB/B) hat der Auftraggeber nach Aufforderung zur Abhilfe entweder die Möglichkeit, die Geltendmachung von Schadenersatz anzukündigen, oder gar den Auftrag zu entziehen, nachdem eine angemessene Frist zur Vertragserfüllung verstrichen ist und nachdem der Auftragsentzug angedroht wurde.

Beim Entzug des Auftrags können jedoch sowohl Auftraggeber als auch Aufragnehmer zu Verlierern werden. Überdies hat der überwachende Bauleiter mit der Schlussrechnung eines gekündigten Bauunternehmens und der Beschaffung und Einweisung eines späteren Ersatz-Bauunternehmens zusätzliche Arbeit. Insofern sollte der überwachende Bauleiter immer wieder überlegen, welche anderen flankierenden Maßnahmen parallel zu oder anstelle von den vertraglich vorgesehenen Schritten sinnvoll und zielführend sein könnten.

Die folgende „Ideenliste" für geeignete Maßnahmen stellt keinen Leitfaden dar, sondern soll dem überwachenden Bauleiter die Möglichkeit geben, immer wieder mit Flexibilität und Kreativität verschiedene Maßnahmen auszuprobieren und deren Wirkung auf das säumige Bauunternehmen zu verfolgen.

Formale Schritte:

- Aufforderung zum Beginn der Ausführung innerhalb von 12 Werktagen (§ 5 Abs. 2 VOB/B)
- Aufforderung, Abhilfe zu schaffen bei unzureichender Disposition von Arbeitskräften, Geräten, Gerüsten, Stoffen oder Bauteilen (§ 5 Abs. 3 VOB/B)
- Ankündigung des Verlangens nach Schadenersatz im Falle der weiteren Verzögerung (§ 5 Abs. 4 VOB/B)
- Fristsetzung zur termingemäßen Vertragserfüllung mit Erklärung, dass nach Ablauf der Frist andernfalls der Auftrag entzogen wird (§ 5 Abs. 4 VOB/B)

Die informell möglichen Maßnahmen, um ein Bauunternehmen zur Verbesserung seiner Arbeitsleistung zu bringen, sind wesentlich umfangreicher und hier nicht erschöpfend darstellbar. Informelle Maßnahmen können auch parallel zu den formalen Schritten eingesetzt werden, sofern dabei keine Aussagen oder Festlegungen getroffen werden, die die formalen Schritte gegenüber dem säumigen Bauunternehmen konterkarieren. Maßnahmen können sein:

Mustervorlage 4.15: Terminmahnung

Absender
Einschreiben/Rückschein/Per Boten[1]
An den Auftragnehmer

_________ [Ort], den __________ [Datum]

Bauvorhaben __________ [Name des Bauvorhabens]
Terminmahnung

Sehr geehrte Damen und Herren,

mit Bauvertrag vom ___________ [Datum] haben wir Sie mit der Ausführung der ___________ [Leistung] beauftragt.

in §/Ziff.* ___ [Nummer]
- ☐ dieses Bauvertrags
- ☐ der Besonderen Vertragsbedingungen
- ☐ des Verhandlungsprotokolls vom __________ [Datum]
- ☐ ___________ [Vertragsunterlage]

ist

- ☐ als Termin
  - ☐ für den Ausführungsbeginn
  - ☐ für den Beginn der ___________ [Leistung]
  - ☐ die Fertigstellung der ___________ [Leistung]
  - ☐ für die Gesamtfertigstellung

  der __________ [Datum] vorgesehen.
- ☐ vorgesehen, dass mit der
  - ☐ Bauausführung
  - ☐ Ausführung der ___________ [Leistung]

  ___ [Anzahl] Arbeitstage/Werktage/Kalendertage/Wochen/Monate* nach ___________ [Ereignis] zu beginnen ist.
- ☐ vorgesehen, dass die
  - ☐ ___________ [Leistung]
  - ☐ Gesamtleistung

  ___ [Anzahl] Arbeitstage/Werktage/Kalendertage/Wochen/Monate* nach ___________ [Ereignis] fertigzustellen ist.

---

[1] Es ist zu beachten, dass der Absender rechtserheblicher Erklärungen deren Zugang im Streitfall beweisen muss. Dieser Nachweis kann bei einem Standardbrief regelmäßig nicht geführt werden. Auch ein Telefax-Sendeprotokoll ist kein anerkannter Zugangsnachweis. Die Zustellung rechtserheblicher Erklärungen kann daher nur per Einschreiben/Rückschein oder per Boten erfolgen, wobei auch hier noch dokumentiert werden muss, welches Dokument zugestellt wird. Alternativ ist auch die Zustellung mit Empfangsbekenntnis möglich; es ist dann darauf zu achten, dass der Empfänger das Empfangsbekenntnis vollzieht und zurücksendet. Ferner ist eine Zustellung durch den Gerichtsvollzieher möglich; dies ist im regelmäßigen Geschäftsverkehr aber wenig praktikabel.

Mustervorlage 4.15: Terminmahnung (Fortsetzung)

☐ Diesen Termin haben Sie nicht eingehalten.
☐ Anhand des gegenwärtigen Bautenstands ist bereits jetzt vorhersehbar, dass Sie diesen Termin bei kontinuierlicher Fortsetzung der Bauausführung nicht einhalten können. Hintergrund ist, dass
  ☐ Arbeitskräfte
  ☐ ___________ [Geräte/Gerüste/Stoffe/Bauteile]
unzureichend sind. Das folgt aus einer Hochrechnung des zu erwartenden Bauablaufs.
_______________ [ausführliche Begründung].

Wir fordern Sie daher auf,
☐ unverzüglich, spätestens aber am __________ [Datum] mit der Bauausführung zu beginnen.
☐ unverzüglich, spätestens aber am __________ [Datum] mit der Ausführung der ___________ [Leistung] zu beginnen.
☐ die ___________ [Leistung] unverzüglich, spätestens aber am __________ [Datum] fertigzustellen.
☐ die vertraglich geschuldeten Leistungen unverzüglich, spätestens aber am __________ [Datum] fertigzustellen.
☐ die Anzahl der Arbeitskräfte auf zumindest ___ Personen zu erhöhen, damit Sie den vorbezeichneten Termin einhalten können.
☐ die Anzahl der ___________ [Geräte/Gerüste] auf zumindest ___ [Anzahl] ___________ [Geräte/Gerüste] zu erhöhen, damit Sie den vorbezeichneten Termin einhalten können.
☐ weitere ___________ [Stoffe/Bauteile] ___ [Stk./t/kg etc.] anzuliefern, sodass Sie den vorbezeichneten Termin einhalten können.

Nach fruchtlosem Ablauf der genannten Frist werden wir von Ihnen gemäß § 6 Nr. 6 VOB/B den Ersatz des nachweislich entstandenen Schadens verlangen.

☐ Außerdem werden wir den Auftrag gemäß §§ 5 Abs. 4, 8 Abs. 3 Nr. 1 VOB/B ganz oder teilweise kündigen. Im Anschluss daran werden wir den noch nicht vollendeten Teil der Leistung gemäß § 8 Abs. 3 Nr. 2 VOB/B zu Ihren Lasten durch einen Dritten ausführen lassen und Ersatz des weiteren Schadens verlangen oder gemäß § 8 Abs. 3 Nr. 2 VOB/B auf die weitere Ausführung verzichten und von Ihnen Schadensersatz wegen Nichterfüllung verlangen.
  ☐ Ferner behalten wir uns vor, bei der Fortsetzung der Arbeiten gemäß § 8 Abs. 3 Nr. 3 VOB/B Geräte, Gerüste, Baustelleneinrichtungen und angelieferte Stoffe und Bauteile gegen angemessene Vergütung in Anspruch zu nehmen.

Mit freundlichen Grüßen

* Nichtzutreffendes bitte streichen

- Einbestellung des Unternehmer-Bauleiters zum Gespräch über die Terminsituation
- in enger Abfolge getaktete Mahn- und Erinnerungstelefonate mit dem säumigen Bauunternehmen
- Aufforderung zur Vorlage einer Analyse über die Gründe der eingetretenen Verzögerungen
- bewusstes Informieren und Ansprechen mehrerer Hierarchiestufen im säumigen Bauunternehmen auf dessen unbefriedigenden Leistungsstand auf der Baustelle
- Aufforderung zur Vorlage von aktualisierten Bauablaufplänen mit Nachweis der beschleunigenden Wirkung
- Aufforderung zum Nachweis der erforderlichen Ressourcen, der Personalverstärkung, der aktuellen Leistungswerte der Geräte
- Aufforderung zu personeller Verstärkung, Ergänzung oder Ablösung von Führungspersonal auf der Baustelle
- Ausloten möglicher kostenpflichtiger Leistungsverschiebungen zwischen dem säumigen und anderen Bauunternehmen auf der Baustelle
- Angebot zur kostenpflichtigen Beistellung eigener, von anderer Stelle beschaffter zusätzlicher Ressourcen (Fremdkolonnen, Leihgeräte)
- Anordnen von gemeinsamen frühmorgendlichen Inspektionsrundgängen zusammen mit dem Unternehmer-Bauleiter zum Stand der Arbeiten und zur Abfrage des aktuellen Tagespensums

4.5.4 Unterbrechung der Ausführung

Unterbrechungen der Bauausführung scheinen auf den ersten Blick nicht so häufig vorzukommen, doch auch dafür gibt es reichlich Beispiele aus der Praxis (siehe auch Kapitel 4.3.3).

So kommt es vor, dass der Bauherr um einen partiellen Baustopp bittet, weil er sich bezüglich einiger Details noch unschlüssig ist und eine Klärung herbeiführen will. Es ist für den überwachenden Bauleiter wichtig zu wissen, dass die damit verbundenen Konsequenzen gemäß § 6 Abs. 4 und 6 VOB/B i. d. R. zulasten des Auftraggebers gehen. Das heißt, der Bauleiter sollte sorgfältig protokollieren, welche Leistungen von der Unterbrechung betroffen sind und welche tatsächlichen Erschwernisse durch diese Unterbrechung verursacht werden. Andernfalls wird er sich später schwertun, evtl. übermäßig hohe Forderungen der Bauunternehmen auf ein angemessenes Maß zu reduzieren.

Gerade der Hinweis in § 6 Abs. 3 VOB/B, dass ein Auftragnehmer *„alles zu tun [hat], was ihm billigerweise zugemutet werden kann, um die Weiterführung der Arbeiten zu ermöglichen“*, ist ein starkes Argument für den Bauherrn und seinen überwachenden Bauleiter, an die Flexibilität des Bauunternehmens zu appellieren, sodass dessen Forderungen nicht in den Himmel wachsen. Sobald die hindernden Umstände wegfallen, hat das Bauunternehmen ohne Weiteres und unverzüglich die Arbeiten wieder aufzunehmen und den Auftraggeber davon zu benachrichtigen.

Die Zeitspanne derartiger Unterbrechungen wird der Bauzeit hinzugerechnet, wobei auch ein angemessener Zeitansatz für die *„Wiederaufnahme der Arbeiten und die etwaige Verschiebung in eine ungünstigere Jahreszeit“* (§ 6

Abs. 4 VOB/B) einzukalkulieren ist. Das heißt, auch wenn ggf. aufgrund der flexiblen Einsatzplanung eines Bauunternehmens keine Zusatzkosten anfallen, so verliert der Auftraggeber zumindest die Zeit der Unterbrechung und somit ggf. verbindliche Fertigstellungstermine.

4.5.5 Beschleunigung der Ausführung

Beschleunigungen und Beschleunigungsanordnungen werden in der Praxis häufig als „rotes Tuch" empfunden. Dabei zählen Beschleunigungsmaßnahmen zum normalen Tätigkeitsfeld eines Unternehmer-Bauleiters. Denn immer dann, wenn ein eingetretener Verzug dem Verantwortungsbereich des Bauunternehmens zuzurechnen ist, wird der Unternehmer-Bauleiter prüfen, ob und wie er die verlorene Bauzeit durch einfache Beschleunigungsmaßnahmen wieder aufholen kann.

Vergleichsweise selten bestehen Beschleunigungsmaßnahmen aus einer simplen Aufstockung der Ressourcen, um einzelne Leistungen schneller ausführen zu können. Vielmehr ergeben sich andere Möglichkeiten, die ohnehin vorgesehenen Arbeitskolonnen verschiedener Gewerke intensiver nebeneinander tätig werden zu lassen, z. B. durch Umstellung der Abläufe, durch Staffelung oder Parallelisierung der Arbeiten oder durch das Ausnutzen zusätzlicher Arbeitszeitfenster. In der Regel müssen nicht flächendeckend alle Arbeiten beschleunigt werden, sondern nur wenige auf dem kritischen Weg.

Praxistipp zur Verlängerung der Arbeitszeit

Wenn der Unternehmer-Bauleiter zur Beschleunigung der Ausführung eine Verlängerung der regulären Arbeitszeit plant, so sollte er zunächst genau prüfen, welche Tätigkeiten auf der Baustelle die eigentlich kritischen sind und wie diese Tätigkeiten gezielt unterstützt werden können.

Dabei genügt es manchmal, nur eine einzige Spezialkolonne für eine Spätschicht einzurichten oder weite Teile der Anlieferungen in die Nachtstunden zu verlegen oder vorübergehend einen Schnellaufbaukran zur temporären und lokalen Entlastung zu ordern.

Der überwachende Bauleiter hat deutlich weniger Möglichkeiten, eine Beschleunigung zu erwirken. Es steht ihm offen, im Zuge gemeinsamer Beratungen mit den Bauunternehmen die vorstehend beschriebenen Ansätze zu diskutieren und die Bauunternehmen davon zu überzeugen, dass sie auf die eine oder andere Weise mit sehr einfachen und kaum Kosten produzierenden Mitteln verlorene Zeit wieder aufholen können. Insofern sollte der überwachende Bauleiter nicht auf die gemeinsame Diskussion und Auseinandersetzung mit den Bauunternehmen verzichten. Gleichzeitig gewinnt er Einsicht in die aktuelle Ressourcenlage und in die den Bauunternehmen aus eigener Sicht zur Verfügung stehenden Maßnahmen.

Diese Kenntnis ist für den überwachenden Bauleiter sehr nützlich, wenn er im Namen des Auftraggebers eine Beschleunigungsanordnung aussprechen soll. Solch eine Beschleunigungsanordnung bewirkt, dass alle damit zusammenhängenden Mehrkosten vom Auftraggeber zu vergüten sind. Das öffnet dem Auftraggeber, unbedacht ausgesprochen, eine wahre „Büchse der Pandora". Denn die vom Auftraggeber erteilte Anordnung zur Beschleunigung der Arbeiten ist für den Auftragnehmer die Aufforderung, seine Dispositionen in geeigneter Weise so zu verstärken, dass die Arbeiten schneller erledigt werden können. Dabei ist mit der Beschleunigungsanordnung keine Garantie verbunden, dass auch tatsächlich eine effektive Beschleunigung der Arbeiten erwirkt wird. Jedoch erwirbt das Bauunternehmen damit einen Anspruch auf Vergütung der zusätzlich ergriffenen Maßnahmen.

Je genauer dem überwachenden Bauleiter die Lage bekannt ist und je besser er die dem Bauunternehmen verfügbaren Maßnahmen im Vorhinein kennt, desto gezielter kann er die Beschleunigungsanordnung spezifizieren und z. B. den Einsatz einer spezialisierten Nachtschichtkolonne, eines zusätzlichen Mobilkrans oder auch einer großzügigeren Materialbelieferung anordnen, ohne damit Gründe für weitere vom Bauunternehmen behauptete Mehrkosten zu liefern.

Eine einfache Beschleunigungsanordnung für Bauleistungen, die sich objektiv gar nicht beschleunigen lassen, z. B. die Aushärtezeit von Beschichtungen, bleibt ohne Wirkung. Eine unsinnige Beschleunigungsanordnung (z. B. „Bringen Sie mehr Leute."), bei der dann das zusätzliche Personal keine Leistung entfalten kann, bringt dem Auftraggeber Zusatzkosten ohne Mehrnutzen.

Praxistipp zur Beschleunigung

Ein überwachender Bauleiter sollte es vermeiden, die Beschleunigung der Ausführung anzuordnen, wenn er nicht den konkreten Bereich, die damit zu erreichenden zeitlichen Ziele und die dafür veranschlagten zusätzlichen Ressourcen beziffern und eingrenzen kann. Dies gelingt i. d. R. erst, nachdem die möglichen Veränderungen im Arbeitsablauf eingehend mit den Bauunternehmen erörtert und gemeinsam festgehalten wurden.

Will der überwachende Bauleiter die formelle Beschleunigungsanordnung vermeiden, stehen ihm dennoch etliche Möglichkeiten der informellen Überzeugung zur Verfügung, wie sie am Ende von Kapitel 4.5.3 aufgeführt sind.

4.6 Kostenabweichungen

4.6.1 Änderung der Abrechnungsmenge

Liegt als Bauvertrag ein Einheitspreisvertrag vor, so wird die Baustelle auf Basis der tatsächlich ausgeführten Leistungsmengen, nicht jedoch auf Basis der im Vertrag genannten Ausschreibungsmengen abgerechnet. Bei diesem Vertragstyp ist also eine Abweichung der Abrechnungssumme gegenüber der Vertragssumme die Regel. Dennoch kann es für den Bauherrn finanziell belastend sein, wenn sich erst bei der Endabrechnung eine deutliche Mehrung der Mengen herausstellt und er dann eine zusätzliche Finanzierung für die Mehrkosten besorgen muss.

Da also die Abrechnungsmenge bei Verträgen nach Aufmaß nicht von vornherein feststeht, ist es Aufgabe des überwachenden Bauleiters, bereits frühzeitig einen Überblick über die voraussichtlichen Mengen zu erhalten. Hierbei kann er nur sehr eingeschränkt auf die Mithilfe des Bauunternehmens bauen. Einerseits ist das Bauunternehmen nicht dazu verpflichtet, jederzeit eine Hochrechnung der gesamten Mengen auf das Bauende anzustellen. Andererseits ist es auch gar nicht in der Lage dazu, wenn z. B. die Fachplaner des Auftraggebers die Ausführungspläne nur sukzessive und entsprechend des Baufortschritts fertigstellen und an das Bauunternehmen übergeben.

Pauschale

Häufig ist bereits fraglich, ob überhaupt eine zusätzliche oder geänderte Leistung vorliegt, oder ob der Auftragnehmer nicht ohnehin schon nach dem Vertrag verpflichtet ist, die betreffenden Leistungen auszuführen. Der Vertrag muss dazu regelmäßig ausgelegt werden. Dabei ist streng zwischen der geschuldeten Leistung einerseits und der hierfür vereinbarten Vergütung andererseits zu unterscheiden.

Der insoweit häufig falsch verstandene Begriff der „Pauschale" betrifft allein die Preisseite und stellt klar, dass die vereinbarte Vergütung unabhängig von den bei Ausführung tatsächlich anfallenden Mengen anfällt. Der Auftragnehmer erhält für die vereinbarte Leistung also immer nur den vereinbarten Pauschalpreis, egal ob er hierfür z. B. 80 m^3 oder 120 m^3 an Material benötigt.

Die Pauschale bezieht sich aber nur auf die jeweils vereinbarte Leistung: ändert sich diese und soll z. B. ein Fundament höhere Lasten aufnehmen als vertraglich vorgesehen, ist dies von der vereinbarten Pauschale nicht mehr abgedeckt. Der Auftragnehmer kann dann trotz der vereinbarten Pauschale eine zusätzliche Vergütung für die infolge der notwendigen Verstärkung zusätzlich anfallenden Betonmengen verlangen.

Ist die Leistung allerdings rein erfolgsbezogen (z. B. „eine Wasserhaltung") beschrieben, hat der Auftragnehmer alle Maßnahmen zu dem vereinbarten Pauschalpreis auszuführen, die für die funktionstaugliche Herstellung (im Beispiel eine trockene Baugrube) erforderlich sind – auch wenn er diese bei Vertragsschluss nicht voraussehen konnte. Aber auch hier gilt, dass eine nachträgliche Änderung der vereinbarten Funktion durch den Auftraggeber wiederum zu einer geänderten (Pauschal-)Vergütung führt; stellen sich die Boden- und Grundwasserverhältnisse z. B. anders als in der Ausschreibung dar und wird deswegen eine aufwendigere Wasserhaltung notwendig, kann der Auftragnehmer diesen Mehraufwand wiederum zusätzlich in Rechnung stellen.

Deshalb sollte der überwachende Bauleiter regelmäßig die planenden Architekten und Fachplaner dazu anhalten, parallel zu der Erarbeitung oder Überarbeitung der Ausführungspläne die zugehörige Mengenermittlung anzupassen, sie auf das Bauende hochzurechnen und diese aktualisierten Mengen gegenüber dem Bauherrn neu zu bestätigen. Eine akkurate Mengenermittlung ist Bestandteil der Leistungsphase 6 nach § 34 HOAI.

Falls das Ermitteln und Zusammenstellen der Mengen (Leistungsphase 6 gemäß § 34 HOAI, Anlage 11 zu § 34) nicht Teil des Auftrags des Architekten ist, fehlt dem überwachenden Bauleiter ein verlässliches Mengengerüst. Haben der Architekt und die Fachplaner die Leistungsphase 6 in ihrem Auftrag, sollte der überwachende Bauleiter durch entsprechende Festlegungen bereits im Vorhinein dafür sorgen, dass auch das Fortführen der Mengenermittlung bei fortgeschriebenen Ausführungsplänen ebenfalls zum Leistungsspektrum gehört. Der Inhalt der Leistungsphase 6 wird durch die Ergebnisse der Leistungsphase 5 bedingt. Das heißt, wenn die Ausführungsplanung fortgeschrieben oder noch einmal überarbeitet wird, obwohl schon die Mengenermittlung fertiggestellt war, ist eine erneute Anpassung der Mengenermittlung der Leistungsphase 6 erforderlich, ggf. im Rahmen einer besonderen Leistung des Architekten. Andernfalls fehlt dem überwachenden Bauleiter eine brauchbare Arbeitsgrundlage.

Planen die Architekten und Ingenieure auf der Basis eines gemeinsamen digitalen Bauwerkinformationsmodells (BIM), so ist der aktuelle Mengenauszug jederzeit verfügbar und mit einer einzigen kurzen Abfrage erledigt. Auch der Vergleich mit den Ursprungsmengen kann dann automatisiert erfolgen. Doch Vorsicht ist geboten, wenn einzelne Änderungen und Planungsbereiche nicht in das BIM eingearbeitet sind. Auch ist es hierbei i. d. R. einfacher, die Mengen des aktuellen Planungsstands mit denen eines eingangs festgelegten Referenz-Planungsstands zu vergleichen.

4.6.2 Kosten aus Leistungsänderungen

Leistungsänderungen sind nahezu tägliches Routineereignis bei komplexen Projekten. Sie wurden bereits in Kapitel 4.2 ausführlich erörtert. An dieser Stelle geht es um die kostenmäßigen Auswirkungen. Denn jede Leistungsänderung birgt in sich das Potenzial veränderter Kosten.

Häufig wird von Baulaien der Sachverhalt einer Leistungsänderung untrennbar mit Mehrkosten assoziiert. Dies ist nicht der Fall. Es gibt viele Leistungsänderungen, die keinerlei Kostenveränderung hervorrufen. Und es gibt eine Reihe von Änderungen, die Minderkosten verursachen (Mustervorlagen 4.16 bis 4.18). Dennoch gewinnt ein überwachender Bauleiter schnell den Eindruck, dass mit dem ursprünglich und vertraglich fixierten Bau-Soll genau das Kostenminimum dieser Baumaßnahme gefunden wurde und dass jegliches Abweichen davon zu Kostensteigerungen führt (siehe Abb. 4.5).

Jede Änderungsanordnung des Auftraggebers und die seinem Verantwortungsbereich zuzuordnenden Änderungen, wie z. B. nachträgliche Ergänzungen oder Korrekturen der Planer an den Ausführungsplänen, unterliegen nach § 2 Abs. 5 VOB/B der Prüfung auf geänderte Vergütung. An dieser

Mustervorlage 4.16: Reduzierung der vertraglichen Leistung

Absender
Einschreiben/Rückschein/Per Boten[1]
An den Auftragnehmer

________ [Ort], den ________ [Datum]

Bauvorhaben _______________________ [Name des Bauvorhabens]
Reduzierung der vertraglichen Leistung

Sehr geehrte Damen und Herren,

hiermit ordnen wir an, dass folgende vertraglich geschuldete Leistung nicht von Ihnen auszuführen ist: ____________ [Bezeichnung der Leistung]

Die vorgenannte Leistung

☐ entfällt ersatzlos.

☐ wird vom Bauherrn selbst übernommen.

☐ wird einem anderen Auftragnehmer übertragen.

☐ Gemäß § 2 Abs. 4 VOB/B handelt es sich hierbei um eine Teilkündigung vertraglicher Leistungen durch den Auftraggeber. Die Berechnung der Vergütungsanpassung erfolgt nach § 8 Abs. 1 Nr. 2 VOB/B.

☐ Zur Anpassung des Vertrags an den neuen Leistungsumfang werden wir Ihnen bis zum ____________ [Datum] eine Nachtragsvereinbarung vorlegen.

☐ Sollten Sie aufgrund des Wegfalls der vorbezeichneten Leistung Forderungen an den Auftraggeber stellen, melden Sie diese bitte bis zum ________ [Datum] an. Bitte beachten Sie dabei, dass die Berechnung der Ihnen zustehenden Vergütung nach § 8 Abs. 1 Nr. 2 erfolgt. Demnach steht Ihnen die vereinbarte Vergütung zu. Davon wird jedoch abgezogen, was Sie infolge der Reduzierung der Leistungen an Kosten einsparen oder durch anderweitige Verwendung Ihrer Arbeitskraft und Ihres Betriebs erwerben oder zu erwerben böswillig unterlassen. Das Gesetz geht in § 649 BGB davon aus, dass Ihnen insoweit 5 % der vereinbarten Vergütung zustehen.

Mit freundlichen Grüßen

____

[1] Es ist zu beachten, dass der Absender rechtserheblicher Erklärungen deren Zugang im Streitfall beweisen muss. Dieser Nachweis kann bei einem Standardbrief regelmäßig nicht geführt werden. Auch ein Telefax-Sendeprotokoll ist kein anerkannter Zugangsnachweis. Die Zustellung rechtserheblicher Erklärungen kann daher nur per Einschreiben/Rückschein oder per Boten erfolgen, wobei auch hier noch dokumentiert werden muss, welches Dokument zugestellt wird. Alternativ ist auch die Zustellung mit Empfangsbekenntnis möglich; es ist dann darauf zu achten, dass der Empfänger das Empfangsbekenntnis vollzieht und zurücksendet. Ferner ist eine Zustellung durch den Gerichtsvollzieher möglich; dies ist im regelmäßigen Geschäftsverkehr aber wenig praktikabel.

Mustervorlage 4.17: Nachtragsforderungen wegen Reduzierung des Leistungsumfangs

Absender

Einschreiben/Rückschein/Per Boten[1]

An den Auftragnehmer

________ [Ort], den ________ [Datum]

Bauvorhaben ________________________ [Name des Bauvorhabens]

Nachtragsforderungen wegen Reduzierung des Leistungsumfangs

Sehr geehrte Damen und Herren,

☐ mit Schreiben
☐ in der Baubesprechung
☐ in dem Gespräch/Telefongespräch

vom __________ [Datum]

☐ haben wir den vertraglich vereinbarten Leistungsumfang um die __________ [Bezeichnung der aus dem Vertrag herausgenommenen Leistung] reduziert.
☐ haben wir Ihnen mitgeteilt, dass wir die __________ [Bezeichnung der aus dem Vertrag herausgenommenen Leistung] an einen anderen Unternehmer vergeben haben.
☐ haben wir Ihnen mitgeteilt, dass wir die __________ [Bezeichnung der aus dem Vertrag herausgenommenen Leistung] selbst ausführen werden.

Sie haben daraufhin mit Schreiben vom __________ [Datum] eine Anpassung der Vergütung als Nachtragsforderung verlangt. Dieser Anspruch besteht

☐ nicht.
☐ allenfalls teilweise.

[1] Es ist zu beachten, dass der Absender rechtserheblicher Erklärungen deren Zugang im Streitfall beweisen muss. Dieser Nachweis kann bei einem Standardbrief regelmäßig nicht geführt werden. Auch ein Telefax-Sendeprotokoll ist kein anerkannter Zugangsnachweis. Die Zustellung rechtserheblicher Erklärungen kann daher nur per Einschreiben/Rückschein oder per Boten erfolgen, wobei auch hier noch dokumentiert werden muss, welches Dokument zugestellt wird. Alternativ ist auch die Zustellung mit Empfangsbekenntnis möglich; es ist dann darauf zu achten, dass der Empfänger das Empfangsbekenntnis vollzieht und zurücksendet. Ferner ist eine Zustellung durch den Gerichtsvollzieher möglich; dies ist im regelmäßigen Geschäftsverkehr aber wenig praktikabel.

ustervorlage 4.17: Nachtragsforderungen wegen Reduzierung des Leistungsumfangs (Fortsetzung)

☐ Bislang haben Sie kein prüfbares Nachtragsangebot vorgelegt, in dem die ersparten Kosten nach Maßgabe der Urkalkulation des Hauptvertrags angesetzt wurden. Es steht Ihnen frei, dieses nachzureichen. Bis zur Vorlage eines prüfbaren Nachtragsangebots können wir in dieser Sache nichts für Sie tun.

☐ Wir haben Ihr Nachtragsangebot geprüft und festgestellt, dass dieses überhöht/nicht prüfbar* ist.

- ☐ Sie verlangen (gemäß § 8 Abs. 1 Nr. 2 VOB/B) die vereinbarte Vergütung abzüglich ersparter Kosten.
  - ☐ Die vertraglich vereinbarte Vergütung wurde hierbei zu hoch angesetzt. Zutreffend wäre:

    ____

    [anzusetzende Vergütung]
  - ☐ Die ersparten Kosten wurden hierbei zu niedrig angesetzt. Zutreffend wäre:

    ____

    [anzusetzende Kosten]
- ☐ Bei der Ermittlung Ihrer Ansprüche sind Sie nicht von der vertraglich vereinbarten Vergütung, sondern von dem – infolge der Selbstübernahme/Teilkündigung – entgangenen Deckungsbeitrag ausgegangen. Das ist möglich und zulässig. Sie haben es hierbei aber versäumt, den Deckungsbeitrag anhand von und auf der Grundlage der vertraglichen Urkalkulation des Hauptvertrags zu berechnen und nachzuweisen.

Es steht Ihnen allerdings frei, Ihr Nachtragsangebot zu ändern und erneut einzureichen.

☐ Sie haben keinerlei Bemühungen erkennen lassen, sich selbstständig einen entsprechenden Ersatzerwerb zu verschaffen (Bewerbungen um andere Aufträge), obwohl Sie dazu verpflichtet und in der Lage gewesen wären.

Mit freundlichen Grüßen

____

* Nichtzutreffendes bitte streichen.

Mustervorlage 4.18: Nachtragsvereinbarung über Leistungsreduzierung durch den Auftraggeber

Abrechnung
Nachträge zum Bauvertrag

Vorgang: **Nachtragsvereinbarung wegen Übernahme vertraglicher Leistungen durch den Auftraggeber (§ 2 Abs. 4 VOB/B)**

Bauvorhaben:
Bauabschnitt:
Auftraggeber:
Auftrag/Vertrag vom:

Nachtragsvereinbarung
Leistungsreduzierung durch den Auftraggeber

Auf der Grundlage des Vertrags vom ________________

zwischen dem Auftraggeber ____________________________

____

und dem Auftragnehmer ____________________________

____

wird Folgendes vereinbart:

Die nachfolgend genannten Leistungen entfallen:

1. Leistung: ____

____

anteilige Vergütung: _____________ EUR

2. Leistung: ____

____

anteilige Vergütung: _____________ EUR

3. Leistung: ____

____

anteilige Vergütung: _____________ EUR

Der Auftragnehmer verlangt – und begründet dies für den Auftraggeber prüf- und nachvollziehbar – die auf die weggefallenen Leistungen entfallende Vergütung abzüglich der ersparten Kosten.

(Seite 2)

ustervorlage 4.18: Nachtragsvereinbarung über Leistungsreduzierung durch den Auftraggeber (Fortsetzung)

Abrechnung
Nachträge zum Bauvertrag

Vorgang: **Nachtragsvereinbarung wegen Übernahme vertraglicher Leistungen durch den Auftraggeber (§ 2 Abs. 4 VOB/B)**

Der berechtigte Anspruch des Auftragnehmers auf Vergütung abzüglich der ersparten Kosten beträgt in:

1. Leistung: ______________ EUR

2. Leistung: ______________ EUR

3. Leistung: ______________ EUR

(Berechnung und Nachweise siehe Anlage)

Nach Einrechnung der entfallenen Leistungen und der berechtigten Ansprüche des Auftragnehmers ergibt sich folgende neue vertragliche Vergütung:

ursprüngliche vertragliche Vergütung: ______________ EUR

./. entfallene Leistungen: ______________ EUR

+ Vergütung abzüglich ersparter Kosten: ______________ EUR

neue vertragliche Vergütung: ______________ EUR

Die Parteien sind sich darüber einig, dass die Vertragsfristen sich infolge der weggefallenen Leistungen

☐ nicht ändern.
☐ folgendermaßen ändern:
Ausführungsbeginn: ______________ [Datum]
Fertigstellung der ________________ [Leistung]: ______________ [Datum]
Fertigstellung der ________________ [Leistung]: ______________ [Datum]
Gesamtfertigstellung: ______________ [Datum]
Bei den vorbezeichneten Terminen handelt es sich um Vertragsfristen, auf die die in §/Ziff.* ___ [Nummer] des Bauvertrags vom __________ [Datum] vereinbarte Vertragsstrafe Anwendung findet.
☐ Die verbleibenden Vertragsfristen bleiben unberührt.

Ort, Datum: ________________ Ort, Datum: ________________

__________________________ __________________________
Auftraggeber Auftragnehmer

* Nichtzutreffendes bitte streichen.

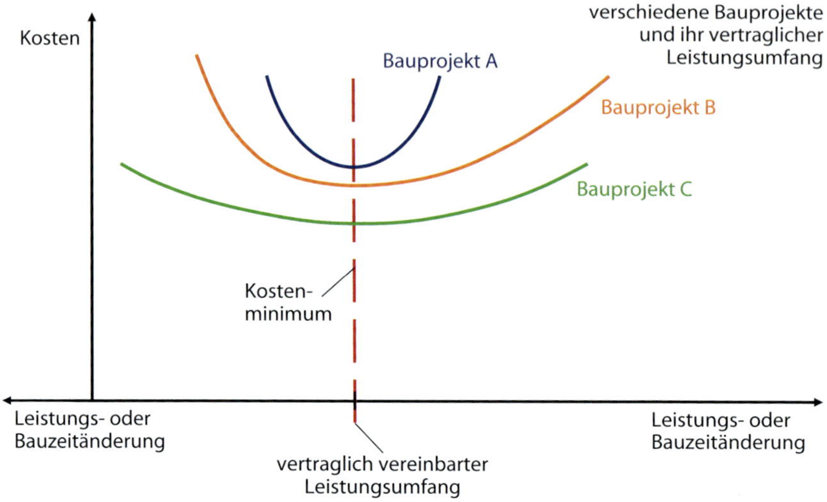

Abb. 4.5: Typische Kostenentwicklung bei nachträglichen Änderungen

Stelle können aber schon viele der Mehrkostenforderungen eines Bauunternehmens abgewiesen werden. Denn auch die Grundlagen des Preises für die im Vertrag vorgesehene Leistung müssen sich geändert haben. So führt eine rechtzeitige Änderung des Türanschlags von links auf rechts nicht zur Änderung der Grundlagen des Preises, es sei denn, die Tür sei mittlerweile bestellt worden und befände sich in der Fertigungsvorbereitung.

Haben sich also die Grundlagen des Preises geändert – und dies muss derjenige belegen, der die Preisänderung verlangt –, so sind die damit verbundenen Mehr- und Minderkosten auf Basis des ursprünglichen Bauvertrags zu ermitteln und gegenüberzustellen. Auch hierbei stellt sich in vielen Fällen bei genauerem Hinsehen heraus, dass den nachgewiesenermaßen auftretenden Mehrkosten auch Minderkosten an anderer, manchmal versteckter Stelle gegenüberstehen, die die tatsächlichen mit der Änderung verursachten Mehrkosten auf ein erträgliches Maß reduzieren (Mustervorlage 4.19).

Die vorangegangenen Ausführungen sollen nicht den Blick darauf verstellen, dass den Bauunternehmen gerade durch Änderungen des Bauherrn häufig erhebliche Mehrkosten entstehen, die allerdings weniger in den einzelnen Material- und Sachkosten begründet sind als vielmehr darin, dass eingespielte Abläufe unterbrochen werden, dass zusätzlicher Koordinierungsaufwand im Zuge des Austauschs überholter gegen aktuelle Pläne entsteht, dass vormals ausreichende Vorbereitungsarbeit nun vergebens war und dass ehemals verfügbare Dispositionszeit durch kurzfristige Anordnungen verloren ist.

Zulieferer kennen ebenso wenig wie die stationäre Industrie das Mittel der Änderungsanordnung. Dort führt die Änderung eines Auftrags zu einer kostenpflichtigen Stornierung, verbunden mit einer Neubestellung unter aktuellen Bedingungen und mit neuer Lieferzeit. Auch Bauprozesse funktionieren nicht gänzlich anders. Dennoch ist es meist für die Bauunternehmen sehr schwierig und aufwendig, den Nachweis der exakten (Mehr- und Minder-)Kosten zu führen.

Mustervorlage 4.19: Nachtrag Bauvertrag – Anpassung wegen Mengenüberschreitung

Absender

Einschreiben/Rückschein/Per Boten[1]

An den Auftragnehmer

_________ [Ort], den _________ [Datum]

Bauvorhaben _______________________________ [Name des Bauvorhabens]

Nachtrag zum Bauvertrag: Anpassung Einheitspreis wegen Mengenüberschreitung

Sehr geehrte Damen und Herren,

Ihre Abschlagsrechnung/Schlussrechnung* Nr. ___ vom _________ [Datum] haben wir geprüft und dabei festgestellt, dass es in einigen Positionen zu einer Mengenüberschreitung gekommen ist. Von der Mengenüberschreitung sind folgende Positionen des Einheitspreis-Leistungsverzeichnisses vom __________ [Datum] betroffen:

Nr.	Position	Leistung	Menge gemäß Leistungsverzeichnis	abgerechnete Menge	Abweichung in Prozent
1.					
2.					
3.					

§ 2 Abs. 3 Nr. 2 VOB/B bestimmt für den Fall einer Mengenüberschreitung, dass ein neuer Einheitspreis unter Berücksichtigung der Mehr- und Minderkosten zu vereinbaren ist. Dabei ist insbesondere der Umstand zu berücksichtigen, dass die Baustelleneinrichtungs- und Baustellen-

[1] Es ist zu beachten, dass der Absender rechtserheblicher Erklärungen deren Zugang im Streitfall beweisen muss. Dieser Nachweis kann bei einem Standardbrief regelmäßig nicht geführt werden. Auch ein Telefax-Sendeprotokoll ist kein anerkannter Zugangsnachweis. Die Zustellung rechtserheblicher Erklärungen kann daher nur per Einschreiben/Rückschein oder per Boten erfolgen, wobei auch hier noch dokumentiert werden muss, welches Dokument zugestellt wird. Alternativ ist auch die Zustellung mit Empfangsbekenntnis möglich; es ist dann darauf zu achten, dass der Empfänger das Empfangsbekenntnis vollzieht und zurücksendet. Ferner ist eine Zustellung durch den Gerichtsvollzieher möglich; dies ist im regelmäßigen Geschäftsverkehr aber wenig praktikabel.

Mustervorlage 4.19: Nachtrag Bauvertrag – Anpassung wegen Mengenüberschreitung (Fortsetzung)

gemeinkosten nicht bzw. nicht in gleichem Maße anwachsen, wie die Einzelkosten der Teilleistung, und sich auf die erhöhte Menge verteilen lassen. Dies führt zu einer Verringerung des Einheitspreises.

☐ Aus diesem Grund möchten wir Sie bitten, für die vorbezeichneten Positionen ein Nachtragsangebot unter Berücksichtigung der infolge der Mengenüberschreitung entstandenen Ersparnis zur Verfügung zu stellen, das auf die über 110 % der ausgeschriebenen Menge hinausgehende Menge anzuwenden ist. Grundlage hierfür ist die Urkalkulation des Hauptvertrags.

☐ Tatsächlich hat die Mengenmehrung zu keinerlei Erhöhung bei den Baustelleneinrichtungs- und Baustellengemeinkosten geführt. Für die über 110 % der ausgeschriebenen Menge hinausgehende Menge sind die Baustelleneinrichtungs- und Baustellengemeinkosten daher aus dem Einheitspreis herauszunehmen. Auf der Grundlage der uns vorliegenden Urkalkulation haben wir festgestellt, dass in die vorbezeichnete Position Baustelleneinrichtungs- und Baustellengemeinkosten von

☐ ___ [Prozentsatz] %

☐ EUR ___ [Betrag]

enthalten sind. Auf die über 110 % der ausgeschriebenen Menge hinausgehende Menge ist daher ein geringerer Einheitspreis von EUR ___ [Betrag]/___ [Einheit] anzuwenden. Wir haben die o. g. Abschlagsrechnung/Schlussrechnung* entsprechend gekürzt.

Mit freundlichen Grüßen

____

* Nichtzutreffendes bitte streichen.

4.6.3 Nachträge

Mehrkosten aus Leistungsänderungen, üblicherweise als Nachträge bezeichnet, stellen ein großes Risiko für Bauherren dar. Bei der Bewertung von Nachtragspotenzial spielen mehrere Faktoren eine Rolle. So können Nachträge entstehen aus:

(1) Anordnungen des Bauherrn zu Leistungsänderungen (siehe Kapitel 4.2.1)
(2) vom Auftraggeber genehmigten Änderungswünschen des Architekten (siehe Kapitel 4.2.4)
(3) vom Auftraggeber akzeptierten Änderungswünschen der Fachplaner
(4) vom Auftraggeber genehmigten Alternativvorschlägen des Bauunternehmens (siehe Kapitel 4.2.6)
(5) vom Auftraggeber zu vertretenden Behinderungen in der Bauausführung (siehe Kapitel 4.3.2 und 4.3.3)
(6) angeordneten Stundenlohnarbeiten (siehe Kapitel 4.2.5)
(7) vom Auftragnehmer erkannten Unvollständigkeiten in der Leistungsbeschreibung des Bauvertrags (siehe Kapitel 4.2.1)
(8) Bedenkenanmeldungen gegen vom Auftraggeber zu vertretende Ausführungsanweisungen (siehe Kapitel 4.3.1)
(9) geänderten Rahmenbedingungen (siehe Kapitel 4.2.2)
(10) weder vom Auftraggeber noch vom Auftragnehmer zu vertretenden Behinderungen während der Bauausführung, wie Streik (siehe Kapitel 4.4.3) und höhere Gewalt (siehe Kapitel 4.4.4)

Analysiert man die vorstehende Aufzählung der möglichen Ursachen für Nachträge, so lassen sich folgende Besonderheiten zusammenfassen:

- Die Ursachen (1) bis (4) betreffen Leistungsänderungen, deren Zustandekommen ohne die vorherige Genehmigung oder Entscheidung des Bauherrn nicht möglich ist.
- Die Ursachen (5) bis (9) betreffen Leistungsänderungen, die voraussetzen, dass die ursprüngliche, im Auftrag des Bauherrn erstellte Beschreibung des Bau-Solls unvollständig oder fehlerhaft war.
- Die Ursache (10) ist für den Bauherrn nur Begründung der Verlängerung der zugestandenen Bauausführungszeit, nicht aber der dem Bauunternehmen dadurch entstehenden Mehrkosten.

Würde der Auftraggeber also eine vollständige und widerspruchsfreie Leistungsbeschreibung mit erschöpfenden Detailangaben erstellen und dann während der Bauzeit unerreichbar in Urlaub fahren, so wäre er theoretisch gegen Mehrkosten aus Nachträgen gefeit.

Doch in der Praxis sind Ursachen für Leistungsänderungen häufig Konsequenzen, die ein Bauherr aus geänderten Rahmenbedingungen ziehen muss. Dabei beziehen sich diese Rahmenbedingungen vielfach auf Veränderungen weit außerhalb der eigentlichen Baustelle, nämlich aus dem Bereich der vorgesehenen Funktionen oder der Nutzung des Bauwerks.

Beispielsweise stehen Projekte im Industriebau unter großem Druck, dass sie den modernsten Anforderungen an eine neue Produktionslinie gerecht werden. Erfordert die Reaktion auf die Marktbedingungen, dass diese Produktionslinie noch während der Bauphase auf die neuen Anforderungen umgestellt wird, so kann das schnell zu gravierenden Eingriffen in das gesamte Bauprojekt führen. Hier wird dann gelegentlich deutlich, dass die Kosten des Bauprojekts im Verhältnis zur Betriebsphase nur einen geringen Teil, teilweise weniger als 5 % ausmachen.

Auch im Gewerbebau sind häufige und umfangreiche Konzeptänderungen an der Tagesordnung.

Beispiel

> Ein großer deutscher Projektentwickler von Shoppingcentern stellt ganz bewusst die Vermietung der lukrativsten Flächen in einem neuen Einkaufszentrum bis spät in die Bauendphase zurück, um dann, nach Platzierung der übrigen Mieter, für diese hochwertigen Flächen eine noch höhere Miete aushandeln zu können. Im Rahmen dieser späten Vermietung kommt es dann gelegentlich zu umfangreichen Planänderungen und Eingriffen in den Rohbau, beispielsweise durch den nachträglichen Einbau einer separaten Abluftanlage. Auch hierbei sind die mit der Leistungsänderung verbundenen Kosten aus dem Blickwinkel des Bauherrn deutlich kleiner als die durch die Änderungsmaßnahme erzielbaren zusätzlichen Mieteinnahmen.

Neben den Mustervorlagen 4.20, 4.21 und 4.22 sei hier auch auf die Mustervorlagen 3.2, 4.1 und 4.2 verwiesen.

Es soll nicht unerwähnt bleiben, dass Bauunternehmen dem Auftraggeber teilweise Nachträge anmelden, weil sie fälschlicherweise davon ausgehen, dass bestimmte Leistungen nicht vom Leistungsumfang des Vertrags abgedeckt sind. Erst bei näherer Ausarbeitung der Nachtragsangebote entfällt dann der eine oder andere Nachtrag kommentarlos. Eine kritische Prüfung aller Nachträge ist nicht nur aus diesem Grund stets angebracht.

Hinsichtlich der Beschreibung dieses Prozesses sei auf Kapitel 6.4 verwiesen.

4.6.4 Kosten aus Bauzeitverzögerung

Der Nachweis der Kosten aus Bauzeitverzögerung gehört zur „hohen Schule" der baubetrieblichen Nachweisführung. Dabei haben sich in den letzten Jahrzehnten einige Regeln herausgebildet, die durch hoch- und höchstrichterliche Entscheidungen von deutschen Gerichten geprägt sind. Diese Zusammenhänge darzustellen würde an dieser Stelle den Umfang sprengen. Die grundsätzliche Klassifizierung der Bauablaufstörungen ist in Kapitel 7.3 beschrieben. Im Folgenden wird dem Aspekt der Kosten aus Bauzeitverzögerungen nachgegangen.

Grundlage für den Nachweis der Kosten aus Bauzeitverzögerungen ist eine gewissenhafte Dokumentation der Abläufe vor Ort, aus der sich später die Kosten und anderen Konsequenzen aus den Änderungen rekonstruieren lassen. Ferner ist ohne eine ausreichend detaillierte Urkalkulation kein Vergleich mit den aus den geänderten Anordnungen resultierenden Mehr- oder Minderkosten möglich.

Mustervorlage 4.20: Beauftragung zusätzlicher Leistungen

Absender

Einschreiben/Rückschein/Per Boten[1]

An den Auftragnehmer

_________ [Ort], den ________ [Datum]

Bauvorhaben _________________________________ [Name des Bauvorhabens]
Beauftragung zusätzlicher Leistungen

Sehr geehrte Damen und Herren,

mit Vertrag vom __________ [Datum] haben wir Sie mit der Ausführung o. g. Leistungen beauftragt. Vertragsgrundlage ist die VOB/B. In § 1 Abs. 4 VOB/B ist vorgesehen, das der Auftragnehmer nicht vereinbarte Leistungen, die zur Ausführung der vertraglichen Leistung erforderlich sind, und auf deren Ausführung der Betrieb des Auftragnehmers eingerichtet ist, auszuführen hat. Zur Ausführung der vertraglich geschuldeten Leistungen ist _______________ [Leistung] erforderlich, deren Ausführung wir hiermit anordnen.

- ☐ Es handelt sich hierbei um zusätzlich zum vertraglich geschuldeten Leistungsumfang zu erbringende Leistungen. Dies hat gemäß § 2 Abs. 6 VOB/B zur Folge, dass Sie Anspruch auf zusätzliche Vergütung haben. Zur Anpassung des Vertrags an den neuen Leistungsumfang bzw. an den neuen Bauzeitplan und an die zusätzliche Vergütung werden wir Ihnen kurzfristig eine Nachtragsvereinbarung vorlegen.
- ☐ Soweit Sie aufgrund der Anordnung zur Ausführung zusätzlicher Leistungen eine zusätzliche Vergütung beanspruchen, möchten wir Sie bitten, unverzüglich, spätestens aber bis zum __________________ [Datum], ein prüfbares Nachtragsangebot vorzulegen.
  - ☐ Dabei ist zu berücksichtigen, dass die zusätzliche Vergütung nach Maßgabe der Urkalkulation des Hauptvertrags zu berechnen ist. Demnach sind die Kalkulationsansätze (z. B. Lohnniveau, Gemeinkostensätze, Wagnis- und Gewinnansatz, Nachlass) bei der Kalkulation der zusätzlichen Leistung zu übernehmen. Zum Nachweis der Berechtigung Ihrer Vergütungsansprüche fordern wir Sie auf,
    - ☐ am ___________ [Datum] um _______ [Uhrzeit] in unseren Geschäftsräumen zu erscheinen, um die hier verschlossen hinterlegte Urkalkulation des Hauptvertrags gemeinsam zu öffnen.
    - ☐ Ihre Urkalkulation des Hauptvertrags bis zum ___________ [Datum] offenzulegen.

Mit freundlichen Grüßen

____

[1] Es ist zu beachten, dass der Absender rechtserheblicher Erklärungen deren Zugang im Streitfall beweisen muss. Dieser Nachweis kann bei einem Standardbrief regelmäßig nicht geführt werden. Auch ein Telefax-Sendeprotokoll ist kein anerkannter Zugangsnachweis. Die Zustellung rechtserheblicher Erklärungen kann daher nur per Einschreiben/Rückschein oder per Boten erfolgen, wobei auch hier noch dokumentiert werden muss, welches Dokument zugestellt wird. Alternativ ist auch die Zustellung mit Empfangsbekenntnis möglich; es ist dann darauf zu achten, dass der Empfänger das Empfangsbekenntnis vollzieht und zurücksendet. Ferner ist eine Zustellung durch den Gerichtsvollzieher möglich; dies ist im regelmäßigen Geschäftsverkehr aber wenig praktikabel.

Mustervorlage 4.21: Nachtragsforderung wegen zusätzlicher Leistungen

Absender

Einschreiben/Rückschein/Per Boten[1]

An den Auftragnehmer

___________ [Ort], den _________ [Datum]

Bauvorhaben ____________________________ [Name des Bauvorhabens]

Zurückweisung der Nachtragsforderung wegen zusätzlicher Leistungen

Sehr geehrte Damen und Herren,

mit Schreiben vom _________ [Datum] verlangen Sie eine Vergütung für ______________________ [Bezeichnung der zusätzlichen Leistung]. Zur Begründung haben Sie darauf hingewiesen, dass

- ☐ wir mit Schreiben vom __________ [Datum] festgelegt hätten,
- ☐ Frau/Herr ____________ [Name] am __________ [Datum] festgelegt hätte,
- ☐ in dem Plan ____________ [Plan] vorgesehen ist,

dass zusätzlich zu den vertraglich geschuldeten Leistungen ____________ [Bezeichnung der vermeintlich zusätzlichen Leistung] zur Ausführung kommen soll, mit der Folge, dass Sie einen Anspruch auf zusätzliche Vergütung haben. Das ist nicht zutreffend.

- ☐ Die
  - ☐ mit Schreiben vom _________ [Datum] festgelegte
  - ☐ am __________ [Datum] festgelegte
  - ☐ im Plan ____________ [Plan] vorgesehene

  Leistung gehört zum vertraglich geschuldeten Leistungsumfang. ____________ [Begründung]
- ☐ Es wäre Ihre Pflicht gewesen, gemäß § 2 Abs. 6 Nr. 1 VOB/B den Anspruch auf besondere Vergütung dem Auftraggeber anzukündigen, *bevor* Sie mit der Ausführung der Leistungen beginnen. Dies haben Sie versäumt. Hätten wir gewusst, dass Sie für diese Leistung eine zusätzliche Vergütung beanspruchen,
  - ☐ hätten wir von der Ausführung der Leistung Abstand genommen.
  - ☐ hätten wir die Fa. _________ [Name] mit der Ausführung der Leistung beauftragt. Diese hat uns diese Leistung zum Preis von EUR ___ [Betrag], also wesentlich günstiger angeboten. Ihr Vergütungsanspruch ist daher auf diesen Betrag beschränkt.

---

[1] Es ist zu beachten, dass der Absender rechtserheblicher Erklärungen deren Zugang im Streitfall beweisen muss. Dieser Nachweis kann bei einem Standardbrief regelmäßig nicht geführt werden. Auch ein Telefax-Sendeprotokoll ist kein anerkannter Zugangsnachweis. Die Zustellung rechtserheblicher Erklärungen kann daher nur per Einschreiben/Rückschein oder per Boten erfolgen, wobei auch hier noch dokumentiert werden muss, welches Dokument zugestellt wird. Alternativ ist auch die Zustellung mit Empfangsbekenntnis möglich; es ist dann darauf zu achten, dass der Empfänger das Empfangsbekenntnis vollzieht und zurücksendet. Ferner ist eine Zustellung durch den Gerichtsvollzieher möglich; dies ist im regelmäßigen Geschäftsverkehr aber wenig praktikabel.

Mustervorlage 4.21: Nachtragsforderung wegen zusätzlicher Leistungen (Fortsetzung)

- ☐ hätten wir eine preiswertere Alternative gewählt. ____________ [Beschreibung der Alternative] Dadurch wären wesentlich geringere Kosten von EUR ___ [Betrag] entstanden. Das folgt aus _________ [Nachweis]. Ihr Vergütungsanspruch ist daher auf diesen Betrag beschränkt.

☐ Bei den von Ihnen als zusätzliche Leistung bezeichneten Leistungen handelt es sich um eine Mengenmehrung. Hierfür erfolgt die Anpassung der Vergütung ggf. nach § 2 Abs. 3 Nr. 2 VOB/B.[2]

☐ Bei den von Ihnen als zusätzliche Leistung bezeichneten Vorgängen handelt es sich um eine Mengenmehrung. Dies hat jedoch nicht zur Folge, dass sich die Vergütung ändert, da wir einen Pauschalpreisvertrag geschlossen haben, bei dem der Auftragnehmer das Mengenrisiko trägt.[3]

☐ Eine entsprechende Anordnung durch Frau/Herrn* __________ [Name] können wir nicht bestätigen. Frau/Herr* __________ [Name] hat auch
- ☐ keine Vollmacht, Leistungen in unserem Namen zu beauftragen oder in Abweichung vom Vertrag ausführen zu lassen.
- ☐ nur Vollmacht zur Auslösung von Aufträgen über geänderte bzw. zusätzliche Leistungen bis zu einem Betrag von maximal EUR __________ [Betrag].

Der zusätzlich zum Bauvertrag erbrachten Leistung lag daher keine entsprechende Anordnung des Auftraggebers nach § 1 Abs. 4 VOB/B zugrunde.

☐ Bei der von Ihnen als zusätzliche Leistung bezeichneten Leistung handelt es sich um eigenmächtige Abweichungen Ihrerseits von der vertraglich vereinbarten Leistung.
- ☐ Wir fordern Sie unter Berufung auf § 2 Abs. 8 Nr. 1 VOB/B und unter gleichzeitiger Androhung der dort genannten Folgen unverzüglich auf, diese Leistung zurückzubauen.

Im Ergebnis können wir daher einen Anspruch auf zusätzliche Vergütung nicht/nur teilweise* anerkennen.

☐ Überdies haben Sie bislang kein prüfbares Nachtragsangebot vorlegt. Es steht Ihnen frei, dieses nachzureichen.
- ☐ Dabei ist zu berücksichtigen, dass die zusätzliche Vergütung nach Maßgabe der Urkalkulation des Hauptvertrags zu berechnen ist. Demnach sind die Kalkulationsansätze (z. B. Lohnniveau, Gemeinkostensätze, Wagnis- und Gewinnansatz, Nachlass) bei der Kalkulation der zusätzlichen Leistung zu übernehmen.
- ☐ Zum Nachweis der Berechtigung Ihrer Vergütungsansprüche fordern wir Sie auf,
  - ☐ am ____________ [Datum] um _______ [Uhrzeit] in unseren Geschäftsräumen zu erscheinen, um die hier verschlossen hinterlegte Urkalkulation des Hauptvertrags gemeinsam zu öffnen.
  - ☐ Ihre Urkalkulation des Hauptvertrags bis zum ___________ [Datum] offenzulegen.

Bis zur Vorlage eines prüfbaren Nachtragsangebots können wir in dieser Sache nichts für Sie tun.

☐ Überdies haben wir Ihr Nachtragsangebot geprüft und festgestellt, dass dieses überhöht ist. ____________ [Begründung] Es steht Ihnen allerdings frei, Ihr Nachtragsangebot zu ändern und erneut einzureichen.

Mit freundlichen Grüßen

____

* Nichtzutreffendes bitte streichen.

[2] Diese Alternative gilt nur für den Einheitspreisvertrag.
[3] Diese Alternative gilt nur für den Pauschalpreisvertrag.

Mustervorlage 4.22: Nachtragsvereinbarung über zusätzliche Leistung

Abrechnung
Nachträge zum Bauvertrag

Vorgang: **Nachtragsvereinbarung wegen Beauftragung zusätzlicher Leistungen durch den Auftraggeber (§ 2 Abs. 6 VOB/B)**

Bauvorhaben:
Bauabschnitt:
Auftraggeber:
Auftrag/Vertrag vom:

Nachtragsvereinbarung
zusätzliche Leistung

Auf der Grundlage des Vertrags vom ________________

zwischen dem Auftraggeber ______________________________

____

und dem Auftragnehmer ______________________________

____

wird Folgendes vereinbart:

Der Auftraggeber hat die Ausführung der folgenden Leistung angeordnet.

____

Dabei handelt es sich um eine zusätzliche Leistung. Diese Leistungen sind zur Ausführung der vertraglich vereinbarten Leistung erforderlich; der Betrieb des Auftragnehmers ist auf die Ausführung dieser Leistungen eingerichtet.
Die Berechnung der Vergütung für diese zusätzliche Leistung erfolgte gemäß § 2 Abs. 6 Nr. 2 VOB/B auf der Grundlage der Preisermittlung für die vertragliche Leistung und unter Berücksichtigung der besonderen Kosten der geforderten Leistung (Preisermittlung siehe Anlage).

Folgende Vergütung wird vereinbart:

☐

OZ	Menge	Leistung	Einheitspreis	Gesamtpreis

☐ Pauschalpreis: ______________________________ Euro

zusätzliche Vergütung: ______________________________ Euro

neuer Pauschalpreis: ______________________________ Euro

Mustervorlage 4.22: Nachtragsvereinbarung über zusätzliche Leistung (Fortsetzung)

Abrechnung
Nachträge zum Bauvertrag

Vorgang: **Nachtragsvereinbarung wegen Beauftragung zusätzlicher Leistungen durch den Auftraggeber (§ 2 Abs. 6 VOB/B)**

Die Parteien sind sich darüber einig, dass die Vertragsfristen sich infolge der Ausführung der zusätzlichen Leistung

☐ nicht ändern.
☐ folgendermaßen ändern:
Ausführungsbeginn: ____________ [Datum]
Fertigstellung der __________________ [Leistung] am ____________ [Datum]
Fertigstellung der __________________ [Leistung] am ____________ [Datum]
Gesamtfertigstellung: ____________ [Datum]
Bei den vorbezeichneten Terminen handelt es sich um Vertragsfristen, auf die die in §/Ziff.* ___ [Nummer] des Bauvertrags vom __________ [Datum] vereinbarte Vertragsstrafe Anwendung findet.
☐ Die verbleibenden Vertragsfristen bleiben unberührt.

Ort, Datum: ________________ Ort, Datum: ________________

_________________________ _________________________
Auftraggeber Auftragnehmer

* Nichtzutreffendes bitte streichen.

Basis der aktualisierten Kostenermittlung sind die Urkalkulation und die aus der Änderung demgegenüber resultierenden Mehr- oder Minderkosten, die bei der Vereinbarung eines neuen Preises zu berücksichtigen sind (§ 2 Abs. 5 VOB/B).

Für die unter geänderten Umständen anzusetzenden Kosten liegen i. d. R. keine Vergleichspreise vor. Denn welcher Bauherr würde schon vor Baubeginn abfragen, wie sich die Kosten z. B. einer Maurerleistung verändern, wenn diese statt regulär in 4 Wochen nun in 6 Wochen inkl. 2 Wochen Unterbrechung ausgeführt würde, oder in 8 Wochen bei halbierter Tagesleistung, oder in 3 Wochen bei Aufstockung der Kolonne um 33 %. Sofern dem überwachenden Bauleiter im Vorhinein die detaillierten Einsatzpläne übergeben wurden, kann er zumindest die objektiven Fakten festhalten, die sich durch eine Änderung ergeben, und die kostenrelevant sein könnten.

Bei der Ermittlung von Mehrkosten kommt es darauf an, die Auswirkung der Änderungen auf die Kosten nachzuweisen. Hierbei sind die jeweiligen Ursachen ihren Auswirkungen detailliert gegenüberzustellen. Dabei ist genau festzuhalten, in welcher Reihenfolge und zu welchem Zeitpunkt welches Ereignis eingetreten ist.

Beispiel

> Ein Bauherr ordnet an, einen anderen, preisgleichen Fenstertyp einzubauen. Dies führt dann zu Mehrkosten, wenn das Bauunternehmen die geplanten Fenster bereits bestellt hat. Sollte der überwachende Bauleiter allerdings zunächst den Stand der Lieferantenbestellungen beim Bauunternehmen abgefragt haben und festgestellt haben, dass die Fenster noch nicht bestellt sind, dann dürften aus der Änderung des Fenstertyps kaum Mehrkosten ableitbar sein – es sein denn, der neue Typ hat ganz andere Liefer- und Einbaubedingungen als der bisherige.

Gerade beim Einsatz von Nachunternehmern ist der detaillierte Nachweis schwierig. Denn zu einer stringenten Nachweisführung müsste auch der Nachunternehmer seine Urkalkulation genauso sorgfältig ausgearbeitet haben und die Auswirkungen der Änderungen nachweisen wie der Hauptunternehmer. In der Regel reißt an dieser Stelle die Kette, und es zeigen sich viele gerade kleine und mittelständische Nachunternehmen sehr flexibel, was das Absorbieren oder Abfedern von Änderungsanordnungen auf die Bauzeit betrifft.

So sitzt ein Unternehmer-Bauleiter oft „in der Zwickmühle“. Einerseits erkennt er, dass aufgrund von durch den Auftraggeber veranlassten Verzögerungen oder Änderungen der Bauausführung zu Recht Mehrkosten angemeldet werden könnten, die seinen Nachunternehmern auch zustünden. Andererseits machen die betroffenen Nachunternehmen keine Ansprüche geltend.

Ohne eine sorgfältige Zuarbeit der Nachunternehmen könnte der Unternehmer-Bauleiter solche Ansprüche auch nicht begründen. Doch wenn er seine Nachunternehmen dazu auffordern würde, ihre Ansprüche anzumelden und zu begründen, würde er nicht nur „schlafende Hunde wecken“, sondern auch die Erwartungen der Nachunternehmen an zusätzliche Vergütungen schüren. Deshalb verzichten Unternehmer-Bauleiter gern darauf, ihre Nachunternehmen zu einem aktiveren Nachtragsmanagement anzuhalten.

4.6.5 Fehlende Aufmaße für Rechnungen

Es kommt vor, dass ein Bauunternehmen keine Abschlagszahlungen verlangt. Abgesehen von dem Fall, in dem ein Bauunternehmen über so große Liquidität verfügt, dass es derzeit kein Geld benötigt, liegt dies meistens daran, dass die für die Abrechnung verantwortlichen Mitarbeiter so überlastet sind, dass sie nicht rechtzeitig oder überhaupt nicht die verlangten Aufmaße zur Abrechnung erstellen. Gern nimmt der überwachende Bauleiter diese Situation hin, erhöhen doch die noch nicht in Rechnung gestellten Beträge das eigene Sicherheitspolster im Falle von Mängeln, gegenzurechnenden Schäden oder auch bei Insolvenz.

Aufmaß

Ein fehlendes gemeinsames Aufmaß hindert den Auftragnehmer nicht, die erbrachten Leistungen einseitig zu ermitteln und in Rechnung zu stellen. Im Streitfall hat er dann aber darzulegen und zu beweisen, dass die abgerechneten Mengen auch tatsächlich angefallen sind.

Sind die Mengen über ein gemeinsames Aufmaß einvernehmlich festgestellt, ist dieses grundsätzlich bindend. Der Auftraggeber kann allenfalls dann noch Einwendungen gegen die festgestellten Mengensätze erheben, wenn er seinerseits darlegen und beweisen kann, dass das Aufmaß unrichtig ist.

Besondere Bedeutung kommt dem gemeinsamen Aufmaß in Fällen zu, in denen sich die Mengen nachträglich nicht mehr feststellen lassen. Dies ist z. B. bei Tiefbauarbeiten der Fall, die durch nachfolgende Leistungen überdeckt werden. Hier ist dem Auftragnehmer unbedingt zu empfehlen, den Auftraggeber zu einem gemeinsamen Aufmaß einzuladen und die Einladung auch nachweisbar zu dokumentieren. Denn nimmt der Auftraggeber trotz entsprechender Einladung des Auftragnehmers nicht an einem solchen Termin für ein gemeinsames Aufmaß teil, führt dies zu einer Umkehr der Beweislast. Der Auftragnehmer kann die Mengen einseitig ermitteln; der Auftraggeber hat dann darzulegen und nachzuweisen, dass die entsprechenden Mengensätze nicht zutreffen.

Doch ausbleibende Abschlagszahlungen sind häufig auch verbunden mit dem Fehlen von Aufmaßblättern. Somit bleibt die tatsächliche Leistung unbestimmt und wird der erreichte Leistungsfortschritt nicht deutlich gegenüber der Vorperiode abgegrenzt. Gerade bei Bauausführungen, die vermutlich verspätet sind, flankiert das Fehlen klar abgegrenzter Abschlagsrechnungen die allgemeine Unkenntnis über den tatsächlichen Leistungsstand eines Unternehmens. Das Einfordern pünktlicher und zutreffender Abschlagsrechnungen unterstützt also implizit die Kontrolle und Einhaltung der Ablaufpläne.

Wird ein Bauvorhaben mit fremden Geldmitteln finanziert, so steht der überwachende Bauleiter vor der Aufgabe, die leistungsbezogen und auch zeitbezogen zutreffende Verwendung der Gelder nachzuweisen. Hierfür benötigt der Auftraggeber bisweilen dringender als das Bauunternehmen ein aktuelles Aufmaß und die zugehörige Abschlagsrechnung.

Sofern nicht im Vertrag vorgesehen, hat allerdings der überwachende Bauleiter keinen Anspruch darauf, ein regelmäßiges Aufmaß zu erhalten. § 14 Abs. 2 VOB/B besagt lediglich: *„Die für die Abrechnung notwendigen Feststellungen sind dem Fortgang der Leistung entsprechend möglichst gemeinsam vorzunehmen.“*

Das für die Schlussrechnung in § 14 Abs. 4 VOB/B vorgesehene Recht des Auftraggebers, nach Fristsetzung schließlich die Schlussrechnung selbst auf Kosten des Auftragnehmers anzufertigen, bezieht sich nicht auf turnusmäßige Abschlagsrechnungen, sofern nicht bei Weiterführung der Arbeiten die Bestimmung der Leistung nur noch schwer feststellbar ist.

4.7 Qualitätsabweichungen

4.7.1 Vorbereitung auf die Überwachungstätigkeit

Die Ziele eines Bauprojekts werden häufig als Trias von Qualität, Kosten und Terminen angegeben. Hierbei spielt die Qualität eine besondere Rolle, da sie von den 3 Zielfunktionen diejenige mit der langfristigsten Perspektive ist.

Eigentlich ist durch die Vertragsgestaltung der Bauverträge, durch die Baubeschreibung und durch den Bezug auf die mitgeltenden DIN-Normen sowie die Allgemeinen und Besonderen Technischen Vertragsbedingungen alles festgelegt, was zur qualitätsgerechten Ausführung vorgegeben werden muss. Letzte Lücken füllt die allgemeine Rechtsprechung dadurch, dass in einem Vertrag vorausgesetzt werden darf, dass die im üblichen Geschäftsverkehr zu erwartende Beschaffenheit eines Werkes maßgeblich ist.

Doch das Bauen, insbesondere die immer noch sehr handwerklich orientierte Bautätigkeit, lebt davon, dass die Realität der Ausführung bisweilen sehr vom vorgegebenen Bau-Soll abweichen kann. Dies ist nicht von vornherein ein Makel, z. B. wenn die geplante Ausführung unmöglich ist, doch es bedingt, dass die Qualität der Ausführung stets kontrolliert und überwacht werden muss.

Einer der ersten Schritte in Bezug auf die Qualitätskontrolle des überwachenden Bauleiters sollte daher sein, sich einen Überblick über die jeweiligen Qualitätsanforderungen der einzelnen Materialien, Bauteile und Bauweisen zu verschaffen. Auch die Abfrage der Bauunternehmen darüber, ob ihnen die maßgebenden Qualitätskriterien und die dazu vorgegebenen Prozeduren zum Nachweis der erreichten Qualität bekannt und zugänglich sind, kann dem überwachenden Bauleiter im weiteren Verlauf der Baustelle die Arbeit erleichtern.

4.7.2 Kontrollen vor Lieferung

Die Wertschöpfungskette im Bauwesen ist oft lang und läuft über viele Stationen. Mehr und mehr spielt die Vorfertigung für Baustellen eine wichtige Rolle. Damit ist nicht allein der Fertigteilbau angesprochen, bei dem vorgefertigte Bauelemente auf der Baustelle nur noch montiert und zusammengefügt werden. In vielen Bereichen auch des Bauens vor Ort setzen Bauunternehmen vorgefertigte Bauelemente, Komponenten und Ausrüstungsgegenstände ein. Beispielhaft für komplexe Komponenten seien hier Sanitärfertigzellen, Trafohäuschen, Lüftungsaggregate, Aufzugskabinen usw. erwähnt. Anspruchsvoll wegen ihrer Beanspruchung oder der Abmessungen sind auch vorgefertigte Konstruktionsteile, z. B. aus Stahl oder Holz, ebenso Aluminium-Glas-Fassadenelemente, Lagerkonstruktionen, Türanlagen u. v. m. Auch im Innenausbau kommen fertige Komponenten zum Einsatz, deren Montage zusätzlich durch die eingeschränkte Zugänglichkeit für Baukrane erschwert ist. Hier sind beispielhaft zu erwähnen: Lüftungs- und Heizaggregate, Lüftungskanäle, passend vorgefertigtes Mobiliar, Fahrtreppen usw.

Komponenten, die standardmäßig auf dem Markt eingekauft werden können, werden i. d. R. vorab über eine gemeinsame Bemusterung mit dem Bauherrn ausgewählt und festgelegt. In diesem Fall liegt bereits vor Lieferung der eigentlichen Ausrüstungsgegenstände ein Muster vor, das als Referenz bei der späteren Abnahme herangezogen werden kann.

Werden die Komponenten und Fertigelemente individuell für das Bauvorhaben angefertigt, muss auch die Qualität der Fertigung Gegenstand der Qualitätsüberwachung des überwachenden Bauleiters sein. Dies kann, je nach Lieferant und Vorfertiger, ein sehr aufwendiges Unterfangen sein. Es empfiehlt sich für den überwachenden Bauleiter, sich frühzeitig die entsprechenden Qualitätsnachweise, Lieferbestätigungen der Vorlieferanten und Qualitätsprüfprotokolle aus der laufenden Fertigung vorlegen zu lassen, um in einem ersten Schritt die generelle Zuverlässigkeit des Lieferanten oder Bauunternehmens in seinem Vorfertigungssegment einzuschätzen (zur Bemusterung von Fertigteilen siehe Mustervorlage 4.23).

Bei Zweifeln an der Qualität oder auch an der Zuverlässigkeit der vorgelegten Dokumente hilft letztlich nur eine Inspektion vor Ort, also ein persönlicher Besuch der Fertigungsstätten durch den überwachenden Bauleiter. So kann er für seinen Auftraggeber sichergehen, dass die Fertigungsprozesse entsprechend den qualitativen Maßstäben ablaufen und dass – was oft noch wichtiger ist – das Bauunternehmen oder der Vorunternehmer damit beschäftigt ist, die bestellten Komponenten auch tatsächlich zu fertigen und diese im Zeitplan auslieferfähig fertigzustellen.

Mustervorlage 4.23: Beanstandung mangelhafter Fertigteile

Absender
Einschreiben/Rückschein/Per Boten[1]
An den Auftragnehmer

_________ [Ort], den _________ [Datum]

Bauvorhaben _________ [Name des Bauvorhabens]
Beanstandung mangelhafter Fertigteile

Sehr geehrte Damen und Herren,

zu den vertraglich geschuldeten Leistungen gehört die Lieferung und Montage von ___________ [Fertigteil]. Dabei handelt es sich um ein Fertigteil. Bei einer Überprüfung der Fertigteile in dem Fertigungsbetrieb haben wir festgestellt, dass das ___________ [Fertigteil] nicht den vertraglich vereinbarten Anforderungen entspricht. Vielmehr ______________ [Beschreibung und Begründung des Mangels]. Das Fertigteil ist daher mangelhaft. Wir fordern Sie daher auf, diesen Mangel unverzüglich, spätestens aber bis zum __________ [Datum] vollständig und nachhaltig zu beseitigen.

☐ Ferner fordern wir Sie hiermit auf, unverzüglich Einfluss auf die Herstellung der Fertigteile zu nehmen und zu verhindern, dass mangelhafte und vertragswidrige Fertigteile auf die Baustelle gelangen.

☐ In diesem Zusammenhang weisen wir darauf hin, dass Sie vor der Abnahme grundsätzlich zur Beseitigung des Mangels durch Neuerstellung verpflichtet sind, soweit der Mangel nicht auf andere Weise vollständig beseitigt werden kann.

☐ Die von Ihnen zu tragenden Mangelbeseitigungskosten beschränken sich nicht auf die Kosten der Nachbesserung, sondern schließen z. B. entstehende Transport- und Wegekosten mit ein.

☐ Für den Fall, dass Sie beabsichtigen, die Beseitigung des Mangels oder der Vertragswidrigkeit zu verweigern, weil damit ein unverhältnismäßig hoher Aufwand verbunden ist, machen wir schon jetzt darauf aufmerksam, dass hierfür prüfbare Beweise vorzulegen sind. Außerdem behalten wir uns für diesen Fall ausdrücklich das Recht zur Minderung der Vergütung vor.

☐ Nach fruchtlosem Ablauf der genannten Frist werden wir den Auftrag gemäß §§ 4 Abs. 7, 8 Abs. 3 Nr. 1 VOB/B ganz oder teilweise kündigen.[2] Im Anschluss daran werden wir den noch nicht vollendeten Teil der Leistung gemäß § 8 Abs. 3 Nr. 2 VOB/B zu Ihren Lasten durch einen Dritten ausführen lassen und Ersatz des weiteren Schadens verlangen oder gemäß § 8 Abs. 3 Nr. 2 VOB/B auf die weitere Ausführung verzichten und von Ihnen Schadensersatz wegen Nichterfüllung verlangen.

  ☐ Ferner behalten wir uns vor, bei der Fortsetzung der Arbeiten gemäß § 8 Abs. 3 Nr. 3 VOB/B Geräte, Gerüste, Baustelleneinrichtungen und angelieferte Stoffe und Bauteile gegen angemessene Vergütung in Anspruch zu nehmen.

☐ Etwaige Schadenersatzansprüche gemäß § 4 Abs. 7 S. 2 VOB/B behalten wir uns vor, falls Sie den Mangel oder die Vertragswidrigkeit zu vertreten haben.

Mit freundlichen Grüßen

---

[1] Es ist zu beachten, dass der Absender rechtserheblicher Erklärungen deren Zugang im Streitfall beweisen muss. Dieser Nachweis kann bei einem Standardbrief regelmäßig nicht geführt werden. Auch ein Telefax-Sendeprotokoll ist kein anerkannter Zugangsnachweis. Die Zustellung rechtserheblicher Erklärungen kann daher nur per Einschreiben/Rückschein oder per Boten erfolgen, wobei auch hier noch dokumentiert werden muss, welches Dokument zugestellt wird. Alternativ ist auch die Zustellung mit Empfangsbekenntnis möglich; es ist dann darauf zu achten, dass der Empfänger das Empfangsbekenntnis vollzieht und zurücksendet. Ferner ist eine Zustellung durch den Gerichtsvollzieher möglich; dies ist im regelmäßigen Geschäftsverkehr aber wenig praktikabel.

[2] Bei einer Teilkündigung aus wichtigem Grund ist zusätzlich zu beachten, dass diese nur für *„in sich abgeschlossene Teile der Leistung"* in Betracht kommt. In sich abgeschlossen sind Teile der Leistung, wenn die Funktionsfähigkeit und die Mangelfreiheit separat überprüft werden können. Dies ist nach Maßgabe der aktuellen Rechtsprechung die Ausnahme, weshalb Teilkündigungen nur ausnahmsweise in Betracht kommen.

Checkliste 4.1: Fragenkatalog zur Produktionsbesichtigung

			JA	NEIN	BEARBEITUNG
1	Liegen die Materialvorbereitung/-lieferung und die Produktion im vereinbarten Zeitplan für die Baustelle?				
2	Ist das Rohmaterial geordert, verfügbar und liegt auf Lager?				
3	Genügt die Verarbeitungsqualität den vereinbarten Standards? In allen Bereichen?				
4	Werden die erforderlichen Nachweise kontinuierlich protokolliert und erbracht?				
5	Wie ist das Qualitätsbewusstsein von Führungsmannschaft und Ausführenden?				
6	Gibt es bereits neu aufgetauchten Klärungsbedarf mit der Baustelle, um die zeitgerechte Lieferung und Montage nicht zu gefährden?				
7	Wie werden Maßhaltigkeit, Toleranzen und Passungen geprüft, damit spätere Nacharbeiten vor Ort sicher ausgeschlossen werden können?				

Beispiel

Wenn vorgefertigte Stahlelemente von einem Fertigungsunternehmen im Ausland bezogen werden, sollte bereits vertraglich vereinbart sein, dass dem überwachenden Bauleiter auch der Zugang zur Fertigung in dem Land jederzeit zu gewähren ist. Andernfalls hindern ihn möglicherweise komplizierte Visavorschriften oder Sicherheitsbedenken der örtlichen Arbeitsschutzbehörden daran, die Fertigung der bestellten Elemente persönlich zu überwachen.

Auch eine letzte Qualitätsinspektion vor dem Versand auf die Baustelle kann hilfreich sein, um schwierige Nacharbeiten beim Eintreffen auf der Baustelle auszuschließen. Hierbei sollte der überwachende Bauleiter nicht nur alles selbst kontrollieren, sondern seine Wirksamkeit optimieren, indem er die persönliche Inaugenscheinnahme, die Begleitung der Qualitätsinspektionen durch das produzierende Unternehmen und die stichprobenartige Kontrolle der übrigen Qualitätsnachweise miteinander kombiniert.

Kontrollen vor der Lieferung sind für den überwachenden Bauleiter kein Ausflug zur Werksbesichtigung mit anschließendem abendlichen Ausklang und geselligem Beisammensein. Sie dienen, wenn in einer Produktionsstätte vor Ort ausgeübt, der Beantwortung der in Checkliste 4.1 zusammengefassten Fragen.

Nicht zu unterschätzen ist auch der psychologische Effekt, den eine Inspektion vor Ort haben kann, da diese einerseits eine Kontrolle, andererseits aber auch eine besondere Wertschätzung dieses Lieferanten darstellt.

Praxistipp zur Produktionsbesichtigung

Der überwachende Bauleiter sollte bei seiner persönlichen Werksbesichtigung darauf achten, dass ihm eindeutig identifizierbar die Werkstoffe und Bauteile vorgelegt werden, die auch später für sein Bauvorhaben vorgesehen sind. Ein gut gefülltes Materiallager und etliche hochwertige Elemente versandfertig auf Paletten gestapelt helfen nicht weiter, wenn die Chargen gar nicht für die Fassade der eigenen Baustelle bestimmt sind, sondern eine dringende Lieferung für ein anderes Bauvorhaben ist. Darüber hinaus blockiert jener Auftrag die Produktion für das eigene Bauvorhaben.

Im Vorhinein sollten ein Plan und eine Checkliste erstellt werden, was auf jeden Fall kontrolliert werden soll. Dabei ist zu beachten, dass zu einer hoch qualifizierten Fertigung ein komplexes Wirkgefüge von richtigen Materialien, geeigneten Maschinen, motivierten Arbeitern und verantwortungsvollem Führungspersonal gehört.

4.7.3 Kontrollen während der Bauausführung

Qualitätskontrollen während der Bauausführung sind das A und O des überwachenden Bauleiters. Sie haben mehrere Funktionen. Zum einen dienen sie der Sicherstellung der Bauqualität, insbesondere in Bereichen, in denen die ausreichende Qualität später nicht mehr oder nur noch sehr aufwendig festgestellt werden kann. Zweitens zielen sie darauf ab, dass durch rechtzeitiges Rügen der mangelhaften Leistung auch eine umgehende Beseitigung des Mangels in die Wege geleitet wird, sodass diese Mangelbeseitigung nicht zu späteren Verzögerungen durch Nacharbeiten zu unpassender Zeit führt. Drittens können sich durch die Kontrolle neue Erkenntnisse ergeben, sodass auch Mängel an bereits inspizierten Leistungen erkannt werden, seien es bisher übersehene Teile oder auch Qualitätsverluste im Laufe der Bauzeit durch Beschädigung, Vernachlässigung oder durch das Zusammenspiel mit anderen Leistungen. Viertens haben regelmäßige und gewissenhafte Qualitätskontrollen besonders in der Frühphase der Ausführung von Leistungsteilen einen erzieherischen und motivierenden Effekt auf die bauausführenden Kolonnen, da die Gewissheit, die Leistungen beim ersten Mal gleich richtig auszuführen, mittelfristig auch die Arbeitsfreude erheblich steigern kann (Mustervorlage 4.24).

Betrachtet man das Verantwortungsgefüge auf der Baustelle und stellt man dieses den vorstehend aufgeführten Tätigkeiten der überwachenden Bauleitung gegenüber, so ist festzustellen, dass nicht unmittelbar alle Tätigkeiten zu den eigentlichen Aufgaben des überwachenden Bauleiters zu zählen sind. Denn der überwachende Bauleiter hat andere Aufgaben als der Unternehmer-Bauleiter. Motivation und Mängelkontrolle sind zunächst Sache des ausführenden Bauunternehmens und seines Unternehmer-Bauleiters. Erst in zweiter Linie ist der überwachende Bauleiter gefragt, und sein notwendiges Interesse liegt häufig darin begründet, dass es nicht durch Nachlässigkeiten in der frühen Qualitätskontrolle zu später überraschenden Problemen und damit Bauverzögerungen kommt.

Mustervorlage 4.24: Aufforderung zum Entfernen vertragswidriger Stoffe bzw. Bauteile

Absender
Einschreiben/Rückschein/Per Boten[1]
An den Auftragnehmer

___________ [Ort], den ________ [Datum]

Bauvorhaben ______________________________ [Name des Bauvorhabens]
Aufforderung zum Entfernen vertragswidriger Stoffe bzw. Bauteile

Sehr geehrte Damen und Herren,

zu den vertraglich geschuldeten Leistungen gehört __________ [Leistung]. Wir haben vor Ort auf der Baustelle festgestellt, dass Sie bereits die zur Ausführung dieser Leistung erforderlichen _______________ [Stoffe/Bauteile] angeliefert haben. Diese _______________ [Stoffe/Bauteile] entsprechen jedoch nicht

- ☐ dem Vertrag. Im Vertrag war vorgesehen, dass ________________ [Begründung].
- ☐ den Proben. Die angelieferten ______________ [Stoffe/Bauteile] unterscheiden sich von den Proben insofern, als dass ________________ [Begründung].

Gemäß § 4 Abs. 6 VOB/B sind Sie verpflichtet, Stoffe oder Bauteile, die dem Vertrag oder den Proben nicht entsprechen, auf Anordnung des Auftraggebers innerhalb einer von ihm bestimmten Frist von der Baustelle zu entfernen. Wir fordern Sie daher auf, die nicht vertragsgemäßen _______________ [Stoffe/Bauteile] unverzüglich, spätestens aber bis zum _________ [Datum] von der Baustelle zu entfernen.

- ☐ Nach fruchtlosem Ablauf der Frist werden wir die nicht vertragsgemäßen _______________ [Stoffe/Bauteile] auf Ihre Kosten von der Baustelle entfernen und anderweitig einlagern bzw. auf Ihre Rechnung veräußern.
- ☐ Außerdem machen wir Sie darauf aufmerksam, dass Sie alle aus der Klärung der Vertragswidrigkeit und der Verzögerung der Beseitigung der Stoffe/Bauteile entstehenden Verzugsfolgen zu tragen haben.

Mit freundlichen Grüßen

____

[1] Es ist zu beachten, dass der Absender rechtserheblicher Erklärungen deren Zugang im Streitfall beweisen muss. Dieser Nachweis kann bei einem Standardbrief regelmäßig nicht geführt werden. Auch ein Telefax-Sendeprotokoll ist kein anerkannter Zugangsnachweis. Die Zustellung rechtserheblicher Erklärungen kann daher nur per Einschreiben/Rückschein oder per Boten erfolgen, wobei auch hier noch dokumentiert werden muss, welches Dokument zugestellt wird. Alternativ ist auch die Zustellung mit Empfangsbekenntnis möglich; es ist dann darauf zu achten, dass der Empfänger das Empfangsbekenntnis vollzieht und zurücksendet. Ferner ist eine Zustellung durch den Gerichtsvollzieher möglich; dies ist im regelmäßigen Geschäftsverkehr aber wenig praktikabel.

Für die laufende Dokumentation und Überwachung von Mängeln und deren Beseitigung gibt es mittlerweile zahlreiche gute Softwareprogramme. Diese unterstützen das systematische Mängelmanagement – von der Aufnahme eines Mangels vor Ort über die automatisierte Benachrichtigung des Unternehmens und Aufforderung zur Mängelbeseitigung. Des Weiteren erfolgt die Erledigungsmeldung durch das Bauunternehmen sowie die Endkontrolle ebenfalls über das Mängelmanagement. Im Softwaresystem hinterlegte Fotos vom Mangel – und dessen Beseitigung – erhöhen die Transparenz der Prozesse.

4.7.4 Einschalten Dritter zur objektiven Klärung

Bauprojekte sind heutzutage häufig sehr komplex und setzen sich aus vielen Komponenten zusammen, bei denen dem überwachenden Bauleiter auch nach etlichen Jahren Berufserfahrung für viele Bereiche die eingehende Fachkenntnis fehlen kann. Es ist deshalb üblich, dass der überwachende Bauleiter seinem Auftraggeber empfiehlt, bei besonderen Punkten den Sachverstand von weiteren Fachleuten hinzuzuziehen.

Ein eingeschalteter Fachingenieur ist hierbei mit einer klaren Aufgabe zu betrauen, welche Teile des Werks er besonders inspizieren und beurteilen soll. Wesentlich ist die umfassende Fachkunde des Dritten, um den Sachverhalt kompetent zu beurteilen, aber auch, dass er mit ausreichenden Informationen versorgt wird, damit es ihm möglich wird, die Ausführung der Bauleistungen mit den vertraglich vereinbarten Vorgaben abzugleichen. Schwierig wird die Qualitätskontrolle i. d. R., wenn mangels definitiver Vorgaben erst der eingeschaltete Fachingenieur das Bau-Soll auf seinem Fachgebiet festlegen muss. In diesem Fall „mutiert" ein Fachingenieur ungewollt zum Fachplaner, der vor Ort durch Anweisungen versuchen muss, die anderswo nicht ausgearbeitete Ausführungsplanung nachzuholen.

4.7.5 Rüge wegen mangelnder Qualität

Ausführungsqualität, die als mangelhaft erkannt worden ist, sollte umgehend gerügt werden. Der überwachende Bauleiter sollte dies schriftlich tun. Bei gutem Einvernehmen zwischen überwachendem Bauleiter und Bauunternehmen genügt zunächst ein Eintrag in das Bautagebuch, eine Protokollnotiz im Bauprotokoll oder auch eine formlose Notiz, die ausgetauscht wird. In der Praxis gibt es viele kleine Dinge, die sofort behoben werden können. Sie scheinen den Aufwand der Schriftlichkeit nicht zu lohnen. Jedoch ist darauf zu achten, dass die Mangelbeseitigung solcher vermeintlicher Kleinigkeiten nicht in Vergessenheit gerät oder durch andere, dringendere Ereignisse überlagert wird.

Mängel kommen auf Baustellen immer wieder vor, mit ihnen muss also grundsätzlich gerechnet werden. Ziel des überwachenden Bauleiters ist es, auf einfache und direkte Weise das Bauunternehmen zur Abhilfe aufzufordern. Sollten die einfachen, informellen Maßnahmen aber keine Wirkung zeigen bzw. ist man bereits in der Phase der Endabnahme, dann darf auf eine formelle Mängelrüge nicht verzichtet werden. Denn sie ist Teil des notwendigen vertraglichen Miteinanders.

Mustervorlage 4.25: Verstoß gegen Bauvorschriften

Absender
Einschreiben/Rückschein/Per Boten[1]
An den Auftragnehmer

________ [Ort], den ________ [Datum]

Bauvorhaben ________ [Name des Bauvorhabens]
Anzeige wegen Verstoßes gegen
☐ **die anerkannten Regeln der Technik**
☐ **gesetzliche und behördliche Bestimmungen**

Sehr geehrte Damen und Herren,

gemäß § 4 Abs. 2 Nr. 1 VOB/B ist der Auftragnehmer verpflichtet, die vertraglich vereinbarten Leistungen unter Beachtung der anerkannten Regeln der Technik und der gesetzlichen und behördlichen Bestimmungen auszuführen.

☐ Zu den anerkannten und damit zu beachtenden Regeln der Technik gehören die Allgemeinen Technischen Vertragsbedingungen DIN VOB/C, weitere DIN-Normen aber auch sonstige Regeln der Technik. Diese haben Sie nicht beachtet. Wir haben folgenden Verstoß festgestellt:
________ [Beschreibung und Begründung des Mangels].
Wir fordern Sie daher auf, die Bauarbeiten unter Beachtung der vorbezeichneten Zusammenhänge nach Maßgabe der anerkannten Regeln der Technik fortzusetzen.

☐ Ungeachtet dessen haben Sie die
- ☐ Landesbauordnung
- ☐ Auflagen zur Baugenehmigung
- ☐ Schallschutzbestimmungen
- ☐ Wärmeschutzbestimmungen, insbesondere der Energieeinsparverordnung für Gebäude (EnEV)
- ☐ Sicherheitsvorschriften
- ☐ Gerüstordnung
- ☐ Immissionsschutzvorschriften
- ☐ Verkehrssicherung
- ☐ Unfallverhütungsvorschriften
- ☐ ________

missachtet.
________ [Beschreibung und Begründung des Defizits].

[1] Es ist zu beachten, dass der Absender rechtserheblicher Erklärungen deren Zugang im Streitfall beweisen muss. Dieser Nachweis kann bei einem Standardbrief regelmäßig nicht geführt werden. Auch ein Telefax-Sendeprotokoll ist kein anerkannter Zugangsnachweis. Die Zustellung rechtserheblicher Erklärungen kann daher nur per Einschreiben/Rückschein oder per Boten erfolgen, wobei auch hier noch dokumentiert werden muss, welches Dokument zugestellt wird. Alternativ ist auch die Zustellung mit Empfangsbekenntnis möglich; es ist dann darauf zu achten, dass der Empfänger das Empfangsbekenntnis vollzieht und zurücksendet. Ferner ist eine Zustellung durch den Gerichtsvollzieher möglich; dies ist im regelmäßigen Geschäftsverkehr aber wenig praktikabel.

Mustervorlage 4.25: Verstoß gegen Bauvorschriften (Fortsetzung)

Wir fordern Sie daher auf, die Bauarbeiten unter Beachtung der vorbezeichneten Zusammenhänge und unter Berücksichtigung der

- ☐ Landesbauordnung
- ☐ Auflagen zur Baugenehmigung
- ☐ Schallschutzbestimmungen
- ☐ Wärmeschutzbestimmungen
- ☐ Sicherheitsvorschriften
- ☐ Gerüstordnung
- ☐ Immissionsschutzvorschriften
- ☐ Verkehrssicherung
- ☐ Unfallverhütungsvorschriften
- ☐ ______________________

fortzusetzen.

☐ Sollten Sie dieser Anordnung nicht Folge leisten und deshalb nicht in der Lage sein, die vertraglich vereinbarten Bauleistungen fristgemäß und mangelfrei auszuführen, behalten wir uns vor, Sie gemäß § 4 Abs. 7 VOB/B zur Mangelbeseitigung aufzufordern bzw. gemäß § 5 Abs. 4 VOB/B mit der Ausführung in Verzug zu setzen und den Vertrag nach fruchtlosem Ablauf einer Frist gemäß § 8 Abs. 3 Nr. 1 VOB/B ganz oder teilweise zu kündigen. Im Anschluss daran werden wir den noch nicht vollendeten Teil der Leistung gemäß § 8 Abs. 3 Nr. 2 VOB/B zu Ihren Lasten durch einen Dritten ausführen lassen und Ersatz des weiteren Schadens verlangen oder gemäß § 8 Abs. 3 Nr. 2 VOB/B auf die weiteren Ausführungen verzichten und von Ihnen Schadensersatz wegen Nichterfüllung verlangen.

☐ Ferner behalten wir uns vor, bei der Fortsetzung der Arbeiten gemäß § 8 Abs. 3 Nr. 3 VOB/B Geräte, Gerüste, Baustelleneinrichtungen und angelieferte Stoffe und Bauteile gegen angemessene Vergütung in Anspruch zu nehmen.

☐ Nach fruchtlosem Ablauf der genannten Frist werden wir den Auftrag gemäß § 8 Nr. 3 VOB/B ganz oder teilweise kündigen. Schließlich begründen die vorbezeichneten Verstöße eine schwerwiegende Vertragsverletzung und sind derart gravierend, dass die Erreichung des Vertragszwecks, d. h. die Realisierung des Bauvorhabens konkret gefährdet wird.
____________ [Begründung].[2]

- ☐ Der Verstoß gegen die anerkannten Regeln der Technik
- ☐ Die Missachtung der gesetzlichen bzw. behördlichen Bestimmungen

stellt damit eine erhebliche Störung des Vertrauensverhältnisses dar, sodass uns eine Fortsetzung des Bauvertrags nicht mehr zumutbar wäre. Aus diesem Grunde können wir Ihnen nur empfehlen, unserer Forderung rechtzeitig und nachhaltig Folge zu leisten. Im Anschluss daran werden wir den noch nicht vollendeten Teil der Leistung gemäß § 8 Abs. 3 Nr. 2 VOB/B zu Ihren Lasten durch einen Dritten ausführen lassen und Ersatz des weiteren Schadens verlangen oder gemäß § 8 Abs. 3 Nr. 2 VOB/B auf die weitere Ausführung verzichten und von Ihnen Schadensersatz wegen Nichterfüllung verlangen.

☐ Ferner behalten wir uns vor, bei der Fortsetzung der Arbeiten gemäß § 8 Abs. 3 Nr. 3 VOB/B Geräte, Gerüste, Baustelleneinrichtungen und angelieferte Stoffe und Bauteile gegen angemessene Vergütung in Anspruch zu nehmen.

Mit freundlichen Grüßen

* Nichtzutreffendes bitte streichen

---

[2] Eine Kündigung des Vertrags aus wichtigem Grund wegen eines Verstoßes gegen gesetzliche und behördliche Bestimmungen begründet nur ausnahmsweise einen wichtigen Grund zur Kündigung des Vertrags, wenn hierdurch tatsächlich die Realisierung des Bauvorhabens konkret gefährdet wird.

Mustervorlage 4.26: Aufforderung zur Nacherfüllung

Absender
Einschreiben/Rückschein/Per Boten[1]
An den Auftragnehmer

_________ *[Ort]*, den _________ [Datum]

Bauvorhaben __________ *[Name des Bauvorhabens]*
Aufforderung zur Nacherfüllung (Mängelbeseitigung)

Sehr geehrte Damen und Herren,

gemäß § 4 Abs. 7 VOB/B ist der Auftragnehmer verpflichtet, Leistungen, die schon während der Ausführung – also vor der Fertigstellung der vertraglichen Gesamtleistung – als mangelhaft oder vertragswidrig erkannt werden, auf eigene Kosten durch mangelfreie zu ersetzen. Wir haben festgestellt, dass die von Ihnen erbrachte Bauleistung mangelhaft ist.

Der Grund dafür ist, dass die von Ihnen erbrachte Leistung

- ☐ nicht den Vorgaben der Baubeschreibung/des Leistungsverzeichnisses* in Ziff./OZ/Pos.* ___ *[Nummer]* entspricht.
- ☐ nicht nach der Zeichnung Nr. _____*[Nummer]* vom _______*[Datum]* ausgeführt wurde.
- ☐ nicht mit der Vorgabe in Ziff. ___ *[Nummer]* der Zusätzlichen Technischen Vertragsbedingungen ZTV entspricht.
- ☐ nicht den Allgemeinen Technischen Vertragsbedingungen der VOB/C DIN _____ *[Nummer]*, Abschnitt ______ *[Abschnitt]* entspricht.
- ☐ nicht der Probe Nr. ___ *[Nummer]* vom __________ *[Datum]* entspricht.
- ☐ ______________ *[Beschreibung und Begründung des Mangels]*.

Wir fordern Sie daher auf, diesen Mangel unverzüglich, spätestens aber bis zum __________ *[Datum]* vollständig und nachhaltig zu beseitigen.

☐ In diesem Zusammenhang weisen wir darauf hin, dass Sie vor der Abnahme grundsätzlich zur Beseitigung des Mangels durch Neuerstellung verpflichtet sind, soweit der Mangel nicht auf andere Weise vollständig beseitigt werden kann.

☐ Die von Ihnen zu tragenden Mangelbeseitigungskosten beschränken sich nicht auf die Kosten der Nachbesserung, sondern schließen z. B. entstehende Transport- und Wegekosten mit ein.

[1] Es ist zu beachten, dass der Absender rechtserheblicher Erklärungen deren Zugang im Streitfall beweisen muss. Dieser Nachweis kann bei einem Standardbrief regelmäßig nicht geführt werden. Auch ein Telefax-Sendeprotokoll ist kein anerkannter Zugangsnachweis. Die Zustellung rechtserheblicher Erklärungen kann daher nur per Einschreiben/Rückschein oder per Boten erfolgen, wobei auch hier noch dokumentiert werden muss, welches Dokument zugestellt wird. Alternativ ist auch die Zustellung mit Empfangsbekenntnis möglich; es ist dann darauf zu achten, dass der Empfänger das Empfangsbekenntnis vollzieht und zurücksendet. Ferner ist eine Zustellung durch den Gerichtsvollzieher möglich; dies ist im regelmäßigen Geschäftsverkehr aber wenig praktikabel.

Mustervorlage 4.26: Aufforderung zur Nacherfüllung (Fortsetzung)

- ☐ Für den Fall, dass Sie beabsichtigen, die Beseitigung des Mangels oder der Vertragswidrigkeit zu verweigern, weil damit ein unverhältnismäßig hoher Aufwand verbunden ist, machen wir schon jetzt darauf aufmerksam, dass hierfür prüfbare Beweise vorzulegen sind. Außerdem behalten wir uns für diesen Fall ausdrücklich das Recht zur Minderung der Vergütung vor.

- ☐ Nach fruchtlosem Ablauf der genannten Frist werden wir den Auftrag gemäß §§ 4 Abs. 7, 8 Abs. 3 Nr. 1 VOB/B ganz oder teilweise kündigen.[2] Im Anschluss daran werden wir den noch nicht vollendeten Teil der Leistung gemäß § 8 Abs. 3 Nr. 2 VOB/B zu Ihren Lasten durch einen Dritten ausführen lassen und Ersatz des weiteren Schadens verlangen oder gemäß § 8 Abs. 3 Nr. 2 VOB/B auf die weitere Ausführung verzichten und von Ihnen Schadensersatz wegen Nichterfüllung verlangen.
  - ☐ Ferner behalten wir uns vor, bei der Fortsetzung der Arbeiten gemäß § 8 Abs. 3 Nr. 3 VOB/B Geräte, Gerüste, Baustelleneinrichtungen und angelieferte Stoffe und Bauteile gegen angemessene Vergütung in Anspruch zu nehmen.

- ☐ Etwaige Schadenersatzansprüche gemäß § 4 Abs. 7 S. 2 VOB/B behalten wir uns vor, falls Sie den Mangel oder die Vertragswidrigkeit zu vertreten haben.

Mit freundlichen Grüßen

* Nichtzutreffendes bitte streichen

---

[2] Bei einer Teilkündigung aus wichtigem Grund ist zusätzlich zu beachten, dass diese nur für *„in sich abgeschlossene Teile der Leistung"* in Betracht kommt. In sich abgeschlossen sind Teile der Leistung, wenn die Funktionsfähigkeit und die Mangelfreiheit separat überprüft werden können. Dies ist nach Maßgabe der aktuellen Rechtsprechung die Ausnahme, weshalb Teilkündigungen nur ausnahmsweise in Betracht kommen.

Neben Mustervorlage 4.25 sei noch auf Mustervorlagen 4.23, 4.24 und 4.26 verwiesen.

§ 4 Abs. 7 VOB/B lautet dazu: „*Leistungen, die schon während der Ausführung als mangelhaft oder vertragswidrig erkannt werden, hat der Auftragnehmer auf eigene Kosten durch mangelfreie zu ersetzen. […] Kommt der Auftragnehmer der Pflicht zur Beseitigung des Mangels nicht nach, so kann ihm der Auftraggeber eine angemessene Frist zur Beseitigung des Mangels setzen und erklären, dass er ihm nach fruchtlosem Ablauf der Frist den Auftrag entziehe […].*“

Mit einer formellen Mängelrüge während der Bauausführung kann der überwachende Bauleiter sehr schnell ein erhebliches Drohpotenzial aufbauen, und es kann zur möglichen Kündigung von Leistungen führen, wenn er die Rüge mit einer Fristsetzung zur Kündigung oder Teilkündigung verbindet. In der Praxis relativiert sich dieses Szenario, weil vielfach die zu kündigende Teilleistung nicht so einfach aus dem Gesamtvertrag herausgelöst werden kann. Außerdem steht so schnell kein anderes Bauunternehmen bereit, um die Leistung anstelle des vertraglichen Bauunternehmens auszuführen, oder der behauptete Mangel wird vom Bauunternehmen bestritten, sodass auch der überwachende Bauleiter nicht sicher weiß, ob eine ggf. ausgesprochene Teilkündigung später juristischen Bestand haben wird.

Aus diesen Umständen leitet sich ab, dass ein wesentliches Augenmerk des überwachenden Bauleiters darauf gerichtet sein sollte, möglichst frühzeitig und „erzieherisch“ einzugreifen, damit die ausführenden Bauunternehmen von vornherein die erforderliche Qualität abliefern bzw. nach einer Einspielzeit das Qualitätsniveau erreichen, das den Auftraggeber zufriedenstellt.

4.7.6 Abhilfeanordnung

Die sogenannte Abhilfeanordnung wurde bereits im vorherigen Kapitel angesprochen und ist in § 4 Abs. 7 VOB/B ausformuliert (siehe oben). Sie ist eine Möglichkeit, dass der Auftraggeber auch bei einem Leistungsvertrag auf Basis der VOB, bei dem grundsätzlich das Bauergebnis, aber nicht der Weg dorthin in allen Einzelheiten vorgegeben ist, mit direkten Anordnungen in den Bauablauf eingreifen kann.

Mit der Rüge nach Kapitel 4.7.5 muss der überwachende Bauleiter nicht gleich die Aufforderung zur Beseitigung nach § 4 Abs. 7 VOB/B setzen. Wenn er davon ausgehen kann, dass das Bauunternehmen die gerügten Mängel zügig beseitigt und insbesondere in der dem Bauunternehmen überlassenen Dispositionsfreiheit zur Mängelbeseitigung auch ein Vorteil im Gesamtablauf erreicht wird, dann sollte er mit der Abhilfeanordnung zurückhaltend umgehen.

Beispiel

Bei einer langen Talbrücke war es ablauftechnisch und bezüglich der Expertise der Baukolonnen sinnvoll, für die Nachbearbeitung der Betonoberflächen, die sogenannte Betonkosmetik, eine separate Sanierungskolonne einzusetzen, die dann eigenständig arbeitete, ohne die Rohbauarbeiten der übrigen Kolonnen zu beeinträchtigen. Streng genommen entsprach dies nicht der dem Auftraggeber nach VOB/B zustehenden umgehenden Mängelbeseitigung, erhöhte aber die Effizienz der gesamten Bauabläufe. Eine kurzfristige Fristsetzung zur Abhilfe hätte hier schlechtere Resultate ergeben.

Gleichwohl sollte der überwachende Bauleiter gerade bei den ersten von ihm erkannten Mängeln „austesten", wie es mit der zügigen Bereitschaft und Fähigkeit des Bauunternehmens zur Mängelbeseitigung steht und ob insbesondere versucht wird, später nicht mehr überprüfbare Mängel durch den weiteren Fortgang der Arbeiten zu verstecken. In diesem Fall kann dann für einen bereits angezeigten Mangel immer noch die explizite Abhilfeanordnung mit Fristsetzung nachgeschoben werden (siehe Mustervorlage 4.26).

5 Bauabnahme und Objektübergabe

5.1 Vorbereitung der Abnahme

5.1.1 Zusammenfassen der laufenden Qualitätsnachweise

Die Bauabnahme ist in mehrerer Hinsicht eine wichtige Zäsur in der Herstellung von Bauwerken. Vor allem ist sie der Moment, zu dem der Bauherr und Auftraggeber auf sich selbst gestellt entscheiden muss, ob das Bauwerk die geforderte Güte und alle vereinbarten Qualitäts- und Funktionsmerkmale hat. Hierbei ist entscheidend, dass die Bauunternehmen ihre Leistungen ordnungsgemäß erbracht haben und somit die Qualitätsvorgaben erreicht sind. Doch weil gerade an einem Bauwerk über viele Wochen und Monate gebaut wird, gibt es eine große Vielfalt möglicher Fehler und Mängel, die im Laufe der Ausführung auftreten können und die Qualität des Bauwerks negativ beeinflussen.

Daher ist es umso wichtiger, dass beide Seiten in der Bauabnahme nicht nur das fixe Datum der Übergabe des Bauwerks an den Auftraggeber sehen, sondern die Abnahme vielmehr als einen Prozess der sukzessiven Inspektion zwischen Bauunternehmen und Auftraggeber gestalten, an dessen Ende die juristisch definierte Abnahme des Werks und möglichst auch ein schriftliches Abnahmeprotokoll stehen. Dabei liegt es ganz wesentlich im Interesse des Bauunternehmens, nicht nur durch gute Leistung, sondern auch durch gute Vorbereitung auf die Abnahme diesen wichtigen Akt zur Übergabe des Bauwerks zu befördern (Mustervorlage 5.1). Der überwachende Bauleiter kontrolliert ebenfalls – stichprobenartig oder umfangreicher – und kommuniziert seine Erkenntnisse durch Mängelrügen (Mustervorlage 5.2).

In diesem Sinne beginnt für ein Bauunternehmen also die Vorbereitung der Abnahme bereits mit der sorgfältigen Analyse und Durchsicht der Vertragsunterlagen vor Arbeitsbeginn. Häufig, besonders vor allem bei öffentlichen Bauvorhaben, werden in den Technischen Vertragsbedingungen bereits eindeutige Festlegungen getroffen, wie die Qualität von einzelnen Baustoffen, Bauelementen, Bauteilen und der Leistung ganzer Gewerke nachzuweisen ist. Entlang des gesamten Bauprozesses sind alle für die laufende Qualitätssicherung und für die Endabnahme getroffenen Festlegungen zu beachten.

Zunächst sind alle Nachweise, die schon während der Bauausführung vorzuliegen haben, zu ordnen und übersichtlich zusammenzustellen. Auch wenn viele der Dokumente bereits während des Bauprozesses zwischen den Vertragsparteien ausgetauscht und abgezeichnet sein sollten, liegt es doch im Interesse des Bauunternehmens, hier keine Unklarheiten über vermeintlich fehlende Nachweise aufkommen zu lassen. Einen grundsätzlichen Anhalt zu den infrage kommenden Nachweisen geben die folgenden Aufzählungen.

Mustervorlage 5.1: Fachunternehmererklärung

Bauausführung/ Firma:

Bauvorhaben:

Auftrag: über: ....

vom: ....

Nachunternehmer: ....

Gewerk: ....

FACHUNTERNEHMERERKLÄRUNG

Hiermit wird bestätigt, dass die Arbeiten am oben genannten Bauvorhaben entsprechend den geltenden DIN-Normen, den gesetzlichen und behördlichen Auflagen, den anerkannten Regeln und Stand der Technik sowie gemäß freigegebener Planung ausgeführt worden sind.

____________	____________	____________
Ort	Datum	Stempel/Unterschrift

Mustervorlage 5.2: Mängelrüge

Absender

PLZ, Ort, Datum

Sachbearbeiter(in)

Telefon

Telefax

Mängelrüge

Datum des Bauvertrags

Baumaßnahme

Bauobjekt-Nummer

Bauherr

Sehr geehrte Damen und Herren,
aufgrund der im o. g. Bauvertrag vereinbarten

☐ Leistungen ☐ Lieferungen sind folgende Mängel festgestellt worden:

☐ Wir schlagen vor, zur Klärung der erforderlichen Maßnahmen eine Beratung durchzuführen, und zwar am:

Ort	Datum	Uhrzeit

Teilnehmer

☐ Wir bitten Sie, die beanstandeten Leistungen durch vertragsgemäße auf Ihre Kosten bis zum Termin zu ersetzen.

☐ Wir bitten Sie, uns dieses Schreiben nach Beendigung der Arbeiten mit unten stehender Bestätigung durch den Bauherrn oder bevollmächtigten Vertreter wieder zurückzusenden.

Mit freundlichen Grüßen

Unterschrift

Bestätigung des Bauherrn:
Hiermit bestätige ich, dass die o. g. Mängel – soweit für mich erkennbar – beseitigt worden sind.

Der Bauherr

Datum Unterschrift

Entsorgungsnachweise für:

- Abbruchmaterial
- Aushub
- kontaminierte Stoffe
- entfernte Bauteile
- nicht verbaute Restmaterialien
- angefallene Restbestandteile
- usw.

Liefer- bzw. Gütebescheinigungen für:

- Erdstoffe
- Transportbeton
- Mauerwerk
- alle eingebauten Baumaterialien
- installierte Bauelemente
- montierte Ausrüstungsgegenstände
- im Bauwerk belassene Hilfsstoffe

Bauaufsichtliche Zulassungen für:

- statische Tragelemente
- Verbindungsmittel
- Befestigungsmittel wie Anker, Klebstoffe
- Brandschutzelemente
- Beschichtungssysteme
- usw.

Bescheinigungen bzw. Prüfzeugnisse über:

- Verdichtung des Bodens
- Betonfestigkeit
- Dichtheitsprüfungen
- Maßhaltigkeit
- Haftzugfestigkeit
- Beschichtungsstärken
- technische Funktionskontrollen
- behördlich geforderte Abnahmen wie Rohbauabnahme, Einmessbescheinigung
- Schornstein und Heizungsanlage
- Trinkwassergüte
- usw.

Die vorstehenden Auflistungen können nur einen Anhalt über die verschiedenen Bereiche geben, in denen entsprechende Nachweise und Dokumente rechtzeitig eingeholt bzw. angefordert und zur Abnahme vorgehalten werden müssen. Eine vom Bauunternehmen hierzu sorgfältig geführte bzw. akribisch zusammengestellte Akte mit den geforderten Nachweisen ist stets ein guter Einstieg in die Schlussphase der Abnahme.

Nicht zuletzt sollten auch die aktuellen und genehmigten Ausführungsunterlagen bei der Abnahme nicht fehlen. Es kostet bisweilen viel Zeit und kann unter Bauleitern, hinzugeholten Fachbauleitern und Baukontrolleuren zu Missmut führen, wenn im Laufe der Abnahme Meinungsverschiedenheiten über die Mängelfreiheit eines Ausführungsdetails entstehen und dann weder Auftraggeber noch Auftragnehmer hierzu die verbindlichen Ausführungspläne zur Hand haben, sodass der Auftraggeber den strittigen Gegenstand zunächst mit in das Mängelprotokoll aufnimmt. Im Wesentlichen liegt es im Interesse des Auftragnehmers, die verbindlichen und vollständigen Unterlagen bereitzuhalten und im Zweifelsfall direkt vorlegen zu können.

In diesem Sinne sind die Vertragsunterlagen (genehmigte Ausführungspläne, Leistungsbeschreibungen, Änderungsanordnungen, Baugenehmigung, gutachterliche Ergänzungen zur Baugenehmigung und für die Nutzungsgenehmigung) die Basis für alle weiteren Dokumente zum Nachweis der erforderlichen Qualität. In diesem Zusammenhang wird auf das Kapitel 3.2 verwiesen, da die prinzipielle Ausgangsposition bezüglich der verbindlichen Unterlagen ja zunächst das dort aufgezeigte Bau-Soll war.

Im Bereich der technischen Gebäudeausstattung können in Ergänzung zu den oben aufgeführten generellen Unterlagen folgende Dokumentationen hinzukommen:

- Fließ- und Schaltschemata, aufgezogen auf Hartfaserplatte und mit Klarsichtfolie überzogen, laminiert, zum Aushang in technischen Zentralen
- Stromlauf- und Bauschaltpläne (Klemmenpläne) zur Unterbringung in den Schalttafeln
- Protokolle über alle im Rahmen der Einregulierung durchgeführten Messungen
- Anlagen- und Funktionsbeschreibungen
- Bedienungs- und Wartungsanweisungen
- Schmierpläne
- Ersatzteillisten
- Kopien behördlicher Prüfbescheinigungen und Werksatteste

Auch in Bezug auf die Sicherheit der beabsichtigten Betriebsführung nach Fertigstellung können hier wesentliche Dokumente, Pläne und diverse Nachweise und Schemata gefordert sein. Mit am wichtigsten sind hierbei sicherlich die Fluchtpläne, sofern deren Anfertigung im Rahmen des Bauvertrags einem Bauunternehmen übertragen wurde. Doch auch wenn alle oder ein Teil dieser Pläne durch die Fachplaner anzufertigen sind, muss sich der überwachende Bauleiter darum kümmern, dass alles zur rechten Zeit vorliegt. Stichwortmäßig hierzu können folgende Unterlagen aufgeführt werden:

- Fluchtpläne, auch individuell standortbezogen innerhalb des Gebäudes
- Zugangs- und Zugriffspläne für die Rettungsdienste, vor allem für die Feuerwehr
- Beschilderungen, allgemeine Wegweiser
- Ausweisung von Sicherheitsbereichen, besonderen Gefährdungen

5.1.2 Absicherung durch Vorabbegehungen

Vorabbegehungen sind eine geeignete Möglichkeit, die Abnahmequalität einzelner Bauteile und Bauabschnitte zunächst noch unverbindlich, aber rechtzeitig vor dem eigentlichen Abnahmetermin zu prüfen und hierbei erkannte Mängel zu beseitigen. Nahezu jeder Rundgang eines Unternehmer-Bauleiters über die Baustelle ist gleichzeitig auch Vorabbegehung und dient der Überprüfung der Abnahmereife von Bauteilen. Denn die tägliche Kontrolle, also die Inspektion und die positive oder negative Kritik an die ausführenden Bauleute, ist ein erster Schritt, damit bei der späteren offiziellen Abnahme keine unliebsamen Überraschungen auftauchen.

Junge und noch wenig erfahrene überwachende Bauleiter, aber auch manche Bauherren tun sich oft schwer damit, bei einer Baustellenbegehung ein eigenes Urteil darüber abzugeben, ob die inspizierte Bauleistung abnahmefähig ist oder nicht. Auch sollte ein überwachender Bauleiter vermeiden, dass seine positive Stellungnahme anlässlich eines Baustellenrundgangs, z. B. zu einer gerade ausgeschalten Sichtbetonwand, als Erklärung einer verbindlichen Teilabnahme missverstanden wird.

Doch andererseits liegt es sowohl im Interesse des Auftraggebers als auch des Auftragnehmers, wenn beide frühzeitig, nämlich möglichst bald nach dem Beginn der Ausführung einzelner Gewerke, durch eine gemeinsame Begehung Einigkeit darüber erzielen, wie sie die vertraglich vereinbarte Leistung in der Realität interpretieren und welches Ergebnis aus ihrer Sicht Abnahmereife darstellt oder nicht. Der Auftraggeber kann seine Erkenntnisse zur Begehung beispielsweise in einer Mängelrüge festhalten (Mustervorlage 5.2).

Am Bau sind viele Qualitätsmerkmale objektiv vorgegeben, z. B. Maßtoleranzen im Hochbau nach DIN 18202 „Toleranzen im Hochbau – Bauwerke" (2013), oder Mindestparameter von Materialien entsprechend den jeweiligen DIN-Fachnormen. Andere Qualitätsmerkmale, insbesondere im Bereich der Ästhetik, sind oft schwieriger zu beurteilen, auch wenn dazu ebenfalls Normen, Richtlinien oder Merkblätter versuchen, objektive Kriterien aufzustellen. Hier sind stets eine rechtzeitige vorherige Abstimmung und technische Inspektion vor Ort anzuraten, um zwischen Auftraggeber und Auftragnehmer eventuell divergierende Ansichten über die richtige Ausführungsqualität frühzeitig deutlich werden zu lassen. Dann ist noch ausreichend Zeit, sowohl die Qualität der Leistung zu verbessern als auch den Auftraggeber von der Mängelfreiheit der gezeigten Leistung zu überzeugen, ohne dass es in Konsequenz zu kostspieligen Nacharbeiten kommen muss.

Zwischenabnahmen und Vorabbegehungen sind oft vertraglich nicht vorgesehen. Daher sind sie schwer in den vertraglichen Ablauf von Bauprojekten einzuordnen, weshalb auch die vertragliche Relevanz nicht immer eindeutig ist. Um den Vorabbegehungen deshalb eine gewisse Verbindlichkeit zu geben, wird angeraten, diese Begehungen und einen eventuellen gemeinsamen Befund jeweils kurz zu protokollieren. Gerade bei Fragen von Oberflächenbeschaffenheit, Farbgebung oder Ebenheit helfen Fotos und Protokollnotizen, um die gemeinsam inspizierten und dabei für ausreichend oder gut, also für abnahmefähig, befundenen Bauteile festzuschreiben.

Formalisiert findet sich dieses Vorgehen in Form von Bemusterungsverfahren. Bei der Bemusterung mit dem Auftraggeber werden ganz gezielt eine oder mehrere Proben- oder Musterflächen angelegt und als verbindlich vereinbart, um später als Referenz zur Bewertung der Abnahmefähigkeit der übrigen Bauteile zu dienen. Es ist für ein Bauunternehmen ratsam, auch die Protokolle zur Bemusterung von Materialien, von Ausführungsvarianten und von der dabei vereinbarten Ausführungsgüte zur Abnahme des Bauwerks zur Hand zu haben, um bei Fragen während des Abnahmevorgangs darauf zurückgreifen zu können.

Vorstehende Ausführungen sind dadurch geprägt, dass sie einen partnerschaftlichen Umgang miteinander voraussetzen bzw. anstreben. Ein frühzeitiger Abgleich der eventuell unterschiedlichen Vorstellungen zwischen Auftraggeber und Auftragnehmer ist ein Schlüssel für gute Zusammenarbeit. Und auch falls hier einer der Partner nicht richtig kooperiert, ist doch der andere damit rechtzeitig vorgewarnt und kann seine Handlungsweisen schon im Lauf der Ausführungszeit an die veränderten Umstände anpassen.

5.1.3 Terminierung der Abnahmeschritte

Ist ein offizielles Abnahmeverfahren vorgesehen oder verlangt, sollte dieses nicht nur inhaltlich, sondern auch terminlich gut vorbereitet und abgestimmt sein. Bei kleinen Bauvorhaben mag gelegentlich eine einzige ausführliche gemeinsame Begehung ausreichen, die der Auftraggeber zusammen mit einem Vertreter des Bauunternehmens vornimmt. Bei großen Bauvorhaben wird der Auftraggeber i. d. R. unter Leitung des überwachenden Bauleiters, des Architekten oder des Projektmanagers einen ganzen Stab von Fachingenieuren und anderen Spezialisten zusammenstellen, die zusammen oder einzeln das Objekt begehen und die ihnen zugeordneten Bereiche inspizieren, überprüfen und protokollieren. Hierzu ist deutlich mehr Zeit zu veranschlagen, sodass sich die Abnahme des Bauwerks über mehrere Tage oder gar Wochen erstrecken kann. Abb. 5.1 gibt einen möglichen Ablauf der Vorbereitung auf die Abnahme wieder.

Wenn zu erwarten ist, dass der Bauherr mehrere Spezialisten zur Abnahme hinzuziehen wird, ist der Unternehmer-Bauleiter gut beraten, wenn er sich ebenfalls personell insofern verstärkt, als zumindest jedes Inspektionsteam des Auftraggebers durch einen eigenen sachkundigen Mitarbeiter begleitet werden kann. So besteht die Möglichkeit, dass Fragen oder Unklarheiten, die während der Begehung auftreten, sogleich geklärt und ausgeräumt werden können.

Die Organisation aller Abnahmeprozeduren und die Zusammenstellung der Inspektions- bzw. Begleitmannschaft zur Abnahme erfordert also eine rechtzeitige Vorbereitung und Disposition der Fachleute. Dabei sind die Termine vom Ende her zu planen. Denn es ist sicherzustellen, dass am Tag des vereinbarten Fertigstellungstermins auch alle relevanten und vom Bauunternehmen geschuldeten Prüfungen durchgeführt sind, deren Ergebnisse vorliegen und die zugehörigen Abnahmeprotokolle erstellt werden können.

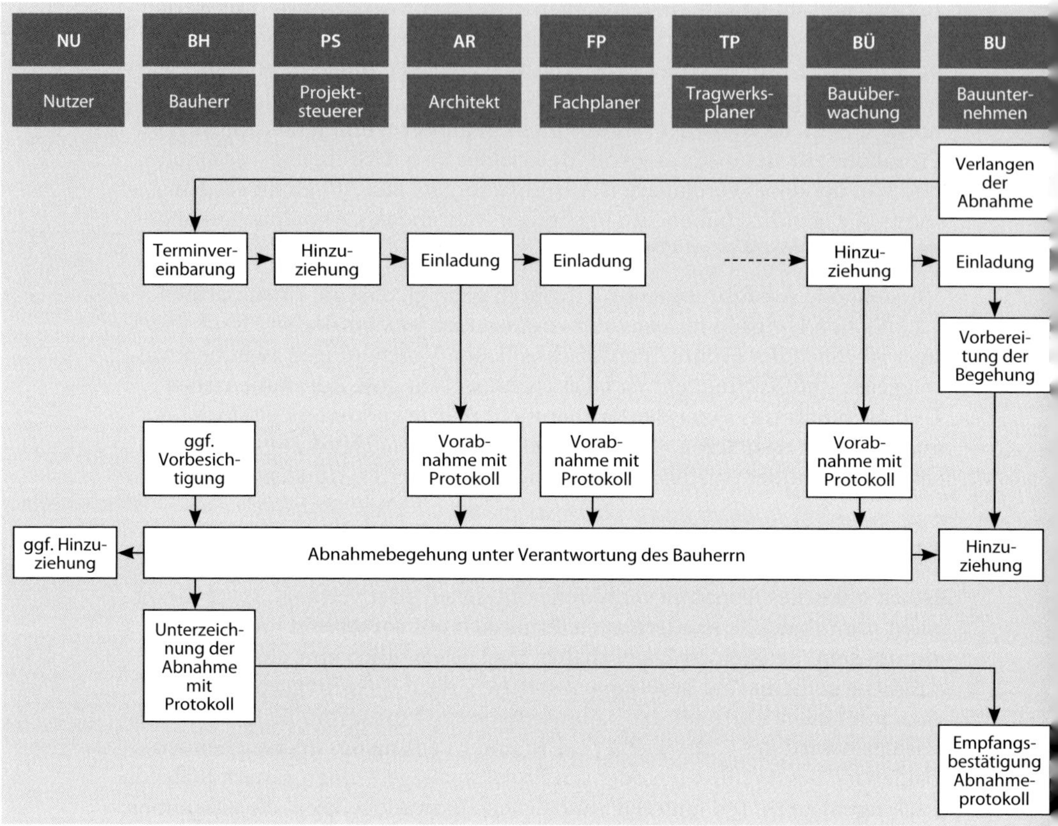

Abb. 5.1: Ablauf der förmlichen Abnahme der Bauleistung (Beispiel)

Beispiele

Ein fehlendes Prüfprotokoll über die Funktionsfähigkeit der Brandschutzklappen wirkt wie eine mangelhaft ausgeführte Leistung, wenn z. B. die Inbetriebnahme des Bauwerks ohne dieses Protokoll nicht gestattet ist. Auch eine bereits physisch durchgeführte Prüfung der Wasserqualität in einem Trinkwassersystem genügt nicht, wenn das zugehörige Protokoll dazu noch nicht erstellt wurde und insofern zur Abnahme nicht vorgelegt werden kann.

Eine Dichtheitsprüfung am Tag der Abnahme durch das Einpumpen von Wasser beginnen zu wollen, wenn der Wasserdruck probehalber mehrere Stunden aufrechterhalten werden soll, kommt definitiv zu spät. Ebenso ist es für die Entnahme von Bodenproben am Abnahmetag zu spät, falls diese erst in den folgenden Tagen im Labor ausgewertet werden können.

Besondere Vorausschau ist bei allen Prüfungen und Nachweisen geboten, bei denen Fristen eingehalten oder längere Zeiträume beobachtet werden müssen.

Beispiele

Die 28-Tage-Druckfestigkeit eines Betonwürfels kann nun einmal erst frühestens 28 Tage nach dem Betonieren attestiert werden. Die Verbrauchsmessung für das bei einer abgedichteten Fundamentsohle im Endzustand eventuell anfallende Restwasser kann erst einige Wochen nach Abschalten der während der Bauphase betriebenen Wasserhaltung plausible Ergebnisse liefern, wenn sich nämlich der ursprünglich ungestörte Wasserstand um das Bauwerk wieder eingepegelt hat. Und mehrlagige Beschichtungssysteme sollten so weit durchgehärtet sein, dass unmittelbar nach der Abnahme die volle Gebrauchstauglichkeit gegeben ist.

Bei dem geforderten Nachweis von z. B. gedeckelten Energieverbräuchen während des Normalbetriebs eines Gebäudes empfiehlt es sich deshalb, diese Bestandteile der Abnahme im Abnahmeprotokoll explizit auszuklammern und sie später, nach geeigneter Frist, in einer Nachbegehung gesondert festzustellen. Entsprechende Formulierungen im Abnahmeprotokoll sollten sicherstellen, dass diese Punkte beispielsweise als „noch nicht abgenommen und spätestens bis … (Frist) nachzuweisen“ aufgeführt werden.

5.1.4 Information an alle Beteiligten

Es liegt zunächst im besonderen Interesse des Bauunternehmens, dass die Abnahme seiner Leistung ohne größere Schwierigkeiten vonstattengeht. Die Verweigerung der Abnahme durch den Auftraggeber kann erhebliche Konsequenzen in Bezug auf mögliche Folgekosten für das Bauunternehmen haben.

An erster Stelle steht somit die ausreichende Qualität der Bauleistung. Bei der Diskussion über Prozeduren und Formen der Abnahme in den folgenden Kapiteln soll nicht vergessen werden, dass vor einer Abnahme zunächst die Abnahmefähigkeit der Leistung steht. Ist diese nicht gegeben, werden alle Diskussionen um die Optimierung der Gestaltung der Abnahme schnell zur Makulatur. Wenn dem Auftragnehmer sogar die noch fehlenden Leistungen bewusst sind und er von wesentlichen Mängeln Kenntnis hat, ist es leichtfertig von ihm, auf dieser Grundlage in die Abnahme zu gehen. Dennoch zeigt sich in der Praxis nicht selten, dass manche Bauunternehmen die Abnahme als Prozess der zu prüfenden Qualität verstehen, nach dem Motto: „Mal sehen, welche Mängel der Bauherr findet und was er an unserer Leistung auszusetzen hat. Das kann dann ja immer noch nachgearbeitet werden.“

Wesentliches Dokument, insbesondere bei der förmlichen Abnahme, ist das Verlangen des Bauunternehmens nach der Abnahme seiner Leistung (Mustervorlage 5.3). Hierzu schreibt das Bauunternehmen seinen Auftraggeber an und teilt ihm mit, dass die Arbeiten am Bauvorhaben fertiggestellt sind und um Abnahme der Leistung bis zu einem bestimmten Datum ersucht wird. Es empfiehlt sich, hierbei im Rahmen einer Fertigmeldung im Einzelnen entsprechende Informationen anzugeben, wie z. B. den Stand der Einweisung von Bedienpersonal, das Zusammenstellen von Unterlagen oder das Erfordernis von Wartungsverträgen. Mustervorlage 5.5 zeigt ein solches Abnahmeverlangen mit Fertigmeldung.

Mustervorlage 5.3: Aufforderung zur Abnahme

Einschreiben-Rückschein/Per Boten
Auftraggeber

________ , den ________

Bauvorhaben:
hier: Abnahmeaufforderung nach § 12 VOB/B

Sehr geehrte(r) Frau/Herr _____ ,

wir haben die Bauleistung am … vertragsgemäß fertiggestellt.

Wir fordern Sie auf, die Leistung durch eine förmliche Abnahme mit Abnahmeprotokoll abzunehmen. Hierauf haben beide Parteien einen vertraglichen Anspruch.

Hierzu setzen wir Ihnen die nach der VOB/B vorgesehene Frist von 12 Werktagen, also bis zum ________ *[Datum].*

Innerhalb dieser Frist machen wir Ihnen 2 Terminvorschläge zur Abnahme, und zwar

☐ ________ *[Datum, Uhrzeit]*

☐ ________ *[Datum, Uhrzeit]*

Gerne können Sie einen alternativen dritten Termin ansetzen, den wir auf jeden Fall wahrnehmen werden, außer unüberwindliche Hindernisse würden eine Wahrnehmung blockieren, worüber wir Sie jedoch rechtzeitig informieren würden.

Sollten Sie mit unserer Leistung zufrieden sein und eine formelle Abnahme für entbehrlich halten, dann brauchen Sie auf dieses Schreiben nicht zu reagieren. Nach § 640 BGB tritt in diesem Fall die Abnahme durch Fristablauf automatisch ein.
Wir machen Sie darauf aufmerksam, dass eine Abnahme wegen unwesentlicher Mängel nicht verweigert werden kann.

Nach der Abnahme werden wir Ihnen dann alsbald unsere Schlussrechnung zukommen lassen.

Ihrer Antwort sehen wir gerne entgegen.

Für Rückfragen steht Ihnen Frau/Herr _____ jederzeit gerne zur Verfügung.

Mit freundlichen Grüßen

– Unterschrift –

Mustervorlage 5.4: Einladung zur förmlichen Abnahme

Absender
Einschreiben/Rückschein/Per Boten[1]
An den Auftragnehmer

_________ [Ort], den _________ [Datum]

Bauvorhaben _________ [Name des Bauvorhabens]
Einladung zur förmlichen Abnahme

Sehr geehrte Damen und Herren,

☐ mit Schreiben vom _________ [Datum] haben Sie die Fertigstellung der vertraglich geschuldeten Leistungen am _________ [Datum] angezeigt.
☐ mit Schreiben vom _________ [Datum] haben Sie die Fertigstellung der vertraglich geschuldeten Leistungen am _________ [Datum] angezeigt und uns zur Abnahme derselben aufgefordert.
☐ am _________ [Datum] haben Sie die vertraglich geschuldeten Leistungen fertiggestellt.

Wir möchten jedoch eine förmliche Abnahme der Leistungen gemäß § 12 Abs. 4 Nr. 1 VOB/B durchführen. Als Termin hierfür schlagen wir den _________ [Datum; Einladungsfrist 2 Wochen] vor. Bitte teilen Sie uns mit, ob Ihnen dieser Termin zusagt. Sollten Sie zu diesem Termin verhindert sein, setzen Sie sich bitte mindestens fünf Werktage vor dem vorgeschlagenen Termin wegen der Vereinbarung eines neuen Termins mit uns in Verbindung. Anderenfalls werden wir die förmliche Abnahme gemäß § 12 Abs. 4, Nr. 2 VOB/B an diesem Tag durchführen. Wir weisen darauf hin, dass der Abnahmetermin in diesem Fall auch durchgeführt wird, wenn Sie bei diesem Termin nicht anwesend sein sollten.[2]

Für Rückfragen stehen wir Ihnen jederzeit gern zur Verfügung.

Mit freundlichen Grüßen

[1] Es ist zu beachten, dass der Absender rechtserheblicher Erklärungen deren Zugang im Streitfall beweisen muss. Dieser Nachweis kann bei einem Standardbrief regelmäßig nicht geführt werden. Auch ein Telefax-Sendeprotokoll ist kein anerkannter Zugangsnachweis. Die Zustellung rechtserheblicher Erklärungen kann daher nur per Einschreiben/Rückschein oder per Boten erfolgen, wobei auch hier noch dokumentiert werden muss, welches Dokument zugestellt wird. Alternativ ist auch die Zustellung mit Empfangsbekenntnis möglich; es ist dann darauf zu achten, dass der Empfänger das Empfangsbekenntnis vollzieht und zurücksendet. Ferner ist eine Zustellung durch den Gerichtsvollzieher möglich; dies ist im regelmäßigen Geschäftsverkehr aber wenig praktikabel.
[2] Es ist zu beachten, dass der Auftraggeber die Abnahme nur wegen des Vorliegens wesentlicher Mängel verweigern kann. Bei unwesentlichen Mängeln ist die Abnahme durchzuführen, wobei der Auftraggeber sich wegen der bei (Teil-)Abnahme vorhandenen Mängel und nicht erbrachten Leistungen die (Nach-)Erfüllungsansprüche vorbehalten muss. Andernfalls riskiert der Auftraggeber diese (Nach-)Erfüllungsansprüche wegen vorbehaltloser Abnahme zu verlieren, vgl. § 640 Abs. 3 BGB.

Mustervorlage 5.5: Abnahmeverlangen mit Fertigmeldung

Baustelle:	Name und Anschrift des Unternehmens:

[Bitte hier exakt die Angaben aus dem Auftragsschreiben übernehmen:]

Vertrags-Nr.: ________________

Art der Arbeiten: ______________________

____________ [Ort], den ________ [Datum]

Verlangen der Abnahme (mit Fertigmeldung)

Sehr geehrte Damen und Herren,

hiermit erklären wir, dass wir unsere vertraglichen Verpflichtungen aus dem o. g. Bauvertrag vollständig erfüllt haben.
Gemäß Bauvertrag bitten wir um VOB-gerechte Abnahme bis zum __________ [innerhalb von 12 Werktagen] und um gemeinsame Abstimmung des Termins zur Abnahme.

Insbesondere wurden zur Abnahmereife folgende Einzelaufgaben erledigt:

1. Unsere Leistungen wurden auf Vollständigkeit, Mängelfreiheit und Funktionsfähigkeit überprüft am ________ [Datum].
Die zugehörigen Protokolle über Sichtabnahmen, Druckproben, Leistungsmessungen, Einregulierungen usw. sowie über amtlich erforderliche Abnahmen durch Behörden, TÜV und andere wurden angefertigt und wurden übergeben/liegen vor am __________ [Datum].

2. Die angemahnten Rest- und Nacharbeiten wurden erledigt am _________ [Datum].
Die zugehörigen Nachschauprotokolle wurden übergeben/liegen bereit am ________ [Datum].

3. Die Einweisung des Bedienpersonals des Bauherrn ist erfolgt am _________ [Datum].
Die entsprechende Bestätigung des Bauherrn wurde übergeben/liegt bereit am ________ [Datum].

4. Die Revisions- und Bestandsunterlagen wurden übergeben/liegen bereit am _________ [Datum].
Die erforderlichen Berichtigungen und Ergänzungen erfolgten am ________ [Datum].

5. Für die dauerhafte Erhaltung der von uns erbrachten Leistungen ist der Abschluss eines Wartungsvertrags durch den Bauherrn
☐ erforderlich ☐ nicht erforderlich

6. Fabrikatslisten (Fabrikatsnachweise) sowie alle sonstigen Unterlagen wurden vollständig übergeben/liegen zur Übergabe bereit am: __________ [Datum].

________________________ Fachbauleiter des Unternehmens

________________________ Firmenstempel/rechtsverbindliche Unterschrift

In der Regel benötigen Bauherren einen detaillierten Fabrikatsnachweis über verbaute Materialien und installierte Fabrikate, z. B. um anschließend gezielt Wartungsverträge vergeben zu können oder um selbst die Unbedenklichkeit von Materialien überprüfen zu können. Hierzu wird i. d. R. von jedem Bauunternehmen und Nachunternehmen eine Liste der von ihm eingebauten Fabrikate und Materialien erstellt und verbindlich unterschrieben. Einen solchen Fabrikatsnachweis zeigt die Mustervorlage 5.6.

Des Weiteren sollte ein Bauunternehmen dafür sorgen, dass alle Beteiligten zur Abnahme gut informiert und mit der Örtlichkeit und dem Gegenstand der Abnahme vertraut sind. Da manche Auftraggeber gern externe Spezialisten zur Abnahme hinzuziehen, sollten diese rechtzeitig mit den Besonderheiten des Bauprojekts vertraut gemacht werden, ebenso wie sie auch Kenntnis erhalten müssen von Ausführungsvarianten, die zwischen Auftraggeber und Auftragnehmer ggf. in Abweichung zur geltenden Meinung dieser Fachleute vereinbart sind. Gelegentlich haben die Fachplaner des Bauherrn nicht von allen im Laufe der Bauausführung zwischen Bauherr und Bauunternehmen beschlossenen Änderungen erfahren und gleichen dann fälschlicherweise die vorgefundene Ausführung mit nicht mehr relevanten Plänen ab. Der Unternehmer-Bauleiter sollte diesem möglichen Umstand Rechnung tragen und relevante Dokumente und Unterlagen zu diesem Bauprojekt zur Einsichtnahme bzw. als Grundlage für entsprechende klärende Gespräche bereithalten.

Nicht zuletzt helfen Informationen wie Lageplan, vorgeschlagene Begehungsrouten, Zeitplanung der Abnahme, Liste der Teilnehmer, Kontakttelefonnummern der Bauleitung und der involvierten Spezialfirmen und schließlich auch Angaben zu verfügbaren Beratungsräumen, Vorschläge für gemeinsame Pausen und das Angebot eines Imbisses, dass die Abnahme nicht durch unnötige Irreleitungen, vermeidbare Störungen oder durch knurrende Mägen belastet wird.

5.1.5 Technische Unterstützung der Abnahme

Bei der Abnahme muss das Bauunternehmen nachweisen, dass seine Leistung in vollem Umfang den vertraglichen Vereinbarungen entspricht. Die Vorabnahmen und die umfassenden Informationen zur Vorbereitung der Abnahme dienen dem Ziel, den Nachweis der ordnungsgemäßen Ausführung führen zu können und das „Gelingen des Werks“ nachzuweisen.

Um diesen Nachweis zu führen, kann es durchaus erforderlich sein, dass besondere Hilfsmittel benötigt werden, mit denen die Maßhaltigkeit von Bauteilen, eventuelle Beschichtungsstärken, Oberflächenhärten, Betondeckung, Befestigungen und viele andere Details überprüft werden können. Mehr und mehr fassen auch bei komplexeren Prüfungen Prüfmittel Fuß, die zerstörungsfrei arbeiten. Gerade der Markt für Sensortechnik ist sehr dynamisch und bietet eine ganze Reihe von preiswerten Geräten an, mit denen sich auch komplexere Gebäudeeigenschaften wie Wärmedurchgang, Feuchteverteilung, Luftströmungen, Dichtheit und Kapillarität zügig messen lassen.

Auch wenn nicht jedes im Baumarkt erhältliche Gerät mit der für Fachgutachten notwendigen Präzision arbeitet, sind preiswerte Messgeräte geeignet,

Mustervorlage 5.6: Fabrikatsnachweis

Fabrikatsnachweis

Dieser Nachweis ist vom Bauunternehmen (BU) bzw. Nachunternehmen (NU) jeweils vollständig auszufüllen und unterschrieben dem Auftraggeber (AG) bei der Abnahme zu übergeben.

BU/NU: ______________________

____

AG: ______________________

____

Vertrags-Nr.: ______________________

Bauobjekt: ______________________

Art der Arbeiten: ______________________

Hersteller	eingesetztes Material mit Angabe von Qualitäts-/Farb-/Bestell-Nr.	Menge/Mengeneinheit

____
Ort und Datum

____
Stempel und Unterschrift des Unternehmens

Tabelle 5.1: Hilfsmittel und Geräte zur Abnahme

Definition	Hilfsmittel/Gerät
anschließend zur Nutzung des Objekts zu übergeben	Schlüssel für Zugang zu allen Bereichen
	Vierkant, Sechskant usw. für Revisionsklappen
	Schlüssel für Befahranlagen, Aufzüge usw.
vorübergehende Zugangs- und Öffnungshilfen	Gerüst
	Hubsteiger, Hubbühne
	Leitern
	Sicherungsleinen
	Fenstergriff, Türgriff
	Münze, Schraubenzieher
händische Prüfmittel	Bandmaß, Zollstock
	Risslupe
	Nivellierlatte
	Wasserwaage, rechter Winkel
	Lupe, Fernglas
	kleiner Hammer
	Messer, Schraubenzieher
	Taschenlampe
	Maurerschnur
	Anschlagwinkel
	RAL-Farbenlehre
	Risslineal
elektronische Prüfmittel (schon unter 100 Euro im Baumarkt zu bekommen)	Thermometer
	Hygrometer
	Laser-Entfernungsmesser
	Laser-Wasserwaage
	Spannungs-Messgerät
	Metall- und Leitungssucher
Hilfsmittel zur Dokumentation	Fotoapparat
	Bleistift, Schreibblock
	Diktiergerät
	wasserfester Filzmarker
	Klebeband, Klebezettel

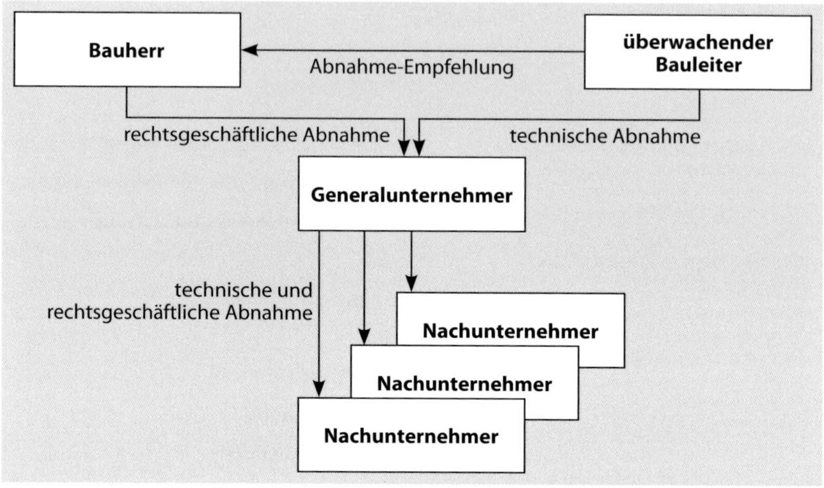

Abb. 5.2: Verschiedene Abnahmekonstellationen und -partner

überschlägige erste Messwerte zu erheben und grundsätzliche Tendenzen festzustellen. In Grenzfällen müsste dann immer noch eine präzisere und vom Fachmann mit kalibrierten Geräten durchgeführte Messung Klarheit bringen.

Nachweispflichtig für die Abnahmefähigkeit des Werks ist das Bauunternehmen. Es obliegt also auch ihm, die zur Prüfung der Leistung erforderlichen Geräte und anderen Hilfsmittel (z. B. Gerüst, Hubsteiger) bereitzustellen, damit sowohl Auftraggeber als auch Auftragnehmer die Leistung in Augenschein nehmen können. Tabelle 5.1 listet auf, welche Hilfsmittel zur Abnahme bereitgehalten werden sollten. In der Regel sollte der Unternehmer-Bauleiter eine Hilfsperson einsetzen, die ggf. weitere Geräte heranschafft oder die einzusetzenden Geräte bedient bzw. zur Bedienung bereitmacht.

Über den Nachweis der Mängelfreiheit der Leistungen hinausgehende Forderungen des Auftraggebers sind allerdings nicht Gegenstand der Verpflichtung des Auftragnehmers. Falls gewünscht, müsste der Auftraggeber derartige Leistungen separat beauftragen oder sollte sie von vornherein in den Besonderen Technischen Vertragsbedingungen vorsehen.

5.1.6 Abnahme von Nachunternehmerleistungen

Der Vollständigkeit halber sei an dieser Stelle erwähnt, dass sich das Geschehen der diversen Abnahmeprozeduren einschließlich der rechtsgeschäftlichen Abnahme nicht nur auf das Verhältnis Bauherr zu Bauunternehmen bezieht, sondern dass es üblicherweise bereits bei kleinen Objekten mehrere nacheinander geschaltete Auftraggeber-Auftragnehmer-Nachauftragnehmer-Beziehungen gibt. Auch die Abnahme der Leistung eines Nachunternehmers durch den Hauptunternehmer unterliegt im Wesentlichen den gleichen Kriterien wie in diesem Kapitel geschildert. Abb. 5.2 zeigt die unterschiedlichen Vertragskonstellationen, zu denen jeweils eine Abnahme erfolgt.

Ein Abnahmeprotokoll einer Nachunternehmerleistung (siehe Mustervorlage 5.7) sieht prinzipiell genauso aus wie das Abnahmeprotokoll der Gesamt-

lustervorlage 5.7: Abnahmeprotokoll für Nachunternehmerleistungen

Abnahmeprotokoll für Nachunternehmerleistungen

Bauvorhaben/Objekt: ______________________

Auftraggeber (Hauptauftragnehmer): ______________________

Auftrag vom: ____________

Nachauftragnehmer: ______________________

Tag der Abnahme: ______________

Weitere Teilnehmer: ______________________

Gewerke: ______________________

Vorbehalte des Auftraggebers:

- Mängelrüge für bereits erkannte und noch nicht beseitigte Mängel
- Geltendmachung der Vertragsstrafe
- Schadenersatz wegen Terminverzug
- Wandlung oder Minderung wegen: ______________________
- Gegenforderungen für: ______________________
- Aufrechnungen wegen: ______________________

Der Auftraggeber erklärt die Abnahme für:

☐ erfolgt

☐ erfolgt mit den nachfolgend aufgeführten Mängeln:

(weitere Mängel auf beigefügter Anlage)	Termin zur Mängelbeseitigung
______________________	____________
______________________	____________
______________________	____________

Die Verjährungsfrist für Mängelansprüche endet am: ____________

Unterlagen:
Nachfolgende Unterlagen werden dem Bauherrn übergeben (ggf. siehe Anlage):

____

____

____

Sonstiges:

____

____

____

Unterschrift:	**Kenntnisnahme:**
Ort, Datum	Ort, Datum
Unterschrift: Auftraggeber (Hauptauftragnehmer)	Unterschrift: (Nach-)Auftragnehmer

leistung. Schließlich bestätigt es ebenso die ordnungsgemäße Herstellung eines Werks. Eckpunkte des Abnahmeprotokolls für Nachunternehmerleistungen sind:

- genaue Beschreibung der Werkleistung und des Leistungsumfangs, der zur Abnahme ansteht
- Datum der Abnahme
- Aussage, dass die Werkleistung unter Vorbehalt nachfolgend aufgeführter Mängel oder fehlender Leistungen abgenommen wird
- Feststellung, dass die Abnahme keine notwendigen behördlichen oder bauaufsichtlichen Abnahmen ersetzt
- Liste der festgestellten Mängel einschließlich Fristen für deren Beseitigung
- Liste von Vorbehalten
- Vorkehrung für den Fall, dass die Mängel nicht fristgerecht beseitigt werden
- Beginn und Ende der Verjährungsfrist für die Mängelansprüche
- eventuelle Sachverhalte, zu denen bei der Abnahme keine Einigung erzielt werden konnte
- Unterschrift des Hauptauftragnehmers als die Abnahme erklärender Auftraggeber
- Unterschrift des Nachunternehmers als Bestätigung über sein Beiwohnen der Abnahme bzw. als Empfangsbekenntnis

Es ist eine riskante, aber in der Praxis nicht selten zu beobachtende Angewohnheit, dass Unternehmer-Bauleiter die Leistung ihrer Nachunternehmer im Wesentlichen erst bei der Endabnahme einer gründlichen Inspektion durch den Auftraggeber unterziehen lassen. Ist der Auftraggeber zufrieden, so ist es auch der Unternehmer-Bauleiter. Rügt der Auftraggeber Mängel, so reicht der Unternehmer-Bauleiter diese an den Nachunternehmer weiter. Das Risiko bei diesem Vorgehen liegt beim Bauunternehmen, da es bei der Verweigerung der Abnahme durch den Auftraggeber leichtfertig in Verzug gerät. Auch wenn es eine ihm vom Auftraggeber für diesen Fall berechnete Vertragsstrafe vom Nachunternehmer in Form von Schadenersatz wieder einfordern könnte, sollte der Unternehmer-Bauleiter sich dennoch nicht zu leichtfertigem Handeln verleiten lassen. Letztlich kann solch ein Vorkommnis auch zu einem erheblichen Imageverlust führen.

Der überwachende Bauleiter sollte ebenfalls und zur eigenen Absicherung darauf verweisen, dass er vor der eigentlichen Abnahme entsprechende separate Abnahmen oder zumindest umfassende Zustandsfeststellungen des Bauunternehmens gegenüber seinen Nachunternehmern erwartet. Macht er dieses im Rahmen der Vorbereitung der Abnahmen unmissverständlich klar und kommt er dann während der Abnahme zur Feststellung, dass der Unternehmer-Bauleiter die Leistungen seiner Nachunternehmer überhaupt noch nicht inspiziert hat, wäre es eine Möglichkeit, bei Feststellung der ersten Mängel während der Abnahme diese schnell zu beenden mit dem Hinweis, das Bauunternehmen möge erst einmal selbst die ordnungsgemäße Ausführung seiner Bauleistungen nachweisen.

Dass Bauunternehmen zögern, vorab die Leistungen ihrer Nachunternehmer streng zu inspizieren, liegt daran, dass sie vermeiden wollen, dass dieses bereits als rechtsgeschäftliche Abnahme der Nachunternehmerleistungen

Tabelle 5.2: Wirkungen der Abnahme für den Auftragnehmer

Bis zur Abnahme ...	Nach der Abnahme ...
... muss der Auftragnehmer stets in Vorleistung treten.	... hat der Auftraggeber keinen Anspruch mehr auf Vorleistung des Auftragnehmers.
... trägt der Auftragnehmer die Gefahr für das Bauwerk (außer nach § 7 VOB/B).	... trägt der Auftraggeber die Gefahr für das Bauwerk.
... muss der Auftragnehmer die Mängelfreiheit seiner Leistung nachweisen.	... muss der Auftraggeber dem Auftragnehmer das Vorliegen eines Ausführungsmangels nachweisen.[1)]
... hat der Auftragnehmer nur Anspruch auf Abschlagszahlungen (§ 16 VOB/B).	... muss der Auftraggeber die Schlusszahlung leisten, die Vergütung wird fällig (§ 14 VOB/B).
... drohen dem Auftragnehmer Vertragsstrafen (§ 11 VOB/B).	... verliert der Auftraggeber den Anspruch auf Vertragsstrafe.[1)]
... muss der Auftragnehmer erkannte und gerügte Mängel beseitigen (§ 4 Abs. 7 VOB/B).	... verliert der Auftraggeber den Anspruch auf Beseitigung nicht gerügter Mängel.[1)]
... kann dem Auftragnehmer gekündigt werden.	... kann dem Auftragnehmer nicht mehr gekündigt werden.
... verjähren die Vergütungsansprüche des Auftragnehmers noch nicht.	... beginnt die Verjährungsfrist der Vergütungsansprüche des Auftragnehmers (§ 13 Abs. 4 VOB/B).
... hat der Auftraggeber noch keine Mängelansprüche.	... hat der Auftraggeber Mängelansprüche (§ 13 VOB/B).

1) Gilt nicht, wenn der Auftraggeber bei der Abnahme einen entsprechenden Vorbehalt geltend gemacht hat.

aufgefasst wird. Denn auch gegenüber einem Nachunternehmer gelten durch eine Abnahme die gleichen Verschiebungen der Verantwortung, wie sie in Tabelle 5.2 aufgeführt sind.

5.2 Abnahme der Bauleistung

5.2.1 Formen der Abnahme

Der eigentliche Akt der Bauabnahme ist eine einseitige Willenserklärung des Auftraggebers. Diese kann ohne den Auftragnehmer, im Beisein des Auftragnehmers oder auch mit Gegenzeichnung des Auftragnehmers in Form einer Empfangsbestätigung des Originals des vom Auftraggeber unterzeichneten Abnahmeprotokolls erfolgen.

Damit es zur Abnahme der Bauleistung kommt, muss der Auftragnehmer zunächst dem Auftraggeber die Fertigstellung des Bauwerks anzeigen. Gerade bei kleinen Bauvorhaben sind die Auftraggeber häufig sehr eng mit der Baustelle involviert und sehen selbst, dass die Bauarbeiten der Vollendung entgegengehen. Doch für den Unternehmer-Bauleiter kann es nicht selbstverständlich sein, dass der Bauherr von selbst erklärt, er wolle nun das Bau-

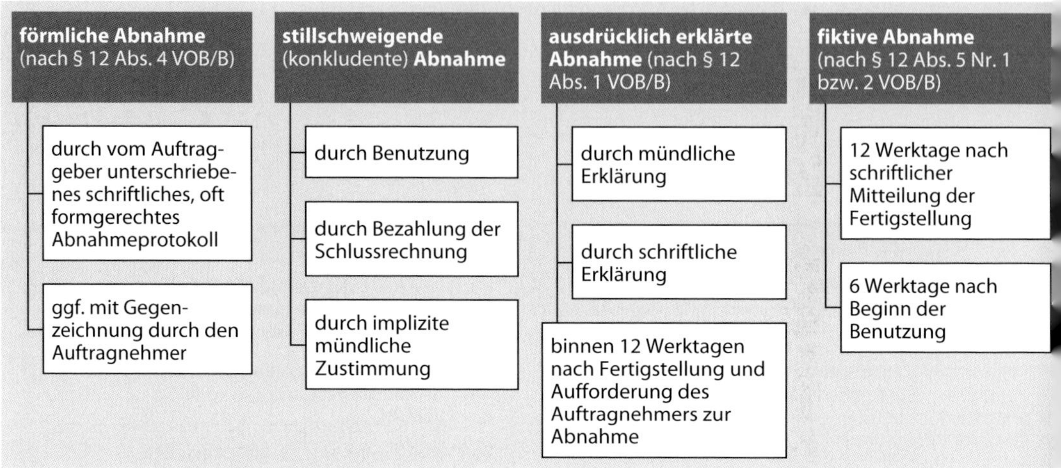

Abb. 5.3: Formen der Abnahme der Bauleistung

werk abnehmen. Stattdessen ist es die Pflicht des Unternehmer-Bauleiters, dem Auftraggeber rechtzeitig anzukündigen, dass man in wenigen Tagen abnahmebereit sei und um entsprechende Abnahme durch den Bauherrn ersuche (siehe auch Mustervorlage 5.3).

Nicht notwendig und auch nicht Bestandteil einer förmlichen Abnahme ist eine Einverständniserklärung des Auftragnehmers auf dem Abnahmeprotokoll, dass er allen aufgeführten Mängeln zustimmt. Was also nicht gleich vor Ort geklärt werden kann, kann im Protokoll als vom Auftraggeber behaupteter Mängelpunkt stehen bleiben, und es ist unerheblich, ob der Unternehmer hierzu sofort Stellung bezieht oder nicht.

Die möglichen Formen der Abnahme sind in Abb. 5.3 dargestellt.

Bei komplexen Bauprojekten wird man i. d. R. vertraglich die förmliche Abnahme vereinbaren. Dieses vermeidet spätere Unklarheiten über die Relevanz von Mängellisten, über den Tag der Abnahme und damit den Beginn der Fristen für die Mängelbeseitigung.

Der Begriff „konkludente Abnahme“, der in der Praxis gelegentlich anzutreffen ist, ist nicht in der VOB verankert und daher auch im üblichen Gebrauch nicht ganz eindeutig. Konkludent bedeutet in diesem Zusammenhang, dass das Verhalten des Auftraggebers eindeutig darauf schließen lässt, dass er das Werk als fertiggestellt und somit die Abnahme als gegeben ansieht. Dieses Signal kann die stillschweigende Ingebrauchnahme sein, die anstandslose Bezahlung der Schlussrechnung inklusive der Auszahlung der Einbehalte, oder es können auch andere implizite Zustimmungen gegenüber dem Auftragnehmer gewertet werden.

Eine ausdrückliche Verweigerung der Abnahme ebenso wie eine Rüge der Leistung des Auftragnehmers schließt dagegen die stillschweigende bzw. konkludente Abnahme aus.

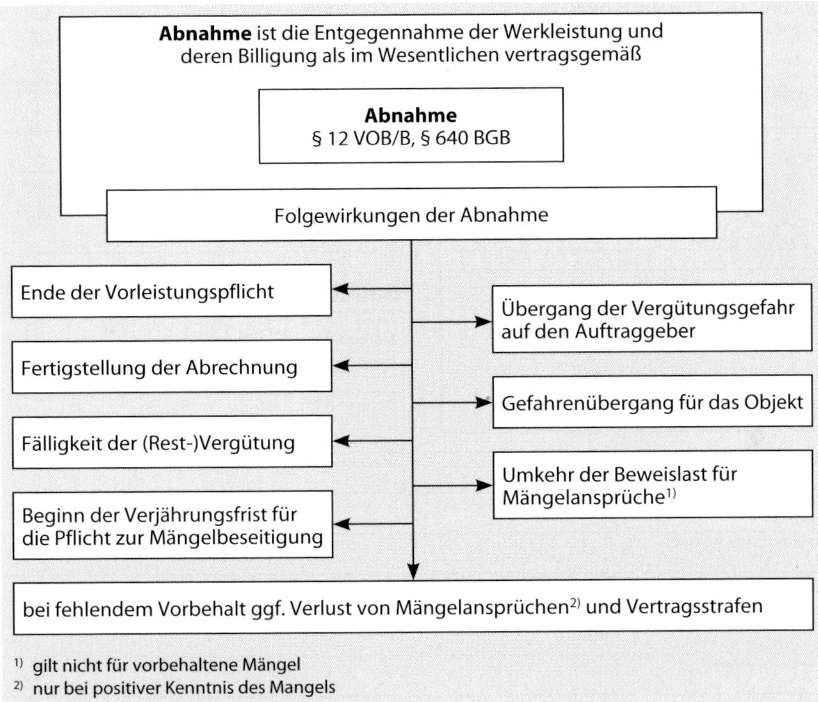

Abb. 5.4: Generelle Wirkungen der Abnahme

5.2.2 Wirkungen der Abnahme

Das besondere Interesse des Auftragnehmers an der Abnahme seiner Leistung besteht nicht im Vorgang selbst, sondern in dem, was danach eintritt. Deshalb ist es wichtig, sich als Unternehmer-Bauleiter ebenso wie als überwachender Bauleiter gut auf die Abnahme vorzubereiten.

Da sich, wie in Abb. 5.4 gezeigt, durch die Erklärung der Abnahme viele Rechte und Pflichten verschieben, muss der überwachende Bauleiter gut vorbereitet in die Abnahme gehen und seinen Bauherrn auch entsprechend beraten und führen können.

Ein Grundelement der Abnahme ist das ausführliche Abnahmeprotokoll (siehe dazu die Mustervorlagen 5.8, 5.9 und 5.10).

Bei explizit im Abnahmeprotokoll aufgelisteten Punkten und Sachverhalten können einige Wirkungen der Abnahme ausgesetzt bzw. aufgeschoben werden. Dieses ist besonders wichtig beim Vorbehalt der Geltendmachung einer Vertragsstrafe und beim Vorbehalt der Beseitigung bereits erkannter (und im Protokoll aufgeführter) Mängel aus der Abnahmebegehung oder aus bereits vorab erfolgten Vorbegehungen. In der Regel werden die bereits bekannten Mängel in einer separaten Liste aufgeführt und diese Liste als Ganzes in das Abnahmeprotokoll eingeschlossen. Für die hier aufgeführten Mängel ist dann weiterhin der Auftragnehmer beweispflichtig für die ordnungsgemäße Ausführung und Qualität.

Mustervorlage 5.8: Bauabnahme-Protokoll

Zutreffendes bitte ankreuzen ☒ oder ausfüllen!

Auftraggeber:	PLZ, Ort, Datum
	Sachbearbeiter(in)
	Telefon
	Telefax

Bauabnahmeprotokoll

	Anlage: Mängelliste, _____ Seiten
	Datum des Bauvertrags
	Nachträge vom
Baumaßnahme	Objekt-Nr.

Teilnehmer:

Auftragnehmer (Name, Anschrift)
Auftraggeber (Name, Anschrift)
Architekt (Name, Anschrift)
Ingenieur (Name, Anschrift)
Andere (Name, Anschrift)

Abnahme:

☐ der Gesamtleistung (§ 12 Abs. 4 VOB/B)

☐ von folgenden in sich abgeschlossenen, funktionsfähigen Teilen der Leistung (§ 12 Nr. 2 VOB/B):

Die (Teil-) Abnahme

☐ ist ohne Vorbehalte erfolgt.

☐ ist unter dem Vorbehalt der Rechte wegen Verwirkens der Vertragsstrafe erfolgt.

☐ ist unter dem Vorbehalt der Beseitigung der festgestellten Mängel gemäß beiliegender Mängelliste erfolgt.

☐ wird aufgrund der Mängel verweigert. Diese Mängel sind zumindest in der Summe wesentlich (§ 12 Nr. 3 VOB/B).[1,2]

☐ **Minderung:** Es wird Minderung (Kostennachlass) für folgende nicht zu beseitigende Mängel vereinbart:

Mangel:	Minderung in EUR:

Mängelansprüche: Die Verjährungsrist für die Mängelansprüche für die abgenommenen Leistungen

beginnt am [Datum] und endet am [Datum]

☐ **Sonstiges:** (z. B. Übergabe von Plänen, Betriebsanweisungen, Schlüsseln usw.)

---

[1] Es ist zu beachten, dass der Auftraggeber die Abnahme nur wegen des Vorliegens wesentlicher Mängel verweigern kann. Bei unwesentlichen Mängeln ist die Abnahme durchzuführen, wobei der Auftraggeber sich wegen der bei (Teil-)Abnahme vorhandenen Mängel und nicht erbrachten Leistungen die (Nach-)Erfüllungsansprüche vorbehalten muss. Andernfalls riskiert der Auftraggeber diese (Nach-)Erfüllungsansprüche wegen vorbehaltloser Abnahme zu verlieren, vgl. § 640 Abs. 3 BGB.

[2] In § 640 Abs. 2 BGB ist nunmehr vorgesehen, dass, sofern der Auftragnehmer dem Auftraggeber nach Fertigstellung eine Frist zur Abnahme der Leistung setzt, diese als erfolgt gilt, sofern der Auftraggeber die Abnahme nicht innerhalb der gesetzten Frist unter Angabe zumindest eines (wesentlichen) Mangels verweigert. Sofern der Auftraggeber den Eintritt der Abnahme verhindern möchte, muss er der Abnahme also zumindest aufgrund eines genau bezeichneten Mangels schriftlich widersprechen. Sofern der Auftraggeber Verbraucher ist, gilt dies nur, sofern der Auftragnehmer den Auftraggeber auf diese Rechtsfolge hingewiesen hat. Zur Verbrauchereigenschaft vgl. die ausführlichen Hinweise im Dokument: Das neue Bauvertragsrecht – Verbrauchervertrag – Verbraucherbauvertrag. Nicht erforderlich ist es in diesem Zusammenhang allerdings, dass es sich um einen Verbraucherbauvertrag handelt.

Mustervorlage 5.8: Bauabnahme-Protokoll (Fortsetzung)

☐ Die Mängel sind unverzüglich, spätestens aber bis zum	Datum	zu beseitigen.

Gemäß § 13 Abs. 5 Nr. 2 VOB/B kann der Auftraggeber die Mängel auf Kosten des Auftragnehmers durch einen Dritten beseitigen lassen, wenn der Auftragnehmer innerhalb einer angemessenen Frist der Aufforderung zur Mängelbeseitigung nicht nachkommt.

☐ Der Auftragnehmer hat die Beseitigung der gerügten Mängel dem Bauherrn schriftlich anzuzeigen und die rechtsgeschäftliche Abnahme der Mangelbeseitigung zu beantragen

Auftragnehmer:	**Auftraggeber:**
Datum Unterschrift	Datum Unterschrift

Mustervorlage 5.9: Anlage zum Bauabnahme-Protokoll

Anlage zum Bauabnahme-Protokoll

Blatt: _____

Anlage zu Abnahmeprotokoll vom: ____________________

mit Firma: ____

Bauvorhaben/Objekt: ____

____

____

____

____

____

____

____

____

____

____

____

____

____

____

____

____

______________________________	______________________________
Unterschrift: Auftraggeber	Unterschrift: Auftragnehmer

Mustervorlage 5.10: Mängelliste zum Bauabnahme-Protokoll

Mängelliste zum Abnahme-Protokoll vom __________ [Datum]

lfd. Nr.	Mangel	aner-kannt	Unterschrift
1.			
2.			
3.			
4.			
5.			
6.			
7.			
8.			
9.			
10.			

Sonstige Beanstandungen:

____

____

____

____

____

______________________ ______________________

Auftraggeber Auftragnehmer

Vorbehalt bei Abnahme

Nimmt der Auftraggeber ein Bauwerk trotz ihm bekannter Mängel ab, muss er sich seine dahingehenden Rechte ausdrücklich vorbehalten. Ansonsten gehen mit der Abnahme Ansprüche auf Nacherfüllung, Kostenerstattung der Ersatzvornahme, Kostenvorschuss oder Minderung verloren (§ 640 Abs. 2 BGB). Der Auftraggeber kann für die bekannten Mängel dann lediglich noch Schadensersatz verlangen, der aber ein – wenn auch vermutetes – Verschulden des Auftragnehmers voraussetzt. Den Vorbehalt hat der Auftraggeber unmittelbar bei der Abnahme zu erklären; erst später z. B. mit Übersendung des Protokolls erklärte Vorbehalte sind unbeachtlich.

Hat der Auftraggeber den Vorbehalt erklärt, bleibt es für die hiervon erfassten Mängel auch bei der ursprünglichen Beweislastverteilung aus dem Erfüllungsstadium; es hat dann weiterhin der Auftragnehmer darzulegen und zu beweisen, dass seine Leistung mangelfrei ist und der behauptete Mangel nicht besteht – während nach der Abnahme ansonsten der Auftraggeber verpflichtet ist, etwaige Mängel in der Leistung des Unternehmens nachzuweisen.

Im Falle von erkannten Mängeln wird ein Mängelprotokoll erstellt (Mustervorlage 5.11). Dieses führt dann, nachdem der Auftragnehmer die Mängel beseitigt hat, zwangsläufig zu einer Nachabnahme, bei der die Beseitigung kontrolliert wird und die Mangelfreiheit auch der nachinspizierten Bauteile gemäß Mängelliste attestiert werden kann (Mustervorlage 5.12).

5.2.3 Fertigstellung der Abrechnung

Eine an dieser Stelle nicht zu unterschätzende Wirkung der Abnahme ist die Verpflichtung des Bauunternehmens zur zügigen Fertigstellung der Abrechnung. Die VOB/B sieht hierfür eine Frist von 12 Werktagen vor, sofern die vertragliche Ausführungsfrist nicht länger als 3 Monate war. Sie verlängert sich um je 6 Werktage für je 3 Monate längere Ausführungsfrist.

Somit ergibt sich z. B. bei einer vertraglichen Bauzeit von 3 Jahren für die Abrechnung eine Frist von $(3 \cdot 4 \cdot 6) + 6 = 78$ Werktagen, also rund 3 Monaten. Hat der Auftragnehmer danach die Abrechnung nicht erstellt, kann der Auftraggeber nach Ablauf einer angemessenen Nachfrist die Abrechnung selbst und auf Kosten des Auftragnehmers aufstellen (§ 14 Abs. 4 VOB/B).

Auftraggeber und Auftragnehmer können abweichende Fristen vereinbaren. Dies erscheint jedoch nur angemessen, wenn es auch sächliche Gründe hierfür gibt, wie beispielsweise eine sehr komplexe Kostenverteilung auf mehrere Investoren oder das Einbeziehen von Ergebnissen zu Verbrauchstests während späterer Betriebsphasen. In der Regel ist aber eine Ausweitung der

Mustervorlage 5.11: Mängelrüge bei Abnahme

Absender
Einschreiben/Rückschein/Per Boten[1]
An den Auftragnehmer

_________ [Ort], den _________ [Datum]

Bauvorhaben _________ [Name des Bauvorhabens]
Mängelrüge bei Abnahme

Sehr geehrte Damen und Herren,

bei Abnahme der von Ihnen erbrachten Leistungen am _________ [Datum] haben wir folgende Mängel festgestellt:

1. ______________________________ [Beschreibung des Mangels]
2. ______________________________ [Beschreibung des Mangels]
3. ______________________________ [Beschreibung des Mangels]

Diese Mängel sind im Abnahmeprotokoll vom _________ [Datum] aufgeführt.

Wir fordern Sie hiermit auf, diese Mängel unverzüglich, spätestens bis zum _________ [Datum] auf Ihre Kosten vollständig und nachhaltig zu beseitigen.

☐ In diesem Zusammenhang weisen wir darauf hin, dass Sie vor der Abnahme grundsätzlich zur Beseitigung des Mangels durch Neuerstellung verpflichtet sind, soweit der Mangel nicht auf andere Weise vollständig beseitigt werden kann.

☐ Die von Ihnen zu tragenden Mängelbeseitigungskosten beschränken sich nicht auf die Kosten der Nachbesserung, sondern schließen z. B. entstehende Transport- und Wegekosten mit ein.

Sollten Sie dieser Aufforderung innerhalb der gesetzten Frist nicht nachkommen, werden wir ein anderes Unternehmen mit der Mängelbeseitigung auf Ihre Kosten beauftragen. Wir behalten uns vor, einen Anspruch auf Kostenvorschuss geltend zu machen.

☐ Bezüglich einer Terminabsprache zur Mängelbeseitigung nehmen Sie bitte Kontakt auf mit Frau/Herrn ___________ [Name], die/der* unter der Telefonnummer ___________ zu erreichen ist.

☐ Ferner möchten wir Sie bitten, uns unverzüglich nach Durchführung der Mängelbeseitigung hiervon zu unterrichten, damit wir eine rechtsgeschäftliche Abnahme der Mängelbeseitigung durchführen können.

☐ Bitte lassen Sie die Mängelbeseitigung von Frau/Herrn ___________ [Name] bestätigen.

☐ Für den Fall, dass Sie beabsichtigen, die Beseitigung des Mangels oder der Vertragswidrigkeit zu verweigern, weil damit ein unverhältnismäßig hoher Aufwand verbunden ist, machen wir schon jetzt darauf aufmerksam, dass hierfür prüfbare Beweise vorzulegen sind. Außerdem behalten wir uns für diesen Fall ausdrücklich das Recht zur Minderung der Vergütung vor.

Mit freundlichen Grüßen

*Nichtzutreffendes bitte streichen

[1] Es ist zu beachten, dass der Absender rechtserheblicher Erklärungen deren Zugang im Streitfall beweisen muss. Dieser Nachweis kann bei einem Standardbrief regelmäßig nicht geführt werden. Auch ein Telefax-Sendeprotokoll ist kein anerkannter Zugangsnachweis. Die Zustellung rechtserheblicher Erklärungen kann daher nur per Einschreiben/Rückschein oder per Boten erfolgen, wobei auch hier noch dokumentiert werden muss, welches Dokument zugestellt wird. Alternativ ist auch die Zustellung mit Empfangsbekenntnis möglich; es ist dann darauf zu achten, dass der Empfänger das Empfangsbekenntnis vollzieht und zurücksendet. Ferner ist eine Zustellung durch den Gerichtsvollzieher möglich; dies ist im regelmäßigen Geschäftsverkehr aber wenig praktikabel.

Mustervorlage 5.12: Nachabnahme-Protokoll

Zutreffendes bitte ankreuzen ☒ oder ausfüllen!

Auftraggeber:	PLZ, Ort, Datum
	Sachbearbeiter(in)
	Telefon
	Telefax

Nachabnahme-Protokoll über die Beseitigung der bei Abnahme festgestellten Mängel

	Datum des Bauvertrags
	Nachträge vom
Baumaßnahme	Objekt-Nr.

Teilnehmer:

Auftragnehmer (Name, Anschrift)
Auftraggeber (Name, Anschrift)
Architekt (Name, Anschrift)
Ingenieur (Name, Anschrift)
Andere (Name, Anschrift)

Datum der Abnahme: __________ Das Bauabnahme-Protokoll vom __________ [Datum] liegt vor.

Hinsichtlich der bei Abnahme gerügten Mängel konnte Folgendes festgestellt werden:

Beschreibung des Mangels:

1. ______________________ ☐ beseitigt ☐ nicht beseitigt
2. ______________________ ☐ beseitigt ☐ nicht beseitigt
3. ______________________ ☐ beseitigt ☐ nicht beseitigt
4. ______________________ ☐ beseitigt ☐ nicht beseitigt
5. ______________________ ☐ beseitigt ☐ nicht beseitigt
6. ______________________ ☐ beseitigt ☐ nicht beseitigt
7. ______________________ ☐ beseitigt ☐ nicht beseitigt

Für die Beseitigung der als „nicht beseitigt" gekennzeichneten Mängel werden letztmalig nachfolgende Termine vorgegeben:

1. ______________________ Termin __________ [Datum]
2. ______________________ Termin __________ [Datum]
3. ______________________ Termin __________ [Datum]

Gemäß § 13 Abs. 5 Nr. 2 VOB/B kann der Auftraggeber die Mängel auf Kosten des Auftragnehmers durch einen Dritten beseitigen lassen, wenn der Auftragnehmer innerhalb einer angemessenen Frist der Aufforderung zur Mängelbeseitigung nicht nachkommt.

Auftragnehmer:	**Auftraggeber:**
Datum Unterschrift	Datum Unterschrift

Fristen für beide Seiten nachteilig, weil sie einer zügigen Klärung noch offener Punkte zuwiderläuft.

Auftragnehmer wie auch Auftraggeber sollten rechtzeitig im Zuge der endgültigen Abrechnung des Bauvorhabens alle relevanten Gegenrechnungen, Abzüge, Vergütungen, Umlagen, Schadensausgleich usw. im Zusammenhang mit dem Vertrag bereithalten und müssen diese dann in die Schlussrechnung einbringen bzw. bei Prüfung der Schlussrechnung berücksichtigen.

5.2.4 Förmliche Abnahme

Ist zwischen den Vertragspartnern eine förmliche Abnahme vereinbart, so ist damit vom Auftraggeber beabsichtigt, dass die Wirkungen der Abnahme nur nach einem förmlich durchgeführten Verfahren eintreten sollen. Je nach Formulierungen im Vertragstext hat der Auftragnehmer den Auftraggeber mit einer entsprechenden Frist zur Abnahme aufzufordern und zur gemeinsamen Begehung einzuladen. Der Auftraggeber wird dann das Bauwerk zum angesetzten Termin – allein oder zusammen mit seinen Beratern und Ingenieuren – begehen und danach eine schriftliche Erklärung bzw. ein Protokoll aufsetzen, in dem er die Abnahme des Bauwerks bescheinigt. Der überwachende Bauleiter muss darauf achten, dass das Protokoll alle bei der Begehung beanstandeten Mängel auflistet. Und deshalb wird er zu diesem Zeitpunkt auch die Mängel einbringen, die bei den diversen Vorbegehungen erkannt und zwischenzeitlich noch nicht abgestellt wurden.

Will der Bauherr Ansprüche aus einer Vertragsstrafe geltend machen, so muss er sich dies explizit im Protokoll vorbehalten. Andernfalls geht sein Anspruch mit Erklärung der Abnahme verloren.

Protokoll und Abnahmevereinbarung

Es ist genau zwischen Abnahmeprotokoll und Abnahmevereinbarung zu unterscheiden.

Ein Abnahmeprotokoll gibt nur die abgegebenen Erklärungen wie z. B. Mängelrügen und ggf. erklärte Vorbehalte oder vom Auftraggeber einseitig gesetzte Beseitigungsfristen wieder. Durch seine Unterschrift erklärt der Auftragnehmer dann lediglich, dass diese Aussagen getroffen und entsprechende Erklärungen abgegeben wurden, ohne sie inhaltlich zu bestätigen.

Demgegenüber sieht eine Abnahmevereinbarung bindende Absprachen und Zusagen vor, wonach die Mängel z. B. anerkannt und innerhalb der angegebenen Fristen beseitigt werden.

Auch wenn bei einer förmlichen Abnahme die Unterschrift des Auftragnehmers vorgesehen ist, so bedeutet dies nicht automatisch seine Anerkenntnis aller aufgeführten Mängelpunkte. Wesentlich ist und bleibt die einseitige Erklärung des Auftraggebers, das Werk abzunehmen oder eben nicht. Insofern sieht § 12 Abs. 4 Satz 2 VOB/B auch vor, dass die förmliche Abnahme in Abwesenheit des Auftragnehmers stattfinden kann, sofern der Auftragnehmer dazu mit genügender Frist oder einvernehmlich eingeladen worden ist.

Die Mitwirkung und letzten Endes die Unterschrift des Auftragnehmers dient im Grunde dazu, den Prozess der Abnahme gemeinsam zu gestalten, Unklarheiten an Ort und Stelle auszuräumen, das Bauobjekt und die notwendigen Begleitinformationen verantwortlich zu übergeben und schließlich den Erhalt des Abnahmeprotokolls zu quittieren.

5.2.5 Ausdrückliche Abnahme

Zur einfachen oder ausdrücklichen Abnahme genügt eine mündliche oder schriftliche Willenserklärung des Auftraggebers, dass er das Werk abnimmt. Häufig und bei informellen Beziehungen zueinander erklärt der Bauherr seine Zufriedenheit mit dem Werk oder lobt das Bauunternehmen für seine Leistung. Der überwachende Bauleiter sollte in diesem Fall aufpassen, ob der Bauherr damit in der Tat die Absicht hat, die Abnahme zu erklären, oder ob es sich hierbei nur um gut gemeinte und unverbindliche Gespräche handelt. Im Zweifel sollte der überwachende Bauleiter höflich auf eine Klarstellung des Auftraggebers drängen und auch den Schritt zum Protokoll nicht scheuen (Mustervorlage 5.13).

Verweigert der Auftraggeber dagegen die Abnahme, so ist keine ausdrückliche Abnahme zustande gekommen.

5.2.6 Stillschweigende Abnahme

Sehr häufig kommt bei vielen kleineren Bauvorhaben und unkundigen Bauherrn, aber auch oft zwischen Bauunternehmen und ihren Nachunternehmen die stillschweigende Abnahme vor. Sie basiert im Wesentlichen darauf, dass der Bauherr eindeutig durch sein Verhalten erkennen lässt, dass er das Bauwerk als fertiggestellt und abnahmefähig erachtet.

Eine stillschweigende Abnahme durch Benutzung kann bereits eintreten, wenn das Bauwerk im Wesentlichen fertiggestellt ist, wenn kein Abnahmeverlangen geäußert wurde und wenn mit der bestimmungsgemäßen Benutzung begonnen wurde. Sofern der Bauherr keinen Vorbehalt geäußert hat, ist dann die stillschweigende Abnahme nach einer fiktiven Frist von 6 Werktagen ab Beginn der Nutzung erfolgt.

Ebenfalls kann die stillschweigende Abnahme eintreten, wenn das Bauunternehmen dem Auftraggeber die Schlussrechnung zugestellt hat und dieser sie ohne Vorbehalt, Minderung oder Einbehalt bezahlt.

Mustervorlage 5.13: Formlose Abnahme

Absender
Einschreiben/Rückschein/Per Boten[1]
An den Auftragnehmer

_________ [Ort], den _________ [Datum]

Bauvorhaben _________ [Name des Bauvorhabens]
Formlose Abnahme und Vorbehaltserklärung[2]

Sehr geehrte Damen und Herren,

☐ mit Schreiben vom _________ [Datum] haben Sie die Fertigstellung Ihrer Leistung angezeigt.
☐ am _________ [Datum] haben wir die von Ihnen erbrachte Leistung in Benutzung genommen.

Eine förmliche Abnahme war nicht vereinbart. Diese haben Sie auch nicht gefordert. Wir nehmen die von Ihnen erbrachten Leistungen daher formlos ab. Die Gewährleistungsfrist beginnt am _________ [Datum] und endet am _________ [Datum].

☐ Bei Abnahme haben wir folgende Mängel festgestellt, für die wir uns innerhalb der Frist von § 12 Abs. 5 Nr. 3 VOB/B sämtliche (Nach-)Erfüllungsansprüche vorbehalten:[3]

lfd. Nr.	Mangel
1.	
2.	
3.	
4.	
5.	
6.	
7.	
8.	
9.	
10.	

Wir fordern Sie auf, diese Mängel unverzüglich, spätestens aber bis zum _________ [Datum] zu beseitigen. Sollten sie bis zu diesem Termin nicht beseitigt sein, werden wir die Mängelbeseitigung auf Ihre Kosten durch einen Dritten veranlassen.

☐ Bezüglich einer Terminabsprache zur Mängelbeseitigung nehmen Sie bitte Kontakt auf mit Frau/Herr _________ [Name], die/der* unter der Telefonnummer _________ [Telefonnummer] zu erreichen ist.
☐ Ferner möchten wir Sie bitten, uns unverzüglich nach Durchführung der Mängelbeseitigung hiervon zu unterrichten, damit wir eine rechtsgeschäftliche Abnahme der Mängelbeseitigung durchführen können.
☐ Bitte lassen Sie die Mängelbeseitigung von Frau/Herr _________ [Name] bestätigen.

☐ Die Geltendmachung der vertraglich vereinbarten Vertragsstrafe wird ausdrücklich vorbehalten.

Mit freundlichen Grüßen

* Nichtzutreffendes bitte streichen.

---

[1] Es ist zu beachten, dass der Absender rechtserheblicher Erklärungen deren Zugang im Streitfall beweisen muss. Dieser Nachweis kann bei einem Standardbrief regelmäßig nicht geführt werden. Auch ein Telefax-Sendeprotokoll ist kein anerkannter Zugangsnachweis. Die Zustellung rechtserheblicher Erklärungen kann daher nur per Einschreiben/Rückschein oder per Boten erfolgen, wobei auch hier noch dokumentiert werden muss, welches Dokument zugestellt wird. Alternativ ist auch die Zustellung mit Empfangsbekenntnis möglich; es ist dann darauf zu achten, dass der Empfänger das Empfangsbekenntnis vollzieht und zurücksendet. Ferner ist eine Zustellung durch den Gerichtsvollzieher möglich; dies ist im regelmäßigen Geschäftsverkehr aber wenig praktikabel.
[2] Sofern eine förmliche Abnahme nicht vereinbart war und auch von keiner Partei gefordert wurde, gilt die Leistung 12 Werktage nach Fertigstellungsmitteilung bzw. 6 Werktage nach Inbenutzungnahme als abgenommen. Die Vorbehalte aufgrund von Mängeln bzw. aufgrund der Verzögerung (Vertragsstrafe) sind unbedingt binnen dieser Frist zu erklären.
[3] Es ist zu beachten, dass der Auftraggeber die Abnahme nur wegen des Vorliegens wesentlicher Mängel verweigern kann. Bei unwesentlichen Mängeln ist die Abnahme durchzuführen, wobei der Auftraggeber sich wegen der bei (Teil-)Abnahme vorhandenen Mängel und nicht erbrachten Leistungen die (Nach-)Erfüllungsansprüche vorbehalten muss. Andernfalls riskiert der Auftraggeber diese (Nach-)Erfüllungsansprüche wegen vorbehaltloser Abnahme zu verlieren, vgl. § 640 Abs. 3 BGB.

Praxistipp zur stillschweigenden Abnahme

Bisweilen legen Bauunternehmen gegen Ende ihrer Arbeiten eine überraschend günstige Schlussrechnung vor, vielleicht mit Hinweis auf aktuelle Liquiditätssorgen und in jedem Fall mit der Bitte, der Auftraggeber möge diese für ihn günstig ausfallende Endrechnung in kurzer Frist und ohne Abschläge bezahlen, ggf. sogar bar gegen Quittung. Verweist der Auftraggeber nicht im gleichen Zug mit der Bezahlung auf die bereits gerügten Mängel, auf mögliche Vertragsstrafen und auf andere Vorbehalte, verliert er mit der Zahlung alle diese Ansprüche und hat zugleich stillschweigend die Bauleistung abgenommen.

Auch bei der stillschweigenden Abnahme gilt, dass, falls die Abnahme ausdrücklich verweigert wird, keine stillschweigende Abnahme zustande gekommen sein kann.

5.2.7 Fiktive Abnahme

Diese Form der Abnahme wurde eingeführt, nachdem sich Beschwerden darüber häuften, dass Bauherren offenbar fertiggestellte und abnahmefähige Bauleistungen nicht abnahmen. Wegen der durch die Abnahme eintretenden Folgen, insbesondere der Gefahrtragung und dem Beginn der Frist für die Mängelbeseitigung, erscheint einigen Bauherren bisweilen die Verweigerung der Abnahme interessant, wenn z. B. noch kein Nutzer feststeht und somit noch keine Einnahmen für das Gebäude generiert werden können, oder wenn der Bauherr seinerseits das Bauwerk zusammen mit weiteren, noch fertigzustellenden Bauwerken im Paket an einen Endinvestor weiterzugeben hat und deshalb versucht, eine einheitlich lange Mängelbeseitigungsfrist für alle Bauwerke zu erzielen.

Auch wenn alle diese Gründe nachvollziehbar sind, stehen sie im Widerspruch zum grundsätzlichen Anspruch des Bauunternehmens auf umgehende Abnahme seiner Leistung nach Fertigstellung. Darauf reagierend hat der Gesetzgeber die fiktive Abnahme eingeführt, die prinzipiell ohne Mitwirkung des Auftraggebers erfolgt.

Teilt der Auftragnehmer dem Auftraggeber die Fertigstellung des Bauwerks mit und fordert den Auftraggeber auf, die Abnahme nach den vertraglich vorgesehenen Regelungen vorzunehmen, und kommt der Auftraggeber dieser Aufforderung nicht nach, so kann der Auftragnehmer nach erfolglos verstrichenem Abnahmetermin einseitig erklären, dass die Wirkungen der Abnahme 12 Werktage nach diesem Termin auch ohne Zutun des Auftraggebers eintreten werde.

Hat der Auftraggeber ohne Abnahme die Bauleistung bereits in Benutzung genommen, verkürzt sich die vorstehende Frist auf 6 Werktage nach Beginn der Nutzung.

Weigert sich ein Auftraggeber ohne Grund, der Aufforderung zu einer Abnahme, auch einer förmlichen Abnahme, nachzukommen, so sollte das Bauunternehmen mit fruchtlosem Ablauf einer Nachfrist zur förmlichen

abelle 5.3: Fristen für die Abnahme

Voraussetzungen	Muss-Teilnahme (Kann-Teilnahme)	Frist	Bezug zu BGB bzw. VOB/B
Fertigstellung des Werks und Kenntnisnahme durch den Auftraggeber	Auftraggeber (Auftragnehmer, Fachingenieure des Auftraggebers, Fachingenieure des Auftragnehmers)	unverzüglich	§ 640 BGB
Fertigstellung des Werks und Verlangen des Auftragnehmers	Auftraggeber	binnen 12 Werktagen	§ 12 Abs. 1 VOB/B
Fertigstellung von in sich geschlossenen Teilleistungen	Auftraggeber	in angemessener Frist	§ 12 Abs. 2 VOB/B
förmliche Abnahme vom Auftraggeber verlangt	Auftraggeber (Auftragnehmer)	in angemessener Frist	§ 12 Abs. 4 VOB/B
förmliche Abnahme vom Auftragnehmer verlangt	Auftraggeber, Auftragnehmer	in angemessener Frist	§ 12 Abs. 4 VOB/B
keine Abnahme verlangt, Auftragnehmer hat schriftlich Fertigstellung angezeigt	–	12 Werktage nach schriftlicher Mitteilung	§ 12 Abs. 5 Satz 1 VOB/B
keine Abnahme verlangt, Auftraggeber hat in Benutzung genommen	–	6 Werktage nach Beginn der Benutzung	§ 12 Abs. 5 Satz 2 VOB/B
Geltendmachen von Mängeln ohne Abnahme und bei Fertigstellungsanzeige des Auftragnehmers	Auftraggeber	12 Werktage nach schriftlicher Fertigstellungsanzeige	§ 12 Abs. 5 Satz 3 VOB/B
Geltendmachen von Mängeln ohne Abnahme und bei Inbenutzungnahme durch Auftraggeber	Auftraggeber	6 Werktage nach Beginn der Benutzung	§ 12 Abs. 5 Satz 3 VOB/B

Abnahme die fiktive Abnahme erklären. So kann es zumindest nach Ablauf der weiteren Frist von 12 Werktagen auf eine erfolgte rechtsgültige Abnahme verweisen.

5.2.8 Fristen für das Abnahmebegehren

Während die Abnahme eine einseitige rechtsgeschäftliche Handlung des Auftraggebers ist, liegt es im Interesse des Auftragnehmers, die Abnahme zu verlangen. Hierfür sind besondere Fristen zu beachten, die dem Auftraggeber angemessen Zeit geben sollen, sich auf die Abnahme vorzubereiten und die Abnahmehandlungen in seinen Zeitplan einzutakten. Tabelle 5.3 listet stichwortartig auf, welche Voraussetzungen für die Abnahme erfüllt sein müssen und welche Fristen dabei zu beachten sind. Es sei jedoch erwähnt, dass hier ebenso wie bei vielen anderen Handlungen eine einvernehmliche Vereinbarung anderer Fristen unbenommen bleibt.

Zu beachten ist, dass der Auftragnehmer eine Abnahme auch verlangen kann, wenn das Bauwerk fertiggestellt ist, aber der vereinbarte Fertigstellungstermin noch nicht eingetreten ist. Diese vorzeitige Abnahme kann den Bauherrn in Schwierigkeiten bringen, wenn er nicht auf die Übernahme des Objekts vorbereitet ist, sei es wegen noch nicht bereitgestellter Geldmittel, wegen Fehlens des eigenen Versicherungsschutzes für das Bauobjekt oder schlicht aus dem Grund, dass er dann das Objekt selbst betreuen und sichern muss.

Der Unternehmer-Bauleiter sollte nicht nur das Abnahmegeschehen als solches beherrschen, sondern auch die weiteren Umstände zur Abnahme im Blick haben. So ist es nicht auszuschließen, dass Auftraggeber in gewissen Situationen gar kein Interesse daran haben, das fertiggestellte Bauwerk schnell abzunehmen, weil damit die laufenden Kosten und die Gefahrtragung auf sie übergehen, obwohl sie das Bauwerk noch nicht nutzen können.

Beispiel

> Solche Situationen können entstehen, wenn entlang einer Neubaustrecke die separaten Bauverträge für Brücken lange vor Fertigstellung und Inbetriebnahme der neuen Straße abgeschlossen werden. Aber es kann auch vorkommen, dass ein Investor für ein neues Bürohaus noch keine Mieter hat und so versucht, durch Verzögerung der Abnahme das Bauobjekt möglichst lange in den Händen des Bauunternehmens zu belassen.

5.3 Technische Abnahmen

5.3.1 Allgemeines

In diesem Kapitel werden alle Inspektionsvorgänge und Zustandsfeststellungen behandelt, die vertragsrechtlich keine rechtsgeschäftliche Abnahme zwischen 2 Vertragsparteien (Auftraggeber und Auftragnehmer) sind. Häufig spricht man hierbei zwar von technischen Abnahmen, die jedoch schon seit einigen Jahren auch in der VOB/B (in § 4 Abs. 10) deutlich als das bezeichnet werden, was sie sind, nämlich reine Zustandsfeststellungen während der Ausführung. Gelegentlich werden sie auch als technische Prüfungen bezeichnet.

Zu den technischen Prüfungen gehören die sogenannten behördlichen Abnahmen, aber auch andere vor dem Abnahmetermin durchgeführte oder behördlich vorgeschriebene Besichtigungen und Inspektionen. Im Wesentlichen geht es dabei um Zustandsfeststellungen, um Betriebstests von Teilkomponenten und um die technische Abnahme von Teilen der Leistung, die durch die weitere Ausführung der Prüfung und Feststellung entzogen sein werden.

Gelegentlich kommt es vor, dass im Zuge von behördlich vorgeschriebenen Abnahmen neue, weitergehende Forderungen gestellt werden. Diese sind, wenn sie bisher nicht bekannt und vertraglich vereinbart waren, seitens des überwachenden Bauleiters zunächst wie Auflagen der Baugenehmigung im Genehmigungsprozess zu behandeln. Danach ist zu prüfen, ob die Auflagen gerechtfertigt sind, ob sie hinzunehmen sind oder ob gegen sie ein Einspruch möglich und aussichtsreich ist. Dass derartige Auflagen meist verbunden sind mit dem Zeitdruck, unter dem die Abnahmen kurz vor Inbetriebnahme stehen, macht die sorgfältige Vorbereitung eines Einspruchs nicht einfach. Aber sie ist unerlässlich, wenn man nicht die Übergabe oder

Inbetriebnahme durch das Fehlen einer behördlichen Abnahme gefährden will.

Gleichzeitig beinhalten Auflagen im Zuge der Abnahme auch mögliches Nachtragspotenzial für die Bauunternehmen. Deshalb ist gegenüber den Bauunternehmen zu prüfen, inwieweit die ergänzenden Auflagen bereits im Vertragsumfang enthalten waren oder eine Zusatzleistung darstellen, die ggf. besonders zu vergüten ist. Diesbezüglich ist dann die Auflage dem Abschnitt Leistungsänderungen zuzuordnen.

5.3.2 Aufmaß

Parallel zur juristisch motivierten Abnahme sollte das Aufmaß vervollständigt werden. In der Regel und bei kontinuierlich gut geführten Baustellen ist zur Schlussrechnung nur noch ein geringer Teil der Leistungen zu erfassen und abzurechnen. Alle übrigen Leistungen und große Teile aller Mengen sind bereits in den vorherigen Abschlagsrechnungen und den zugehörigen Aufmaßen erfasst.

Es sollte ein wichtiges Ziel des Unternehmer-Bauleiters sein, die Schlussrechnung sehr zeitnah zur Abnahme zusammenzustellen. Dennoch kommt es in der Praxis nur sehr selten vor, dass die Schlussrechnung zum Zeitpunkt der Abnahme vorgelegt wird.

Häufig liegt dies daran, dass der Unternehmer-Bauleiter das Aufmaß und die Rechnungslegung nicht selbst macht und dabei auf die Zuarbeit von Aufmesstechnikern, Vermessungsgehilfen und der kaufmännischen Abteilung angewiesen ist. Noch häufiger aber kommt es vor, dass eine Baustelle die Klärung von Zusatzleistungen und von strittigen Positionen im Leistungsverzeichnis nicht zügig betrieben hat, und dass sich dann das ganze Streitpotenzial bis nach dem Abnahmetermin und in eine lange Verhandlungsphase nach dem Ende der Bauarbeiten verschiebt.

5.3.3 Vorabnahme, Zwischenabnahme

Vorabnahmen sind angebracht, wenn Teile der Leistung *„durch die weitere Ausführung der Prüfung und Feststellung entzogen werden“* (§ 4 Abs. 10 VOB/B). Eine Vorabnahme ist keine rechtsgeschäftliche Abnahme, auch wenn sich im üblichen Sprachgebrauch der Begriff der Abnahme oder Teilabnahme eingebürgert hat. Es handelt sich hierbei formal um eine Zustandsfeststellung, die schriftlich festzuhalten ist. Aus diesem Grund wurde in der VOB/B die Vorabnahme in den § 4 („Ausführung“) verschoben und steht damit getrennt von den übrigen Ausführungen zur Abnahme in § 12.

Interessant ist, dass nach § 4 Abs. 10 VOB/B nicht nur der Auftraggeber, sondern auch der Auftragnehmer eine solche Prüfung und Feststellung der Leistung verlangen kann, sofern die Feststellung zu einem späteren Zeitpunkt nicht mehr möglich ist. Wegen des eindeutigen Nachsatzes, dass später eine Feststellung nicht mehr möglich sein darf, ist die Regelung also nicht dazu geeignet, dass der Auftragnehmer durch die Beantragung einer

Vorabnahme „austestet“, wie seine Bauleistung insgesamt beim Auftraggeber „ankommt“.

Dennoch erfüllen Vor- und Zwischenabnahmen einen wichtigen Zweck in dem Bestreben, Mängel frühzeitig zu erkennen und abzustellen. Deren Ergebnisse aus der Bauphase sollten als Referenz bei der endgültigen Abnahme herangezogen und mit verarbeitet werden, um alle gemeinsamen Bemühungen um die zutreffende Interpretation des Vertrags in Bezug auf geschuldete und erwartete Qualität aufzugreifen und die endgültige Abnahme einfacher zu gestalten.

5.3.4 Rohbauabnahme

Die landläufig als Rohbauabnahme bezeichnete Inspektion des Bauordnungsamts (oder der Baubehörde) ist im eigentlichen Sinn keine Abnahme, sondern die Prüfung bestimmter Bauarbeiten (hier des Rohbaus) durch die Baugenehmigungsbehörde. Sie wird in § 82 der MBO der Länder sowie in vielen Bauordnungen der Länder als Bauzustandsbesichtigung bezeichnet. In der Bauordnung des Landes Nordrhein-Westfalen heißt es beispielsweise in § 82 Abs. 1 und 2:

„(1) Die Bauzustandsbesichtigung zur Fertigstellung des Rohbaus und der abschließenden Fertigstellung genehmigter baulicher Anlagen sowie anderer Anlagen und Einrichtungen (§ 63) wird von der Bauaufsichtsbehörde durchgeführt. Die Bauzustandsbesichtigung kann auf Stichproben beschränkt werden und entfällt, soweit Bescheinigungen staatlich anerkannter Sachverständiger nach § 85 Abs. 2 Satz 1 Nr. 4 gemäß § 72 Abs. 6 vorliegen. Bei Vorhaben, die im vereinfachten Genehmigungsverfahren (§ 68) genehmigt werden, kann die Bauaufsichtsbehörde auf die Bauzustandsbesichtigung verzichten.

(2) Die Fertigstellung des Rohbaus und die abschließende Fertigstellung genehmigter baulicher Anlagen sowie anderer Anlagen und Einrichtungen (§ 63 Abs. 1) sind der Bauaufsichtsbehörde von der Bauherrin oder dem Bauherrn oder der Bauleiterin oder dem Bauleiter jeweils eine Woche vorher anzuzeigen, um der Bauaufsichtsbehörde eine Besichtigung des Bauzustands zu ermöglichen. Die Bauaufsichtsbehörde kann darüber hinaus verlangen, dass ihr oder von ihr Beauftragten Beginn und Beendigung bestimmter Bauarbeiten von der Bauherrin oder dem Bauherrn oder der Bauleiterin oder dem Bauleiter angezeigt werden.“

Wichtig ist, dass die Bauzustandsbesichtigung eine Bringschuld des verantwortlichen Bauleiters ist. Gerade weil nicht zwangsläufig eine persönliche Inaugenscheinnahme des Rohbaus durch einen Behördenvertreter erfolgen muss, ist es umso wichtiger, dass die Fertigstellungsanzeige zeitgerecht der Behörde übergeben wird, um danach auch die Erlaubnis und Berechtigung zur Fortsetzung der Bauarbeiten zu erhalten.

5.3.5 Abnahme durch externe Sachverständige

Bei den meisten großen Bauvorhaben lässt das Bauamt die Rohbauabnahme durch die Beauftragung von geeigneten Fremdbüros, i. d. R. durch Ingenieurbüros für Tragwerkplanung, durchführen. Gleiches gilt in noch stärkerem Maße für die Prüfung und Zulassung von besonderen technischen Anlagen und Anlageteilen, um den Sachverstand von auf die Inspektion und Überwachung dieser Anlagen spezialisierten Büros zu nutzen. Historisch war der TÜV, der Technische Überwachungs-Verein, einer der ersten Bauüberwacher, dessen Vorläufer um 1870 als „Dampfkessel-Überwachungs- und Revisions-Vereine" gegründet wurden. Als eingetragene Vereine führen TÜV und andere private Überwachungsorganisationen technische Sicherheitskontrollen durch, die aufgrund von Gesetzen oder staatlichen Anordnungen vorgeschrieben sind, deren Durchführung als mittelbare Staatsverwaltung auf privatwirtschaftlicher Basis erfolgt.

Es sollte den bauvertraglichen Festlegungen zu entnehmen sein, ob der Auftraggeber oder das Bauunternehmen als Auftragnehmer dafür verantwortlich ist, derartige technische Abnahmen zu beauftragen, z. B. für eingebaute Fahrtreppen, Aufzüge, Fassadenbefahranlagen, Heizkessel, Lüftungsanlagen usw.

In jedem Fall sollte der Unternehmer-Bauleiter die Abnahmen begleiten. Immerhin hat er, solange das Bauwerk noch nicht an den Bauherrn übergeben ist, auch das Hausrecht auf der Baustelle.

5.3.6 Feuerwehr

Ein wichtiger Schritt im Prozess der Abnahme von Bauleistungen und vor allem zur Nutzung von Gebäuden und Bauwerken ist die Freigabe durch die Feuerwehr oder entsprechende Brandschutzexperten. Hierbei geht es um die Überprüfung des vorbeugenden Brandschutzes, zu der umfangreiche Inspektionen und Überprüfungen gehören.

Beispiele

> Im baulichen Brandschutz sind dies die Wahl geeigneter Baumaterialien, Brandabschnitte und Brandwände, im anlagentechnischen Brandschutz die Auslegung und Installation von Sprinkleranlagen, Brandmeldeanlagen, Rauch- und Wärmeabzugsanlagen, die Bevorratung mit Löschwasser sowie Rauch- und Brandmeldern und schließlich im organisatorischen Brandschutz das Erstellen von Flucht-, Alarm- und Brandschutzplänen sowie entsprechende Beschilderungen im Gebäude.

Bei größeren Projekten wird i. d. R. von einem Brandschutzexperten ein Brandschutzkonzept erstellt und mit den lokalen Behörden abgestimmt. Das Konzept weist die einzelnen Elemente aus, deren Vorhandensein und Funktionsfähigkeit im Rahmen einer technischen Abnahme durch die Feuerwehr bzw. durch einen Brandschutzgutachter überprüft werden muss.

5.3.7 Gewerbeaufsicht

Die Gewerbeaufsichtsämter in den Kommunen und Landkreisen, in einigen Bundesländern auch Ämter für Arbeitsschutz genannt, sind als technische Fachbehörden damit betraut, Betriebe dahingehend zu kontrollieren, inwieweit sie den Anforderungen an gesunde Arbeitsverhältnisse genügen. Hierbei ist es Gegenstand der Abnahme, ob das erstellte Bauwerk die für die vorgesehene Nutzung geeigneten Voraussetzungen erfüllt.

Gerade wenn das Bauwerk erst im Zusammenspiel mit Mobiliar und Ausrüstung die Voraussetzungen für den Betrieb erreicht, sind Abnahmen nicht allein auf Basis des fertiggestellten Gebäudes erzielbar, sondern setzen auch die Betriebsbereitschaft für die vorgesehene Nutzung voraus. Deshalb liegt es in der Verantwortung des überwachenden Bauleiters, dass die hierbei vom Auftraggeber und vom Auftragnehmer zu erfüllenden Voraussetzungen rechtzeitig geplant, koordiniert und zusammengeführt werden, damit die Abnahme der Bauleistung auch hinsichtlich des Arbeitsschutzes und der Gewerbezulassung reibungslos verlaufen kann.

5.3.8 Hygieneinstitut

Besondere Anforderungen an die Hygieneplanung stellen Gebäude, die der medizinischen Versorgung, der Lebensmittelversorgung oder der Erziehung von Kleinkindern dienen. Doch bereits die Freigabe von Trinkwasserleitungen kann unter bestimmten Umständen, beispielsweise in einem Wasserwerk, die Abnahme durch einen Hygieniker bzw. entsprechende Beprobungen erfordern. Hier gilt, ähnlich wie bei der technischen Überwachung, dass bei kleineren Projekten häufig die behördlichen Vertreter selbst die Abnahme durchführen, während bei größeren Projekten die Einschaltung eines speziellen Instituts oder eines Consultings erforderlich wird.

Weitere Anforderungen ergeben sich in derartigen Gebäuden beim Bauen unter Betrieb. Dann können sogar zahlreiche Zwischenabnahmen notwendig werden, um von einer Bauphase in die nächste wechseln zu können.

5.3.9 Beauftragungen

Bei den technischen Abnahmen gibt es keine grundsätzliche Regelung darüber, welche Partei die Abnahme herbeizuführen hat. Ebenso ist auch nicht festgelegt, wer die dabei anfallenden Kosten zu tragen hat.

Einerseits liegen Vorteile darin, wenn der Auftraggeber dem Auftragnehmer das Herbeiführen der Genehmigungen überträgt, da dann nicht nur die Bauleistungen, sondern auch noch mögliche Korrekturen oder Nacharbeiten innerhalb des Leistungszeitraums des Bauunternehmens zu erfolgen haben. Diese müssen ohnehin mit dem ausführenden Bauunternehmen koordiniert werden. Andererseits liegt es oft im Interesse des Auftraggebers, selbst nicht außen vor zu sein, wenn z. B. ein fortgeschriebenes Brandschutzkonzept oder zusätzliche vom Bauamt geforderte Auflagen negative Auswirkungen auf den späteren Betrieb und die langfristige Kostenstruktur des Gebäudes haben könnten.

Der Bauvertrag sollte Regelungen darüber enthalten, ob Auftraggeber oder Auftragnehmer für die Kosten der Genehmigungen und Zulassungen aufkommt. Oft ist es sinnvoll, dass der Auftraggeber diese direkt begleicht, da Gebühren i. d. R. ohne Umsatzsteuer beschieden werden, während sie andernfalls als Teil der Kosten für die Bauleistung des Bauunternehmens mit Umsatzsteuer beaufschlagt sein müssen. Beim Einschalten von Fachingenieuren spielt dieses Argument jedoch keine Rolle, da deren Leistung für das Bauwerk in jedem Fall der Umsatzsteuer unterliegt.

Immer wieder kommt es vor, dass Abnahmen sowohl der internen Leistungsfeststellung des Bauunternehmens als auch dem endgültigen Ergebnis der Bauleistung dienen. Wird beispielsweise der Phasenplan für den Umbau eines Krankenhauses vom Auftragnehmer aufgestellt, so hat er es auch in der Hand, die Abschnitte so zu wählen, dass mehr oder weniger Zwischenabnahmen anfallen. Hierfür sollte unabhängig von der generellen Regelung separat geklärt sein, wer für fachliche Zwischenabnahmen verantwortlich ist, wenn sich diese nur aus der Art der Arbeitsorganisation des Bauunternehmens ergeben.

Auch die Übergabe von zwischenzeitlich für die Bautätigkeit genutzten öffentlichen Flächen zurück an die Kommune gehört zu den Abnahmen, die den Bauherrn nicht direkt betreffen, die aber gleichwohl organisiert werden müssen.

5.4 Verweigerung der Abnahme

5.4.1 Einvernehmliche Beurteilung der Ursachen

Es kommt in der Praxis manchmal vor, dass der Auftraggeber die Abnahme der Bauleistung verweigert. Hierbei liegt es in der Verantwortung des überwachenden Bauleiters, die Gründe für die Abnahmeverweigerung festzuhalten, sie zu diskutieren, falls zwischen Auftraggeber und Bauunternehmen nicht derselbe Kenntnisstand besteht, und die objektiven Gegebenheiten zu protokollieren oder protokollieren zu lassen. Wenn Auftraggeber und Auftragnehmer dabei zu dem gleichen Ergebnis kommen, dass noch einige wesentliche Gründe die Abnahme der Leistung unmöglich machen, so ist es umso einfacher auch für den überwachenden Bauleiter, dies so festzuhalten, dass hierüber später kein Streit mehr entstehen kann.

Insbesondere die verschiedenen Wirkungen der Abnahme (siehe Kapitel 5.2.2) und die Konsequenzen durch eine Verzögerung der Abnahme wie ggf. Vertragsstrafen oder Schadenersatzansprüche des Auftraggebers lassen es ratsam sein, der schriftlichen Aufnahme des Sachverhalts gebührende Aufmerksamkeit zu widmen.

Nichtsdestotrotz sollte eigentlich die Abnahmefähigkeit der Bauleistung vom überwachenden Bauleiter vorab so weit eingeschätzt werden, dass er bei Unfertigkeit der Leistung von vornherein im Einvernehmen eine Verschiebung der Abnahme auf einen geeigneteren Termin vorschlagen kann.

5.4.2 Strittige Beurteilung über Abnahmefähigkeit

Komplizierter wird es, wenn sich die Parteien nicht über die Abnahmefähigkeit des Bauwerks einig werden. Auch in diesem Fall, und daran sei an dieser Stelle nochmals mit Hinweis auf die Ausführungen im Kapitel 5.2.1 erinnert, ist es weiterhin die einseitige Willenserklärung des Auftraggebers. Er muss für sich entscheiden, ob er das Bauwerk abnehmen will oder nicht.

Der überwachende Bauleiter sollte hierbei unterstützend mitwirken, und zwar in dem Sinne, dass er bei der Auflistung der Mängel mithilft und auch seine Sichtweise zur Schwere der einzelnen Mängel und zur Schwere des Mängelbildes insgesamt beiträgt. Es ist zielführend, wenn er auf diese Weise vermeiden hilft, dass der Auftraggeber ein an sich abnahmereifes Bauwerk zu Unrecht zurückweist und so eine fiktive Abnahme riskiert.

Nach § 640 Abs. 1 BGB ist der Besteller verpflichtet, das vertragsgemäß hergestellte Werk abzunehmen. Wegen unwesentlicher Mängel kann die Abnahme nicht verweigert werden.

Liegt dagegen ein Bauvertrag auf Basis der VOB vor, so gilt nach § 12 Abs. 3 VOB/B, dass die Abnahme bei Vorliegen wesentlicher Mängel so lange verweigert werden kann, bis diese beseitigt sind.

In beiden Fällen kommt es also darauf an, dass zur Verweigerung der Abnahme wesentliche Mängel vorliegen müssen. Was ein wesentlicher Mangel ist, ist immer wieder von Gerichten geklärt worden. Der überwachende Bauleiter sollte hierbei 3 Fragen beantworten:

- Ergibt sich aus dem Mangel ein erhebliches Gefahrenpotenzial? Fehlt beispielsweise das Geländer an einer Zugangstreppe?
- Ist durch den Mangel die Funktion der Bauleistung fühlbar beeinträchtigt? Steht beispielsweise in einem Hotel in etlichen Zimmern nur Kalt-, aber kein Warmwasser zur Verfügung?
- Ist die Höhe der Mängelbeseitigungskosten im Verhältnis zur Auftragssumme so hoch, dass dadurch in der Summe eine erhebliche funktionelle oder optische Beeinträchtigung gegeben ist? Werden die vielen kleinen Arbeiten zur Mängelbeseitigung also so umfangreich sein, dass sie z. B. für eine längere Zeit den Betrieb des Bauwerks erheblich behindern werden?

Kann eine dieser 3 Fragen eindeutig mit „Ja“ beantwortet werden, so liegt ein wesentlicher Mangel und somit ein Grund zur Verweigerung der Abnahme vor. Da allerdings die scharfen Kriterien für die 3 obigen Verweigerungsgründe lediglich durch diverse Gerichtsurteile abgesichert sind, sollte der überwachende Bauleiter die möglichen Gründe bei der Abnahmekontrolle umso sorgfältiger objektiv dokumentieren und auch die weiteren, kleineren Mängel vollständig mit in die Gesamtbetrachtung einbeziehen (Mustervorlage 5.14).

Insbesondere beim anzusetzenden Kostenbetrag für die Beseitigung vieler kleiner Mängel ist zu bedenken, dass der Bauherr für die Summe der Mängelbeseitigungskosten den jeweils dreifachen Wert als sogenannten Druckzuschlag ansetzen darf. Auf diese Weise summieren sich die Kosten vieler kleiner Mängel schnell zu einem Betrag in der Größenordnung von einigen Prozent der Bausumme.

Allein die Zahl der vom überwachenden Bauleiter festgestellten Mängel ist kein ausreichendes Kriterium für die Verweigerung der Abnahme. Es gibt einerseits Abnahmeprotokolle, bei denen bereits aufgrund weniger erheblicher Mängel die Summe der Mängelbeseitigungskosten in die Höhe schnellt, beispielsweise bei einer funktionsuntüchtigen Bauwerksabdichtung als Schwarze Wanne. Andererseits kann eine Mängelliste von mehreren Tau-

ustervorlage 5.14: Verweigerung der Abnahme

Absender
Einschreiben/Rückschein/Per Boten[1]
An den Auftragnehmer

__________ [Ort], __________ [Datum]

Bauvorhaben __________ [Name des Bauvorhabens]
Verweigerung der Abnahme[2]

Sehr geehrte Damen und Herren,

mit Schreiben vom __________ [Datum] haben Sie uns die Fertigstellung der vertraglich vereinbarten Leistungen angezeigt und deren Abnahme gefordert.

Dies lehnen wir ab. Bei der Überprüfung der von Ihnen erbrachten Leistungen haben wir festgestellt, dass diese mangelhaft sind. Die von Ihnen erbrachte Leistung

☐ hat nicht die vertraglich vereinbarte Beschaffenheit, denn sie
  ☐ entspricht nicht den Vorgaben in Ziff./OZ/Pos.* ___ [Nummer] der Baubeschreibung/des Leistungsverzeichnisses*.
  ☐ wurde nicht nach Maßgabe der Zeichnung Nr. ____________ [Nummer] vom ______________ [Datum] ausgeführt.
  ☐ entspricht nicht der Vorgabe in Ziff. ___ [Nummer] der Zusätzlichen Technischen Vertragsbedingungen (ZTV).
  ☐ entspricht nicht den Allgemeinen Technischen Vertragsbedingungen der VOB/C DIN _____ [Nummer], Abschnitt ______ [Abschnitt].
  ☐ entspricht nicht der Probe __________ [Bezeichnung der Probe].
☐ entspricht nicht den anerkannten Regeln der Technik.
☐ eignet sich nicht für die nach dem Vertrag vorausgesetzte Verwendung.
☐ eignet sich nicht für die gewöhnliche Verwendung und weist keine Beschaffenheit auf, die bei Werken der gleichen Art üblich ist und nach der Art des Werkes erwartet werden konnte.
  ____________________________ [Beschreibung des Mangels].
☐ ist mit folgenden Mängeln behaftet:

lfd. Nr.	Mangel
1.	
2.	
3.	
4.	
5.	
6.	
7.	
8.	
9.	
10.	

Diese Mängel sind zumindest in der Summe wesentlich.

[1] Es ist zu beachten, dass der Absender rechtserheblicher Erklärungen deren Zugang im Streitfall beweisen muss. Dieser Nachweis kann bei einem Standardbrief regelmäßig nicht geführt werden. Auch ein Telefax-Sendeprotokoll ist kein anerkannter Zugangsnachweis. Die Zustellung rechtserheblicher Erklärungen kann daher nur per Einschreiben/Rückschein oder per Boten erfolgen, wobei auch hier noch dokumentiert werden muss, welches Dokument zugestellt wird. Alternativ ist auch die Zustellung mit Empfangsbekenntnis möglich; es ist dann darauf zu achten, dass der Empfänger das Empfangsbekenntnis vollzieht und zurücksendet. Ferner ist eine Zustellung durch den Gerichtsvollzieher möglich; dies ist im regelmäßigen Geschäftsverkehr aber wenig praktikabel.

[2] In § 640 Abs. 2 BGB ist nunmehr vorgesehen, dass, sofern der Auftragnehmer dem Auftraggeber nach Fertigstellung eine Frist zur Abnahme der Leistung setzt, diese als erfolgt gilt, sofern der Auftraggeber die Abnahme nicht innerhalb der gesetzten Frist unter Angabe zumindest eines (wesentlichen) Mangels verweigert. Sofern der Auftraggeber den Eintritt der Abnahme verhindern möchte, muss er der Abnahme also zumindest aufgrund eines genau bezeichneten Mangels schriftlich widersprechen. Sofern der Auftraggeber Verbraucher ist, gilt dies nur, sofern der Auftragnehmer den Auftraggeber auf diese Rechtsfolge hingewiesen hat. Zur Verbrauchereigenschaft vgl. die ausführlichen Hinweise im Dokument: Das neue Bauvertragsrecht – Verbrauchervertrag – Verbraucherbauvertrag. Nicht erforderlich ist es in diesem Zusammenhang allerdings, dass es sich um einen Verbraucherbauvertrag handelt.

Mustervorlage 5.14: Verweigerung der Abnahme (Fortsetzung)

Gemäß § 12 Abs. 3 VOB/B kann der Auftraggeber die Abnahme wegen wesentlicher Mängel bis zur Beseitigung derselben verweigern.[3] Von diesem Recht machen wir Gebrauch. Wir fordern Sie daher auf, diesen Mangel unverzüglich, spätestens aber bis zum __________ [Datum] vollständig und nachhaltig zu beseitigen.

☐ In diesem Zusammenhang weisen wir darauf hin, dass Sie vor der Abnahme grundsätzlich zur Beseitigung des Mangels durch Neuerstellung verpflichtet sind, soweit der Mangel nicht auf andere Weise vollständig beseitigt werden kann.

☐ Die von Ihnen zu tragenden Mängelbeseitigungskosten beschränken sich nicht auf die Kosten der Nachbesserung, sondern schließen z. B. entstehende Transport- und Wegekosten mit ein.

☐ Für den Fall, dass Sie beabsichtigen, die Beseitigung des Mangels oder der Vertragswidrigkeit zu verweigern, weil damit ein unverhältnismäßig hoher Aufwand verbunden ist, machen wir schon jetzt darauf aufmerksam, dass hierfür prüfbare Beweise vorzulegen sind. Außerdem behalten wir uns für diesen Fall ausdrücklich das Recht zur Minderung der Vergütung vor.

☐ Nach fruchtlosem Ablauf der genannten Frist, werden wir den Vertrag gemäß §§ 4 Abs. 7 und 8 Abs. 3 Nr. 1 VOB/B ganz oder teilweise kündigen. Im Anschluss daran werden wir den noch nicht vollendeten Teil der Leistung gemäß § 8 Abs. 3 Nr. 2 VOB/B zu Ihren Lasten durch einen Dritten ausführen zu lassen und Ersatz des weiteren Schadens verlangen oder gemäß § 8 Abs. 3 Nr. 2 VOB/B auf die weiteren Ausführungen zu verzichten und von Ihnen Schadensersatz wegen Nichterfüllung verlangen.

  ☐ Ferner behalten wir uns vor, bei der Fortsetzung der Arbeiten gemäß § 8 Abs. 3 Nr. 3 VOB/B Geräte, Gerüste, Baustelleneinrichtungen und angelieferte Stoffe und Bauteile gegen angemessene Vergütung in Anspruch zu nehmen.

☐ Etwaige Schadenersatzansprüche gemäß § 4 Abs. 7 Satz 2 VOB/B behalten wir uns vor, falls Sie den Mangel oder die Vertragswidrigkeit zu vertreten haben.

☐ Nach Beseitigung der vorbezeichneten Mängel sind wir gern bereit, die bereits fertiggestellten Leistungen auf dem Wege einer Teilabnahme abzunehmen. Nur der Vollständigkeit halber sei darauf hingewiesen, dass wir auf einer förmlichen Abnahme bestehen.

☐ Wir machen Sie darauf aufmerksam, dass mit der vorübergehenden Verweigerung der Abnahme auch deren rechtliche Folgen

- Fälligkeit der Vergütung
- Wegfall der Vorleistungspflicht des Auftragnehmers
- Beschränkung des Erfüllungsanspruchs des Auftraggebers
- Gefahrübergang
- Umkehr der Beweislast für Mängel
- Verlust nicht vorbehaltener Ansprüche
- Beginn der Verjährung

noch nicht eintreten.

Mit freundlichen Grüßen

* Nichtzutreffendes bitte streichen

[3] Es ist zu beachten, dass der Auftraggeber die Abnahme nur wegen des Vorliegens wesentlicher Mängel verweigern kann. Bei unwesentlichen Mängeln ist die Abnahme durchzuführen, wobei der Auftraggeber sich wegen der bei (Teil-) Abnahme vorhandenen Mängel und nicht erbrachten Leistungen die (Nach-) Erfüllungsansprüche vorbehalten muss. Andernfalls riskiert der Auftraggeber diese (Nach-) Erfüllungsansprüche wegen vorbehaltloser Abnahme zu verlieren, vgl. § 640 Abs. 3 BGB.

send Mängeln so detailliert angelegt sein, dass jeder nachzuziehende Lackstrich, jeder zu beseitigende Rest von noch haftenden Schutzfolien, jeder einzelne Fingerabdruck auf einer großflächigen Verglasung und jeder Markierungs-Bleistiftstrich auf einer Inneneinrichtung einzeln aufgeführt sind. Dies erleichtert das zielgerechte Nacharbeiten und kann, da jeder Mangel einzeln gut spezifiziert ist, oft in wenigen Stunden abgearbeitet werden.

Sollte die Verweigerung der Abnahme zwischen Auftraggeber und Auftragnehmer strittig sein, sollte der überwachende Bauleiter unbedingt darauf achten, dass der Auftraggeber sich im Protokoll der Zustandsfeststellung eine möglicherweise eintretende Vertragsstrafe vorbehält. Denn für den Fall, dass sich im Nachhinein doch die Abnahmefähigkeit des Bauwerks herausstellen sollte – oder falls dies gerichtlich festgestellt wird –, könnte der Auftraggeber den Vorbehalt der Vertragsstrafe sonst nicht mehr fristgerecht anmelden.

Mit der Verweigerung der Abnahme beginnen die Prozeduren der Abnahme beim nächsten Abnahmetermin wieder von vorn. Vorherige Teilbegutachtungen, z. B. der technischen Gebäudeausrüstung, können außer Acht gelassen werden. Auch bei Vorliegen einer zur Abnahmeverweigerung führenden detaillierten Mängelliste bezieht sich die nächste anberaumte Abnahme nicht nur auf die in der Liste aufgeführten Mängelpunkte. Das heißt, beim erneuten Termin zur Abnahme steht wieder das komplette Bauwerk zur Inspektion und Überprüfung.

5.5 Mängelansprüche

5.5.1 Gewährleistungszeitraum

Die Regelungen für die Gewährleistung sind im BGB und in der VOB/B unterschiedlich. Begriffsmäßig sprechen beide von Mängelansprüchen und geben hierfür eine bestimmte Frist zur Verjährung der Ansprüche an.

Nach § 364a Abs. 1 Nr. 2 BGB beträgt diese Frist *„bei einem Bauwerk und einem Werk, dessen Erfolg in der Erbringung von Planungs- oder Überwachungsleistungen hierfür besteht,“* 5 Jahre.

Die VOB/B sieht als Frist für Ansprüche zur Beseitigung von allgemeinen Mängeln dagegen nur 4 Jahre vor. Dies ist das Ergebnis jahrelanger Verhandlungen, während der die Frist seit den 1990er-Jahren sukzessive von 2 über 3 auf jetzt 4 Jahre verlängert wurde. Damit hat sie immer noch nicht die gleiche Dauer wie die Frist nach BGB erreicht. Andererseits sieht die VOB ausdrücklich vor, dass andere Fristen vereinbart werden können, denn die 4 Jahre gelten nur für den Fall, dass *„keine Verjährungsfrist im Vertrag vereinbart“* ist (§ 13 Abs. 4 Nr. 1 VOB/B).

Für folgende Leistungen bzw. Bauteile sind in der VOB/B von vornherein andere Fristen vorgesehen:

„1. Ist für Mängelansprüche keine Verjährungsfrist im Vertrag vereinbart, so beträgt sie für Bauwerke 4 Jahre, für andere Werke, deren Erfolg in der Herstellung, Wartung oder Veränderung einer Sache bestehen, und für die vom Feuer berührten Teile von Feuerungsanlagen 2 Jahre. Abweichend von Satz 1

beträgt die Verjährungsfrist für feuerberührte und abgasgedämmte Teile von industriellen Feuerungsanlagen 1 Jahr.

2. Ist für Teile von maschinellen und elektrotechnischen/elektrischen Anlagen, bei denen die Wartung Einfluss auf Sicherheit und Funktionsfähigkeit hat, nichts anderes vereinbart, beträgt für diese Anlagenteile die Verjährungsfrist für Mängelansprüche abweichend von Nummer 1 zwei Jahre, wenn der Auftraggeber sich dafür entschieden hat, dem Auftragnehmer die Wartung für die Dauer der Verjährungsfrist nicht zu übertragen; dies gilt auch, wenn für weitere Leistungen eine andere Verjährungsfrist vereinbart ist." (§ 13 Abs. 4 Nr. 1 und 2 VOB/B).

Etliche Lieferanten und Spezialunternehmen koppeln ihre Zustimmung zu einer längeren Mängelbeseitigungsfrist daran, dass der Bauherr für diesen Zeitraum gleichzeitig einen Wartungsvertrag abschließt. Dann ist genau zu prüfen, dass nicht im Rahmen der Wartungskosten eigentliche Gewährleistungsmängel beseitigt werden. Auch muss ein Wartungsvertag nicht zwangsweise an das ausführende Unternehmen gekoppelt sein, sondern kann auch mit anderen Wartungsunternehmen abgeschlossen werden.

Mustervorlage 5.15 zeigt beispielhaft ein Formular für Mängelrügen innerhalb des Gewährleistungszeitraums.

Mängelrüge

Nach § 13 Abs. 5 Nr. 1 VOB/B verjähren die Ansprüche des Auftraggebers frühestens 2 Jahre nach der schriftlichen Aufforderung an den Auftragnehmer, den Mangel zu beseitigen. Dies führt in der Praxis häufig zu dem Irrglauben, dass die Verjährungsfrist immer durch eine nochmalige Mängelrüge kurz vor Ablauf der 4 Jahre (Regelfrist nach VOB/B) auf 6 Jahre verlängert werden kann. Tatsächlich wird die 2-Jahres-Frist aber immer nur durch die erste Mängelrüge ausgelöst. Sie soll den Parteien die Möglichkeit eröffnen, den Mangelvorwurf ohne den Druck laufender Verjährungsfristen überprüfen und klären zu können. Wurde der Auftragnehmer bereits zur Abnahme oder kurze Zeit später zur Beseitigung des jeweiligen Mangels aufgefordert, gehen die 2 Jahre komplett in der ohnehin geltenden 4-jährigen Frist auf, die dann durch eine erneute Aufforderung zum Ende der Gewährleistungszeit nicht nochmals verlängert wird.

Da das BGB in seinen Regelungen zu Mängelansprüchen das Werk, also das Bauwerk als Ganzes, betrachtet, sieht es auch keine von den 5 Jahren abweichende Regelung für Teile des Bauwerks vor. Bei einer Regelung der Verjährungsfristen nach BGB gilt somit auch für die einem Bauwerk innewohnenden Feuerungs-, maschinellen und elektrotechnischen Anlagen die gleiche 5-jährige Verjährungsfrist.

Mustervorlage 5.15: Mängelrüge Gewährleistungsmangel

Absender
Einschreiben/Rückschein/Per Boten[1]
An den Auftragnehmer

_________ [Ort], _________ [Datum]

Bauvorhaben __________ [Name des Bauvorhabens]
Mängelrüge Gewährleistungsmangel

Sehr geehrte Damen und Herren,

hiermit teilen wir Ihnen mit, dass an den von Ihnen erbrachten Leistungen folgende Mängel aufgetreten sind:

1. ______________________________ [Beschreibung des Mangels]
2. ______________________________ [Beschreibung des Mangels]
3. ______________________________ [Beschreibung des Mangels]

Wir fordern Sie hiermit auf, diese Mängel unverzüglich, spätestens bis zum __________ [Datum] auf Ihre Kosten vollständig und nachhaltig zu beseitigen.

☐ In diesem Zusammenhang weisen wir darauf hin, dass Sie vor der Abnahme grundsätzlich zur Beseitigung des Mangels durch Neuerstellung verpflichtet sind, soweit der Mangel nicht auf andere Weise vollständig beseitigt werden kann.

☐ Die von Ihnen zu tragenden Mängelbeseitigungskosten beschränken sich nicht auf die Kosten der Nachbesserung, sondern schließen z. B. entstehende Transport- und Wegekosten mit ein.

Sollten Sie dieser Aufforderung innerhalb der gesetzten Frist nicht nachkommen, werden wir ein anderes Unternehmen mit der Mängelbeseitigung auf Ihre Kosten beauftragen. Wir behalten uns vor, einen Anspruch auf Kostenvorschuss geltend zu machen.

☐ Bezüglich einer Terminabsprache zur Mängelbeseitigung nehmen Sie bitte Kontakt auf mit Frau/Herrn _____________ [Name], die/der* unter der Telefonnummer ______________ zu erreichen ist.

☐ Ferner möchten wir Sie bitten, uns unverzüglich nach Durchführung der Mängelbeseitigung hiervon zu unterrichten, damit wir eine rechtsgeschäftliche Abnahme der Mängelbeseitigung durchführen können.

☐ Bitte lassen Sie die Mängelbeseitigung von Frau/Herrn ____________ [Name] bestätigen.

☐ Für den Fall, dass Sie beabsichtigen, die Beseitigung des Mangels oder der Vertragswidrigkeit zu verweigern, weil damit ein unverhältnismäßig hoher Aufwand verbunden ist, machen wir schon jetzt darauf aufmerksam, dass hierfür prüfbare Beweise vorzulegen sind. Außerdem behalten wir uns für diesen Fall ausdrücklich das Recht zur Minderung der Vergütung vor.

Mit freundlichen Grüßen

* Nichtzutreffendes bitte streichen

[1] Es ist zu beachten, dass der Absender rechtserheblicher Erklärungen deren Zugang im Streitfall beweisen muss. Dieser Nachweis kann bei einem Standardbrief regelmäßig nicht geführt werden. Auch ein Telefax-Sendeprotokoll ist kein anerkannter Zugangsnachweis. Die Zustellung rechtserheblicher Erklärungen kann daher nur per Einschreiben/Rückschein oder per Boten erfolgen, wobei auch hier noch dokumentiert werden muss, welches Dokument zugestellt wird. Alternativ ist auch die Zustellung mit Empfangsbekenntnis möglich; es ist dann darauf zu achten, dass der Empfänger das Empfangsbekenntnis vollzieht und zurücksendet. Ferner ist eine Zustellung durch den Gerichtsvollzieher möglich; dies ist im regelmäßigen Geschäftsverkehr aber wenig praktikabel.

Von der Möglichkeit der nach § 13 Abs. 4 Nr. 1 VOB/B eingeräumten individuellen Vereinbarung von Fristen wird manchmal bei besonders empfindlichen Bauteilen Gebrauch gemacht, z. B. für die Wasserundurchlässigkeit von erdberührten Abdichtungen oder Weißen Wannen im drückenden Wasser. Auch für Dachdichtungen und Dachabdeckungen ebenso wie für Fassadenbekleidungen werden bisweilen für die Mängelbeseitigung Verjährungsfristen bis zu 10 Jahren, für vereinzelte Bauelemente sogar gelegentlich weit darüber vereinbart. Dies ist in gewissem Rahmen auch als AGB, als formularmäßige Allgemeine Geschäftsbedingungen, zulässig.

Aus Sicht des überwachenden Bauleiters ist bei der Wahl von unterschiedlichen Fristen für verschiedene Gewerke darauf zu achten, dass der Bauherr hier auch langfristig eine gute Dokumentation führt und sich die Ablaufdaten der Verjährungsfristen sorgfältig notiert.

Praxistipp zu Verjährungsfristen

Der überwachende Bauleiter sollte sorgsam abwägen, inwieweit sehr unterschiedliche Fristen für Mängelansprüche zielführend sind. Untersuchungen haben gezeigt, dass etwa 98 % aller Mängel spätestens nach 5 Jahren sichtbar werden. Daher ist zu empfehlen, die 5-jährige Frist des BGB zu vereinbaren und vor allem darauf zu achten, dass alle Gewerke und Einzelunternehmer erst zum gleichen Termin aus der Pflicht zur Mängelbeseitigung entlassen werden. Dies erleichtert in der Praxis die Verwaltung der Mängelansprüche erheblich und sorgt auch dafür, dass die Aufgaben des überwachenden Bauleiters in der Nachbetreuung des Bauwerks ein eindeutiges Ende haben.

Wesentlicher Bestandteil eines professionellen Gewährleistungsmanagements ist eine gute Dokumentation der Mängelanzeigen, deren Abarbeitung und der parallel ablaufenden Fristen. Im Zuge von immer mehr eingesetzten Nachunternehmern ist die Verfolgung der Mängelbeseitigung ein komplexes Geschäft. Denn häufig ist es nicht damit getan, den Mangel bei dem verantwortlichen Unternehmen und Vertragspartner anzuzeigen. Oft muss noch zusätzlich nachgefasst werden, müssen mehrere Unternehmen koordiniert und deren Leistungserbringung zur Mängelbeseitigung terminlich fixiert werden. Nicht zuletzt muss auch jede Arbeitsleistung zur Mängelbeseitigung mit den betrieblichen Belangen des Bauherrn in seinem neuen Gebäude abgestimmt werden.

Es ist zu empfehlen, sich als Bauherr in Nachunternehmer-Verträgen des Auftragnehmers die Abtretung seiner Forderungen an den Nachunternehmer im Falle der Insolvenz des Hauptunternehmens zusichern zu lassen. So kann der überwachende Bauleiter in einem solchen Insolvenzfall, d. h. auch noch während der Frist für die Mängelbeseitigung, direkt auf die Leistungs- bzw. Mängelbeseitigungspflicht des Nachunternehmers durchgreifen.

5.5.2 Garantien

Die VOB/B kennt den Begriff der Garantie nicht. Auch das BGB verwendet den Begriff im Werkvertragsrecht nur im Zusammenhang mit der Besicherung von Forderungen, wie z. B. der Sicherheit für eine Abschlagszahlung (§ 632a BGB) oder der Bauhandwerkersicherung (§ 648a BGB).

In Bezug auf die vertraglich vereinbarte Beschaffenheit von Bauleistungen ist daher der Begriff der Gewährleistung bzw. des Anspruchs auf Mängelbeseitigung zutreffend.

Wird allerdings von einem Vertragspartner einseitig ein darüber hinausgehendes Angebot zu einer weiteren, freiwilligen Zusicherung von Eigenschaften gemacht, wird dies als Garantie bezeichnet. Eine Garantie ist also eine freiwillig übernommene Dienstleistung, die über die gesetzliche oder vertraglich vereinbarte Gewährleistungspflicht hinausgeht.

Da Bauverträge häufig Änderungen unterliegen, z. B. durch Änderungsanordnungen oder andere Ereignisse, kann es sich bisweilen auch ergeben, dass Bauunternehmen zur Attraktivität und Durchsetzung von Alternativvorschlägen freiwillig Angebote zu zusätzlichen Dienstleistungen machen, wie etwa eine besondere Wartung oder Kontrolle eines Bauteils für eine festgesetzte Zeitspanne nach der Abnahme.

Der überwachende Bauleiter sollte in solchen Fällen darauf achten, dass derartige Garantien dann ebenfalls in die Nachtragsvereinbarung mit aufgenommen werden und somit Bestandteil der Ansprüche zur Mängelbeseitigung werden.

5.5.3 Funktionale Leistungsversprechen

Gerade bei Funktionalverträgen werden auch Leistungsmerkmale vereinbart, die nicht im Zuge einer kurzzeitigen Abnahme überprüft werden können. Hier ist es geboten, schon im Vorwege der Vertragsgestaltung die Verfahren zur Überprüfung der Leistung festzulegen und sogar den Zeitraum für Tests und Messungen unter realen Betriebsbedingungen zu fixieren. Ist das nicht erfolgt, so sollte der überwachende Bauleiter dies rechtzeitig und möglichst lange vor der Abnahme nachholen, damit nicht erst bei der Abnahme Streit über die Art und den Umfang der Nachweise entsteht. Denn andernfalls steht schnell der überwachende Bauleiter „zwischen den Stühlen“, wenn es ihm nicht gelingt, die unterschiedlichen Vorstellungen von Auftraggeber und Auftragnehmer im laufenden Betrieb zur Deckung zu bringen.

5.6 Mitwirkung bei der Objektübergabe

5.6.1 Organisation der Objektübergabe

Mit der Abnahme geht die Gefahrtragung vom Auftragnehmer auf den Auftraggeber über. Damit erhält der Auftraggeber wieder die Verantwortung in allen Belangen über das Bauwerk. Bei Bauten im Bestand ist damit auch die Rückübergabe des vorübergehend dem Bauunternehmen anvertrauten Altbestands verbunden.

In der Regel wird der Auftraggeber sein Gebäude nicht selbst betreiben, sondern hierzu Mitarbeiter oder Fremdfirmen einschalten. Gerade bei komplexen und anspruchsvollen Bauwerken mit hochwertiger technischer Ausrüstung sollte die Objektübergabe so organisiert werden, dass Herstellerfirmen und Betriebspersonal Hand in Hand arbeiten.

Der überwachende Bauleiter sollte dazu frühzeitig darauf drängen, dass der Bauherr sein technisches Personal benennt und für Einweisungen in das Gebäude verfügbar hält. Viele Informationen aus der Bauphase können dann ohne größeren Aufwand in die Betriebsphase transferiert werden.

Ist das Betriebspersonal schon zum Zeitpunkt der Abnahme eingewiesen, so wird es das Abnahmegeschehen i. d. R. positiv beeinflussen, weil es viele Aspekte nicht nur von der theoretischen, sondern auch von der betriebspraktischen Seite her bewertet.

Auch für die Objektübergabe gilt Ähnliches wie schon bei der Abnahme ausgeführt: Eine gute Vorbereitung und die übersichtliche Zusammenstellung aller relevanten Unterlagen erleichtert nicht nur den Übergabeprozess, sondern vermeidet auch spätere Rückfragen seitens des Nutzers. Zwar ist nicht gänzlich von der Hand zu weisen, dass manche Nutzer und Betreiber lieber beim Bauunternehmen bzw. seinem Nachunternehmen nachfragen, um sich benötigte Informationen für den Betrieb zeigen und vortragen zu lassen, anstatt selbst in den vorliegenden Projektunterlagen nachzusehen. Jedoch gibt erst das Vorliegen einer transparenten Dokumentationsmappe oder einer entsprechend aufbereiteten elektronischen Ablage dem Unternehmer-Bauleiter die Möglichkeit, diesen ggf. redundanten Nachfragen einen Riegel vorzuschieben und anzukündigen, dass er weitere Auskünfte nur noch gegen die Erstattung der dabei entstehenden Kosten erteilen werde.

5.6.2 Dokumentationen

Parallel zur Einweisung von Schlüsselpersonal muss die Dokumentation vervollständigt und zügig übergeben bzw. vom Bauherrn übernommen werden. Eine schnelle Übernahme ist deshalb zu raten, um schon bei der Abarbeitung der Mängellisten aus der Abnahme die Kontrolle der Mängelbeseitigung auf Basis dieser Unterlagen mitverfolgen zu können.

Die Dokumentation war bei der letzten Novelle der HOAI von der Leistungsphase 9 in die Leistungsphase 8 vorgezogen worden. Hierunter wird nach Anlage 10 HOAI, LPH 8, Ziffer m, die „[s]ystematische Zusammenstellung der Dokumentation, der zeichnerischen Darstellungen und rechnerischen Ergebnisse des Objekts“ verstanden.

Sicherlich wird es noch einige Jahre dauern, bis es zum Stand der Technik gehört, dass große Projekte als virtuelle 3-D-Modelle (Bauwerkinformationsmodelle) mit darin verorteten Informationen aufzubereiten sind, in denen der Betreiber später frei navigieren und jeweils zum Bauteil oder zum Bereich zugehörige relevante Informationen abrufen kann. Dennoch gibt es bereits erste positive Beispiele, die zeigen, wie die vielschichtigen und überbordenden Informationen über alle Bereiche des Projekts übersichtlich gehalten und leicht zugänglich gemacht werden können. Das Stichwort hierzu, Building Information Modeling, wird im Kapitel 8 ausführlich behandelt.

Derzeit findet die Übergabe von Dokumenten meist noch in Form von Ordnern mit Papierausdrucken oder auf Datenträgern wie CDs, DVDs und USB-Sticks statt. Häufig verlangt der Bauherr beides parallel, weil er intern sowohl mit Plänen als auch mit Elektronikprogrammen arbeitet.

Für die Ausgestaltung und Übernahme der Dokumentation gibt es keine festgelegten Formvorschriften. Umso sorgfältiger sollte der überwachende Bauleiter darauf achten, dass diese umfassend, aussagekräftig und in einem geordneten Zustand ist.

Neben den vorstehend aufgeführten Unterlagen, den genehmigten Plänen, Werkzeichnungen und zur Abnahme vorzulegenden Bescheinigungen sind heute vollständige Listen über die an dem Bauwerk beteiligten ausführenden Unternehmen, deren Lieferanten und die eingebauten Fabrikate wichtig. Denn es kommt immer wieder vor, dass bereits im Laufe der Mängelbeseitigungsfrist einige der beteiligten Unternehmen Insolvenz anmelden. In diesem Fall eröffnet sich dem Bauherrn die Möglichkeit, anhand einer aussagefähigen Firmenliste direkt auf die Nachunternehmer und Lieferanten zurückzugreifen oder beim Hersteller der eingesetzten Produkte nach Ersatzteilen zu fragen.

Praxistipp zur Dokumentation

Auch wenn mancher Bauherr kein besonderes Augenmerk auf eine gute Ist -Dokumentation zu legen scheint, so kann der überwachende Bauleiter ebenso wie der Unternehmer-Bauleiter sehr schnell von der Realität eingeholt werden, wenn die ersten Rückfragen des Betreibers oder die ersten vermeintlichen Mängelanzeigen eintreffen. In der Regel ist bereits für die ersten Mängelanzeigen ein Rückgriff auf die Dokumentation notwendig, z. B. um den Nachweis der Verantwortung des Bauunternehmens zu führen. Insofern sollte der überwachende Bauleiter die Strukturierung der Dokumentation frühzeitig mit dem Bauunternehmen vereinbaren und dann auch durchsetzen.

Im Übrigen sei zum Thema Dokumentation auf das Kapitel 3.5 verwiesen.

6 Kosten

6.1 Kostenplanung

Ab diesem Kapitel wird nun nicht mehr dem zeitlichen Ablauf der Tätigkeiten des Bauleiters gefolgt, sondern einzelne, für jeden Bauleiter wichtige Themengebiete werden näher beschrieben.

Die Kosten- und Preisarbeit bei Bauprojekten ist ein umfangreiches und komplexes System, bei dem unterschiedliche am Bau Beteiligte zu unterschiedlichen Zeitpunkten Kosten und Preise ermitteln. Im Kapitel 6.1 wird die Kostenermittlung durch den beratenden Ingenieur und den Architekten beschrieben. Deren Kostenbetrachtung ist neben den eigenen Überlegungen eines Bauherrn der erste Schritt im Projekt, sich mit den Kosten des Bauvorhabens zu befassen. Wenn der Bauherr schon mehrfach gebaut hat, wird er möglicherweise über eigene Erfahrungswerte verfügen, die ihm eine grobe Indikation der Kosten ermöglichen. In den meisten Fällen ist der Bauherr auch wegen der Komplexität der Baumaßnahmen auf die Beratung von Architekten und Ingenieuren angewiesen, und diese haben die schwierige Aufgabe, ihren Bauherrn frühzeitig und umfassend über die Kosten seines Bauvorhabens zu unterrichten – eine Aufgabe, die schon immer schwierig zu lösen war. Schon der Jurist und Autor Sebastian Brant griff in seinem 1494 erschienenen Werk „Das Narrenschiff" (Brand, 2005, S. 157) neben der Diskussion unterschiedlichster Themen auch den Kostenanschlag auf. Kapitel 15 des Werks beginnt mit den Worten: *„Der ist eyn narr der buwen wil/Vnd nit vorhyn anschlecht wie vil/Das kosten werd/vnd ob er mag/Volbringen solchs/noch sym anschlag"*. Ins Hochdeutsche übertragen: „Der ist ein Narr, der bauen will/Und nicht zuvor anschlägt, wie viel/Es kosten wird, und ob er kann/Vollbringen es nach seinem Plan."

Tatsächlich müssen vor Beginn des eigentlichen Bauens Kosten genannt werden, damit Bauherren rechtzeitig ausreichend finanzielle Mittel bereitstellen können. Je nachdem, wie die speziellen Randbedingungen überschaut und eingeschätzt werden und ob dazu wirklich vergleichbare, abgeschlossene und ausgewertete Vorhaben genutzt werden können, sind realistische Kostenermittlungen möglich. Natürlich können Bauwerke mit ihren individuellen Randbedingungen als Prototyp nicht genau so gebaut werden, wie die Warenproduktion in der stationären Industrie üblich ist. Auch eine effiziente Steuerung des Bauvorhabens, nicht zuletzt durch den überwachenden Bauleiter, ist entscheidend für das Erreichen von Kostenzielen.

Häufige Begehrlichkeiten müssen im Griff behalten werden. Forderungen nach höherer Qualität der Bauausführung und Ausstattung oder auch nach Verkürzung der Bauzeit können zu Abweichungen von den ursprünglich angesetzten Kosten führen. In den meisten Fällen sind dies die Gründe einer Baukostenerhöhung.

Jede Kostenermittlung ist i. d. R. also sowohl hinsichtlich der Vergleichskennwerte als auch hinsichtlich der Steuerung des Bauvorhabens unscharf.

Im Folgenden soll die Systematik der Kosten- und Preisarbeit an einem Bauvorhaben anhand der nachfolgenden Abb. 6.1 erläutert werden. Die Drittelung in der Abbildung verdeutlicht das „Dreigestirn" der Projekte: Bauherr – Planer – Bauunternehmen.

In seinem Kommentar zur DIN 276-1 schreibt Peter Fröhlich: *„Für den Auftraggeber sind die Preise des Auftragnehmers Kosten. Für den Auftragnehmer bestehen die Preise aus Kosten, Wagnis und Gewinn."* (Fröhlich, 2010, S. 55). Dieses Zusammenspiel ist in Abb. 6.1 ersichtlich.

Der Bauherr wird bereits vor Einschaltung eines Planers anhand von eigenen Hochrechnungen feststellen, ob er die Idee, ein Bauwerk zu errichten, weiter betreiben will und einen Planer beauftragt. Zu dieser Zeit gibt es weder Planer noch Plan, sodass der Bauherr für seinen Kostenrahmen Nutzungskennwerte, d. h. Baukosten je Nutzungseinheit (wie Kosten je Stellplatz oder Kosten je Hotelbett usw.) als Basis nutzen muss. Erst wenn dieser Schritt positiv absolviert wurde und die Entscheidung seitens des Bauherrn für das Vorhaben gefallen ist, wird ein Planungsteam beauftragt. Im weiteren Verlauf des Projekts werden dem Bauherrn dann durch den beratenden Ingenieur und Architekten und später, während der Ausführung, durch den überwachenden Bauleiter im Rahmen der Kostenplanung Entscheidungsvorlagen geliefert, die auf der Basis der entsprechenden Planstände der Planungsphasen und der Erfahrung und Marktbeobachtung des jeweiligen Planers beruhen.

Die DIN 276 „Kosten im Bauwesen" (2018) nennt den Kostenrahmen als unterste Stufe der Kostenplanung. Der Kostenrahmen wäre danach also ein Planungsbestandteil. Dem folgend wird der Kostenrahmen im Zuge der Grundlagenermittlung (Leistungsphase 1 nach HOAI 2013) erbracht, da er vor der Kostenschätzung liegt und diese Bestandteil der Grundleistungen der Leistungsphase 2 ist. Der Kostenrahmen ist jedoch in der HOAI 2013 nicht als Grundleistung dieser Leistungsphase erfasst. Für die Ermittlungsgenauigkeit ist dies aber unerheblich, da in der Phase der Grundlagenermittlung eben die Grundlagen, also die Startvoraussetzungen für die weitere Planung, zusammengestellt werden, und dazu gehört auch ein Kostenrahmen.

Die Kostenvorgabe des Bauherrn ist nicht etwa eine mögliche Kostensumme, sondern stellt in den meisten Fällen die vom Bauherrn vorgegebene Kostenobergrenze dar, die durch den Planer und die weiteren Dienstleister am Bau entsprechend einzuhalten ist.

Mit der Neuauflage der DIN 276 im Jahr 2018 durchlief diese Norm eine grundlegende Zäsur. Sie ersetzte die DIN 276-1 „Kosten im Bauwesen – Teil 1: Hochbau", die DIN 276-4 „Kosten im Bauwesen – Teil 4: Ingenieurbau" und die DIN 277-3 „Grundflächen und Rauminhalte von Bauwerken im Hochbau – Teil 3: Mengen und Bezugseinheiten". Die DIN 276-1 und die DIN 276-4 wurden zusammengefasst. Die DIN 277-3 wurde integriert.

Die Begrifflichkeiten der DIN 276 wie auch die Gliederung der Kostengruppen wurden verändert.

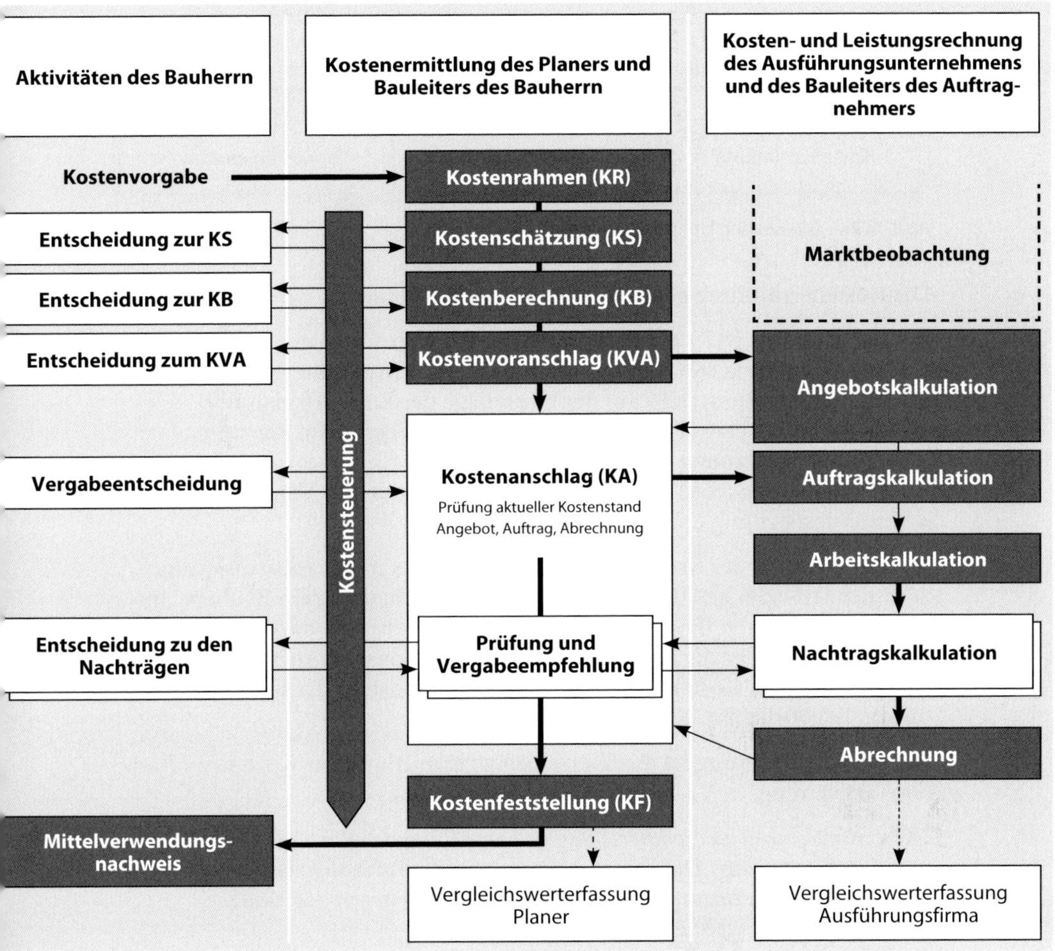

bb. 6.1: Übersicht der Kosten- und Preisarbeit bei Bauvorhaben unter Berücksichtigung der DIN 276 nd der HOAI 2013

Mit der Kostenplanung wird das Ziel verfolgt, „*[…] bei einem Bauprojekt Wirtschaftlichkeit, Kostensicherheit und Kostentransparenz herzustellen*“ (DIN 276, S. 6). Die Kostenplanung beruht damit auf 2 wesentlichen Wirtschaftsprinzipien, dem Wirksamkeitsprinzip und dem Sparsamkeitsprinzip. Beim Wirksamkeitsprinzip geht es um die Einhaltung der Kosten durch Anpassung von Qualitäten und Quantitäten. Beim Sparsamkeitsprinzip werden bei fest definierten Qualitäten und Quantitäten Kosten minimiert.

Mit der Überarbeitung der DIN 276-1 im Jahr 2006 wurde die Kostenplanung um die Elemente der Kostensteuerung und Kostenkontrolle ergänzt. In der Fassung von 2008 wurde der Kostenrahmen als Bestandteil der Kostenermittlung integriert. Während sich die Kostenermittlung mit ihren 6 Stufen auf die Leistungsphasen der Planungen bezieht, ist die Kostensteuerung projektbegleitend in jeder Planungs- und Ausführungsstufe durchzuführen, mit dem Ziel der Einhaltung der Kostenvorgabe.

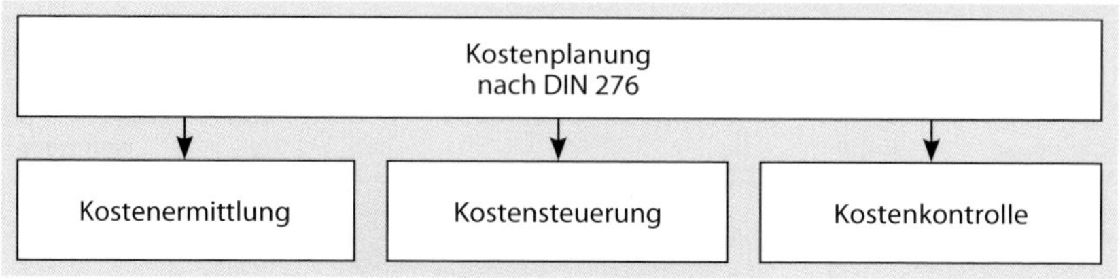

Abb. 6.2: Gliederung der Kostenplanung

Die Kostenermittlung gliedert sich nach DIN 276 in:

- Kostenrahmen (KR) auf Basis der Grundlagenermittlung
- Kostenschätzung (KS) auf der Grundlage der Vorplanung
- Kostenberechnung (KB) auf der Grundlage der Entwurfsplanung
- Kostenvoranschlag (KVA) auf Grundlage der Ergebnisse der Ausführungsplanung
- Kostenanschlag (KA) im Zuge der Ausschreibung und Vergabe
- Kostenfeststellung (KF) nach Abschluss des Projekts

Auch der Begriff der Kostenvorgabe wurde bereits in der Aktualisierung 2008 der DIN 276 neu definiert. Er macht deutlich, dass kein Bauherr „ins Blaue hinein" einen Bauauftrag vorbereitet, sondern sich dazu schon eigene Vorstellungen über die zu finanzierende Investitionssumme machen sollte. Auf der Basis der Kostenvorgabe des Bauherrn entsteht der **Kostenrahmen** für das Bauvorhaben.

Die **Kostenschätzung** ist die überschlägige Ermittlung der Kosten auf Basis der Vorplanung. In § 2 Abs. 10 HOAI 2013 heißt es dazu:

„Kostenschätzung ist die überschlägige Ermittlung der Kosten auf der Grundlage der Vorplanung. Die Kostenschätzung ist die vorläufige Grundlage für Finanzierungsüberlegungen. Der Kostenschätzung liegen zugrunde:
1. *Vorplanungsergebnisse,*
2. *Mengenschätzungen,*
3. *erläuternde Angaben zu den planerischen Zusammenhängen, Vorgängen sowie Bedingungen und*
4. *Angaben zum Baugrundstück und zu dessen Erschließung."*

Die **Kostenberechnung** ist die Ermittlung der Kosten auf der Grundlage der Entwurfsplanung. In § 2 Abs. 11 HOAI 2013 heißt es dazu:

„Kostenberechnung ist die Ermittlung der Kosten auf der Grundlage der Entwurfsplanung. Der Kostenberechnung liegen zugrunde:
1. *durchgearbeitete Entwurfszeichnungen oder Detailzeichnungen wiederkehrender Raumgruppen,*
2. *Mengenberechnungen und*
3. *für die Berechnung und Beurteilung der Kosten relevante Erläuterungen."*

Mit der DIN 276 aus dem Jahr 2018 wird der Begriff des Kostenvoranschlags wieder eingeführt. Der Kostenvoranschlag dient der Entscheidung über die Ausführungsplanung und die Vorbereitung der Vergabe. Dem Kostenvoranschlag liegen zugrunde

- die Unterlagen der Ausführungsplanung und
- die Leistungsbeschreibungen als Ergebnisse der Vorbereitung der Vergaben.

Der Begriff des **Kostenvoranschlags** ist, da er der im Jahr 2018 verabschiedeten DIN 276 entstammt, in der HOAI 2013 nicht verankert, obgleich er im vorgenannten Sinn beschrieben wird. In der Beschreibung der Grundleistungen zur Leistungsphase 6 heißt es:

„*d) Ermitteln der Kosten auf der Grundlage vom Planer bepreister Leistungsverzeichnisse*
e) Kostenkontrolle durch Vergleich der vom Planer bepreisten Leistungsverzeichnisse mit der Kostenberechnung“

(Anlage 10 HOAI 2013)

Mit der DIN 276 (2018) ist der Begriff des **Kostenanschlags** nicht mehr nur auf die Leistungen während der Abarbeitung der Leistungsphasen 6 und 7 nach HOAI 2013 begrenzt, sondern beschreibt vielmehr die in mehreren Schritten während des gesamten Vergabe- und Ausführungsprozesses fortlaufende Aufstellung des jeweils aktuellen Kostenstandes (Basis: Angebote, Aufträge oder Abrechnungen).

Die **Kostenfeststellung** wird nach Abschluss des Projekts auf Basis der Abrechnungen des Vorhabens zusammengestellt und entspricht in ihrer Gliederung und dem Genauigkeitsgrad dem Kostenanschlag.

Der Bauherr wird nach Abschluss der Baumaßnahme zumindest im öffentlichen Bau oder Zuwendungsbau, d. h., wenn er unter teilweiser Mitfinanzierung durch öffentliche Mittel baut, einen Mittelverwendungsnachweis erstellen. Dieser Nachweis umfasst nicht nur die Gegenüberstellung von ursprünglichem Budget zu tatsächlichen Kosten, sondern auch die Beschreibung des Wegs von Budgetänderungen sowie die entsprechenden Freigaben und Genehmigungen. Der Mittelverwendungsnachweis ist das finanziell und vergaberechtlich protokollierte Projekt.

Die Tätigkeiten der Leistungsphasen 6 und 7 sind nicht klar von den umgebenden Leistungsphasen abzugrenzen. Die Ausführungsvorbereitung umfasst nämlich sowohl die Ausführungsplanung als auch die Vorbereitung und Mitwirkung bei der Vergabe, also insgesamt die Leistungsphasen 5 bis 7 nach § 34 HOAI 2013. Die Kostenkontrolle als Kostenanschlag erfolgt damit mehrmals während dieser Planungsphasen – auch mit mehrmaligen Aktualisierungen, die dem jeweils aktuellen Stand dieser Ausführungsvorbereitung entsprechen.

Die Kostensteuerung dient der Überwachung der Kostenentwicklung und der Einhaltung der vom Bauherrn gesteckten Kostenvorgabe. Kostensteuerung ist eine Managementaufgabe, bei der während eines Bauprojekts Planungs- und Ausführungsmaßnahmen hinsichtlich ihrer resultierenden Kosten kontinuierlich zu bewerten sind. Bei Abweichungen in den Prognosen auf die Fertigstellung eines Projekts sind Konsequenzen auf mögliche Planungsänderungen oder andere Steuerungseingriffe zu ziehen. Hier ist in erster Linie permanent der Bauherr gefordert, Entscheidungen zu Kostensteuerungsmaßnahmen zu treffen, auch wenn er diese i. d. R. von seinem fachkundigen Berater empfohlen bekommt. Dazu muss sein Berater, also vielfach der überwachende Bauleiter, dann auch initiativ werden bzw. die Kostenentwicklung kontinuierlich verfolgen.

Aufseiten der Bauausführungsunternehmen sind die innerbetriebliche Kosten-, Leistungs- und Ergebnisrechnung (KLR Bau) und die Kalkulation in Bezug auf das Bauprojekt zu nennen. Auf diesen Sachverhalt wird in Kapitel 6.2 näher eingegangen.

Wesentliche Basis für die Kostenplanung ist die DIN 276 (2018). Diese Vorschrift stellt zusammen mit der DIN 277-1 „Grundflächen und Rauminhalte im Bauwesen – Teil 1: Hochbau" (2016) das Grundgerüst für die Kostenplanung dar. Die einheitliche Gliederung der Kosten und die einheitlichen Bezugsgrößen für diese Kosten sind Voraussetzung für eine notwendige Vergleichbarkeit. Nur unter Zugrundelegung dieser Systematik sind das Arbeiten mit Vergleichswerten und das Vergleichen von Bauwerkskosten unterschiedlicher Objekte überhaupt möglich. Der Notwendigkeit der Schaffung eines derartigen Vergleichssystems wurde bereits mit Erscheinen der ersten DIN 276 und DIN 277 im Jahr 1934 Rechnung getragen.

Die DIN 276 gliedert die Baukosten in 3 Gliederungsebenen. Die erste Ebene unterteilt sich nun nach der im Jahr 2018 verabschiedeten DIN 276 in insgesamt 8 Kostengruppen, die sogenannten „Hunderter"-Kostengruppen:

- 100 Grundstück
- 200 Herrichten und Erschließen
- 300 Bauwerk – Baukonstruktion
- 400 Bauwerk – Technische Anlagen
- 500 Außenanlagen
- 600 Ausstattung
- 700 Baunebenkosten
- 800 Finanzierung

In der HOAI 2013 heißt es dazu im § 2 Abs. 10: *„[…] Wird die Kostenschätzung nach § 4 Absatz 1 Satz 3 auf der Grundlage der DIN 276 in der Fassung vom Dezember 2008 (DIN 276-1:2008-12) erstellt, müssen die Gesamtkosten nach Kostengruppen mindestens bis zur ersten Ebene der Kostengliederung ermittelt werden."* Die Kosten werden also entsprechend ihrer Entstehung zugeordnet. Diese Genauigkeit mit der Unterteilung in nunmehr 8 Kostengruppen ist für die Kostenschätzung charakteristisch. Daran ändert auch die DIN 276 aus dem Jahr 2018 nichts.

Für die Kostenberechnung auf Grundlage der Entwurfsplanung ist die in Abb. 6.3 dargestellte Gliederung zu verwenden. In der HOAI 2013 heißt es dazu in § 2 Abs.11: *„[…] Wird die Kostenberechnung nach § 4 Absatz 1 Satz 3 auf der Grundlage der DIN 276 erstellt, müssen die Gesamtkosten nach Kostengruppen mindestens bis zur zweiten Ebene der Kostengliederung ermittelt werden."*

Auch diese Festlegungen sind unberührt von der im Jahr 2018 erschienen DIN 276. Beispielsweise werden die Kosten der Kostengruppen 300 und 400 in der zweiten Gliederungsebene folgendermaßen nach Grobelementen des Bauwerks bzw. nach Anlagengruppen unterteilt:

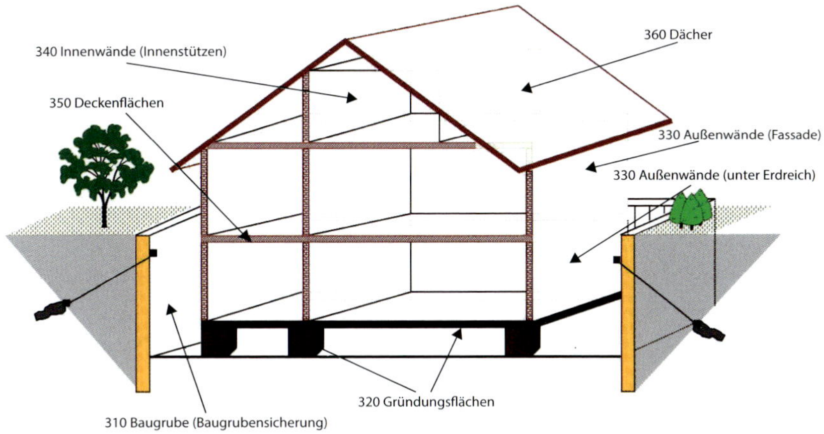

Abb. 6.3: Kostengliederung nach DIN 276 in der zweiten Gliederungsebene nach Gebäude- bzw. Grobelementen

Kostengruppe 300 „Bauwerk – Baukonstruktion“:

- 310 Baugrube
- 320 Gründung
- 330 Außenwände
- 340 Innenwände
- 350 Decken
- 360 Dächer
- 370 Infrastrukturanlagen
- 380 konstruktive Einbauten
- 390 sonstige Maßnahmen der Konstruktion

Kostengruppe 400 „Bauwerk – Technische Anlagen“:

- 410 Abwasser-, Wasser-, Gasanlagen
- 420 Wärmeversorgungsanlagen
- 430 Raumlufttechnische Anlagen
- 440 Elektrische Anlagen
- 450 Kommunikations-, sicherheits- und informationstechnische Anlagen
- 460 Förderanlagen
- 470 Nutzerspezifische und verfahrenstechnische Anlagen
- 480 Gebäude- und Anlagenautomation
- 490 sonstige Maßnahmen für technische Anlagen

Abb. 6.3 zeigt die Anordnung der Grobelemente der Kostengruppe 300 anschaulich.

Die dritte Gliederungsebene nach DIN 276 unterscheidet die Kosten der Grobelemente in einzelne Funktionselemente, wie in Abb. 6.4 am Beispiel der Decken und Treppen gezeigt wird. Die Funktionselemente lassen sich später im Zuge der Vorbereitung der Vergabe und der Fertigung von Leistungsverzeichnissen durch Konstruktionselemente und Leitpositionen bzw. Einzelpositionen unterlegen.

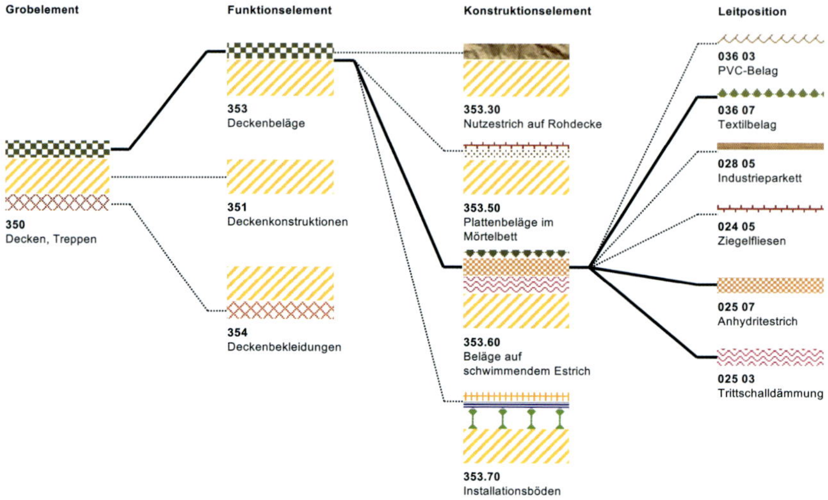

Abb. 6.4: Kostengliederung nach DIN 276 in der dritten Gliederungsebene nach Funktionselementen und Anschluss zu den Gewerke- und Positionsnummern

Was in Abb. 6.4 am Beispiel der Decken und Fußböden eindeutig zuordenbar erscheint, ist in der Praxis bei Gewerken wie Beton- und Stahlbetonarbeiten oder auch Mauerarbeiten schwieriger. In den letztgenannten Fällen müssen im Zuge der Ausschreibung Bestandteile mehrerer unterschiedlicher Kostengruppen zu Vergabeeinheiten zusammengezogen werden, wie in Abb. 6.5 gezeigt wird.

Es kommt also zwangsweise zwischen der zweiten und der dritten Gliederungsebene zu einem Umschalten von bauteilorientierten zu gewerkeorientierten Kostenstrukturen entsprechend den Vergabeeinheiten und den späteren Ausführungsstrukturen. Die Zuordnung einer Kostengruppe zu einer Vergabeeinheit bzw. einem Gewerk der Ausschreibung ist dabei nicht eineindeutig.

Beispiel

> Die tragenden Außenwände in Kostengruppe 331 können sowohl Stahlbeton- als auch Putz- oder Mauerarbeiten umfassen. Stahlbeton-, Putz- und Mauerarbeiten können aber auch je nach Konstruktionslösung in den nicht tragenden Außenwänden der Kostengruppe 332 enthalten sein. Damit auch hier die Summe der Kosten nach Kostengruppen gleich der Summe der Kosten nach Gewerken oder Vergabeeinheiten bleibt, muss vom planenden Architekten oder beratenden Ingenieur sehr sorgfältig „umgegliedert" werden.

Abb. 6.5 soll diese Problematik verdeutlichen.

Die in der Eingangsgrafik in Abb. 6.1 zeitlich nacheinander ablaufenden beiden Kostenermittlungen des Kostenanschlags (KA) und die abschließend anzufertigende Kostenfeststellung (KF) sind inhaltlich bzw. von ihrer Gliederung identisch, nur der Zeitpunkt ihrer Entstehung ist unterschiedlich.

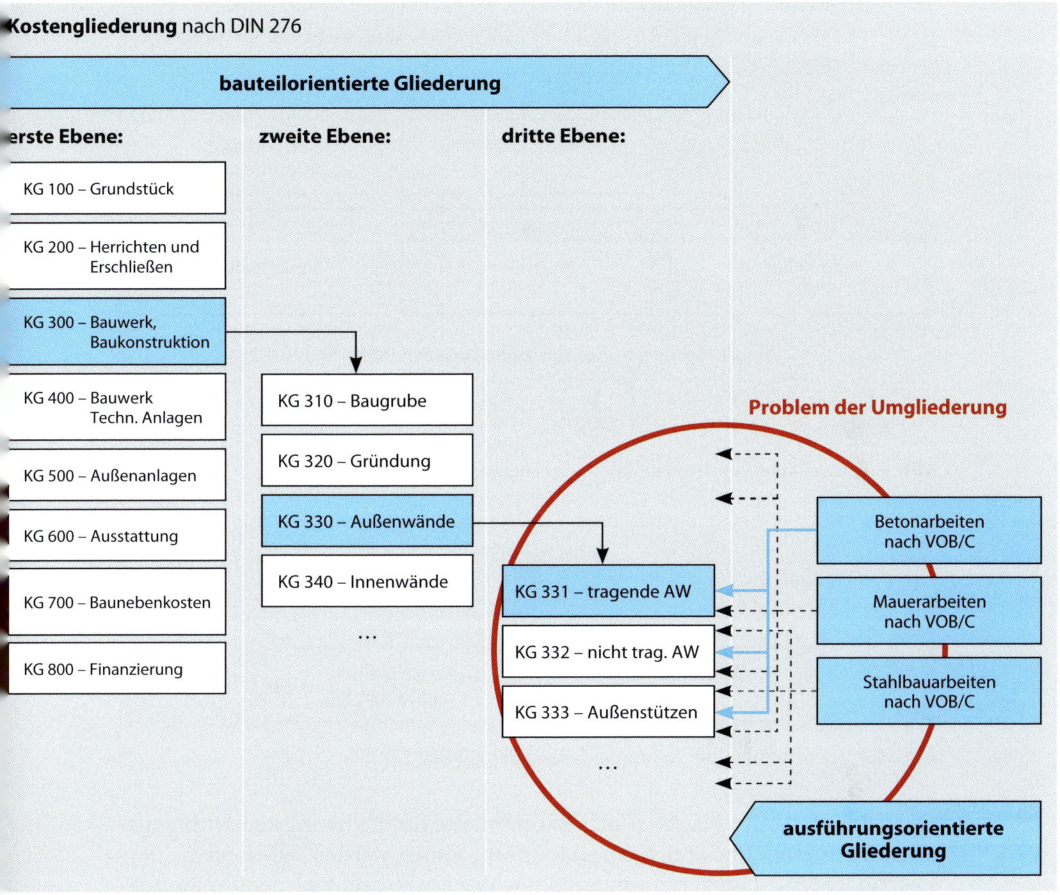

Abb. 6.5: Umstellung der Kostengliederung während der Leistungsphase 6 von der bauteilorientierten auf die ausführungsorientierte oder gewerkeorientierte Kostengliederung

Die im Zuge der Kostenermittlung verwendeten Vergleichswerte aus bereits abgeschlossenen Bauvorhaben entstehen aus der Rückrechnung der tatsächlichen Baukosten, umgelegt auf Flächen oder die gebaute Kubatur, und beziehen sich damit meist auf Bruttogeschossflächen (m^2 BGF) oder Bruttorauminhalte (m^3 BRI). Damit diese Kennzahlen wirklich vergleichbar werden, bedarf es einer einheitlichen Flächen- und Volumendefinition, die durch die DIN 277-1 gegeben ist. So ist es bei der Ermittlung des Volumens eines Gebäudes von Interesse, ob das Gebäude eine Durchfahrt oder Balkone oder Terrassen besitzt und wie diese rechnerisch berücksichtigt werden.

Wenn dafür keine einheitlichen Festlegungen existieren würden, wäre der signifikante Kennwert Euro/m^3 BRI bei fehlendem Abzug einer Gebäudedurchfahrt beispielsweise geringer, da die gleichen Kosten auf mehr Bauvolumen „verteilt" würden. Um derartige Missverständnisse auszuräumen, sind in der DIN 277-1 nicht nur Definitionen, sondern in Fröhlichs Kommentaren zur DIN 277-1 auch entsprechende Schaubilder zur Verdeutlichung enthalten, auf die ausdrücklich verwiesen wird (vgl. Fröhlich, 2010).

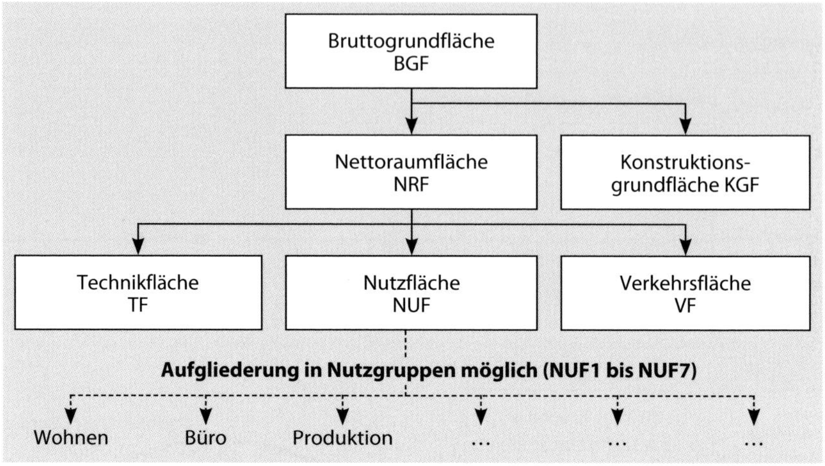

Abb. 6.6: Darstellung der Flächengliederung gemäß DIN 277-1

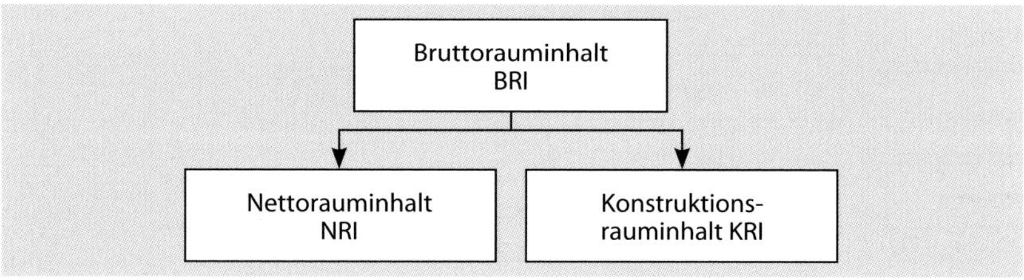

Abb. 6.7: Darstellung der Raumgliederung gemäß DIN 277-1

Die Gliederung der Flächen- und Rauminhalte für die häufigsten Nutzungsarten kann grob den Abb. 6.6 und 6.7 entnommen werden. Die Begriffe der neuen DIN 277-1 stehen momentan noch in Konkurrenz zu den im Bauplanungsrecht verankerten Begriffen der Baunutzungsverordnung.

Je nach Planungsphase des Bauvorhabens und Wissensstand im Projekt gibt es für die jeweilige Stufe der Kostenermittlung unterschiedliche Bezugsgrößen. So wird beim Kostenrahmen auf vorliegende Vergleichswerte bezogen auf Nutzungseinheiten zurückgegriffen (Kosten je m² Verkaufsfläche, Kosten je Stellplatz, Kosten je Hotelzimmer, Kosten je Büroarbeitsplatz usw.). Dabei werden die Gesamtkosten zur Anzahl der Nutzungseinheiten ins Verhältnis gesetzt.

Bei der Kostenschätzung wird i. d. R. auf Flächen- und Volumenwerte bezogen auf den jeweiligen Entwurf zurückgegangen, also auf die Geometrie des tatsächlich geplanten Bauwerks.

Bei der Kostenkontrolle während der Leistungsphasen 6 und 7 bezieht man sich auf Vergleichseinheitspreise, wenn nicht bereits schon erste Leistungen preislich am Markt angefragt wurden. Oft wird in der Praxis bereits während der Entwurfsplanung mit Vergleichseinheitspreisen operiert, weil z. B. in einigen Bereichen schon erste Leistungsverzeichnisse aufgestellt wurden. Dies täuscht meist in einem ausgewählten Bereich eine nicht vorhandene Planungsgenauigkeit vor, die es jedoch aufgrund der Planungsphase nicht gibt.

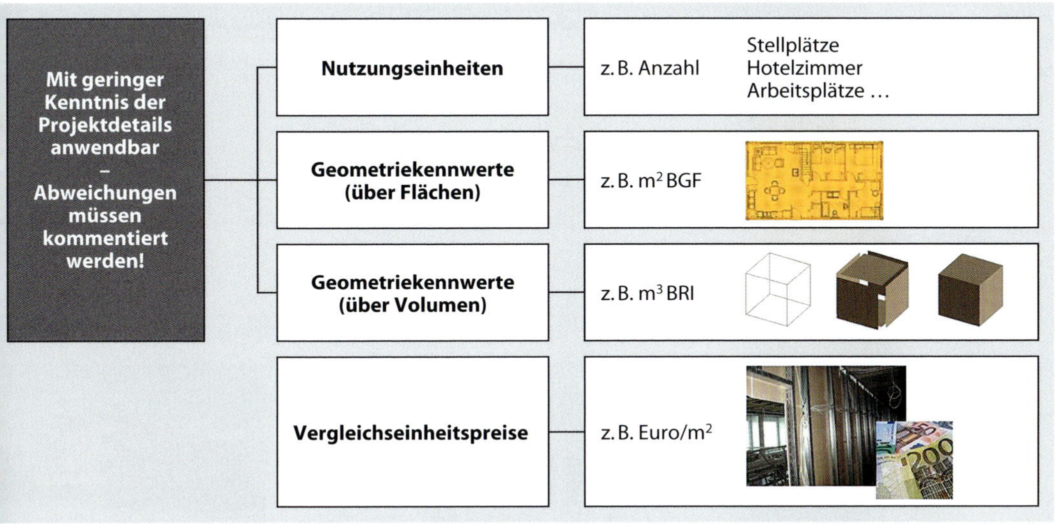

Abb. 6.8: Unterschiedliche Bezugsgrößen der Kostenermittlungsstufen

Neben der Wahl der richtigen und angemessenen Bezugsgrößen ist natürlich das Vorhandensein von Vergleichswerten die entscheidende Basis der Kostenermittlung. Idealerweise besitzt der Planer selbst durch Auswertung einer größeren Anzahl von betreuten und abgeschlossenen Bauvorhaben genügend Vergleichswerte, um in den einzelnen Leistungsphasen der Planung eine Kostenermittlung durchführen zu können.

In allen anderen Fällen oder auch in Ergänzung dazu gibt es vom Baukosteninformationszentrum Deutscher Architektenkammern (BKI) eine umfassende einschlägige Datensammlung. Die BKI-Datensammlung, die jährlich aktualisiert wird, ist in den letzten Jahren eines der Standardwerke geworden (BKI Baukosten Neubau 2020, Teil 1 bis 3). Sie enthält statistische Kostenkennwerte. Dabei wird, wie in Abb. 6.8 und Abb. 6.9 gezeigt, in Baukosten für Gebäude (1. und 2. Ebene nach DIN 276), für Bauelemente (3. Ebene nach DIN 276) und für Positionen (nach Leistungsbereichen und Gewerken) unterschieden. Damit folgt das BKI in seiner Datensammlung den vorbeschriebenen Arbeitsweisen der planenden Architekten und beratenden Ingenieure während der Kostenermittlung. Auf der Grundlage abgerechneter Bauvorhaben aus dem gesamten Bundesgebiet werden Kostenkennwerte in „Von-Bis-Werten" und mit entsprechenden Anpassungsfaktoren für über 400 Regionen in Deutschland erfasst. Außerdem gibt es Landesangaben ausgewählter europäischer Staaten.

Während der Erstellung des Kostenrahmens und der Kostenschätzung kann in der sogenannten „Ein-Wert-Methode" mit einem Kostenkennwert je Gebäude gerechnet werden (siehe Abb. 6.9). Die BKI-Datensammlung zeigt dabei unterschiedliche Vergleichsobjekte (in der Ausgabe 2020 insgesamt 74 Gebäudearten) und deren Abweichung zum ausgewiesenen Mittelwert. Ohne die Fachkenntnis des Architekten und die Fähigkeit, die Vergleichbarkeit zum aktuell geplanten Objekt zu prüfen und fachkundig einschätzen zu können, lassen sich Vergleichskennwerte nicht anwenden.

Büro- und Verwaltungsgebäude, mittlerer Standard

Kostenkennwerte für die Kosten des Bauwerks (Kostengruppen 300+400 nach DIN 276)

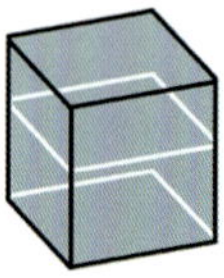

BRI 470 €/m³
von 385 €/m³
bis 555 €/m³

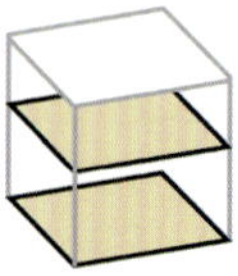

BGF 1.710 €/m²
von 1.480 €/m²
bis 2.010 €/m²

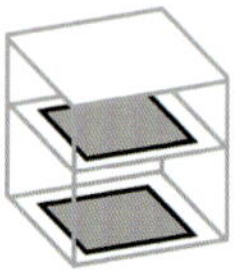

NUF 2.680 €/m²
von 2.240 €/m²
bis 3.370 €/m²

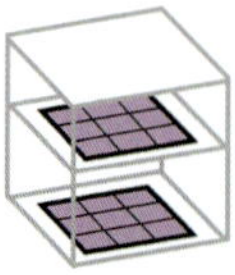

NE 74.310 €/NE
von 47.460 €/NE
bis 156.630 €/NE
NE: Arbeitsplätze

Kosten:
Stand 1.Quartal 2020
Bundesdurchschnitt
inkl. 19% MwSt.

Objektbeispiele

1300-0255

1300-0242

1300-0249

Kosten der 47 Vergleichsobjekte **Seiten 124 bis 135**

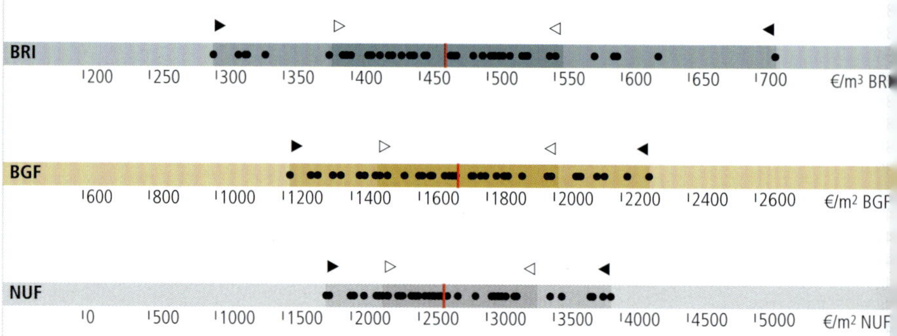

- ● KKW
- ▶ min
- ▷ von
- | Mittelwert
- ◁ bis
- ◀ max

© BKI Baukosteninformationszentrum; Erläuterungen zu den Tabellen siehe Seite 42

Kosten: 1.Quartal 2020, Bundesdurchschnitt, **inkl. 19% MwSt.**

Abb. 6.9: Arbeit mit Vergleichswerten des BKI, hier: Anwendung der „Ein-Wert-Methode" bei der Erstellung eines Kostenrahmens (Quelle: BKI Baukosten Gebäude Neubau 2020, S. 120)

ostenkennwerte für die Kostengruppen der 1. und 2. Ebene DIN 276

G	Kostengruppen der 1. Ebene	Einheit	▷	€/Einheit	◁	▷	% an 300+400	◁
00	Grundstück	m² GF	–	–	–	–	–	–
00	Vorbereitende Maßnahmen	m² GF	5	**39**	258	0,4	**1,6**	5,3
00	Bauwerk - Baukonstruktionen	m² BGF	1.133	**1.299**	1.522	70,0	**76,1**	81,5
00	Bauwerk - Technische Anlagen	m² BGF	293	**415**	562	18,5	**23,9**	30,0
	Bauwerk (300+400)	m² BGF	1.477	**1.713**	2.009		**100,0**	
00	Außenanlagen und Freiflächen	m² AF	43	**138**	469	2,1	**5,4**	8,7
00	Ausstattung und Kunstwerke	m² BGF	8	**44**	190	0,5	**2,4**	10,2
00	Baunebenkosten*	m² BGF	328	**365**	403	19,2	**21,4**	23,6
00	Finanzierung	m² BGF	–	–	–	–	–	–

◁ Auf Grundlage der HOAI 2013 berechnete Werte nach §§ 35, 52, 56. Weitere Informationen siehe Seite 46

G	Kostengruppen der 2. Ebene	Einheit	▷	€/Einheit	◁	▷	% an 1. Ebene	◁
10	Baugrube / Erdbau	m³ BGI	26	**57**	311	0,8	**1,9**	3,7
20	Gründung, Unterbau	m² GRF	298	**392**	590	6,9	**11,1**	16,8
30	Außenwände / vertikal außen	m² AWF	415	**554**	797	28,0	**34,0**	41,5
40	Innenwände / vertikal innen	m² IWF	200	**247**	329	12,8	**18,2**	22,3
50	Decken / horizontal	m² DEF	319	**369**	507	10,8	**17,0**	20,9
60	Dächer	m² DAF	324	**405**	585	7,7	**11,8**	15,8
70	Infrastrukturanlagen		–	–	–	–	–	–
80	Baukonstruktive Einbauten	m² BGF	17	**36**	73	0,2	**1,5**	4,1
90	Sonst. Maßnahmen für Baukonst.	m² BGF	36	**58**	95	2,9	**4,6**	7,5
300	**Bauwerk Baukonstruktionen**	**m² BGF**					**100,0**	
10	Abwasser-, Wasser-, Gasanlagen	m² BGF	43	**53**	67	10,3	**13,7**	18,4
20	Wärmeversorgungsanlagen	m² BGF	67	**96**	161	16,7	**24,0**	35,3
30	Raumlufttechnische Anlagen	m² BGF	9	**46**	95	2,0	**8,5**	18,3
40	Elektrische Anlagen	m² BGF	96	**130**	172	25,6	**32,9**	41,6
50	Kommunikationstechnische Anlagen	m² BGF	37	**58**	123	9,2	**14,0**	22,7
60	Förderanlagen	m² BGF	27	**40**	65	0,0	**2,4**	8,9
70	Nutzungsspez. u. verfahrenstech. Anl.	m² BGF	4	**18**	50	0,1	**1,9**	7,7
80	Gebäude- und Anlagenautomation	m² BGF	32	**46**	57	0,0	**2,6**	8,8
90	Sonst. Maßnahmen f. techn. Anlagen	m² BGF	1	**1**	2	0,0	**0,0**	0,2
400	**Bauwerk Technische Anlagen**	**m² BGF**					**100,0**	

rozentanteile der Kosten der 2. Ebene an den Kosten des Bauwerks nach DIN 276 (Von-, Mittel-, Bis-Werte)

KG	Kostengruppe	%
310	Baugrube / Erdbau	1,4
320	Gründung, Unterbau	8,6
330	Außenwände / vertikal außen	25,9
340	Innenwände / vertikal innen	13,6
350	Decken / horizontal	12,8
360	Dächer	9,0
370	Infrastrukturanlagen	
380	Baukonstruktive Einbauten	1,1
390	Sonst. Maßnahmen für Baukonst.	3,4
410	Abwasser, Wasser, Gasanlagen	3,1
420	Wärmeversorgungsanlagen	5,7
430	Raumlufttechnische Anlagen	2,3
440	Elektrische Anlagen	7,7
450	Kommunikationstechnische Anlagen	3,5
460	Förderanlagen	0,7
470	Nutzungsspez. u. verfahrenstech. Anl.	0,5
480	Gebäude- und Anlagenautomation	0,7
490	Sonst. Maßnahmen f. techn. Anlagen	0,0

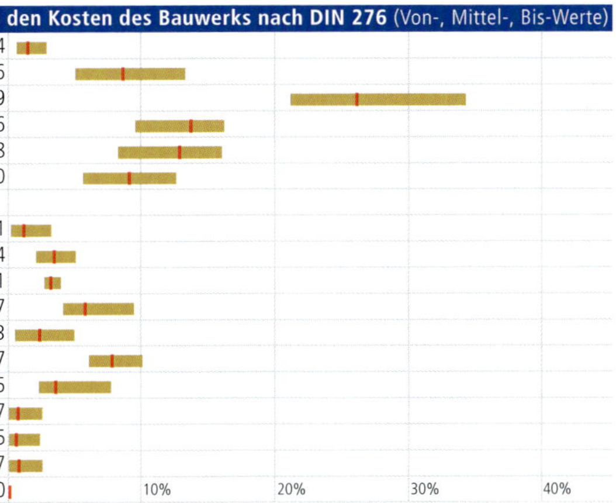

 Erläuterungen zu den Tabellen siehe Seite 44 und 46 Kosten: 1.Quartal 2020, Bundesdurchschnitt, **inkl. 19% MwSt.**

Abb. 6.10: Arbeit mit Vergleichswerten des BKI 2020, hier: Anwendung der „Mehr-Wert-Methode" bei der Erstellung einer Kostenschätzung (Quelle: BKI Baukosten Gebäude Neubau 2020, S. 121)

Beispiel

Für ein fiktives Beispielobjekt mit 1.490 m^2 BGF können bei Vergleichbarkeit mit dem Referenzobjekt 1300-0204 (mehrgeschossiges Bürogebäude mit 84 Arbeitsplätzen und 1.816 m^2 BGF) für 1.991 €/m^2 BGF (siehe Abbildung 6.9) für die Kosten der Kostengruppen 300 und 400 insgesamt EUR 2.966.000 brutto in Ansatz gebracht werden. Das heißt, es werden in einem ersten Schritt lediglich die Kosten des Bauwerks (KG 300) sowie die Kosten für die Technische Ausrüstung (KG 400) ermittelt.

In einem weiteren Schritt kann im Rahmen der Kostenschätzung die Kennzahl auf alle 8 Kostenarten der ersten Ebene erweitert werden. Hierzu ist zusätzlich die prozentuale Verteilung der Kosten auf die Kostengruppen der ersten Gliederungsebene nach DIN 276 dargestellt. Auch die Kennwerte der zweiten Gliederungsebene lassen sich nach gleichem Muster (über die angegebene prozentuale Verteilung) ermitteln. Man nennt dies auch „Ein-Wert-Methode“, da die Gesamtkosten aus einem Referenzwert hochgerechnet werden.

Die Werte der Kostengruppe 700 „Baunebenkosten“ sind in der neuen BKI wieder aufgeführt und wurden jeweils auf der Basis der HOAI 2013 berechnet. In der aktuellen Praxis liegen diese Ansätze der KG 700 eher im oberen Bereich oder darüber.

Unter Berücksichtigung der aktuellen Marktsituation und der HOAI 2013 kann von Baunebenkosten in der KG 700 von 20 % bis 28 % (bezogen auf die Kosten der Kostengruppen 300 + 400) ausgegangen werden. Der untere Bereich von 20 % bis 25 % trifft in erster Linie private Bauherren und einfache Standardobjekte bzw. Neubauten, so wie in unserem Beispiel, bei dem 20 v. H. der Kostengruppen 300 + 400 angesetzt wurden.

Bei komplexeren Vorhaben mit vielen Fachplanungsdisziplinen und diversen Gutachten sowie bei Bauvorhaben des öffentlichen Bauens ist der Bereich von 25 % bis 28 % typisch.

Vorgenanntes Beispielobjekt hätte damit gemäß den Kennwerten in Abb. 6.10 die in Tabelle 6.1 angegebenen Kosten der ersten Gliederungsebene nach DIN 276.

Diese Werte müssen gerundet werden, um nicht eine nicht existierende Genauigkeitsstufe vorzutäuschen.

Nach Ermittlung der Flächenwerte der einzelnen Grobelemente kann mit den o. g. Tabellenwerten nach Abb. 6.10 (unterer Teil) auch die zweite Gliederungsebene nach DIN 276 ausgewiesen werden. Im vorliegenden Entwurf sind dazu neben der Bruttogrundfläche (BGF) die Gründungsflächen (GRF), die Außenwandflächen (AWF), die Innenwandflächen (IWF), die Deckenflächen (DEF) sowie die Dachflächen (DAF) zu ermitteln. Nach der Wahl der „Von-Bis-Werte“ lassen sich die Kosten der Grobelemente eines Bauvorhabens ermitteln.

Neben der Arbeit mit Vergleichskennzahlen und der Wahl der richtigen Bezugsgröße (Fläche oder Volumen) sind die Besonderheiten der regionalen und zeitlichen Kostenschwankungen zu berücksichtigen. Diese beiden Themen sind unterschiedlicher Natur und werden daher im Folgenden separat diskutiert. Beide müssen bei der Kostenermittlung jedoch Beachtung finden.

abelle 6.1: Kosten für Beispielobjekt nach „Ein-Wert-Methode“.

Kostengruppe	**Wert (in Euro)**
200	47.460,00
300	2.260.100,00
400	705.900,00
500	160.160,00
600	74.150,00
700	640.660,00
Gesamtbaukosten:	3.888.430,00
gerundet:	**3.888.500,00** inkl. Mehrwertsteuer

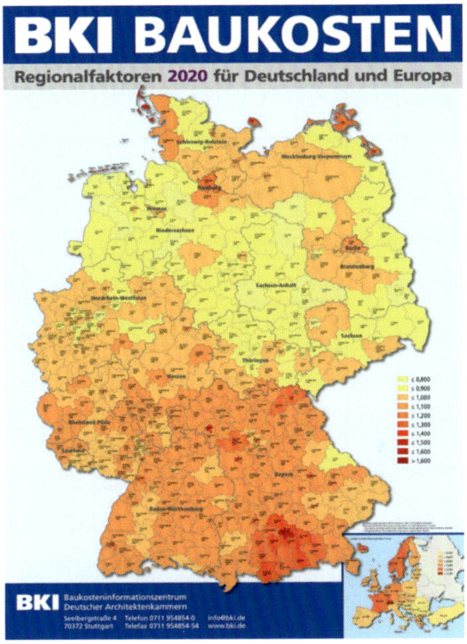

Abb. 6.11:
Schaubild der BKI-Regionalfaktoren 2020 (Quelle: BKI Baukosten – Baukosteninformationszentrum Deutscher Architektenkammern

Die regionalen Kostenschwankungen werden bei den BKI Baukosten, wie in Abb. 6.11 dargestellt, für über 400 Landkreise und Städte Deutschlands differenziert ermittelt und dienen bei der Kostenermittlung und Verwendung der statistischen Kostenkennwerte einer regionalen Abstufung und Verfeinerung. Die Kosten- oder Preisschwankungen innerhalb Deutschlands betragen dabei bis zu 40 %. Ergänzt werden diese Angaben durch Abstufungsfaktoren für Baukosten europäischer Länder im Vergleich zu Deutschland. Damit wird auch der wachsenden Auslandstätigkeit einiger deutschen Architekten und Ingenieure Rechnung getragen.

Neben der Anpassung an regionale Unterschiede hinsichtlich der Kosten- und Preisentwicklung ist auch die zeitliche Einordnung wichtig bei der Kostenermittlung. Wie die allgemeinen Lebenshaltungskosten steigen auch Baukosten von Jahr zu Jahr. Dies ist für die Baupreise deutlich sichtbar aus Abb. 6.12 mit der Darstellung der Preisentwicklung im Zeitraum von 2000 bis 2016. Wenn mit Vergleichskennzahlen gearbeitet wird und diese Kennzahlen von Objekten stammen, deren Fertigstellung schon einige Jahre zurückliegt, ist eine Berücksichtigung der Baupreissteigerung zu beachten. Dies erfolgt i. d. R. mittels des Baupreisindex. Der aktuelle Baupreisindex kann einschlägiger Fachliteratur (BKI oder Fachzeitschriften) entnommen werden oder auf der Internetseite des Statistischen Bundesamtes abgefragt werden (www.destatis.de). Damit arbeitet man dann mit „bundesdurchschnittlichen“ Werten. Aber genau wie die Regionalfaktoren unterschiedliche Preisniveaus in den einzelnen Landkreisen ausweisen (siehe hierzu Abb. 6.11), so gibt es auch in den einzelnen Bundesländern durch unterschiedliche wirtschaftliche Entwicklungen regional unterschiedliche Baupreissteigerungen. Diese können über die einzelnen statistischen Landesämter bezogen werden. Berücksichtigung des Baupreisindex ist vor allem bei größeren zeitlichen Abständen zwischen den einzelnen Planungsstufen wichtig.

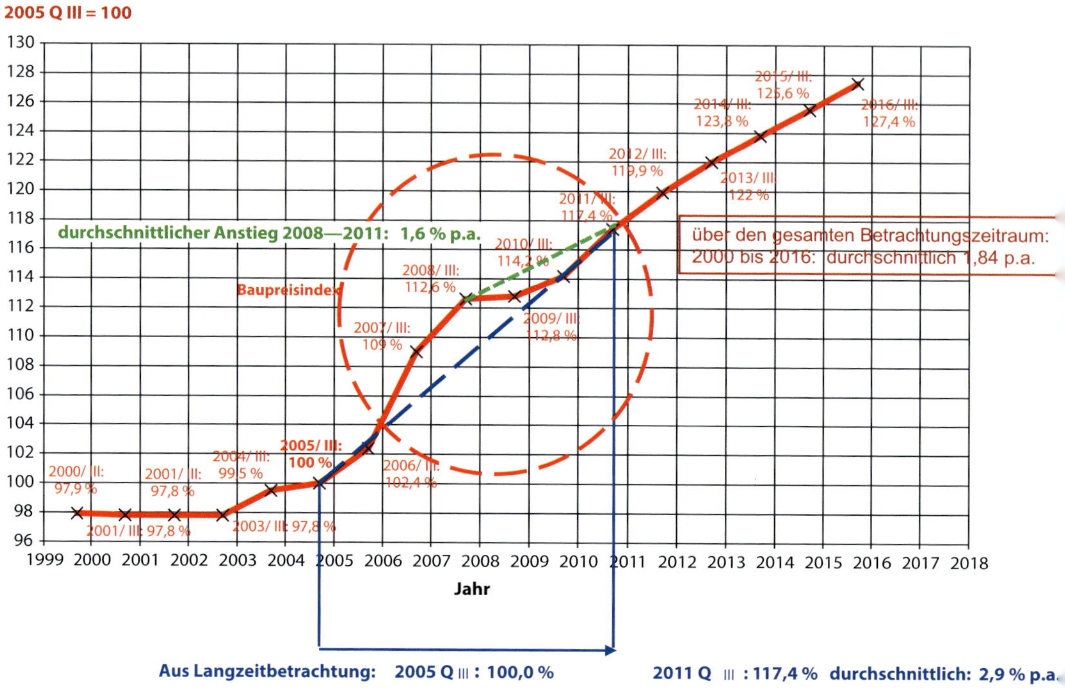

Abb. 6.12: Entwicklung des Baupreisindex in den Jahren 2000 bis 2016 (Quelle: Statistisches Bundesamt)

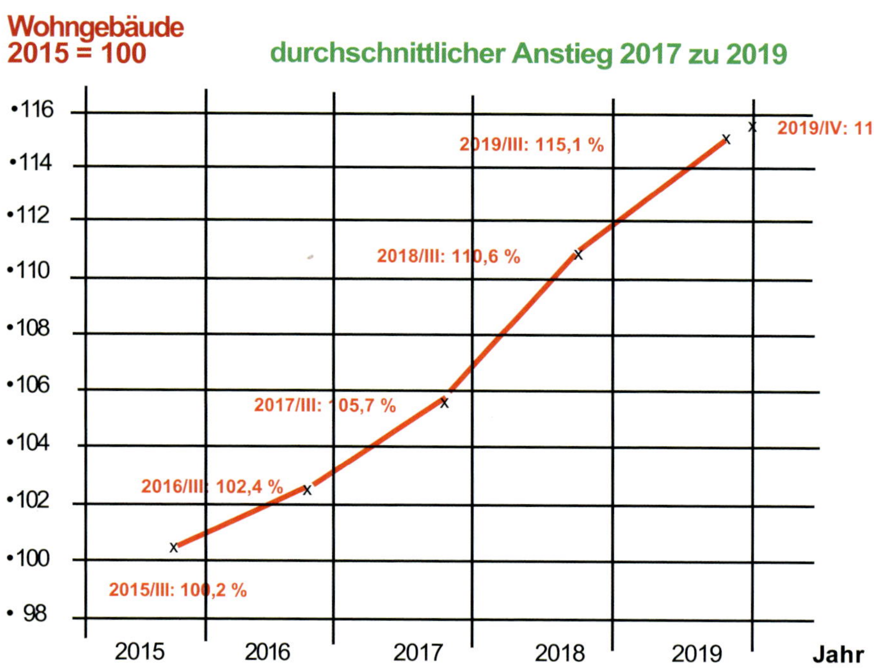

Abb. 6.13: Entwicklung des Baupreisindex von 2015 bis 2019: Der durchschnittliche Anstieg von 2018 auf 2019 betrug 4,7 % p. a. (Quelle: Statistisches Bundesamt)

Beispiel: Kostenermittlung über Vergleichsobjekte
(Ein-Wert-Methode, Preisindex)

1. Vergleichsobjekt:	Bürogebäude		
	Fertigstellung im Jahr 2017 -> Index in 2017/III:		105,7
	Bausumme – netto –:	€	32.300.000,–
	Rauminhalt:	m^3 BRI	18.200,00
Aktuelles Vorhaben:	im Jahr 2019 -> Index in 2019/III:		115,1
	Rauminhalt:	m^3 BRI	20.400,00
Aktuelle Bausumme – netto –:		€	**??**

2. Index-Umrechnung: (115,1-105,7)/100,0 = 1,094

3. Bausumme:

$$\frac{32.300.000{,}00\ € \cdot 20.400{,}00\ m^3\ \text{BRI} \cdot 1{,}094}{18.200{,}00\ m^3\ \text{BRI}} = 39.607.609{,}–\ €$$

gerundet: 39.608.000,00 €

Abb. 6.14: Umrechnungsbeispiel zur Kostenermittlung über Vergleichsobjekte unter Berücksichtigung des Baupreisindex

Auch die Genehmigung oder die Budgetfreigabe für Bauvorhaben kann sich strecken. Manchmal hat sich während einer längeren Planungszeit auch der Markt verändert und das Vorhaben wird zwischenzeitlich auf Eis gelegt. Wenn es dann wieder „aktiviert" wird, sind meist einige Jahre vergangen. Hier ist zu prüfen, ob sich in dieser „Liegedauer" nicht der Baupreisindex geändert hat und die ursprünglich auskömmliche Kostenermittlung nunmehr allein aufgrund der Baupreisentwicklung eine Lücke aufweist.

Die in Abb. 6.12 blau und grün eingetragenen Linien zeigen die Baupreissteigerung im jeweiligen Betrachtungszeitraum. Rückwirkend kann die Statistik zum Umrechnen der Kostenwerte genutzt werden. Prognosen sollte man damit nicht anstellen, da die Baupreisentwicklung immer konjunkturabhängig ist. Die Abb. 6.13 zeigt noch einmal explizit die Baupreisentwicklung im Zeitraum 2015 bis 2019.

Eine besondere Herausforderung stellen Kostenermittlungen bei Gebäudesanierungen dar, insbesondere bei bauhistorisch wertvoller Bausubstanz. Dies trifft nicht nur auf die Entwicklung einer technischen Lösung zu, sondern in besonderem Maße auch auf die damit zusammenhängende Kostenermittlung. Statistische Kostenkennwerte sind zwar auch in diesem Fall über das BKI zu beziehen (BKI Baukosten Altbau 2020, Teil 1 und 2), aber die Vergleichbarkeit ist wesentlich schwerer herzustellen als bei Neubauvorhaben. Nicht nur unterschiedliche, oft über Jahrhunderte entstandene Bauwerksstrukturen und Bautechniken, sondern auch der Schädigungsgrad der Bauteile stellt die Bauleute oft vor schwierige Aufgaben. Damit lassen sich der Umfang und möglicherweise auch der Inhalt der notwendigen Arbeiten nicht genau bestimmen. Doch je genauer und intensiver die Altbausubstanz vor Baubeginn erkundet wird, je umfangreicher die Schadenskartierung ist, desto besser und genauer werden auch die Planung und die Kostenermittlung.

Die Bilder in Abb. 6.15 zeigen den Zustand einer Fassade vor Sanierungsbeginn (a), nach der sogenannten Freilegung (b) und nach der Sanierung (c).

Abb. 6.15: Sanierungsstufen einer Fassade (Quelle: Fotoarchiv KAISER BAUCONTROL, J. Proskawetz, 2010)

Abb. 6.16: Schadens- und Bauteilerkundungen sind bei Sanierungsprojekten unabdingbar. (Quelle: Fotoarchiv KAISER BAUCONTROL, J. Proskawetz, 2010)

Auch die Abb. 6.16 zeigt eine Fassadenfreilegung im Rahmen einer Schadenskartierung. Erst eine Freilegung der Altbausubstanz lässt in vielen Fällen eine detaillierte Sanierungsplanung und damit auch die Abschätzung der Kosten im Rahmen einer Kostenermittlung zu. Diese Vorgehensweise muss sowohl im Ablaufplan von Planung und Ausführung beachtet werden als auch in der Kostenermittlung. Meist werden derartige Arbeiten als vorgezogene Arbeiten oder Schadenskartierung bezeichnet.

Praxistipp zur Schadenskartierung

Die genaue Schadenskartierung kostet Zeit und Geld, bringt aber in der Sanierung wesentlich mehr Kostentransparenz und schafft Sicherheit bei der Wahl der geeigneten Technologien. Der Bauleiter sollte seinen Bauherrn überzeugen, Geld in die Schadenskartierung zu investieren. Die dadurch entstehende Ersparnis hinsichtlich der genauen Leistungsbeschreibung, der sinkenden Nachtragsintensität und der zielgerichteten Kostenermittlung ist i. d. R. ein Vielfaches dessen, was er für die Schadenskartierung ausgibt.

6.2 Kosten-, Leistungs- und Ergebnisrechnung der Bauunternehmen

Gelegentlich wird der Bauleiter des Ausführungsunternehmens, also der Unternehmer-Bauleiter, auch als „Unternehmer seiner Baustelle" bezeichnet, was durchaus zutreffend ist. Er muss seine Baustelle, sein Projekt für sein Unternehmen wirtschaftlich realisieren. Dazu benötigt er nicht nur Einblick in die entsprechenden Kalkulationen, sondern auch Vollmachten und betriebswirtschaftliche Kenntnisse.

Die Kosten-, Leistungs- und Ergebnisrechnung (KLR Bau) ist neben der im kaufmännischen Bereich angesiedelten Unternehmens- und Finanzrechnung der im technischen Bereich verortete Bestandteil des baubetrieblichen Rechnungswesens. Diese Systematik ist in Abb. 6.17 dargestellt. Die KLR Bau wurde 2016 überarbeitet.

Die Kosten-, Leistungs- und Ergebnisrechnung und ihre Besonderheiten gehören zu den Grundkenntnissen eines Bauleiters der Ausführungsunternehmung. Zur Kosten-, Leistungs- und Ergebnisrechnung gehören die Bauauftragsrechnung und die Baubetriebsrechnung (Abb. 6.17).

Der Teilbereich der Baubetriebsrechnung hat das Ziel, die Kontrolle des betrieblichen Geschehens sicherzustellen. Die Baubetriebsrechnung hat stellenbezogene, bereichsbezogene und gesamtbetriebliche Ermittlungen durchzuführen sowie innerbetriebliche Verrechnungssätze und Basiswerte für die Kalkulation zu schaffen.

Dabei sind stellenbezogene Ermittlungen:

- Verwaltungsstellen
- Baustellen
- Hilfsbetriebe usw.

Bereichsbezogene Ermittlungen sind:

- Oberbauleitungen
- Sparten
- Regionalbereiche usw.

Gesamtbetriebliche Ermittlungen sind:

- Kostenstruktur des Gesamtbetriebs
- Anteile aller Baustellen
- Gesamtergebnisse und Statistiken

Gegenstand der Bauauftragsrechnung (auch als Kalkulation bezeichnet) ist das Ermitteln kostengerechter Preise für die Durchführung von Bauvorhaben. Dabei können Preise unterschiedlichster Natur sein. Man unterscheidet je nach Bezugsgröße und Abrechnungsmodalität in:

- Einheitspreise
- Pauschalpreise
- Stundenlohn-Abrechnungspreise
- Selbstkostenerstattungspreise
- Listenpreise

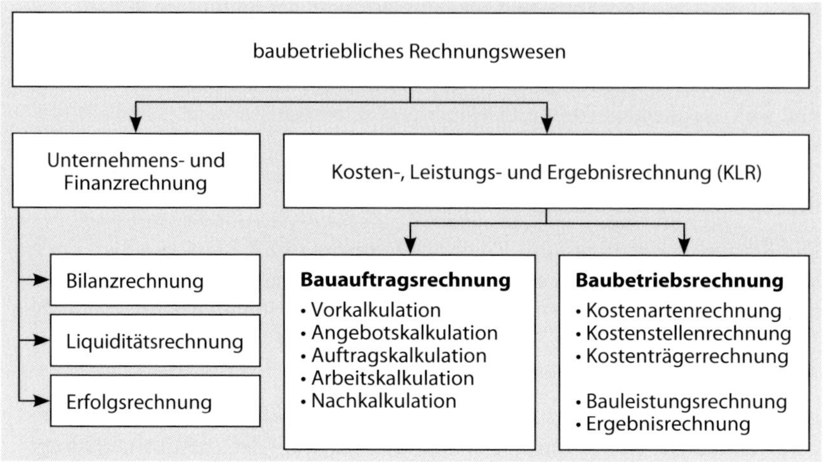

Abb. 6.17: System des baubetrieblichen Rechnungswesens

Marktgerechte Preise werden in der Bauauftragsrechnung nicht ermittelt, sondern der Kalkulator hat sich ausschließlich an den Kalkulationssätzen und an der Kostenstruktur seines Unternehmens zu orientieren und die Preisgestaltung entsprechend dieser Kostenstruktur, wie sie sich aus der Baubetriebsrechnung ergibt, vorzunehmen. Es sollte also vom Kalkulator ein „objektiv" richtiges Kostengefüge erstellt werden.

Die Entscheidung, ob eventuell auf Kostenbestandteile verzichtet werden soll oder wie auf andere Weise auf die vermutete Marktsituation reagiert wird, kann und darf der Kalkulator nicht treffen. Sie ist allein dem Unternehmer vorbehalten, da jeder Verzicht auf Kostenbestandteile zu Substanzverlusten und damit zur Vermögensminderung im Unternehmen führt. Damit der Unternehmer aber eine Entscheidung fundiert treffen kann, benötigt er zunächst die kostengerechte Preisfindung des Kalkulators, die ihm auch zeigt, wo die Selbstkostengrenze liegt.

Gegebenenfalls wird der Bauleiter des Bauunternehmens in diese Überlegung mit einbezogen, da er manchmal besser beurteilen kann, welches kalkulative Risiko bei der vorgesehenen Ausführungsweise hinnehmbar ist, und in welchen Bereichen, Bauabschnitten und Gewerken unter bestimmten Voraussetzungen noch Reserven zu mobilisieren sind.

Der Eintritt des Bauunternehmers des Ausführungsunternehmens in das Gefüge der Kosten- und Preisarbeit eines Bauvorhabens geschieht eigentlich schon mit der Ausschreibung und Angebotsabforderung. Damit stellt er die Weichen, mit welcher Strategie ein Angebot und weitere Nebenangebote bearbeitet werden. Schließlich wird er die auf Basis der ausgeschriebenen Leistungen ermittelten Kosten bewerten und mit Zu- und Abschlägen versehen. Letztere orientieren sich sowohl am Markt als auch am künftigen Bauherrn. Somit wird das ausgearbeitete Angebot „abgeschmeckt", bevor es an den Bauherrn versandt oder ihm persönlich unterbreitet wird. Im Zuge der Vergabeverhandlungen entsteht dann unter Berücksichtigung entsprechender Anpassungen eine Auftragskalkulation oder auch Vertragskalkulation genannt.

Nach Zuschlagserteilung wird diese allerletzte Auftragskalkulation, die mit dem vereinbarten Auftragspreis abschließt, im Rahmen der Arbeitsvorbereitung des Ausführungsunternehmens in eine Arbeitskalkulation mit Vorgaben für die Baustelle und den innerbetrieblichen Einkauf überführt. Je nach unternehmensinternen Erfordernissen wird die Auftragskalkulation dazu noch einmal umgegliedert, indem man einige Kostenpositionen nach der Chronologie des geplanten Bauablaufs untergliedert. So lassen sich später die aufgelaufenen Kosten leichter den geplanten Kosten in den jeweiligen Positionen zuordnen. Die neue KLR Bau (2016) führt auch den Begriff der Prognosekalkulation ein. Gemeint ist hiermit eine Kalkulation auf das Projektende, die genau wie die Arbeitskalkulation baubegleitend läuft.

Diesen Prozess der Überführung in eine Arbeitskalkulation verdeutlicht Abb. 6.18. Dabei ist möglicherweise für den Leser die grafische Anbindung der Nachtragskalkulation an die übergeordnete Vorkalkulation zunächst unverständlich. Diese Zuordnung bezieht sich auf den Zeitpunkt der Kalkulation, nämlich dass sie vor Leistungsbeginn liegen sollte. Auch eine Nachtragskalkulation muss vor Auftragserteilung – in diesem Fall vor Auftragserteilung oder Freigabe des Nachtrags – erfolgen. Der Grundsatz lautet: Erst kalkulieren und anbieten, dann nach erfolgter Freigabe ausführen (siehe hierzu auch Kapitel 3).

In der Praxis ist diese Reihenfolge durch die Vielzahl der Parallelprozesse und Arbeitsaufgaben nicht bis in die letzte Einzelleistung realisierbar. Wenn für jede Nachtragsleistung eine schriftliche Auftragsbestätigung abgewartet wird, ist in den meisten Fällen die Baustelle nach kurzer Zeit blockiert. Es obliegt dem Geschick und Einfühlungsvermögen des Unternehmer-Bauleiters, für nachträglich erforderlich werdende Bauleistungen die notwendige vertragliche Grundlage hinsichtlich der späteren Abrechnung zu schaffen. Dies ist neben der Überwachung der Bauarbeiten und deren Koordination eine der schwierigsten Aufgaben des Unternehmer-Bauleiters.

Grundlage der Angebotskalkulation ist die vom Auftraggeber bzw. einem von ihm beauftragten Architektur- oder Ingenieurbüro erarbeitete Leistungsbeschreibung, üblicherweise mit Leistungsverzeichnis, in dem die auszuführenden Leistungen in Teilleistungen (Positionen) gegliedert und mit Mengenangaben versehen sind. Eine von diesem Grundsatz abweichende Form ist die Leistungsbeschreibung mit Leistungsprogramm (auch funktionale Leistungsbeschreibung genannt). Darin werden nur die Nutzungs- und Qualitätsanforderungen vorgegeben. Da der Bieter aber zur Kostenermittlung ein gegliedertes Leistungsverzeichnis benötigt, muss er sich in diesem Fall eine solche Aufstellung – mit allen damit verbundenen Risiken – selbst erarbeiten.

Das Studium der Ausschreibungsunterlagen ist eine wichtige Voraussetzung für eine realistische Baupreisermittlung. Der Kalkulator – in dieser Rolle kann auch der mit Kalkulationsfragen befasste Unternehmer-Bauleiter sein – muss über detaillierte Kenntnisse über Herstellverfahren und typische Bauabläufe verfügen. Da i. d. R. für die Auswahl des Bauverfahrens mehrere Varianten zur Verfügung stehen (z. B. zum statischen System, zum Materialeinsatz, zur Lebensdauer), ist die entsprechende Wahl von erheblicher Bedeutung für den wirtschaftlich und zeitlich optimalen Bauablauf.

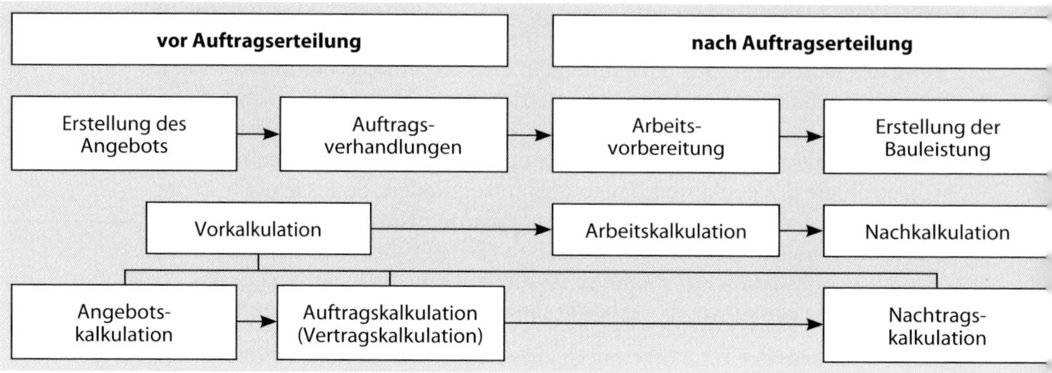

Abb. 6.18: Kalkulationsbegriffe in der zeitlichen Folge des Bauvorhabens

Der mit der Angebotskalkulation beauftragte Mitarbeiter (Kalkulator, Arbeitsvorbereiter, Bauleiter) kann nur mit den entsprechenden verfahrenstechnischen Kenntnissen und dem Wissen über die Reihenfolge und die gegenseitigen Abhängigkeiten der einzelnen Teilleistungen die wirtschaftlichste Lösung herausfinden. Die Notwendigkeit, den Ablauf der Bauausführung vorauszudenken und dabei die durch die Fertigung voraussichtlich entstehenden Kosten so sicher wie möglich zu erfassen, um damit das technische und wirtschaftliche Risiko in Grenzen zu halten, kann nur gelingen, wenn die erforderlichen Kenntnisse vorhanden sind. Dies trifft in besonderer Weise auf den mit kalkulativen Aufgaben betrauten Bauleiter zu.

Als Grundlage für eine sorgfältige Angebotskalkulation müssen die erforderlichen Planungsunterlagen vorhanden sein. Daraus wird im Zusammenhang mit dem Leistungsverzeichnis zunächst das sogenannte Mengengerüst der Bauleistung errechnet. Dabei werden die genauen Mengen (z. B. Kubikmeter Beton, Quadratmeter Schalung, Tonnen Bewehrung) ermittelt. Liegen aus den im Bauunternehmen durchgeführten Erfassungen für die aktuellen und repräsentativen Teilleistungen die entsprechenden Kennzahlen vor, kann eine realistische Kalkulation erfolgen. Für die Preisbildung wichtige Kennzahlen sind z. B. der Aufwand an Arbeitszeit je Mengeneinheit bzw. die Fertigungsmenge je Zeiteinheit. Gegebenenfalls kann sich der Kalkulator auch auf unternehmensinterne Nachkalkulationen, eigene Erfahrungswerte und Fachliteratur stützen.

Am Beispiel der Kalkulation eines Einheitspreises für die Erstellung des Angebots werden die Arbeitsschritte markiert und kommentiert, die sich in besonderer Weise für die Mitwirkung des Bauleiters eignen, weil einerseits nur er über die wesentlichen Erfahrungswerte verfügt und weil er andererseits in seiner bauleitenden Tätigkeit auch für andere Anwendungen (z. B. die Berechnung von Behinderungsfolgen, Schadenersatz und Preisanpassungen) über bestimmte Kennzahlen und Leistungswerte und vor allem über die damit verbundenen Kostenverläufe verfügt. Zumindest bietet seine Tätigkeit die besten Voraussetzungen, um die notwendigen Kostenermittlungen durchzuführen.

Die Arbeitskalkulation muss in den meisten Fällen unter schwierigen Bedingungen erarbeitet werden: Der Kalkulator muss i. d. R. mit vorläufigen Ablaufplanungen arbeiten, denn die Nachunternehmerpreise liegen noch nicht endgültig fest. Außerdem unterliegen die Materialpreise, die in Abhängigkeit von der beim Händler bestellten Menge schwanken, einer nahezu permanenten Veränderung und müssen zeitnah ermittelt werden.

Erst bei Beginn der Arbeitsvorbereitung, also unmittelbar nach Auftragserteilung und Vertragsabschluss, stehen dem Kalkulator schrittweise genaue und verbindliche Zahlen für die Arbeitskalkulation zur Verfügung. Nicht zuletzt zu diesem Zeitpunkt kann es zweckmäßig und wirtschaftlich bedeutungsvoll sein, die Fertigungstechnologie noch einmal zu überdenken und zu überarbeiten.

Die Arbeitskalkulation hat zudem die Aufgabe, die mit den Nachunternehmern ausgehandelten Preise und die mit Lieferanten inzwischen abgeschlossenen Verträge zu berücksichtigen.

Die Arbeitskalkulation besteht somit aus folgenden Aufgaben:

- Orientierung für die Bauleitung zur Sicherung der wirtschaftlichen Entwicklung des Vorhabens
- Überprüfung des Preisniveaus mit den einzelnen Positionen
- Überprüfung der realistischen Höhe der in der Angebotskalkulation verwendeten Zuschläge für allgemeine Geschäftskosten, Gewinn
- Vorgaben für den Soll-Ist-Vergleich im Zusammenhang mit der Kosten- und Leistungskontrolle
- Grundlage für die monatliche Leistungsermittlung

Die Arbeitskalkulation stellt also eine Weiterentwicklung der Angebots- und der Auftragskalkulation dar. Sie ermöglicht eine effektive Form der Baukostenüberwachung. An die Ergebnisse einer baubegleitenden Auftragskalkulation schließt zeitlich die Prognosekalkulation an, die eine Hochrechnung auf das Projektende beinhaltet.

Die Nachkalkulation liefert wichtige Informationen für die Preisbildung bei künftigen Angebotskalkulationen ähnlicher Bauvorhaben. Ihr Ziel ist es, am Ende der Bauzeit eines Bauvorhabens die Soll-Rechnung der Vorkalkulation der Ist-Rechnung des tatsächlichen Bauablaufs gegenüberzustellen.

Es versteht sich von selbst, dass der Unternehmer-Bauleiter gut beraten ist, wenn er die aus der Bauausführung permanent „abzuschöpfenden“ Kennzahlen und Daten regelmäßig erfasst und dies nicht (weil es sich um eine unbeliebte Tätigkeit handelt) vor sich herschiebt.

Organisatorische Voraussetzung für eine ordnungsgemäße Nachkalkulation ist ein im gesamten Unternehmen funktionierendes Berichtswesen, damit die entsprechenden Arbeits- und Gerätestunden sowie die erbrachte Leistung in Form von Tages-, Wochen- und Monatsberichten den verschiedenen Arbeitsvorgängen zugeordnet werden können.

Der Hauptakteur ist hier der Unternehmer-Bauleiter. Ihm sollten durch die Leitung des Unternehmens ausreichend Helfer zur Seite gestellt werden.

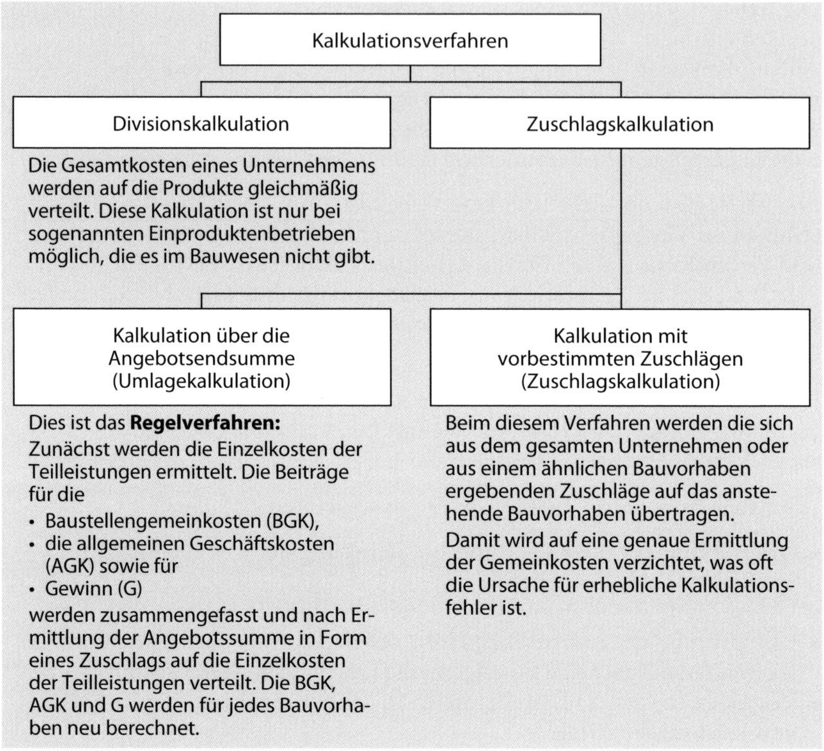

Abb. 6.19: Übersicht zu Kalkulationsverfahren

6.2.1 Kalkulationsverfahren

Abb. 6.19 zeigt die 3 möglichen Kalkulationsverfahren:

- Divisionskalkulation über alle Produkte
- Kalkulation mit vorbestimmten Zuschlägen und
- Kalkulation über die Angebotsendsumme.

Die Divisionskalkulation wird im Bauwesen nicht angewendet, da sie die Gesamtkosten eines Unternehmens gleichmäßig auf die Produkte verteilt und dieses der Heterogenität der unterschiedlichen Bauleistungen nicht gerecht wird.

Bei der Kalkulation mit vorbestimmten Zuschlägen werden die sich aus dem gesamten Unternehmen oder aus einem ähnlichen Bauvorhaben ergebenden Zuschläge auf das anstehende Bauvorhaben übertragen. Damit wird auf eine genaue Ermittlung der Gemeinkosten verzichtet, was jedoch oft zu erheblichen Kalkulationsfehlern führt.

Die Kalkulation über die Angebotsendsumme (auch Umlagekalkulation genannt) ist das Regelverfahren im Bauwesen, weil es die oft von Baustelle zu Baustelle erheblich variierenden Bedingungen am besten abbilden kann. Hierbei werden zunächst die Einzelkosten der Teilleistungen ermittelt. Die Beiträge für

- Baustellengemeinkosten (BGK),
- allgemeine Geschäftskosten (AGK),
- Gewinn (G)

werden zusammengefasst und nach der Ermittlung der Angebotsendsumme in Form eines Zuschlags auf die Einzelkosten der Teilleistungen verteilt. Die Einzelkosten werden für jedes Vorhaben neu berechnet.

Abb. 6.20 zeigt ein Beispiel, wie eine Kalkulation gegliedert werden kann. Hier werden 4 Kostenarten vorgegeben. Man spricht deshalb auch von einer vereinfachten Gliederung. Unter bestimmten betriebswirtschaftlichen Anforderungen werden in der Praxis bis zu 8 Kostenarten vorgesehen, wie im Folgenden geschildert wird.

Es gibt für die Kostenarten unterschiedliche Gliederungssysteme. Dabei variiert die Anzahl der Kostenarten zwischen 2 und 8. Die folgende Gliederung, die in bis zu 4 Kostenarten aufgeschlüsselt ist, kann im Prinzip in jedem Baubetrieb angewendet werden:

- Lohnkosten
- sonstige Kosten (u. a. Baustoffe, Material)
- Gerätekosten
- Fremdleistungen und Nachunternehmen

Bei einer Gliederung in 8 Kostenarten wird folgendermaßen strukturiert:

- Lohn- und Gehaltskosten für Arbeiter und Poliere/Meister
- Kosten der Baustoffe und der Fertigungsstoffe
- Kosten des Rüst-, Schal- und Verbaumaterials einschließlich Hilfsstoffe
- Kosten der Geräte einschließlich Betriebsstoffe
- Kosten der Geschäfts-, Betriebs- und Baustellenausstattung
- Allgemeine Kosten
- Fremdarbeitskosten
- Kosten der Nachunternehmerleistungen

Einfluss auf die zu wählende Kostenartengliederung hat auch das der Ausschreibung zugrunde liegende Leistungsverzeichnis, ob z. B. der Auftraggeber Stoffe beistellt oder ob die Kosten für das Einrichten und Räumen der Baustelle und die Vorhalte- und Betriebskosten der Geräte getrennt behandelt werden und in die Einheitspreise der zugehörigen Teilleistungen einzurechnen sind.

Die im Leistungsverzeichnis vorgesehenen Mengen stimmen selten mit den Abrechnungsmengen überein. Nach dem Verursacherprinzip müssen jedem Produkt die Kosten zugerechnet werden, die von ihm verursacht werden. Dieser Sachverhalt begründet auch die große Aufmerksamkeit des Unternehmer-Bauleiters bei der Zurechnung.

	Einzelkosten der Teilleistungen (EKT)	= Summe der Gesamtpreise aller Einzelpositionen des LV
+	Baustellengemeinkosten (BGK)	= fixe Kosten der Baustelle über die kalkulierte Bauzeit, die keiner Position des LV zugerechnet werden können (Kräne, Bauleitung)
=	**Herstellkosten (HK)**	= direkt der Erstellung des Bauwerks zurechenbare Kosten
+	Allgemeine Geschäftskosten (AGK)	= Verwaltung im Hauptunternehmen (z. B. Einkauf für Baustelle usw.), Anhaltswert ca. 7–10 % der HK
	(inkl. Bauzinsen [Z])	= Verzinsung der Vorfinanzierung der Baukosten
=	**Selbstkosten (SK)**	= Gesamtkosten des Unternehmens für die Erstellung des Bauwerks
	(inkl. Wagnis [W])	= Risikoanteil (übergeordnete Risiken, Risiken der Unternehmensführung)
+	Gewinn (G)	= Aufschlag des Bauunternehmens
	Angebotssumme netto	= Angebotssumme ohne Umsatzsteuer
+	Umsatzsteuer (USt)	= gesetzlich geltende Umsatzsteuer (Mehrwertsteuer)
=	**Angebotssumme brutto**	= Angebotssumme einschließlich Umsatzsteuer

Abb. 6.20: Kalkulationsgliederung nach KLR Bau (2016)

Einzelkosten können einem Produkt direkt zugeordnet werden (z. B. Lohnkosten oder auch Baustoffkosten). Gemeinkosten können dagegen dem Produkt nicht direkt zugeordnet werden. Sie werden getrennt von den Teilleistungen erfasst, gesondert kalkuliert und über einen Verteilerschlüssel auf die Teilleistungen als Zuschlag umgelegt. Dabei ist zu unterscheiden in Baustellengemeinkosten und in allgemeine Geschäftskosten. Um die Einzelkosten je Teilleistung berechnen zu können, sind zunächst die Einzelkosten je Mengeneinheit zu kalkulieren. Dies geschieht in 2 Schritten:

- Schritt 1: Die Zahl der Lohn- und Gerätestunden, die für die Herstellung einer Mengeneinheit benötigt werden, ist zu ermitteln.
- Schritt 2: Die dazugehörigen aktuellen Preise sind einzusetzen.

Hierbei kann die aktive Mitwirkung des erfahrenen Unternehmer-Bauleiters besonders wertvoll sein. Das Problem wird in den meisten Unternehmen eher darin bestehen, dass zur Zeit der Erarbeitung des aktuellen Angebots der für das Vorhaben später zuständige Bauleiter noch intensiv mit dem Abschluss der vorangehenden Baustelle beschäftigt sein kann und er deshalb nicht rechtzeitig hinzugezogen wird.

Unter Aufwandswert (in der Kalkulationspraxis auch häufig als Stundensatz bezeichnet) versteht man die Anzahl der notwendigen Arbeitsstunden je Mengeneinheit. Aufwandswerte werden üblicherweise für manuelle Arbeiten verwendet. Der erfahrene Kalkulator wird seine Speicher mit Aufwandswerten gefüllt haben, die aus der Nachkalkulation gewonnen wurden, denn diese Aufwandswerte sind außerordentlich wertvoll, weil er die jeweiligen Rahmenbedingungen und die Vergleichbarkeit mit abgewickelten Baustellen beurteilen kann.

Liegen jedoch keine eigenen Erfahrungswerte für ein neues Projekt vor, kann man hilfsweise auf Fachliteratur zurückgreifen, in der es z. T. ausführliche Richtwerttabellen gibt (z. B. das Baupreislexikon der f:data GmbH, www.baupreislexikon.de). Diese enthalten ungefähre Orientierungswerte, die je nach Art des Bauwerks oder der Teilleistung und den Ausführungsbedingungen erheblich streuen können. Vor der Übernahme ist deshalb sorgfältig zu prüfen, ob die Ausführungsbedingungen vergleichbar und die Werte übertragbar sind. Auch in dieser Phase kann das fachliche Urteil des Bauleiters des Ausführungsunternehmens als aktive Unterstützung für den Kalkulator außerordentlich wichtig sein.

Unter Leistungswert versteht man die ausgeführte Menge je Zeiteinheit. Leistungswerte werden typischerweise für die Leistung maschineller Arbeiten verwendet. Auch Leistungswerte können wie Auftragswerte in Abhängigkeit von den Ausführungsbedingungen weit streuen. Am zuverlässigsten sind die aus der Nachkalkulation im eigenen Unternehmen ermittelten Werte. In Bezug auf die Verbindlichkeit, auch unter Berücksichtigung der sogenannten Randbedingungen, ist der Rat des erfahrenen Unternehmer-Bauleiters wichtig – besonders wenn er bereits vergleichbare Bauvorhaben geleitet hat und einschätzen kann, ob und mit welchen Störungen bei der Errichtung des vorgesehenen Bauwerks normalerweise gerechnet werden muss.

Auch die Lohnkosten fließen in die Kalkulation ein. Sie haben einen großen Anteil an den Gesamtkosten und betragen i. d. R. mehr als 40 %. Damit sind sie der entscheidende Kostenfaktor. (Lediglich beim Verkehrswegebau liegen die Lohnkosten wegen des intensiven Geräteeinsatzes darunter.) Lohnkosten müssen besonders sorgfältig ermittelt werden. Die Schätzung der richtigen Aufwandswerte stellt das größte Kalkulationsrisiko dar. Im Folgenden werden verschiedene Lohnkosten definiert und erläutert.

Die Lohnkosten werden in der Kalkulation in Form des Mittellohns erfasst. Hierunter ist das arithmetische Mittel sämtlicher auf der Baustelle entstehender Lohnkosten je Arbeitsstunde zu verstehen.

Im Mittellohn werden die tariflichen Löhne der gewerblichen Arbeitnehmer sowie alle Zulagen und die folgenden Zuschläge zusammengefasst:

- längere Zugehörigkeit zum Betrieb (Stammarbeiterzulage)
- besondere Leistungen (Leistungszulage)
- Überstunden-, Nacht-, Sonntags- und Feiertagsarbeit
- übertarifliche Bezahlung
- vermögensbildende Leistungen (Arbeitgeberanteil)
- Arbeitserschwernisse

Dieser Mittellohn für gewerbliche Arbeitnehmer wird als Mittellohn A bezeichnet. Der Mittellohn AS ergibt sich durch die Einrechnung der Sozialkosten (S) in den Mittellohn A. Hierunter werden sämtliche Sozialkosten zusammengefasst, die sich aufgrund von Gesetzen, Tarifverträgen, Betriebs- und Einzelvereinbarungen ergeben.

Der Mittellohn ASL ergibt sich durch die Einbeziehung der Lohnnebenkosten (L) in den Mittellohn AS. Lohnnebenkosten entstehen in der Hauptsache für Arbeitnehmer, die auf einer Baustelle außerhalb des Betriebssitzes eingesetzt werden. Sie umfassen:

- Auslösung
- Reisegeld- und Reisezeitvergütung
- Kosten für Wochenend- und sonstige Heimfahrten
- Fahrtkostenerstattung
- Verpflegungszuschuss

Grundsätzlich gibt es 2 verschiedene Arten, auch die Gehälter des Aufsicht führenden Personals zu berücksichtigen:

- Die Kosten werden in den Baustellengemeinkosten erfasst.
- Die Kosten werden im Mittellohn erfasst.

Wählt man die zweite Möglichkeit, ergeben sich folgende Arten des Mittellohns:

- Mittellohn AP = Mittellohn A + Anteil des Poliers
- Mittellohn APS = Mittellohn AS + Anteil des Poliers
- Mittellohn APSL = Mittellohn ASL + Anteil des Poliers

Neben den Lohnkosten sind auch die Gerätekosten ein großer Posten in der Kalkulation. Unter den Gerätekosten sind alle Kostenarten zu verstehen, die sich aus der Vorhaltung und dem Betreiben des Geräts ergeben. Im Einzelnen sind dies:

- Kosten der Gerätevorhaltung
  - kalkulatorische Abschreibung (abgekürzt A)
  - kalkulatorische Verzinsung (abgekürzt V)
  - Reparaturkosten (abgekürzt R)
- Kosten des Gerätebetriebs
  - Treib- und Schmierstoffkosten
  - Wartungs- und Pflegekosten
  - Bedienungskosten
- Kosten der Gerätebereitstellung
  - Kosten des An- und Abtransports
  - Kosten für Auf-, Um- und Abladen
  - Kosten für Auf-, Um- und Abbau
- allgemeine Kosten
  - Kosten der Lagerung
  - Kosten der Geräteverwaltung
  - Kosten der Geräteversicherung und Kfz-Steuern

In der Kalkulation werden unter den Gerätekosten jedoch nur die folgenden Kostenarten erfasst:

- Kosten für Abschreibung und Verzinsung (A + V) (z. T. auch als Kapitaldienst bezeichnet)
- Kosten für Reparaturen (R)

Die Kosten für das Bedienen der Geräte werden bei den Lohnkosten erfasst. Dabei ist zu berücksichtigen, dass Wartungs- und Pflegearbeiten oft außerhalb der baustellenüblichen Arbeitszeit durchgeführt werden. Für die Gerätebedienung wird deshalb in diesen Fällen ein Zuschlag von 10 % auf die baustellenübliche Arbeitszeit berücksichtigt. Die übrigen Gerätekosten werden entweder in den Baustellengemeinkosten oder in den allgemeinen Geschäftskosten verrechnet.

Bei den Gerätekosten gibt es einige spezielle Kostenbegriffe:

- mittlerer Neuwert; die angegebenen Werte sind Mittelwerte der Ab-Werk-Preise der gebräuchlichsten Fabrikate einschließlich Bezugskosten
- Abschreibung; hierbei handelt es sich um den Wertverzehr eines Geräts während seiner Nutzungsdauer, soweit dieser nutzungsbedingt ist. Zerstörung oder Verkürzung der Nutzungsdauer eines Geräts durch Unfall oder unsachgemäße Bedienung wird nicht durch die Abschreibung erfasst. Der in der Kalkulation erfasste Wertverzehr eines Geräts wird als kalkulatorische Abschreibung bezeichnet
- Verzinsung; dies ist der Betrag, der sich durch die rechnerische Verzinsung des in das Gerät investierten und noch nicht abgeschriebenen Kapitals ergibt

Für Geräte, die längere Zeit auf der Baustelle vorgehalten werden müssen, ohne jedoch immer im Betrieb zu sein, werden die Gerätekosten i. d. R. über die Vorhaltezeit ermittelt. Die Sätze für Abschreibung, Verzinsung und Reparatur werden dabei als Beträge je Vorhaltemonat der Baugeräteliste oder den eigenen Unterlagen entnommen und mit der Anzahl der Vorhaltemonate multipliziert.

Die Betriebsstoffkosten errechnen sich dagegen aus den während der Vorhaltezeit anfallenden Betriebsstunden. Soweit in der Vorhaltezeit Stillliegezeiten von über 10 Tagen enthalten sind, werden verminderte Sätze für Abschreibung und Verzinsung verwendet. Reparaturkosten und Kosten für Betriebsstoffe entfallen in dieser Zeit.

Mit regelmäßiger Unterstützung durch das bauleitende Personal werden im Bauunternehmen Verrechnungssätze für die Gerätevorhaltung ermittelt. Diese Verrechnungssätze können bezogen werden

- auf die Einsatzstunde,
- auf den Einsatztag oder
- auf den Kalendertag.

Wird der Kalendertag gewählt, beginnt die Belastung der Baustelle mit dem Tag des Aufladens zum Abtransport und endet mit der Abfuhr von der Baustelle oder der Ankunft auf dem Lagerplatz.

Baustellengemeinkosten (BGK)

Unter Baustellengemeinkosten versteht man die Kosten, die durch das Betreiben einer Baustelle entstehen, sich aber keiner Teilleistung direkt zuordnen lassen. Sie werden in einer gesonderten Berechnung erfasst und bei der Bildung der Einheitspreise den Teilleistungen als Bestandteil des Kalkulationszuschlags hinzugerechnet.

Ist im Leistungsverzeichnis (LV) dagegen eine besondere Position für die Baustellengemeinkosten oder für Teile davon (z. B. Einrichten und Räumen, Vorhalten der Baustelleneinrichtung) vorhanden, so sind die Kosten hierfür wie Einzelkosten von Teilleistungen im Sinne des LV zu behandeln.

Die Baustellengemeinkosten werden i. d. R. in zeitunabhängige und zeitabhängige Kosten eingeteilt, um den Zusammenhang zwischen Bauzeit und Baukosten erkennbar zu machen (siehe Tabellen 6.2 und 6.3).

Zu den Kosten der Baustelleneinrichtung gehören:

- Ladekosten für Geräte, Unterkünfte, Einrichtungsgegenstände, Rüst- und Schalmaterial, Verbaustoffe und Hilfsstoffe
- Frachtkosten für Transporte der vorgenannten Güter
- Auf-, Um- und Abbaukosten der Baustelleneinrichtung

Zu den Kosten der Baustellenausstattung gehören:

- Hilfsstoffe
- Werkzeuge und Kleingeräte
- Ausstattung für Büros, Unterkünfte, Sanitäranlagen

Die Kosten der örtlichen Bauleitung beinhalten:

- Gehälter für Oberbauleiter und Bauleiter, Bauführer, Polier, Vermessungsingenieur und Techniker, Abrechnungstechniker und Schreibkräfte
- Porto, Kommunikationsmittel, Büromaterial, Bürokosten
- Pkw- und Reisekosten
- Bewirtung und Werbung

Allgemeine Geschäftskosten (AGK)

AGK werden oft auch als Verwaltungsgemeinkosten bezeichnet. Man versteht darunter die Kosten, die dem Unternehmer nicht durch einen bestimmten Bauauftrag, sondern durch den Betrieb als Ganzes entstehen. AGK können als Gemeinkosten den Baustellen nicht direkt, sondern nur über eine Umlage zugerechnet werden. Im Einzelnen gehören dazu:

- Kosten der Unternehmensleitung und -verwaltung, z. B. Löhne und Gehälter des dort beschäftigten Personals einschließlich der gesetzlichen und tariflichen Sozialkosten, Büromiete oder Abschreibung eigener Gebäude, Heizung, Beleuchtung, Reinigung, Büromaterial, Reisekosten
- Kosten des Bauhofs, der Werkstatt, des Fuhrparks, soweit diese den einzelnen Baustellen nicht mithilfe innerbetrieblicher Verrechnungssätze (z. B. für Geräte) ausgerechnet und somit in den Baustellengemeinkosten erfasst werden

Tabelle 6.2: Zeitunabhängige Baustellengemeinkosten

Kostenfaktor	**Details**
Kosten der Baustellen-einrichtung	• Ladekosten • Frachtkosten • Auf-, Um- und Abbaukosten für – Geräte – Baracken – Wasser, elektrische Energie, Telefon – Zufahrten, Wege, Zäune, Lager- und Werkplätze – Sicherungseinrichtungen
Kosten der Baustellen-ausstattung	• Hilfsstoffe • Werkzeuge und Kleingerät • Ausstattung für Büros, Unterkünfte, Sanitärinstallationen (soweit nicht unter zeitabhängigen Kosten einzuordnen)
technische Bearbeitung und Kontrolle	• konstruktive Bearbeitung • Arbeitsvorbereitung • Baustoffprüfung, Bodenuntersuchung
Bauwagnisse	• Sonderwagnisse der Bauausführung • Versicherungen
Sonderkosten	• ungewöhnliche Bauzinsen • Lizenzgebühren • Arge-Kosten • Winterbaumaßnahmen • sonstige einmalige Kosten

Tabelle 6.3: Zeitabhängige Baustellengemeinkosten

Kostenfaktor	**Details**
Vorhaltekosten	• Geräte • besondere Anlagen • Baracken, Container, Bauwagen • Fahrzeuge • Einrichtungsgegenstände, Büroausstattung • Rüst-, Schal- und Verbaustoffe, Außen- und Schutzgerüste • Sicherungseinrichtungen und Verkehrssignalanlagen
Betriebskosten	• Geräte • besondere Anlagen • Baracken, Unterkünfte • Fahrzeuge
Kosten der örtlichen Bauleitung	• Gehälter • Telefon, Porto, Büromaterial • Pkw- und Reisekosten • Werbung
allgemeine Baukosten	• Hilfslöhne • Transportkosten zur Versorgung der Baustelle (falls nicht unter Betriebskosten) • Instandhaltungskosten der Wege, Plätze, Straßen und Zäune • Pachten und Mieten • sonstige zeitabhängige Kosten

- freiwillige soziale Aufwendungen für die gesamte Belegschaft, z. B. Essenszuschuss, Betriebspensionen, Unterstützungen, soweit nicht in Sozialkosten oder Löhnen enthalten
- Steuern und öffentliche Abgaben, soweit diese nicht gewinnabhängig sind, z. B. Grund- und Vermögenssteuer
- Beiträge zu Verbänden, z. B. Wirtschaftsverband, Fachverband, Arbeitgeberverband, Betonverein, Handelskammer
- Versicherungen, soweit sie nicht einzelne Baustellen betreffen
- sonstige allgemeine Geschäftskosten, z. B. Werbung, Repräsentation, Rechtskosten, Patent- und Lizenzgebühren

Da die AGK bei der Vorkalkulation nicht ermittelt werden können, muss der durch die Baustelle verursachte Anteil mithilfe eines Verrechnungssatzes ermittelt werden. Bezogen auf eine Zeitperiode (z. B. ein Jahr) lautet dieser: AGK (in %) = Allgemeine Geschäftskosten · 100/Bauleistung.

Damit ergibt sich zur Ermittlung des in der Angebotsendsumme (AS) enthaltenen Betrags für die AGK:

$$\text{Allgemeine Geschäftskosten (in Euro)} = \text{AGK (in \%)} \cdot \text{AS}$$

Dabei stehen AGK (in %) für den Verrechnungssatz für allgemeine Geschäftskosten und AS für die Angebotsendsumme.

Gewinn (G)

Bei jeder Kalkulation und auch bei der Ausführung von Bauleistungen treten Wagnisse in Form unvorhergesehener Kosten/Mehrkosten auf. In der KLR Bau (2016) wird nicht mehr der Begriff „Wagnis und Gewinn" verwendet, sondern es wird nur noch von Gewinn gesprochen. Im ersten Anlauf erscheint dies vielleicht nicht logisch. Die Definition ist aber durchaus nachvollziehbar. Wagnis ist im kalkulatorischen Sinne kein echter Preisbestandteil, sondern Teil des Unternehmerrisikos. In der KLR Bau (2016, S. 70) heißt es dazu: *„Ein eingetretenes Wagnis verringert den Gewinn und ist damit von diesem nicht zu unterscheiden. Wagnis in diesem kalkulatorischen Sinn ist daher ein Bestandteil des Gewinns …"*. Es kann nur durch einen allgemeinen Erfahrungszuschlag abgedeckt werden.

Der Gewinn stellt den Anreiz dar, Kapital in ein Unternehmen zu investieren und somit eine angemessene Kapitalverzinsung zu erhalten; er ist aber auch Voraussetzung für Investitionen, da die aus Abschreibungen zurückfließenden Beträge i. d. R. dafür nicht ausreichen.

Die Herstellkosten (HK) werden – wie in Abb. 6.20 dargestellt – als Summe aus den Einzelkosten der Teilleistungen und den Baustellengemeinkosten errechnet. Eine direkte Mitwirkung des Bauleiters ist nicht erforderlich, wenn die Zusammenarbeit mit dem Kalkulator bei der Ermittlung der Einzelkosten effektiv und qualitativ zuverlässig war (bzw. überhaupt stattgefunden hat). Die einzelnen Operationen werden für die traditionelle Verfahrensweise mithilfe von Formularen ausgeführt, die auch für die rechnergestützte Verfahrensweise zur Verfügung stehen.

Selbstkosten sind die Summe aus HK und allgemeinen Geschäftskosten.

Abb. 6.21: Monolithbetonprozess einer Baustelle (Quelle: Fotoarchiv KAISER BAUCONTROL)

Sind die HK ermittelt, werden anschließend die Beträge für Gemeinkosten (AGK) sowie G ermittelt. Da die Angebotsendsumme zu diesem Zeitpunkt noch nicht bekannt ist, sondern nur die HK feststehen, sich die Verrechnungssätze für AGK und G aber auf die Angebotsendsumme beziehen, müssen diese Verrechnungssätze auf die HK umgerechnet werden. Durch Addition der ermittelten AGK und G mit den HK erhält man die Angebotsendsumme (ohne Umsatzsteuer).

Zur Ermittlung der Einheitspreise werden zunächst die Kalkulationsansätze der Kostenarten mit den Zuschlagsätzen multipliziert. Damit ist die Umlage der Gemeinkosten und der Beträge für G abgeschlossen. Die mit den Zuschlägen beaufschlagten Kostenarten der einzelnen Positionen werden aufsummiert und ergeben somit den Einheitspreis. Eventuelle Skonto- oder Nachlass-Gewährungen können im Zuge der Preisgestaltung noch hinzukommen. Sie obliegen jedoch i. d. R. dem Unternehmer und nicht dem Kalkulator.

Abb. 6.21 zeigt einen typischen Betonierprozess einer Bodenplatte mit allen aktivierten Kostenarten: Personal-, Geräte- und Materialeinsatz sowie der Einsatz einer Betonpumpe als Fremdleistung. Die im Hintergrund sichtbaren Krane gehen in die Baustellengemeinkosten ein.

6.3 Kostensteuerung

Neben der Kostenermittlung durchlaufen die Kostenkontrolle und die Kostensteuerung, wie auch eingangs in Abb. 6.1 dargestellt, den gesamten Planungszeitraum. Mit der HOAI 2013 wurde dem Bereich der Kostenvorgabe durch den Bauherrn, der Kostenkontrolle sowie der Kostensteuerung durch den beauftragten Planer mehr Gewicht gegeben.

Voraussetzung für Planungsaufträge ist die Überlegung des Bauherrn, dass die Realisierung eines Bauprojekts unter bestimmten Bedingungen für ihn wirtschaftlich ist. Diese Bedingungen werden kostenseitig durch eine Kostenvorgabe des Bauherrn an den Planer als einzuhaltendes Projektziel definiert. Die bisweilen gewissenlose Überschreitung dieser Randbedingung ist oft ein K.-o.-Kriterium des Projekts, denn Kostenüberschreitungen können auch zum generellen Scheitern eines Projekts, schlimmstenfalls zu seinem Abbruch führen.

Die während des Planungsprozesses mehrfach durchzuführende Kontrolle der Kosten und der Vergleich mit den zuvor ermittelten Kosten sind Voraussetzung für Maßnahmen und zugleich Inhalt der Kostensteuerung im Verlauf eines Projekts. Die Aufstellung der dafür erforderlichen Arbeitsmittel und Tabellen wurde bereits in Kapitel 2 beschrieben. Diese zu Beginn des Projekts eingerichteten Führungswerkzeuge werden i. d. R. über die gesamte Projektlaufzeit gepflegt. Die im Verlauf des Projekts entstehende umfangreiche Datensammlung bildet zum Abschluss des Projekts eine Dokumentation der Kostenentwicklung über die Projektlaufzeit.

In Abhängigkeit von der Vergabestruktur und dem Vergabezeitpunkt wird mit dem Kostenanschlag ein Stufenprozess in Gang gesetzt, da mit Beginn der Ausführungsplanung und der Vergabe von Bauleistungen in der Praxis Planungsaktivitäten zeitlich parallel ablaufen. Die Kosteninformationen werden ab diesem Zeitpunkt durch unterschiedliche Quellen gespeist. Zum einen liegen durch bereits vergebene und in Ausführung befindliche Aufträge Marktpreise vor, zum anderen werden die Kostenaussagen anderer noch offener Leistungen weiterhin aus den synthetisch gewonnenen Werten des Kostenanschlags hergeleitet.

In den wenigsten Fällen werden in der Praxis die Kosteninformationen zu Beginn der Bauarbeiten einer Baustelle komplett und einheitlich in Form von Angeboten für alle Vergabeeinheiten (VE) vorliegen. Üblicherweise wird der aktuelle Kostenüberblick ein Mix aus Angebotssummen für Vergabeeinheiten, bereits ausgelösten Aufträgen für einige Vergabeeinheiten und bis dato lediglich budgetierten Vergabeeinheiten sein. Wie immer, wenn man Mixturen beurteilen muss, ist die Ermittlung bzw. Verfolgung der einzelnen Bestandteile wichtig. Für den überwachenden Bauleiter ebenso wie für den Unternehmer-Bauleiter ist das eine schwierige Aufgabe, denn beide müssen neben der fachlichen Anleitung und Organisation auch die Kosteninformationen zu ihrer Baustelle liefern.

Den Mix an unterschiedlichen Kosteninformationen zeigt Abb. 6.22.

Anhand der Mustervorlage 6.1 (hier beispielhaft ausgefüllt) sollen die Mechanismen der Kostensteuerung, -kontrolle und -feststellung verdeutlicht werden.

Im diesem Musterbeispiel sind bis in Spalte 4 die Gliederungen der Kostenberechnung übernommen worden. Anschließend erfolgt in Spalte 5 die Definition von Kostenkontrolleinheiten (KKE) für die entsprechenden Aufträge. Das Beispiel zeigt, dass es möglich ist, einer KKE mehrere Aufträge zuzuordnen, d. h., man splittet Leistungsbereiche und vergibt sie an mehrere Bauunternehmen jeweils zum Teil. Das hat vor allem den Vorteil, dass Leistungsredundanzen geschaffen werden.

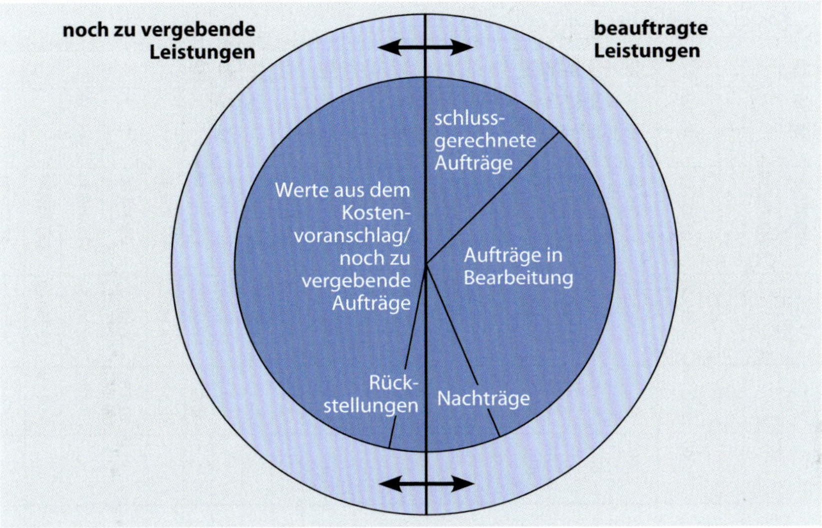

Abb. 6.22: Mix der Informationsquellen für die Kostenaussage während der Projektrealisierung

Zum anderen ist die Verarbeitung unterschiedlicher Nomenklaturen, die aus verschiedenen Systemen gespeist werden, möglich. Der Bauherr hat z. B. ein eigenes Vergabesystem, in dem er Aufträge und Auftragsnummern führt, die möglicherweise auch noch alphanumerisch bezeichnet werden.

Im weiteren Verlauf enthält die Spalte 8 der Tabelle den Auftragswert, und in Spalte 9 wurde die noch zu vergebende Leistung aufgenommen. Nicht immer werden sofort alle für den Leistungsbereich beschriebenen Leistungen vergeben, sondern es verbleiben noch Restleistungen. Dies kann aus vergabepolitischen Erwägungen oder wegen der Planungs- und Ausführungsabläufe erfolgen. Dieser Wert stellt nicht die Differenz zwischen dem Wert der Kostenberechnung und dem Auftragswert dar, da es in den meisten Fällen nicht genau das zum Budget passende Angebot des Bauunternehmens gibt – sowohl in negativer als auch in positiver Richtung. Der Wert der noch nicht vergebenen Leistung richtet sich nach der Restleistung (Budgetwert), die noch vergeben werden muss. Der Vergabeerfolg aus der vergebenen Leistung hat darauf keinen Einfluss.

Das Beispiel zeigt auch Überziehungen des Budgets bei der Vergabe zu höheren Preisen, wie etwa bei den Drainagearbeiten.

Die Spalten 10 bis 13 verdeutlichen das Prozedere der Nachtragsleistungen und das Arbeiten mit Risikozuschlägen. Es ist die Praxis der Kostenplanung des bauleitenden Architekten bzw. des überwachenden Bauleiters, durch geschickte Kostensteuerung der Gesamtmaßnahme die Einhaltung der Kostenvorgabe des Bauherrn zu sichern.

In Spalte 10 werden die vertraglich fixierten Nachtragsleistungen erfasst. In Spalte 11 werden durch den überwachenden Bauleiter vermutete oder nur angemeldete Nachtragsleistungen aufgenommen, um möglichst zeitig ein realistisches Bild vom Abrechnungsstand des Gesamtvorhabens und damit von der Einhaltung der Kostenvorgaben des Bauherrn zu erhalten.

Mustervorlage 6.1: Kostenkontrolle nach DIN 276/HOAI 2013

KG	LB	Bezeichnung	Budget gem. Kostenberechnung (brutto)	Kostenkontrolleinheiten (KKE)	Auftragsnummer	Bauunternehmen	Auftragssumme in Euro	noch zu vergebende Leistung	Nachtragsvereinbarung	Nachtragsprognose	Risiko in %	Risiko absolut	Abrechnungsprognose	Zahlungen zum Stichtag	Status
1	2	3	4	5	6	7	8	9	10	11	12	13	14 = 8 + 9 + 10 + 11 + 13	15	16
100		**Grundstück**													
200		**Herrichten und Erschließen**	**97.600**				**105.000**						**105.000,00**	**99.750**	SR
300		**Bauwerk – Baukonstruktionen**	**3.205.550**										**3.549.798,10**		
Zwischensumme **Rohbau**			**1.918.450**												
	000	Sicherheits-, Baustelleneinrichtungen incl. 001	100.650	30041	xyz2112	Sicherheits GmbH	25.800	65.500	0	5.000	10,0 %	9.630,00	105.930,00	18.260	AZ
	002	Erdarbeiten	85.400	30042	34120	Excellent-Tiefbau	60.450	0	12.500	5.000	10,0 %	7.795,00	85.745,00	65.100	AZ
	002			30042	34130	Erdbau GmbH	21.560	0	0	0	0,0 %	0,00	21.560,00	20.482	SR
	009	Abwasserkanalarbeiten incl. 011	64.050	30050	VV2727	Kanalspezial AG	62.540	0	0	0	10,0 %	6.254,00	68.794,00	45.300	AZ
	010	Drainagearbeiten	15.250	30067	VV2728	Kanalspezial AG	17.500	0	0	0	10,0 %	1.750,00	19.250,00	14.000	AZ
	012	Maurerarbeiten	274.500	30068	RB2525	Baugeschäft XXL	268.450	0	5.000	2.500	10,0 %	27.595,00	303.545,00	245.000	AZ
	013	Betonarbeiten	579.500	30068	RB2525	Baugeschäft XXL	520.400	40.000	0	0	10,0 %	56.040,00	616.440,00	511.500	AZ
	014	Natursteinarbeiten, Betonwerksteinarbeiten	39.650	30070	56670	Baugeschäft XXL	40.120	0	0	0	8,0 %	3.209,60	43.329,60	38.500	AZ
	016	Zimmer- und Holzbauarbeiten	183.000	30080	77788	Zimmerei BB	175.500	0	0	0	8,0 %	14.040,00	189.540,00	155.000	AZ
	017	Stahlbauarbeiten	213.500	30090	S6677	Stahl- und Glasbau AG	215.200	0	0	0	10,0 %	21.520,00	236.720,00	205.300	AZ
	018	Abdichtungsarbeiten gegen Wasser	45.750	30110							15,0 %	6.862,50	52.612,50		KA
	020	Dachdeckungsarbeiten	79.300	30200							15,0 %	11.895,00	91.195,00		KA
	021	Dachabdichtungsarbeiten	118.950	30210							15,0 %	17.842,50	136.792,50		KA
	022	Klempnerarbeiten	118.950	30230							15,0 %	17.842,50	136.792,50		KA
Zwischensumme **Ausbau**			**1.287.100**								12,0 %	154.452,00	**1.441.552,00**		
		Sonstige Leistungsbereiche incl. 008, 033, 051	**21.350**								10,0 %	2.135,00	**23.485,00**		
400		**Bauwerk – Technische Anlagen**	**863.150**								13,0 %	112.209,50	**975.359,50**	345.112	
500		**Außenanlagen**	**105.000**								15,0 %	15.750,00	**120.750,00**		
600		**Ausstattung und Kunstwerke**	**25.000**								10,0 %	2.500,00	**27.500,00**		
700		**Baunebenkosten**	**650.992**								10,0 %	65.099,20	**716.091,20**	357.500	
		Gesamtkosten [illegible]	**4.968.642**								[illegible]	[illegible]	[illegible]	[illegible]	

In den Spalten 12 und 13 werden entsprechende Risikozuschläge, die Mengen- und Leistungsänderungen während der Ausführung abfedern sollen, durch den überwachenden Bauleiter definiert. Bei bereits vergebenen Leistungen (Spalte 8) liegt dieser Wert meist bei ca. 10 %. Hier ist der Marktpreis bereits in die Kostenermittlung eingeflossen, und es geht nun nur noch um die Berücksichtigung möglicher Mengen- und Leistungsänderungen.

Die Höhe des Zuschlags hängt wesentlich von der Qualität der Planung und der Leistungsfähigkeit der ausführenden Bauunternehmen ab. Wenn Leistungen noch nicht vergeben wurden, ist dieser Wert höher. In diesem Beispiel liegt er bei 15 %. Wenn eine Leistung schlussgerechnet ist, wird der Risikowert auf null gesetzt.

Aus den vorgenannten Werten wird in der Spalte 14 ein Prognosewert auf die Abrechnung nach dem im Spaltenkopf gezeigten Prozedere ermittelt. Im rechten Teil der Tabelle können Zahlungen und der Status der Kosteninformation aufgeführt werden.

In der Beispieltabelle wurde aus Gründen der Übersichtlichkeit lediglich der Bereich der Kostengruppe 300 (Bauwerk – Baukonstruktionen) gezeigt. Die Baumaßnahme hat zum Stichtag eine Abrechnungsprognose von 5.517.983,80 Euro inklusive 9,6 % Risikopuffer zur Kompensation möglicher Abweichungen.

Folgende Steuerungsmaßnahmen können zu Beginn oder während der Ausführung durch den überwachenden Bauleiter in Absprache mit dem Entscheidungsträger eingeleitet werden:

- Vergabe an leistungsfähige Bauunternehmen
- Splitten von Kostenkontrolleinheiten und Vergabe an mehrere Bauunternehmen zur Schaffung von Redundanzen
- zeitnahes Führen von Nachtragsleistungen
- zeitnahes und leistungsgerechtes Abrechnen
- Vorsehen von Kostenpuffern
- rechtzeitiges Anpassen von Quantitäten und Qualitäten bei Kostenabweichungen

Die Tätigkeiten der Kostensteuerung und der Kostenkontrolle stellen einen einheitlichen Prozess dar und gehen ineinander über.

Die Kostenkontrolle ist eine Grundleistung des überwachenden Bauleiters, z. B. nach § 34 bzw. Anlage 10 der HOAI 2013. Durch Überprüfen der Leistungsabrechnung der bauausführenden Unternehmen zum Stichtag kann ein Vergleich zu den Vertragspreisen vorgenommen werden und so der Bauherr rechtzeitig über eventuelle Abweichungen informiert werden. Diese Grundleistung erstreckt sich über die gesamte Zeit der Projektdurchführung. Ihr Ziel ist, die angefallenen und erwarteten Kosten so zu beurteilen und zu steuern, dass eine Kostenüberschreitung vermieden wird.

Folgende Tätigkeiten des überwachenden Bauleiters sind bei der Abarbeitung der Grundleistung Kostenkontrolle zu berücksichtigen:

- Aufstellen aller bereits vertraglich vereinbarten Kosten
- Erfassen aller Nachträge und neu entstandenen/veränderten Positionen
- Erfassen aller weggefallenen Positionen
- Erfassen aller bereits geprüften Rechnungen und getätigten Zahlungen
- Aufstellen der geplanten Summen
- Aufstellen der errechneten Summen
- Prognose der noch zu erwartenden Kosten
- Aufstellen der Ergebnisse in einem Soll-Ist-Vergleich
- Maßnahmen vorschlagen und einleiten

Rechnungs- und Zahlungszusammenstellungen sind in den Mustervorlagen 6.2 und 6.3 dargestellt, Mustervorlage 6.4 zeigt eine Änderungs- und Entscheidungsvorlage.

Die Vorgehensweise bei der Kostenkontrolle ist in Abb. 6.23 dargestellt. Dabei wird insbesondere die Reihenfolge der einzelnen Schritte von der Vorlage der Aufmaßblätter durch das Bauunternehmen bis zur Zahlungsanweisung durch den Bauherrn deutlich.

Erst nach Vorlage der Aufmaßblätter ① und deren inhaltlicher Bestätigung durch den überwachenden Bauleiter ② kommt es zur Rechnungslegung ③ durch das Bauunternehmen über die in den Aufmaßen bestätigten Leistungen. An der Erarbeitung der Rechnung hat der Unternehmer-Bauleiter aktiv mitzuwirken.

Nachdem der überwachende Bauleiter die technische und sachliche Richtigkeit der Rechnung geprüft hat, wird die Rechnung in seinen Kostenbericht übernommen und mit einer entsprechenden Zahlungsfreigabe ④ an den Bauherrn gesandt. Es empfiehlt sich, ein Rücklaufexemplar dieses Freigabeblatts ⑤ an das Bauunternehmen zu senden, damit auch aufseiten des Bauunternehmens, deren Bauleitung und Buchhaltung eine zeitgenaue Kenntnis über Freigabesumme und Freigabezeitpunkt vorhanden ist.

Erst bei Vorlage der Zahlungsfreigabe durch die überwachende Bauleitung darf es zur Zahlungsanweisung ⑥ durch den Bauherrn kommen.

Der in Abb. 6.23 fixierte Kostenbericht kann auch als Projektbuchhaltung des Objektüberwachers verstanden werden. Der Inhalt eines Kostenberichts richtet sich nach den vorgenannten Tätigkeiten bei der Abarbeitung der Grundleistung Kostenkontrolle. Ein Beispiel hierfür zeigt die Mustervorlage 6.1.

Der Kostenbericht wird je nach Anforderung des Bauherrn, meist aber periodisch, d. h. in festen Zeitabständen, an den Bauherrn geschickt. Wichtig ist dabei, dass er möglichst zeitgenau die aktuelle Kostensituation widerspiegelt und dem Bauherrn dadurch die Möglichkeit zur Entscheidung bei angezeigten Kostenabweichungen gibt.

Mustervorlage 6.2: Rechnungs- und Zahlungszusammenstellungen Ausführung

Rechnungs- und Zahlungszusammenstellungen Ausführung

Bauvorhaben: ____________________

Auftragnehmer: ____________________

Auftrag:				
Vertrag:	über:	- €	**Kostenbeteiligung**	
Nachlass:	0,00%	- €	Baustrom/Bauwasser	0,00%
Nachträge:		- €	Gesamt	- €
Auftragssumme:		- €		
Gesetzl. MwSt.	19,00%	- €	Bauwesenversicherung	0,00%
Gesamtauftragssumme:		**- €**	Gesamt	- €

Bruttosummen	vom	über	freigegeben	kumulativ	Baustrom/ Bauwasser		Bauwesen-versicherung
1. Abschlagszahlung : ausgezahlt		- €	- €	- €			
2. Abschlagszahlung : ausgezahlt		- €	- €	- €			
3. Abschlagszahlung : ausgezahlt		- €	- €	- €			
4. Abschlagszahlung : ausgezahlt		- €	- €	- €			
5. Abschlagszahlung : ausgezahlt		- €	- €	- €			
6. Abschlagszahlung : ausgezahlt		- €	- €	- €			
7. Abschlagszahlung : ausgezahlt		- €	- €	- €			
8. Abschlagszahlung : ausgezahlt		- €	- €	- €			
9. Abschlagszahlung : ausgezahlt		- €	- €	- €			
10. Abschlagszahlung : ausgezahlt		- €	- €	- €			
noch zu zahlen:				**- €**			
erbrachte Leistungen:				- €			
verbliebene Leistungen:				- €	- €		

grau hinterlegte Felder entsprechend anpassen!

Mustervorlage 6.3: Rechnungs- und Zahlungszusammenstellung Fachplaner

Rechnungs- und Zahlungszusammenstellung Fachplaner, technische Ausrüstung (nach HOAI § 55)

Bauvorhaben:	______				
Fachplaner:	______				
Auftrag über:	______				
vom:					
Anrechenbare Kosten:	HOAI	Kostenberechnung	Kostenanschlag	Kostenfeststellung	
		[€]	[€]	[€]	
	Anl. Gr.	0,00	0,00	0,00	
	Anl. Gr.	0,00	0,00	0,00	
		0,00	**0,00**	**0,00**	**Summe**
Honorarzone:	II				
	Min.	0,00	0,00	0,00	Honoraransatz 100,00%
Nachträge:					

Leistungen nach HOAI § 55		**Soll**		**Abgerechnet**	
		[%]	[€]	[%]	[€]
1. Grundlagenermittlung		2,00%	0,00	0,00%	0,00
2. Vorplanung		9,00%	0,00	0,00%	0,00
3. Entwurfsplanung		17,00%	0,00	0,00%	0,00
4. Genehmigungsplanung		2,00%	0,00	0,00%	0,00
5. Ausführungsplanung		22,00%	0,00	0,00%	0,00
6. Vorbereitung der Vergabe		7,00%	0,00	0,00%	0,00
7. Mitwirken bei der Vergabe		5,00%	0,00	0,00%	0,00
8. Objektüberwachung (Bauüberwachung) und Dokumentation		35,00%	0,00	0,00%	0,00
9. Objektbetreuung		1,00%	0,00	0,00%	0,00
Σ:		100%	0,00	0,00%	0,00
Nebenkosten:	5%		0,00		0,00
Zwischensumme netto:			0,00		0,00
Nachlass:	0%		0,00		0,00
Zwischensumme netto:			0,00		0,00
incl. Nachlass:			0,00		0,00
Mehrwertsteuer:	19%		0,00		0,00
Gesamtsumme brutto:			0,00		0,00
Sicherheitseinbehalt:			5%		0,00
Freigabebetrag:					**0,00**
abzgl. bereits erhaltener Abschlagszahlungen:					**0,00**
Auszahlungsbetrag:					**0,00**

Zahlungsübersicht					
	lfd. Nr.	Rechnungs-datum	über [€]	freigegeben [€]	kumulativ [€]
			- €	- €	- €
			- €	- €	- €
			- €	- €	- €
			- €	- €	- €
			- €	- €	- €
			- €	- €	- €
			- €	- €	- €
ausgezahlte Beträge					- €

grau hinterlegte Felder entsprechend anpassen!

Mustervorlage 6.4: Änderungs- und Entscheidungsvorlage

Änderungs- und Entscheidungsvorlage

Musterbauvorhaben XXL
Bauabschnitt:

Kurztext-Beschreibung:	**EV-Nr.**
Text	**2435**

Langtext-Beschreibung (inkl. Begründung der Abweichung von EW-Bau)

Text

- Kostenauswirkungen: ☐ KKE ☐ Mehrkosten ☐ Minderkosten ☐ Keine

KG 200 - Herrichten und Erschließen	0,00	€, brutto
KG 300 - Bauwerk - Baukonstruktionen	0,00	€, brutto
KG 400 - Bauwerk - Technische Anlagen	0,00	€, brutto
KG 500 - Außenanlagen	0,00	€, brutto
KG 600 - Ausstattung und Kunstwerke	0,00	€, brutto
KG 700 - Baunebenkosten	0,00	€, brutto
Gesamtsumme:	**0,00**	**€, brutto**

Text

Einsparmöglichkeiten bei angezeigten Mehrkosten

Text

Alternative Lösungsmöglichkeiten

Text

Empfehlung des Planers

Text

Anmerkungen Projektsteuerung

Text

Aufgestellt:	**Freigabe:**	**Freigabe:**	
	Projektsteuerung	**Bauherr**	
	☐ ja ☐ nein	☐ ja ☐ nein	
Datum/Unterschrift	Datum/Unterschrift	Datum	Unterschrift

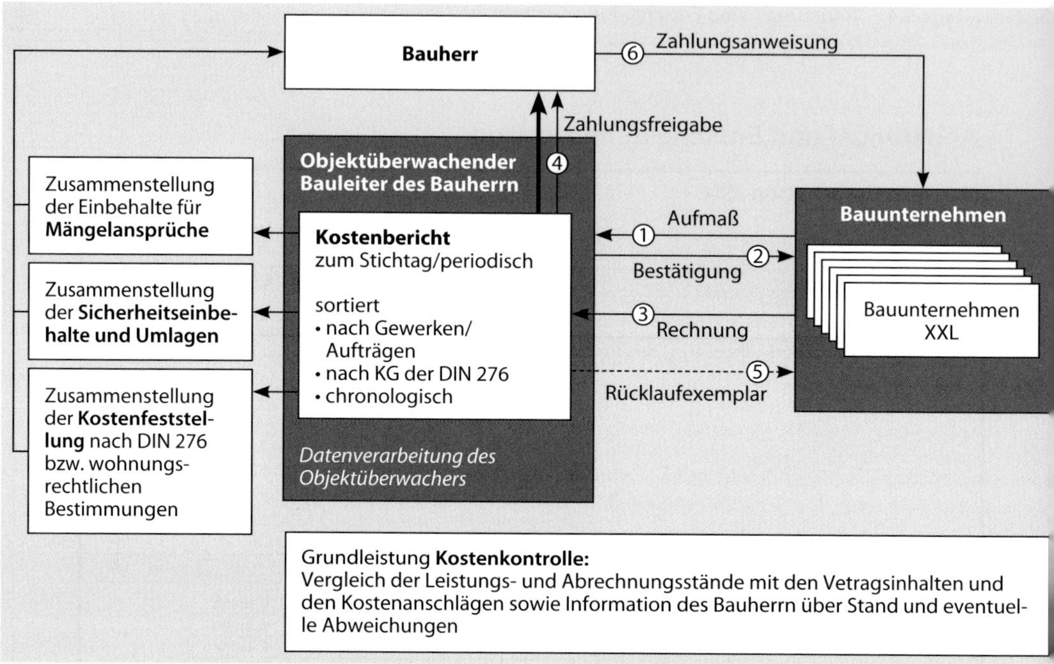

Abb. 6.23: Übersicht über den Informationsfluss bei der Kostenkontrolle

Gerade diese Leistung der Schaffung eines Zeitvorsprungs für die Entscheidung des Bauherrn wird mehr und mehr zum Bewertungskriterium für die Qualität des Objektüberwachers. Der Bauherr muss im Verlauf des Bauprojekts immer wieder einen Abgleich in Bezug auf die von dem Bauunternehmen zu erbringenden Leistungen und die geforderten Qualitätsstandards treffen. Dabei erfolgt ein ständiger Vergleich mit dem zur Verfügung stehenden Budget.

Zum Abschluss der Baumaßnahme bzw. der einzelnen Ausführungsleistungen werden vom überwachenden Bauleiter Sicherheitseinbehalte und Einbehalte für Mängelansprüche, z. B. nach § 17 VOB/B, sowie getätigte Umlagen aufgelistet und die Kosten nach den Kostengruppen der DIN 276 zusammengestellt.

6.4 Änderungs- und Nachtragsmanagement

Änderungen sind kein Zeichen von Schwäche oder schlechtem Management. Bauvorhaben sind oft sehr komplex und von der ersten Idee bis zu ihrer Realisierung sehr lange laufende Prozesse. Änderungen von Anforderungen an Bauobjekte, die während der Projektlaufzeit auftreten, resultieren aus unterschiedlichsten Gründen. Die Kunst ist es, mit ihnen umzugehen und dennoch zum gewünschten Projekterfolg zu kommen, d. h., auch unter diesen Bedingungen Kosten-, Termin- und Qualitätsziele zu erreichen. Die Organisation dieses Änderungsprozesses während der Projektlaufzeit wird als Änderungs- oder Nachtragsmanagement bezeichnet.

Abb. 6.24: Nachträge zum Bauvertrag – Wahrnehmung des Bauherrn contra Sicht des Bauunternehmens

Das Änderungsmanagement umfasst den gesamten Prozess von der Änderungsidee oder dem Verlangen des Bauherrn bis hin zur baulichen Umsetzung. Oftmals ist durch die Änderung der Leistungsinhalte, der Leistungszeiträume oder der Qualitäten auch eine Änderung oder besser Ergänzung zum bestehenden Vertrag erforderlich. Dann gibt es einen Nachtrag zum Vertrag und dann spricht man vom Nachtragsmanagement. Das heißt, Änderungsmanagement ist der übergeordnete Begriff und Nachtragsmanagement bezieht sich auf Änderungen eines bestehenden Vertrags.

Die Sicht auf die Dinge ist dabei oft kontrovers, die Emotionen gewaltig (Abb. 6.24). Die Zeiten, in denen auf der Baustelle schnell mündlich bestimmte Änderungen festgelegt werden und diese dann einfach zum Ende der Baumaßnahme abgerechnet werden können, gehören der Vergangenheit an. Gerade deswegen sollten diese Prozesse objektiv und transparent organisiert werden.

In erster Linie muss der Prozess des Änderungsmanagements beim Auftraggeber und seinem überwachenden Bauleiter organisiert werden. Dieser steht jedoch vor der Frage, ob er die Nachträge jetzt zulässt oder ob er diese vorerst „aussitzt", damit er gar nicht erst den Eindruck erweckt, Ausschreibungsinhalte vergessen oder nicht korrekt berücksichtigt zu haben.

Beispiel

> Der Bauleiter des Ausführungsunternehmens hat möglicherweise mit seinem Unternehmen den Auftrag im öffentlichen Wettbewerb erhalten und hat daher während der Angebotsfrist zur Wahrung seiner Wettbewerbsvorteile nicht auf bestimmte Lücken in den Ausschreibungen hingewiesen. Nun ist er bei der Ausführung der Bauleistungen mit den ungenügenden Leistungsbeschreibungen konfrontiert und muss diese Veränderungen anzeigen oder Unklarheiten klären. Er hat also den zeitlichen Druck, Fragen zu klären und mögliche Nachträge zum bestehenden Bauvertrag rechtzeitig zu platzieren.

Abb. 6.25 zeigt den Ablauf eines derartigen Änderungsprozesses während der Bauausführung. Dabei kann der Beginn des Änderungsprozesses einerseits beim Bauherrn liegen, d. h., er oder seine Erfüllungsgehilfen fordern geänderte oder zusätzliche Leistungen (Leistungsanfrage ①). Die Leistungsanfrage bzw. Änderung kann auch bei dem Bauunternehmen ihren Ausgangspunkt nehmen, die Änderungsbedarf wegen Differenzen zwischen vereinbartem Vertragsinhalten und tatsächlichen Gegebenheiten auf der Baustelle sieht.

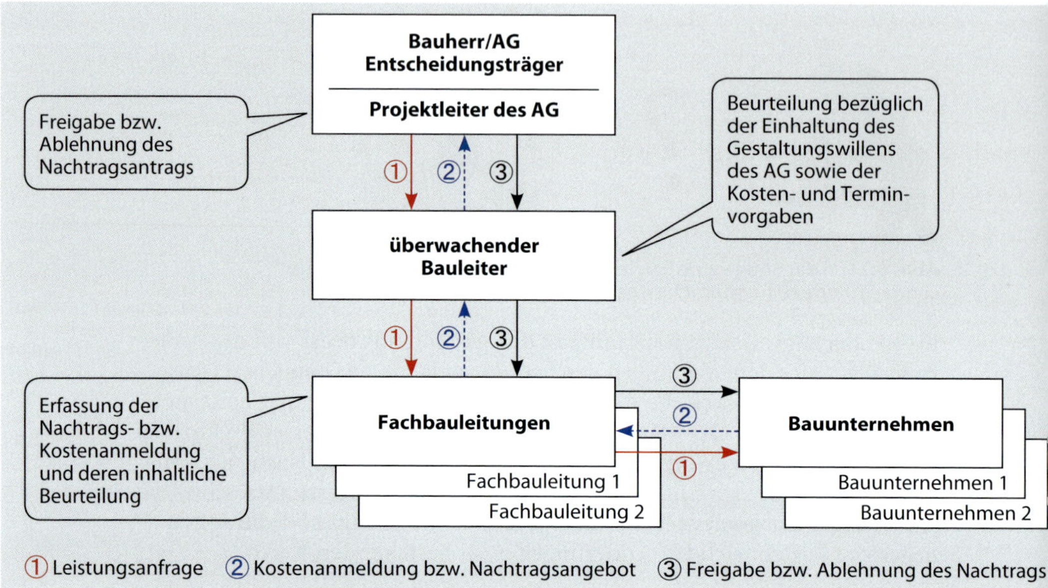

Abb. 6.25: Änderungsprozedere während der Bauausführung

Dann beginnt der Prozess bei ②. Wichtig ist, dass zu Beginn der ersten Anmeldungen oder Leistungsanfragen der Prozess allen Beteiligten bekannt ist.

Folgende Fragestellungen sind im Zuge des Änderungsmanagements zu klären bzw. eindeutig festzulegen:

- Wer ist berechtigt, Änderungswünsche einzureichen?
- Wo müssen diese einlaufen und wer prüft diese?
- Wer nimmt Kostenanmeldungen und Nachtragsangebote der Bauunternehmen an und wie lange darf die Prüfzeit dafür im laufenden Bauprozess in Anspruch nehmen?
- Gibt es Formulare dafür?

Eine derartige Organisation und vor allem deren Bekanntgabe im Projekt wird vermutlich unweigerlich zu Nachtragsbegehrlichkeiten führen. Daher sollte man diesen Prozess zwar vorbereiten, aber deren Veröffentlichung im Projekt erst starten, wenn der Druck der ersten Nachtragsanmeldungen oder Änderungswünsche tatsächlich auftritt.

Bevor wir näher auf die Arbeitsmittel im Nachtragsmanagement eingehen, werden zunächst die Ursachen für Nachträge zu Bauverträgen näher beschrieben. Sie lassen sich in folgende globale Kategorien einteilen:

- Bestandsrisiken
- Auflagen von Institutionen und Behörden
- mangelhafte Bauverträge
- fehlende Mitwirkung des Auftraggebers
- nachträgliche Bauherrenwünsche
- verspätete Vorleistung Dritter
- höhere Gewalt

Diese 7 Cluster lassen sich auch anders aufteilen. Wichtig ist die Aufteilung oder Klassifizierung generell, damit die Diskussion der Anspruchsgrundlage etwas strukturiert und zusammengefasst werden kann.

Praxistipp zur Anspruchsgrundlage

Der überwachende Bauleiter sollte alle Nachträge gewissenhaft erfassen und auflisten. Anschließend sollten aus der vorliegenden Nachtragsmenge je nach Anzahl 3 bis 7 Gruppen gebildet und die Nachträge dabei nach Anspruchsgrundlage zusammengefasst werden.

Die Prüfung der Anspruchsgrundlage vereinfacht sich dadurch i. d. R. und die gebildeten Gruppen können möglicherweise gemeinsam verhandelt werden. Außerdem zeigt dies dem Bauunternehmen eine klare Struktur des Prüfvorgangs.

Ohne die einzelnen oben aufgeführten Nachtragsursachen juristisch zu bewerten, sollen im Folgenden praktische Tipps und Hinweise zur Organisation im Handlungsbereich der Bauüberwachung des Bauherrn und der Bauleitung des Bauunternehmens gegeben werden. Die sinnvolle Verzahnung mit den notwendigen juristischen Bewertungen müssen beide Bauleiter in jedem Fall separat entscheiden. Ein Standardwerk für diese Thematik ist beispielsweise das Baurechtslehrbuch von Falk Würfele (Würfele, 2013).

Die Bestandsrisiken treten nicht nur bei Sanierungsobjekten auf, sondern können auch unklare Baugrundverhältnisse o. Ä. sein. In Abb. 6.26 sind die Erkenntnisse nach einem Abbruch der Innenverkleidungen eines denkmalgeschützten Sanierungsobjekts sichtbar. Die Bestandsrisiken lassen sich durch eine möglichst genaue Schadenskartierung im Vorfeld der Ausschreibung reduzieren. Diese wiederum hängt meist von den finanziellen Möglichkeiten und der Weitsicht des Bauherrn ab. Hier kommt dem Planer und überwachenden Bauleiter eine wichtige Beratungsfunktion zu. Er muss den Bauherrn auf derartige Risiken hinweisen und eine Bestandsuntersuchung erwirken, um frühzeitig Nachtragspotenziale zu senken.

Auflagen von Institutionen und Behörden haben ihre Ursachen in der unterschiedlichen Auslegung der gesetzlichen Vorschriften und Richtlinien. Bei der Einreichung einer prüffähigen Planung dürften diese Punkte eigentlich nicht im Nachgang entstehen. Dennoch existiert in der Praxis eine gewisse Unsicherheit vor Erteilung der Baugenehmigung, ob den Argumentationen des Objektplaners, der planenden Ingenieure und Gutachter vollständig gefolgt wird. Das heißt, diese Rubrik kommt zur Anwendung, wenn Bauverträge vor Erteilung der Baugenehmigung oder auf der Grundlage der vor Baugenehmigung vorliegenden Informationen geschlossen wurden, z. B. wenn die Konformität zwischen Kalkulationsgrundlage und Auflagen der Baugenehmigung nicht geklärt wurde.

Nachtragsansprüche aus mangelhaften Bauverträgen können vielfältig sein, da dazu nicht nur der vom Juristen formulierte Vertragstext, sondern auch die Leistungsbeschreibungen und technischen Informationen im Vertrag

Abb. 6.26: Bestandsrisiken – Rohbau nach Abriss der Verkleidungen und Abbruch des alten Trockenbaus (Quelle: Fotoarchiv KAISER BAUCONTROL, 2012)

gehören. Lücken in der Baubeschreibung wären also nach dieser Klassifizierung ebenfalls in dieses Cluster aufzunehmen.

In den meisten Bauvorhaben spielen die fehlende oder verzögerte Mitwirkung der Bauherren und die Bauherrensonderwünsche eine entscheidende Rolle, wie einige aktuelle öffentliche Bauvorhaben eindrucksvoll zeigen. Was bei den Bauherrensonderwünschen möglicherweise noch eindeutig zu klären ist, da nachträglich zusätzliche oder auch geänderte Anforderungen von der Auftraggeberseite an das Bauunternehmen herangetragen werden, ist bei der Mitwirkung des Bauherrn schon schwieriger. Der Bauherr hat bei vielen Entscheidungen seines Bauvorhabens aktiv mitzuwirken. Er muss zwar keine technischen Lösungen erarbeiten, aber er muss auf die Vorlage von entscheidungsreifen Lösungsvorschlägen dringen und dazu eine Entscheidung fällen. Die Praxis zeigt immer wieder, dass die Entscheidungsfreudigkeit der Bauherren (insbesondere der öffentlichen) immer mehr abnimmt und von teils umständlichen Prozeduren abgelöst wird. Dies behindert den Bauablauf, meist schon in der Startphase eines Vorhabens.

Nachtragsansprüche der Rubrik der verspäteten Vorleistung Dritter entstehen durch die Koordinationsverpflichtung des Bauherrn bei Abschluss mehrerer, zeitlich versetzt oder parallel laufender Verträge. Da der Bauherr direkte Verträge mit seinen Dienstleistern geschlossen hat, muss er auch die Fertigstellung dieser Tätigkeiten als Voraussetzung für einen pünktlichen Start des Folgegewerks sicherstellen und sich ggf. Verzögerungen anrechnen lassen.

Die globale Formulierung der höheren Gewalt fasst sowohl Auswirkungen aus Witterungsunbilden als auch aus Streik und Ausstand zusammen. Im Kommentar des HGB (Staub/Canaris/Kluge, 2004, S. 82) wird höhere Gewalt wie folgt beschrieben: „*Höhere Gewalt liegt vor, wenn das schadens-*

bb. 6.27: Bemusterung (hier: Anlegen von Musterachsen) bei der Sanierung eines denkmalgeschützten Objekts n Museumsbereich (Quelle: Fotoarchiv KAISER BAUCONTROL, Zscheyge, 2012)

verursachende Ereignis von außen einwirkt, also seinen Grund nicht in der Natur der gefährdeten Sache hat und das Ergebnis auch durch äußerst zumutbare Sorgfalt weder abgewendet noch unschädlich gemacht werden kann." Für den Einsatzort normale Winterungseinflüsse fallen also beispielsweise nicht darunter. Streitbar wäre allerdings, was für den Einsatzort normale Witterungsverhältnisse sind. In diesen Fällen werden i. d. R. die Erhebungen der Wetterämter sowie statistische Daten zur besseren Definition herangezogen.

Eine weitere Rubrik ist der mangelhafte Bauvertrag. Hier geht es nicht um Fehler der Juristen in der Vertragsformulierung, sondern in erster Linie um die ungenügende oder unzutreffende Beschreibung der Leistungsinhalte und Bauumstände. Nach § 7 VOB/A sind Leistungen „*[...] eindeutig und so erschöpfend zu beschreiben, dass alle Bewerber die Beschreibung im gleichen Sinne verstehen müssen und ihre Preise sicher und ohne umfangreiche Vorarbeiten berechnen können.*" (§ 7 Abs. 1 Satz 1 VOB/A)

Die Gefahr der lückenhaften Beschreibung besteht vor allem bei Unikaten immer. Der erfahrene Kalkulator wie auch der Unternehmer-Bauleiter erkennen in vielen Fällen bereits bei der Durchsicht der Leistungsbeschreibungen Lücken, die es eigentlich zu hinterfragen gilt. Der Wettbewerbsdruck, dem Bauunternehmen insbesondere bei der Vergabe von öffentlichen Aufträgen ausgesetzt sind, führt jedoch dazu, dass der Bieter dies oft nicht vor der Submission offenlegt, um nicht Nachteile im Wettbewerb zu erleiden.

Wie bereits bei der Thematik des mangelhaften Bauvertrags beschrieben und in Abb. 6.26 gezeigt, gelingt diese erschöpfende Beschreibung nicht immer. Oft lassen sich auch der technische Sachverhalt oder die gestalterischen Wirkungen nur am Objekt zeigen. Bei vielen Altbausanierungen, insbesondere im Bereich des Eingriffs in denkmalgeschützte Objekte, greift man daher auf umfangreiche Bemusterungen zurück (siehe Abb. 6.27), wobei auch die Herstellung dieser Muster vergütet wird.

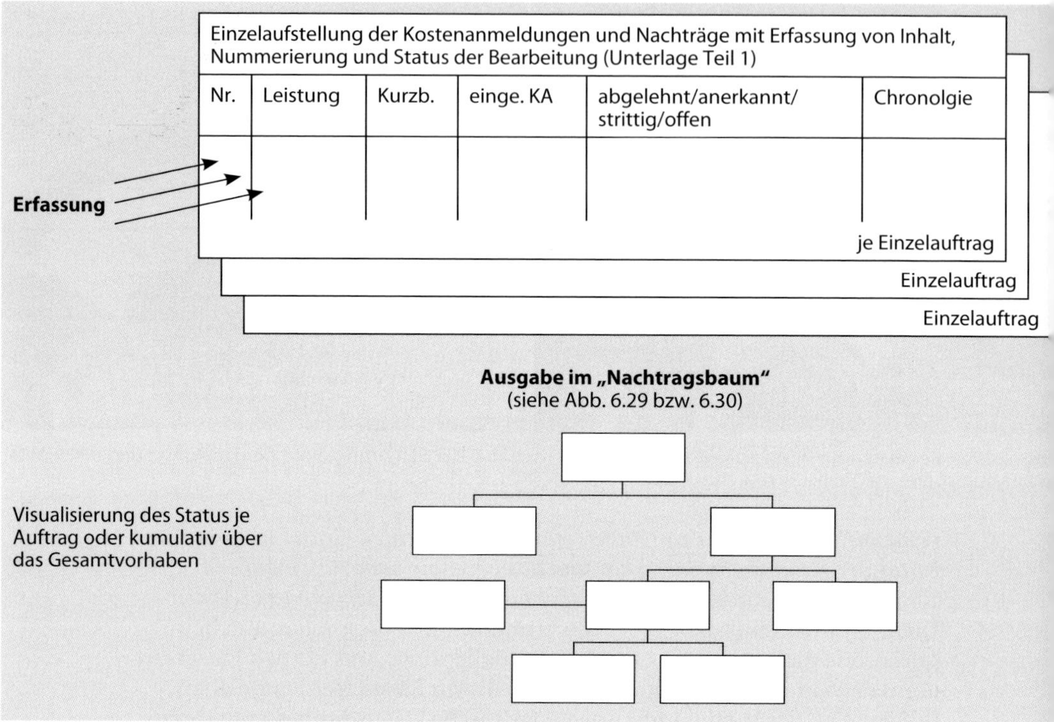

Abb. 6.28: Schematische Darstellung der Nachtragserfassung

Diese Bemusterungen werden nicht nur zur genaueren Beschreibung des Leistungssolls durchgeführt, sondern dienen auch der besseren Visualisierung der Planungsideen für die Entscheidungsträger des Bauvorhabens. Das Thema der Visualisierung von technischen Prozessen oder geplanten Qualitäten muss zur eindeutigen Beschreibung immer wieder aufgegriffen werden.

Wenn trotz gewissenhafter Planung und Voruntersuchung dennoch Nachträge während der Ausführung von Bauleistungen erforderlich werden, sind diese zu erfassen, und das dafür notwendig werdende Nachtragsmanagement ist transparent zu gestalten. Neben Antragsformularen und Formularen für die Freigabe der Nachträge mit Darstellung der Auswirkung der Nachtragsfreigabe auf Kostenbudget und Termine seien 2 grundsätzliche Arbeitsmittel empfohlen:

- Nachtragsliste zur Erfassung und Klassifizierung der Kostenanmeldungen und Nachträge
- eine Visualisierung des Nachtragsstatus (z. B. „Nachtragsbaum", siehe Abb. 6.28)

Die Notwendigkeit der Nachtragsliste ist wohl unumstritten. Anders verhält es sich bei der Visualisierung mit dem „Nachtragsbaum". Diese Visualisierung benötigt man, um auch den am Projekt Beteiligten und oft baurechtsunkundigen und bautechnisch nicht bewanderten Entscheidern

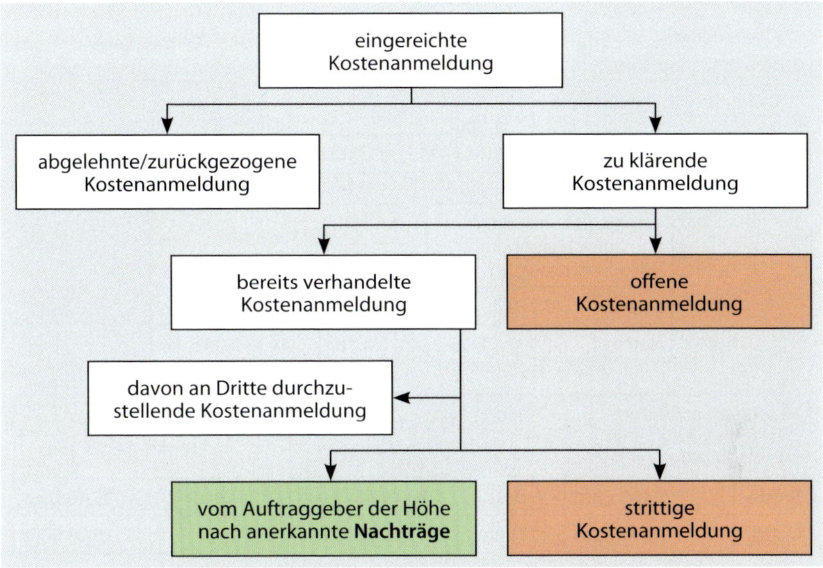

Abb. 6.29: Schematische Darstellung der Sortierung der Kostenanmeldungen

die Auswirkungen und den derzeitigen Status verdeutlichen zu können. Insbesondere der Bauleiter des Bauherrn kann damit schnell und transparent den aktuellen Bearbeitungsstand darstellen. In Abb. 6.29 ist ein Beispiel für eine Sortierung von Kostenanmeldungen nach ihrem Bearbeitungstand gezeigt.

Zu Beginn dieses Prozesses existieren lediglich Kostenanmeldungen, die dann im Zuge der Bearbeitung zu Nachträgen der jeweiligen Verträge werden oder eben abgewiesen oder auch zurückgezogen werden. Nicht nur die Vorbereitung und Findung von Verhandlungsterminen, auch die Vorlage prüffähiger Unterlagen seitens des Antragstellers können dabei zu zeitlichen Verzögerungen führen. Nachdem nach Sortierung der Nachträge die Anspruchsgrundlage durch den überwachenden Bauleiter geprüft wurde, ist in der zweiten Stufe die Höhe des Nachtrags zu prüfen. Bei fehlender Anspruchsgrundlage wandert die Kostenanmeldung in die Rubrik der abgelehnten/zurückgezogenen Kostenanmeldungen, in allen anderen Fällen wird verhandelt oder auch direkt freigegeben. Eine Besonderheit stellt noch die Rubrik „davon an Dritte durchzustellen“ dar. Oft kommen Kostenanmeldungen durch die Behinderung der am Bau tätigen Bauunternehmen untereinander zustande. Im nachfolgenden Beispiel wird das Koordinationsrisiko des Bauherrn besonders deutlich.

Beispiel

Der Kran eines Bauunternehmens wurde so aufgestellt, dass das zweite Bauunternehmen seine Leistungen nicht wie vereinbart ausführen kann. Da aber beide ein Auftragsverhältnis mit dem gleichen Bauherrn haben, landet die Kostenanmeldung beim Bauherrn bzw. beim überwachenden Bauleiter. Dieser wird versuchen, die Kostenanmeldung an das verursa-

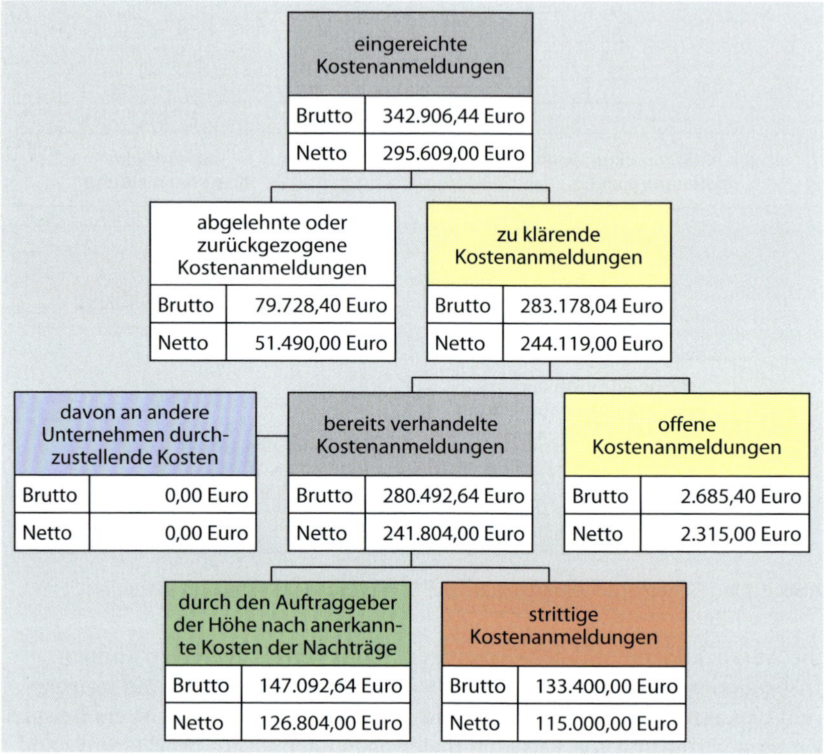

Abb. 6.30: Visualisierung des Status der Nachträge in einem Nachtragsbaum

chende Drittunternehmen auf seiner Baustelle betragsmäßig weiterzureichen. An seinem Vertragsverhältnis zum Antragsteller ändert dies nichts, aber die Mehrkosten müssen an den Verursacher weitergegeben werden.

Kostenanmeldungen werden erst dann zum Nachtrag, wenn sie im Zuge der Verhandlung und Anerkenntnis zum Bestandteil eines bereits bestehenden Vertrags werden. Dann existiert ein Nachtrag zum Vertrag.

Die in Abb. 6.29 schematisch gezeigte Gliederung oder Sortierung der Kostenanmeldungen und Nachträge ist nun in den folgenden Abbildungen über eine Excel-Tabelle in einer Datei in einem Nachtragsbaum und einer Nachtragstabelle als Beispiel gezeigt. Beides, mit gleichem Inhalt, dient der Visualisierung und Übersichtlichkeit.

Den Effekt der Darstellungen in Abb. 6.30 zeigen auch die exemplarischen Werte. Von den ursprünglich bei der Bauüberwachung eingereichten Kostenanmeldungen (295.000 Euro netto) wurden zum Stichtag weniger als die Hälfte (127.000 Euro netto) in Form von Nachträgen anerkannt und ein Drittel ist strittig. Oftmals hilft allein diese Transparenz bei der Entscheidung, die oftmals von starken Emotionen begleitet wird.

lfd. Nr. Datum	Leistung	Kurz-bemerkung	Kostenmanagement Bauvorhaben XX – Bauunternehmen XYZ				
			eingereich-te Kosten-anmeldung in Euro	abge-lehnt/ zurück-gezogen in Euro	bereits verhandelte Nachträge		offen in Euro
					anerkannt der Höhe nach in Euro	strittig in Euro	
(1)	(2)	(3)	(4)	(5)	(6)	(7)	(8)
XX 1 15.01.03	Mehrkosten Musterfassade	nur teilweise vereinbart	78.625,00	38.625,00	40.000,00	0,00	0,00
XX 2 28.01.03	Mehrkosten Ausstattung Aufzugskabinen gem. Bemusterung		1.392,00	0,00	1.392,00	0,00	0,00
XX 3 02.02.03	Verlegung von Miet-einheiten		2.455,00	455,00	2.000,00	0,00	0,00
XX 4 02.02.03	Bürotüren mit Oberlicht	im Vertrag	12.410,00	12.410,00	0,00	0,00	0,00
XX 5 12.02.03	Naturstein in der Außen-anlage		83.412,00	0,00	83.412,00	0,00	0,00
XX 6 24.02.03	Schutzbeton im AA-Bereich		2.315,00	0,00	0,00	0,00	2.315,00
XX 7 24.02.03	Winterbaumaßnahmen	3 Wochen	115.000,00	0,00	0,00	115.000,00	0,00
Summen per 11.05.2003			**295.609,00**	**51.490,00**	**126.804,00**	**115.000,00**	**2.315,00**
davon an andere Unternehmen durchzustellen:					**0,00**		
Summe der der Höhe nach anerkannten Nachträge:					**126804,00**		

Chronologie der Nachtragsbearbeitung			
Angebot vom	Prüfung BÜ	Freigabe Bauherr	abgelehnt Bauherr
(9)	(10)	(11)	(12)
15.01.03	19.02.03	20.02.03	–
28.01.03	10.02.03	12.02.03	–
02.02.03	10.02.03	10.03.03	–
02.02.03	14.02.03	–	10.03.03
12.02.03	22.02.03	10.03.03	–
24.02.03	12.03.03		
24.02.03	15.03.03		

bb. 6.31: Nachtragstabelle mit Sortierung des Status der Nachträge (Werte im oberen Teil und Chronologie der earbeitung im unteren Teil der Abbildung)

Auch die Chronologie der Nachtragsbearbeitung in Abb. 6.31 unten ist zur zeitnahen Aussage bezüglich des Bearbeitungsstands hilfreich. Nicht immer sind von der Bauüberwachung geprüfte Nachträge auch zeitnah beauftragt. Daher ist das Nachhalten der Postein- und -ausgänge und damit auch das Nachhalten der Nachtragsbestätigungen sinnvoll.

7 Terminplanung

7.1 Grundlagen, Werkzeuge und Darstellungsmöglichkeiten der Terminplanung

Die Ablauf- und Terminplanung bei Bauprojekten ist einer der wichtigsten und auch schwierigsten Arbeitsbereiche sowohl des überwachenden als auch des Unternehmer-Bauleiters. Die Ablauf- und Terminplanung setzt Berufserfahrung und Kreativität genauso voraus wie das Beherrschen der Arbeitsmittel und die Kenntnis der Vertragsgestaltung und der anzuwendenden Bautechnologien.

Die Ablaufplanung ist dabei die Dimensionierung und Aneinanderreihung der notwendigen Tätigkeiten, Vorgänge und Aktivitäten des betrachteten Prozesses. Die Terminplanung erweitert die Ablaufplanung um definierte bzw. berechnete Anfangs- und Endtermine. Erst durch die Festlegung der Anfangs- und Endtermine von Tätigkeiten, von Planungs- und Bauprozessen wird die zeitliche Verzahnung, also die Überlappung der einzelnen Vorgänge vollzogen, werden Stauchung oder Streckung von Summenprozessen fixiert.

Mit der Ermittlung des zeitkritischen Wegs im Projekt und der Bestimmung der notwendigen Personal- und Technikressourcen für jede Tätigkeit werden die Schwerpunkte des Planungs- und Bauablaufs deutlich.

Die Terminplanung bedeutet wie jede Planung ein Vordenken, ein Skizzieren des späteren Ablaufs unter Beachtung der entsprechenden Randbedingungen. Dafür gibt es entsprechende Hilfsmittel und Techniken, die im Folgenden einzeln beschrieben werden. Dennoch ist diese Tätigkeit des Vordenkens und Modellierens fehleranfällig, denn sie muss ja in der Theorie, im Vorhinein oder auch abseits der Baustelle gemacht werden, sodass nicht immer alle Randbedingungen gegenwärtig sind.

Besondere Wichtigkeit kommt der Terminplanung auch deshalb zu, weil diese u. a. die zeitlichen Rahmenbedingungen und Festlegungen für vertragliche Bindungen liefert. Fehler in der Terminplanung – oder auch praxisfremde Planungen – verursachen in der Baupraxis häufig erhebliches Streitpotenzial. Falsche Vertragstermine führen zu gegenseitigen Blockaden und somit zu Behinderungsanzeigen und im weiteren Verlauf zu Bauzeitverzögerungen, die wiederum Nachtragspotenziale schaffen und zu Kostensteigerungen führen.

Zu Beginn der Ablaufplanung steht die Analyse des zu planenden Prozesses – das Verständnis für die richtige Ablauffolge. Ein Prozess kann logisch, räumlich oder zeitlich gegliedert werden. Technische Prozesse folgen i. d. R. technologischen Abläufen. Diese Abläufe werden wiederum in Ablaufabschnitte, also räumlich oder geometrisch, unterteilt.

bb. 7.1: Typische Ablauffolge im Hochbau vom Abbruch bis zur Fertigstellung der Gebäudehülle: Abbruch, b) Spezialtiefbau, c) Erdbau, d) Rohbau – Monolithbeton, e) Rohbau – Montage, f) Fassadenmontage Quelle: Fotoarchiv KAISER BAUCONTROL)

Beispiel

Das Betonieren einer Geschossdecke wird in mehrere Betonierabschnitte eingeteilt. Jeder Betonierabschnitt bildet dabei eine Ablaufeinheit.

Als Ablaufeinheit wird ein Vorgang mit einer definierten Dauer, einem Starttermin, einem Endtermin und einer Ressource bezeichnet. Für jede Ablaufeinheit sind Zeit, Leistungsfortschritt und damit Kosten messbar und es sind Verantwortlichkeiten festgelegt. Die Verantwortlichkeit wird letztendlich über einen Bauvertrag bzw. eine Position des Bauvertrags fixiert.

Die zeitliche Folge von Ablaufeinheiten bildet dabei eine Ablauffolge. Diese ist in den meisten Fällen durch technologische Randbedingungen fixiert. Eine typische Ablauffolge im Hochbau wird im folgenden Beispiel dargestellt.

Beispiel

Typische Ablauffolge (siehe Abb. 7.1): Abbruch der Altbebauung – Spezialtiefbau (z. B. Herstellung einer Bohrpfahlwand für die Baugrube) – Erdbau (Aushub der Baugrube) – Rohbau (Monolith- und Montageprozesse) – Herstellung der Fassade und des Dachs (Gebäudeabschluss). Gut vorstellbar ist dabei auch, dass jede dieser vorgenannten Ablaufeinheiten durch eine separate Firma erbracht wird, dann entspricht die Ablaufeinheit einer Vergabeeinheit.

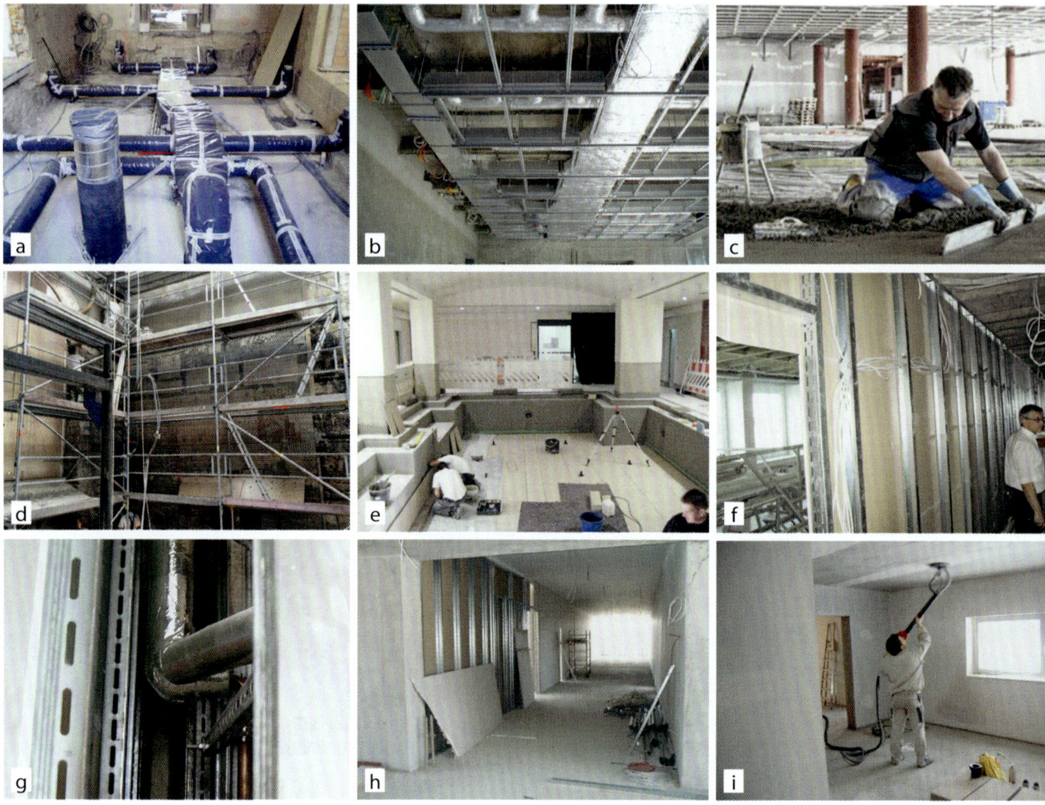

Abb. 7.2: Typische Ablauffolge im Hochbau – Technische Gebäudeausrüstung (TGA) und Ausbaugewerke „nass" und „trocken": a) Rohmontage TGA im Fußbodenbereich, b) Rohmontage TGA im Deckenbereich, c) Estrich („nass"), d) Innenputz („nass"), e) Fliesenlegen („nass"), f) Trockenbauwände, einseitig („trocken"), g) TGA-Montagen in den Trockenbauwänden („trocken"), h) Trockenbauwände, beidseitig („trocken"), i) Malerarbeiten (Quellen: Teilbild c) www.funk-bau.de, alle anderen Teilbilder aus Fotoarchiv KAISER BAUCONTROL)

Der aktuelle Trend, der bei vielen Bauherren beobachtet werden kann, ist die Vergabe an sogenannte Kumulativleistungsträger (Generalunternehmer, Generalübernehmer usw., siehe Kapitel 2). Hier zeigt sich eine Tendenz von Bauherren, die Terminplanung und die damit zusammenhängende Koordination an den Vertragspartner abzugeben. Viele Bauherren scheuen sich, Terminplanungen mit vertraglicher Bindung aufstellen zu lassen. Aber ungeachtet dessen, wo der Bauleiter in der Organisationsstruktur eines Bauprojekts steht, das Vordenken des späteren Prozesses muss bei ihm erfolgen. Denn dieses Planen von Abläufen und von sinnvollen Verzahnungen zwischen verschiedenartigen Arbeiten setzt, wie auch die konstruktive Gestaltung des Bauwerks, Ingenieurwissen voraus und ist eine Kombination aus Berechnung, Intuition und Erfahrung.

In den meisten Fällen gibt es einen Zusammenhang zwischen vereinbarten Terminen, Kosten und Qualitäten. Jede vereinbarte Bauleistung bedarf einer bestimmten Zeit für ihre Realisierung. Wenn viel Bauleistung bestellt wird, bedeutet dies meist auch eine längere Zeit für ihre Realisierung. Wenn hohe Qualitäten oder schwierige Leistungen gefordert sind, bedeutet dies meist auch einen größeren Zeitbedarf für deren Erbringung.

Unabhängig von der Trias Kosten – Termine – Qualität gibt es unter den am Bau Beteiligten unterschiedliche Interessenlagen und damit auch unterschiedliche Sichtweisen, was die Richtigkeit und Angemessenheit von Terminen anbelangt. Im Folgenden werden einige Argumente dargestellt und erläutert, um auch die Sichtweise des jeweils anderen Vertragspartners bei der Diskussion um die Angemessenheit der Termine besser werten zu können.

Ein Auftraggeber bzw. sein Erfüllungsgehilfe oder Dienstleister ist an den generellen Start- und Endterminen, also an der Gesamtdauer der Auftragsrealisierung des Vertragspartners interessiert. Er muss die von ihm zu leistenden Zahlungen zur richtigen Zeit gewährleisten (d. h. Geldmittel fristgerecht verfügbar haben). Vielfach steht auch der Bauherr selbst unter Druck, weil er sein Bauwerk schon vermietet hat, der Nutzungsbeginn bereits feststeht oder weil es politisch motivierte Fristen gibt.

Beispiele

> Bei Verkaufseinrichtungen des Einzelhandels gibt es aus Betreibersicht nur einige wenige Termine im Jahr, zu denen überhaupt eine Geschäftseröffnung mit entsprechendem Marketingauftritt akzeptiert wird.
>
> Der Ministerpräsident ist zur Grundsteinlegung eingeladen oder ein wichtiges Gebäude soll noch rechtzeitig vor der nächsten Kommunalwahl in Betrieb gehen.

Diese Randbedingungen hat auch der überwachende Bauleiter zu respektieren und auf deren Einhaltung hinzuarbeiten.

Der Auftragnehmer bzw. sein Unternehmer-Bauleiter sieht die Realisierung der vereinbarten Bauleistung mit den ihm zur Verfügung stehenden Ressourcen an Arbeitskräften, Maschinen und Geräten sowie der von ihm anzuwendenden Technologie des Bauens im Vordergrund seiner Terminplanung. Er weiß von Zwängen aus den anderen, parallel laufenden Baustellen, wo die benötigten Geräte erst später frei werden. Und gerade zu Baustellenbeginn fehlt ihm oft die Zeit, nach den günstigsten Einkaufsmöglichkeiten zu suchen und entsprechende Lieferanten und Nachunternehmer zu binden. Wenn der Auftraggeber in der Vertragsverhandlung möglichst kurze Ausführungszeiten fordert, kann es vorkommen, dass dies aus unterschiedlichen Gründen für die Ausführungsfirma nicht der optimale Terminplan ist.

Beispiel

> Während die Vertreter des Auftraggebers der Meinung sind, große Betonierabschnitte für eine Geschossdecke zu benötigen, wird der Unternehmer-Bauleiter des Ausführungsunternehmens dagegen an die ihm zur Verfügung stehende Deckenschalung denken und möglicherweise diese Decke in mehrere Abschnitte einteilen und betonieren wollen. Dies hat natürlich Auswirkungen auf den Terminplan, zumindest auf den Detailterminplan des Ausführungsunternehmens.

Bevor wir uns den unterschiedlichen Gliederungstiefen und Ebenen der Terminplanung zuwenden (siehe Kapitel 7.2), werden zunächst die in der

Los Nr.	Bezeichnung	Bauabschnitt	Vertrag	Ausführungsunternehmen	verantw. Überwachender BL	zust. Bauherrnvertreter	Fertigstellungsmeldung	Vorbegehung	Abnahme	Nachbegehung	Status
(1)	(2)	(3)	(4)	(5)	(6)	(7)	(8)	(9)	(10)	(11)	(12)
Ausbau II											
10	Trockenbau	A	A014-24	Mustermann 1	Planer 1	Ansprechpartner X	23.07.2014	24.07.2014	28.7.14 8:00		abgenommen
11	Maler	A	A013-54	Mustermann 2	Planer 2	Ansprechpartner Y	24.07.2014	25.07.2014	30.7.14 8:00	25.08.2014	Restleistungen of
12	Tischler Innentüren	A	A014-34	Mustermann 3	Planer 3	Ansprechpartner Z	05.08.2014	07.08.2014	15.8.14 8:00		abgenommen

Abb. 7.3: Terminplan als Terminliste (Beispiel)

Terminplanung verwendeten Darstellungsmöglichkeiten und Berechnungsmodelle erläutert.

Die folgenden Beispiele für Terminpläne sind mit dem Programm Microsoft Project 2013 erstellt. Dieses ist allgemein verfügbar und in der Baupraxis in breiter Anwendung. Obwohl dieses Programm nicht ausdrücklich für Bauprojekte entwickelt wurde, ist es doch für die Anwendung in Bauprojekten gut geeignet. Eine Ausnahme bildet die Terminplanung bei sogenannten Linienbaustellen. Darauf wird jedoch an den entsprechenden Stellen im Abschnitt zum Thema Zyklogramme bzw. Weg-Zeit-Diagramme eingegangen.

Bei der Terminplanung unterscheidet man die folgenden Darstellungsmöglichkeiten:

- Terminlisten
- Balkenplan oder GANTT-Diagramm
- Weg-Zeit-Diagramm oder Zyklogramm
- Netzpläne
- Kombinationen vorstehender Darstellungen (z. B. „vernetzter Balkenplan“)

Die einfachste Form der Terminplanung ist das Auflisten von Terminen in sogenannten Terminlisten. Terminlisten werden verwendet bei zeitlich dicht beieinanderliegenden Einzelterminen, deren Darstellung im Balkenplan nicht oder nur unzureichend möglich ist. Anwendung finden Terminlisten in Bauprojekten z. B. bei der Terminplanung von öffentlichen Ausschreibungen von Bauarbeiten und der genauen, kalendarischen Definition von Einzelterminen und Fristen gemäß VOB oder VgV im Planungs- und Dienstleistungsbereich.

Bei der Organisation von Abnahmen, die ebenfalls zeitlich eng gedrängt und im Hochbau gegen Ende des Bauprojekts in großer Anzahl anfallen, werden ebenfalls zweckmäßigerweise Terminlisten verwendet. Unternehmer-Bauleiter verwenden Terminlisten auch, wenn es um viele letzte Restarbeiten geht oder wenn längere Mängellisten in kurzer Zeit abzuarbeiten sind.

Die wohl gängigste und meist verbreitete Darstellungsform in der Terminplanung ist jedoch der Balkenplan oder das Balkendiagramm. In der älteren Literatur wird auch der Begriff des GANTT-Diagramms verwendet, nach dem Erfinder dieser Darstellungsform Henry L. Gantt (1861–1919). Im Balkendiagramm werden die Arbeiten und Tätigkeiten als Balken unter einen Zeitstrahl gezeichnet, wobei die Länge des Balkens von der Dauer der Tätig-

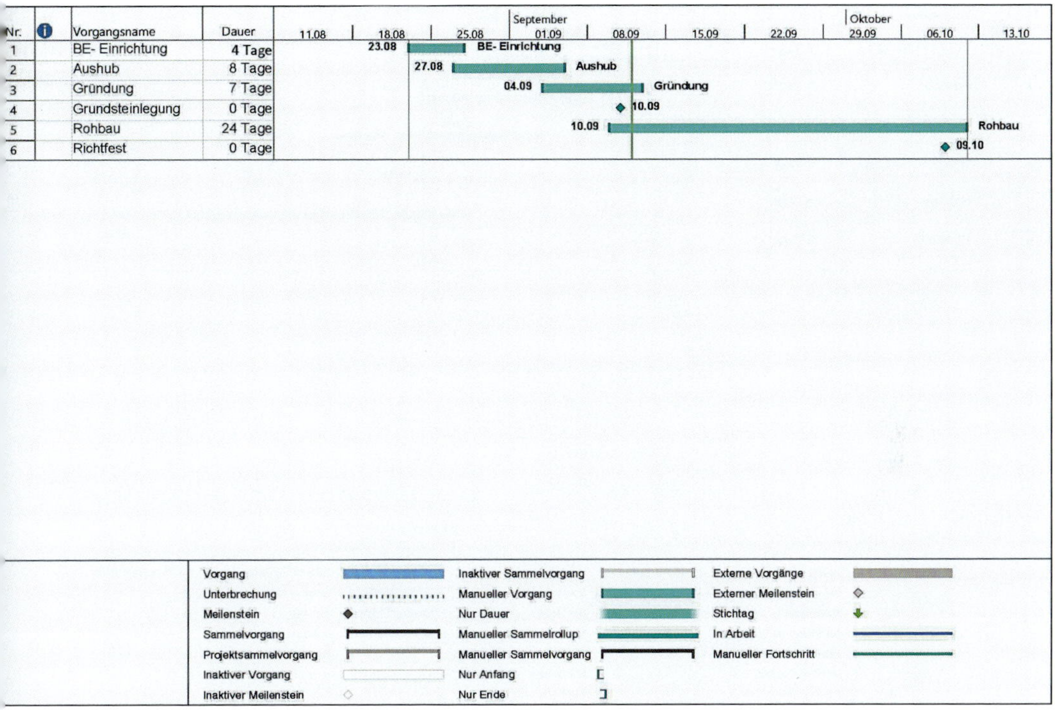

bb. 7.4: Terminplan als Balkenplan (Screenshot aus Microsoft Project 2013)

keit abhängig ist und maßstäblich, also zeitproportional gezeichnet wird. An der Y-Achse werden von oben nach unten die entsprechenden Tätigkeiten als Vorgänge aufgelistet. Dann werden entlang des Zeitstrahls (X-Achse) auf Höhe der entsprechenden Tätigkeit die Balken gezeichnet.

Der Balkenplan hat den Vorteil der leichten Lesbarkeit und Übersichtlichkeit. Er ist einfach zu zeichnen und durch jahrzehntelange Praxis bei vielen am Bau Beteiligten als die gängige Darstellungsform bekannt. Zusammenhänge oder Abhängigkeiten zwischen verschiedenen Vorgängen lassen sich jedoch nicht immer zweifelsfrei ableiten.

Auf dem Markt der Softwareanbieter gibt es eine Vielzahl von Programmen zur Unterstützung der Ablauf- und Terminplanung hinsichtlich der grafischen Umsetzung von Balkenplänen. Das in Abb. 7.4 gezeigte Beispiel eines Balkenplans ist dem auch über das Bauwesen hinaus weit verbreiteten Programm Microsoft Project entnommen.

In Balkenplänen, die mit Programmen der neueren Generation erstellt wurden, lassen sich neben dem Anfangs- und dem Endzeitpunkt eine Reihe von zusätzlichen Informationen unterbringen, wie Abb. 7.5 und 7.6 zeigen. So können in den Vorgangszeilen des Diagramms Soll- und Ist-Balken eingetragen und zusätzlich der Fertigstellunggrad angegeben werden. Auch verbale Erläuterungen und Grafiken lassen sich bei den meisten Ablaufplanungsprogrammen direkt einfügen.

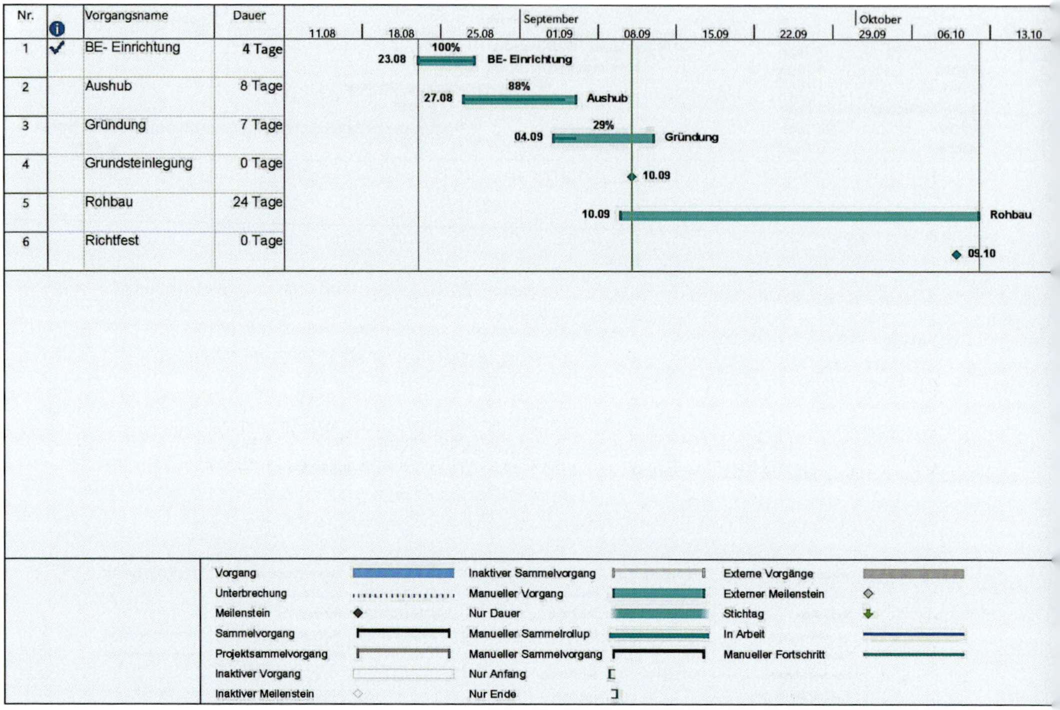

Abb. 7.5: Terminplan als Balkenplan mit Darstellung des Fertigstellungsgrads je Vorgang (Screenshot aus Microsoft Project 2013)

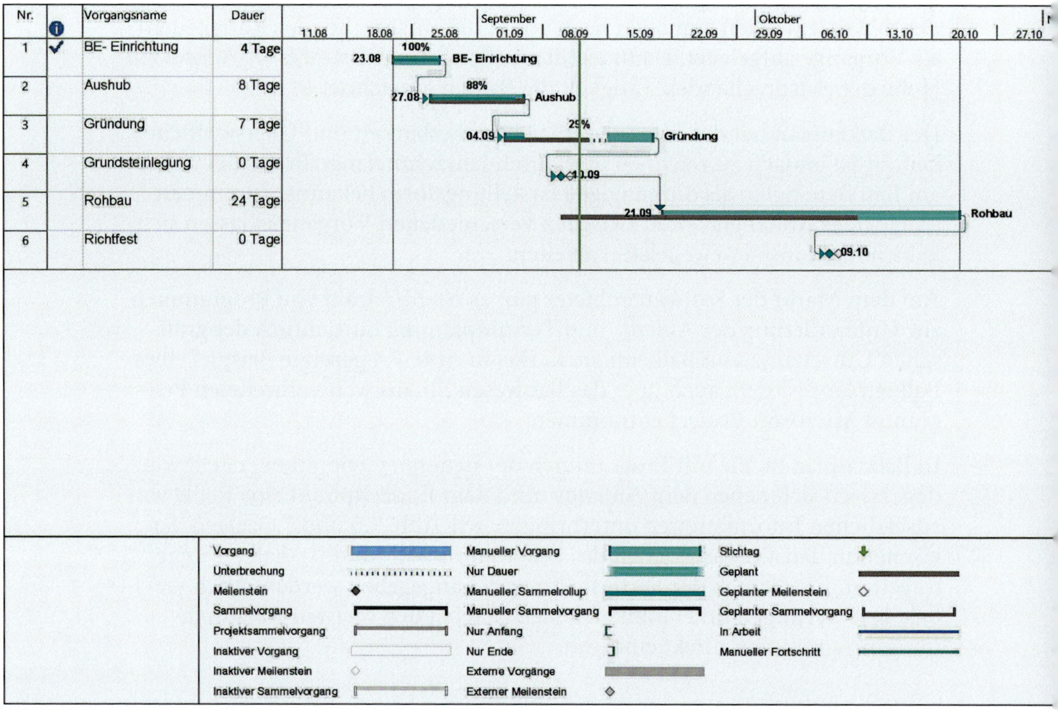

Abb. 7.6: Überwachungsterminplan mit Soll-/Ist-Darstellung der Anordnungsbeziehungen (AOBs) als vernetzter Balkenplan (Screenshot aus Microsoft Project 2013)

Abb. 7.5 zeigt einen Terminplan, bei dem der aktuelle Fertigstellungsgrad verzeichnet ist. Solch ein Terminplan muss ständig gepflegt werden. Die Abbildung zeigt den Bautenstand in der Mitte der ersten Januarwoche, wie man am Ende der am weitesten nach rechts reichenden grauen Balken sehen kann.

Eine häufig angewendete Balkenplandarstellung ist der Überwachungsbalkenplan, der mit Soll-/Ist-Termininformationen versehen ist (siehe Abb. 7.6). Er besteht eigentlich aus 2 Balkenplänen, einem ursprünglichen mit den Terminen des Soll-Ablaufs und einem aktuellen mit den Ist-Terminen. Beide werden übereinander in die entsprechende Vorgangszeile eingetragen, die zu diesem Zweck horizontal geteilt wird. Die Verschiebung des Ist-Balkens gegenüber dem Soll-Balken zeigt deutlich die Veränderung bezogen auf den ursprünglichen Terminplan.

Interessant für die Terminkontrolle von Baustellen wird der Balkenplan dadurch, dass nicht nur der aktuelle Ist-Stand der Baustelle eingetragen wird, sondern dass darüber hinaus auch aktuelle Datumslinien eingetragen werden. Das heißt, der überwachende Bauleiter oder auch der Unternehmer-Bauleiter zeichnet zu einem bestimmten Stichtag eine senkrechte Linie, ausgehend von dem gewählten Datum, und verbindet dann alle Endpunkte der den Ist-Leistungsstand repräsentierenden Balken miteinander. Abgeschlossene Vorgänge bleiben dabei unberücksichtigt. So entsteht bei einem exakt im Terminplan ablaufenden Prozess ein einfacher senkrechter Datumsstrich. Bei nicht termingerecht ablaufenden Arbeiten ergibt sich dagegen eine gezackte Linie, die sehr augenfällig zeigt, welche Vorgänge zu diesem Zeitpunkt vorfristig (Zacken nach rechts) und welche verspätet (Zacken nach links) laufen.

Eine weitere Darstellungsform ist das Zyklogramm oder Weg-Zeit-Diagramm, bei dem zusätzlich zur Darstellung der Tätigkeit auf einer Zeitachse (Balkendiagramm) auch eine Wegachse zur Modellierung der Baustelle genutzt wird. Die Vorstellung der realistischen Darstellung einer Baustelle auf einer Wegachse, d. h. nur eindimensional, scheint zunächst unmöglich. Wie soll ein Haus, welches ja in 3 Dimensionen gebaut wird, auf einer eindimensionalen Wegachse dargestellt werden? Naturgemäß lassen sich besonders gut sogenannte Linienbaustellen auf diese Weise darstellen. Die Anwendung ist also bei Vorhaben des Straßen- und Eisenbahnbaus, des Tunnel- und Kanalbaus recht praktikabel.

Das Anwendungsbeispiel in Abb. 7.8 zeigt den Terminplan eines Autobahnprojekts als Weg-Zeit-Diagramm.

Die Anschaulichkeit des Weg-Zeit-Diagramms wird dadurch unterstützt, dass auf der Abszisse eine Abbildung oder Schemazeichnung des tatsächlichen Bauwerks eingefügt werden kann, wie in Abb. 7.9 gezeigt. Dagegen ist die Darstellungsform der Tätigkeiten eher gewöhnungsbedürftig. Zur Erläuterung des Diagramms müssen entweder die Tätigkeiten explizit an die Vorgangslinien geschrieben werden, oder es muss eine entsprechend grafische Differenzierung der Linien zusammen mit einer erläuternden Legende gewählt werden.

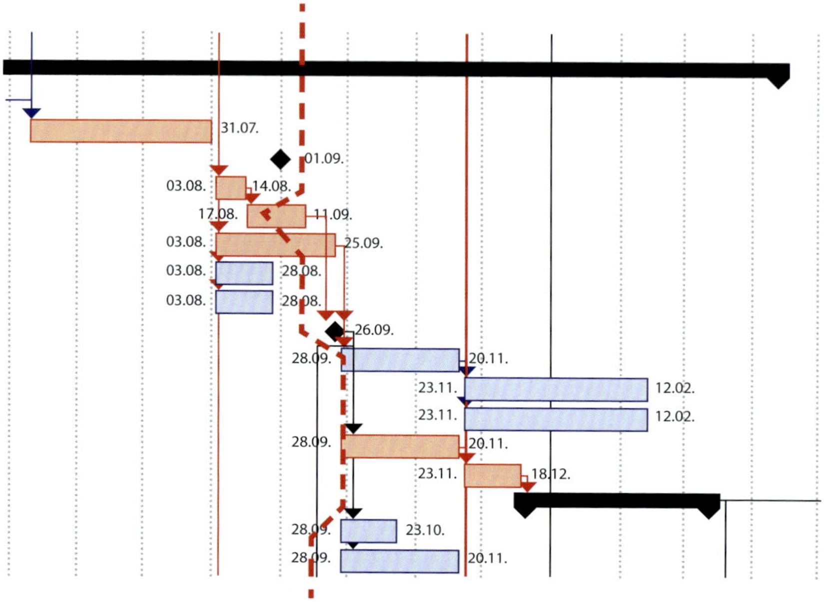

Abb. 7.7: Visualisierung einer Stichtagskontrolle im Balkenplan, Vorgänge auf dem kritischen Weg sind rot dargestellt

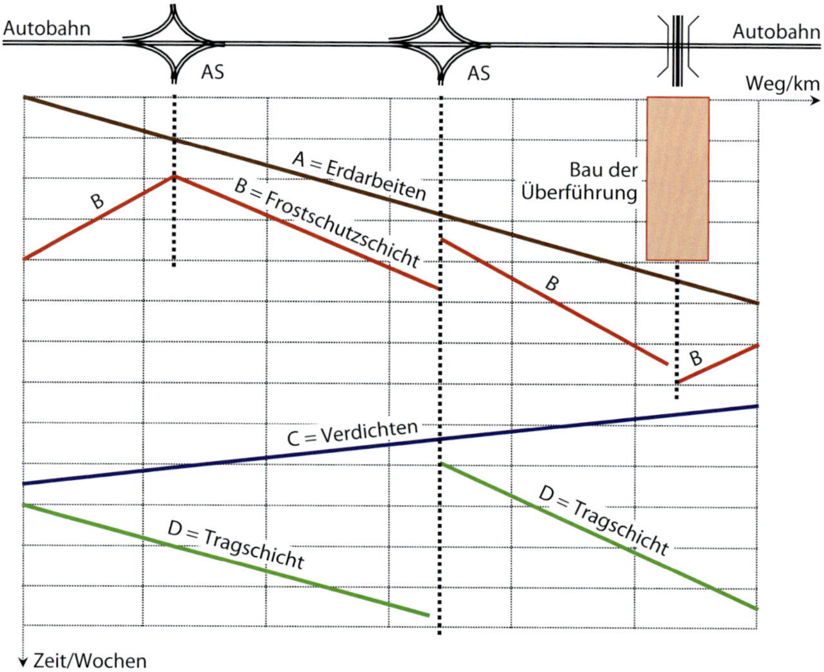

Abb. 7.8: Terminplan für eine Autobahnbaustelle als Weg-Zeit-Diagramm

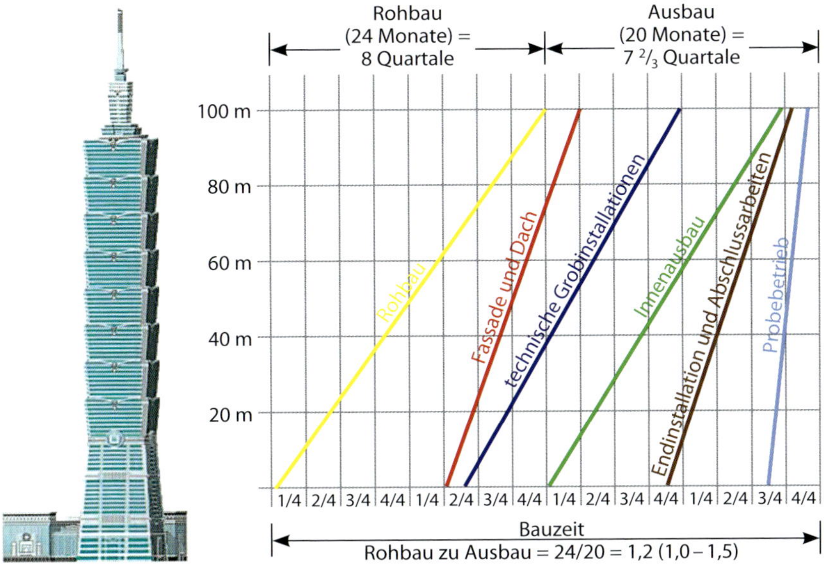

Abb. 7.9: Gliederung der Hauptarbeiten an einem Hochhaus

An Abb. 7.8 erkennt man zugleich die Grenzen der Terminplanung in einer Weg-Zeit-Darstellung: Der Bau der Überführung, oben rechts, ist eine Teilmaßnahme, die sich nicht in der Örtlichkeit „bewegt", also ein Prozess, der ortsfest durchgeführt wird. Dadurch kann bei der zweidimensionalen Darstellung der Baufortschritt nicht grafisch überzeugend repräsentiert werden. Idealisiert würde man hier nur einen senkrechten Strich – Zeitverbrauch ohne Ortsveränderung – sehen. Für Weg-Zeit-Diagramme braucht es also immer auch den Baufortschritt entlang einer geometrischen Linie.

So wie für Linienbaustellen in Weg-Zeit-Diagrammen die Bauteilgeometrie als Abszisse und die Zeitachse als Ordinate gesetzt werden, so kann man für ausgeprägte Punktbaustellen, wie z. B. Schächte, Hochhäuser und Türme, die beiden Achsen vertauschen. Dann wird das Bauwerk grob als Ordinate am linken Rand aufgezeichnet und die Zeitachse horizontal angeordnet. Damit kann man gut die lineare Entwicklung eines Hochhauses oder das Abteufen eines Schachts über die Zeit darstellen (Abb. 7.9).

Die bis hier vorgestellten und diskutierten Darstellungsformen können meist manuell erstellt werden und sind durch ihre übersichtliche Darstellung leicht lesbar. Zudem können sie händisch ergänzt, korrigiert oder auch nachgeführt werden.

Bei komplexen Projekten werden jedoch Terminpläne erforderlich, die rechnerunterstützt entwickelt und gepflegt werden können. Bei Balkenplänen ist bei umfangreichen Projekten mit 100 oder 200 Vorgängen nicht immer klar, wie entsprechende Verzahnungen der Vorgänge zusammenhängen und ob die Randbedingungen ausreichend berücksichtigt worden sind. Die Terminplanung bedient sich bei komplexeren Vorhaben daher der Netzplantechnik, bei der Vorgänge in Netzplänen dargestellt werden. Als Grundlage dieser unmaßstäblichen Netze dient die Graphentheorie, ein

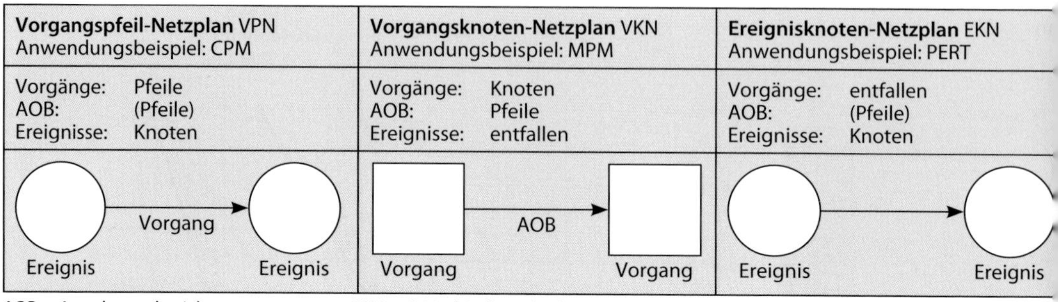

AOB Anordnungsbeziehung
MPM Metra-Potenzial-Methode
VPN Vorgangspfeilnetz
CPM Critical Path Method
PERT Program Evaluation and Review Technique
EKN Ereignisknotennetz
VKN Vorgangsknotennetz

Abb. 7.10: Darstellungsformen und Berechnungsmodelle in der Netzplantechnik (Quelle: Bargstädt/Steinmetzger, 2013, S. 209)

Teilgebiet der Mathematik, das im Übrigen auch die Berechnung und Optimierung von Verkehrs- oder Energienetzen ermöglicht. Die Aufbereitung und Darstellung auf Basis der Graphentheorie erlaubt dem Bauingenieur eine hochprofessionelle rechnerunterstützte Bearbeitung durch den Zugriff auf allgemein gültige mathematische Zusammenhänge und Berechnungsalgorithmen. Doch die Spezifika des Bauablaufs muss er selbst modellieren. Das betrifft im Wesentlichen die Prozessbeschreibungen, die gegenseitigen Abhängigkeiten und die Ressourcen. Durch die Beschreibung der Anordnungsbeziehungen (AOBs) zwischen den einzelnen Vorgängen ist die Termin- und Ressourcenplanung damit auch bei komplexen und stark verflochtenen Abläufen möglich.

Die Netzplantechnik ist ein Instrumentarium des Operations Reseach (OR) und nutzt unterschiedliche Algorithmen mit unterschiedlichen Darstellungs- und Ablaufelementen. Die Darstellungselemente sind Kanten und Knoten. Je nach Verwendung dieser Elemente unterscheidet man das Vorgangsknotennetz (VKN), das Vorgangspfeilnetz (VPN) oder auch Ereignisknotennetze (EKN).

Den unterschiedlichen Darstellungsformen liegen auch unterschiedliche Berechnungsmodelle zugrunde. So unterscheidet man

- die „Metra-Potenzial-Methode“ (MPM), deren Ergebnisse in Vorgangsknotennetzen dargestellt werden,
- die „Methode des kritischen Wegs“ (Critical Path Method – CPM), deren Ergebnisse in Vorgangspfeilnetzen dargestellt werden, sowie
- die „Ergebnis- und Rückblicktechnik“ – PERT (Program Evaluation and Review Technique) zur stochastischen Netzberechnungen. Mittels PERT ermittelte Ergebnisse werden mit Ereignisknotennetzen dargestellt.

Bei der Anwendung im Bauwesen werden Netzpläne als Vorgangsknotennetze verwendet. Es werden damit die einzelnen Vorgänge, auch Aktivitäten genannt, in sogenannten „Knoten“ oder „Kästen“ beschrieben und die Verbindungen (AOBs) werden mit „Pfeilen“ dargestellt.

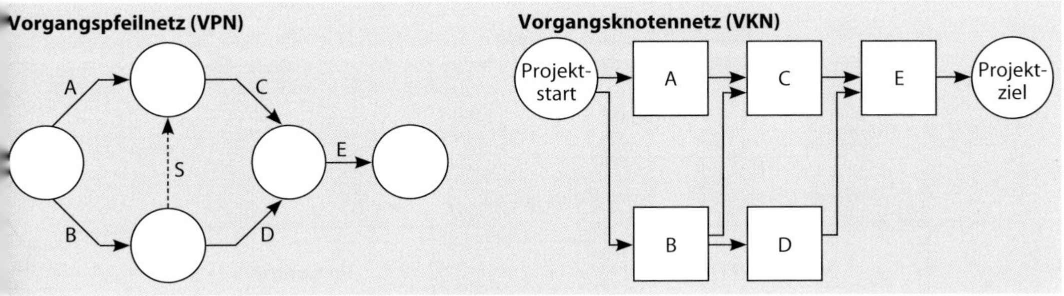

Abb. 7.11: Schemata der Netzplandarstellungsmöglichkeiten (Quelle: Bargstädt/Steinmetzger, 2013, S. 209)

Tabelle 7.1: Grundelemente der Netzplantechnik

Bezeichnung	**Definition**
Vorgang	eindeutig abgegrenzter Teilprozess oder Arbeitsgang bzw. die Abarbeitung eines Arbeitspakets. Die Vorgangsdauer ist der Zeitaufwand vom Beginn bis zum exakt definierten Ende eines Vorgangs. Vorgänge können zusätzlich zum vereinbarten Zeitaufwand mit Ressourcen belegt werden.
Ereignis	beschreibt nur Beginn oder Ende eines Vorgangs bzw. das Eintreten eines Zustands
Anordnungsbeziehungen (AOB)	stellen die Abhängigkeiten der Vorgänge untereinander, die Reihenfolge und die Startbedingungen bzw. die Abhängigkeit der Ereignisse dar. Es lassen sich dabei AOB ohne Zeitangaben (logische AOB) und AOB mit Zeitangaben (zeitlogische AOB) unterscheiden.

Bei der Terminplanung wird gemäß DIN 69900 „Projektmanagement – Netzplantechnik; Beschreibungen und Begriffe“ (2009), die Grundlagen, Prozesse, Prozessmodelle, Methoden, Daten und Datenmodelle beschreibt, insbesondere bei der Netzplantechnik mit einheitlich definierten Elementen gearbeitet. DIN 69900 nennt dabei für die Modellierung 3 Grundelemente: den Vorgang, das Ereignis und die Anordnungsbeziehung.

Vorgang und Ereignis werden inhaltlich auch bei anderen Darstellungsformen der Terminplanung (Balkenpläne und Zyklogramme) verwendet. Die Anordnungsbeziehung (AOB) wird jedoch nur bei der Netzplantechnik rechentechnisch berücksichtigt. Je nach Rechenmodell unterscheidet man Anordnungsbeziehungen nach dem jeweiligen „Bezugszeitpunkt“ des Vorgängers oder dem Startereignis des betrachteten Vorgangs.

Abb. 7.12 zeigt die 4 üblichen Kopplungen bei AOBs gemäß DIN 69900. Diese sind:

- Ende-Anfangs-Kopplung (Normalfolge)
- Anfangs-Ende-Kopplung (Sprungfolge)
- Anfangs-Anfangs-Kopplung (Anfangsfolge)
- Ende-Ende-Kopplung (Endfolge)

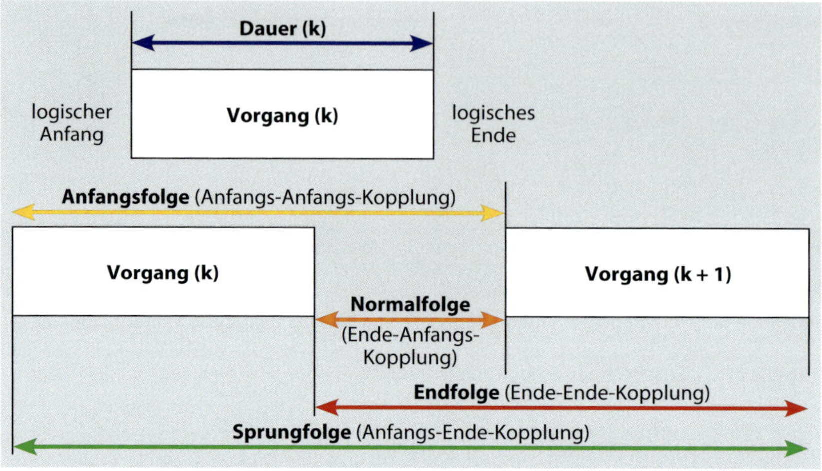

Abb. 7.12: Anordnungsbeziehungen im Vorgangsknotennetz

Wie Abb. 7.12 zeigt, lassen sich im Netzplan unterschiedliche Formen von AOBs zur Modellierung des tatsächlichen Prozesses nutzen. Die meisten AOBs lassen sich bei Bauprojekten jedoch mit der Normalfolge beschreiben. Bei Nutzung der Normalfolge als zeitlogische AOB, d. h. mit Zeitangabe, kann auch mit positivem oder negativem zeitlichen Versatz gearbeitet werden. Hierbei entstehen bei negativem zeitlichen Versatz „Überlappungen" und bei positivem zeitlichen Versatz „Abstandszeiten" oder auch technologische Pausen.

Nachfolgend sind einige Beispiele für die unterschiedliche Anwendung der Normalfolge im Netzplan aufgeführt:

Beispiele

> Der Vorgang Erdbau kann beginnen, wenn der Vorgang Abbruch komplett fertiggestellt ist. Dabei handelt es sich um eine AOB in Normalfolge ohne zeitlichen Versatz.
>
> Der Vorgang Ausschalen der Stützen kann wegen der zu berücksichtigenden Abbindezeit des Betons erst 15 Kalendertagen (KT), gerechnet ab Abschluss des Betonierens, beginnen. Es handelt sich hier ebenfalls um eine Normalfolge, jedoch mit 15 KT zeitlichem Versatz, also einer technologischen Pause zwischen dem Ende des Vorgang Betonieren und dem Beginn des Vorgangs Ausschalen der Stützen.
>
> Der Vorgang Reinigungsarbeiten mit einer Dauer von 18 KT kann vor Beendigung der Ausbauarbeiten beginnen und würde dann 3 KT nach Ende der Ausbauarbeiten ebenfalls abgeschlossen werden. Es handelt sich dabei um eine Normalfolge mit negativem zeitlichen Versatz (Überlappung) von –15 KT.

Wichtigstes Kriterium bei der Wahl der AOB ist die praxisnahe Darstellung des modellierten Prozesses im Rechengang. Überprüfen lässt sich die Wahl mit der Kontrollfrage: Was passiert bei einer zeitlichen Verzögerung des Vorgängers? Wird die Auswirkung auf den betrachteten Vorgang dann immer noch realistisch abgebildet?

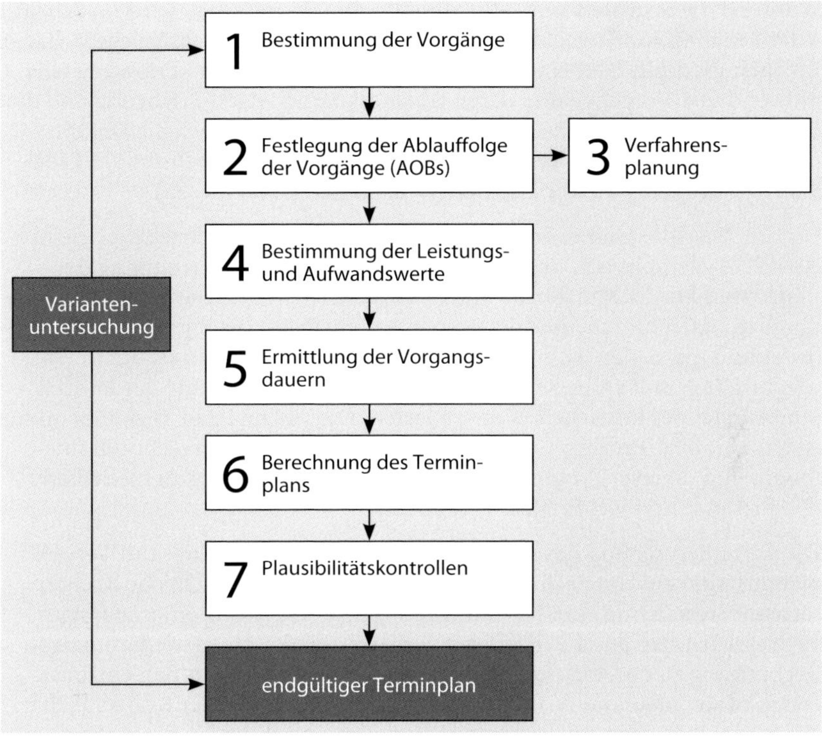

Abb. 7.13: Vorgehensweise bei der Terminplanung

Beispiele

Wenn der Abbruch nicht fertiggestellt ist, kann auch der Erdbau nicht beginnen. Dann ist die Normalfolge die korrekte Modellierungsvariante.

Wenn der Abbruch nicht fertiggestellt ist, kann der Erdbau mit entsprechendem Vorlauf dennoch beginnen. In diesem Fall ist die Anfangsfolge als zeitlogische AOB mit einem entsprechenden Zeitabstand von + x KT die korrekte Modellierungsvariante.

Praxistipp zu Terminplänen

Terminpläne sollten möglichst einfach und übersichtlich gestaltet werden, ggf. mit etwas Farbe und verständlichen Symbolen. Dadurch wird der Terminplan zur wertvollen Hilfe, um die Abläufe leichter zu kontrollieren. Und falls eine Überarbeitung des Terminplans notwendig wird, sind die Bezüge einfacher zu überprüfen, womit sich die Revision oder Anpassung solcher Pläne ebenfalls einfacher gestaltet. Ende-Anfang-Beziehungen, also die Normalfolge, auch wenn mit zeitlichem Versatz, sind wesentlich schneller logisch zu erfassen als die anderen 3 AOBs.

Generell lässt sich die Vorgehensweise bei der Ablauf- und Terminplanung wie in Abb. 7.13 dargestellt beschreiben.

Während die Schritte 1 und 2 die Ablaufplanung umfassen, wird im Schritt 4 der Leistungsumfang, also die Größe der Ablaufeinheit, festgelegt (z. B. ein Betonierabschnitt oder eine Vergabeeinheit). Nicht nur die Erfassung aller notwendigen Vorgänge und deren Ablaufplanung setzen Erfahrung und die Verfügbarkeit von Vergleichsobjekten voraus, sondern auch die Bestimmung der Dauer eines Vorgangs in Schritt 5 (hierzu sei auch auf die Tabellen 7.2 und 7.3 mit Erfahrungswerten der Gewerke verwiesen).

Erst im Anschluss daran erfolgt die Berechnung, z. B. im Netzplan (wie in Abb. 7.14 exemplarisch dargestellt), und damit auch die Ermittlung des Endzeitpunkts des Bauablaufs und des kritischen Wegs. Das Ergebnis kann durchaus dazu führen, dass der soeben entworfene Ablauf geändert, überarbeitet und mit neuen Aufwandswerten versehen werden muss, um in einer wiederholten und verbesserten Berechnung die Veränderung des Endzeitpunkts oder des kritischen Wegs zu testen. Die Ablauf- und Terminplanung ist ein iterativer Prozess, für den es das Beherrschen der Berechnungsmethodik und diverser Programme, die vertiefte Kenntnis der zu modellierenden Prozesse und viel Erfahrung braucht.

Die Optimierung und das iterative Vorgehen bei der Ablauf- und Terminplanung sind aus unterschiedlichen Gründen nötig. Tatsächliche Rechenansätze müssen richtig gewählt und deren rechnerische Auswirkung festgestellt werden, um anschließend mit verbesserten Ansätzen wiederum den Rechengang zu durchlaufen. Zum Beispiel ergeben sich aus den einzubauenden Materialvolumina, aus den Kolonnengrößen, aus der Krankapazität, aus technologischen Aushärteprozessen oder wegen der Verfügbarkeit anderer Ressourcen oder aus anderen Randbedingungen klare rechnerisch ermittelbare Dauern.

Meist ist jedoch ein gewünschter oder bereits vereinbarter Fertigstellungstermin einzuhalten, und es muss das richtige Verfahren oder die notwendige Leistungsdimensionierung gefunden werden, mit der dieser Termin sicher erreicht werden kann. Ein typisches Beispiel ist im Ausbau der Wechsel vom ursprünglich geplanten preisgünstigen Zementestrich auf einen epoxidharzmodifizierten Estrich mit sehr kurzen Austrocknungszeiträumen und mit der Chance zur Verkürzung der Bauzeit um ca. 4 Wochen.

Bei der Ermittlung der Vorgangsdauern zieht man insbesondere in der Bauausführung die Leistungswerte eines Baugewerks heran, die man je nach Schärfegrad detailliert mit gewerkebezogenen Mengenansätzen oder deutlich gröber mit geometrischen Bezugsgrößen (z. B. Bruttogrundfläche oder Bruttorauminhalt, siehe Kapitel 6) multipliziert.

Beispiele für Leistungswerte ausgewählter Bauleistungen sind in den Tabellen 7.2 und 7.3 zusammengestellt. Mit diesen Zeitansätzen werden unter Beachtung typischer Kolonnenstärken wiederum Ansätze für die Dauern der Vorgänge in der Ablaufplanung ermittelt. Die Wahl des Leistungswerts und der Ansatz für die Kolonnenstärke der betrachteten Tätigkeit bestimmen – multipliziert mit der Leistungsmenge – die Dauer eines Vorgangs (Schritt 4 und 5 in Abb. 7.13).

Der überwachende Bauleiter sollte dabei darauf achten, dass er entsprechend seiner Stellung im Projekt die Ermittlung der Zeitansätze nicht zu genau vornimmt. Ein Sicherheitszuschlag von 5 bis 10 % der Vorgangsdauer

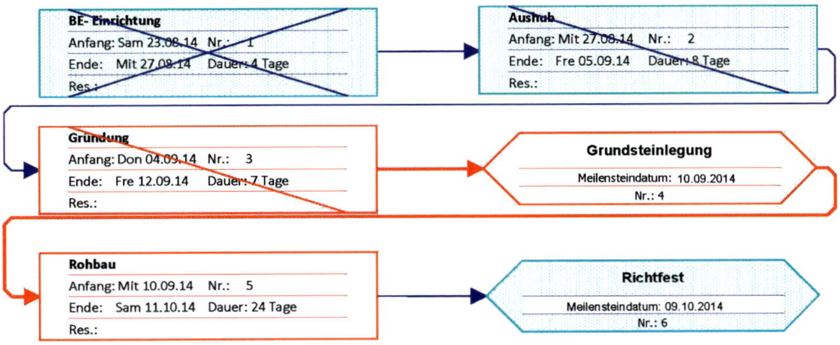

Abb. 7.14: Beispielausdruck zum Stichtag 5.9.2014 mit Netzplandarstellung (abgeschlossen/in Arbeit/offen)

ist durchaus üblich und legitim. Für die Bauleitung ist genauso wie für die Projektleitung die Tages- oder Wochenleistung einer eingesetzten Arbeitskolonne maßgebend, nicht der einzelne Arbeitstakt.

In der Praxis hat sich die früher fest verbreitete Standardisierung von Kolonnenstärken sehr abgeschliffen. Aufgrund der sehr viel stärker eingesetzten Mechanisierung aktueller Baustellen mit Hebezeugen und anderen technischen Hilfen ist oft keine starre Kolonnenzusammensetzung mehr notwendig, sondern diese wird je nach Verfügbarkeit und Einsatznotwendigkeit flexibel gehandhabt. Vor allem bei kleinen Baustellen und kurzen Einsatzzeiten wird vielmehr bestimmt, wie viele Mitarbeiter in einem Transporter mitfahren können, damit das Bauunternehmen auf diese Weise Nebenkosten einspart.

Praxistipp zur Kolonnenstärke

Auch wenn die Kolonnengrößen bei größeren Bauprojekten vielfach flexibel gehandhabt werden, so gibt es eine Vielzahl von Gewerken, bei denen ein einzelner Handwerker auf die Dauer nicht leistungsfähig arbeiten kann. Beim Transport größerer Elemente, bei komplexer Montage, aber auch aus Gründen der Arbeitssicherheit und gegenseitigen Unterstützung sollte i. d. R. mit einer Kolonnenstärke von mindestens 2 Mann disponiert werden.

Die Formeln 7.1 bis 7.3 stellen Berechnungsansätze für Grobterminpläne dar.

Die Dauer des Rohbaus in Abhängigkeit vom Schwierigkeitsgrad der Rohbaukonstruktion berechnet sich wie folgt:

$$\frac{(0{,}5 \ldots 1{,}1 \cdot \text{Ah/m}^3\,\text{BRI} \cdot \text{x m}^3\,\text{BRI})}{\text{Anzahl der AK}} \qquad (7.1)$$

mit

Ah Arbeitsstunden
AK Arbeitskräfte (gewerbliche Arbeitnehmer)
BRI Bruttorauminhalt in m^3

Tabelle 7.2: Aufwands- und Leistungswerte ausgewählter Bauarbeiten für die Terminplanung, Teil 1

LB	Gewerk	typ. Kolonnenstärke	Grenzwerte für weitere Kolonne
012	Mauerarbeiten - 24 cm-Wand	 4	 50–60 m^3
015	Betonwerksteinarbeiten	3	100 m^2
016	Zimmerarbeiten - Dachstühle	 4	
020	Dachdeckungsarbeiten - Dachziegel auf Lattung	 3	 400 m^2
022	Klempnerarbeiten - Falzdeckung Zn oder Cu	 3	 150–200 m^2
023	Putzarbeiten - Wand-/Deckenputz einlagig - Edelputz, zweilagig	 3	 300–500 m^2
024	Fliesenarbeiten - Fliesen 15/15 - Dünnbett, Wand - Dünnbett, Boden	 2	 50–100 m^2
025	Estricharbeiten - Zementestrich, schwimmend, 50 mm - Anhydritestrich	 3	
034	Malerarbeiten - Anstrich auf Putz- und Betonflächen	 4	 200 m^2 NF
036	Bodenbeläge - Verbundestrich mit Anstrich - PVC auf Estrich - Textil auf Estrich - Linoleum auf Estrich	2	100–200 m^2
039	Trockenbau - U-Decken Unterkonstruktion Gipskarton - Paneel-Decke (20–40 m^2) - Gipskarton-Trennwände Unterkonstruktion einl. Beplankung	4	100–200 m^2

Tabelle 7.3: Aufwands- und Leistungswerte ausgewählter Bauarbeiten für die Terminplanung, Teil 2

Gewerk	Leistung je Kolonne			
	Tag	Woche	Einheit	Kolonnenstärke
Betonwerkstein	24	120	m^2	3
Zimmerarbeiten	160	800	m^2	4
Dachdeckungsarbeiten				3
Ziegel	18	92	m^2	
Blech	24	120	m^2	
Putzarbeiten				3
innen	48	240	m^2	
außen	20	100	m^2	
Fliesenarbeiten				2
Wand	11	53	m^2	
Boden	16	80	m^2	
Estricharbeiten	80	400	m^2	3
Malerarbeiten	107	533	m^2	4
Bodenbelagsarbeiten				2
Textil	53	267	m^2	
Trockenbauarbeiten				4
abgeh. Gipskarton-Decke	43	213	m^2	
Paneel-Decke	71	356	m^2	

Formel 7.2 dient der Berechnung der Dauer des Rohbaus in Abhängigkeit vom Aufwand für Stahlbeton-Arbeiten (StB-Arbeiten):

$$W_{stb} = f \cdot (s \cdot W_{sch} + 0{,}001 \cdot f_b \cdot W_{bew} + W_{bet}) \cdot z \tag{7.2}$$

mit

W_{stb} Aufwand StB-Arbeiten Arbeiten in Arbeitsstunden (Ah)
f Feststoffanteil in m^3/m^3 BRI
s Schalungsanteil in m^2/m^3 BRI
W_{sch} Aufwand Schalung in Ah/m^2 Schalung
f_b Bewehrungsanteil in kg Bewehrung/m^3 Beton
W_{bew} Aufwand Bewehrung in Ah/t
W_{bet} Aufwand Betonieren in Ah/m^3 Transportbeton
z Zuschlagsfaktor Baustelleneinrichtung (BE)

Formel 7.3 erfasst die Dauer des Ausbaus als Nachlaufzeit der Rohbaudauer:

$$1{,}0 \ldots 1{,}2 \cdot \text{Dauer Rohbau (im Gewerbebau)} \tag{7.3}$$

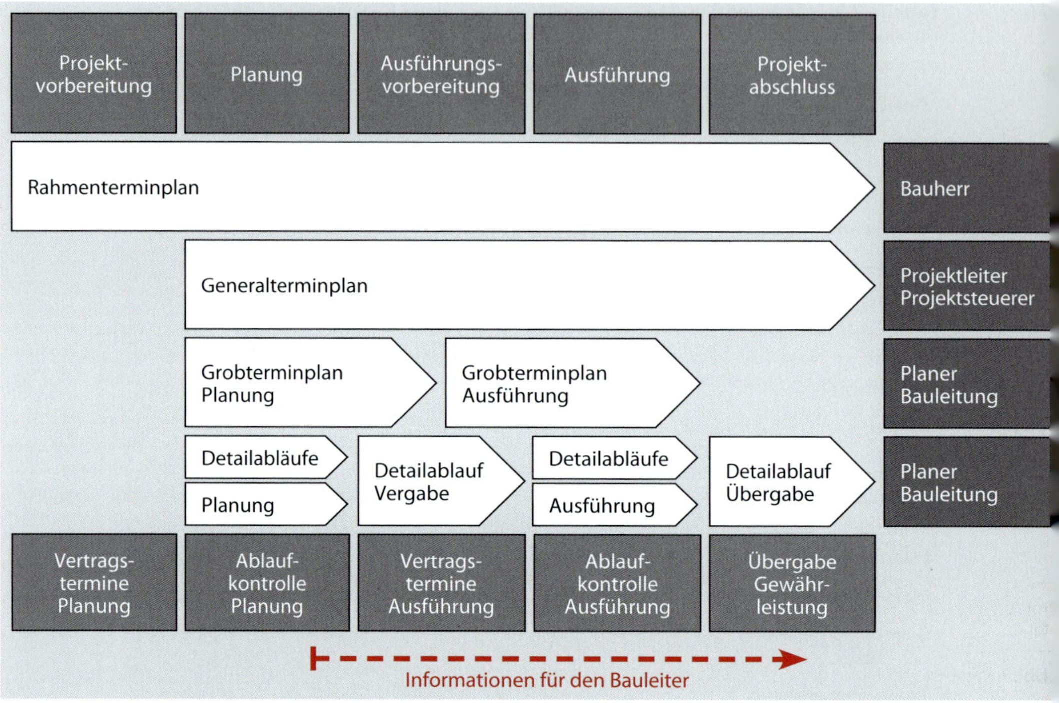

Abb. 7.15: Zuordnung der Genauigkeitsgrade der Ablauf- und Terminplanung zu den Akteuren des Projekts und zeitliche Reichweite der einzelnen Instrumentarien

7.2 Ebenen der Terminplanung

Nicht nur die im Kapitel 7.1 beschriebenen unterschiedlichen Sichtweisen, auch die differenzierten Genauigkeitsgrade der Terminplanung hängen von den jeweiligen Vertragspflichten der Beteiligten ab. Ähnlich den Planungsgenauigkeiten, die ein Architekt oder planender Ingenieur bei der Abarbeitung der einzelnen Leistungsphasen seines Leistungsbilds gemäß HOAI durchläuft, gibt es bei der Terminplanung sowohl einen zeitlichen Aspekt als auch eine Abhängigkeit der Genauigkeit vom Betrachtungshorizont.

Abb. 7.15 zeigt die 4 üblichen Genauigkeitsgrade der Ablauf- und Terminplanung und deren Zuordnung zu den einzelnen Akteuren des Bauprojekts. Auch eine zeitliche Einordnung bzw. die Spannweite der Informationen eines Terminplans werden gezeigt.

Ein häufiges Problem bei der Ablauf- und Terminplanung ist die falsche Zuordnung der entsprechenden Genauigkeitsgrade zu den Akteuren. Ursachen dafür sind nicht nur Unwissenheit, sondern auch das Bestreben möglichst viele und sehr detaillierte Informationen zu erhalten oder zu „besitzen". Dies spiegelt keinen guten Führungsstil wider. Dennoch beobachten wir immer die Tendenz, möglichst viele Termininformationen über das beabsichtigte Tun der Vertragspartner zu erhalten, um diesem akribisch die tatsächlichen Realisierungsschritte vorzuhalten. Das beschränkt unnötig die Dispositionsfreiheit und Flexibilität einer aktuellen Ablaufplanung und kann regelmäßig zu Streit zwischen den Vertragsparteien eines Projekts führen.

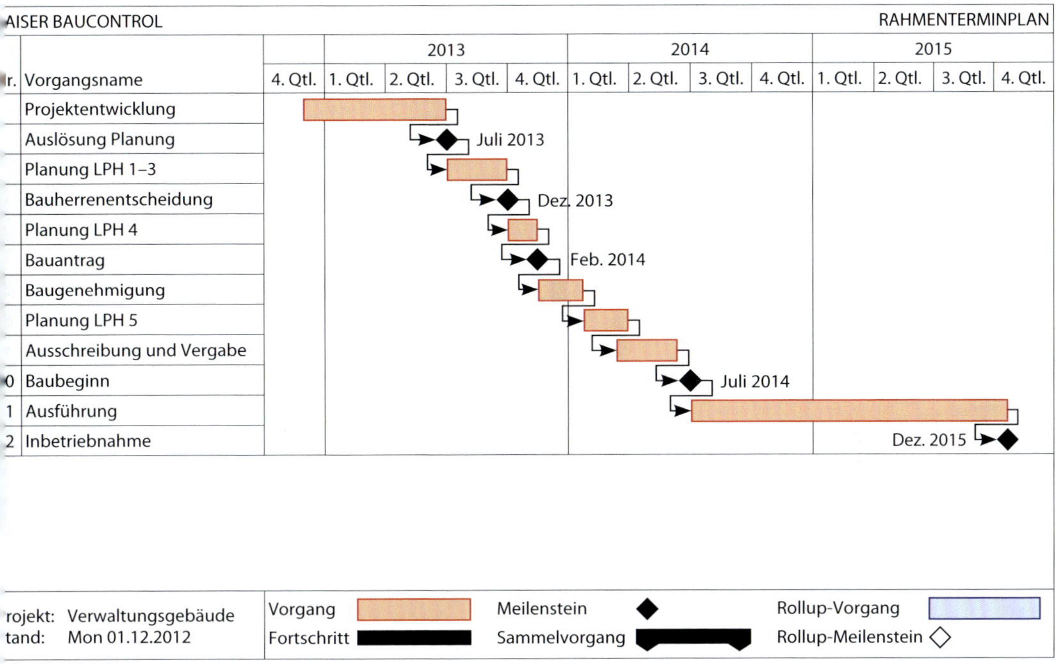

bb. 7.16: Rahmenterminplan

Man unterscheidet je nach Reichweite und Genauigkeit Rahmen-, General-, Grob- und Detailterminpläne.

Der Rahmenterminplan wird in der Projektvorbereitungsphase, also vor Planungsbeginn, durch den Bauherrn oder Projektentwickler erstellt, in Ausnahmefällen auch während der Leistungsphase 1 nach § 34 HOAI 2013 (Grundlagenermittlung). Er umspannt das komplette Bauprojekt vom Planungsbeginn bis zur Fertigstellung. Diese Terminpläne umfassen wegen ihres frühen Erstellungsstadiums und noch fehlender Planung meist nicht mehr als 20 bis 25 Vorgänge oder Ereignisse und sind hinsichtlich ihrer Aussagekraft daher noch sehr unscharf.

Mit Beginn der Planungsleistungen werden die Rahmenterminpläne durch Generalterminpläne mit bis zu 100 bis 150 Vorgängen ersetzt. Die Planung hat bereits begonnen. Die ersten Vorentwürfe existieren. Wünsche und Ziele sind bekannt und somit kann auch die Ablauffolge des Projekts exakter beschrieben werden. Diese Terminpläne dienen der Projektleitung des Bauherrn und der Projektsteuerung als Arbeitsmittel und werden im weiteren Verlauf des Projekts sukzessive vervollständigt und aktualisiert.

Generalterminpläne sind jedoch für die Arbeitsebene in der Planung und Ausführung zu weit gefasst und zu unscharf. Auf der Ebene der Planer und Bauüberwacher sowie der Oberbauleitung der Ausführungsunternehmen werden die Generalablaufpläne in einzelne Grobablaufpläne aufgelöst. Ein Grobablaufplan umfasst wiederum ca. 100 bis 150 Vorgänge, deckt jedoch nur einzelne Phasen eines Bauprojekts ab. So gibt es i. d. R. einen Grobablaufplan für die Planung, einen Grobablaufplan für die Ausschreibung und

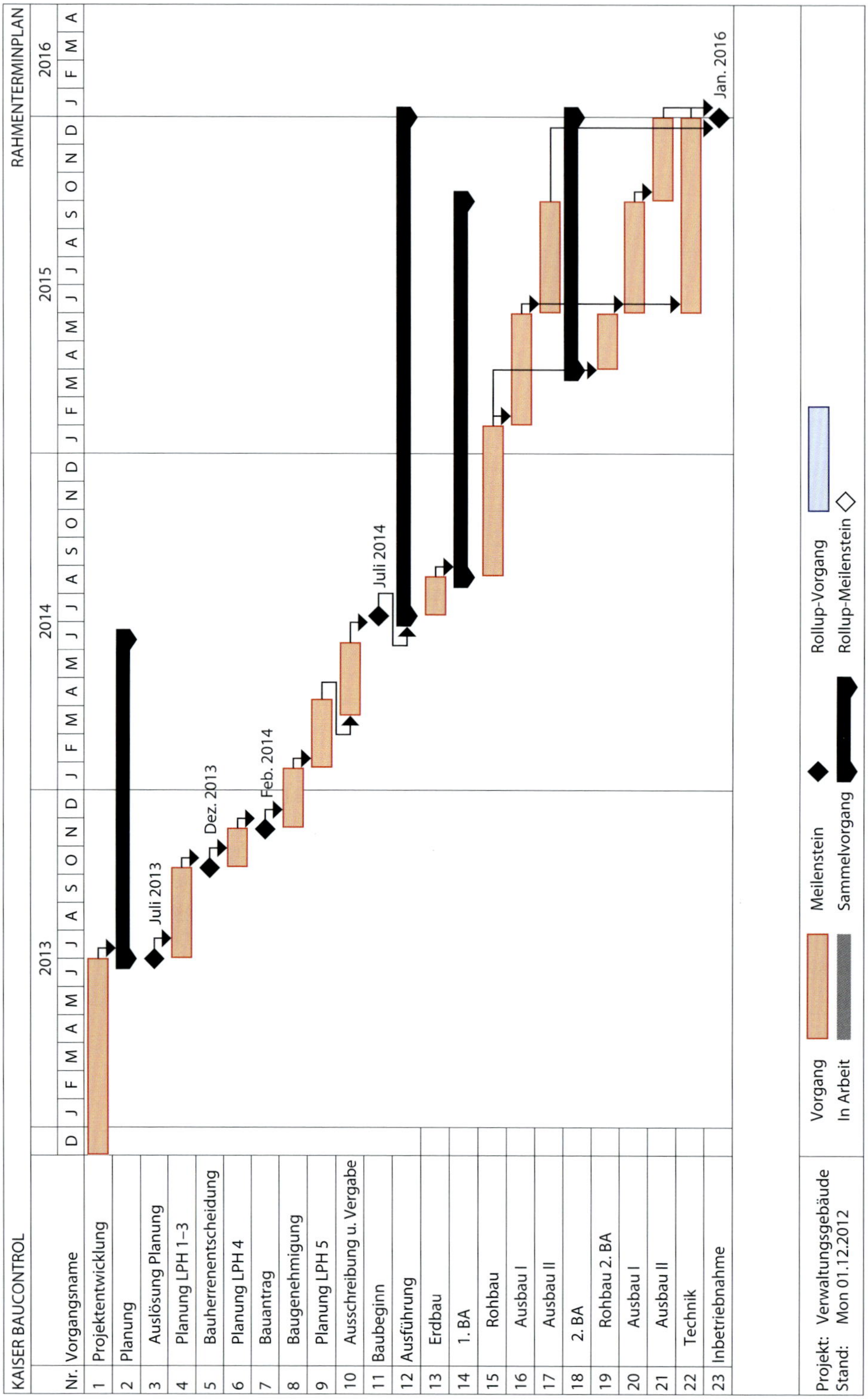

Abb. 7.17: Generalterminplan

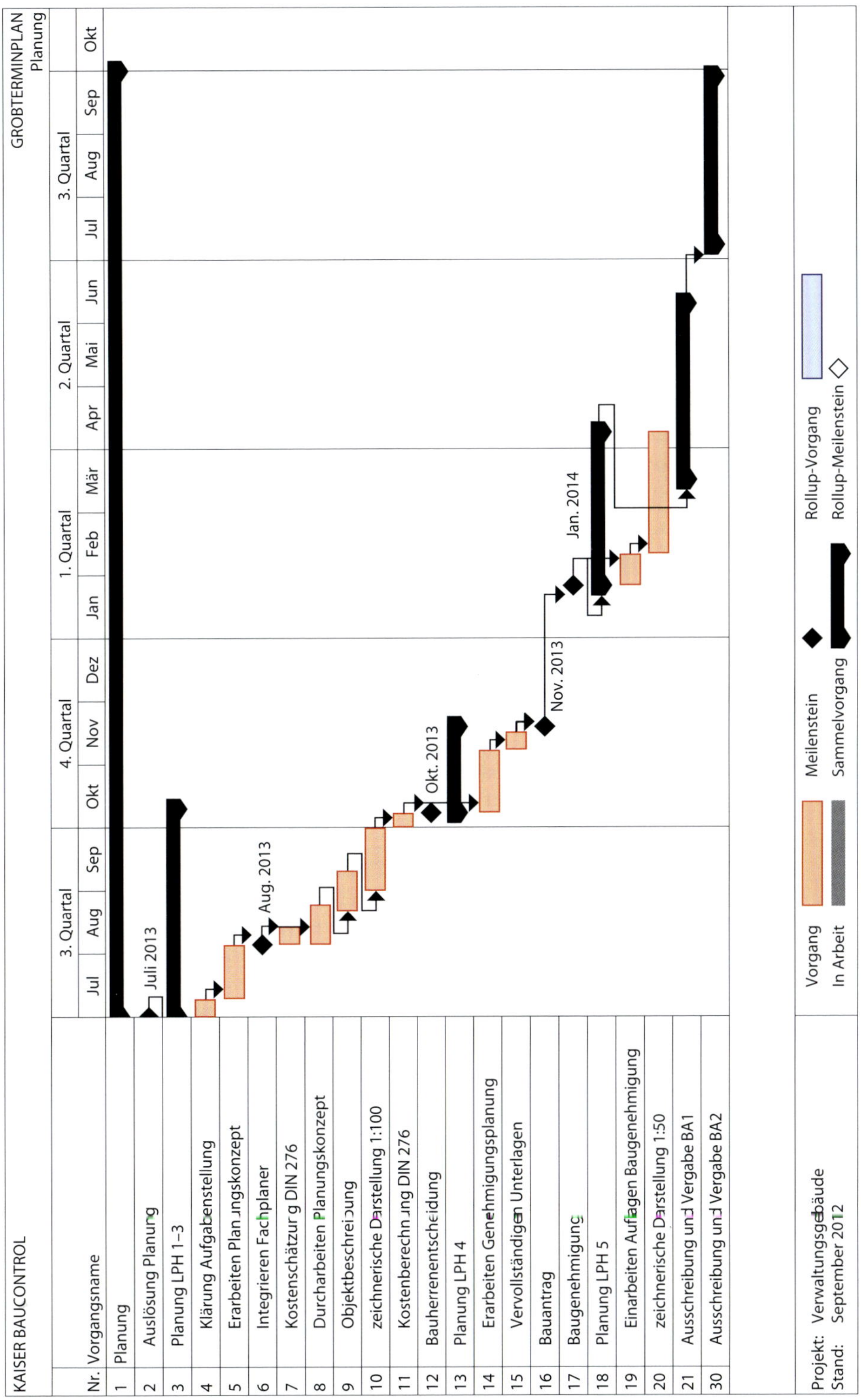

Abb. 7.18: Grobterminplan „Planung“

Vergabe der Bauleistungen und einen Grobablaufplan für die Bauausführung. Deren wichtigste Meilensteine oder Ecktermine müssen mit denen des Generalterminplans harmonieren.

Bisweilen verlangen einige, vorwiegend industrielle Bauherren, die auch für ihre Produktionsprozesse viel mit Terminplänen arbeiten, dass die Grobablaufpläne in einem bestimmten Format oder Programmsystem aufgestellt werden. Denn dieses ermöglicht ihnen dann, die Daten dieser Pläne problemlos elektronisch in ihr Gesamtterminsystem zu übernehmen.

Der Grobablaufplan enthält als Ablaufeinheiten oder Vorgänge meist sogenannte Vergabeeinheiten und deren vertraglich fixierte Einzelfristen. Eine Vergabeeinheit ist die entsprechend eines Vertrags beauftragte Leistung an einen Vertragspartner. In der Praxis entspricht die Anzahl der Verträge mit den Planungs- und Ausführungsfirmen meist der Anzahl der Vergabeeinheiten. In Ausnahmefällen können auch Vertragsverhältnisse in mehrere Vergabeeinheiten unterteilt werden, oder umgekehrt hat ein anbietendes Unternehmen mehrere ausgeschriebene Gewerke und den Zuschlag für mehrere Vergabeeinheiten bekommen.

In den Grobablaufplänen werden die vertraglich fixierten Anfangs- und Endtermine mit entsprechend nachvollziehbaren Einzelfristen oder auch einzelnen Arbeitspaketen unterteilt. Dies können Bauabschnitte, Bauteile oder Leistungsabschnitte sein. Meist hat eine Vergabeeinheit 1 bis 5 Vorgänge.

Die Beschränkung auf nur bis zu 5 Vorgänge ist auch aus einem anderen Grund praktisch: Die Rechtsprechung gestattet es derzeit, dass in einem Bauvertrag bis zu 5 Termine pönalisiert werden können, also mit einer Vertragsstrafe bewehrt werden, die bei Überschreiten der Termine zu zahlen ist. Daher ist es sinnvoll, sich auf die wirklich wichtigen und auch klar identifizierbaren Vorgänge zu konzentrieren.

Die höchste Genauigkeit bei der Ablauf- und Terminplanung besitzen die Detailterminpläne. In ihnen werden die technologischen Prozesse, die unternehmensinternen Abläufe oder auch interne Planungsabläufe beschrieben. Sie stellen also immer nur Arbeits- oder Zeitausschnitte aus einem Grobablaufplan für einen bestimmten Prozess dar und dienen der internen Organisation der Projektabarbeitung des einzelnen Planungs- und Ausführungsunternehmens. Daher sind dies meist auch Arbeitsmittel und Informationen, die nur intern verwendet werden bzw. vom Ausführungsunternehmen nur auf Anforderung an die Bauüberwachung gegeben werden. Diese Prozessabläufe werden schon wegen ihrer vertraglichen Anbindung nicht vom Bauüberwacher oder vom Bauherrn und seinem Projektleiter erstellt oder bestimmt. Diese interne Prozessplanung liegt vertraglich im Hoheitsbereich des Ausführungsunternehmens.

Der überwachende Bauleiter lässt sich üblicherweise vom Unternehmer-Bauleiter über die geplanten Detailabläufe seiner Leistungen unterrichten. Doch ist er gut beraten, diese Detailablaufpläne nicht selbst vorzugeben, um dem Ausführungsunternehmen nicht den erforderlichen Gestaltungsspielraum zu nehmen.

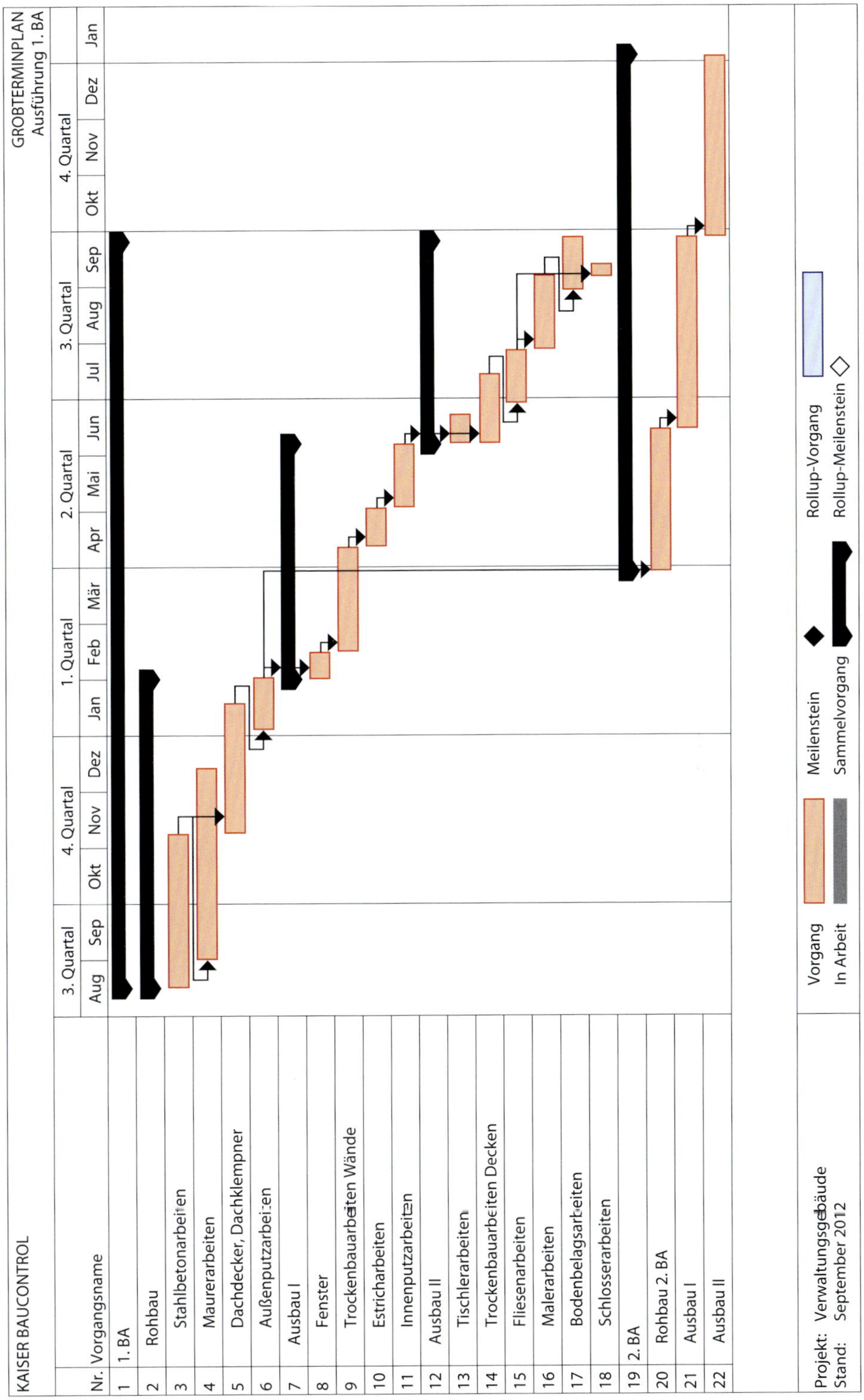

Abb. 7.19: Grobterminplan „Ausführung"

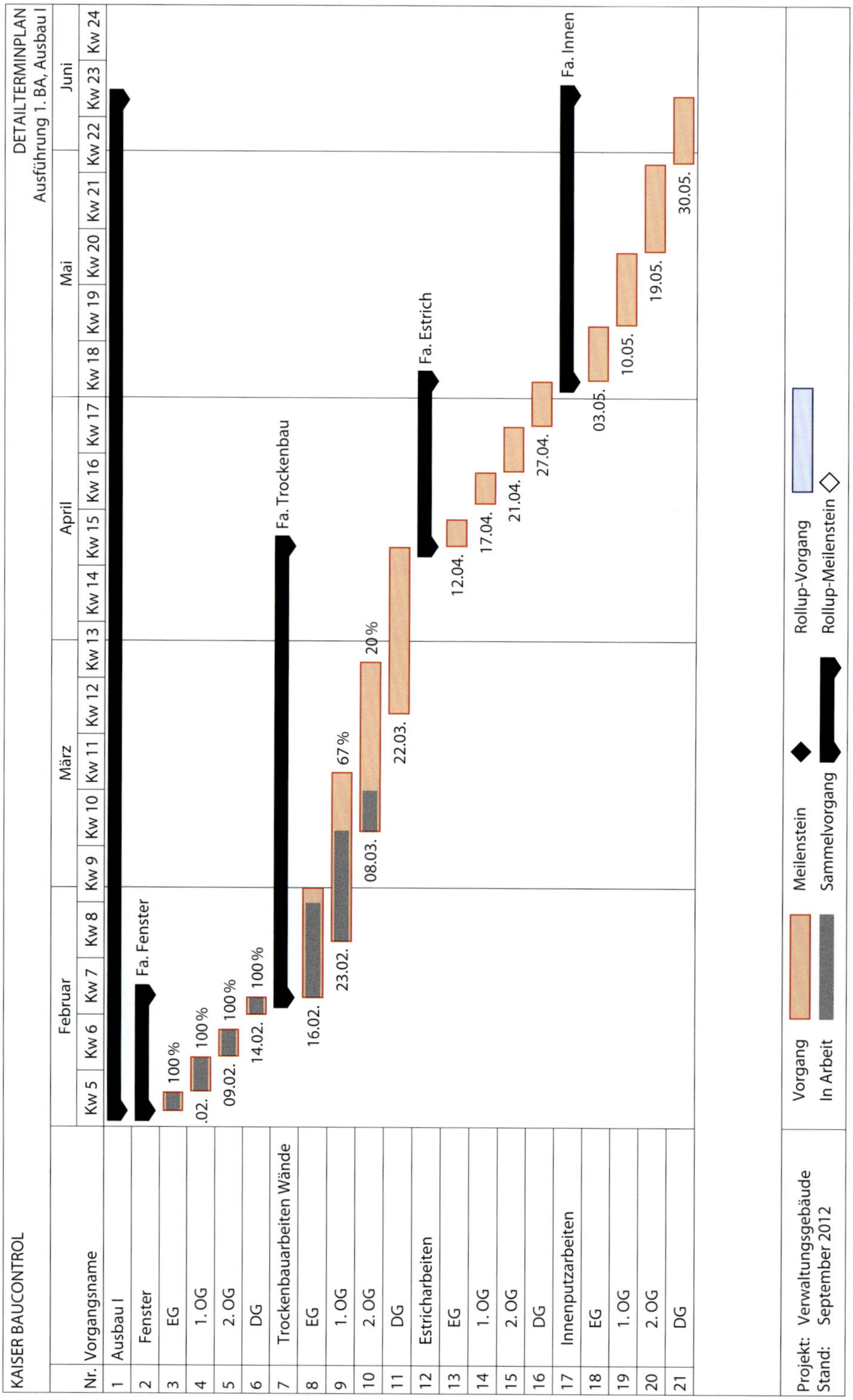

Abb. 7.20: Detailterminplan mit Anzeige des Leistungsstandes

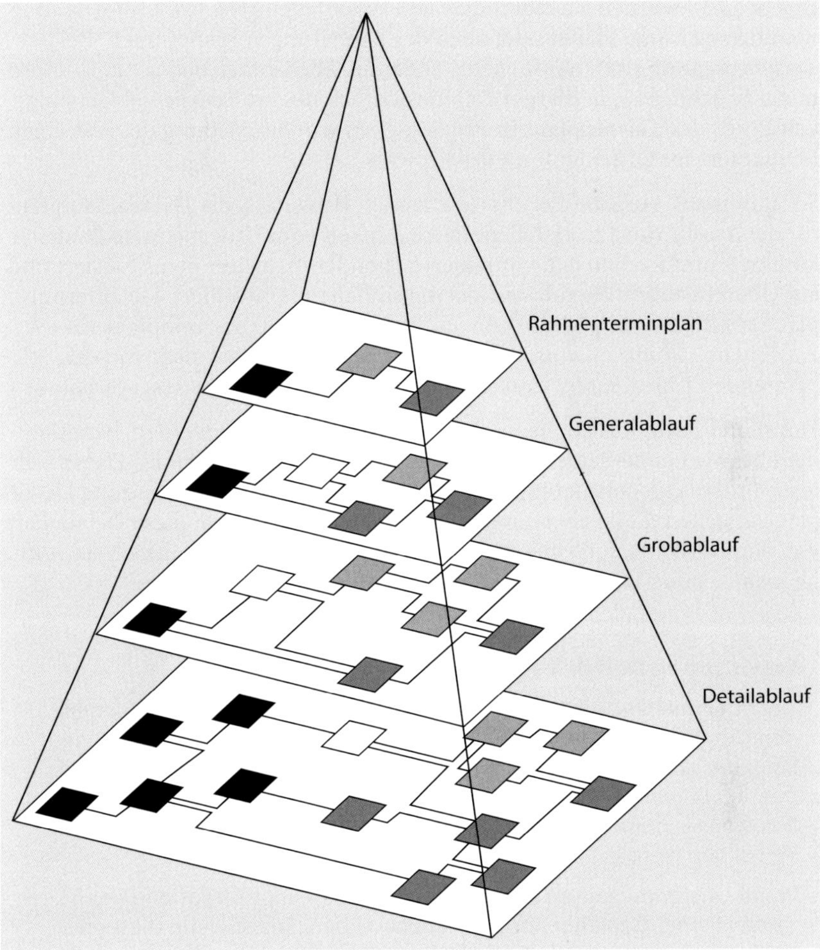

Abb. 7.21: Schematische Darstellung des Zusammenhangs der einzelnen Terminplanebenen (Quelle: Seminarmaterial GPM, Gesellschaft für Projektmanagement)

Nachdem nun die Terminpläne in Genauigkeitsgrade und Wirkungstiefen eingeordnet wurden, sind noch 2 grundsätzliche Fragen im Zusammenhang mit der vorgenommenen Katalogisierung der Terminplanung im Bauwesen zu beleuchten: Wie viele Informationen liegen zum Zeitpunkt der Ablaufplanung vor und wie genau werden die Terminangaben benötigt?

Mithilfe der üblichen Projektmanagement-Software lassen sich minutengenaue Angaben zu errechneten Fertigstellungsterminen liefern. Nur wie genau waren die Eingaben dafür und wie zutreffend waren die Annahmen bei der Modellierung? Ein Terminplan wird durch die Ausweisung von 2 zusätzlichen Nachkommastellen nicht besser oder zutreffender, er lebt vielmehr vom Verständnis der betrachteten Prozesse und den richtigen Leistungsangaben für die einzelnen Vorgänge. Die Genauigkeit ist also keine Frage der exakten Abarbeitung der Berechnungsschritte bei den Terminaussagen, sondern das richtige Verständnis der geplanten Prozesse und die richtige Zuordnung der einzelnen Terminplankategorie zum Wirkungshorizont.

In Abb. 7.15 wurden Zuordnungen zu Projektbeteiligten wie Projektleitung, Bauüberwachung, Planer oder auch der Bauleitung vorgenommen. Bei der Terminplanung sind, wie in vielen anderen Lebensbereichen auch, Kompromisse zu schließen, in diesem Fall hinsichtlich des erforderlichen Genauigkeitsgrads des Terminplans in Abhängigkeit von der Stellung des jeweiligen Betrachters im Organigramm des Projekts.

So ist es nicht Aufgabe des überwachenden Bauleiters, die Detailablaufpläne für die Ausführung zu erstellen. Diese müssen vom Unternehmer-Bauleiter kommen und werden ggf. vom überwachenden Bauleiter plausibilisiert und auf Übereinstimmung mit den Vertragsinhalten kontrolliert. Detailterminpläne für die Planung kommen vom Planer und Detailterminpläne für die Ausführung kommen vom Bauunternehmen, manchmal auch von den beratenden Ingenieuren. Entscheidend ist das gewählte Vertragsverhältnis.

Um seiner Funktion als Steuerer des Projekts gerecht zu werden, benötigt der überwachende Bauleiter jedoch Kenntnisse über die Details. Daher sollte er für den eigenen Gebrauch und für die eigene Wahrheitsfindung Detailpläne erstellen. Es ist aber eine Frage des Führungsstils, ob diese Detailpläne von den betroffenen Firmen erstellt und vorgelegt werden oder ob sie vom überwachenden Bauleiter selbst erstellt und vorgegeben werden.

Praxistipp zu Detailablaufplänen

Der überwachende Bauleiter sollte sich insbesondere darauf verlegen, den Detailablaufplan des Bauunternehmens von seinem Unternehmer-Bauleiter abzufordern. Der Plan sollte durchdacht, kontrolliert und ggf. mit den Beteiligten diskutiert werden. Auf jeden Fall aber sollte er auf Plausibilität geprüft und mit eigenen Ansätzen und Erfahrungswerten verglichen werden.

Wenn Unstimmigkeiten auftreten, sollten diese hinterfragt und beim Unternehmer-Bauleiter angesprochen werden. Selbst wenn dieser den Fehler auch schon entdeckt hat, hat es möglicherweise eine andere Wirkung, noch einmal explizit darauf aufmerksam gemacht zu werden. Was zählt, ist das Ergebnis: ein in sich logischer und für alle praktikabler Ablaufplan, der sich dann auch einfacher umsetzen und nachverfolgen lässt.

7.3 Terminplan als Steuerungsinstrument

Neben dem zielsicheren Aufstellen von praxistauglichen Terminplänen ist es selbstverständlich wichtig, mit diesen dann auch zu arbeiten und das Projekt nach den festgelegten Abläufen zu steuern, damit der geplante Fertigstellungstermin eingehalten werden kann.

Dafür sind aktuelle Informationen aus dem Projekt erforderlich, die in Ist-Analysen ermittelt werden. Die Art der Aufnahme von Informationen über den Ist-Zustand des Bauprojekts ist unterschiedlich. In erster Linie bedeutet dies die visuelle Aufnahme (Inaugenscheinnahme) der Bauleistungen durch den überwachenden Bauleiter. Anschließend wird der aktuelle Arbeitsstand

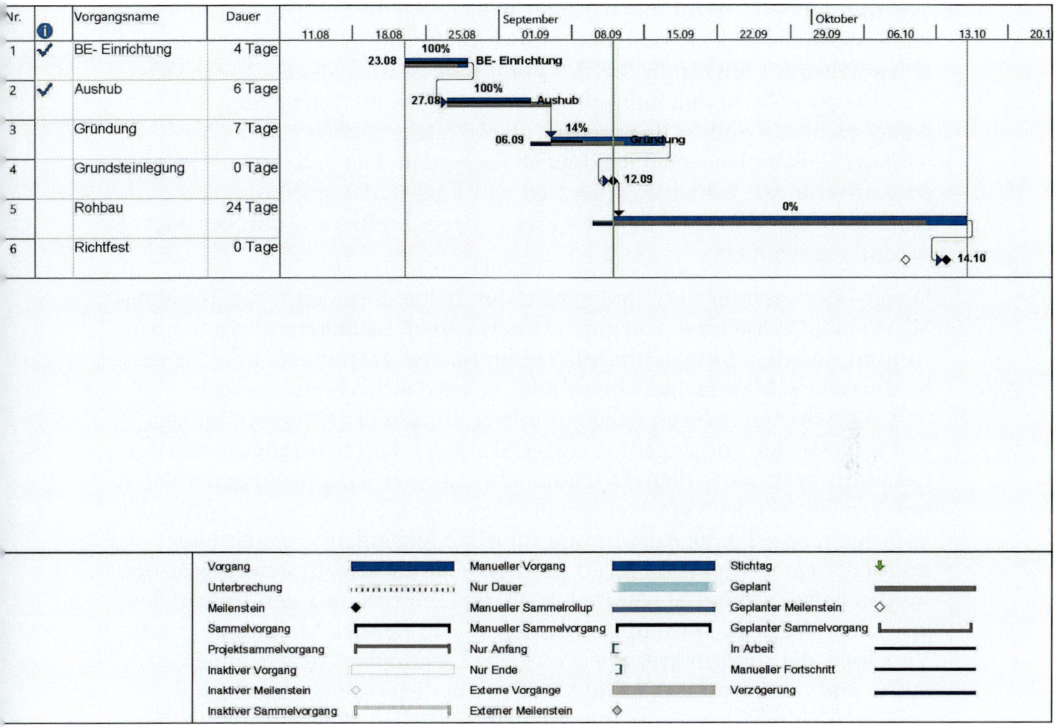

bb. 7.22: Balkenplan als Soll-Ist-Terminplan (Screenshot aus Microsoft Project 2013)

(Ist) mit dem geplanten Fortschritt (Soll) im Terminplan verglichen. Nicht immer lassen sich dabei sofort alle Terminauswirkungen erkennen. Auch stellt sich häufig die Frage, wie oft wirklich steuernd eingegriffen werden muss, und welche Abweichungen durch noch kommende Abweichungen wieder ausgeglichen werden. Praktikabel sind grafische Soll-Ist-Darstellungen, die die Abweichungen im Terminplan möglichst augenfällig zeigen. Der Terminplan kann dann für entsprechende Gespräche herangezogen werden und wirkt auch für sich schon als „mahnende Botschaft", z. B. an der Wand im Baubüro.

Die Frage der Steuerungseingriffe in laufende Prozesse ist ein Thema des Operations Research (OR). Nur bei einigen wenigen Großprojekten konnten hierfür schon aufwendige Simulationsstudien für spezielle Fragestellungen und Optimierungen eingesetzt werden. Beispielsweise lässt sich der maschinelle Tunnelvortrieb gut in einem Modell abbilden, an dem dann mögliche Variationen zur Terminsteuerung durchgespielt werden können. Auch Hochhäuser mit ihrer besonderen Herausforderung in der Transportlogistik eigneten sich in der Vergangenheit schon für genauere exemplarische Studien, bei denen auch noch während der Ausführungsphase aus den theoretischen Modellen abgeleitete Optimierungen ermittelt werden konnten. Im Übrigen erfolgen bei nahezu allen Projekten im Bauwesen die Eingriffe noch in erster Linie intuitiv, d. h. den Erfahrungen folgend. Im Folgenden werden das erforderliche Handwerkszeug und entsprechende Beispiele in Bauprojekten dargestellt.

Wie in Kapitel 7.1 festgehalten, ist der Balkenplan die bei Bauprojekten am häufigsten verwendete Darstellungsform von Terminplänen. Daher bietet es sich an, diesen auch für die Soll-Ist-Vergleiche heranzuziehen. Die meisten einschlägigen Terminplanungsprogramme lassen eine Darstellung der Balkenpläne mit Soll-Ist-Differenzierung zu (siehe Kapitel 7.1). Dabei wird der Balkenplan eigentlich doppelt dargestellt. Der Soll-Ablauf (Plan) wird unverändert beibehalten. Der aktuelle Überwachungsterminplan (Ist-Ablauf) wird in einer anderen Farbe oder Schraffierung darüber oder darunter gezeichnet.

Dieser Überwachungsterminplan wird durch den überwachenden Bauleiter oder seinen Assistenten, von guten Unternehmer-Bauleitern übrigens ebenso, kontinuierlich fortgeschrieben. Da ein solcher Terminplan i. d. R. einem Netzplanberechnungsalgorithmus folgt, werden sich Veränderungen (z. B. Verschiebungen von Balken, Verlängerungen der Dauern, Einfügen von vergessenen Vorgängen) verzögernd auf den Fertigstellungstermin des Gesamtprojekts auswirken. Es kommt also zu einer Verschiebung der Balken. Der Beginn der Verschiebung im Plan zeigt die Ursache, die Größe der Verschiebung zeigt die Auswirkung auf jeden folgenden Vorgang. Nun kann überlegt werden, ob und an welcher Stelle am effektivsten eingegriffen werden kann. Hierbei ist natürlich auch die Kenntnis über den Verlauf des kritischen Wegs im Terminplan wichtig. Wie in Kapitel 7.1 erläutert, sind Vorgänge, die auf dem kritischen Weg des Terminplans liegen, ohne Zeitpuffer und „endterminbestimmend". Die Überlegung einer Beschleunigungsmaßnahme eines Vorgangs auf dem kritischen Weg ist daher in den meisten Fällen zielführend.

Diese Steuerungsmöglichkeit bedingt den Einsatz zusätzlicher Ressourcen (Arbeitskräfte, Geräte usw.) zur Reduzierung der Dauern der Vorgänge auf dem kritischen Weg. Hierbei ist zu beachten, dass eine Verdoppelung der Mannschaft in den meisten Fällen nur eine Beschleunigung auf ca. das 0,7-Fache der ursprünglichen Dauer ermöglicht. Anders hingegen verhält es sich bei der Einführung eines Mehrschichtsystems, bei dem die personellen Ressourcen auf dem gleichen Baufeld mit gleicher Baufreiheit in zusätzlich gewonnenen Zeiträumen arbeiten können und womöglich dieselben Maschinen intensiver genutzt werden können.

Vorgänge lassen sich teilweise auch durch eine Neubewertung der Details verkürzen, indem z. B. nicht nur die Ressourcen erhöht werden, sondern auch noch vorhandene Zeitreserven eliminiert werden, oder zunächst sehr konservativ bewertete Anlauf- und Abschlussphasen eines Vorgangs reduziert werden.

Eine weitere Steuerungsmaßnahme ist die Gewährung einer zeitlichen Überlappung bzw. die Vergrößerung bestehender Überlappungen zwischen Vorgängen. Während diese Maßnahme in der Praxis die am häufigsten anzutreffende ist, ist sie bei den Theoretikern der Terminplanung nicht sehr populär. Denn hierzu müssen Vorgänge sinnfällig aufgeteilt und die Abhängigkeitsbeziehungen neu gefasst werden. Das ist aufwendig und auch fehleranfälliger als die einfache Reduzierung eines Parameters Dauer bei wenigen Vorgängen. Andererseits ist es auch beim Einsatz mehrerer Gewerke für den überwachenden Bauleiter wesentlich einfacher, das nachfolgende

Gewerk schon auf einem Teil der Baufläche einrücken zu lassen, während das Vorgewerk noch seine restlichen Arbeiten in einem anderen Teil des Baufelds erledigt.

In allen beschriebenen Fällen ist die Sinnhaftigkeit der Steuerungsmaßnahme von der angewendeten Technologie und vom bestehenden Baufortschritt bzw. der Baufreiheit abhängig.

Die Veränderung der Ablauffolge ist aufgrund der technologischen Randbedingungen oder wegen des bereits eingeschlagenen Ablaufpfads meist nicht möglich. Vielmehr kann überlegt werden, inwieweit die Technologie selbst verändert werden kann, wodurch dann zeitliche Effekte erzielt werden können.

Ein typischer Technologiewechsel ist der vom traditionellen Monolithbau zum Einsatz vorgefertigter Bauteile. Natürlich geht dieser Wechsel nicht während der Bauzeit. Diese Entscheidung muss bereits im Zuge der Bauzeitoptimierung während der Planung erfolgen. Der Einsatz von Fertigteilen bzw. von vorkomplettierten Elementen (Wandelemente, Schächte, Sanitärzellen usw.) ist meist etwas teurer, aber verkürzt die witterungsanfälligen Bauphasen auf der Baustelle. Und er sorgt dafür, dass auch die Anzahl des vorzuhaltenden Personals auf der Baustelle reduziert werden kann oder Personal für Leistungen in anderen Bereichen der Baustelle frei wird.

Auch der Wechsel bestimmter Baustoffe kann deutliche zeitliche Effekte erzeugen, z. B. der Einsatz von epoxidharzmodifiziertem Estrich oder von Gussasphalt anstelle des ursprünglichen Zementestrichs. Dadurch kann die Austrocknungszeit radikal verkürzt werden, auch wenn das Material teurer ist. Die Zeitersparnis für das folgende Gewerk ist jedoch erheblich. Derartige Materialwechsel sind kurzfristig bei Materialbestellung und Lieferung möglich. Die Technologie wird dabei nicht verändert.

Zeitlich sehr eng beieinander liegende Termine werden, wie in Kapitel 7.1 beschrieben, am übersichtlichsten mit Terminlisten dargestellt. Die in Abb. 7.23 dargestellte Terminliste eines Vergabeprozesses einer öffentlichen Baumaßnahme basiert auf dem Tabellenkalkulationsprogramm MS Excel. Die Auswirkungen auf den Fertigstellungstermin lassen sich dann meist nicht mehr automatisch generieren, oder die Tabellenkalkulation wird kompliziert und schlecht nachvollziehbar.

Die Terminliste als übersichtliches und regelmäßig gepflegtes Arbeitsinstrument der Projektleitung oder des überwachenden Bauleiters ist insbesondere während des Vergabeprozesses oder auch während der Abnahmen ein sehr effizientes Steuerungsinstrument. Über die darin enthaltenen notwendigen Informationen sollte vor jedem Anwendungsfall nachgedacht werden. Generell gilt: Man sollte möglichst wenige Spalten aufnehmen, damit die Terminliste übersichtlich bleibt.

In Abb. 7.23 enthält der linke Bereich der Tabelle bis Spalte 10 die Basisinformation zur Vergabe. Hierzu gehören die laufende Nummer und die Angabe zur Vergabeart (europaweit bzw. national sowie öffentliche oder beschränkte Ausschreibung). Im Anschluss folgt die geometrische Zuordnung der jeweiligen Leistungen nach Bauteil bzw. Gebäude des Gesamt-

Los Nr.	Bezeichnung	EU/nat.	Veröffentl. Vergabeart	Bauabschnitt	zust. Büro	zust. Bauherr	Budget (in €)	Endfassung LV Planer [KT]	Veröffentlichung/ Versand	Eröffnungs-/ Angebotsabgabetermin	Auftragserteilung erforderlich
(1)	(2)	(3)	(4)	(5)	(6)	(7)	(8)	(9)	(10)	(11)	(12)
Rohbau, BE											
10	Baustelleinrichtung	NAT	BSCH	1	Planer 1	Ansprechpartner X	120.000,00	Mo., 25. 11.13	Mo., 02. 12.13	Mo., 23. 12.13	Mo., 06. 01.1
11	Baustrom	NAT	BSCH	1	Planer 2	Ansprechpartner Y	35.000,00	Mo., 25. 11.13	Di., 10. 12.13	Di., 31. 12.13	Di., 14. 01.14
12	Rohbau	EU	OV	1	Planer 3	Ansprechpartner Z	1.650.000,00	Mo., 25. 11.13	Do., 12. 12.13	Fr., 03. 01.14	Fr., 17. 01.14

NAT nationale Ausschreibung EU EU-weite Ausschreibung BSCH beschränkte Vergabe OV offene bzw. freihändige Vergabe

Abb. 7.23: Vergabeterminplan auf Excel-Basis (Beispiel)

projekts und die Zuordnung zum für diesen Bereich verantwortlichen Planer und Mitarbeiter in der Projektleitung (des Auftraggebers), die Bezeichnung der Vergabeeinheit sowie deren Budget gemäß Kostenanschlag – hier als „Budget KKE gemäß genehmigter EW vom xx." bezeichnet. Das Kürzel KKE kommt aus dem öffentlichen Bauen und steht für Kostenkontrolleinheit. Mit einer KKE wird eine Kostenposition der Kostenermittlung beschrieben, der eine Leistung eindeutig zuordenbar ist und deren Budget nachhaltbar ist.

Der mittlere Bereich der Tabelle (Spalten 9 und 10) bildet die terminliche Abwicklung der „Mitwirkung bei der Vergabe" ab. Hierzu zählen die Vorlage der Leistungsbeschreibungen durch den Planer und die Prüfung durch den Bauherrn bzw. seiner Projektleitung sowie der Prozess der Überarbeitung des Leistungsverzeichnisses. Dieser Prüfungs- und Koordinierungsprozess, das Zusammenwirken zwischen Planer, Auftraggeber und überwachendem Bauleiter mit dem Ziel einer termingetreuen Versendung der Leistungsverzeichnisse (LVs) an den Bieterkreis muss insbesondere bei öffentlichen Bauherren genau verfolgt und gesteuert werden. Im öffentlichen Bauen ist die termingerechte Vergabe neben dem eigentlichen Bauen eines der Hauptprobleme bei der Terminsteuerung.

Im rechten Teil der Tabelle, ab Spalte 11, wird der Submissionsvorgang dargestellt. Hierzu gehören die gemäß der gewählten Vergabeart gesetzte Angebotsfrist, der sich ergebende Submissionstermin sowie die Dauer für die endgültige Erstellung des Preisspiegels durch den beauftragten Planer.

Ein weiteres Instrument im Bereich der Terminsteuerung ist der Soll-Ist-Vergleich im Balkenplan mit einer sogenannten Statuslinie. Diese Möglichkeit ist in Abb. 7.24 gezeigt. Die Statuslinie wird in der Praxis meist per Hand in den ausgedruckten Plan eingezeichnet, dient der besseren Visualisierung des Ausdrucks und stellt eine stichtagsbezogene Auswertung dar.

Die Linie verläuft prinzipiell senkrecht vom Stichtagsdatum herunter, wobei Zacken nach links einen zeitlichen Verzug und Zacken nach rechts einen zeitlichen Vorlauf symbolisieren. So kann relativ schnell optisch erfasst werden, wo Terminprobleme im Projekt stecken. Natürlich funktioniert dieses Verfahren nur ein- bis zweimal im gleichen Plan. Bei noch mehr Statuslinien wird es schnell unübersichtlich. Schließlich muss dann ein neuer Plan gedruckt bzw. geplottet werden, in dem dann sukzessive weitere Statuslinien eingetragen werden können. Ein derart gepflegter Terminplan

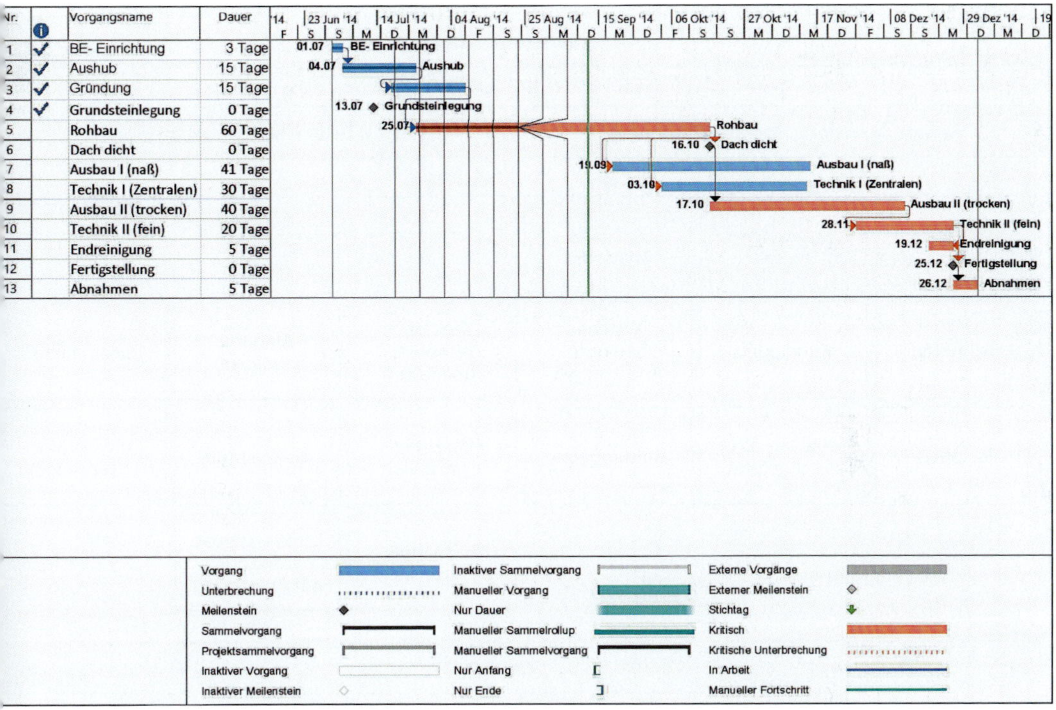

bb. 7.24: Terminstatus am 12.9.2014 – exemplarisch (Screenshot aus Microsoft Project 2013)

an der Wand im Büro des überwachenden Bauleiters bzw. der Projektleitung gibt die aktuelle Terminsituation transparent wieder.

Auch zur Darstellung von bestimmten stichtagsbezogenen Terminsituationen vor Entscheidungsgremien eignet sich diese Form der Visualisierung.

Die vorgenannten Steuerungswerkzeuge müssen mit einer Reihe organisatorischer Maßnahmen im Projekt kombiniert werden. Hierzu gehören z. B. eine regelmäßige Leistungserfassung und ein konsequentes Berichtswesen. Auch die Kommunikation der festgestellten Abweichungen oder Störungen im Zuge von Bau- oder Projektbesprechungen und die rechtzeitige Einleitung und das stringente Reporting von Steuerungsmaßnahmen gehören dazu.

Das rechtzeitige Erkennen von Ursachen für künftige Terminverzögerungen hilft beim Steuern. Dass diese Ursachen sehr vielfältig sein können, verdeutlicht Abb. 7.25.

Eine der häufigsten Ursachen von Verzögerungen sind verzögerte oder mangelhaften Vorleistungen Dritter, wie etwa die folgenden:

- verzögerte Planlieferung (letztendlich auch eine verzögerte Vorleistung Dritter)
- verzögerte Auftragsvergabe im öffentlichen Bauen, z. B. wegen des zeitaufwendigen Vergabeprozesses nach VOB/A
- verzögerte Auftragsvergabe im privaten Bauen durch lange Verhandlungen wegen Ausbleiben des gewünschten Verhandlungsergebnisses

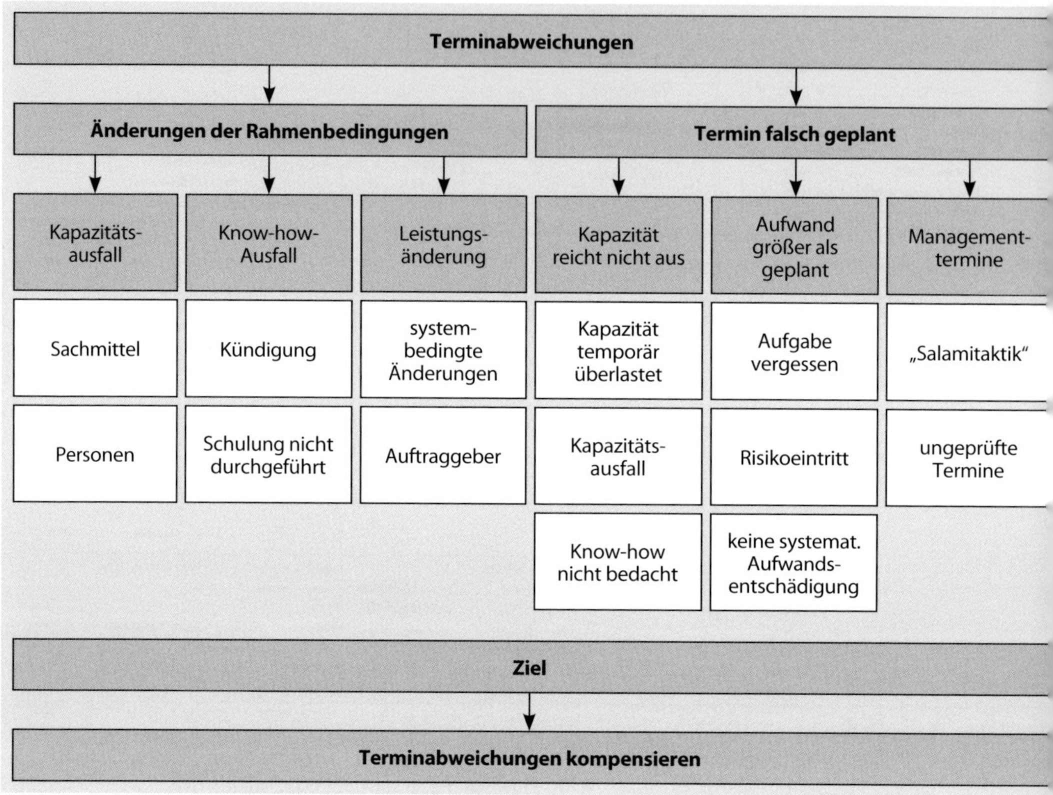

Abb. 7.25: Potenzielle Ursachen für Terminplanabweichungen

- verzögerte Fertigstellung der baulichen Vorleistungen durch Dritte
- veränderte Ausführungsbedingungen (Witterung, Baugrund usw.)
- Änderungen im Leistungssoll (Planänderungen, Auflagen, Sonderwünsche usw.)

Zur Änderung des Bau-Solls gehören nicht nur geänderte oder zusätzliche Leistungen, sondern auch Mengenmehrungen, da zusätzlich auszuführende Mengen auch einen zusätzlichen Zeitbedarf bedeuten. Insbesondere dieser Umstand wird von vielen Bauherren meist „verdrängt".

Schwierige technische Lösungen, die teilweise von den beauftragten Ausführungsunternehmen nicht richtig beherrscht werden, können ebenfalls das Risiko von Terminverzögerungen erhöhen.

Auch die Wahl der angewendeten Technologie, soweit sie von den Ausführungsfirmen frei gewählt werden kann, und der Einsatz des für eine termingerechte Ausführung erforderlichen Potenzials (Arbeitskräfte, Geräte usw.) sind mögliche Ursachen für Störungen im Bauablauf.

Die Verlängerung von Ausführungsdauern wirkt besonders bei Vorgängen auf dem kritischen Weg endterminbeeinflussend.

7.3.1 Beschleunigungsmaßnahmen

Läuft ein Projekt terminlich aus dem Ruder, werden Beschleunigungsmaßnahmen notwendig. Der Eingriff in den laufenden Prozess ist aber genau zu überlegen. Er kostet nicht nur Geld, sondern schafft i. d. R. auch neue Abhängigkeiten oder verändert die Randbedingungen zwischen den Beteiligten.

Bevor Beschleunigungsmaßnahmen festgelegt werden können, muss der Ablauf genau analysiert werden und müssen die Quellen der eingetretenen Verzögerung oder Abweichung erkannt werden. Erst im Anschluss daran wird darüber nachgedacht, welche Beschleunigungen zur Verfügung stehen und welche Beschleunigungsmaßnahme die wirksamste ist. Da Beschleunigungsmaßnahmen immer fallbezogen ermittelt werden müssen, sind die folgenden Ausführungen lediglich eine Sammlung von einschlägigen Beispielen. Sie erheben keinen Anspruch auf Vollständigkeit.

Puffer prüfen

Als Erstes sollte geprüft werden, ob es versteckte Leistungspuffer im Ablauf gibt, die eliminiert werden können, oder ob der Ablauf entzerrt werden kann, indem man Abhängigkeiten aufhebt und Randbedingungen verändert. Dies ist sozusagen eine Lösung durch Umstellung im Ablaufplan.

Wenn diese Möglichkeit nicht besteht, müssen die Vorgänge auf dem kritischen Weg betrachtet werden und deren Beschleunigung geprüft werden. Verkürzt sich die Dauer dieser Vorgänge, ändert sich der bisher berechnete Endtermin. Der Verlauf des kritischen Wegs im Terminplan ändert sich dabei möglicherweise auch. Dann stellt sich die Frage: Wie lassen sich die Dauern dieser neu kritisch gewordenen Vorgänge verändern?

Dauern verkürzen

Vorgangsdauern können auf unterschiedliche Art und Weise verkürzt werden, z. B. durch den Einsatz leistungsstärkerer Geräte oder durch die Erhöhung der Anzahl der gewerblichen Arbeitnehmer. Zu beachten ist dabei, dass eine Verdoppelung des Personals i. d. R. nicht zur Halbierung der Dauer, sondern nur zu einer Reduzierung von ursprünglich 100 % auf ca. 70 % der Dauer führen wird.

Eine oft angewendete Beschleunigungsmaßnahme ist die Splittung von Leistungspaketen und deren Vergabe an 2 parallel arbeitende Ausführungsunternehmen. Nicht immer ist das beauftragte Ausführungsunternehmen in der Lage, der Anforderung nach Beschleunigung nachzukommen. Dann sollte überlegt werden, ob und unter welchen Voraussetzungen ein zweites Unternehmen zur Unterstützung mit einem klar abgegrenzten Leistungsbereich zum Einsatz kommen kann und wann dessen volle Leistungsfähigkeit tatsächlich im Bauablauf zu spüren sein wird.

Der Einsatz eines Zwei-Schichten-Systems anstelle einer einzigen Schicht wurde oben bereits angesprochen. Die Erfahrungen hierzu sind von Gewerk zu Gewerk unterschiedlich. Einige Unternehmer-Bauleiter behaupten, dass eine Spätschicht leistungsfähiger ist als die Tagschicht, weil sie nicht durch die anderen am Tag laufenden Arbeiten (Lieferprozesse, Baustellenbesuche und andere Störungen) abgelenkt wird. Andererseits sind einige Tätigkeiten nachts schwieriger qualitätsgerecht auszuführen oder zu überwachen.

Statt 2 gleich besetzter Schichten bietet es sich oft an, gezielt nur für die kritischen Vorgänge eine Entlastung durch eine weitere Schicht, quasi eine Taskforce, zu schaffen. Im Extremfall können so z. B. nur die Anliefervorgänge in die Früh- oder Spätstunden ausgelagert werden, während die Gewerkekolonnen weiterhin wie bisher tagsüber arbeiten.

Eine eher indirekt wirkende Maßnahme sind Umstellungen in der logistischen Steuerung. Wenn die Materialversorgung proaktiv vorgenommen wird, können Leistungsbremsen wegen Materialsuche, Materialversorgung oder Umbau von Gerüsten reduziert werden. Dies erzeugt größeren Aktionsdruck, nach dem Motto: „Immer wenn ein Bauteil verbaut ist, liegt dort schon das nächste zum Weiterarbeiten."

Technologie wechseln

Auch die Umstellung der ursprünglichen Technologie oder der Materialwechsel kann eine Lösungsvariante darstellen. Wechselt man – wie schon erwähnt – vom ursprünglich ausgeschriebenen Zementestrich zu kunstharzmodifizierten Estrichen, kann die Austrocknungszeit von mehreren Wochen auf wenige Tage reduziert werden. Dies geht allerdings zulasten des Budgets, denn das eingesetzte Alternativmaterial ist wesentlich kostenintensiver. Auch der Wechsel von Monolithbau aus Beton zum Stahlbau oder zum Betonfertigteilbau kann Zeiteffekte bringen, braucht aber einen größeren Planungsvorlauf und ist auf jeden Fall dann teurer, wenn kurzfristig umdisponiert werden soll. Auch ist hier der zusätzliche Planungsaufwand nicht zu vernachlässigen.

Bisweilen können zusätzliche Gerätschaften helfen, dass Umsetzungsphasen entfallen oder stark verkürzt werden, beispielsweise durch einen weiteren Schalungssatz oder durch zusätzliche Gerüststellung oder Hubbühnen mit größerer Reichweite.

Planungsvorlauf schaffen

Eigentlich sollte es eine Selbstverständlichkeit sein, dass vor Beginn der Bautätigkeiten entsprechende Planungen und Genehmigungen vorliegen. Oft ist in der Praxis aber genau an dieser Stelle die Beschleunigung notwendig, damit die Ausführungsunternehmen auch zügig bauen können.

Es empfiehlt sich, nicht nur bei notwendiger Beschleunigung über den Planlauf nachzudenken bzw. diesen zu kontrollieren. Der überwachende Bauleiter muss gemeinsam mit Objektplaner und Projektleiter überlegen, ob und wie möglicherweise die Zurverfügungstellung von Plänen beschleunigt werden kann. Die Führung entsprechender Planlauflisten oder eines einschlägigen Portals oder Projektkommunikationssystems ist immer geboten.

Planer werden sehr früh im Projektverlauf gebunden. Es versteht sich von selbst, dass zu diesem Zeitpunkt die terminlichen Abläufe der Baustelle

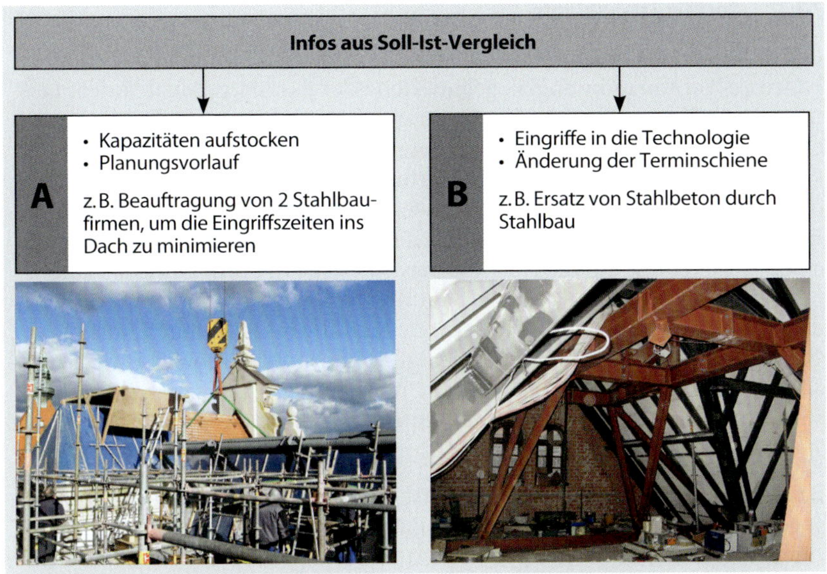

Abb. 7.26: Links: Minimierung der Eingriffszeit in die Dachkonstruktion wegen schlechter Witterung; rechts: Wechsel von einer ursprünglich geplanten Monolithkonstruktion zu einer Stahlbaulösung (Quelle: Fotoarchiv KAISER BAUCONTROL, Zscheyge, 2006)

noch nicht im Mittelpunkt stehen. Also fehlt es oft auch an vertraglicher Terminbindung der Planer. Umso wichtiger ist es, die baulichen Abläufe mit den Planern zu beraten und sie früh in die Notwendigkeiten der Baustelle einzubinden.

Ein von einem Architekten, Ingenieur oder Bauzeichner zu erstellender Plan kann überschläglich mit einem halben bis einem Arbeitstag angesetzt werden. Ein Arbeitstag, an dem eine ganze Kolonne von 12 Betonbauern wegen fehlender Pläne nicht weiterarbeiten kann und auch ihre Baugeräte stillstehen müssen, kostet ein Vielfaches des Gehalts des Planers.

Nicht zu vernachlässigen ist neben den realen Behinderungen bei fehlenden Plänen auch hier der indirekte Effekt, dass mit „Baufreiheit“, also mit dem Vorliegen aller Pläne, Aktionsdruck produziert wird.

Folgender schematisierter Ablauf (in dieser Reihenfolge) kann bei der Festlegung von Beschleunigungen verwendet werden:

- Analyse der Störungsursache
- Prüfung der Redundanzen (Pufferleistung)
- Feststellung des kritischen Wegs im Terminplan
- Prüfung der Möglichkeit und der Auswirkungen einer Verkürzung der Vorgangsdauern auf dem kritischen Weg
- Erarbeitung einer technischen Lösung für die Beschleunigung
- Leistungsabfrage für die Beschleunigung
- Festlegung der Beschleunigungsmaßnahme und des Beschleunigungsziels
- Kontrolle der erzielten Effekte

7.3.2 Gestörte Bauabläufe

Die in Kapitel 6.4 beschriebenen Nachtragsursachen führen in den meisten Fällen zu Terminänderungen, geänderten oder gestörten Bauabläufen. Leistungsveränderungen rufen Terminveränderungen hervor, wobei die Ursache eine relativ einfache sein kann, deren Auswirkung jedoch eine sehr komplexe. Eingriffe in die Planungsgrundlagen nach Start der Bauarbeiten oder durch nachträgliche Bauherrenwünsche führen möglicherweise zum Entfall der vereinbarten Termine mit den Ausführungsunternehmen. Zum einen warten diese auf die Ausführungsunterlage in Form gültiger Pläne oder auf die Vorleistung anderer Bauunternehmen. Zum anderen werden die nun nicht mehr terminlich fixierten Ausführungsleistungen in der Geschwindigkeit und Intensität erledigt, wie es andere, möglicherweise parallel zu bearbeitende Aufträge dieses Unternehmens zulassen. Der Bauherr wird als Auftraggeber plötzlich zum Bittsteller.

Im Beispiel des Terminplans in Abb. 7.27 sind die Soll-Termine aus dem Bauvertrag (grün) den tatsächlichen Ist-Terminen der Ausführung (rot) gegenübergestellt. Die zu Beginn der Baumaßnahme entstandene Verzögerung von ca. 3,5 Monaten hat sich zum Ende auf ca. 11 Monate erhöht. Im gestörten Bauablauf kann also auch ein immenses Potenzial für Schadenersatzansprüche lauern. Die im Beispiel dargestellten Auswirkungen von 11 Monaten Verzug bei der Übergabe können im ungünstigsten Fall darüber hinaus noch 11 Monate Ertragsausfall für den Bauherrn bedeuten.

In Abb. 7.28 sind mögliche Ursachen gestörter Bauabläufe und deren Auswirkungen dargestellt. Bei Änderung der Ausführungsumstände, z. B. durch fehlende Vorleistungen Dritter oder unterlassene Mitwirkung des Bauherrn, kann es im Idealfall lediglich zur Verschiebung der Ausführungstermine kommen. Wenn die Ausführung der Bauleistung bereits begonnen hat und die notwendigen Vorleistungen nicht genügend Baufreiheit gewähren oder sich Randbedingungen ändern, kann es zur Unterbrechung oder Hemmung der Leistungserbringung kommen. Von einer Unterbrechung spricht man, wenn die Ausführung ausgesetzt wird. Von Hemmung der Leistungen hingegen ist die Rede bei nur zögerlicher Abarbeitungsmöglichkeit, d. h., die Ausführungsleistung könnte bei gleicher Kolonnenstärke und technischer Gerätschaft eigentlich wesentlich schneller vorangehen.

Die Resultate aus den geänderten Ausführungsumständen sind aus Sicht des überwachenden Bauleiters dem Bauherrn zuzuordnende Anordnungen. Er stellt in diesem Fall die geänderten Umstände fest und gibt durch Anweisung eine bestimmte Verfahrensweise vor, wie auf der Baustelle mit den veränderten Umständen umgegangen werden soll.

Aus Sicht des Unternehmer-Bauleiters führen die in Abb. 7.28 aufgelisteten Änderungen der Ausführungsumstände in einem ersten Schritt zur Stellung einer Behinderungsanzeige, der später eine entsprechende Kostenanmeldung sowie die Bekanntgabe geänderter Fertigstellungstermine folgen sollte.

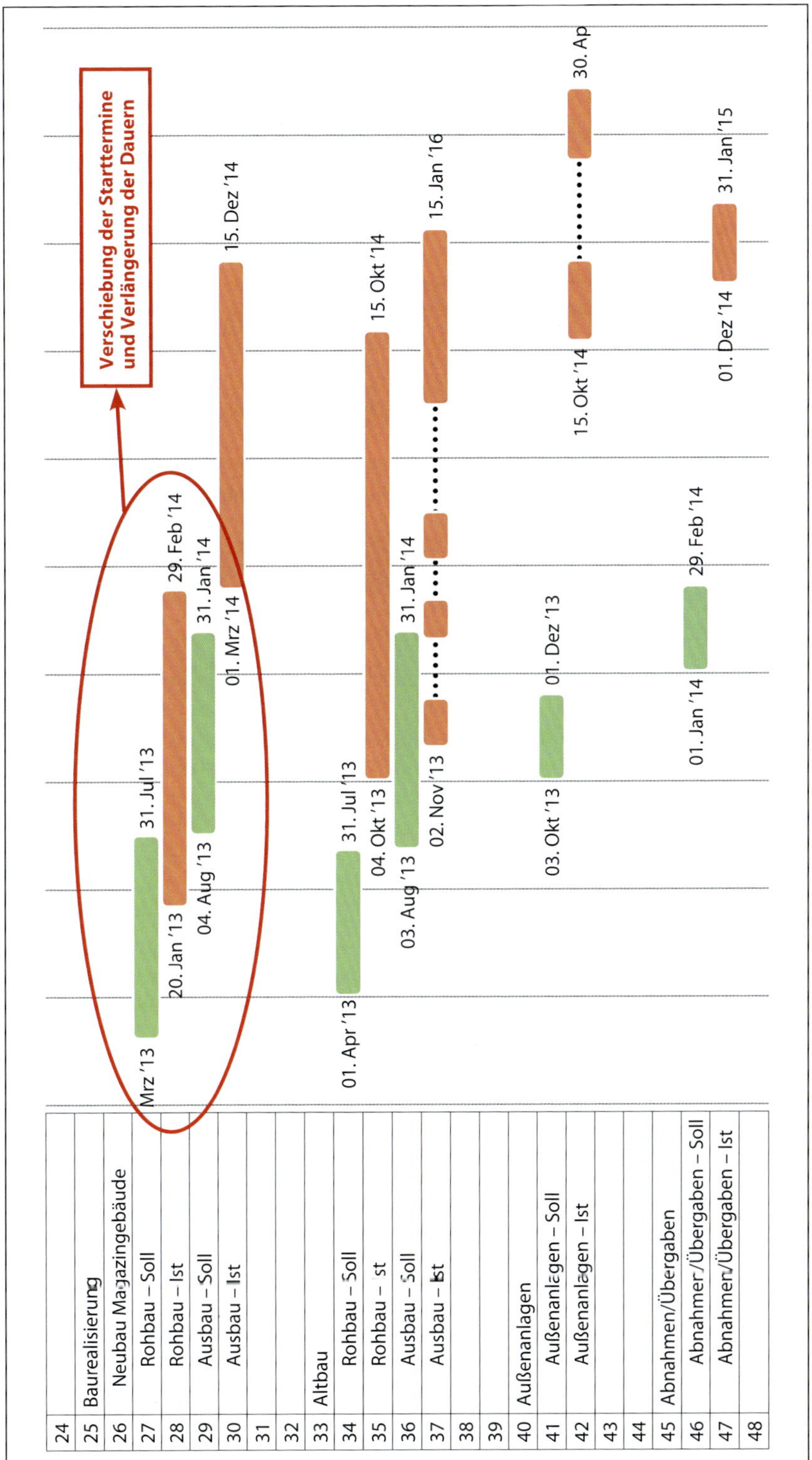

Abb. 7.27: Soll-Ist-Vergleich eines Terminplans eines gestörten Bauablaufs

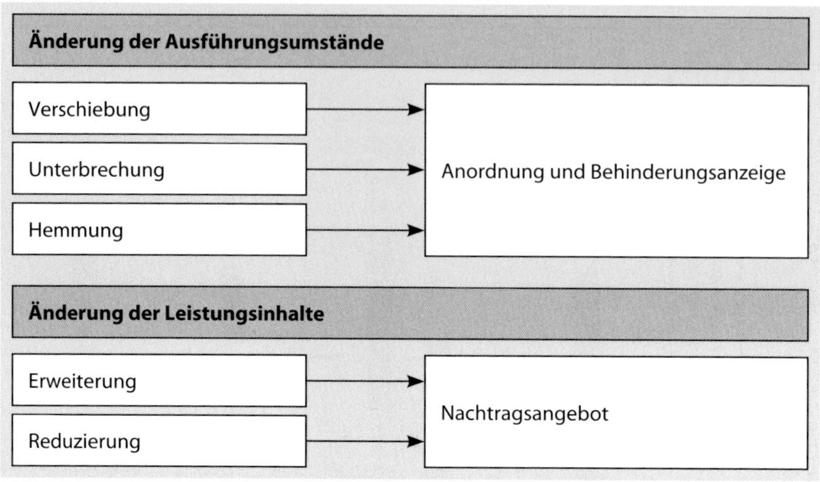

Abb. 7.28: Ursachen und Auswirkungen eines gestörten Bauablaufs

Der überwachende Bauleiter sollte darauf achten, dass ihm diese geänderten Fertigstellungstermine auch zeitnah vorgelegt werden, sodass – ggf. nach Verhandlung – wieder ein vereinbarter Terminablauf erzielt wird, der das Bauunternehmen erneut terminlich fest einbindet.

Eine Änderung der Leistungsinhalte durch Erweiterung oder Reduzierung der Leistungen führt zur Anzeige bzw. zu Nachtragsangeboten. Da mehr Leistungen auch mehr Zeit in Anspruch nehmen, beinhalten derartige Nachträge auch Terminverschiebungen. Was bei der Leistungserweiterung logisch erscheint, ist bei der Leistungsreduzierung ebenfalls möglich. Bei einer Reduzierung hat die Ausführungsfirma i. d. R. das Problem der fehlenden Umlage der Gemeinkosten durch den Wegfall von Teilleistungen (siehe hierzu auch Kapitel 6.2). Bei einer Leistungsreduzierung kann es vorkommen, dass die eingesetzten Maschinen dennoch gleich lange brauchen oder dass nun eine kleinere Maschine eingesetzt werden muss, deren Leistung deutlich geringer ist, weshalb dann sogar noch mehr Zeit benötigt wird. In der Praxis ist dies zwar ein eher theoretisches Konstrukt, das aber in Streitfällen dennoch bemüht wird.

Auch wenn die Arbeitsstunden wegen reduzierter Leistungsmenge deutlich sinken, kann eine kontinuierliche Beschäftigung einer vorgesehenen Kolonne unwirtschaftlich werden. Also muss ggf. die Arbeit unterbrochen und die Kolonne auf anderen Baustellen eingesetzt werden. Soll dies vermieden werden, müsste eine solche Arbeitskolonne trotz reduzierter Leistungsmenge durchgehend bezahlt werden – ein eher theoretisches Vorgehen, weil Bauunternehmen ihre Arbeitskräfte nur sehr ungern für offensichtliches Nichtarbeiten oder reine Bereitstellungsstunden vergüten lassen.

8 Qualität

8.1 Einführung

Die Qualität am Bau ist mittel- und langfristig das entscheidende und eigentlich das einzig wichtige Kriterium für ein gutes Bauprojekt. Qualität besteht für den Bauherrn darin, dass das Bauwerk die gewünschten Eigenschaften und Funktionen aufweist.

Jedoch hat Qualität für viele Bauherren immer auch noch weitere, ggf. nicht bewusste Komponenten. Dies sind zunächst alle Qualitätsmerkmale, die sich aus gesetzlichen Bestimmungen oder aus erforderlichen Sicherheitsstandards ergeben, also beispielsweise Anforderungen an ausreichende Fluchtwege und Fluchtwegbreiten, Brandschutzanforderungen usw. Die Einhaltung der nachbarlichen Abstandsregeln gehört ebenfalls zu den Qualitätskriterien, bei deren Nichteinhaltung den Bauherrn empfindliche Einbußen bis hin zum Rückbau treffen können.

Ferner sind manche Bauherren fachliche Laien, d. h., sie verlassen sich implizit darauf, dass Qualitätsmerkmale inhärent eingehalten werden. Dies kann z. B. der Fall sein bei Stahleinbauten, die langfristig korrosionsgeschützt sein sollten. Heizungs- und Lüftungsanlagen sollten so ausgewählt und installiert werden, dass sie einfach turnusmäßig zu warten sind und leicht ausgetauscht werden können.

Deshalb besteht die Aufgabe des überwachenden Bauleiters auch darin, den Bauherrn ggf. auf fachlich notwendige bzw. für den Bauherrn sinnvolle Qualitätsvorgaben hinzuweisen oder ihn darüber aufzuklären, welche Risiken oder Einschränkungen sein Bauwerk erleiden könnte, falls auf bestimmte Qualitätskriterien, beispielsweise eine fachgerechte und dauerhafte Abdichtung eines Kellers, nicht ausreichend Wert gelegt wird.

8.1.1 Prioritäten des Bauherrn

In der Praxis erleben wir bisweilen, dass sich die Prioritäten des Bauherrn, ob er also mehr auf Qualität, Termine oder Einhaltung der Kosten Wert legt, im Laufe der Zeit immer wieder verschieben. Abb. 8.1 zeigt plastisch, wie sich die Prioritäten in der täglichen Beeinflussung des eigenen Bauprojekts immer wieder verändern können. Zur Zeit der ersten Entwurfsideen steht noch die Qualität obenan, einschließlich vieler Aspekte des „nice to have". Dann, in der Phase der Auftragsvergabe, sieht der Bauherr sehr kritisch auf den Preis, denn gute Qualität und die notwendigen Termine sind ja schriftlich und verbindlich im Bauvertrag festgehalten. Während der Bauausführung drängt der Bauherr vorrangig auf die Einhaltung der Termine, beispielsweise weil ihn nun auch die Übergabefristen in den Nutzungsverträgen bedrängen. Aber am Ende ist es doch wieder die Qualität, die lang-

Projektphase \ Wertigkeit	wichtig	weniger wichtig	nicht wichtig
Entwurf + Vorplanung	**Qualität**	Preis	Termin
Planung + Vergabe	**Preis**	Termin	Qualität
Bauausführung	**Termin**	Qualität	Preis
Abnahme + Nutzung	**Qualität**	Preis	(Termin)

Abb. 8.1: Wechselnde Projektprioritäten des Bauherrn im Laufe eines Bauprojekts

fristig entscheidend ist. Denn die Termine sind eingehalten worden – oder eben nicht –, und den noch ausstehenden Vereinbarungen zur Schlussrechnung einschließlich eventueller Nachtragsverhandlungen kann man sich dann mit Geduld widmen.

Es ist Sache des überwachenden Bauleiters, seinen Auftraggeber gern höflich, jedoch bestimmt darauf hinzuweisen, dass dieser weiterhin alle drei Kriterien – Kosten, Termine und Qualitäten – in der richtigen Balance zueinander im Blick behält und beispielsweise nicht kurz vor Fertigstellung die Qualität zugunsten der Einhaltung des Endtermins schleifen lässt. Gute Projektsteuerer entwickeln hierzu mit ihrem Auftraggeber zusammen schon vor Projektbeginn Regeln, wie sich auch der Bauherr besser disziplinieren kann und wie der überwachende Bauleiter ihn dabei unterstützen soll.

8.1.2 Methoden und Werkzeuge zur Qualitätsverbesserung

In diesem Kapitel wird das Thema Qualität in drei speziellen Themenbereichen adressiert. Das älteste Thema ist das im Kapitel 8.3 angesprochene Qualitätsmanagement. Es fand in den 1990er-Jahren Eingang in das Bauwesen, u. a. auch deshalb, weil es einige spektakuläre Gerichtsentscheidungen gegeben hatte, nachdem nicht die Gewährleistungszeit maßgeblich war, sondern der Nachweis eines Organisationsverschuldens auf Seiten von Bauunternehmen oder Planungsbüro. Seit dann aber im Zuge der Schuldrechtsreform 2002 die gesetzliche Verjährungsfrist für Organisationsverschulden von 30 (!) auf in der Regel 3 Jahre heruntergesetzt wurde, ist es sehr viel ruhiger darum geworden, ob nun ein Betrieb nach DIN EN ISO 9000-2015 ff. qualitätszertifiziert sein sollte oder nicht.

Das zweite Thema, dargestellt im Kapitel 8.4, betrifft insbesondere die Wissensmanagement-Systeme. Diese kamen Anfang der 2000er-Jahre auf, als der Zugang zu Internetverbindungen einfacher wurde und sich nicht nur Planungsbüros untereinander, sondern auch Bauunternehmen zunehmend über das Internet vernetzen konnten. Hierdurch ergaben sich neue Möglichkeiten, die Daten- und Informationsflut bei Bauprojekten über spezielle virtuelle Datenräume abzuwickeln, sogenannte Projekt-Kommunikations-Management-Systeme (PKMS).

Das dritte Thema in Kapitel 8 ist das jüngste und innovativste. Es ist seit nunmehr über 10 Jahren dynamisch auf dem Vormarsch und findet insbesondere bei internationalen Großprojekten konsequente Anwendung: Building Information Modeling (BIM). Weil BIM auch in Deutschland mehr und mehr zum Einsatz kommt, wird es hier zunächst vorgestellt (Kapitel 8.2).

BIM wäre ohne das World Wide Web und den zunehmenden Zugang aller Beteiligten zu einer leistungsfähigen Internetverbindung nicht denkbar. In der Tat verfügen heute mittlere und große Baustellen durchgehend über Internetanschlüsse, wenn auch nicht immer die schnellsten. Hinzu kommen bei BIM noch leistungsfähige Tischrechner und mobile Laptops, die ebenfalls mehr und mehr Einzug auf Baustellen halten. Auf diesen Computern kann neu entwickelte, leistungsfähige Software für Bauprojekte laufen, mit denen der Sprung von einer reinen, aber komfortablen lokalen Datenbank (die PKMS-Systeme) hin zu einer modellorientierten, komplexen Arbeitsweise und Zugang zur „Cloud", einer nahezu unbegrenzten Speichermöglichkeit auf Dienstleistungsservern, im Internet möglich wird.

Es ist davon auszugehen, dass der Einsatz von Building Information Modeling in den nächsten Jahren noch sehr unterschiedlich sein wird: von einer Baustelle, bei der alles in einem gemeinsamen virtuellen Modell abgebildet und daraus abgeleitet wird, über einzelne Teilplanungen und Projektaspekte, die mit digitaler Unterstützung abgearbeitet werden, bis zu Baustellen, die weiterhin herkömmlich auf Basis von papiernen Plänen abgewickelt werden. Deshalb versucht Kapitel 8.2, dem hier noch nicht sachkundigen Bauleiter einen prägnanten Überblick zu den Zusammenhängen bei BIM zu geben und ihm gleichzeitig aufzuzeigen, inwieweit sich damit professionelles Handeln unterstützen lässt und wie daraus Effizienzgewinne für den überwachenden und für den Unternehmer-Bauleiter entstehen können.

Die im Kapitel 8.2 wiedergegebenen Abbildungen mit beispielhaften Bauwerksmodellen sind studentischen Einzel- und Gruppenarbeiten entnommen, die an der Bauhaus-Universität Weimar in Basiskursen zu Building Information Modeling jeweils bereits nach wenigen Wochen erstellt wurden.

8.2 Building Information Modeling (BIM)

8.2.1 Einführung in BIM

Seit einigen Jahren stößt man bei Bauprojekten immer häufiger auf den Begriff Bauwerksinformationsmodelle bzw. Building Information Modeling (BIM). Dahinter verbirgt sich eine Methode, in der die Prozesse der Planung, Bauvorbereitung und Bauüberwachung mithilfe von digitalen Computermodellen unterstützt werden. Die Idee hierzu reicht zurück zu ersten Versuchen in den 1990er-Jahren, in denen Bauingenieure und Computerspezialisten begannen, die CAD-Software auszubauen, um die Planungsprozesse weiter zu rationalisieren und teilweise auch zu automatisieren. Dabei versuchte man bereits, ganze Bauwerke dreidimensional und mit etlichen zusätzlichen Informationen im Computer zu modellieren.

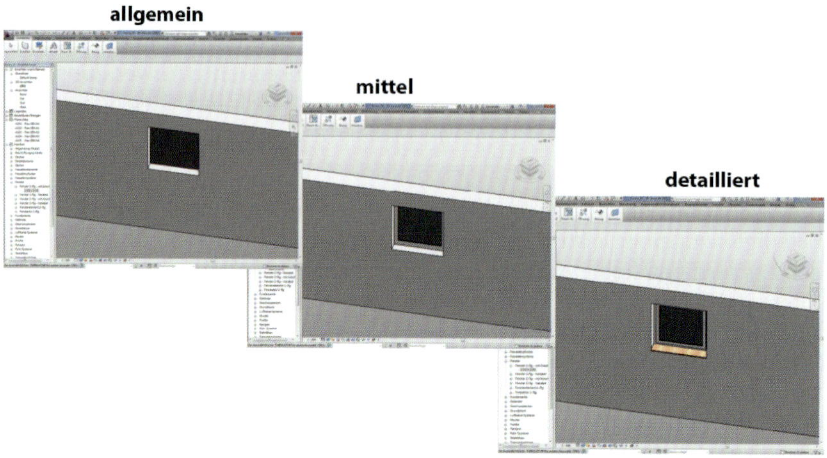

Abb. 8.2: Unterschiedliche Detaillierungsstufen einer Fensteraussparung

Definition von BIM

Kern der Methode BIM ist ein dreidimensionales geometrisches Modell, in dem nicht, wie bisher bei Zeichnungen, lediglich die Gebäudegeometrie abgebildet und deren Oberflächen einigermaßen realitätsnah dargestellt werden. Hinzu kommt bei BIM, dass alle Daten einheitlich auf einem gemeinsamen Datenserver zusammen vorgehalten werden und somit alle Planungsbeteiligten jederzeit auf die gleichen aktuellen und konsistenten, also zueinander widerspruchsfreien, Daten zugreifen können. Und die Gebäudedaten werden nicht einfach nur geometrisch beschrieben, sondern sie werden logisch aus einzelnen Teilen, sogenannten Objekten, zusammengestellt.

Abb. 8.2 zeigt das Beispiel eines Objekts Wand mit einem eingebetteten Objekt Fenster. Über die Menüleiste links von der Abbildung bzw. die Einstellungen in der oberen Menüleiste kann man sich gezielt weitere Detailinformationen zu dem Fenster bzw. der Wand anzeigen lassen.

Unter Objekten kann man sich je nach Detaillierungstiefe die einzelnen Bauteile, Bauelemente oder sogar Aufbauschichten, beispielsweise eines Fußbodens, vorstellen. Ein Vorteil dieser Art der Beschreibung ist, dass die Objekte dann nach gleichen Kriterien gefiltert werden können. Beispielsweise kann man sich alle Wände in Kalksandstein und der Mauerwerksstärke d = 11,5 cm anzeigen lassen. Oder es werden aus einem Modell alle Lüftungskanäle der Zuluftanlage ohne Schalldämmung extrahiert.

Ferner wird den Objekten auch zugewiesen, wo sie im Gesamtmodell platziert sind und wie sie zu benachbarten Objekten in Beziehung stehen. Beispielsweise enthält das Objekt des Fensters in Abb. 8.2 die zusätzliche Information, wo es genau innerhalb des Wandelements zu platzieren ist. Wandelemente erhalten die Informationen, welche anderen Wandelemente an dieses Element grenzen, welches Fußbodenelement am Fuß der Wand anschließt und wie das Fenster in der Wand angeordnet ist.

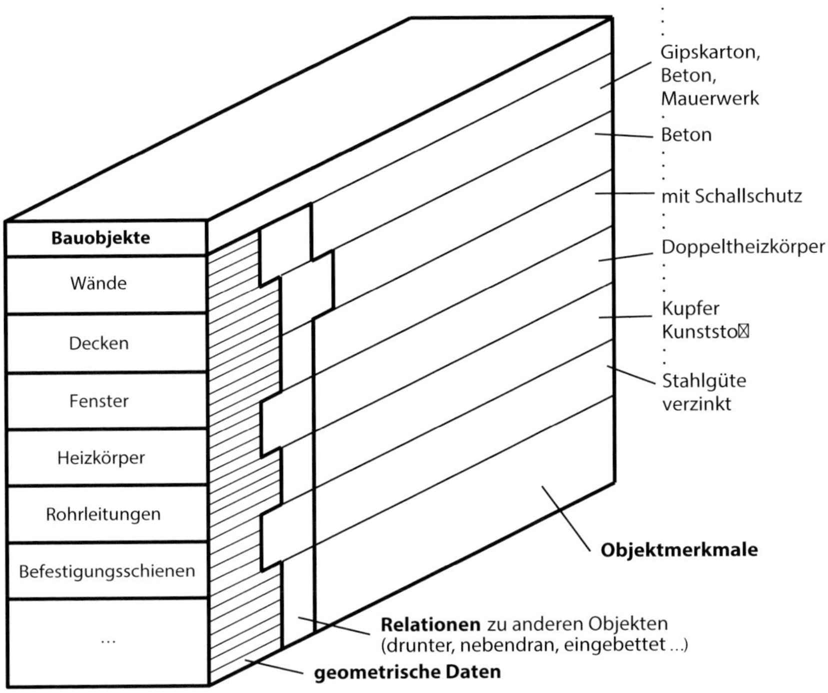

Abb. 8.3: Container-Modell der Objektinformationen in BIM

Jedes Objekt kann nun beliebig mit weiteren Informationen angereichert und somit die Planung sukzessive bis zur Ausführung und Bauabnahme vervollständigt werden. Beispielsweise können einem Fenster neben den Abmessungen noch die Farbe, die Schallschutzklasse, die Art des Anschlags und viele weitere Informationen angehängt werden. Was bisher in Ausführungszeichnungen direkt an das Fensterobjekt oder in einer Legende ergänzend beschrieben und festgelegt werden musste oder was sich implizit durch die Festlegung eines bestimmten Fabrikats eines Herstellers ergab, kann nun im digitalen Bauwerksmodell direkt durch Anklicken des Objekts im Modell aufgerufen werden.

Auch diese Zusatzinformationen können mithilfe von Datenbank-Filtern gezielt abgefragt werden, beispielsweise kann eine Liste aller Fenster mit besonderer Sonnenschutzverglasung aus dem Bauwerksinformationsmodell extrahiert werden.

Datenstrukturen in BIM

Zusammengefasst besteht ein Bauwerksinformationsmodell also aus vier Arten von Informationen: dem Objekttyp, seinen geometrischen Daten, den Relationen des Objekts zu benachbarten Objekten und einem Satz zusätzlicher Objektmerkmale, die dieses spezifische Objekt weiter beschreiben. Die zusätzlichen Informationen können dabei sehr umfassend sein, bei den Angaben zu Material, Oberflächenbeschaffenheit, Struktur usw. beginnen und weit, bis beispielsweise in die Informationen zu Lieferant, Typennummer, Installationsvorgaben, Prüfprozeduren, Wartungsintervallen und sogar Entsorgungshinweisen, reichen.

BIM kann man sich auch als eine sehr große Datenbank vorstellen, in der strukturiert und konsistent alle Informationen über das Bauwerk enthalten und so mit dem richtigen Kontext abgespeichert sind, dass sie jederzeit nach verschiedenen Kriterien sortiert und abgerufen werden können.

Bisher kannte man ähnliche Funktionalitäten schon aus dem automatisierten, computerunterstützten Zeichnen, wo beispielsweise vereinbart wurde, dass Rohbauzeichnungen auf einer anderen Datenebene abgelegt wurden als die Leitungsverläufe von Heizung und Sanitär. Je nach Betrachtungswunsch des Bauleiters konnte man dann einen Plan nur mit den Rohbaudaten, einen nur mit den Leitungsverläufen oder auch einen mit beiden Informationen auf einem gemeinsamen Bildschirm ansehen und ausdrucken.

Ähnlich ist es nun bei Bauwerksinformationsmodellen, nur noch eleganter und in drei- oder sogar mehrdimensionaler und dynamischer Darstellung. Auch bei BIM wäre eine Gesamtdarstellung mit allen verfügbaren Informationen des Modells in einer beliebigen Ansicht so mit Informationen vollgestopft, dass der Bauleiter in dem Gesamtmodell effektiv nichts erkennen könnte. Deshalb besteht die Möglichkeit, beim Betrachten am Bildschirm mittels sogenannter Model Viewer unterschiedliche Filter zu setzen. Model Viewer sind Programme zum Betrachten und Navigieren in einem Bauwerksinformationsmodell. Man kann dabei Objekte ausblenden oder transparent anzeigen lassen. Man kann das Modell beliebig in drei Dimensionen drehen, und man kann es an selbst gewählten Stellen schneiden und sich so Querschnitte in bestimmter Blickrichtung ansehen.

Um nicht jedes Mal von Neuem die relevanten Bauteile zum Anzeigen am Bildschirm auswählen zu müssen bzw. andere auszublenden, gibt es in der BIM-Software sog. Model View Definitions (MVD), also Auswahlvarianten, die beispielsweise gezielt für den Tragwerksplaner, den Lüftungsinstallateur, den Trockenbauer oder das Bauaufsichtsamt vorkonfiguriert werden können. Dem Fachmann steht somit ein auf seine Belange zugeschnittenes und in der Datenmenge reduziertes Teilmodell zur Verfügung. Dennoch kann auch er jederzeit auf das Gesamtmodell zurückgreifen, wenn er weitere Informationen zur Koordinierung benötigt.

Detaillierungsgrade eines virtuellen Bauwerksmodells

Sofern während der Modellierung des Gebäudes die Objekte geeignet differenziert wurden, kann sich der Bauleiter deshalb aus dem fertigen Gesamtmodell gezielt ausgewählte Daten, beispielsweise die Rohbaudaten einer Wand oder nur die Leitungsdurchbrüche in einer Decke oder nur die durchzuführenden Leitungen anzeigen lassen. Je nach Wahl in den Einstellungen des verwendeten Viewers kann er auch bestimmen, in welcher Farbe oder Schattierung z. B. bestimmte Fenstertypen oder Leitungsfunktionen angezeigt werden sollen. In den Abb. 8.4 bis 8.9 sind für ein frei entwickeltes Museumsgebäude verschiedene Ansichten und Detaillierungsstufen beispielhaft dargestellt, die alle aus dem gleichen Gebäudemodell bzw. Datensatz extrahiert wurden.

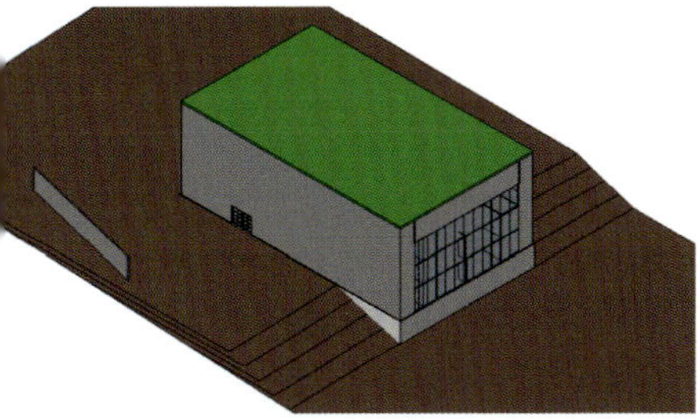

Abb. 8.4: 3-D-Darstellung eines Ausstellungsgebäudes

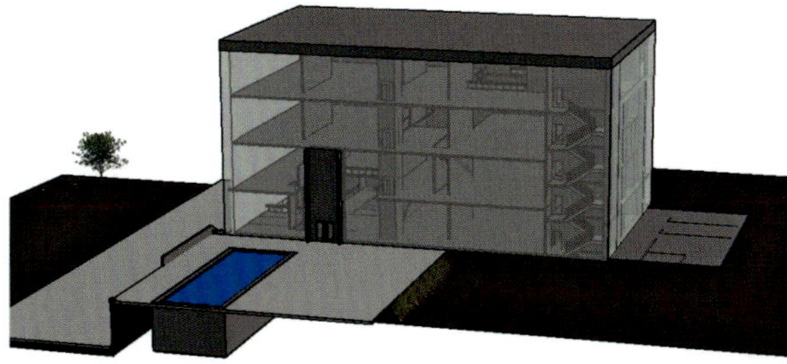

Abb. 8.5: Halbtransparente Darstellung des Ausstellungsgebäudes

Abb. 8.6: Visualisierung eines Ausstellungsfoyers

Abb. 8.4 zeigt zunächst einen groben Überblick über das gesamte Bauwerk und seine ungefähre Einbindung in das umgebende Gelände. Für eine frühe Planungsstufe kann man hier schon einen guten Eindruck von der Kubatur und der Topografie des Geländes gewinnen. Erste Fensterflächen sind bereits entworfen. Das Dach ist vielleicht zunächst als Gründach geplant, was hier einfach nur mit der Farbe Grün angezeigt wird. Auch die anderen Farben des Gebäudemodells entsprechen nicht unbedingt der endgültigen Farbgebung.

In Abb. 8.5 ist der detaillierte Entwurf des Gesamtgebäudes und der umgebenden Terrassierung des Geländes im Modell erstellt worden. Um das Gebäude und seine Struktur schneller zu begreifen, werden die Außenwände halbtransparent angezeigt. Dadurch kann man gleichzeitig auch die Innenräume erkennen und so beispielsweise Funktionsbereiche außerhalb des Gebäudes und innerhalb des Gebäudes schneller einander zuordnen. Auf ausdifferenzierte Farbgebung wurde in dieser Betrachtungsansicht verzichtet.

In Abb. 8.6 ist eine beispielhafte Ausgestaltung und Möblierung des Eingangsbereichs gezeigt. Hier wurden im Modell Ausstattungsdetails wie Wandbilder, Möbel und sogar Menschen hinzugefügt, um so dem Auftraggeber die Vorstellung von den Räumen und Nutzungsmöglichkeiten weiter zu erleichtern. Während die dargestellten Menschen nur zum Zwecke einer fotoähnlichen Wiedergabe in dem Modell platziert wurden, könnten die Ausstattungsgegenstände bereits die vorgesehene Innenausstattung bzw. eine mögliche Variante darstellen.

Abb. 8.7: Beliebiger Schnitt durch das virtuelle Gebäude

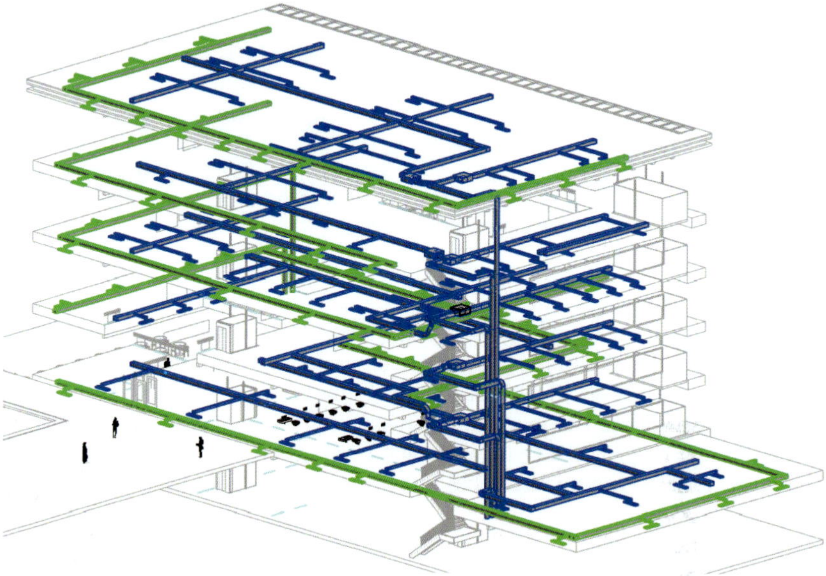

Abb. 8.8: Falschfarbendarstellung von Zu- und Abluftleitungen im Gebäude

In Abb. 8.7 hat man weiterhin die Ausstattungsgegenstände und Wandausgestaltungen sichtbar belassen. Jedoch wurde hier die Ansichtsperspektive im virtuellen Modell so gewählt, dass sich der repräsentative Gebäudeschnitt an einer relevanten Schnittlinie ergab.

In Abb. 8.8 werden die Konturen der Gebäudegeometrie nur in blassen grauen Strichen angezeigt. Das sind die Geschossdecken, die Stützen und das Treppenhaus. Eigentlicher Gegenstand der Extraktion von Daten aus dem virtuellen Gebäudemodell ist der Strangplan der zentralen Lüftungsanlage. Um die Zu- von der Abluft besser zu unterscheiden, ist die eine Leitungskategorie grün, die andere blau eingefärbt. Derartige Falschfarbendarstellungen erleichtern die Identifizierung und Überprüfung der Strangsche-

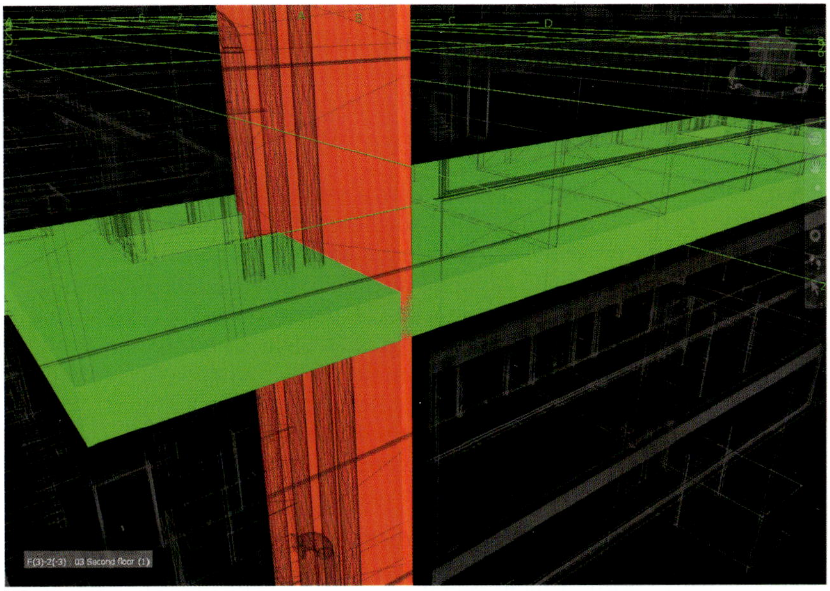

Abb. 8.9: Durchdringung einer Leitungstrasse (rot) durch eine Geschossdecke (grün)

mata am virtuellen Modell. Um diese Darstellung zu ermöglichen, müssen die Zuluftkanäle mit einer anderen Objektkodierung versehen sein als die Abluftkanäle. Dann kann im Model Viewer der Kodierung „Zuluft“ die Farbe Grün und der Kodierung „Abluft“ die Farbe Blau zugewiesen werden.

Die Darstellung von Objekten bzw. Gruppen von Objekten in unterschiedlichen, teilweise auch realitätsfernen Farben ist ein einfaches Mittel, um trotz überbordender Informationsdichte in dem virtuellen Gesamtmodell bei der Betrachtung am Bildschirm weiterhin Ordnung und Übersicht zu behalten. Dies gilt insbesondere, wenn man die Modelle auch an einem kleineren Computerbildschirm noch gut verstehen und interpretieren möchte.

Schließlich zeigt die Abb. 8.9 einen Knotenpunkt zwischen einer Geschossdecke (grün) und einer vorgesehenen Leitungstrasse (rot), beispielsweise für Kabelpritschen für die Elektroversorgung. Ferner ist hier sehr gut zu erkennen, dass im Übrigen nicht nur die Gestalt des zukünftigen Gebäudes modelliert wurde. Man erkennt darüber hinaus auch deutlich die Strukturierung des Rohbaus, in dem die Gebäudeachsen zusätzlich beschriftet und nummeriert wurden. Auf diese Weise kann sich der Betrachter beim virtuellen Gang durch das Gebäude besser orientieren bzw. darüber besser kommunizieren.

Bereits an diesen einfachen Beispielen, die alle aus ein- und demselben Modell extrahiert wurden, kann man erkennen, dass ein Bauwerksinformationsmodell eine sehr mächtige Datenbasis ist, die die Möglichkeiten in Planung und Ausführung erheblich erweitert. Zunächst ist es bei dreidimensionaler Darstellung wesentlich einfacher, die Zusammenhänge zu erfassen, die Geometrien, Übergänge und Durchdringungen zu verstehen und so eine zutreffende Vorstellung von dem Gebäude zu bekommen. Der hier nur durch statische Bilder wiedergegebene Eindruck wird noch schneller aufgenommen, wenn man am Computer mit einem Viewer direkt im Gebäude navigiert und so beispielsweise die Wände und Installationen aus der eigenen Bewegung heraus betrachtet.

Ist BIM die neue Sprache des Ingenieurs?

Wenn die Bauwerksinformationsmodelle, also die virtuellen bzw. digitalen Gebäudemodelle, die geplanten (und auch die gebauten) Bauwerke, ihre Zusammenhänge und etliche Details so gut darstellen können, dann wird sich in naher Zukunft vielleicht schon die Frage stellen: Ist die Zeichnung immer noch die „Sprache des Ingenieurs“? Oder wird das virtuelle Modell die Zeichnung bald ablösen, sodass die umständliche Übertragung der Ideen der Planer in Ausführungspläne und dann die fehleranfällige Rückinterpretation der Pläne für das Umsetzen in die Realität entfallen können? Dann träte an die Stelle der Zeichnung das virtuelle Bauwerksmodell. Doch bis dahin wird es wohl noch eine Weile dauern.

8.2.2 Die verschiedenen Rollen beim Arbeiten mit BIM

Nicht alle Bauwerksinformationsmodelle, die vom Planer erstellt werden, sind ohne weiteres Zutun für die Arbeit in der Bauleitung geeignet. In etwa den traditionellen Planungsphasen Vorplanung (Leistungsphase 2), Entwurfsplanung (Leistungsphase 3), Ausführungsplanung (Leistungsphase 5), Vertragsschluss (Leistungsphase 7) und Bestandsplanung (Leistungsphase 8) folgend, ist es sinnvoll, unterschiedliche Detaillierungsgrade zu vereinbaren, die Auskunft darüber geben, was in einem virtuellen Bauwerksmodell enthalten sein soll.

Bearbeitungstiefen eines Modells nach Level of Development (LoD)

Hierzu hat beispielsweise das amerikanische Institut der Architekten (AIA) einen Vorschlag beschrieben, welche Informationen in welchen Modellierungsphasen, genannt „Level of Development“ (LoD) enthalten sein sollten (siehe Abb. 8.10).

Festgemacht am Beispiel eines Fensters bedeutet dies in etwa, dass in der ersten Stufe (LoD 100) ggf. noch gar keine einzelnen Fenster, sondern nur die Gebäudekubatur festgelegt wird. In der zweiten Stufe (LoD 200) folgt die Festlegung der Anordnung und Geometrie der Fensteröffnungen. In der dritten Stufe (LoD 300) werden die wesentlichen Anforderungen der Fenster, wie Art der Verglasung, Anzahl der Öffnungsflügel und besondere Einbauten wie Rollladenkästen oder abschließbare Oliven, festgelegt. Auf der Basis von LoD 300 ist eine Kalkulation möglich und kann demnach der Vertrag mit einem Bauunternehmen geschlossen werden. Danach müssen noch die Anschlagsrichtung bestimmt und weitere Bemusterungen, beispielsweise zur Wahl der Beschläge innerhalb einer vorgegebenen Preisspanne, vorgenommen werden. Mittlerweile wird hier oft noch eine Zwischenstufe mit dem LoD 350 eingeschoben. Die nächste Stufe (LoD 400) enthält alle Angaben, die bisher in üblichen Werkzeichnungen notwendig waren, um auf deren Basis die Fenster fertigen zu können, beispielsweise die

LoD 100	Hier wird ein Vorentwurf als Modell erstellt. Es ist ein einfaches Flächen- oder Volumenmodell, das die Einordnung des Bauwerks und dessen ungefähre Gesamtkubatur im Kontext der umgebenden Bebauung zeigt. Am Modell ist die Ermittlung des Kostenschätzung nach DIN 276 bis zur 1. Ebene nach DIN 277-1 möglich.
LoD 200	Dieses Massenmodell ist das Entwurfsmodell, das die wesentlichen Mengen, Flächen und Volumina und die unterschiedlichen Funktions- und Nutzungsbereiche zeigt. Generelle Strangschemata sind sichtbar. An diesem Modell können Kostenberechnungen nach DIN 276 nach der Elementmethode nach DIN 277-1 bis zur 2. Ebene vorgenommen werden.
LoD 300	Dieses Modell ist analog zur Ausführungsplanung. Es zeigt also alle Informationen, die für eine verbindliche Angebotskalkulation benötigt werden. Aus diesem Modell kann der Kostenanschlag nach DIN 276 abgeleitet werden bzw. können die Kosten bis zur 3. Ebene nach DIN 277-1 ermittelt werden.
LoD 350	In diesem Modellstatus sollten weitere Festlegungen und Ergebnisse von Bemusterungen eingepflegt werden.
LoD 400	Dieses Modell zeigt komplett alle Angaben, die zur Fertigung der Bauteile notwendig sind. Hieraus können die Werkpläne extrahiert werden, oder die Daten werden direkt in eine automatisierte Fertigungslinie übernommen.
LoD 500	In dieser Modellstufe werden die Ist-Daten der Ausführung übernommen. Ferner werden Angaben ergänzt, die den Betrieb und die Wartung und Instandhaltung betreffen. An diesem Modell kann die Kostenfeststellung nach DIN 276 vorgenommen werden.

Abb. 8.10: Differenzierung der Level of Development in Anlehnung an AIA

Farbgebung der Rahmen. Schließlich enthält die letzte Stufe (LoD 500) die Bestandsinformationen, womit bestätigt wird, dass das Fenster nach Plan ausgeführt wurde.

Die Basisinformationen im LoD 500 müssen sich nicht von den Informationen im LoD 400 unterscheiden. Doch es können noch weitere Angaben wie Informationen zum verwendeten Fabrikat, Typenschild und ggf. Wartungs- und Pflegehinweise für den Betrieb hinterlegt werden.

Das Erstellen eines BIM-Modells

Es ist grundsätzlich nicht zu erwarten, dass das komplette Bauwerksmodell durch einen Planer, Architekten oder Ingenieur allein erstellt wird. Zu viele der im Laufe komplexer Planungsprozesse zusammenzutragenden Informationen werden durch weitere Fachingenieure und andere Beteiligte, insbesondere dann auch noch durch die ausführenden Bauunternehmen, ergänzt. Wie das erfolgt, ob alle Beteiligten dazu eigenständig und in verteilten Rollen gleichzeitig am digitalen Gebäudemodell weiterarbeiten und detaillieren oder ob es einen koordinierenden BIM-Manager für dieses Einpflegen weiterer Informationen geben wird, ist noch nicht absehbar. Sicher ist allerdings, dass nicht alles aus einer Hand erarbeitet werden kann.

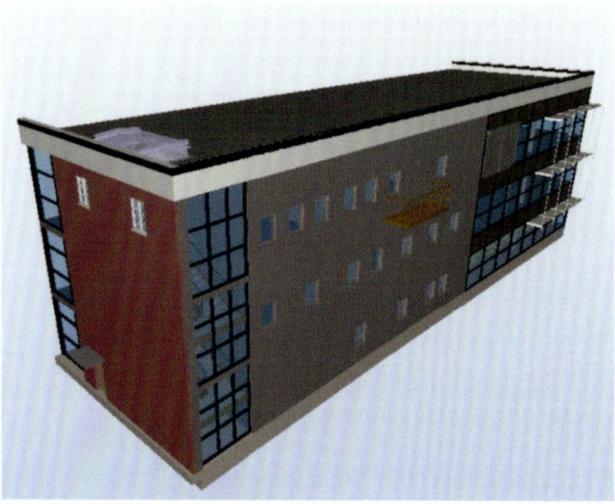

Abb. 8.11: Außenwände als vertikal durchgehende Flächen modelliert

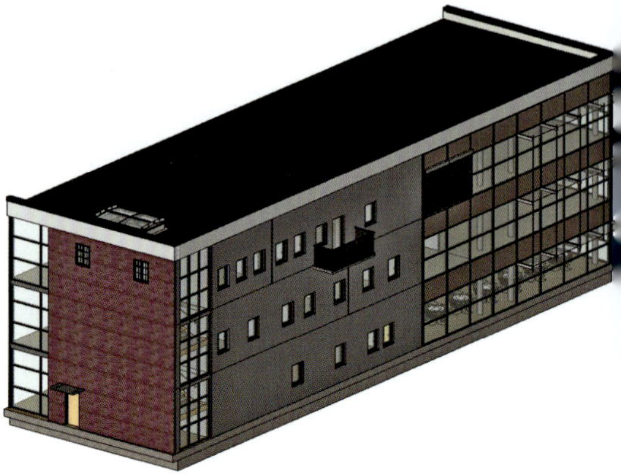

Abb. 8.12: Außenwände als Einzelelemente im Modell abgebildet

Am Beispiel der abgebildeten Fassade, Abb. 8.11 und Abb. 8.12, soll dieses näher erläutert werden. Der Architekt würde gern im Zuge seiner Vorentwurfs- und Entwurfsplanung eine Außenwand als ein einziges Objekt über die gesamte Höhe des Gebäudes beschreiben und darin auf den verschiedenen Höhen die Fenster einbetten. Durch das Anschließen der Decken hinter der Wand auf den jeweils richtigen Höhen (Verbindungslinien im digitalen Modell) setzt er so sein Gesamtmodell richtig zusammen.

Das Bauunternehmen möchte aber aus ablauftechnischen Gründen die Wand geschossweise herstellen. Um das zunächst im digitalen Gebäudemodell richtig abzubilden, muss es also das Objekt „Außenwand" im Modell in geschossweise Teilobjekte „Außenwand Etage" zerlegen und diese wiederum zueinander und mit den daran anschließenden Deckenobjekten verknüpfen. Beim Zerlegen entscheidet es dann erst, an welchen Stellen es die Gesamtwand auftrennt, ob auf Höhe der Unterkante der Geschossdecken oder auf einer anderen Höhenkote, beispielsweise einer Arbeitsfuge 1,5 cm oberhalb der UK-Stahlbetondecke.

Beschäftigt das Bauunternehmen nun ein Subunternehmen, das besondere Verankerungselemente für eine vorgehängte Fassade, z. B. ein Sichtmauerwerk, noch während der Rohbauphase mit einbauen soll, so wird das Subunternehmen diese Verankerungselemente erst selbst bemessen müssen und dann auch das passende Fabrikat und den Konsoltyp auswählen. Hier könnte das Subunternehmen seine bemessenen Teile ebenfalls im Gesamtmodell ergänzend einpflegen (Abb. 8.13).

Große Schalungshersteller bieten an, dass sie ihre (temporären) Schalungs- und Gerüstelemente gleichfalls in das Gesamtmodell mit einarbeiten, um sie sowohl kompatibel zur übrigen Geometrie und Gesamtstruktur zu halten, als auch um somit überzeugend darzustellen, wie die Schal- und Rüstelemente vor Ort aufzubauen sind.

Im Ausbaubereich, beispielsweise bei beweglichen Fenster- und Türanlagen, bei Sanitärausstattungen und anderen hochwertigen Bereichen, bieten Hersteller ebenfalls ihre 3-D-Objekte zum Download und zur Integration des Gesamtmodells an.

Vorteile von BIM für den Bauherrn

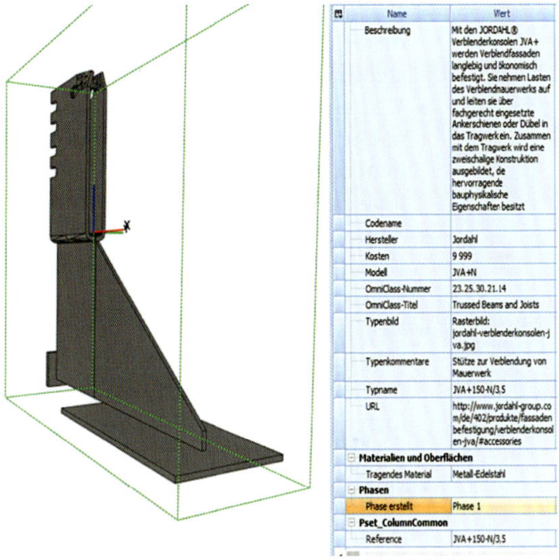

Abb. 8.13: Vorbereitetes Objekt Mauerwerkskonsole zum Einfügen in ein BIM Modell

Investoren erhalten, sofern sie selbst ein Bauwerksinformationsmodell nutzen, schnellen und verlässlichen Zugang zu Kennzahlen, beispielsweise den Überblick zu den Nutzflächen, vermietbaren Flächen und anderen Grundgrößen für eine Wirtschaftlichkeitsberechnung. Ferner können sie je nach Detaillierungsgrad des virtuellen Modells sehr spezifische Angaben für einen Verkaufsprospekt, für Detailausbildungen und generelle Funktionsschemata aus dem Modell ableiten – immer vorausgesetzt, dass die Fachingenieure diese Informationen auch in das Modell eingepflegt haben. Es kann für den überwachenden Bauleiter eine große Unterstützung sein, wenn er zusammen mit dem Bauherrn, dem Investor oder dem Auftraggeber ganz spezifische Aspekte und Fragen am dreidimensionalen Modell durchsprechen kann und nicht den hohen Aufwand betreiben muss, zu versuchen, einem Auftraggeber ihm unverständliche Zeichnungen zu erläutern.

Mittlerweile können sämtliche Veränderungen an dem virtuellen Modell in einem parallel mitlaufenden Änderungslogbuch mitgeschrieben werden. So ist auch der Bauherr jederzeit in der Lage, zu rekonstruieren, zu welchem Zeitpunkt wer welche Ergänzungen oder Änderungen am Modell vorgenommen hat.

Das gemeinsame Datenmodell ermöglicht es, alle Daten konsistent und redundanzfrei abzulegen, womit der Aufwand der Prüfung auf Widersprüchlichkeit einzelner Planungen im Gesamtprozess zeitlich weit nach vorne verlagert wird.

Zusammenfassend für den Bauherrn und somit auch für die Tätigkeit des überwachenden Bauleiters lassen sich folgende Vorteile beim Arbeiten mit BIM aufzählen:

- Durch das Bauwerksmodell wird eine bessere Kommunikation über das Bauvorhaben möglich; auch Nichtfachleute können die Planung und die Konsequenzen von Planungsentscheidungen besser nachvollziehen.
- Das Bauwerksinformationsmodell erlaubt eine einfachere und bessere Koordination in Planung und Ausführung sowie zur Bewirtschaftung eines Bauwerks und trägt damit zur Reduzierung des Projektrisikos sowie zu zuverlässigeren Kosten- und Terminplanungen bei.
- Eine bessere Kostensicherheit für die Ausführung ist ebenso möglich wie die frühzeitige Steuerung in eine kostengünstigere Betriebsphase.

- Die transparentere Überwachung der Zielsetzungen für das Projekt und die Fortschrittsverfolgung sind Bestandteile einer verbesserten Projektsteuerung.
- Visualisierungen sind am Bauwerksmodell einfach gemacht. Sie sind nachvollziehbar und verständlicher. Damit sind auch raschere und gründlichere Variantenuntersuchungen möglich, zunächst in den Planungsphasen, aber auch noch während der Realisierungsphase.
- Abgeleitet aus dem konsistenten Bauwerksinformationsmodell können Raumbücher erstellt werden und kann die Übergabe an das Facility Management einfacher koordiniert werden.
- Insgesamt ergibt sich für den Bauherrn eine größere Planungssicherheit, sein überwachender Bauleiter kann jederzeit auf wesentlich konkretere Informationen zurückgreifen, die dazu sukzessive auch von ihm weiter fortgeschrieben und ergänzt werden können.

Vorteile von BIM für die Fachplaner

Für Fachplaner bietet sich ganz besonders an, dass sie ihre Ausplanungen am und im digitalen Modell vornehmen. Etliche Tragwerksplaner haben hierzu eine hohe Affinität, weil sie für ihre Berechnungen oft schon dreidimensionale Tragstrukturen definieren müssen, an denen der Nachweis der Kräfte durch Programmsysteme der Statik erfolgt. Grundsätzliche Tragvarianten, dann aber auch die Differenzierung zwischen Tragsystem und Fassadenoberflächen, die Abstimmung der Fußbodenaufbauten und zudem eine übersichtliche Trassenplanung für die technischen Gewerke, können im konsistenten 3-D-Modell effizient bearbeitet und transparent dargestellt werden.

Ein häufig aufgeführter Vorteil der Planung in einem digitalen Gebäudemodell wird in der Kollisionsprüfung zwischen technischen Gewerken und der Roh- und Ausbauplanung gesehen. Dabei testen besondere Algorithmen, welche Objekte sich unzulässig nahe kommen oder sogar gegenseitig durchdringen. Nutzer von BIM in der Planung und Arbeitsvorbereitung berichten oft über mehrere Tausend Kollisionen, die ihnen ihr „Clash Detection"-Algorithmus für ein Bauwerksmodell anzeigt. Die als mögliche Konfliktstellen aufgeführten Punkte können dann im Vorwege planerisch so verändert werden, dass Kollisionen bei der Ausführung vermieden werden.

Werden allerdings über 1.000 Kollisionspunkte bei der Prüfung offenbar, so sollten sich die Planer zunächst fragen, ob sie überhaupt eine angemessene Trassenplanung vorgeschaltet hatten, bevor es in die Detailplanung ging. Doch auch nach guter und abgestimmter Trassenplanung sind die Algorithmen zur Kollisionsprüfung in der Lage, in den Bauwerksinformationsmodellen etliche Kollisionspunkte zu identifizieren, die bei sorgfältiger Sichtprüfung an 2-D-Plänen bisher nicht aufgefallen waren.

Dennoch sollte ein überwachender Bauleiter die Ergebnisse der Kollisionsprüfung nicht unkritisch hinnehmen. Denn die Algorithmen der Prüfung können sehr unterschiedlich arbeiten. Am Beispiel einer Rohrdurchführung mit Absperrschieber sei dies nachfolgend exemplarisch verdeutlicht.

Beispiel

Soll ein KG-Rohr DN 110 (mit Innendurchmesser 103,6 mm) durch eine Betondecke geführt werden, so muss an dieser Stelle mindestens eine Aussparung mit Durchmesser >110 mm vorgesehen werden, beispielsweise durch eine Kernbohrung mit Durchmesser 125 mm. Ein Kollisionscheck, ob das Rohr in seiner Lage an die Aussparung angepasst ist, würde dann ein Okay ergeben.

Soll jedoch auch die Manschette des Rohres noch durch das Loch geführt werden können oder muss das Rohr gegenüber der umgebenden Betondecke noch gedämmt werden, so ist die notwendige Aussparung gegenüber dem Rohrdurchmesser größer zu wählen, beispielsweise bei einer Wärmedämmung von 20 mm auf Durchmesser 160 mm. Wird nun zudem noch verlangt, dass das Rohr auch in dem Deckendurchbruch von außen zugänglich sein soll, z. B. für eine jederzeitige Sichtprüfung auf Dichtigkeit, so müsste ggf. um das Rohr herum ein Spalt von 10 bis 20 cm vorgesehen werden, was den erforderlichen Durchmesser der Aussparung schnell von d = 125 mm auf d = 500 mm anwachsen lässt.

Es kommt daher darauf an zu wissen, welche Art der Kollisionsprüfung automatisiert durchgeführt wurde, ob also lediglich das Durchdringen von Körpern, das Berühren von Körpern unterschiedlicher Materialien oder die Annäherung eines Objekts an ein anderes Objekt mit Unterschreitung eines vorgegebenen Mindestabstands abgeprüft wurde.

Vorteile von BIM für die Arbeitsvorbereitung

In der Arbeitsvorbereitung liegt neben der Planungskoordination zukünftig das größte Optimierungspotenzial für den Einsatz von BIM. Werkplanung, Arbeitsschutz, Vorfertigung und schließlich die Montage auf der Baustelle und die Steuerung von Baumaschinen werden davon beeinflusst werden.

Heute schon sind Erdhobel, Planierraupen und Straßenfertiger im Einsatz, die sich ihre Arbeitsanweisungen automatisiert aus der Differenz des im Modell hinterlegten Bau-Solls und dem Bau-Ist vor Ort ableiten. Sie tragen in vordefinierten Schritten so viel Material ab oder auf, wie sich aus dem virtuellen Modell ergibt.

In der Holzindustrie, beispielsweise im industriellen Großtafelbau, aber auch im Fertighausbau, kommen Abbundanlagen zum Einsatz, die direkt aus den Daten des Modells heraus den Zuschnitt von Balken und Paneelen vornehmen, einschließlich aller Ausklinkungen, Bohrungen und anderer Aussparungen. Die CNC-Steuerung der Produktionsanlage übernimmt direkt die Daten aus dem hierzu weiter detaillierten bzw. aufbereiteten Gebäudemodell.

Im Stahlbau werden seit Jahren Profil- und Paneelzuschnitte mit Laserschneidgeräten erledigt, die ebenfalls numerisch gesteuert werden. Da ist es nur ein kleiner Schritt, die geometrischen Daten und auch die für die Werkplanung erforderlichen zusätzlichen Angaben zur Elementierung und Schnittführung im Bauwerksinformationsmodell zu ergänzen und dann diese Daten direkt aus dem Modell an den Schneidroboter zu übergeben. Ähnliches erfolgt bei vorgefertigter Bewehrung, beispielsweise für Stahlbeton-Turmsegmente von Windkraftanlagen oder für Tunnel-Tübbinge. Hier wird die Bewehrung dann nicht nur zugeschnitten, sondern auch noch in speziellen CNC-gesteuerten Anlagen nach den Modellvorgaben präzise gebogen und verschweißt.

Vorteile von BIM für die Betriebsphase

Wird ein komplettes Bauwerksinformationsmodell erstellt und bis zur Übergabe an den Nutzer aktuell weitergepflegt, so stehen hieraus für die Betriebsphase wichtige Schlüsselinformationen zur Verfügung. Dieses sind zunächst die geometrischen Angaben wie Nutzflächen, Volumina und Raumbeziehungen. Weiterhin sind für das Facility-Management die Spezifikationen zu Strangschemata, Baumaterialien und weiteren Ausbaudetails mit deren Orientierung im Gesamtmodell verfügbar. Die gesamte Bestandsdokumentation kann im Bauwerksinformationsmodell kontextbasiert hinterlegt werden, also nicht in separaten Listen, sondern jeweils mit Bezug zu den betreffenden Räumen oder Bauelementen. Hierzu gehören Fabrikatsangaben ebenso wie Hinweise zu Wartung oder Instandhaltung.

Aus dem virtuellen Modell können natürlich weiterhin die bekannten Check- und Wartungslisten extrahiert werden, beispielsweise für die Inspektion von Brandschutzklappen oder die Wartung von Aufzügen. Es gibt erste Ansätze von Betreibern, die auch ihre Prüfergebnisse aus der Wartung wieder in dem Bauwerksinformationsmodell hinterlegen.

In Taiwan wurden digitale Gebäudemodelle von U-Bahn-Stationen genutzt, damit die Betriebstechnik die Positionierung der verschiedenen Informationstafeln für die Bahnkunden optimieren kann. Auch bei neu hinzukommenden Werbetafeln wird vorab am Modell geprüft, inwieweit diese die Sicht auf die notwendigen Stationsinformationen oder auf die Notfallsysteme und Evakuierungsanlagen verstellen.

8.2.3 Vorteile von BIM für den Bauleiter

Sicherlich wird es in der Praxis noch ein wenig dauern, bevor statt der Zeichnungen auf der Baustelle die digitalen Modelle aus dem Computer für die Arbeitsanweisungen Verwendung finden. Doch jetzt schon arbeiten Ingenieure in der Bauüberwachung mit eigenen Tablet-Computern auf der Baustelle, auf denen sie jederzeit die für den zu überwachenden Bereich aktuellen Informationen zur Hand haben, sei es noch als elektronisch abgelegte Zeichnung oder schon als 3-D-Ausschnitt aus dem Gesamtmodell oder mit ihrem eigenen Model View.

Ein Mehrwert einer BIM-basierten Arbeitsweise ergibt sich für den Bauleiter also umgehend, sofern ein gut und detailliert modelliertes digitales Gebäudemodell vorliegt. Viele der vorstehend in Kapitel 8.2.2 aufgeführten Punkte für den Bauherrn, die Fachplaner und die Unternehmen lassen sich auch für den Bauleiter anführen. In der Praxis ist immer wieder zu beobachten, dass sich am BIM-Modell komplexe, insbesondere räumliche Zusammenhänge wesentlich schneller erfassen und erläutern lassen.

Weiterer Mehrwert für die Bauleitung hängt davon ab, welche Zusatzinformationen und Klassifizierungen bei der Modellerstellung miterfasst wurden. In der Regel erlauben schon die einfachen Model Viewer das Abgreifen exakter Maße und anderer Daten zu Materialien oder Fabrikaten direkt aus dem Modell, beispielsweise die automatische Berechnung von Wandvolumina. Auch Anschlussdetails, wie etwa die Einbindung einer Konsole in die tragende Unterkonstruktion, sind in beliebiger Vergrößerung und aus beliebigem Betrachtungswinkel aus dem Modell abrufbar. Und das kann nicht nur im Planungsbüro, sondern direkt vor Ort erfolgen, entweder durch Zugriff auf das Gesamtmodell auf einem aus dem Internet abrufbaren Server oder offline auf Basis eines Auszugs aus dem Gesamtmodell auf dem eigenen Computer.

Um Bauwerksinformationsmodelle zu erstellen und mit ihnen zu arbeiten, benötigt man geeignete Computerprogramme. Während das Erstellen und aktive Verändern der Modelle leistungsfähige Software erfordert, die der Nutzer in der Regel zunächst kaufen muss, gibt es für den bloßen Datenabruf und das Ansehen der Modelle die bereits erwähnten Model Viewer, also einfachere bzw. schnellere Programme. Diese sind darauf optimiert, dass man mit ihnen die Modelle schneller laden und in ihnen schneller navigieren kann. Auch hier erfolgt durch das Anklicken einzelner Elemente der Zugriff auf die dort hinterlegten weiteren Informationen.

Model Viewer sind grundsätzlich in den Modellierungsprogrammen enthalten. Aber es gibt auch kostenlose Viewer, die man im Internet abrufen und am eigenen Computer installieren kann. Auf diese Weise können die digitalen Bauwerksinformationsmodelle auch von Bauleitern genutzt werden, die selbst keinerlei BIM-Programme besitzen. Weitere Hinweise zu Model Viewern werden im Kapitel 8.2.4 gegeben.

Spätestens an dem Beispiel der temporären Elemente wie Schalung und Rüstung wird deutlich, dass es immer wieder möglich sein muss, bestimmte Elemente im Viewer „wegzuschalten", weil sie entweder noch nicht relevant oder nicht mehr auf der Baustelle im Einsatz sind. Absturzsicherung, Gerüste, Schalung, Baustraßen und Baukräne sind Hilfsmittel, die dazu dienen, die eigentliche Bauleistung ausführen zu können. Im Gegensatz zu einer architektonisch geprägten Bauwerksmodellierung, die sich schwerpunktmäßig auf den fertigen Endzustand des Bauwerks bezieht, ist der Unternehmer-Bauleiter auch an den Zwischenzuständen interessiert, die maßgebend für den Baufortschritt und notwendige Sicherungsmaßnahmen sind. Die Modell-Darstellungen funktionieren nur, wenn diese temporären Elemente zur gegebenen Zeit eingeblendet und bei Entfernen aus dem realen Bauwerk auch wieder ausgeblendet werden.

Dies führt zu einer Erweiterung des Bauwerksinformationsmodells zu einem 4-D-Modell, in dem der Bauablaufplan aus einer Terminplanungssoftware mit den Objekten des Bauwerksinformationssystems verknüpft wird. So kann der Bauleiter am Bildschirm betrachten, welche Bauteile im Laufe der Zeit nacheinander im Modell erstellt werden. Auf diese Weise erhält man eine komplette 4-D-Darstellung des gesamten Bauablaufs in der Detailtiefe, die auch der Detaillierung der BIM-Objekt-Aufbereitung im Modell entspricht.

Sofern der Bauablauf im Vorhinein am virtuellen Modell durchgespielt wird, handelt es sich eigentlich um eine Simulation des Bauablaufs. Eventuell dabei erkannte Fehler können ausgemerzt werden, Optimierungen durch eine veränderte Wahl der Abläufe oder anderer Parameter so vorgenommen werden, dass dann die reale Umsetzung auf der Baustelle bereits einer optimierten Version oder einer in der virtuellen Umgebung eintrainierten Version der Ausführung entspricht.

Weitere Bearbeitungsprogramme ermöglichen dann noch, den jeweiligen Ist-Stand an den einzelnen Objekten oder über einen Ist-Terminplan mit dem Modell zu verknüpfen. Dabei werden zusätzlich besondere Farbcodierungen vorgenommen, beispielsweise mit grün für „erledigt/ausgeführt", gelb für „in den nächsten 5 Tagen anstehend", rot für „im Terminverzug" und grau für „noch weiter in der Zukunft liegend". So können aus den digitalen Gebäudeinformationen direkt Abweichungspläne und andere Informationen für das Controlling abgeleitet werden.

Zusammengefasst lassen sich für den Unternehmer-Bauleiter in der Ausführungsphase folgende Vorteile einer BIM-basierten Arbeitsweise aufzählen:

- Aus den Planungsphasen heraus erreicht die Baustelle bereits ein gut abgestimmtes Datenmodell des Bauwerks als Grundlage für die Bauausführung.
- Modellbasierte Mengen- und Kostenermittlungen sorgen, je nach Modellierungstiefe, für höhere Kostensicherheit und -transparenz.
- Die größere Sicherheit bei den Mengen, die Präzisierung der Qualitätsangaben und die Darstellung des Bauablaufs im Modell sorgen für die Verringerung von Risiken.
- 4-D-Simulationen des Bauablaufs unterstützen die zielgenaue und termingerechte Ausführung.
- Die Chance zu vermehrter Vorfertigung und Fertigbau erhöht die Qualität und verringert den Personaleinsatz auf der Baustelle.
- 4-D-Modellinformationen werden auf der Baustelle zur direkten Steuerung von Maschinenprozessen genutzt.
- Die Baufortschrittskontrolle kann mittels des Bauwerksmodells erfolgen.
- Weitere Parameter wie Kosten, Ressourcen und Materialverbrauch können ebenfalls über die Zeit verfolgt werden, womit das Bauwerksmodell de facto als nD-Modell genutzt wird.

8.2.4 Nützliche Hinweise

Animation und Rendering

Die Betrachtung von Modellbereichen mit Model Viewern dient in der Regel dem Extrahieren von Informationen. Sie unterscheidet sich von den üblicherweise durch Architekten produzierten „schönen Ansichtszeichnungen", bei denen auch noch Menschen, Mobiliar und andere Gegenstände im Bild angeordnet werden. Hier spricht man von einer Animation des Gebäudemodells. In der Animation spielt das Rendering, also die fototechnische Nachbearbeitung der Modelle in Bezug auf spezielle Oberflächenkonturen, Schattenwurf und realitätsnahe Darstellungen eine größere Rolle.

Mit gerenderten Auszügen aus Bauwerksmodellen kann man Laien häufig besser erreichen und ihre Mitwirkung am Projekt, beispielsweise bei der benötigten Entscheidungsfindung, zielgerichtet aktivieren.

Falschfarben-Codierung

Besonders die Wahlfunktion von Farbe und ggf. auch Textur in der Darstellung bestimmter Objekte beim Abruf von gefilterten Informationen aus einem Modell ist sehr hilfreich, um am Bildschirm den Kontrast zwischen in der Realität schwer zu unterscheidenden Elementen zu erhöhen. Geht es z. B. um die verschiedenen Fenstertypen in einer Fassade, so könnte sich der Bauleiter Fensterelemente mit besonderen Funktionen wie z. B. Radarabschirmung oder Sonnenschutz in anderen Farben darstellen lassen als normale wärmegedämmte Verglasungen. Leitungsführungen kann er nach Zuluft- und Abluftkanälen differenziert abrufen, wie in den Abb. 8.8 und 8.9 geschehen usw.

Konventionen zur Mengenermittlung

Da viele der BIM-Modellierungsprogramme für einen internationalen Anwendermarkt entwickelt wurden, werden in der Regel bei der Mengenermittlung nicht die nationalen Berechnungskonventionen wie z. B. die Mengenermittlungsregeln der VOB/B beachtet, sondern es werden die tatsächlichen geometrischen Mengen ermittelt. Beispielsweise werden Öffnungen in Wänden vom Wandvolumen in jedem Fall abgezogen, egal ob sie einzeln mehr oder weniger als 2,5 m^2 betragen.

Um als Bauleiter hiermit umzugehen, gibt es zwei Möglichkeiten. Eine ist, für die Mengenermittlung nur Software zu verwenden, die zur Mengenermittlung auch Algorithmen für die Berechnung der Mengen nach VOB/B anbietet. Hierzu zählt das Programmpaket RIB iTWO von RIB. Eine andere Möglichkeit ist, zwischen Auftraggeber und Auftragnehmer bereits in der Ausschreibung anzukündigen, dass anstelle der VOB-Mengen die wahren Mengen als Abrechnungsgrundlage herangezogen werden.

Die Entwicklung der nächsten Jahre wird zeigen, wie schnell sich fortschrittliche private und ggf. auch einige öffentliche Bauherren von den VOB/B-Konventionen zur Abrechnung der Mengen verabschieden, die im Übrigen ja nur deshalb als Näherungsregeln in der Praxis Eingang fanden, weil sie ursprünglich die weit verbreitete Mengenberechnung von Hand vereinfachen sollten. Heutzutage, mit Unterstützung von leistungsfähigen Computern und Mengenerfassungsgeräten wie Laser Scanning und vollautomatischen Tachymetern, ist die Rücksichtnahme auf die Handrechnung nicht mehr notwendig.

Doch schon ein nicht gerendertes digitales Gebäudemodell und ein nicht animierter virtueller Spaziergang hindurch ist für viele Fachleute sehr viel schneller zu erfassen als der Blick auf zweidimensionale Zeichnungen. Dort, wo Architekten und Ingenieure bisher mühselig das Zeichnen (als „Sprache des Ingenieurs") erlernt haben, könnte bald das dreidimensionale Gebäudemodell die Notwendigkeit von separaten Zeichnungen komplett ablösen.

Einsatz herkömmlicher Zeichnungen

Selbstverständlich besteht auch in einem digitalen Gebäudemodell die Möglichkeit, an beliebigen Stellen und mit beliebigem Blickwinkel Schnitte durch das Gebäude zu legen und diese in konventioneller Weise als Bauwerkszeichnungen auf Papier auszudrucken. So werden auch jene Beteiligten am Bau weiterhin eingebunden bleiben, die sich nicht mehr mit den neuen Technologien vertraut machen wollen.

Wie weit die modellbasierte Arbeitsweise zukünftig schon bei der Genehmigungsplanung Eingang finden kann, wird derzeit noch in der Forschung untersucht. Spannend wird es sicherlich, wenn der Bauantrag statt aus einem dreifach eingereichten Plansatz einschließlich Erläuterungsbericht nur noch als eine Modelldatei auf einem Datenträger übergeben wird oder das in der Cloud liegende Bauwerksinformationsmodell zur Bearbeitung der Baugenehmigung einfach für das Bauamt vorübergehend freigeschaltet wird. Dieses Gedankenspiel erinnert eindringlich daran, dass es auch bei einer modellbasierten Arbeitsweise immer wieder darum gehen wird, dass die Modelldaten dauerhaft verfügbar sein und fälschungssicher verwahrt werden müssen.

Kompatibilität unterschiedlicher Software für BIM

Viele in BIM aktive Softwarehäuser sind daran beteiligt, dass die Entwicklung von verbesserter Software weiterhin dynamisch verläuft. Dabei sind sie sich bewusst, dass innovative Ideen zunächst entwickelt und getestet werden müssen, bevor sie Verbreitung in der Praxis finden. So ergeben sich unterschiedliche Lösungsmöglichkeiten und oft zueinander inkompatible Softwareprogramme.

Den meisten Anbietern von BIM-Software ist bewusst, dass eine Vielfalt von Produkten, die untereinander nicht mit anderen Programmen gekoppelt werden können, ein großes Hindernis bei der durchgängigen Bearbeitung eines Bauwerks durch unterschiedliche Beteiligte darstellt. Sie haben sich deshalb in der Initiative „Building Smart" zusammengeschlossen. Hier versuchen sie, trotz individueller Weiterentwicklung der eigenen Softwarepakete auch immer wieder gemeinsame Standards für den offenen Datenaustausch zu vereinbaren. In Bezug auf den Einsatz von BIM spricht man von little closed BIM, wenn die Modelle nur für einen einzigen Anwender und in einer einheitlichen Software-Umgebung erstellt werden. Beispielsweise benötigt der Stahlbau wegen des hohen Wertschöpfungsanteils in der eigenen Fertigung meist keine weiteren Partner, um seine Konstruktionen ausreichend genau zu modellieren. Ist jedoch beabsichtigt, mehrere verschiedene Fachdisziplinen an einem virtuellen Modell zusammenarbeiten zu lassen, also beispielsweise die Gebäudetechnik in das Architekturmodell zu integrieren, so spricht man von big BIM.

Sofern weiterhin alle Beteiligten in der gleichen Software-Umgebung arbeiten, so handelt es sich um big closed BIM. Das Ziel von Building Smart ist es jedoch, nachdrücklich für ein Offenhalten der Schnittstellen und Datenübertragungen zwischen verschiedenen Software-Paketen einzutreten. Das führt dann zu big open BIM, wie in Abb. 8.14 gezeigt.

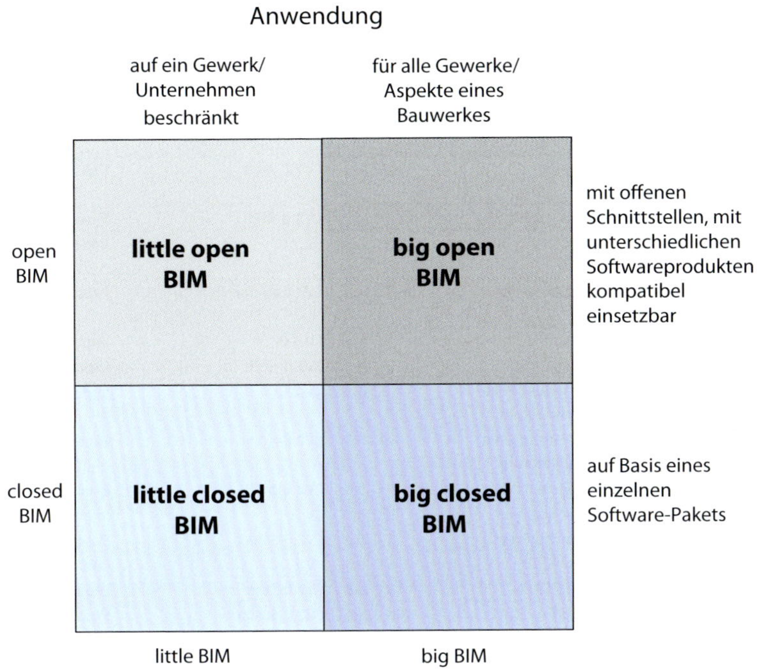

Abb. 8.14: Von little closed BIM zu big open BIM

Dennoch muss man nüchtern konstatieren, dass der reibungslose Austausch von Modelldaten zwischen verschiedenen Softwarepaketen heute nicht immer funktioniert. Jeder Fachingenieur setzt das aus seiner Sicht am besten geeignete Software-Programm in seinem Büro ein. Dann müssen die Daten über eine Schnittstelle in das gemeinsame Modell eingespielt werden oder in einer gemeinsamen Modellumgebung richtig an die übrigen Daten angedockt werden. Hierzu wurden in der Vergangenheit mehrere Standards für die Beschreibung der Datenstrukturen für eine Datenübergabe ausgearbeitet. Am weitesten verbreitet ist der offene Standard IFC (Industry Foundation Classes) zur digitalen Beschreibung von Gebäudemodellen. Die Standardisierung von Bauwerksbeschreibungen wurde schon 1994 begonnen, damals noch unter dem Namen Internationale Allianz für Interoperabilität.

Die Software-Anbieter in Abb. 8.15 haben sich in der Building-Smart-Organisation (www.buildingsmart.org) zusammengeschlossen. Sie verpflichten sich danach, genau auszuweisen, welche ihrer Softwareprodukte für den Datenaustausch per IFC geeignet sind.

BIM Model Viewer

Beim Arbeiten mit BIM stellt sich für viele Neueinsteiger die Frage, wie viel man in den Kauf von Software investieren muss. Das haben auch die Anbieter der Modellierungsprogramme erkannt und daher eine ganze Reihe von frei zugänglichen Model Viewern auf den Markt gebracht, die man kostenlos downloaden und installieren kann. Die Übersicht in Abb. 8.16 ist einer Website von Pilot und Winkler aus dem Jahr 2019 entnommen.

Vendor	Product	Schema	Exchange Requirement	Import/ Export
Tekla	Tekla Structures	IFC 2x3	CV 2.0	Import
Tekla	Tekla Structures	IFC 2x3	CV2.0-Struct	Export
Autodesk-A	AutoCAD Architecture	IFC 2x3	CV2.0-Arch	Export
NEMETSCHEK Allplan GmbH	Allplan	IFC 2x3	CV 2.0	Import
NEMETSCHEK Allplan GmbH	Allplan	IFC 2x3	CV2.0-Arch	Export
Data Design System	DDS-CAD MEP	IFC 2x3	CV2.0-MEP	Export
NEMETSCHEK Vectorworks, Inc.	Vectorworks	IFC 2x3	CV 2.0	Import
NEMETSCHEK Vectorworks, Inc.	Vectorworks	IFC 2x3	CV2.0-Arch	Export
Solibri	Solibri Model Checker	IFC 2x3	CV 2.0	Import
Progman	MagiCad	IFC 2x3	CV2.0-MEP	Export
Autodesk-R	Autodesk Revit Architecture	IFC 2x3	CV 2.0	Import
Autodesk-R	Autodesk Revit Architecture	IFC 2x3	CV2.0-Arch	Export
Trimble Germany GmbH	Plancal nova	IFC 2x3	CV2.0-MEP	Export
NEMETSCHEK Scia	Scia Engineer	IFC 2x3	CV 2.0	Import
NEMETSCHEK Scia	Scia Engineer	IFC 2x3	CV2.0-Struct	Export
GRAPHISOFT	ArchiCAD	IFC 2x3	CV 2.0	Import
GRAPHISOFT	ArchiCAD	IFC 2x3	CV2.0-Arch	Export
Design Data	SDS/2	IFC 2x3	CV2.0-Struct	Export
RIB	RIB iTWO	IFC 2x3	CV 2.0	Import
Seokyoung Systems Corp.	NaviTouch	IFC 2x3	CV 2.0	Import
Autodesk-R	Autodesk Revit MEP	IFC 2x3	CV 2.0	Import
Autodesk-R	Autodesk Revit MEP	IFC 2x3	CV2.0-MEP	Export
Autodesk-R	Autodesk Revit Structure	IFC 2x3	CV 2.0	Import
Autodesk-R	Autodesk Revit Structure	IFC 2x3	CV2.0-Struct	Export
Autodesk-R	Autodesk Revit LT	IFC 2x3	CV 2.0	Import
Autodesk-R	Autodesk Revit LT	IFC 2x3	CV2.0-Arch	Export
Solideo Systems	ArchiBIM Server	IFC 2x3	CV 2.0	Import
Bentley Systems, Incorporated	AECOsim Building Designer	IFC 2x3	CV 2.0	Import
Bentley Systems, Incorporated	AECOsim Building Designer	IFC 2x3	CV2.0-Arch	Export
CADMATIC	CADMATIC Electrical and HVAC	IFC 2x3	CV2.0-MEP	Export
Dlubal Software GmbH	RFEM/RSTAB	IFC 2x3	CV 2.0	Import
Glodon Software Company Limited	Glodon Takeoff for Architecture and Structure	IFC 2x3	CV2.0-Struct	Export
Glodon Software Company Limited	Glodon Takeoff for Architecture and Structure	IFC 2x3	CV2.0-Arch	Export
Glodon Software Company Limited	Glodon Takeoff for Architecture and Structure	IFC 2x3	CV 2.0	Import
ACCA Software S.p.A	Edificius	IFC 2x3	CV 2.0	Import
ACCA Software S.p.A	Edificius	IFC 2x3	CV2.0-Arch	Export
CADMATIC	CADMATIC Building	IFC 2x3	CV2.0-Struct	Export
CadLine Ltd	ARCHLine.XP	IFC 2x3	CV 2.0	Import
CadLine Ltd	ARCHLine.XP	IFC 2x3	CV2.0-Arch	Export
Bricsys services	BricsCAD	IFC 2x3	CV 2.0	Import
Bricsys services	BricsCAD	IFC 2x3	CV2.0-Arch	Export
cadwork	Lexocad	IFC 2x3	CV 2.0	Import
Teamsystem S.p.A.	STR Vision CPM	IFC 2x3	CV 2.0	Import
ACCA Software S.p.A	EdiLus	IFC 2x3	CV2.0-Struct	Export
ACCA Software S.p.A	EdiLus	IFC 2x3	CV 2.0	Import
BEXEL Consulting d.o.o.	Bexel Manager	IFC 2x3	CV 2.0	Import

Autodesk	Autodesk Revit	IFC4	Structural Reference Exchange	Export
Autodesk	Autodesk Revit	IFC4	Architectural Reference Exchange	Import
Autodesk	Autodesk Revit	IFC4	Architectural Reference Exchange	Export
ACCA Software S.p.A	CerTus-IFC	IFC 2x3	CV 2.0	Import
ACCA Software S.p.A	ManTus-IFC	IFC 2x3	CV 2.0	Import
ACCA Software S.p.A	PriMus-IFC	IFC 2x3	CV 2.0	Import
ACCA Software S.p.A	usBIM.clash	IFC 2x3	CV 2.0	Import
ACCA Software S.p.A	usBIM.gantt	IFC 2x3	CV 2.0	Import
ACCA Software S.p.A	usBIM.viewer+	IFC 2x3	CV 2.0	Import
ACCA Software S.p.A	CerTus-PN	IFC 2x3	CV 2.0	Import
ACCA Software S.p.A	TerMus	IFC 2x3	CV 2.0	Import
Vectorworks Incorporated	Vectorworks	IFC4	Architectural Reference Exchange	Export
Vectorworks Incorporated	Vectorworks	IFC4	Architectural Reference Exchange	Import
VenturisIT GmbH	TRICAD MS	IFC 2x3	CV2.0-MEP	Export
VenturisIT GmbH	TRICAD MS	IFC 2x3	CV 2.0	Import
Mc4Software Italia S.r.l.	Mc4Suite	IFC 2x3	CV2.0-MEP	Export
ACCA Software S.p.A	usBIM.code	IFC 2x3	CV 2.0	Import
Trimble Solutions Corporation	Tekla Structures; ImportSDK (import)	IFC4	Structural Reference Exchange	Export
Trimble Solutions Corporation	Tekla Structures; ImportSDK (import)	IFC4	Structural Reference Exchange	Import
cadwork	Lexocad	IFC 2x3	CV2.0-Arch	Export
DATAflor AG	DATAflor BIM-MANAGER	IFC 2x3	CV 2.0	Import
NOVA Building IT GmbH	NOVA AVA BIM	IFC 2x3	CV 2.0	Import
ACCA Software S.p.A	CerTus-HSBIM	IFC 2x3	CV 2.0	Import
ACCA Software S.p.A	Solarius-PV	IFC 2x3	CV 2.0	Import
ACCA Software S.p.A	usBIM.platform	IFC 2x3	CV 2.0	Import
cadwork	cadwork 3D	IFC 2x3	CV2.0-Struct	Export
GRAPHISOFT SE	ARCHICAD	IFC4	Architectural Reference Exchange	Export
GRAPHISOFT SE	ARCHICAD	IFC4	Architectural Reference Exchange	Import
DICAD Systeme GmbH	STRAKON	IFC4	Structural Reference Exchange	Import
DICAD Systeme GmbH	STRAKON	IFC4	Structural Reference Exchange	Export
Data Design System AS	DDS-CAD	IFC4	MEP Reference Exchange	Import
Data Design System AS	DDS-CAD	IFC4	MEP Reference Exchange	Export
cadwork Informatik	Lexocad	IFC4	Architectural Reference Exchange	Export
ACCA Software S.p.A	Edificus MEP	IFC 2x3	CV 2.0	Import
ACCA Software S.p.A	usBIM.editor	IFC 2x3	CV 2.0	Import
ACCA Software S.p.A	Edificus MEP	IFC 2x3	CV2.0-MEP	Export
Bausoft Informatik AG	Bausoft Haustech-CAD	IFC4	Architectural Reference Exchange	Import
TOPSOLID SAS	TopSolid	IFC 2x3	CV 2.0	Import
TOPSOLID SAS	TopSolid	IFC 2x3	CV2.0-Arch	Export
cadwork Informatik	cadwork 3D	IFC4	Structural Reference Exchange	Import
cadwork Informatik	cadwork 3D	IFC4	Structural Reference Exchange	Export
TOPSOLID SAS	TopSolid	IFC 2x3	CV2.0-Struct	Export
Allplan GmbH	Allplan	IFC4	Architectural Reference Exchange	Import
Allplan GmbH	Allplan	IFC4	Architectural Reference Exchange	Export

Abb. 8.15: Überblick über aktuelle bei Building Smart zertifizierte BIM-Modellierungssoftware (Quelle: buildingSMART International, Kings Langley, Großbritannien)

	Areddo See what's BIM	usBIM.viewer+	DESITE SHARE	
	Arkey Systems	**ACCA software S.p.A.**	**ceapoint aec technologies GmbH**	**Dalux**
Name des Viewers	Areddo	usBIM.viewer+	DESITE SHARE	Dalux BIM Viewer
Aktuelle Version	3.2	8.0.3 (Sprache: italienisch)	2.4.3	3.4.1
Webseite	areddo.com	accasoftware.com	ceapoint.com	dalux.com
Kosten für die Nutzung	alle Features frei	alle Features frei	alle Features frei	Basisversion frei
Details zu den Kosten				
Voraussetzungen				
Microsoft Windows Client	ab Version 7	W7SP	ab Version 7	ja
Apple OS Client		durch virtuelle Maschine		
Browser				HTML5
Netzwerkfähigkeit				
Fileserver im Intranet		nein	nein	
Anbindung an CDE/Cloudsystem	nein	ja, mit Jahresabo	ja, kostenpflichtig	ja, kostenpflichtig
IFC-Modelle				
Dateien im Format IFC 2x3 und IFC 4 können geöffnet werden	ja	ja	ja	ja
Limitierung der Anzahl unterschiedlicher IFC-Modelle pro Projekt durch Viewer	mehr als 250	unbegrenzt	1	unbegrenzt
Lagekorrektur x,y,z/Drehung	nein	ja/ja	ja/ja	nein
Option der Datenveränderung im IFC-Modell	nein	ja	nein	nein
Option der Geometrieveränderung im IFC-Modell	nein	ja	nein	nein
Modellansichten				
Speicherung von Modellzusammen-stellungen	nein	ja	nein	ja
Speicherung von Sichten/Perspektiven	nein	nein	ja	ja
Speicherung von Schnittebenen	nein	geplant	ja	ja
Speicherung von Ein-/Ausblendung bestimmter Objekte	nein	nein	nein	ja
automatische 2D-Sichten wie Grundriss/Schnitt	nein	nein	nein	ja
Kommentare				
BCF-Export	nein	geplant	ja	nein
BCF-Import	nein	geplant	ja	nein
BCF 1.0	nein	geplant	ja	nein
BCF 2.1	nein	geplant	ja	nein
Modell-Checker-Prüfungen				
Kollisionsprüfung	nein	nein	nein	nein
Mindestabstandsprüfung	nein	nein	nein	nein
frei erstellbare Prüfregeln	nein	nein	nein	nein
Auswertung				
Messwerkzeug	ja	ja	ja	ja
Filterung nach Objekteigenschaften	ja	ja	ja	ja
regelbasiertes Einfärben von Objekten	nein	nein	nein	ja
Export				
Export von Attributen nach Excel	nein	nein	nein	nein
STL-Export für 3D-Druck	nein	nein	nein	nein
Sonstiges				
VR/AR-Anbindung	nein	nein	nein	ja

Abb. 8.16: Überblick über aktuelle Model Viewer auf Basis von IFC (Quelle: Pilot; Winkler, 2019)

BIMVision	DDS-CAD	KIT Karlsruher Institut für Technologie	BIMcollab ZOOM		Trimble Connect
'ACOMP SP. Z.O.O.	**Data Design System**	**Karlsruhe Institut für Technologie/Institut für Automation und angewandte Informatik**	**KUBUS**	**Solibri**	**Trimble Solutions Corporation**
VISION	DDS-CAD Viewer	FZKViewer	BIMcollab ZOOM	Solibri Anywhere	Trimble Connect
)	22.10.2018	5.1	2.2	9.10	1.8
/ision.eu	dds-cad.de	www.iai.kit.edu	bimcollab.com	www.solibri.com	web.connect.trimble.com
isversion frei	alle Features frei	alle Features frei	alle Features frei	alle Features frei	begrenzte Features in freier Version
ere Plug-Ins: eils einmalige Kosten					Basisversion kostenlos
/ersion 7	ab Version 7, 64 Bit	ab Version 7, 64 Bit	ab Version 8.1	ab Version 10	ab Version 10
			ab Version 10.11	macOS High Sierra	ab iOS 9+
					ab Google Chrome 64-bit
ı	nein	nein	ja	keine Angaben	kostenpflichtig auf Anfrage
lant ab 3/2020	nein	nein	ja	keine Angaben	ja
	ja	ja	ja	unbegrenzt	ja
nbegrenzt (kostenpflichtig)	unbegrenzt	unbegrenzt	unbegrenzt	ja	unbegrenzt
ein	nein	ja/nein	ja/nein	ja, kostenpflichtig	ja/ja
lant	nein	nein	nein	nein	nein
ı	nein	nein	nein	nein	nein
	nein	nein	über BCF	ja	ja
kostenpflichtig	ja	ja	über BCF	ja	ja
kostenpflichtig	nein	nein	über BCF	ja	ja
kostenpflichtig	nein	nein	über BCF	ja	ja
	ja	nein	ja	ja	nein
kostenpflichtig	ja	nein	ja	ja	ja
kostenpflichtig	ja	nein	ja	ja	ja
kostenpflichtig		nein	ja	ja	ja
ıt geplant	ja	nein	ja	ja	ja
kostenpflichtig	ja	nein	nein	ja, kostenpflichtig	ja
ıt geplant	ja	nein	nein	ja, kostenpflichtig	ja
ıt geplant	ja	nein	nein	ja, kostenpflichtig	nein
	ja	ja	ja	ja	ja
kostenpflichtig	ja	nein	ja	ja, kostenpflichtig	ja
plant	ja	ja	ja	keine Angaben	ja
kostenpflichtig	nein	nein	nein	keine Angaben	nein
kostenpflichtig	nein	ja	nein	nein	nein
ne Angaben	nein	ja	nein	nein	ja, kostenpflichtig

Die Leistungsfähigkeit der hier aufgeführten, frei zugänglichen Programme für Model Viewer ist unterschiedlich. Da gerade die Weiterentwicklung von Software im Bereich kostenfreier Programme sehr stürmisch ist, muss es leider dem Leser überlassen bleiben, sich aktuell verfügbare Model Viewer in ihrer letzten Version anzusehen und diese auszuprobieren.

Viewer sollten in der Lage sein, neben den einfachen geometrischen Informationen auch exakte Maße aus dem Modell abzugreifen. Sie sollten freie Schnittführungen durch das Modell erlauben. Mit ihnen sollten ferner die in den Objekten des Modells hinterlegten Zusatzinformationen vollständig abgerufen werden können.

Übliche Eigenschaft von Viewern ist eine Kommentarfunktion, mit der Ausschnitte des Modells separat gespeichert und mit zusätzlichen Texten versehen werden können. So kann ein Bauleiter die von ihm erkannten unklaren Punkte notieren und an die Planer weitergeben. Oder er kann besonders neuralgische Details herausgreifen und ebenfalls kommentiert oder besonders markiert an die Beteiligten in der Bauausführung weiterleiten.

Sofern im Model Viewer nach besonderen Kriterien gefiltert werden kann, so dient die Analyse am Modell auch dazu, dass der Unternehmer-Bauleiter mögliche Wiederholungen gleichartiger oder ähnlicher Bauteile identifiziert, beispielsweise um hierfür eine kleine Serienfertigung in Gang zu bringen.

Abschließend sei nochmals zusammengefasst: Ein gut aufgestelltes Bauwerksinformationsmodell ist zunächst einmal die Summe aller Informationen, die bisher in Plänen beschrieben waren. Dazu sind diese Informationen konsistent in einem gemeinsamen 3-D-Modell miteinander verknüpft. Aufgrund der hochwertigen Datenbankstruktur können diese Daten nach sehr vielen Kriterien planmäßig untersucht, gefiltert oder auch herausgeschrieben werden, beispielsweise um den Materialbedarf zu ermitteln oder um notwendige Abnahmeprozeduren zu planen. Durch die Abfrage nach weiteren Kriterien, wie der terminlichen Einordnung oder dem Kostenverlauf für das Projekt, lassen sich auch Zahlungspläne und Bauzeitenpläne direkt aus dem dann mehrdimensional aufgestellten Bauwerksinformationsmodell ableiten.

Bauen als Spiel

Wenn schon das Bauen virtuell am Computer vorgedacht werden kann, so liegt es nahe, dass man Bauen auch als ein eigenes Computerspiel aufziehen kann, in dem nur noch virtuell, aber nicht mehr real gebaut wird. Es würde an dieser Stelle zu weit führen, auf zahlreiche Onlinespiele mit klangvollen Namen wie „Baustellen-Simulator", „Großbaustelle", „Baumaschinen-Simulator", „Haus bauen" und andere zu verweisen. International gibt es noch weit mehr, die meistens in englischer Sprache angeboten werden.

Natürlich darf nicht vergessen werden, dass das Bauen weiterhin ein hoch individualisierter Prozess bleiben wird. Doch für den Einzelnen, der bestimmte Bauabläufe studieren und einüben möchte, ergeben sich aus dem virtuell simulierten Bauprozess konkrete Möglichkeiten des Trainings.

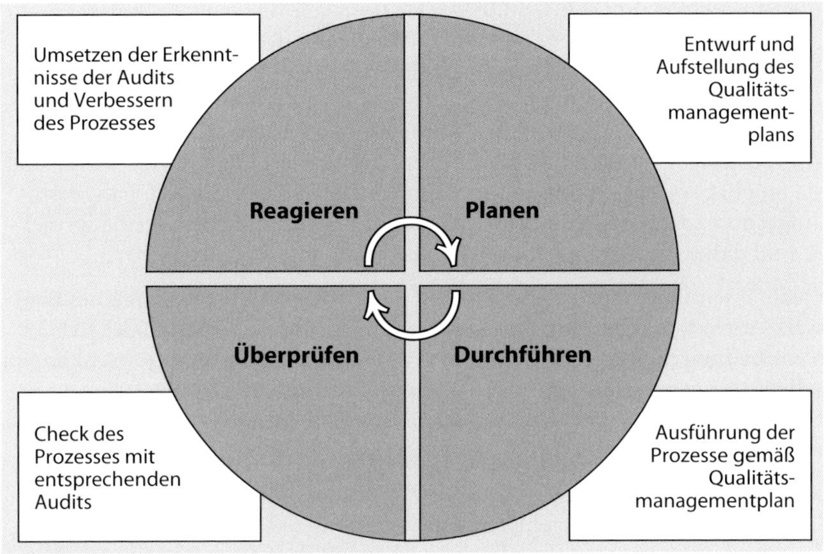

Abb. 8.17: Regelkreis Qualitätsmanagement – Qualitätsmanagement als iterativer Prozess der stetigen Verbesserung

8.3 Qualitätsmanagementsysteme und Qualitätsmanagementplanungen

Die Einhaltung der Qualität auf der Baustelle kann zu einem großen Problem werden. Besonders problematisch können Mängelbeseitigungen im Nachgang werden, wenn die Qualität bei der Abnahme der Bauleistungen nicht wie gewünscht und beauftragt erreicht wurde – ganz zu schweigen von den Streitfällen, bei denen es dann in langwierigen Gerichtsprozessen nicht mehr um die Qualität, sondern um die Ursachen der Schlechtleistungen und um Schuldzuweisungen geht.

Um derartige Schlechtleistungen zu vermeiden, sucht der überwachende Bauleiter für seinen Bauherrn leistungsfähige Dienstleister und Werkvertragspartner und unterstellt, dass diese über wirkungsvolle Qualitätssicherungsinstrumente, oder besser: ein Qualitätssicherungssystem verfügen.

Das wäre ein erster Schritt hin zu besserer Qualität am Bau. Aber weder der überwachende Bauleiter noch der Unternehmer-Bauleiter sind Beobachter des Bauens, sondern sie sind Akteure. Daher soll im folgenden Kapitel untersucht werden, wie Qualität bewusst und systematisch erzielbar ist, wie Qualitätsmanagementsysteme funktionieren und wie Qualitätsmanagementplanungen erstellt werden.

Der Unternehmensberater Klaus Zumwinkel hat einmal den Ausspruch geprägt: „Qualität ist das Gegenteil von Zufall“. Das ist wohl der beste Ansatz für die Schaffung eines Qualitätsmanagementsystems.

Wenn man den in Abb. 8.17 dargestellten Regelkreis, auch als PDCA-Zyklus bezeichnet (engl.: Plan-Do-Check-Act), noch weiter für die Welt des Bauens spezifiziert, wird in der Planung eine bestimmte Qualität beschrieben und später als Bau-Soll definiert. Im Anschluss daran wird die Bauleistung ausgeführt und währenddessen einem regelmäßigen Check unterzogen. Diese Qualitätschecks gehören zu den Standardtätigkeiten sowohl des Unternehmer-Bauleiters als auch des überwachenden Bauleiters. Bei Feststellung von Abweichungen wird es Festlegungen geben, dass und wie diese Qualitätsabweichungen behoben werden sollen. Da das Abstellen dieser Abweichungen zu Rückbau oder Technologieänderungen führen kann, sind sie möglicherweise extrem in ihren finanziellen Auswirkungen. Langfristig aufgebaute Qualitätsmanagementsysteme in allen Bereichen der Bauprojekte sind daher unumgänglich, um Qualität von Beginn an zu sichern.

Qualität wird unterschiedlich definiert. So drückt sich die Qualität eines Bauwerks sowohl in seiner Funktionalität und Gestaltung als auch in der Art der Verarbeitung der Materialien und der Maßhaltigkeit aus. Bauprozesse können z. B. nach Kosten- und Termineinhaltung oder hinsichtlich eingetretener Störungen qualitativ bewertet werden. Auch die Umweltverträglichkeit des Bauprozesses und des fertigen Bauwerks sind Qualitätskriterien.

Als Qualität der Leistungen des überwachenden Bauleiters wird in erster Linie die komplette und fehlerfreie Abarbeitung der Grundleistungen des Bauüberwachers verstanden. Für den Unternehmer-Bauleiter des Ausführungsunternehmens bedeutet Qualität der Leistungen die Qualität der Umsetzung seiner Leistungsaufgaben.

Bereits 1979 entstanden als kollektive Leistung der ISO-Mitglieder die Normen zum Qualitätsmanagement DIN EN ISO 9000 ff., die Zusammenhänge zwischen den Grundbegriffen des Qualitätsmanagements und den in der ISO aufgeführten Qualitätsmanagementelementen zeigen.

Seit Mitte der 1990er-Jahre hält diese Norm auch im Bauwesen Einzug. Sowohl Bauunternehmen als auch Architektur- und Ingenieurbüros analysieren und strukturieren ihre Arbeitsprozesse gleichermaßen nach DIN EN ISO 9000:2015 ff. Dies betrifft im Bereich der Bauausführung die Arbeitsprozesse des Unternehmer-Bauleiters und im Planungsbereich den Arbeitsbereich des überwachenden Bauleiters.

Heute bilden die Normen der DIN EN ISO 9000:2015 ff. mit der Beschreibung der Anforderungen und ihrer Projektbezogenheit die Grundlage für Qualitätsmanagementsysteme im Bauwesen. Die 2015 überarbeitete DIN EN ISO 9001 „Qualitätsmanagementsysteme – Anforderungen" (2015) stellt noch mehr als die vorherige Version auf ein prozessbezogenes Qualitätsmanagement ab. Die Zertifizierung der Unternehmen und Büros ist nicht nur die formale Erfüllung von Zertifizierungsvoraussetzungen zur Wahrung der Wettbewerbsfähigkeit, sondern in vielen Unternehmen ein fester Bestandteil des täglichen Bemühens um hohe Qualität und Konstanz der Leistungen.

Neben der vorgenannten Zertifizierung von Unternehmen bzw. Büros kann auch die Sachkunde eines Einzelnen im Rahmen einer Personenzertifizierung erfolgen. Dies ist vor allem bei Spezialisten und Sachverständigen für deren Arbeitsgebiete ein wirkungsvolles Instrument der Qualitätssicherung.

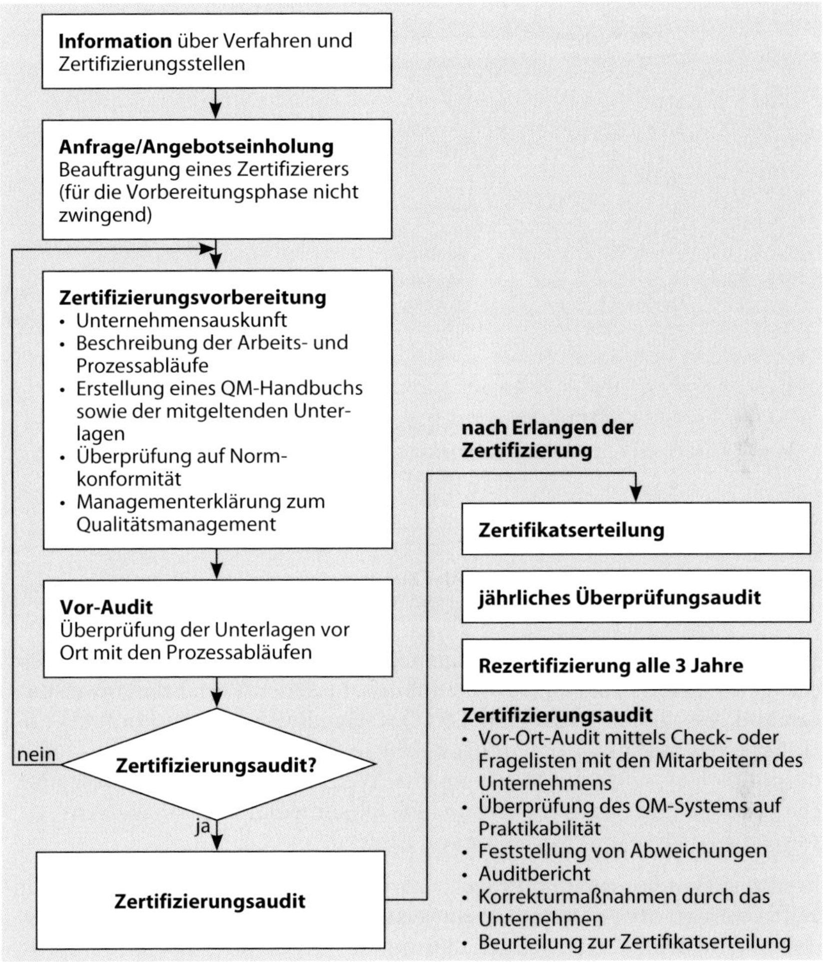

Abb. 8.18: Schematische Darstellung des Zertifizierungsprozesses nach DIN EN ISO 9000:2015 ff.

In Abb. 8.18 ist der Zertifizierungsprozess nach DIN EN ISO 9000:2015 ff. dargestellt. Die Zertifizierungsvorbereitung kann mit Unterstützung akkreditierter Dienstleister im Unternehmen oder auch mit fachkundigem eigenen Personal im Unternehmen durchgeführt werden. Das Zertifizierungsaudit, ein strukturierter Prüf- und Kontrolldialog, wird hingegen ausschließlich von akkreditierten Unternehmen abgenommen.

Die turnusmäßigen Überwachungsaudits dienen zum einen der Kontrolle der Einhaltung der Festlegungen der Unternehmensführung und des unternehmensinternen QM-Handbuchs und sollen zum anderen Anpassungen dokumentieren und Entwicklungen aufnehmen, die in der Zeitspanne seit dem letzten Audit notwendig wurden. Eine Rezertifizierung, d. h. die grundsätzliche erneute Prüfung der Übereinstimmung von Prozessen und dem bestehenden Qualitätsmanagementsystem in einem Unternehmen mit den Bestimmungen der DIN EN ISO 9000 „Qualitätsmanagementsysteme – Grundlagen und Begriffe" (2015) erfolgt i. d. R. alle 3 Jahre.

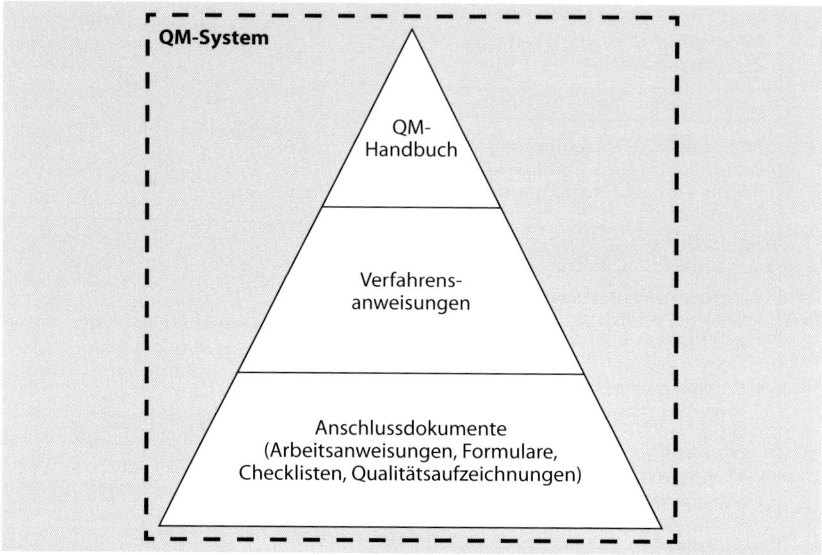

Abb. 8.19: Schematische Darstellung des Zusammenwirkens der Anweisungen und Dokumente im Qualitätsmanagementsystem (Quelle: KAISER BAUCONTROL, 2013)

Die Dokumentation des Qualitätsmanagementsystems eines Unternehmens erfolgt im Qualitätsmanagementhandbuch, in seinen Verfahrensanweisungen und Anschlussdokumenten. Das QM-Handbuch gibt Auskunft über die Unternehmensstruktur und die Tätigkeitsfelder ebenso wie über die Qualitätspolitik bzw. -ziele des Managements. Weiterhin beschreibt es wesentliche Prozesse und das damit verbundene Dokumentationsmanagement sowie die Analyse und Korrektur von Fehlern.

Konkrete Handlungen und Prozesse zur Durchführung der einzelnen Tätigkeiten werden in den Verfahrensanweisungen beschrieben. Die Anschlussdokumente beinhalten Vorlagen, Formulare, Checklisten usw. und tragen so wesentlich zur Umsetzung des QM-Systems bei. Der grundsätzliche Aufbau wird in Abb. 8.19 veranschaulicht.

Die Wirksamkeit eines QM-Systems wird i. d. R. durch interne Qualitätsaudits und durch die Geschäftsleitung eines Unternehmens bewertet. Die Ergebnisse werden dokumentiert und aufbewahrt. Sich daraus ergebende Maßnahmen zur Korrektur und zur Vorbeugung werden von der Geschäftsleitung angeordnet und in der Umsetzung kontrolliert. Über die Maßnahmen werden die Mitarbeiter in Schulungen und über Aushänge oder Intranetplattform zum Qualitätswesen informiert. Ein schematischer Ablauf eines jährlichen internen Audits im Rahmen eines bestehenden Qualitätsmanagementsystems ist in Abb. 8.20 ersichtlich.

Man unterscheidet je nach Geltungsbereich und Wirkungstiefe Produktaudits, Verfahrensaudits und Systemaudits.

Ein Produktaudit findet zur Überprüfung der Erfüllung vorgegebener Anforderungen eines Produkts statt. Produkte können im Bauwesen auch Projekte sein oder z. B. die Lieferung von Frischbeton mit speziellen vom

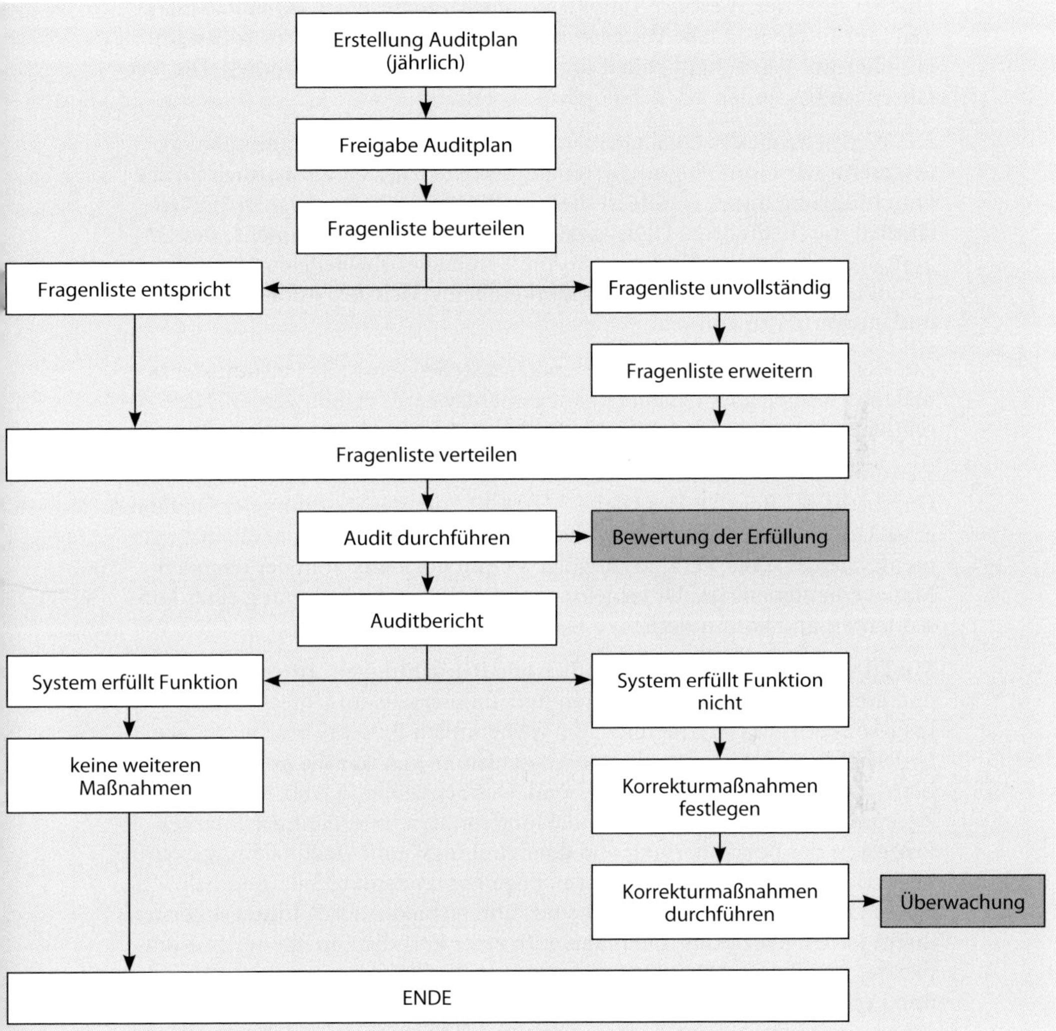

Abb. 8.20: Schematische Darstellung eines Auditplans innerhalb eines Qualitätsmanagementsystems (Quelle: KAISER BAUCONTROL, 2013)

Besteller festgelegten Eigenschaften, wie im Beispiel am Ende dieses Kapitels beschrieben.

Bei großen Projekten wird ein Produktaudit mehrmals im Verlauf des Projekts intern durchgeführt. Bewertet wird die Erfüllung von Kriterien aus Sicht des Auftraggebers oder Bestellers. Um eine solche Bewertung zu erzielen, kann eine Befragung des Auftraggebers hinsichtlich seiner Zufriedenheit mit der Qualität und dem Umfang der geleisteten Arbeit durchgeführt werden.

Bei einem Verfahrensaudit sollen sämtliche Prozesse innerhalb eines Verfahrensbereichs (z. B. der Schlüsselfertigbau eines Bauunternehmens oder der Projektmanagementbereich eines Ingenieurbüros) einer Analyse unterzogen werden, um nicht wertsteigernde Tätigkeiten herauszufinden, sie auf ihre Notwendigkeit hin zu untersuchen und ggf. zu eliminieren.

Hierbei steht der Wert der Tätigkeiten aus Kundensicht als Qualitätsmerkmal im Mittelpunkt. Die Wirksamkeit der einzelnen Verfahren sollen im Hinblick auf Wirtschaftlichkeit und Kundennähe beurteilt werden. Die Verfahrensaudits finden i. d. R. halbjährlich statt.

Die Wirksamkeit des Qualitätsmanagementsystems eines Unternehmens insgesamt wird mittels eines Systemaudits beurteilt. Verantwortlich für die Durchführung dieser Audits ist die Geschäftsleitung. Das Systemaudit ist jährlich durchzuführen. Dabei sind alle Elemente und Dokumente des QM-Systems zu bewerten. Nach einem Audit sind alle eingeleiteten Maßnahmen zu dokumentieren, um ihre Wirksamkeit beim nächsten Audit beurteilen und auswerten zu können.

Ziel der Qualitätsprüfungen ist es sicherzustellen, dass alle Leistungsmerkmale des festgelegten Qualitätsmanagementsystems erfüllt werden, alle Korrekturmaßnahmen durchgeführt und diese aufgezeichnet wurden.

Das Qualitätsmanagement ist ein iterativer Prozess, der durch wiederholten Durchlauf des Regelkreises (siehe Abb. 8.17) zur Verbesserung der Qualität eines Unternehmens beiträgt. Neben der Aufstellung des Qualitätsmanagementsystems ist die Verankerung der Verantwortlichkeit in der obersten Managementebene des Unternehmens wichtig für die Sicherung einer konsequenten und kontinuierlichen Umsetzung dieses Prozesses.

Mit DIN EN ISO 9000 sind eigentlich alle Betrachtungen „prozessbezogen", und dies einerseits in den Projekten und andererseits im Unternehmen. Insbesondere bei Unternehmen, die vornehmlich Projekte bearbeiten, wie Unternehmen der Bauplanung und Bauausführung, war die prozessbezogene Betrachtung schon immer maßgebend. Das Schaubild in Abb. 8.21 zeigt das Zusammenwirken der Projektabwicklung mit den unternehmensinternen Prozessen des Benchmarking und der Schulungs- und Qualifizierungsprozesse, die zusammen ein Qualitätsmanagementsystem bilden. Innerhalb dieses QM-Systems werden Audits mit unterschiedlicher Wirkungstiefe in ihrem jeweiligen Zyklus durchlaufen. In einer Zeit der zunehmenden Komplexität von Bauvorhaben und der rasanten Entwicklung von neuen Bau- und Fertigungssystemen kommt der kontinuierlichen Qualifikation des Personals einerseits und der Aufbereitung und Wichtung der Erfahrungen aus abgeschlossenen Projekten andererseits eine wachsende Bedeutung zu. Auch das umfangreiche Vorschriftenwerk, das auf die Errichtung von Bauvorhaben anzuwenden ist, zwingt jeden Beteiligten zu regelmäßiger Qualifikation.

Eine der eindrucksvollsten Entwicklungen hinsichtlich des Qualitätsmanagements ist die Umstellung der Zement- und Betonklassifizierungen im Zuge der EU-Normung. Sowohl der Unternehmer- als auch der überwachende Bauleiter müssen bei ihrer Tätigkeit über die Expositionsklassen und Eigenschaften von Betonen informiert sein, die auf ihrer Baustelle zum Einsatz kommen. Die Herstellung und der Einbau von Beton sollen daher hier exemplarisch als Beispiel für die Beschreibung eines qualitätsgesicherten Bauprozesses dienen. Das Beispiel zeigt ein prozessbezogenes Qualitätsmanagementsystem, und zwar die Überwachung der Monolithbetonherstellung der Überwachungsklassen 2 und 3 nach DIN 1045-3 „Tragwerke aus Beton, Stahlbeton und Spannbeton – Teil 3: Bauausführung – Anwendungsregeln zu DIN EN 13670" (2012).

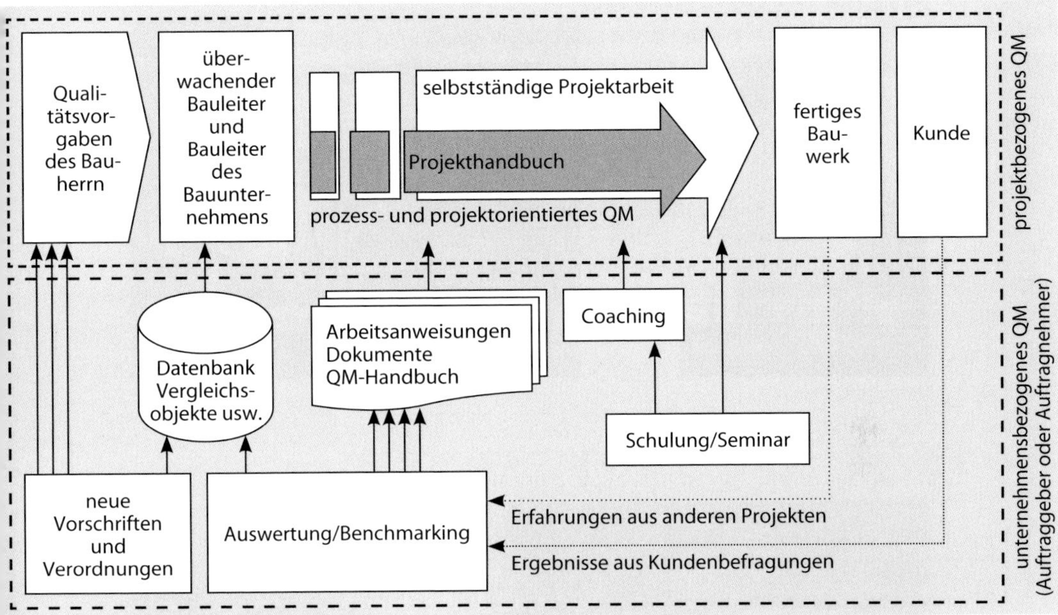

Abb. 8.21: Kombination von unternehmens- und projektbezogenen Qualitätsmanagementprozessen innerhalb eines Qualitätsmanagementsystems

Der Beton als Werkstoff stellt auch heute noch einen Hauptbaustoff dar, dessen Qualität entscheidend für die Qualität eines mit ihm geschaffenen Bauwerks ist. Die Überwachung des Herstellens und des Einbaus von Beton mit höherer Festigkeit und mit anderen besonderen Eigenschaften (Beton der Überwachungsklassen 2 oder 3) sowie des Herstellens von Einpressmörtel und des Einpressens in Spannkanäle durch Überwachungsstellen ist in der Musterverordnung über die Überwachung von Tätigkeiten mit Bauprodukten und bei Bauarten (MÜTVO) festgelegt. In der Musterverordnung ist festgelegt, dass die Bauaufsichtsbehörde natürliche oder juristische Personen (eine Person, eine Stelle, eine Überwachungsgemeinschaft) als Zertifizierungsstelle und als Überwachungsstelle anerkennen kann.

Auf der Grundlage dieser zentralen Regelung wird die Überwachung wie folgt durchgeführt:

Die Eigenüberwachung der Betonherstellung wird nach DIN EN 206 „Beton – Festlegung, Eigenschaften, Herstellung, Konformität“ (2014) und DIN 1045-2 „Tragwerke aus Beton, Stahlbeton und Spannbeton – Teil 2: Beton – Festlegung, Eigenschaften, Herstellung und Konformität – Anwendungsregeln zu DIN EN 206-1“ (2008) als System der Produktionskontrolle bezeichnet. Hier sind alle erforderlichen Maßnahmen der Überwachung, der Prüfung und der Dokumentation genannt. Der Betonhersteller muss über ein akkreditiertes Prüflabor verfügen und von einer akkreditierten Stelle überwacht werden.

Die Überwachung der Betonarbeiten (Einbau von Beton und Leichtbeton) regelt die DIN 1045-3. Die Überwachungsklassen 1, 2 und 3 für Beton und Leichtbeton sind in der Tabelle 6.1 der DIN 1045-3 beschrieben (früher

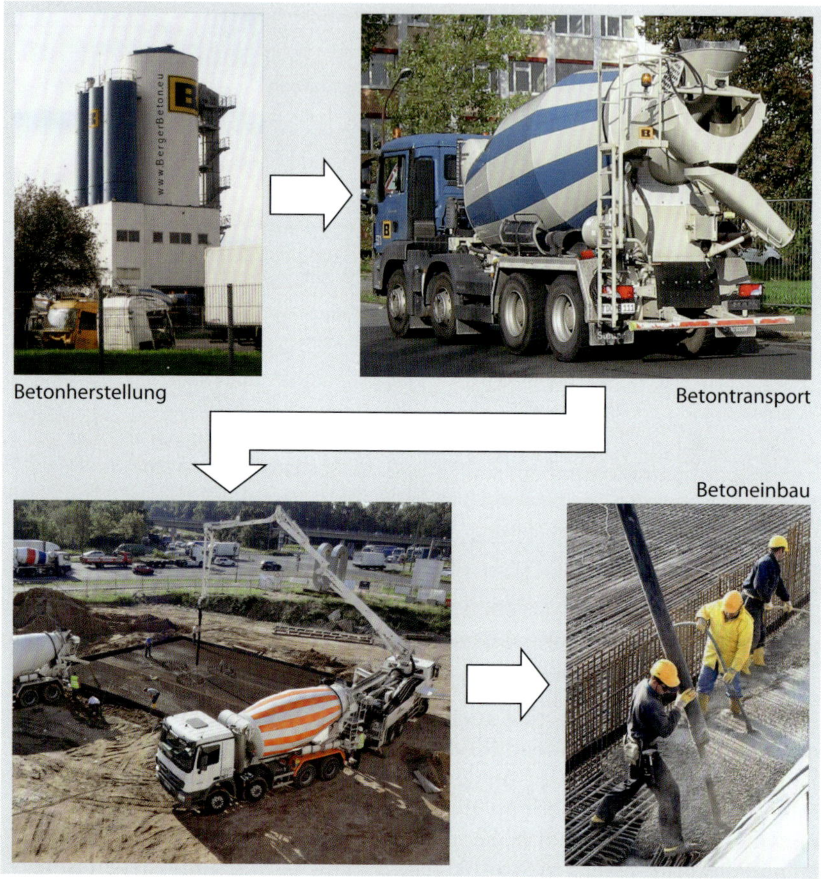

Abb. 8.22: Herstellungsschritte von Monolithbetonbauteilen
(Quellen: Fotoarchiv KAISER BAUCONTROL/www.bauforum24.biz)

„BII-Beton" genannt). Die Zuordnung zur Überwachungsklasse wird bestimmt durch die Druckfestigkeitsklasse, durch die Expositionsklasse und durch besondere Eigenschaften. Umfang und Häufigkeit der Prüfungen für jede Überwachungsklasse sind im Anhang A der DIN 1045-3 aufgeführt (Röhling/Eifert/Jablinski, 2012, S. 75). Die Klassifizierung von Beton und Leichtbeton in Druckfestigkeits-, Rohdichte- und Expositionsklassen nennt die DIN EN 206/DIN 1045-2.

Dabei wird der Prozess von der Herstellung und dem Transport des Frischbetons bis hin zum Einbau und der Nachbehandlung geregelt. Im Schaubild (Abb. 8.22) ist dieser Prozess anhand exemplarischer Fotos dargestellt.

Die Überwachung eines Betonfertigungsprozesses zur Qualitätssicherung in einem Projekt geschieht je nach Betonbaumaßnahme (Überwachungsklasse) mit unterschiedlich hohem Überwachungsaufwand. Bauunternehmen müssen bei der Herstellung von Betonbauwerken durch regelmäßige Überwachung aller Tätigkeiten sicherstellen, dass ihre Leistungen in Übereinstimmung mit den geltenden Regelwerken und der Projektbeschreibung erfolgen, und dies durch entsprechende Dokumentation belegen.

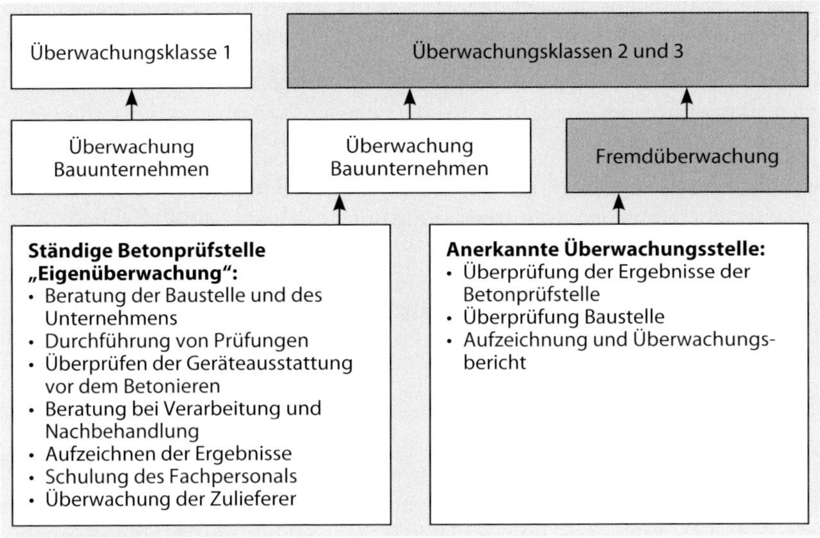

Abb. 8.23: Überwachungsprozess nach DIN 1045-3 bei entsprechenden Überwachungsklassen

Abb. 8.23 veranschaulicht den Prozess der Qualitätsüberwachung bei der Herstellung von Betonbauwerken. Es wird in Eigenüberwachung durch den herstellenden Baubetrieb selbst und in Fremdüberwachung durch eine anerkannte Überwachungsstelle unterschieden. Die anerkannte Überwachungsstelle ist gemäß Abschnitt 11.1 der DIN 1045-3 für die Überwachung des Einbaus von Beton der Überwachungsklassen 2 und 3 gefordert.

Unter dem Begriff Eigenüberwachung bei Überwachungsklasse 1 ist die Baustelle, also der Unternehmer-Bauleiter gemeint. Bei Betonen der Überwachungsklassen 2 und 3 sind die Baustelle (Unternehmer-Bauleiter) und die Ständige Betonprüfstelle für die Qualitätsüberwachung verantwortlich. Die Ständige Betonprüfstelle ist eine Prüfstelle des Bauunternehmens oder eine externe, eigenständige Betonprüfstelle.

Die anerkannten Überwachungsstellen sind dem Verzeichnis der Prüf-, Überwachungs- und Zertifizierungsstellen nach den Landesbauordnungen (2020) zu entnehmen. Die Betonprüfstellen sind beim Verband der Materialprüfungsanstalten (VMPA e.V., www.vmpa.de) gelistet.

Der Qualitätsmanagementprozess bei der Betonfertigung ist zwar ein komplexer, aber auch ein durch entsprechende Vorschriften (DIN, Richtlinien und Merkblätter) beschriebener Prozess. Die einschlägigen DIN-Normen werden ergänzt durch Richtlinien des Deutschen Ausschusses für Stahlbeton (DAfStb), die i. d. R. bauaufsichtlich eingeführt werden (die Richtlinien auf jeweils aktuellstem Stand sind nachzulesen auf der Homepage des DAfStb unter: www.dafstb.de).

Verwiesen sei auch auf Fachliteratur zum Thema sowie auf die Merkblätter des Vereins Deutscher Zementwerke e.V. (VDZ) für die Bereiche Betontechnik, Hochbau, landwirtschaftliches Bauen, Straßenbau sowie Tief- und

Ingenieurbau. Diese sind auf der Website der Beton Marketing Deutschland GmbH (www.beton.org) einsehbar.

Gemäß DIN 1045-3 sind die Bewehrungsarbeiten durch das Bauunternehmen (Bauleitung des Ausführungsunternehmens) zu überwachen. Überwachungsmaßnahmen sind:

- Abnahme der angelieferten Bewehrung nach Übereinstimmung mit den Lieferscheinangaben, Kennzeichnung der Bewehrung einschließlich Werkkennzeichen sowie Schäden
- Prüfung der verlegten Bewehrung entsprechend den Bewehrungszeichnungen und Prüfung der Verbindungen
- Prüfung der erforderlichen Art und Anzahl der Unterstützungen und Abstandhalter
- Prüfung der Betondeckung und der Unverschieblichkeit der Bewehrung beim Betonieren

Die vielfach übliche Abnahme der Bewehrung durch den Statiker oder eine Bauaufsicht ist nicht immer ausreichend, insbesondere bezüglich der Kriterien Betondeckung und Unverschieblichkeit, weil nur eine Momentaufnahme zum Zeitpunkt der Inspektion abgegeben wird und nicht der gesamte Prozess vom ersten Einbau der untersten Lage der Bewehrung bis zum Abschluss des Verdichtungsprozesses beobachtet wird.

Die Überwachung der Schalarbeiten erfolgt ebenfalls durch die Unternehmer-Bauleitung. Zu überwachen sind:

- Schalungsaufbau entsprechend den Schalungsplänen
- Festlegung des Betonierablaufs entsprechend der Tragfähigkeit der Schalung
- Festlegung, wann und wie ausgerüstet und ausgeschalt wird und wie und welche Unterstützungen erforderlich sind (Röhling/Eifert/Jablinski, 2012, S. 125)

Besonderheiten sind bei der Überwachung von Vorspannarbeiten, von Verpressarbeiten und von Spritzbeton zu beachten. Hierzu wird auf DIN 1045-3 und entsprechende Fachliteratur verwiesen.

Im Prozess der Betonherstellung bzw. der Herstellung von Betonbauwerken der Überwachungsklassen (ÜK) 2 und 3 haben die Ausführungsunternehmen diverse Aufzeichnungs- und Anzeigepflichten. Beim Einbau von Betonen der ÜK 2 und 3 sind folgende Aufzeichnungen durch den ausführenden Baubetrieb vorzunehmen:

- Zeitpunkt und Dauer der einzelnen Betoniervorgänge
- Lufttemperatur und Witterungsverhältnisse bei der Ausführung der einzelnen Betonierabschnitte bis zum Ausschalen und Ausrüsten
- Art und Dauer der Nachbehandlung
- Frischbetontemperatur bei Lufttemperaturen unter 5 °C und über 30 °C
- Namen der Lieferwerke und Nummern der Lieferscheine
- Ergebnisse der Frisch- und Festbetonprüfungen

Das ausführende Bauunternehmen hat folgende Informationen an die Überwachungsstelle zu geben:

- Ständige Betonprüfstelle mit Angabe des Prüfstellenleiters
- ggf. Wechsel des Prüfstellenleiters
- Inbetriebnahme jeder Baustelle, auf der Betone der ÜK 2 und 3 eingebaut werden, mit Angabe des Bauleiters
- ggf. Wechsel des Bauleiters
- Angaben zu Festlegungen der vorgesehenen Betone
- voraussichtliche Betonmengen
- voraussichtlicher Beginn und voraussichtliches Ende der Betonierzeiten
- Unterbrechung der Betonierarbeiten von mehr als 4 Wochen
- Wiederinbetriebnahme einer Baustelle nach einer Unterbrechung von mehr als 4 Wochen

Die Überwachungsstellen verwenden dafür entsprechende Formblätter und stellen diese dem Bauunternehmen zur Verfügung (Baustelle und Prüfstelle).

Die Berichte der Überwachungsstellen sind in Anhang NC der DIN 1045-3 entsprechend geregelt. Die Überwachungsstellen müssen in ihren Berichten folgende Mindestangaben machen:

- Bauunternehmen, Baustelle, Betonprüfstelle
- Festlegungen zum Beton und zur Überwachungsklasse
- Bewertung der Überwachung durch das Bauunternehmen
- Angaben zur Probenentnahme
- Ergebnisse der durchgeführten Überprüfungen und Vergleich mit den Anforderungen
- Gesamtbewertung
- Ort, Datum, Unterschrift und Stempel der Überwachungsstelle

Die Vielfalt der heute auf dem europäischen Markt vorhandenen Zemente und Betone mit unterschiedlichsten Eigenschaften erfordert jedoch zur Durchsetzung von Qualitätszielen in erster Linie geschultes Personal. Dies betrifft die Ausführungsunternehmen ebenso wie die beratenden und planenden Ingenieure und Architekten.

Der überwachende Bauleiter sollte das beschriebene Prozedere der Qualitätsüberwachung bei der Herstellung von Betonbauwerken gemäß DIN 1045-3 und die entsprechenden Überwachungsklassen kennen und sich die Dokumentationen in angemessenen und regelmäßigen Abständen vorlegen lassen.

Wenn die Herstellungskette des Monolithbetons einmal nicht fehlerfrei funktioniert hat, kann es zu unangenehmen Schäden kommen, die in teilweise sehr aufwendigen Sanierungsverfahren nachträglich beseitigt werden müssen. Abb. 8.24 zeigt eine durchfeuchtete Tiefgaragendecke. Diese Risse im Beton müssen nachträglich geschlossen bzw. verpresst werden, um einen weiteren Wassereintritt zu verhindern.

Auch für den Sanierungsprozess von Betonbauwerken gibt es entsprechende Qualitätsüberwachungen bzw. die Bundesgütegemeinschaft Instandsetzung von Betonbauwerken e.V. (BGIB). Ziel dieser Gemeinschaft ist es, der Bau-

Abb. 8.24: Betonschäden durch mangelhafte Betonherstellung oder Verarbeitung: durchfeuchtete Tiefgaragendecke (Quelle: Fotoarchiv KAISER BAUCONTROL, Kreher, 2012)

substanz durch gütesichernde Maßnahmen bei der Betoninstandsetzung eine langfristige Werthaltigkeit zu geben und Gefahren für die Allgemeinheit, die aus Mängeln an der Bausubstanz resultieren, zu vermeiden. Fachwissen und Auskunftsmöglichkeiten zum Thema Betoninstandsetzung sind auf den Seiten der BGIB zu finden (www.bgib.de).

Das nachträgliche Verpressen einer mangelhaften Anschlussausbildung zwischen Bodenplatte und aufgehender Außenwand ist in Abb. 8.25 gezeigt. Abb. 8.26 zeigt die mit Packern eingebrachte und verspachtelte Verpressung, die im Anschluss noch verschliffen werden muss.

8.4 Wissensmanagement im Bauprojekt und Dokumentationen

Eines der bekannten, aber auch ungeliebten Themen, vor allem zum Abschluss einer Baumaßnahme, sind die Dokumentationen (z. B. darüber, was gebaut wurde und wie es funktioniert). Die systematische Zusammenstellung der Objektdokumentation und deren Prüfung sind Grundleistungen, die seit der HOAI 2013 in der Leistungsphase 8 (Objektüberwachung) und nicht mehr in der Leistungsphase 9 angesiedelt sind. Sie ist gleichzeitig die abschließende Tätigkeit des überwachenden Bauleiters.

Im Gegensatz zu der reinen Aktenlage, die mit umfangreichen und kompletten Dokumentationen möglicherweise erreicht wird, geht es in den Bauprojekten mehr um einen ganzheitlichen Ansatz des Wissensmanagements über den kompletten Prozess der Baurealisierung, an dessen Ende die Übergabe des Bauobjekts mit einer entsprechenden Dokumentation steht. Dies

Abb. 8.25: Aufwendige Schadenssanierung an undichten Betonteilen: Verpressen eines Anschlussbereichs zwischen Bodenplatte und aufgehender Tiefgaragenwand (Quelle: Fotoarchiv KAISER BAUCONTROL, Vogel, 2009)

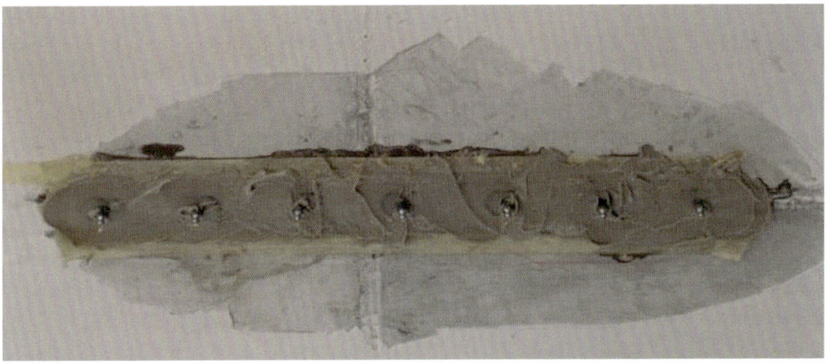

Abb. 8.26: Aufwendige Schadenssanierung an undichten Betonteilen: Verpresster und verspachtelter Riss vor dem Verschleifen (Quelle: Fotoarchiv KAISER BAUCONTROL, Vogel, 2009)

ist auch die Fortführung des Gedankens der umfassenden Betrachtung von Qualität und Qualitätsmanagement aus dem vorangegangenen Kapitel 8.3.

Das Wissensmanagement in Bauprojekten beginnt mit der Dokumentation der Aufgabenstellung, dem Bereitstellen von Vorwissen und von Unterlagen, umfasst dann die Planungs-, Genehmigungs- und Bauphase und endet mit der Projektdokumentation.

Lernen ist ein iterativer Prozess und Wissensmanagement ein wichtiger Bestandteil davon. Zu Beginn eines Bauprojekts steht nicht nur die Idee des Bauens, sondern i. d. R. auch eine Fülle von Wissen aus vorangegangenen Projekten. Dieses Wissen in Form von persönlichen Erfahrungen oder in Büchern niedergeschriebenem und in Datenbanken abgelegtem Wissen wird im Verlauf eines Projekts weiter angereichert und komplettiert (siehe hierzu auch Abb. 8.21). Die bestehenden Vorschriften und technischen Regelwerke sind umfangreich und sehr komplex, die Bauvorhaben und ihre

Anforderungen an das Bauen vielfältig. Aus der Fülle aller Informationen muss eine passende Auswahl getroffen werden, es muss ein Management dieses Wissens stattfinden. Daher stellt sich die Frage: Welches Wissen benötigt das Projekt und welche Informationen sind nach Abschluss des Bauprojekts für die anschließende Nutzung wichtig?

Daher soll hier zuerst auf die Organisation und Verteilung von Informationen im Planungs- und Bauprozess und anschließend auf die erforderlichen Dokumentationen eingegangen werden.

Vor allem größere Bauvorhaben sind durch viele – teilweise internationale – Beteiligte gekennzeichnet. Üblicherweise sitzen diese Beteiligten nicht alle an einem Standort und müssen ihre Informationen und Daten regelmäßig austauschen.

Eine der Hauptfragen in diesem Prozess ist: Haben alle Projektbeteiligten alle Informationen, und sind die vorliegenden Informationen aktuell? Ein Lösungsansatz für dieses Problem ist i. d. R. eine gemeinsame, allen Projektbeteiligten zugängige Datenablage. Dies kann mit sogenannten FTP-Servern (File Transfer Protocol) oder Projekt-Kommunikations-Management-Systemen (PKMS) geschehen. Der FTP-Server ist lediglich der Zugang zu einer einheitlichen Datenablage, während das PKMS eine gewisse „Intelligenz" hinsichtlich der Benachrichtigung und Zugangsfreigabe hat. Das heißt, ein einheitlicher Informationsstand kann auch durch einen FTP-Zugang der Projektbeteiligten zu einem gemeinsamen Server hergestellt werden. Wenn zusätzlich eine bestimmte Dokumentation der Zugriffe und Ablagen sowie eine vorgeschriebene Reihenfolge des Zugriffs oder ein Informationssystem bezüglich des Eingangs neuer Daten erfolgen soll, wird die Wahl auf ein PKMS fallen. PKMS können neben der Dokumentation des Projektablaufs auch einen bestimmten, zentral vorgegebenen Workflow (siehe dazu am Ende dieses Kapitels) in der Projektabarbeitung erzwingen.

Für beide Systeme sind lediglich Internetanschlüsse und ein entsprechendes Zugangspasswort erforderlich. Die einfache Handhabung ist einer der entscheidenden Faktoren für die erfolgreiche Anwendung. Auch die Hilfestellung bei den ersten Schritten der Nutzer zur Inbetriebnahme dieses Arbeitsmittels ist wichtig für die Akzeptanz. Dabei geht es nur bedingt um eine Veränderung der eigentlichen Tätigkeit im Zusammenhang mit der Dokumentenablage.

Viele Beteiligte fühlen sich durch ein solches System kontrolliert oder kontrollierbar. Die Systeme schaffen aber in erster Linie Transparenz hinsichtlich der aktuellen Planungs- und Kommunikationsabläufe und gewährleisten gleiche Informationsstände.

Wie Abb. 8.27 zeigt, erfolgt auch heute der Informationsaustausch nicht ausschließlich elektronisch. Wenn man die Entwicklungsgeschwindigkeit der heutigen Technik in den letzten 10 Jahren sieht, lässt dies noch einiges an Neuerung in Richtung einer kompletten Abbildung des Bauprozesses in der IT-Welt erwarten. Nichtsdestotrotz muss auf einer Baustelle immer ein Satz der aktuellen Planung verfügbar sein, und zwar am besten auf Papier

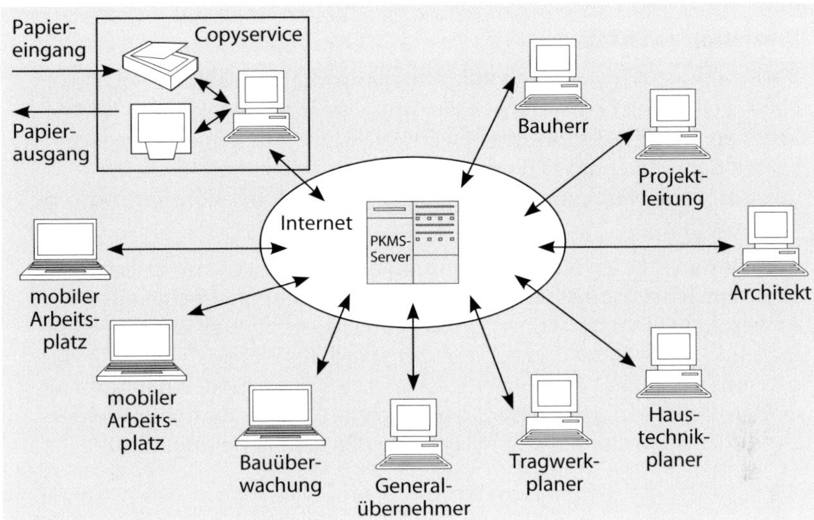

Abb. 8.27: Verteilungskreisel

und laminiert. Auch kleinere Handwerksfirmen, die oft mit großem Erfahrungsschatz in den Bereichen der Haustechnik, des Stahlbaus oder des Innenausbaus eines Bauprojekts involviert sind, liefern Werk- und Montagepläne in Papierform und haben damit ihrer Informationspflicht in traditioneller Weise Genüge getan. Jedes elektronische PKMS muss daher die Möglichkeit der Ein- und Ausgabe in Papierform garantieren. In den meisten Fällen wird ein Kopierservice als weiterer Projektbeteiligter angeschlossen, der Papierexemplare auf Anforderung ins System überträgt oder in gedruckter Form ausgibt.

Die Einrichtung und Strukturierung derartiger PKMS ist heute zwar anwenderfreundlich und einfach, aber nicht Aufgabe der Bauleitung. Dies erfolgt i. d. R. durch andere Dienstleister des Bauherrn, z. B. die Projektsteuerung, zentral für die gesamte Baumaßnahme. Die Gebühren für die Nutzung sind meist überschaubar und werden auf die Beteiligten umgelegt.

Projektkommunikationssysteme lassen die Ablage und den Austausch aller elektronischen Daten zu, sodass sie auch für den E-Mail-Verkehr innerhalb des Projekts genutzt werden können und nicht nur zur Ablage und Verteilung zentraler Dokumente. In diesen Fällen wächst natürlich die Datenflut, und die Häufigkeit der Benachrichtigungen kann enorm zunehmen.

In normalen Hochbauprojekten mit einem Investitionsvolumen von ca. 15 bis 25 Mio. Euro sind heute Plansätze von 500 bis 1.000 Plänen nicht selten. Hinzu kommen noch zentrale Dokumente wie Protokolle oder Gutachten. In vielen Bauprojekten werden nur Pläne und zentrale Dokumente im PKMS geführt. E-Mails und sonstiger Schriftverkehr werden in diesen Fällen außerhalb des Systems dezentral geführt.

Praxistipp zu PKMS

Die Erfahrung aus vielen mit PKMS ausgerüsteten Projekten zeigt: Der Einsatz eines solchen Systems sollte unter Wertung der Vor- und Nachteile genau geprüft werden. Mit den Entscheidungsträgern des Projekts sollten der notwendige Zugang und die Datensicherheit sowie die gewünschte Dokumentationsgenauigkeit und Informationstiefe besprochen werden.

Gemeinsam mit den für die Einführung eines PKMS Verantwortlichen sollte zunächst geprüft werden, wie tief oder wie umfangreich die Anwendung eines derartigen Systems im Projekt sinnvoll ist. Diese Systeme sind Arbeitsmittel und nicht Gegenstand des Projekts. Folgende Fragen müssen geklärt werden: Wer soll dieses System für den Bauherrn einrichten, betreiben und überwachen? Welche Dokumentationen werden benötigt? Wie werden die Beteiligten an das System herangeführt?

Nicht immer ist es im Interesse des Bauherrn, die Pläne bis zur Freigabe der entsprechenden Planungsstufe ausschließlich im Planerteam bzw. auf dem FTP-Server eines Planers zu belassen. Sinnvoll ist die Anwendung eines PKMS daher auch bei kleineren Projekten für Pläne und zentrale Dokumente. Diese sind damit immer aktuell und zentral verfügbar.

Für Bauprojekte sind unterschiedliche PKMS mit differenzierten Strukturen und Zugangsmöglichkeiten auf dem Markt. Aus Anwendungen der letzten Jahre lässt sich das folgende Fazit zusammenfassen:

Heute wird vielfach CAD-gestützt geplant (CAD = computeraided design). Andere Projekte werden dreidimensional in Bauwerksinformationsmodellen wie BIM beschrieben. Die Planunterlagen liegen zum Großteil in EDV-gerechter Form vor, etliche Planungsinformationen laufen zwischen den Projektbeteiligten via E-Mail. Es liegt also nahe, den Informationsaustausch im Projekt geordnet und strukturiert zu vollziehen und bei der Fülle der Informationen diese mit einem PKMS zu dokumentieren.

Die im Folgenden zusammengestellten Fragen sollen bei der Entscheidung über den Einsatz eines geeigneten Systems helfen und gleichzeitig eine Richtschnur für den angemessenen Umfang und die Anwendungstiefe des gewählten Systems geben:

- Zu welchem Zeitpunkt im Projekt wird über die Implementierung eines PKMS für das Projekt nachgedacht?
- Wie komplex ist das Projekt, wie viele Projektbeteiligte müssen eingebunden werden?
- Welche Vorteile bringt die Nutzung eines derartigen Systems für das Projektregime?
- Welcher Aufwand (zeitlich, personell und kostenmäßig) ist mit der Einschaltung verbunden?

Wenn in einem Projekt ein Großteil der Planungsleistungen erledigt ist und damit auch die wesentlichen Informationen zwischen den Projektbeteiligten ausgetauscht sind, z. B. mit Abschluss der Leistungsphase 5, macht die

Implementierung eines derartigen Systems kaum noch Sinn. Die zentrale und zeitnahe Bereitstellung von Plänen und Protokollen bzw. anderen gemeinsam genutzten Dokumenten ist in der Leistungsphase 5, der Ausführungsplanung oder auch in den davor liegenden Leistungsphasen sinnvoll. Mit Beginn der Bauausführung sind die notwendigen Informationen in Form von Plänen und Leistungsbeschreibungen zu den Ausführungsunternehmen gegangen. Als reines E-Mail-System lohnt sich ein PKMS dann nicht.

Die nahtlose und unabhängige Dokumentation des Planungsprozesses an einem neutralen Ort ist jedoch v. a. für Bauherren ein wesentliches Argument, ein PKMS im Bauprojekt einzusetzen, denn es garantiert den Zugriff auf gelieferte Plandokumente zu jedem Zeitpunkt und unabhängig von möglicherweise zwischenzeitig entstandenen Zwistigkeiten mit einem Projektpartner.

Technische Kriterien, wie die Installationsmöglichkeit eines Systems, spielen heute nur noch eine untergeordnete Rolle. PKMS werden über Internetplattformen mit Passwortzugängen zur Verfügung gestellt. Damit ist also nur noch ein Internetanschluss und ein Lizenzvertrag Voraussetzung für die Nutzung.

Wichtig bei jeglicher Art der gemeinsamen Datenablage in Projekten ist die einheitliche Bezeichnung der Dateien bzw. Pläne. Es muss für ein Projekt eine einheitliche Nomenklatur der Dokumente festgelegt werden, und diese muss vom gewählten System auch automatisch erkannt werden.

Ein Beispiel für eine derartige Planbezeichnung eines Hochbauvorhabens ist in Abb. 8.28 dargestellt. Auch wenn der Nummern- und Buchstabencode auf den ersten Blick recht unverständlich scheint, so stellt man doch im täglichen Gebrauch fest, dass für die beteiligten Akteure viele der Stellen immer gleich sind (z. B. weil der Haustechniker immer nur Haustechnikpläne produzieren wird, das Fertigteilwerk nur Werkpläne zum Rohbau usw.) und andere teilweise selbsterklärend sind (z. B. EG für Erdgeschoss).

Auch auf den Planspiegeln der Papierexemplare, dem in der unteren rechten Ecke jedes Plans anzuordnenden Schriftfeld (auch Plankopf genannt), ist der gleiche Plancode wie im Dateinamen des Plans enthalten. Dies ist exemplarisch in Abb. 8.29 ersichtlich. Damit lässt sich jeder Plan des Projekts sowohl in Papierform als auch im Datenformat eindeutig zuordnen. Die Systeme akzeptieren nur Daten und Pläne mit vordefinierten Bezeichnungen. Im Projekt gibt es einheitliche Plan- und Dokumentenbezeichnungen und klare Informationen, wann ein Plan im System eingegangen ist und den weiteren Projektbeteiligten zur Verfügung steht. Nebenbei werden diese Vorgänge durch das System auch dokumentiert.

Eine weitere Organisationshilfe dieser Systeme ist der Workflow. Mit diesem Begriff wird i. d. R. ein Arbeitsablauf, also die strukturierte Reihenfolge von Tätigkeiten beschrieben. Im Fall der PKMS wird damit eine vorgegebene Reihenfolge der Bereitstellung von Daten oder Dokumenten im System und der anschließenden Nutzung durch Dritte (Projektbeteiligte) entsprechend den vergebenen Schreib- und Leserechten beschrieben.

1	2	3 Trenner	4	5	6 Trenner	7	8	9	10 Trenner	11	12 Trenner	13	14	15 Trenner	16	17	18 Trenner	19.	20.	21. Trenner	19	20	21	22	23	24	25
B	V	-	N	W	-	A	R	C	-	4	-	G	R	-	E	G	-	A	R	-	0	0	1	-	A	-	1
Projekt			Bauteil			Gewerk				Phase		Projektion			Ebene			Planart			Lfd. Nummer				Index		Status

Projekt
BV – Bauvorhaben

Bauteil
ZB – Zentralbau
NW – Nord–West

Gewerk
ARC – Architektur
TGA – Technische Gebäudeausrüstung
LAB – Laborplanung
MEV – Medienversorgungsanlagen
SAN – Sanitär
TWP – Tragwerksplanung
VER – Vermesser
TAA – Technische Anlagen Außenanlagen
RWA – Reinstwasseranlage
KWA – Kühlwasseranlagen
DLA – Druckluftanlage
KZL – Kühlzellen
SGA – Sondergasanlagen
BRA – Brandschutz
ELT – Elektro
FEU – Feuerlöscher
FMP – FM-Planung
FMT – Fernmeldetechnik
FOE – Fördertechnik
GAS – Gastronomie
HLS – HLS-Plan
HLK – Heizung/Lüftung/Kälte
LAP – Landschaftsarchitektur
MSR – Gebäudeautomation

Phase
1 – Grundlagenermittlung
2 – Vorplanung
3 – Entwurfsplanung
4 – Genehmigungsplanung
5 – Ausführungsplanung
6 – Vorbereitung der Vergabe
7 – Mitwirkung bei der Vergabe
8 – Objektüberwachung
9 – Objektbetreuung und Dokumentation
0 – Werkstattplanung

Projektion
GR – Grundrisse
S – Schnitte
A – Ansichten
DT – Detail
SH – Schemata
AA – Außenanlagen
TH – Treppenhaus

Ebene
XX –
U1 – Untergeschoss
00 – Erdgeschoss
01 – Ebene 1
02 – Ebene 2
03 – Ebene 3
04 – Ebene 4
05 – Ebene 5
DA – Dachaufsicht
BG – Baugrube
BP – Bodenplatte
FU – Fundament

Planart
XX –

AR – Rohbau
AC – Fassade
AA – Ausbau

AB – Bodenspiegel
AD – Deckenspiegel
AF – Fliesenspiegel
AT – Türlisten

D1 – Detail Rohbau
D2 – Detail Außenhaut
D3 – Detail Innenausbau
D4 – Detail Technik
D5 – Detail Außenanlagen

DP – Durchbruchsplan
DT – Trassenplan

BA – Brandschutzplanung
BS – Sprinkleranlagen
BF – Flucht-/Rettungswege, Feuerwehrpläne

IG – Geländemodellierung
IL – Landschaftsbau, Grünanlagen
IS – Straßenbau, Wege, Kanaldeckel, Straßeneinläufe
IT – Trassen, Medien, Entwässerung (Tiefbau)

TA – Schal- und Bewehrungsplan
TB – Bewehrungsplan
TP – Positionsplan
TS – Schalplan
TT – Tragwerksplan

VB – topografischer Bestandsplan
VL – Lageplan, Liegenschaftsplan

OB – Baustelleneinrichtung
OS – Sige-Plan
OT – Terminplan

E – Gesamtplan Elektro
EA – elektrische Gebäudeausrüstung
EB – Beleuchtungsanlagen, Lichtverteilung
ED – Datennetze, EDV-Anlagen
EE – Ersatzstrom
EG – Elektrokleingeräte
EK – Kraftverteiler
EL – Leitsystem, MSR
EM – Mittelspannung 10 kV, 20 kV, 30 kV
EN – Niederspannung
EP – Prüf- und Messeinrichtungen
ER – Leerrohre
ES – Schutzeinrichtungen, Potenzialausgleich, Fundamenterdung
ET – Trafoanlagen
EU – USV-Anlagen
EV – EVU Übergabe
EZ – Blitzschutz
EW – Warte

N – Gesamtplan Nachrichtentechnik
NB – Brandmeldeanlage
ND – Daten-/Telefonverkabelung
NE – Einbruchmeldeanlage
NL – Lautsprecheranlage
NM – Medientechnik
NU – Uhrenanlage
NV – Videoüberwachung
NZ – Zugangskontrolle/Zeiterfassung

H – Gesamtplan Heiztechnik
HD – Dampf
HH – Heißwasser
HG – Gas
HK – Kaminanlage
HO – Öl
HW – Warmwasser

K – Gesamtplan Kühlung
KK – Kältemaschine
KW – Kaltwassersystem

L – Gesamtplan Lüftung/Klima
LA – Abluft
LL – Lüftung
LP – Prozessabluftanlage

S – Gesamtplan Sanitärsystem
SE – Eigenwasser
SG – Genehmigungsplanung Entwässerung
SI – Sanitärinstallation
SR – Regenentwässerungssystem
SS – Schmutzwassersystem
SW – Wasseraufbereitung
SX – Sonderanlage

M – Gesamtplan Medien
MD – Druckluft
MS – Sondergase
MR – Reinwasser
MZ – Kühlzelle (477)
MK – Kühlwasser
MX – Sonderanlage

FE – Einrichtungsplanung
FL – Einrichtungsplan Labortechnik
FM – Flächenmanagement
FH – Hausreinigung
FP – Fertigungsplanung
FS – Schlüsselverwaltung

Lfd. Nummer
000
001
002
bis
999

Index
–
A
B
C
D
E
F
G

Status
1 – Vorabzug
3 – Fertiggestellt FBT
4 – Freigegeben

Abb. 8.28:

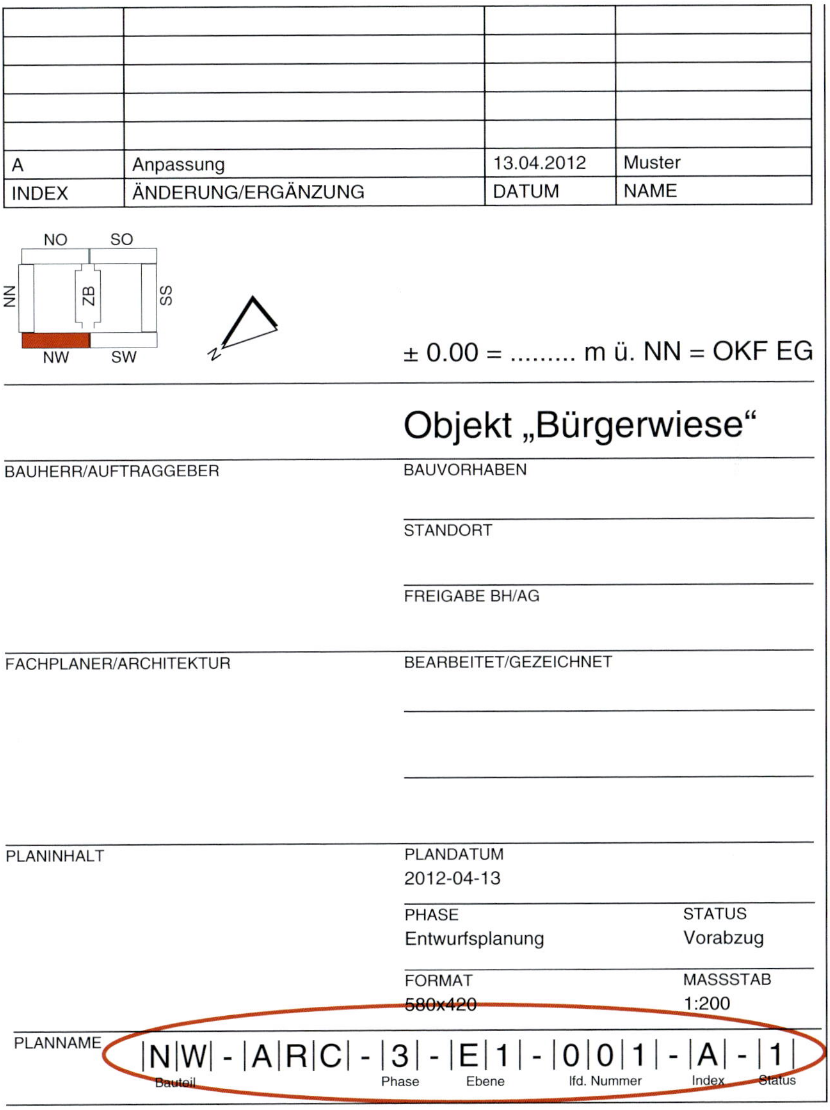

Abb. 8.29: Plankopf mit eingetragenem Dateinamen entsprechend dem PKMS-Code

Beispiel

> Ein Workflow könnte wie folgt aussehen: Pläne des Tragwerkplaners werden in das System gestellt. Diese können dann zunächst nur vom Prüfstatiker geöffnet und freigegeben werden. Erst wenn dies erfolgt ist und die mit einem elektronischen Freigabestempel versehenen Dokumente wieder im System zur Verfügung stehen, können andere Projektbeteiligte, wie der Architekt oder der überwachende Bauleiter, die Dokumente weiterverwenden.

Neben einer zentralen Verwaltung kommt dem Zugriff, der Sicherheit und der Aktualität der Daten eine besondere Bedeutung zu. Hierbei helfen i. d. R.

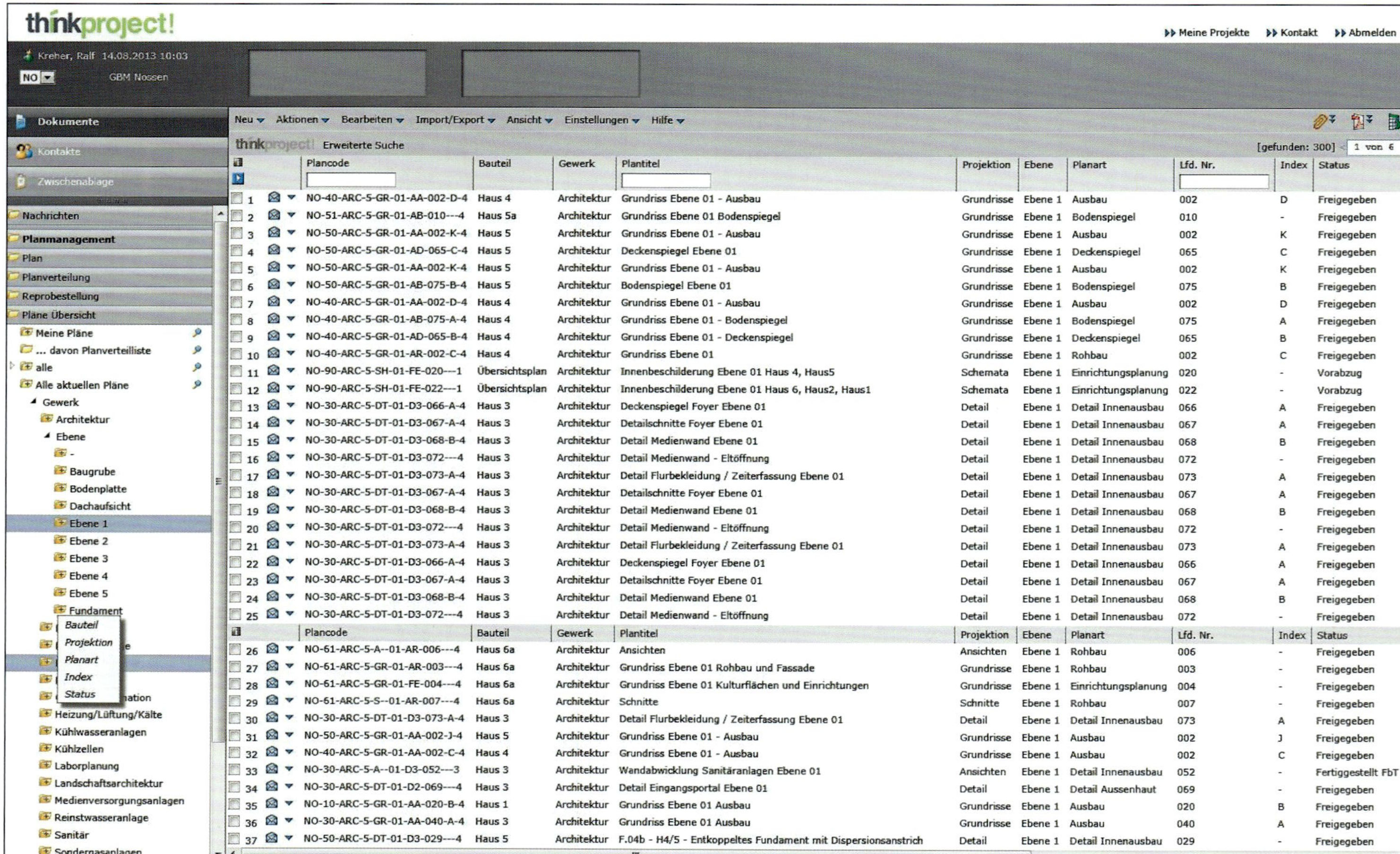

Abb. 8.30: Oberfläche des PKMS think project! mit Darstellung der Sortierfilter im linken Bildschirmbereich als Pull-down-Menü

sowohl die Vergabe von speziellen Rechten (Schreib-, Leserechte) an die Beteiligten als auch eine zentrale, vom IT-Dienstleister gewährleistete Datenhaltung und Datensicherheit. Die Daten liegen meist außerhalb des Projekts auf Datenservern des IT-Dienstleisters. Die Auslagerung der Daten ist bei den meisten Bauvorhaben kein Problem und bedeutet für die Bauleute eine elegante Lösung, da weder Speicherplatznachrüstungen noch Sicherungskopien zu ihren Tagesthemen gehören. Falls ein Bauherr die Auslagerung seiner Bauprojektdaten nicht wünscht, können derartige Systeme auch direkt in die technische Infrastruktur des Bauherrn integriert werden.

Neben der Nachvollziehbarkeit der Dateibezeichnung ist das schnelle Auffinden der gesuchten Pläne und Dokumente ein wesentliches Kriterium für die Akzeptanz dieser elektronischen Systeme im Projektalltag. Die Arbeitsmittel müssen leicht zu bedienen und die gesuchten Dokumente mit wenigen Klicks erreichbar sein. Um dies zu erreichen, muss die im Projekt für die Systeme verantwortliche Person entsprechend Zeit und Betreuungsaufwand investieren. Gerade in den ersten Wochen der Anwendung sind die Projektbeteiligten intensiv zu begleiten.

Besonderes Augenmerk ist bei der Einrichtung auf die richtige Wahl der Filter bzw. Suchbegriffe zu legen. Die Problematik ist vergleichbar mit der Literatursuche in einer Bibliothek. Wenn der Titel eines Buchs nicht bekannt ist, sind der richtige Suchbegriff und der richtige Suchbereich maßgeblich für die Geschwindigkeit des Auffindens. Die Suche nach einem bestimmten Plan in einem Bauprojekt ist in Abb. 8.31 in 3 Schritten gezeigt. In diesem Beispiel wird ebenen- und bauteilweise gesucht und erst zum Schluss nach dem aktuellen Index.

Aus der täglichen Nutzung des Internets kennen wir oft mehrere Wege des Suchens und Eingrenzens bis zum gesuchten Artikel. Gleiches gilt auch für die aktuellen PKMS. Auch sie erlauben oft mehrere alternative Suchwege und Filterabfragen, die gleichermaßen zu dem einen gesuchten Ausführungsdetailplan führen.

Besonders zum Ende eines Projekts gewinnt das Thema Projektdokumentation einen zusätzlichen Stellenwert. Die Projektdokumentation beschreibt die errichtete bauliche und technische Anlage und auch deren Kennzahlen und Randbedingungen. Die Dokumentation stellt den Abschluss der Errichtungsphase und den Abschluss der Bauüberwachung dar.

Ist die Dokumentation unvollständig oder lückenhaft, geht Wissen verloren, und es entstehen in der Folge Unsicherheiten in der Bewertung der baulichen und technischen Anlagen. Besonders krass tritt diese Situation bei späteren Eigentümerwechseln auf. Wenn Dokumentationen des Veräußerungsgegenstands unvollständig sind, gibt es i. d. R. Risikoabschläge bei den Kaufpreisen, die erheblich sein können.

Die in einem PKMS während eines Bauprojekts geführten Dokumentationen werden zum Abschluss eines Projekts nach bestimmten, meist erst zu Ende der Bauzeit festgelegten Gliederungen abgelegt und durch zusätzliche Informationen über das Projektgeschehen und die Funktionsbeschreibungen der Anlagen ergänzt. Die Gliederung der dann entstehenden Projektdokumentation wird in Abb. 8.32 gezeigt.

Abb. 8.31: Die Suche nach dem richtigen Plan in wenigen Schritten durch die richtige Kombination der Filter

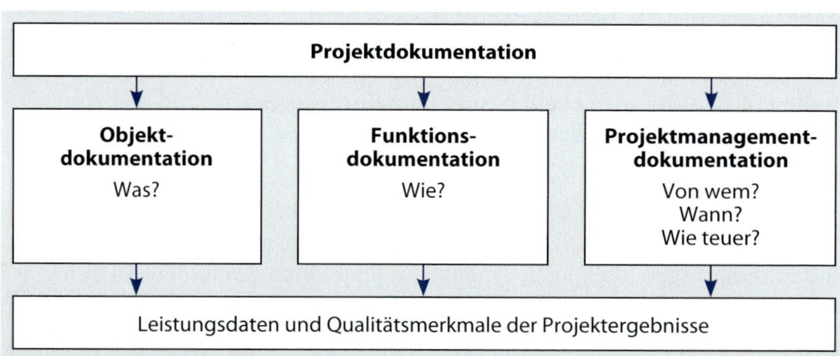

Abb. 8.32: Gliederung von Projektdokumentationen

Die Projektdokumentation stellt die Gesamtheit der Dokumentationen eines Bauvorhabens dar und umfasst folgende 3 Teile:

- Objektdokumentationen mit den Objektplänen und Abnahmeprotokollen (Teil A)
- Funktionsdokumentationen für die technischen Anlagen (Teil B)
- Projektmanagementdokumentationen mit der Dokumentation des Vergabeprozesses, den Projektberichten, Verträgen, Abrechnungen und Änderungsfreigaben (Teil C)

Aus den vorgenannten 3 Bereichen können auch nach Abschluss der Baumaßnahme jederzeit die Leistungsdaten und Qualitätsmerkmale des Bauprojekts abgeleitet werden.

Für eine vollständige Objektdokumentation muss der überwachende Bauleiter folgende Unterlagen zusammenstellen lassen:

- behördliche Genehmigungen und Abnahmen
- Ausführungsunterlagen der Architektur
- Ausführungsunterlagen der Tragwerksplanung
- Ausführungsunterlagen der Haustechnik
- Fließ- und Schaltschemata der Haustechnik
- Stromlauf- und Bauschaltpläne der Elektrotechnik
- Abnahmeprotokolle und Nachweise der ausführenden Firmen
- Unterlagen zur Übergabe an Nutzer

Im Bereich der Haustechnik müssen der Projektdokumentation folgende Funktionsdokumentationen beigefügt werden:

- Anlagen- und Funktionsbeschreibungen
- Protokolle über Messungen im Rahmen von Einregulierungen
- Bedien- und Wartungsanweisungen
- Schmierpläne
- Wartungsangebote und -verträge

Aus dem Bereich des Projektmanagements kommen die Realisierungsrandbedingungen zur Projektdokumentation hinzu. Diese sind im Einzelnen:

- Dokumentation des Vergabeprozesses
- Planer- und Bauverträge
- Projektberichte in chronologischer Reihenfolge
- Änderungsfreigaben und dazugehörige Entscheidungsvorlagen
- zentrale Protokolle
- Abrechnungen der einzelnen Verträge
- Terminplan mit Soll-Ist-Verfolgung

Viele Bauherren, die regelmäßig bauen, und Immobilieneigentümer, die ihre Immobilienbestände verwalten, haben eigene Strukturen für Projektdokumentationen entwickelt. Grundsätzlich werden sich diese immer an der o. g. Gliederung orientieren.

9 Anhang

9.1 Normenverzeichnis

DIN 276:2018-12 Kosten im Bauwesen – Teil 1: Kosten im Hochbau

DIN 277-1:2016-01 Grundflächen und Rauminhalte im Bauwesen – Teil 1: Hochbau

DIN 1045-2:2008-08 Tragwerke aus Beton, Stahlbeton und Spannbeton – Teil 2: Beton – Festlegung, Eigenschaften, Herstellung, Konformität – Anwendungsregeln zu DIN EN 206-1

DIN 1045-3:2012-03 Tragwerke aus Beton, Stahlbeton und Spannbeton – Teil 3: Bauausführung – Anwendungsregeln zu DIN EN 13670

DIN 18202:2019-07 Toleranzen im Hochbau – Bauwerke

DIN 69900:2009-01 Projektmanagement – Netzplantechnik; Beschreibungen und Begriffe

DIN 69901:2009-01 Projektmanagement – Projektmanagementsysteme – Teil 1: Grundlagen

DIN EN 206:2017-01 Beton – Festlegung, Eigenschaften, Herstellung, Konformität

DIN EN ISO 9000:2015-11 Qualitätsmanagementsysteme – Grundlagen und Begriffe

DIN EN ISO 9001:2015-09 Qualitätsmanagementsysteme – Anforderungen

VOB/A DIN 1960:2019-09 VOB Vergabe- und Vertragsordnung für Bauleistungen – Teil A: Allgemeine Bestimmungen für die Vergabe von Bauleistungen

VOB/B DIN 1961:2016-09 VOB Vergabe- und Vertragsordnung für Bauleistungen – Teil B: Allgemeine Vertragsbedingungen für die Ausführung von Bauleistungen

VOB/C DIN 18299 bis DIN 18459:2019-09 Vergabe- und Vertragsordnung für Bauleistungen – Teil C: Allgemeine Technische Vertragsbedingungen für Bauleistungen

VOB/C ATV DIN 18299:2019-09 Vergabe- und Vertragsordnung für Bauleistungen – Teil C: Allgemeine Technische Vertragsbedingungen für Bauleistungen (ATV) – Allgemeine Regelungen für Bauarbeiten jeder Art

9.2 Verzeichnis der Rechtsvorschriften

Bauarbeiter-Schlechtwetterentschädigungsgesetz (BSchEG), Österreich, Bundesgesetzblatt I, Nr. 129/1957, zuletzt geändert durch Bundesgesetzblatt I, Nr. 68/2014

Baubetriebe-Verordnung: Verordnung über die Betriebe des Baugewerbes, in denen die ganzjährige Beschäftigung zu fördern ist (Baubetriebe-Verordnung – BauBetrV) vom 28.10.1980, Bundesgesetzblatt I, Nr. 69, S. 2033–2034, zuletzt geändert durch Art. 37 G vom 20.12.2011 (Bundesgesetzblatt I, Nr. 69, S. 2854 ff.)

Bauordnung des Landes Nordrhein-Westfalen vom 01.03.2000 (GV NRW, S. 256), zuletzt geändert am 20.05.2014 (GV NRW, S. 294)

Bürgerliches Gesetzbuch (BGB) vom 02.01.2002, Bundesgesetzblatt I, Nr. 2, S. 42–341

Gesetz gegen Wettbewerbsbeschränkungen (GWB), Neufassung vom 26.06.2013, Bundesgesetzblatt I, Nr. 32, S. 1750–1799, zuletzt geändert durch Art. 1 G vom 25.03.2020 (Bundesgesetzblatt I Nr. 16, S. 674)

Gesetz zur Regelung der Arbeitnehmerüberlassung (AÜG), Neufassung vom 03.02.1995, Bundesgesetzblatt I, Nr. 8, S. 158–164, zuletzt geändert durch Art. 2 G vom 13.03.2020 (Bundesgesetzblatt I, S. 493)

HOAI: Verordnung über die Honorare für Architekten- und Ingenieurleistungen (Honorarordnung für Architekten und Ingenieure – HOAI) vom 10.07.2013, Bundesgesetzblatt I, Nr. 37, 16.07.2013, S. 2276–2374

Landesbauordnung Baden-Württemberg vom 05.03.2010 (GBl. Nr. 7, S. 358), in Kraft getreten am 01.03.2010, zuletzt geändert durch Gesetz vom 18.07.2019 (GBl. S. 313)

Musterbauordnung (MBO), Fassung November 2002, zuletzt geändert durch Beschluss der Bauministerkonferenz vom 13.05.2016

Musterverordnung über die Überwachung von Tätigkeiten mit Bauprodukten und bei Bauarten (MÜTVO), Fassung vom 06.03.2018

Regeln zum Arbeitsschutz auf Baustellen (RAB) 10 „Begriffsbestimmungen" (Konkretisierungen von Begriffen der BaustellV), Stand 12.11.2003, Bundesarbeitsblatt Nr. 3/2004, S. 42 ff.

Regeln zum Arbeitsschutz auf Baustellen (RAB) 30 „Geeigneter Koordinator" (Konkretisierung zu § 3 BaustellV), Stand 27.03.2003, Bundesarbeitsblatt Nr. 6/2003, S. 64 ff.

Regeln zum Arbeitsschutz auf Baustellen (RAB) 31 „Sicherheits- und Gesundheitsschutzplan SiGePlan", Stand 12.11.2003, Bundesarbeitsblatt Nr. 3/2004, S. 59 ff.

Regeln zum Arbeitsschutz auf Baustellen (RAB) 32 „Unterlagen für spätere Arbeiten" (Konkretisierung zu § 3 Abs. 2 Nr. 3 BaustellV), Stand 27.03.2003, Bundesarbeitsblatt Nr. 6/2003, S. 73 ff.

Regeln zum Arbeitsschutz auf Baustellen (RAB) 33 „Allgemein[e] Grundsätze nach § 4 des Arbeits[-] schutzgesetzes bei Anwendung der BaustellV", Stand 12.11.2003 Bundesarbeitsblatt Nr. 3/2004, S. 65 ff.

Sektorenverordnung: Verordnung über die Vergabe von öffentlichen Aufträgen im Bereich des Verkehrs, der Trinkwasserversorgung und der Energieversorgung (Sektorenverordnung – SektVO) vom 12.04.2016, Bundesgesetzblatt I, Nr. 16, S. 657–682, zuletzt geändert durch Art. 4 vom 25.03.2020, Bundesgesetzblatt I, S. 674

Vergabeverordnung: Verordnung über die Vergabe öffentlicher Aufträge (Vergabeverordnung – VgV) vom 12.04.2016, Bundesgesetzblatt I, Nr. 16, S. 624–656, zuletzt geändert durch Art. 3 G vom 25.03.2020 (Bundesgesetzblatt I S. 674)

Verordnung (EU) Nr. 2019/1827–1930 der Kommission vom 30.10.2019 zur Änderung der Richtlinie 2014/24/EU des Euro[-] päischen Parlaments und des Rates im Hinblick auf die Schwellenwerte für Auftragsvergabeverfahren, Amtsblatt der Europäischen Union L 279, S. 23 ff. vom 31.10.2019

Verordnung über Sicherheits- und Gesundheitsschutz auf Baustellen (Baustellenverordnung – BaustellV) vom 10.06.1998, Bundesgesetzblatt I, Nr. 35, S. 1283–1285, zuletzt geändert durch Art. 15 V vom 23.12.2004 (Bundesgesetzblatt I, Nr. 74, 29.12.2004, S. 3758 ff.), zuletzt geändert durch Art. 27 G vom 27.06.2017 (Bundesgesetzblatt I S. 1966)

.3 Literaturverzeichnis

.eistungen nach der Baustellenverordnung. 2., vollständig überarbeitete und erweiterte Auflage. Hrsg.: Ausschuss der Verbände und Kammern der Ingenieure und Architekten für die Honorarordnung e. V. (AHO). Köln: Bundesanzeiger Verlag, März 2011 (AHO-Schriftenreihe, Heft 15)

.eitfaden für die Erstellung einer Baustellenordnung – Eine Praxishilfe der Offensive Gutes Bauen. 2. Auflage. März 2016. Karlsruhe: Offensive Gutes Bauen, 2016 [online]. Internet: http://www.inqa.de/SharedDocs/PDFs/DE/Publikationen/leitfaden-baustellenordnung.pdf?__blob=publicationFile [Zugriff: 10.02.2017]

3argstädt, Hans-Joachim; Steinmetzger, Rolf: Grundlagen des Baubetriebswesens – Skriptum zur Vorlesung. Weimar: Bauhaus-Universitätsverlag, 2016 (Schriften der Professur Baubetrieb und Bauverfahren; Heft 35)

3BSR: Strukturdaten zur Produktion und Beschäftigung im Baugewerbe – Berechnungen für das Jahr 2018. Dezember 2019. Bundesinstitut für Bau-, Stadt- und Raumforschung im Bundesamt für Bauwesen und Raumordnung 2018 [online]. BBSR-Online-Publikation Nr.17/2019. Internet: https://www.bbsr.bund.de/BBSR/DE/Veroeffentlichungen/BBSROnline/2019/bbsr-online-17-2019-dl.pdf?__blob=publicationFile&v=2 [Zugriff: 15.04.2020]

3KI Baukosten – Regionalfaktoren 2020 für Deutschland und Europa. Stuttgart: Baukosteninformationszentrum Deutscher Architektenkammern GmbH, 2020.

3KI Baukosten Gebäude Neubau 2020 (Teil 1 bis Teil 3) – Gesamtpaket. Hrsg.: Baukosteninformationszentrum Deutscher Architektenkammern GmbH (BKI). Stuttgart: BKI, 2020

BKI Baukosten Gebäude Altbau 2020 (Teil 1 und 2). Hrsg.: Baukosteninformationszentrum Deutscher Architektenkammern GmbH (BKI). Stuttgart: BKI, 2020

Borrmann, André; König, Markus; Koch, Christian; Beetz, Jakob: Building Information Modeling – Technologische Grundlagen und industrielle Praxis. Wiesbaden: Springer Vieweg, 2015

Brant, Sebastian; Joachim Knape (Hrsg.): Das Narrenschiff. Stuttgart: Reclam, 2005

buildingSMART International. buildingSMART International, 2019. Internet: https://info.buildingsmart.org [Zugriff: 28.09.2020]

Fabre, Guilhem; Fiches, Jean-Luc; Paillet, Jean-Louis: L'aqueduc de Nîmes et le Pont du Gard. 2. Auflage Paris: CNRS Éditions, 2000

Fischer, Frank: Meetings effizient leiten. München: Redline-Verlag, 2008.

Freeman, R. Edward: Strategic Management – A Stakeholder Approach. New York: Cambridge University Press, 2010

Fröhlich, Peter J.: Hochbaukosten – Flächen – Rauminhalte: DIN 276 – DIN 277 – DIN 18960. Kommentar und Erläuterungen. 16., überarb. Auflage Wiesbaden: Vieweg+Teubner Verlag, 2010

Kemper, Ralf; Wronna, Alexander: Architekten- und Ingenieurvertrag nach HOAI. Köln: Verlagsgesellschaft Rudolf Müller, 2013

KLR Bau – Kosten-, Leistungs- und Ergebnisrechnung der Bauunternehmen. 8. Auflage. Hrsg.: Hauptverband der Deutschen Bauindustrie e. V. (HDB), Zentralverband Deutsches Baugewerbe e. V. (ZDB). Köln: Verlagsgesellschaft Rudolf Müller, 2016

GPM/RKW (Hrsg.): Projektmanagement-Fachmann. 6. Auflage. Eschborn: RKW-Verlag, 2002

Panarotto, Serge: Provence Romaine et Pré-Romaine. Aix-en-Provence: Edisud, 2003

Pilot, Andreas; Winkler, Jürgen: Kostenlose BIM-Viewer im Überblick [online]. Berlin: www.build-ing.de, 02.08.2019. Internet: https://www.build-ing.de/fachartikel/detail/kostenlose-bim-viewer-im-ueberblick/ [Zugriff: 28.09.2020]

PBP Planungsbüro professionell. September 2013. Würzburg: IWW Institut für Wirtschaftspublizistik Verlag Steuern – Recht – Wirtschaft GmbH & Co. KG, 2013

Röhling, Stefan; Eifert, Helmut; Jablinski, Manfred: Betonbau. Band 1: Zusammensetzung – Dauerhaftigkeit – Frischbeton. Stuttgart: Fraunhofer IRB Verlag, 2012

Staub, Hermann (Begr.); Canaris, Claus-Wilhelm (Hrsg.); Kluge, Volker (Bearb.): Handelsgesetzbuch: Großkommentar, Sachregister Band 4 (Lieferung 23: §§ 366–372). Berlin: De Gruyter, überarb. 2004

STLB-Bau online, Leistungsbereiche – Ausschreibungstexte. Version 2016-10 [online]. Berlin: DIN Deutsches Institut für Normung e.V., 2016. Internet: http://www.stlb-bau-online.de/Ausschreibungstexte/Leistungsbereiche/1 [Zugriff: 10.02.2017]

Ulbrich, H.-B.: Formularbuch des Fachanwalts Bau- und Architektenrecht. 4. Auflage. Köln: Werner Verlag, 2017

Verzeichnis der Prüf-, Überwachungs- und Zertifizierungsstellen nach den Landesbauordnungen. 19.06.2014. Berlin. Deutsches Institut für Bautechnik (DIBt), 2017 [online]. Internet: https://www.dibt.de/fileadmin/dibt-website/Dokumente/Referat/P4/LBO/PUEZ-Stellen_Verzeichnis_2017.pdf [Zugriff: 15.04.2020]

Würfele, Falk (Hrsg.): Baurechtslehrbuch. Köln: Werner, 2013

9.4 Links

Bauforum24 GmbH & Co. KG, Drensteinfurt:
www.bauforum24.biz

Baupreislexikon der f:data GmbH, Weimar:
www.baupreislexikon.de

Bodentechnik FUNK GmbH, Lohmen:
www.funk-bau.de

Deutscher Ausschuss für Stahlbeton (DAfStb), Berlin:
www.dafstb.de

Dr. Schiller & Partner GmbH, Dynamische BauDaten, Dresden:
www.dbd.de

Kapellmann und Partner Rechtsanwälte mbB, Mönchengladbach:
www.kapellmann.de

Liebherr-International Deutschland GmbH:
www.liebherr.com

Statistisches Bundesamt, Wiesbaden:
www.destatis.de

Verband der Materialprüfungsanstalten e.V., Berlin:
www.vmpa.de

Verbund Bundesgütegemeinschaft Instandsetzung von Betonbauwerken e.V., Berlin:
www.bgib.de

Zement-Merkblätter der BetonMarketing Deutschland GmbH, Erkrath:
www.beton.org/service/zement-merkblaetter/

9.5 Verzeichnis der Arbeitshilfen

9.6 Sachwortverzeichnis

Symbole

A

B

Q

R

S

T

U

V

W

Z

Das unverzichtbare Arbeitsmittel für Architekt Ingenieure, Sachverständige und Bauleiter!

Ungenauigkeiten im Bauprozess sind oft ein Grund für kostspielige Regressansprüche. Was die DIN 18202 regelt, welche Abweichungen zulässig sind und wie man Überschreitungen vermeidet, erläutert dieses umfassende Handbuch. So vermeiden Sie teure Streit- und Haftungsfälle und berücksichtigen Toleranzen bereits sicher bei der Planung.

Neu in der 4. Auflage:

Die DIN 18202 wurde umfassend überarbeitet. Alle Änderungen wurden aufgearbeitet, der neue Text ist im Wortlaut komplett enthalten. Auch die neuen Regelungen der VOB 2019 sind berücksichtigt.

Ihre Vorteile:

- Alle Informationen zu Toleranzen in einem Handbuch
- Fotos, Zeichnungen und Checklisten helfen bei der Prüfung von Abweichungen
- Gewerkekatalog mit übersichtlicher Zusammenfassung aller Grenzwerte

Toleranzen im Hochbau
Kommentar zur DIN 18202.
Zulässige Maßabweichungen im Roh- und Ausbau.
4. aktualisierte Auflage. 2021.
17 x 24 cm. 600 Seiten mit 400 farbigen Abbildungen und 130 Tabellen.
ISBN 978-3-481-03701-7.
€ 99,–

Jetzt bestellen unter:
www.baufachmedien.de

RM Rudolf Müller